换热器工艺设计

（第二版）

孙兰义　刘立新　马占华　邱若磐　主编

中国石化出版社

内 容 提 要

本书为修订版，在第一版的基础上，结合实际工业生产和设计，以 Aspen EDR V8.8 软件为计算工具，系统全面地阐述了换热器工艺设计的基础知识、软件操作的基本步骤和应用技巧。全书共分 8 章，第 1 章介绍 Aspen EDR 用户界面，以及管壳式换热器设计程序 Shell & Tube 的输入输出页面；第 2 章介绍物性方法选择和物性数据输入；第 3~5 章分别介绍管壳式无相变换热器、冷凝器和再沸器；第 6、7 章分别介绍空冷器和板式换热器的基础知识，以及软件设计的步骤和技巧；第 8 章介绍软件之间数据传输方法。附录部分包括 Aspen EDR 管壳式换热器管束内各种长度定义、Aspen EDR 自带管壳式换热器例题总结、常用工业热源与冷源以及换热器健康状态实时监测软件，供读者参考。

本书可作为高等院校化工、制药、环境等专业本科生及研究生的参考书，也可为石油、化工、轻工等行业工程技术人员提供参考。

图书在版编目(CIP)数据

换热器工艺设计 / 孙兰义等主编 . —2 版 . —北京：中国石化出版社，2020.5(2023.9 重印)
ISBN 978-7-5114-5206-1

Ⅰ. ①换… Ⅱ. ①孙… Ⅲ. ①换热器-工艺设计
Ⅳ. ①TK172

中国版本图书馆 CIP 数据核字(2020)第 077168 号

中国石化出版社出版发行

地址:北京市东城区安定门外大街 58 号
邮编:100011 电话:(010)57512500
发行部电话:(010)57512575
http://www.sinopec-press.com
E-mail:press@ sinopec.com
北京柏力行彩印有限公司印刷
全国各地新华书店经销
*
787×1092 毫米 16 开本 36.25 印张 868 千字
2020 年 6 月第 2 版 2023 年 9 月第 3 次印刷
定价:98.00 元

编 委 会

第二版前言

换热器作为物料之间热量传递的设备，在工业生产中占有重要地位。功能强大的 Aspen EDR 软件给换热器设计提供了极大便利。为了介绍 Aspen EDR 的使用方法并提供换热器设计的系统学习资料，2015 年 3 月我们编写出版了《换热器工艺设计》一书。该书内容翔实、编排合理，对软件使用进行了详细介绍，自出版以来，深受化工科研与设计人员和高校师生的欢迎。

然而，编者和读者在使用过程中发现了一些错误和不足之处，并且随着软件版本不断更新，操作界面也发生了较大变化，故对第一版内容进行了修订和补充，以便于读者学习和参考。本次编写内容基于 Aspen EDR V8.8，在第一版的基础上我们做了以下修订：

第 1 章增加了 Aspen EDR 用户界面，以及 Shell & Tube 程序控制台和输出页面的详细介绍；第 2 章完善了相关物性包的说明；第 3 章添加了管壳式换热器温度交叉和热负荷分布等内容，并补充了振动分析及相关示例；第 4 章重新编写了冷凝机理、冷凝器类型、冷凝器选型、冷凝器设计要点等内容，例题中增加了振动分析与解决方案，以及过热过冷对设计的影响；第 5 章对沸腾形式和机理进行了详细介绍，对再沸器类型、选型和设计要点等内容进行了完善，例题中补充了振动分析与解决方案；第 6 章增加了 Air Cooled 程序输入页面介绍，更新了设计示例；第 7 章新添了板式换热器基础知识和设计示例；第 8 章调整了 Aspen Plus 和 Aspen HYSYS 中的换热器设计示例，增加了 Aspen EDR 数据导出到 Excel 示例。

读者可以发送邮件到 sunlanyi_cuptower@ 126. com 获取本书例题源文件和带有⊠标识的内容。

鉴于编者水平有限，难免在信息采集、论述深度、表现形式、语言组织等方面有疏漏和不妥之处，恳请广大读者批评指正，以臻完善。

目　　录

I

第1章 换热器工艺设计软件入门

1.1 Aspen EDR 简介

1.1.1 发展历程

在化工建设与生产中，换热器费用约占装置成本费用的 30%，运行费用的 90%。换热器的设计与校核比较复杂，这就需要专业软件来提供解决方案。Aspen Exchanger Design & Rating(Aspen EDR)是美国 AspenTech 公司推出的一款传热计算工程软件，包含在 aspenONE 产品之中，包括原 HTFS 的 TASC 和 ACOL 程序，以及原 Aspen 的 B-JAC 程序。Aspen EDR 采用 B-JAC 的窗口模式，页面同 Aspen Plus，计算内核主要移植了 HTFS 的引擎并结合了 B-JAC的计算优点。HTFS 原是英国 AEA 工程咨询公司的产品，1997 年 AEA 公司和加拿大 Hyprotech 公司合并，Hyprotech 成为 AEA 的一个子公司，HTFS 由 Hyprotech 接管。2002 年 Hyprotech 公司与 AspenTech 公司合并，HTFS 成为 AspenTech 公司的产品，AspenTech 公司将其与流程模拟软件 Aspen Plus 进行了集成，集成后的 HTFS 称作 HTFS⁺，aspenONE 7.0 以后版本名称改为 Aspen EDR。

Aspen EDR 能够为用户提供较优的换热器设计方案，原 B-JAC 和 Aspen HYSYS 的物性计算系统作为 Aspen EDR 内置的物性计算系统，可直接使用。aspenONE 7.0 以后的版本已经实现了 Aspen EDR 与 Aspen Plus、Aspen HYSYS 的无缝对接，即在流程模拟工艺计算之后直接转入换热器的设计计算。

1.1.2 组成部分

Aspen EDR 包括对换热器进行热力设计、机械设计、成本估算以及绘图等的相关程序，主要有：

- Aspen Shell & Tube　用于管壳式换热器热力设计；
- Aspen Mechanical(Shell & Tube Mech)　用于管壳式换热器的机械设计、成本估算和设计绘图；
- Aspen Air Cooled　用于空冷器热力设计；
- Aspen Plate Fin　用于板翅式换热器热力设计；
- Aspen Fired Heater　用于加热炉热力设计；
- Aspen Plate　用于板式换热器热力设计。

除了主要的设计程序，还支持辅助程序和数据库：

- Metals　金属材质数据库；
- Ensea　管板布置程序；
- Qchex　预算成本估算程序；
- Props　化学物性数据库。

1.1.3 文件格式

虽然 Aspen EDR 的发展历程较复杂，但是其文件名和文件类型一直较为统一。文件名最多 255 个字符长度，可使用字母 A~Z、a~z、数字 0~9 和一些特殊字符（例如，－ _ & $ ）。通过扩展名可以判断此文件的类型，文件扩展名介绍见表 1-1。

表 1-1　文件扩展名介绍

扩展名	描　　述
EDR	Aspen EDR 输入/输出文件（2006 版本或者 2006 之后版本）
BJT	Aspen EDR 输入/输出文件（10.0~2006 版本）
BFD	Aspen EDR 绘图文件
BDT	Aspen EDR 模板文件（用户可以将一个存在的 * . BJT 输入文件保存为 * . BDT 模板文件，然后循环使用此模板）
EDT	Aspen EDR 设计模板，提前执行不同类型换热器的结构和设计规定
BJI	Aspen EDR 输入文件（早期的版本）
BJO	Aspen EDR 输出文件（早期的版本）
BJA	Aspen EDR 档案文件（早期版本的输入/输出数据）
TAF	Aspen Hyprotech Tasc$^+$ 输出文件（向 Aspen Mechanical 程序导入数据）
DBO	HTRI 输出文件（向 Aspen Mechanical 程序导入数据）
OUT	HTRI 输出文件（向 Aspen Mechanical 程序导入数据）

1.1.4　Aspen Shell & Tube 简介

Aspen EDR 功能强大，可应用于管壳式换热器、套管式换热器（如 D 型和 M 型换热器）、空冷器、板式换热器、板翅式换热器和加热炉。考虑到管壳式换热器应用最广泛，本书将着重介绍 Aspen Shell & Tube（管壳式换热器）程序。

Aspen Shell & Tube 程序用于管壳式换热器的详细模拟和优化设计，其前身是 HTFS 中的 TASC 程序，归入 Aspen EDR 体系后功能更强，将所有管壳式换热器集为一体，并融合了传热计算和机械强度计算。

Aspen Shell & Tube 程序可较好地应用于多组分冷凝、废热锅炉热回收、空气去湿器、回流冷凝器、釜式再沸器、热虹吸式再沸器、降膜蒸发器及多台换热器组；处理的工业流体可以是单相、沸腾或冷凝气相、在任何条件下的单组分、有/无不可压缩气体的任意混合组分（包括过热蒸气、饱和蒸气或过冷液体）。

Aspen Shell & Tube 程序的主要特征：

- 包括所有 TEMA 类型的换热器部件；
- 与 Aspen Mechanical 程序的双向界面；
- 与 Aspen Plus 和 Aspen HYSYS 的集成；
- 包括设计、校核、模拟和寻找污垢四种计算模式；
- 包括所有常用的应用，如回流冷凝器、浸没式蒸发器、釜式再沸器、降膜蒸发器、热虹吸式再沸器和多壳体换热器；
- 包括 D 型换热器和 M 型换热器；

- 对壳体数无实际限制的多壳体能力；
- 包括光管、低翅片管或纵向翅片管，以及常规的管程和壳程强化方法；
- 包括单、双和三弓形折流板换热器、窗口区不布管换热器、折流杆换热器和无折流板换热器；
- 可对两相液体进行妥善处理；
- 具有实现更精确的尺寸、成本和质量计算的 ASME 机械设计背景。

1.2　Aspen EDR 用户界面

1.2.1　主窗口

启动 Aspen EDR 后，出现主窗口，如图 1-1 所示，窗口各部分说明见表 1-2。

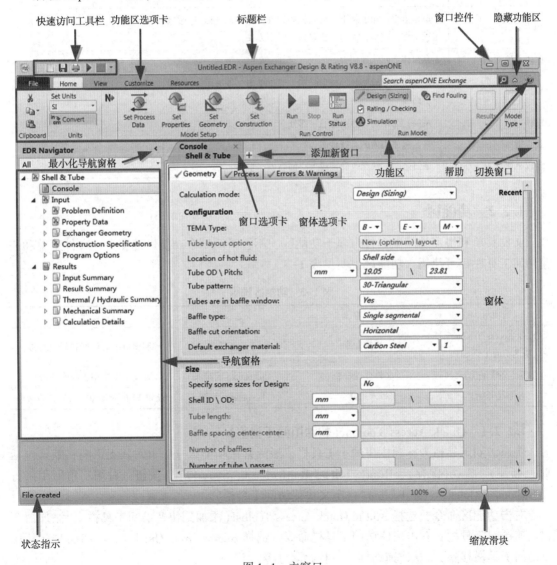

图 1-1　主窗口

表1-2　窗口各部分说明

窗口各部分	说明
快速访问工具栏	标题栏左端的工具栏，包含常用的命令，无论激活哪个功能区选项卡，均不受影响
功能区选项卡	单击这些选项卡，显示由不同命令组组成的功能区
窗口选项卡	单击窗体(页面)上方的选项卡，可在不同窗口之间切换
窗口控件	最小、最大或关闭当前的 EDR 程序
功能区	由标题栏下面的功能区选项卡和显示功能区命令的空间组成
隐藏功能区	最小化或最大化功能区
帮助	访问联机帮助
最小化导航窗格	单击会最小化导航窗格。最小化后，单击会展开导航窗格
标题栏	窗口顶部显示默认(或重命名)文件名的横条
添加新窗口	单击此按钮会创建新的空白窗口
切换窗口	单击这个三角形从下拉列表框中选择工作区某一窗口，并切换到此窗口。也可通过单击窗口选项卡切换窗口，但打开窗口较多时不方便
窗体选项卡	在窗体之间快速切换
导航窗格	显示所有导航路径的树形结构。通过单击文件夹图标左边的三角形，可查看里面的文件夹或导航路径
窗体	Aspen EDR 窗口的主要组成部分
状态指示	显示程序当前的运行状态
缩放滑块	通过拖动，快速改变预设大小的缩放水平

1.2.2　功能区

文件菜单和快速访问工具栏也属于功能区，不管激活哪个功能区选项卡，文件菜单和快速访问工具栏都可使用。功能区说明见表1-3。

表1-3　功能区说明

选项卡	说明	选项卡	说明
Quick Access Toolbar (快速访问工具栏)	快捷命令	View(视图)	控制窗口缩放程度和显示的命令
File(文件菜单)	文件处理命令	Customize(自定义)	处理用户模型数据库的命令
Home(开始)	最常用命令	Resources(资源)	获得 EDR 和其他产品信息的命令

1.2.2.1　Quick Access Toolbar(快速访问工具栏)

快速访问工具栏为标题栏里的小工具栏，激活某一功能区选项卡对其无影响，默认包括 New(新建)、Save(保存)、Print(打印)、Run(运行)、Stop(停止)按钮，右端三角形用来打开 Customize Quick Acess Toolbar(自定义快速访问工具栏)。

右击功能区命令，选择 Add to Quick Access Toolbar(添加到快速访问工具栏)，添加命令到快速访问工具栏。右击快速访问工具栏命令，选择 Remove from Quick Access Toolbar(从快速访问工具栏移除)，从快速访问工具栏移除命令。

单击工具栏右端三角形，在弹出的下拉列表框中选择 Show Below the Ribbon(在功能区下方显示)，快速访问工具栏转移到功能区下方；在下拉列表框中选择 Minimize the Ribbon (最小化功能区)，会隐藏功能区选项卡下的命令，但单击选项卡可显示此选项卡命令。

1.2.2.2　File(文件菜单)

将鼠标指针放在 File 或文件菜单选项上，按 Alt 键，将有突出字符显示。文件菜单选项说明见表1-4。

表1-4　文件菜单选项说明

选项	说明
New(新建)	创建一个新的 Aspen EDR 程序文件
Open(打开)	打开一个存在的 Aspen EDR 程序文件
Close(关闭)	关闭当前运行的 Aspen EDR 程序窗口
Save(Ctrl+S)(保存)	在当前的文件名下保存文件
Save As(另存为)	在另一个文件名下保存文件
Add(添加)	添加 Apsen EDR 程序
Delete(删除)	删除 Apsen EDR 程序
Import(导入)	从已有的 Aspen HYSYS、Aspen Plus 或 PSF 文件导入数据
Export(导出)	将结果导出到 Excel、DXF 或 DOC 文件
Recent(最近)	显示最近使用的文件
Print Setup(打印设置)	改变打印设置
Print(Ctrl +P)(打印)	打印 Aspen EDR 程序结果
About(关于)	提供当前 Aspen EDR 版本信息
Options(选项)	自定义用户设置、图形交付成果、文件和 ASME 材质数据库，管理自定义数据库和模板文件
Exit(退出)	退出 Aspen EDR

1.2.2.3　Home(开始)选项卡

开始选项卡命令组说明见表1-5。

表1-5　开始选项卡命令组说明

命令组	说明
Clipboard(剪贴板)	包括 Cut(剪切)、Copy(复制)和 Paste(粘贴)按钮
Units(单位)	① Set Units　设置全局单位，并且是转换值复选框，当检测到局部单位改变时，将数值转为新单位下的数值 ② Convert　决定是否将先前输入的数值变为新单位下的数值。具体操作为：单击 Convert 按钮使其无突出背景显示，切换数值的单位后，单击 Convert 按钮使其有突出背景显示
Next(下一步)	顺序导航到下一个需要进行输入的窗体
Model Setup(模型设置)	引导完成工艺的一系列操作： ① Set Process Data　设置工艺数据 ② Set Properties　设置工艺流体的物性数据 ③ Set Geometry　设置设计计算所需结构参数和主要结构限制 ④ Set Construction　设置制造材质、设计温度和压力等

续表

命令组	说明
Run Control(运行控制)	① Run 运行 Aspen EDR 程序 ② Stop 停止运行 Aspen EDR 程序 ③ Run Status 提供显示运行状态的窗口
Run Mode(运行模式)	激活某个计算模式，模式图标将会突出显示。运行模式组会随着换热器类型改变，如 Plate Fin(板翅式)程序和 Shell & Tube(管壳式)程序的运行模式组不同 Shell & Tube 程序计算模式包括： ① Design 设计模式 ② Checking / Rating 校核模式 ③ Simulation 模拟模式 ④ Find Fouling 寻找污垢模式(也称最大污垢模式)
Results(结果)	快速查看关键结果。根据 EDR 应用程序(如 Shell & Tube、Air Cooler)不同，查看结果的导航不同 Shell & Tube 程序包括： ① Check Performance 核对设计结果 ② Review Spec Sheet 回看 TEMA 数据表 ③ Verify Geometry 核实结构参数 ④ Review Profiles 回看关键的流体参数分布
Model Type(模型类型)	选择 EDR 应用程序或添加应用程序，并可将合适的数据转移到新应用程序中 ① Air Cooled 空冷器程序 ② Fired Heater 加热炉程序 ③ Plate 板式换热器程序 ④ Plate Fin 板翅式换热器程序 ⑤ Shell & Tube 管壳式换热器程序 ⑥ Mechanical 管壳式机械设计程序

1.2.2.4 View(视图)选项卡

视图选项卡命令组说明见表1-6。

表1-6 视图选项卡命令组说明

命令组	说明	命令组	说明
Zoom(缩放)	控制窗口缩放程度	Window(窗口)	在不同窗口之间切换

1.2.2.5 Customize(自定义)选项卡

自定义选项卡命令说明见表1-7。

表1-7 自定义选项卡命令说明

命令组	命令	说明
Scripting(脚本)	Variable List(变量表)	显示窗体的变量表
Units(单位)	Units Database(单位数据库)	自定义转换因子和结果中小数点位数

续表

命令组	命令	说明
Maintenance(维护)	Material Database(材质数据库)	自定义垫片、板、管子和锻件的材质
	Material Defaults(默认材质)	可改变默认的材质规格
	Costing Database(成本数据库)	进入成本数据库、制造标准和材质价格数据库。可自定义劳动力、制造标准和材质价格使用的应用程序
	Chemical Database(化学数据库)	在标准的组分数据库和用户规定的数据库中,查看或编辑恒定的和随温度变化的物性数据
	Most Used Components(最常用的组分)	在数据库中创建、维护和编辑用户规定的化学组分
	Most Used Materials(最常用的材质)	在数据库中创建、维护和编辑用户规定的材质

1.2.2.6 Resources(资源)选项卡

资源选项卡包含获得 EDR 和其他产品信息的命令,其大部分命令用来打开 AspenTech Support 网站页面。资源选项卡命令说明见表1-8。

表1-8 资源选项卡命令说明

命令组	命令	说明
	What's New(什么是新的)	查看关于这一版本 Aspen EDR 的新特征
	Examples(例题)	查看 Aspen EDR 例题文件
aspenONE Exchange(换热器)	Training(培训)	从 aspenONE Exchange 下载培训和文档文件
	Models(模型)	从 aspenONE Exchange 下载模型文件
	Events(事件)	查看来自 AspenTech 的最新消息
	Product Updates(产品升级)	查看来自 AspenTech 的升级信息
	All Content(所有内容)	从 aspenONE Exchange 下载任意类型的内容
	Community(社区)	访问 AspenTech 在线客户社区,与同行讨论、学习和联系
	Support Center(支持中心)	打开 Aspen Exchanger Design & Rating 支持网站
	Check for Updates(检查升级)	打开升级中心检查 Aspen EDR 升级版本
	Live Chat(即时聊天)	在 AspenTech Support 网站上打开即时聊天
	Send to Support(发送到 Support)	发送信息到 AspenTech Support 网站
	Help(帮助)	打开 Aspen EDR 帮助,也可通过单击功能区右端的 ❓打开帮助

1.2.2.7 功能区命令位置

当前版本功能区命令位置取代以前版本菜单项的介绍见表1-9。

表 1-9 当前版本功能区命令位置取代以前版本菜单项的介绍

菜单	菜单项	功能	功能区命令位置
文件	New（Ctrl+N）	创建一个 Aspen EDR 程序新文件	File ｜ New
	Open（Ctrl+O）	打开一个存在的 Aspen EDR 程序文件	File ｜ Open
	Close	关闭当前运行的 Aspen EDR 程序窗口	File ｜ Close
	Add Application	添加 Apsen EDR 程序窗口	File ｜ Add
	Remove Application	删除 Apsen EDR 程序窗口	File ｜ Delete
	Save（Ctrl+S）	在当前的文件名下保存文件	File ｜ Save
	Save As	在另一个文件名下保存文件	File ｜ Save As
	Import From	从已有的 Aspen HYSYS、Aspen Plus 或 PSF 文件导入数据	File ｜ Import
	Export To	将结果导出到 Excel、DXF 或 DOC 文件	File ｜ Export
	Print Setup	改变打印设置	File ｜ Print Setup
	Print（Ctrl+P）	打印 Aspen EDR 程序结果	File ｜ Print
	Description	在输入文件中显示说明的内容	File ｜ Options ｜ Heading
	Exit	退出 Aspen EDR	File ｜ Exit
编辑	Cut（Ctrl+X）	剪切突出显示的文本	Home ｜ Clipboard
	Copy（Ctrl+C）	复制突出显示的文本	Home ｜ Clipboard
	Paste（Ctrl+V）	将文本粘贴到规定位置	Home ｜ Clipboard
运行	Run	运行 Aspen EDR 程序	Home ｜ Run Control ｜ Run
	Stop	停止运行 Aspen EDR 程序	Home ｜ Run Control
	Transfer	将设计信息转移到其他 EDR 程序	Home ｜ Model Type
	Update	将最终设计信息转移到其他模式	Home ｜ Run Mode
工具	Data Maintenance	提供进入 units of measure（度量单位）、chemical database（化学数据库）、material database（材质数据库）和 Costing database（成本数据库）的路径	Customize ｜ Maintenance
	Program Settings	默认的单位设定和图示标题	File ｜ Options
	Language	设置语言为英语、法语、德语、西班牙语或意大利语	不支持
视图	Tool Bar	显示或隐藏工具栏	不支持
	Status Bar	显示或隐藏状态栏	不支持
	Zoom In	放大 Aspen EDR 图示	View ｜ Zoom
	Zoom Out	将图示恢复到正常大小	View ｜ Zoom
	Refresh	刷新屏幕	不支持
	Variable List	显示窗体的变量表	Customize ｜ Scripting

续表

菜单	菜单项	功能	功能区命令位置
窗口	Cascade	一个程序窗口排列在另一个后面	不支持
	Tile Horizontal	一个程序窗口排列在另一个前面	见 1.2.3.1 查看多窗口
	Tile Vertical	一个程序窗口排列在另一个侧面	见 1.2.3.1 查看多窗口
	Arrange Icons	自动排列图标	不支持
	Create	给 Aspen EDR 程序创建一个窗口	不支持
帮助	Contents	打开 Aspen EDR 帮助	Resources ｜ Help
	Search for Help	在帮助里面，显示一列搜索结果	Resources ｜ All Content 或 Resources ｜ Help ｜ Search
	What's This?	将"?"放在选项上单击获得关于选项的信息	不支持
	Training	直接进入 AspenTech Training(培训)网站	Resources ｜ Training
	Support	直接进入 AspenTech Support(支持)网站	Resources ｜ Support
	About EDR	提供当前 Aspen EDR 版本信息	File ｜ About

1.2.3　导航窗格

导航窗格(Navigation Pane)，由包含导航路径的输入和输出文件夹组成，位于 Aspen EDR 程序窗口左侧。单击导航窗格文件夹旁边的▷，可展开文件夹以查看里面的文件夹或导航路径。单击▷后，▷变为◢；单击◢后，文件夹结束展开。也可通过双击文件夹图标展开文件夹或结束展开文件夹。

通过单击◁，最小化导航窗格，当导航窗格最小化后，单击▷还原窗格。也可单击导航窗格的 Navigation Pane 栏临时展开窗格。

每个窗体含有一个或多个工作表，用来在各输入区输入数据或查看结果。单击导航窗格中的导航路径，窗口选项卡会显示此路径的名称并显示其内容。单击窗口选项卡所在行末端的 ➕，将会创建一个新窗口，然后单击导航窗格中的其他路径，其他路径的窗口内容将会填充在此窗口。更为详尽的描述，见 1.2.3.1 查看多窗口。

1.2.3.1　查看多窗口

Aspen EDR 允许打开多个窗口选项卡，单击工作区顶部的窗口选项卡，进入相应的窗口。多窗口如图 1-2 所示，图中显示了 Console(控制台)窗口、Process Data(工艺数据)窗口和其他窗口。

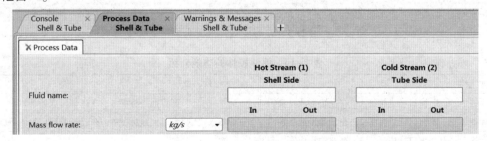

图 1-2　多窗口

（1）查看选项卡式窗口

将鼠标指针移动到导航窗格最下层的路径上，右击选择 Open in a new tab（在新选项卡中打开），可在当前窗口的右侧添加新窗口。单击并拖动窗口选项卡可对窗口位置进行重排。单击窗口选项卡中的 ⬛ 可关闭窗口。

如果将窗口选项卡拖出选项卡所在行，窗口将变成独立窗口（停驻窗口）。也可右击窗口选项卡选择 Floating，将窗口变为独立窗口（浮动窗口）；选择 Dockable，将窗口变为独立窗口（停驻窗口）。

（2）停驻窗口

窗口选项卡可停驻在工作区，使窗口组发生分离。具体做法为：选择并拖动窗口选项卡后出现停驻控件 ✛，将鼠标指针移动到 ✛ 其中的一个方框上。含有停驻控件的页面如图 1-3 所示，图中停驻控件的数字实际不存在，仅用来作为参考，停驻控件的功能介绍见表 1-10。三个窗口停驻在工作区的页面如图 1-4 所示。

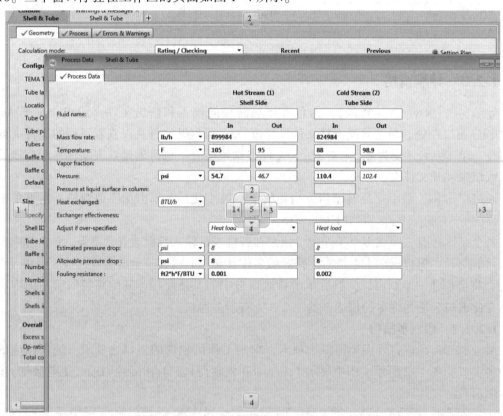

图 1-3　含有停驻控件的页面

表 1-10　停驻控件的功能介绍

停驻控件	功　　能	停驻控件	功　　能
标签 1	窗口拖进标签 1，在左边形成新窗口	标签 4	窗口拖进标签 4，在底部形成新窗口
标签 2	窗口拖进标签 2，在顶部形成新窗口	标签 5	窗口拖进标签 5，在已有的窗口组内停驻
标签 3	窗口拖进标签 3，在右边形成新窗口		

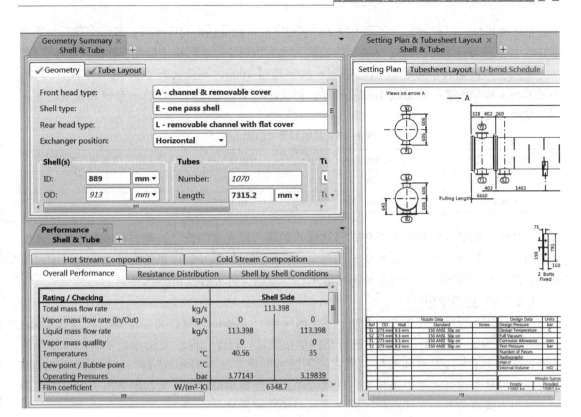

图1-4 三个窗口停驻在工作区的页面

1.2.3.2 输入框

工作表由输入框和输入框说明组成。在输入框内，可以输入数据，或者从下拉列表框选择选项，或者核查内容是否得当。通过按 Tab 键、Enter 键、方向键或使用鼠标，可使鼠标指针从一个输入框移动到另一个输入框。输入框的显示说明见表1-11，输入框类型见表1-12。

表1-11 输入框的显示说明

输入框	说　明	输入框	说　明
556.5	蓝色斜体数值为默认数值，表明未输入数值	637345	红色背景表示输入的数值超出范围
124553	蓝色粗体数值是输入的数值	Temperature F ▼ 637	蓝色背景表示选定了工作表中的一个输入框
752	亮灰色背景的灰色数值表示不能变动		

表1-12 输入框类型

输入框类型	说　明	输入框类型	说　明
用户输入	需要输入，如温度或操作压力的数值	使用选项	不可以输入，从下拉列表框中选择选项
使用推荐	既可以输入，也可以从下拉列表框中选择选项	带图形显示	从下拉列表框中选择选项时，在输入框的附近有简图显示

输入框可输入两类数据：字母和数字。字母字段可接受任何打印字符；数字字段只接受数字 0~9 和某些特殊字符(例如，+-)。字母既可大写也可小写，可用于标题、评论或流体名称。

输入框可以输入不带小数点的整数；数字超过 1000，不应有标点分割千位或百万位；小于 1 的十进位数字，可带或不带前导零；可使用科学计数法(E 格式)。有效和无效的输入例子见表 1-13。

表 1-13 有效和无效的输入例子

有效输入例子	无效输入例子	有效输入例子	无效输入例子
125	15/16	-14.7	—
289100	289, 100	0.9375	—

需要输入的输入框背景为绿色；可选输入的输入框背景为白色；超过输入范围的输入框背景为红色，但程序仍会接受和使用超过范围的数值。如果导航窗格的文件夹或窗口中窗体的相关内容尚未完成，一个红色的☒将显示在对应的文件夹旁或窗体选项卡上。

1.2.3.3 度量单位

Aspen EDR 程序一般在 US(美制)、SI(国际制)、Metric(公制)单位下运行。通过 Home (开始)选项卡的 Units 组，对程序进行整体单位设置。程序允许改变输入或输出部分使用的度量系统，为了方便对照和校核，可在两不同的度量系统查看和/或打印相同的解决方案。输入框也可从下拉列表框中选择规定的度量单位。度量单位对设计问题的解决方案可能有影响，因为不同单位下的尺寸增量不同，尤其对于机械设计。

1.2.3.4 输入状态提示

输入状态提示说明见表 1-14。

表 1-14 输入状态提示说明

状态	说明	状态	说明
☒	输入不完整	✔	输入完整
📄	不需要输入		

1.2.4 快捷键功能

Aspen EDR 的快捷键功能见表 1-15。

表 1-15 Aspen EDR 的快捷键功能

快捷键	功能
F1	激活帮助系统
向左方向键 向右方向键 向下方向键 向上方向键	在输入框中移动鼠标指针位置和在列表项中滑动
Delete	删除鼠标指针右侧字符，并使剩余字符前移
Home	鼠标指针返回到输入框的开始处
End	鼠标指针移动到输入框的末端处

快捷键	功能
Control + Delete	将鼠标指针位置到输入区末端之间的字符删除
Page Up Page Down	在导航窗格中选中文件夹，按这两键可使鼠标指针移动到窗格窗口的首端或末端
Backspace	删除鼠标指针左侧字符，并使剩余字符前移

1.2.5 缩放功能

在 Aspen EDR 图示中绘制一个方框，可放大框内的图示。绘制方框的具体做法为：选择方框的一角，左键拖动鼠标指针到对向角，然后松开左键。在放大的图示内单击，图示即可缩小到原始状态。

1.3 Shell & Tube 控制台

Shell & Tube 程序还添加了 Console(控制台)页面，如图1-5所示。控制台包括 Geometry(结构参数)、Process(工艺数据)和 Errors & Warnings(错误和警告)三个页面。通过控制台可查看关键的输入和最近的结果(显示在 Recent 下)，一般情况下大部分参数也会在 Input(输入)和 Results(结果)中显示。控制台会显示上一次运行结果(显示在 Previous 下)，方便与最近的结果进行比较。

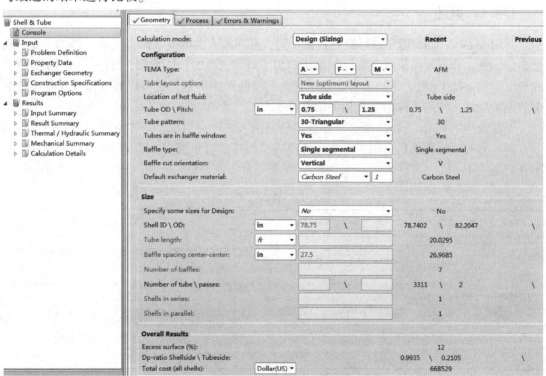

图1-5 Console(控制台)页面

控制台可显示换热器平面装配图、换热管在管板上的布置图(简称"管板布置图")和沿换热器距离的温度分布图。进入 **Results ｜ Calculation Details ｜ Analysis along the tubes ｜ Plots** 页面,也可查看沿换热器距离的温度分布图。

控制台中的一些结果与在其他地方出现的有轻微不同,如:① 控制台显示面积余量而不是面积比,例如其他地方显示面积比为 1.32,在控制台则显示面积余量为 32%,关于面积余量的相关内容详见 3.6.9 节;② 控制台中的 Dp-ratios(压降比值)为管程或壳程的实际压降与允许压降的比值。

Default exchanger material(默认换热器材质)选项和 Specify some sizes for Design(规定某些设计尺寸)选项与 V8.4 版本相比,有一些轻微变化,使用时需要注意。

Specify some sizes for Design 选项为控制台独有,仅在设计模式下可用,当选择"Yes"时,下面的参数输入选项变为可用。这些参数会规定 **Input ｜ Design Options ｜ Geometry Limits** 中的最大值和最小值的默认值。由于只是默认值,当在 **Input ｜ Design Options ｜ Geometry Limits** 中明确输入限制参数后,则可忽略控制台的规定值。

设计模式下得到的尺寸参数,传输到模拟模式并运行后,可能所有尺寸参数由默认值变为设定值。再转为设计模式,控制台中的 Specify some sizes for Design 选择"Yes",相关的尺寸参数选项变为可用,可删除其中的设定值。

1.4　Shell & Tube 主要输入页面

1.4.1　概述

使用 Shell & Tube 程序进行换热器设计时,只需输入关键的数据,而对于模拟,提供的数据越详细,计算的结果越准确。如果用户想了解某选项的具体意义,可以把鼠标指针停在此选项,然后按 F1 键,系统会自动显示有关此项的帮助信息,也可以利用帮助文件中的索引和搜索功能,使用关键词查找相关信息。

导航窗格的 Input(输入)由含有导航路径的输入文件夹组成,单击导航路径,可打开输入页面。有些输入页面只适用于某些计算模式,如热虹吸页面。Shell & Tube 程序的输入页面介绍见表 1-16。

表 1-16　输入页面介绍

输入文件夹	输入窗口	输入页面
Problem Definition (问题定义)	Headings/Remarks(标题/备注)	TEMA Specification Sheet Descriptions(TEMA 数据表描述)
	Application Options(应用选项)	Application Options(应用选项)
		Application Control(应用控制)
	Process Data(工艺数据)	Process Data(工艺数据)

续表

输入文件夹	输入窗口	输入页面
Property Data (物性数据)	Hot Stream（1）Compositions（热流体组成）	选择不同的物性数据库，相应的显示页面也不同
	Hot Stream（1）Properties（热流体物性）	Properties（物性）
		PhaseComposition（相态组成）
		Component Properties（组分物性）
		Property Plots（物性图）
	Cold Stream（2）Compositions（冷流体组成）	选择不同的物性数据库，相应的显示页面也不同
	Cold Stream（2）Properties（冷流体物性）	Properties（物性）
		PhaseComposition（相态组成）
		Component Properties（组分物性）
		Property Plots（物性图）
Exchanger Geometry (换热器结构参数)	Geometry Summary（结构参数概要）	Geometry（结构参数）
		Tube Layout（换热管布置）
	Shell/Heads/Flanges/Tubesheets （壳体/前后端结构/法兰/管板类型）	Shell/Heads（壳体/前后端结构）
		Covers（封头）
		Tubesheets（管板）
		Flanges（法兰）
	Tubes（换热管）	Tube（换热管）
		Lowfins（低翅片管）
		Fins（其他翅片管）
		Inserts（内插物）
		KHT Twisted Tubes（KHT 螺旋扁管）
		Internal Enhancements（内部强化）
	Baffles/Supports（折流板/支持板）	Baffles（折流板）
		Tube Supports（换热管支持板）
		Longitudinal Baffles（纵向隔板）
		Variable Baffle Pitches（可变折流板间距）
		Deresonating Baffles（消音板）
	Bundle Layout（管束布置）	Layout Parameters（管束布置参数）
		Layout Limits/Pass Lanes（布管限定圆/通道）
		TieRods/Spacers（拉杆/定距管）
		Tube Layout（换热管布置）
		Pass Details（管程细节）
	Nozzles（管嘴或接管）	Shell Side Nozzles（壳程管嘴）
		Tube Side Nozzles（管程管嘴）
		Domes/Belts（圆罩/气相环形导流筒）
		Impingement（防冲板）
	Thermosiphon Piping （热虹吸式再沸器管线系统）	Thermosiphon Piping（热虹吸式再沸器管线系统）
		Inlet Piping Elements（进口管相关组件）
		Outlet Piping Elements（出口管相关组件）

续表

输入文件夹	输入窗口	输入页面
Construction Specifications（制造规定）	Materials of Construction（制造材质）	Vessel Materials（部件材质）
		Cladding/Gasket Materials（覆盖层/垫片材质）
		Tube Properties（换热管性质）
	Design Specifications（设计规定）	Design Specifications（设计规定）
Program Options（程序设置）	Design Options（设计设置）	Geometry Options（结构设置）
		Geometry Limits（结构限制）
		Process Limits（工艺限制）
		Optimization Options（优化设置）
	Thermal Analysis（热力分析）	Heat Transfer（传热）
		Pressure Drop（压降）
		Delta T（传热温差）
		Fouling（污垢）
	Methods/Correlations（方法/关联式）	General（常规）
		Condensation（冷凝）
		Vaporization（蒸发）
		Enhancement Data（强化数据）
	Calculation Options（计算设置）	Calculation Options（计算设置）

1.4.2 Problem Definition（问题定义）

1.4.2.1 Headings/Remarks（标题/备注）

Headings/Remarks 页面如图 1-6 所示，所输入的信息将出现在 TEMA Sheet 输出页面的前几行，主要用来为输出结果提供相应描述说明。此页面的输入项均为选填项，建议用户在程序使用过程中及时备注，以便查找和分类。

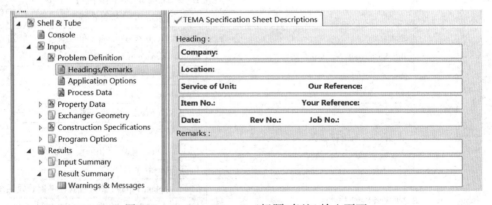

图 1-6 Heading/Remarks（标题/备注）输入页面

1.4.2.2　Application Options(应用选项)

此页面主要用于程序的基本设置和控制。

(1)Application Options(应用选项)

① General-Calculation mode(计算模式)

包括"Design(设计模式)""Rating / Checking(校核模式)""Simulation(模拟模式)"和"Find Fouling(寻找污垢模式)"四种模式。在 Aspen EDR 中,"Thermosiphon(热虹吸模式)"不再作为一种独立的计算模式,在 Cold Side - Application(冷流体应用类型)中选择"Vaporization(蒸发)",然后在 Cold Side-Vaporizer type(冷流体蒸发器类型)中选择"Thermosiphon",可进入热虹吸计算模式。

a. Design(设计模式)

在满足各流体最大压降的情况下,确定完成规定热负荷的一个或多个换热器。在此模式下,必须提供换热器的整体结构参数(如壳体、前后端结构、折流板类型等)以及管子和管子排列方式的基本信息。设计计算前可预先规定壳体尺寸、管子长度等的范围限制。程序以最小成本或最小面积为目标,提供优化设计方案。

b. Rating / Checking(校核模式)

回答"换热器将如何完成热负荷"的问题。必须规定换热器结构参数和工艺数据,用以确定热负荷。计算结果以实际换热面积和需要换热面积的比值表示,比值大于 1 代表可完成规定热负荷。在工艺数据输入中,对各流体可以规定流量和进出口条件(或其他信息,例如通过热负荷可能推出的信息)。在校核模式中,热负荷和进口压力是固定的,而出口压力根据预测的压降再次计算。

c. Simulation(模拟模式)

回答"换热器达到多大热负荷"的问题。必须规定换热器结构参数和工艺数据,用以确定第一次估计的热负荷。通常在保持换热器结构、流体进口状态和冷热流体流量不变的情况下,计算流体出口状态,然后计算热负荷。计算结果以实际热负荷和需要热负荷的比值表示。一般的模拟决定了流体的出口状态;特殊的模拟可根据热平衡修改出口状态、进口状态或流体流量。在校核模式中,三个参数(进口状态/出口状态/流体流量)对各流体都是固定的,决定了实际面积和需要面积的比值。在校核模式和模拟模式中,进口压力是固定的,出口压力是计算得出的。进出口状态是指比焓,只要压力变化符合预期,固定的状态意味着固定的温度和品质(气相质量分数)。

d. Find Fouling(寻找污垢模式)

也称最大污垢模式,回答了"对规定的热负荷,最大污垢是多少"的问题。寻找污垢模式下,如果计算的热负荷大于规定热负荷,通过增加污垢热阻,使热负荷降到规定热负荷。可只调整一侧的污垢热阻,也可对两侧的污垢热阻同时调整。寻找污垢模式类似于校核模式,区别在于:寻找污垢模式通过调整污垢热阻使热负荷达到规定热负荷,而校核模式仅可校核实际热负荷与规定热负荷之间的比值。

② General-Location of hot fluid(热流体位置)

若此项选择错误,则结果无任何意义;若不能确定哪种选择更好,可以通过尝试两种选择而确定最佳选择;若忽略此项,程序自行确定最佳选择,并给出警告。

③ General-Select geometry based on this dimensional standard(选择结构基于的尺寸标准)

结构所依据的尺寸标准，有"SI（国际制）"和"US（美制）"两种。壁厚、管长等所用的尺寸标准会根据所用单位制不同而有所不同。

④ General-Calculation method（计算方法）

计算方法包括标准算法和高级算法：

a. 标准算法指先规定一组壳程的焓/压力点，然后确定这些点的位置和相应管程中的点。

b. 高级算法指先确定换热器内的一组位置，然后计算壳程及管程流体流经这些点的状态（焓和压力）。高级算法适用于所有的计算模式（设计、模拟、校核和寻找污垢模式），并适用于除了 Kettles（釜式）和 Flooded evaporators（浸没式蒸发器）之外的所有壳体类型。另外某些选项，如可变折流板间距、收敛算法、容差和迭代次数，只能使用高级算法。通常标准算法和高级算法计算的结果相似，但当换热器的末端空间占管长比例较大时，高级算法的计算结果较为准确。

⑤ Hot Side-Application（热侧流体应用类型）

有助于程序确定参数的默认值，如折流板方向默认垂直或水平。除此之外，不影响计算结果。

⑥ Hot Side-Condenser type（热侧冷凝器类型）

大多数冷凝器的气相和冷凝液的流动方向相同。"Knockback reflux（回流）"冷凝器，气相从底部进入而冷凝液向下流动，常用来以最小过冷量分离高沸点和低沸点物质。如果程序计算冷凝曲线，应考虑使用不同的冷凝设置（如"Set default""Normal""Knockback reflux"）。

⑦ Hot Side-Simulation calculation（热侧模拟计算）

模拟模式下固定两个参数，选择一个参数计算。在设计模式和校核模式中，选项中的三个参数均固定。

⑧ Cold Side-Application（冷侧流体应用类型）

有助于程序确定参数的默认值，如折流板默认是垂直，还是水平。除此之外，不影响计算结果。

⑨ Cold Side-Vaporizer type（冷侧蒸发器类型）

⑩ Cold Side-Simulation calculation（冷侧模拟计算）

模拟模式下固定两个参数，选择一个参数计算。在设计模式和校核模式中，选项中的三个参数均固定。

⑪ Cold Side-Thermosiphon circuit calculation（冷侧热虹吸循环计算）

"Fixed flow（固定流量）"决定一定流量下换热器和相关管路的压力损失和达到循环压力平衡时进出口管线中未计入的压力损失。

"Find flow（寻找流量）"寻找热虹吸流体的流量，用以匹配液体压头以及换热器和相关管路的压力损失。工艺数据规定的冷流体质量流量，仅用作初始值。

在模拟模式中可选择"Fixed flow"和"Find flow"，但在其他计算模式中，只能选择"Fixed flow"。

（2）Application Control（应用控制）

Application Control 页面主要用于应用程序的控制，可通过恰当的控制减少计算时间，提高工作效率，选项释义见表1-17。

表 1-17 Application Control（应用控制）选项释义

输入选项	选项释义
Recalculate properties before run	运行前重新计算物性 此输入选项决定每次运行前是否对特定组成、组分和温度范围重新计算，默认是"No"。此项输入会部分加快计算速度
Output all repeat messages	输出所有重复信息 是否列出一类输入的所有错误和警告，或者只列出很少一部分并显示相似重复信息的数量
Storage of Recap of Designs	设计概要的存储 Recap of Designs 以表格的形式存储关键输出参数，用以比较不同序列的计算结果，表格的参数对照项可通过自定义进行增减。在 Recap of Designs 中，可选择和重载某一序列。"Full recovery"意味着可选择和重载一个序列；"Table only"意味着不可以选择和重载
Generate full output	生成完整的输出 当 Aspen EDR 与工艺模拟软件（如 Aspen Plus）一起运行时，此项用来提高计算速度。通过设置此项，可使工艺模拟软件的迭代运算除最后一个外全部关掉，避免 Aspen EDR 计算引擎将不必要的结果传送到工艺模拟软件而浪费时间
Use phase compositions	使用相组成 当 Aspen EDR 与工艺模拟软件一起运行时，此项用来提高计算速度。通过设置此项，可使工艺模拟软件的迭代运算除最后一个外全部关掉，避免 Aspen EDR 计算引擎与工艺模拟软件互相传送不必要的信息而浪费时间
Program calling this EDR program	调用程序 当直接从工艺模拟软件中调用程序时，此项来提高计算速度。通过设置此项，可消除不必要的计算和数据传输

1.4.2.3 Process Data（工艺数据）

在 Process Data 页面中输入冷热流体的工艺数据，如图 1-7 所示，选项释义见表 1-18。用户须根据实际工况设置，但某些输入选项之间存在一定关系，可以通过内部推导得到，无须输入所有选项。当提供的数据超过允许自由度时，程序进行一致性检查，若存在矛盾，将调整某些参数并发出警告。工艺数据也可由 PSF 文件导入，也可以从 Aspen Plus 和 Aspen HYSYS 文件导入。

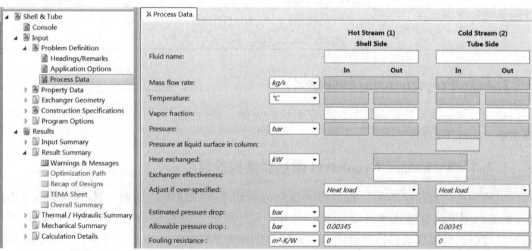

图 1-7 Process Data（工艺数据）输入页面

表 1-18　Process Data(工艺数据)选项释义

输入选项	选项释义
Fluid name	流体名称
Mass flow rate	总质量流量　对于特殊的模拟(如热虹吸或冷凝模拟)，流量通过计算得到，输入值仅作为初始估计
Temperature	温度　计算得到的出口温度，有时与输入值有轻微区别，这是由压力变化造成的，仅可能发生在计算出的压力与初始估计的压力有很大不同的低压情况下
Vapor fraction	气相分数(质量)　进出口温度和气相质量分数共同决定了进出口状态。通常仅有温度就已足够，因为气相质量分数可以推出，但对等温沸腾或冷凝，气相质量分数至关重要
Pressure	操作压力(绝压)　此项用来输入热流体和冷流体的进口压力。对于热虹吸式再沸器，其进出口压力将会先使用估计值，再通过计算得到
Pressure at liquid surface in column	塔液面压力(绝压)　对热虹吸式再沸器，应规定塔内压力，特别是塔液面压力。在考虑摩擦损失和重力变化的情况下，计算确定循环回路中其他各点的压力。换热器进口压力仅是一个近似值，在热虹吸计算时会被调整
Heat exchanged	热负荷　如果同时规定热负荷、流量和进出口状态，存在数据不一致的风险。轻微的不一致会给出提示，严重的不一致需要调整输入数据
Exchanger effectiveness	换热器效率　实际热负荷与最大热负荷比值(可取 0~1)，当换热面积无限大且为纯逆流的理想情况下取 1。最大热负荷为将热流体冷到冷流体进口温度的热负荷，或将冷流体加热到热流体出口温度的热负荷，取两者的较小值
Adjust if over-specified	如果过度规定进行调整　当同时输入热负荷、冷热流体进出口状态和流量导致数据不一致，选取哪个参数进行调整
Estimated pressure drop	估计压降　如果既不输入出口压力，也不输入压降，默认值为允许压降。在立式换热器中，可能因重力使出口压力高于进口压力，导致警告信息出现，但可忽略此警告
Alllowable pressure drop	允许压降
Fouling resistance	污垢热阻　输出结果中所有传热膜系数(对流传热系数)和污垢热阻都是根据管子外径进行计算得到的，这将导致输出结果中的管程污垢热阻(不是基于管子内径计算得到的)与输入值不同。如果在设计模式中规定较大污垢热阻，将会增大换热器尺寸，导致流速减少，反而使得实际过程更易产生污垢

1.4.3　Property data(物性数据)

物性数据是决定换热器计算结果正确性的关键。物性输入页面介绍和使用方法详见本书第 2 章，在此不再赘述。

1.4.4　Exchanger Geometry(换热器结构参数)

因所用换热器用途不同，有些输入页面只适用于特殊情况，例如，Thermosiphon(热虹吸)页面只用于热虹吸式再沸器计算。另外，设计模式下需提供的信息与其他模式有所不同，设计模式可以仅选择换热器的基本配置，例如前后端结构类型、壳体类型、换热器安装方位、换热管尺寸和布置、折流板类型等；其他模式需要尽可能详细地提供换热器结构参数，例如换热器尺寸、换热管尺寸和布置、折流板间距和圆缺率、管嘴方向等。

1.4.4.1 Geometry Summary(结构参数概要)

此页面用来设置换热器基本的结构信息和换热管布置方式。

(1)Geometry(结构参数)

Geometry 页面如图 1-8 所示,用来输入换热器的基本结构信息,为详细结构信息的一部分。简单的选项释义见表 1-19,更加详细的选项释义查看 Exchanger Geometry 的其他部分。

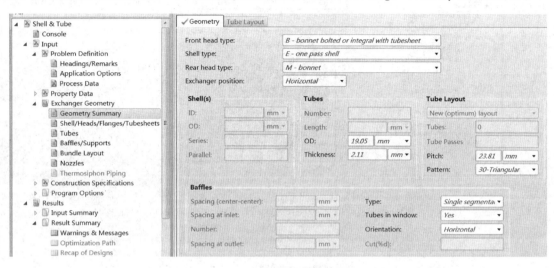

图 1-8　Geometry(结构参数)输入页面

表 1-19　Geometry(结构参数)选项释义

输入选项	选项释义	输入选项	选项释义
Front head type	前端结构类型	Shell type	壳体类型
Rear head type	后端结构类型	Exchanger position	换热器安装方位(卧式或立式)
Shell(s)-ID	壳体内径	Shell(s)-OD	壳体外径
Shell(s)-series	串联壳体数	Shell(s)-parallel	并联壳体数
Tubes-Number	换热管数	Tubes-Length	换热管长度
Tubes-OD	换热管外径	Tubes-Thickness	换热管壁厚
Tube Layout-Option	换热管布置方法	Tube Layout-Tubes	换热管总数
Tube Layout-Tube Passes	单个壳体内的管程数	Tube Layout-Pitch	管中心距
Tube Layout-Pattern	管子排列方式(30°、45°、60°、90°)	Baffles-Spacing(center-center)	折流板间距
Baffles-Spacing at inlet	进口处折流板间距	Baffles-Number	折流板数
Baffles-Spacing at outlet	出口处折流板间距	Baffles-Type	折流板类型
Baffles-Tubes in window	窗口区是否布管	Baffles-Orientation	折流板缺口方向
Baffles-Cut(%d)	折流板圆缺率		

(2)Tube Layout(换热管布置)

Tube Layout 页面如图 1-9 所示,用来在校核模式或模拟模式下编辑目前的换热管布置,

当**Input | Exchanger Gemetry | Geometry Summary | Geometry** 页面中的 Tube Layout（设计模式下不可用）选择"Use Existing Layout（使用现在的布置）"时，页面被激活，可在图中以交互方式进行增减换热管等操作。

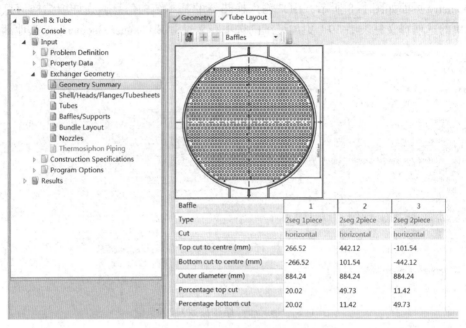

图 1-9　Tube Layout（换热管布置）页面

1.4.4.2　Shell/Heads/Flanges/Tubesheets（壳体/前后端结构/法兰/管板类型）

此页面主要用来设置壳体、前后端结构、法兰和管板类型，部分基本选项已在 Geometry Summary 选项释义中给出。

（1）Shell/Heads（壳体/前后端结构）

Shell/Heads 页面如图 1-10 所示，用来设置壳体/前后端结构的各项参数。

Shell/Heads（壳体/前后端结构）选项释义：

① Front head type（前端结构类型）

包括 A、B、C、N、D 五种结构类型。

② Shell type（壳体类型）

包括 E、F、G、H、I、J、K、X、D、M 十种壳体类型，其中 E、F、G、H、I、J、K、X 为 TEMA 壳体类型，D、M 为非 TEMA 壳体类型。

注：I、J 型壳体都为 TEMA 标准中的 J 型壳体，不同之处在于进出口方向相反且 I 型进口数量多于出口数量。

③ Rear head type（后端结构类型）

包括 L、M、N、P、S、T、U、W 八种结构类型。

④ Exchanger position（换热器安装方位）

选择安装方位为卧式或立式。

⑤ Location of front head for vertical units（对于立式换热器，前端结构的位置）

选择前端结构在顶部或底部。

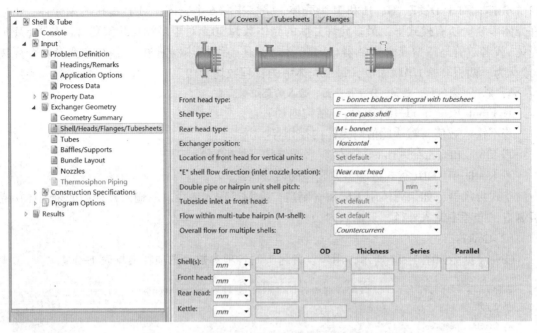

图1-10 Shell/Heads(壳体/前后端结构)输入页面

⑥ "E" shell flow direction inlet nozzle location(对于 E 型壳体,壳程进口管嘴的位置)
选择进口管嘴靠近壳体的前端结构或后端结构。

⑦ Double Pipe or Hairpin Unit Shell Pitch(对于 D 型或 M 型壳体,壳体中心线的间距)
用来定义 D、M 型换热器的 U 形弯头半径。

⑧ Flow within Multi-tube Hairpin (M-shell)(M 型换热器的总体流动)
规定 M 型换热器的总体流动为并流或逆流,此项对 D 型换热器也可用。

⑨ Overall Flow for Multiple Shells(串联的多壳体的总体流动)
串联的多壳体的总体流动形式分为"Countercurrent(逆流)""Co-current(并流)""Shell side parallel, tube side series(壳程并联,管程串联)"和"Tube side parallel, shell side series(管程并联,壳程串联)"四种。

⑩ Shell(s)-ID(壳体内径)
如果壳体用卷板制造,推荐输入此项,不输入壳体外径。如果使用釜式壳体,此值指进口管板处壳体内径。

⑪ Shell(s)-OD(壳体外径)
如果壳体用无缝钢管制造,推荐输入此项,不输入壳体内径。如果使用釜式壳体,此值指进口管板处壳体外径。

⑫ Shell(s)-Thickness(壳体壁厚)

⑬ Shell(s)-series(串联壳体数)、Shell(s)-parallel(并联壳体数)
在校核模式、模拟模式和寻找污垢模式下输入串/并联壳体数。"串联数为 X,并联数为 Y",是指冷热流体均分成 Y 股,每股流经串联的 X 个壳体。流经串联的 X 个壳体的某股流体,当 Overall Flow for Multiple Shells 设为"Shell side parallel, tube side series"或"Tube side parallel, shell side series"时,又会分为 X 股。所有模式下,对于 E、I、J 型壳体,最多串联

12 个壳体；对于 D、F、G、H 和 M 型壳体，最多串联 6 个壳体；对于 K 和 X 型壳体，不允许壳体串联。所有模式下，最多允许并联的壳体数为 50。对于多管马蹄型套管换热器（M 型壳体）或者双管马蹄型套管换热器（D 型壳体），其一组换热器通过 U 形连接管将两个壳体（或称为，两根套管）串联而成，每个壳体中的管程数均为"1"。

注：串并联壳体数，对 M、D 型换热器，输入的是组数。

⑭ Front/Rear head-ID（前/后端结构内径）

若不输入数值，默认此值与壳体内径相等。

⑮ Front/Rear head-Thickness（前/后端结构壳体壁厚）

⑯ Kettle-ID/OD（釜式再沸器大壳体的内/外径）

釜式再沸器，如果壳体用无缝钢管制造，推荐不输入内径，只输入外径；如果壳体用卷板制造，推荐不输入外径，只输入内径。

（2）Covers（封头）

Covers 页面如图 1-11 所示，用来设置封头的各项参数，选项释义见表 1-20。

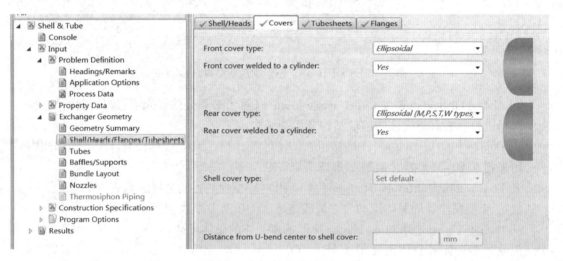

图 1-11　Covers（封头）输入页面

表 1-20　Covers（封头）选项释义

输入选项	选项释义
Front cover type	前端结构封头类型　当前端结构选择 B 型时，默认选择"Ellipsoidal（椭圆形封头）"。对于其他类型的前端结构，默认选择"Flat bolted（螺栓连接式平盖）"
Front cover welded to a cylinder	前端封头焊接到筒体　用来确定前端结构法兰（或半球形封头情况下的管板）与附属封头之间是否存在焊接筒体，默认选择"Yes"（半球形封头除外）
Rear cover type	后端结构封头类型　根据后端结构类型选择，螺栓连接式平盖适用于后端结构为 L、N、P 和 W 型的换热器；除螺栓连接式平盖、蝶形封头（Dished）外，其他封头适用于 M 型后端结构；碟形和椭圆形封头适用于 S 和 T 型后端结构

续表

输入选项	选项释义
Rear cover welded to a cylinder	后端结构焊接到筒体　用来确定后端结构法兰与所连接的封头之间是否存在焊接筒体，默认选择"Yes"；封头为半球形时指管板，默认选择"No"。本项仅用于后端结构为 M 型的换热器，其他情况忽略此项
Shell cover type	壳体封头类型　后端结构为 U 形管式、S 和 T 型换热器时必须设置此项。壳体封头可直接焊接在壳体上，或通过一对配套法兰用螺栓与壳体连接。对于后端结构为 U 形管式、S 和 T 型换热器，此项默认选择椭圆形封头
Distance from U-bend centre to shell cover	沿壳体纵轴从靠近 U 形弯头的直管末端到壳体封头内表面的距离

（3）Tubesheets（管板）

Tubesheets 页面如图 1-12 所示，用来设置管板的类型和各项参数，选项释义见表 1-21。管板类型影响换热器的热力设计和费用，常用的管板类型是标准单管板和双管板，前者应用较多。

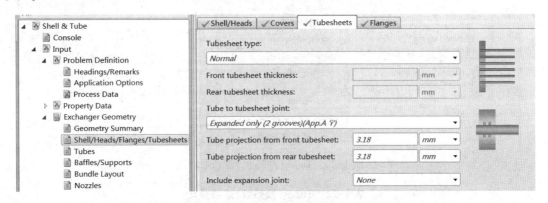

图 1-12　Tubesheets（管板）输入页面

表 1-21　**Tubesheets（管板）选项释义**

输入选项	选项释义
Tubesheet type	管板类型　包括单管板和双管板[①]，默认选择单管板
Front tubesheet thickness/Rear tubesheet thickness	前/后管板厚度　若不输入任何值，程序将自行计算管板厚度。在有效面积计算中，程序会根据管板厚度确定有效换热管长度
Tube to tubesheet joint	选择换热管和管板孔的连接形式　此项不影响热力计算，但影响换热器成本
Tube projection from front/rear tubesheet	超出管板的换热管长度　通常为 3 mm（1/8 in），当换热管末端与管板表面平齐时，此项值为 0
Include expansion joint	包含膨胀节　通过估算管程和壳程的膨胀差异，确定是否需要膨胀节。此项仅用于固定管板式换热器，不影响热力计算

① 双管板主要应用于对壳程和管程漏液程度限制较高的场合，虽然也应用于 U 形管式和浮头式换热器，但大部分还是用于固定管板式换热器。双管板缩短了与壳程流体接触的换热管长度，因此减小了换热器的有效换热面积，也影响了壳程管嘴的位置和折流板间距。常规型双管板在壳程和管程的管板之间存在一个约 150 mm（6 in）的空间；整体型双管板是由一块厚金属板经过机械加工而成的蜂巢状管板，这种设计可以让泄漏流体通过管板内部排出。

（4）Flanges（法兰）

Flanges 页面用来设置法兰类型。Flange type-hot Side（热侧的法兰类型）和 Flange type-cold Side（冷侧的法兰类型）的选择影响换热器的成本估算。

1.4.4.3　Tubes（换热管）

此页面主要用来对光管、低翅片管、纵向翅片管、换热管内插物和 KHT 螺旋扁管（麻花管）进行详细设置，部分基本选项已在 **Input | Exchanger Geometry | Geometry Summary** 的 Tubes 中给出。

（1）Tube（换热管）

Tube 页面如图 1-13 所示，用来输入换热管参数，选项释义见表 1-22。

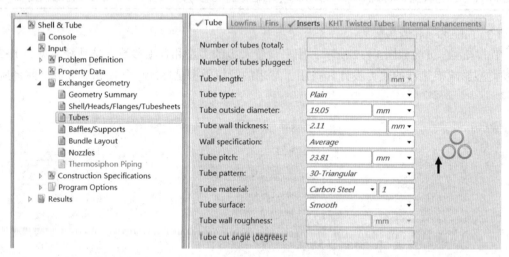

图 1-13　Tubes（换热管）输入页面

表 1-22　**Tubes（换热管）选项释义**

输入选项	选项释义
Number of tubes（total）	换热管总数　对于 U 形管式换热器，换热管个数就是管板上管孔的个数
Number of tubes plugged	假管①数　默认值为"0"。壳程布置和流动面积由总管数确定，但换热面积由总管数减去假管数确定。程序假定假管平均分布于不同的管程，并且可位于管程的任意位置，假管在 Tube Layout（换热管布置）图中以灰色圆圈表示。在 **Geometry Summary	Geometry	Tube Layout 选择"Use existing layout"**，可对假管进行设置
Tube length	换热管长度　对于 U 形管式换热器，指的是 U 形管直管段的长度
Tube type	换热管类型　默认选择光管
Tube outside diameter	换热管外径
Tube wall thickness	换热管壁厚
Wall specification	换热管壁厚限制参数　可选择"Minimum（最小壁厚）"或"Average（平均壁厚）"，前者要求换热管壁厚不低于规定壁厚；后者要求不高于或低于规定壁厚的 12%
Tube pitch	管中心距　直接输入数据或者从下拉列表框中选择标准的尺寸
Tube pattern	管子排列方式　与壳程错流方向有关，包含三角形、转角三角形、正方形和转角正方形（即 30°、60°、90°和 45°）四种类型

续表

输入选项	选项释义
Tube material	换热管材质 从下拉列表框中选择所需的换热管材质
Tube surface	换热管表面形式 主要影响管程压降，默认是"Smooth(光滑的)"，除非管子异常粗糙，否则不用"Commercial(商业的)"；"Use specified roughless(使用规定粗糙度)"可自定义管壁粗糙度
Tube wall roughness	管壁粗糙度
Tube cut angle（degrees）	管切角(度) 从换热管轴向算起的锐角角度(图1-14)，默认是90°，最小为15°，此角度影响回流冷凝器的液泛速度。增加换热管伸出管板的长度并将伸出切出一个角度，可提高液泛速度

① 在换热面积已满足要求的情况下，若管中心距偏大，会造成壳程流体换热效果不好，为了使流体在管间充分流动，需增设几根假管(管两端封死，管内无流体)。

（2）Lowfins(低翅片管)

进入 **Tubes** | **Tube** 页面，换热管类型选择"Lowfin tube(低翅片管)"，Lowfins 页面被激活，如图1-15所示，可在此页面输入低翅片管的各项参数，选项释义见表1-23。低翅片管的结构示意如图1-16所示。

图 1-14 管切角示意图

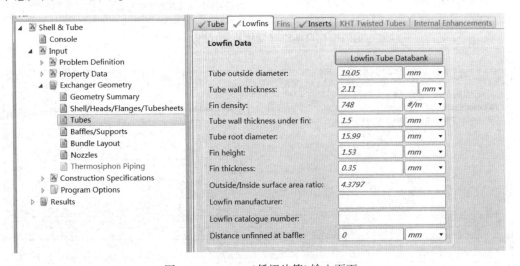

图 1-15 Lowfins(低翅片管)输入页面

进入 **Tubes** | **Lowfins** 页面，单击 **Lowfin Tube Databank** 按钮，可从软件自带的低翅片管数据库中选取设置好的低翅片管，低翅片管选择对话框如图1-17所示。

表 1-23 Lowfins(低翅片管)选项释义

输入选项	选项释义
Lowfin Tube Databank	低翅片管数据库 选择换热管所在行，单击使其变亮，再单击OK，数据将会直接写入输入页面
Tube outside diameter	换热管外径
Tube wall thickness	换热管壁厚

续表

输入选项	选项释义
Fin density	单位管长的翅片数
Tube wall thickness under fin	翅片下管壁厚
Tube root diameter	翅片管根部直径
Fin height	翅片高度
Fin thickness	翅片厚度
Outside/Inside surface area ratio	单位管长下管外总换热面积（包括翅片和无翅片部分）与管内换热面积的比值
Lowfin manufactuer	低翅片管制造商
Lowfin catalogue number	低翅片管产品编号
Distance unfinned at baffle	在折流板处无翅片的光管长度（如果折流板间距小于 305 mm，则认为换热管在整个长度均有翅片，此时输入的任何值都将被忽略）

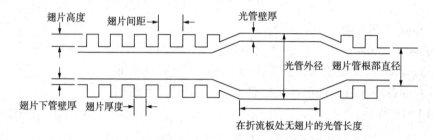

图 1-16　Lowfins(低翅片管)结构示意图

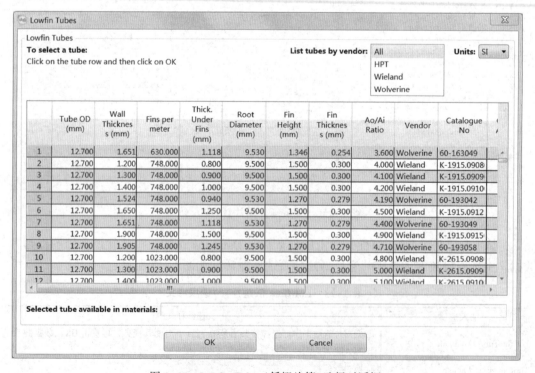

图 1-17　Lowfin Tubes(低翅片管)选择对话框

（3）Fins（其他翅片管）

进入**Tubes | Tube**页面，换热管类型选择"Longitudinal fin（纵向翅片管）"或"Other（radial）fin（其他〔径向〕翅片管）"，Fins页面被激活，如图1-18所示，用来输入纵向翅片管和其他（径向）翅片管的参数，选项释义见表1-24。

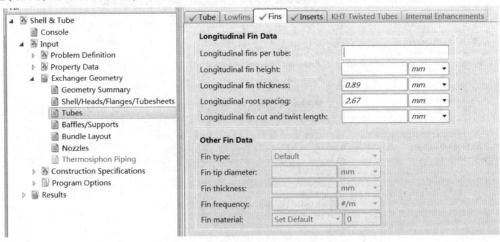

图1-18　Fins（其他翅片管）输入页面

表1-24　Fins（其他翅片管）选项释义

输入选项	选项释义
Longitudinal fins per tube	每根换热管上纵向翅片数　校核和模拟模式下，必须输入此项；设计模式下，程序将会自动计算出翅片数
Longitudinal fin height	纵向翅片管上翅片高度　注意与管中心距相匹配，校核和模拟模式下，必须输入此项；设计模式下，程序将会自动计算出翅片高度
Longitudinal fin thickness	纵向翅片厚度
Longitudinal root spacing	相邻翅片间距（以翅片根部为基准）
Longitudinal fin cut and twist length	纵向翅片剪切和扭转的间距　此项用来输入纵向翅片的连续径向缺口的间距，缺口间距如图1-19所示，默认无缺口
Fin type	翅片类型
Fin tip diameter	翅片尖端直径
Fin thickness	翅片厚度　是指翅片的平均厚度
Fin frequency	翅片密度　是指单位管长的翅片数
Fin material	翅片材质

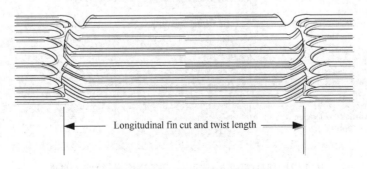

图1-19　纵向翅片径向缺口间距

(4)Inserts(内插物)

Inserts 页面如图 1-20 所示,用于使用内插物的换热管,选项释义见表 1-25。

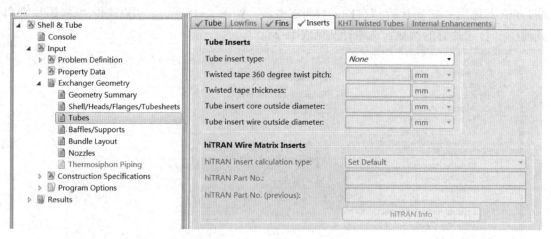

图 1-20　Inserts(内插物)输入页面

表 1-25　**Inserts(内插物)选项释义**

输入选项	选项释义
Tube insert type[①]	内插物类型
Twisted tape 360 degree twist pitch	扭转 360°的纽带间距
Twisted tape thickness	纽带的厚度
Tube insert core outside diameter	KHT 内插物(比换热管稍细的管子)的外径
Tube insert wire outside diameter	缠有线圈的 KHT 内插物的外径
hiTRAN Insert Calculation Type[①]	hiTRAN 内插物计算类型[①]

① 需要安装 hiTRAN 丝网计算库,用来计算单相管程传热膜系数和摩擦压降,并用其帮助完成内插物选择。

(5)KHT Twisted Tubes(KHT 螺旋扁管)

进入**Tubes ｜ Tube** 页面,换热管类型选择"KHT twisted Tube",KHT Twisted Tubes 页面被激活,如图 1-21 所示,用来输入 KHT 螺旋扁管的各项参数,选项释义见表 1-26。

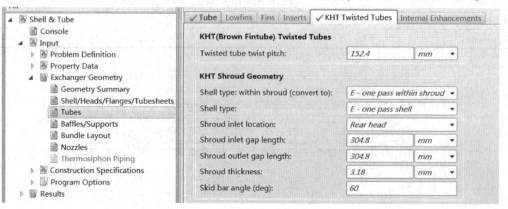

图 1-21　KHT Twisted Tubes(KHT 螺旋扁管)输入页面

表 1-26 KHT Twisted Tubes(KHT 螺旋扁管)选项释义

输入选项	选项释义
Twisted tube twist pitch	螺旋扁管节距
Shell type: within shroud (convert to)	壳体类型(带有保护罩[①]) K 型壳体无保护罩,目前尚不存在 X 型壳体带螺旋扁管的模型
Shell type	壳体类型
Shroud inlet location	壳程流体进管束的保护罩缺口位置 适当布置缺口位置可改变壳体类型,例如使 E 型壳体转化为 F 型壳体
Shroud inlet gap length	壳程流体进管束的保护罩缺口长度
Shroud outlet gap length	壳程流体出管束的保护罩缺口长度
Shroud thickness	保护罩壁厚
Skid bar angle (deg)	滑轨角度 滑轨支持保护罩和管束,增加或减少滑轨角度可限制或增加通道的流动面积

① 保护罩是管壳式换热器壳内的一个包裹在管束外侧的金属夹套,在保护罩上设置合适的缺口,可使管壳式换热器的壳程流体流动方式发生很大改变。

(6)Tube Internal Enhancement(内部强化)

可通过此项选择带有内部强化的商业换热管。对于内部强化,现在选择的是用于高雷诺数单相流的带有内部强化设计的 Wolverine 换热管;对于外部强化,也有为沸腾或冷凝而设计的 Wolverine 换热管,然而这些管子在程序中缺少强化模型,可通过规定壳程传热膜系数或用一个乘数乘以传热膜系数解决。

1.4.4.4 Baffles/Supports(折流板/支持板)

此页面主要用来详细设置折流板、换热管支持板、纵向隔板和可变折流板间距,部分基本设置已在**Input | Exchanger Geometry | Geometry Summary** 的 Baffles 中进行了设置。

(1)Baffles(折流板)

Baffles 页面如图 1-22 所示,用来输入折流板的各项参数。

① Baffle type(折流板类型)

折流板类型分为"Single segment(单弓形折流板)""Double segment(双弓形折流板)""Triple segment(三弓形折流板)""Unbaffled(无折流板)""Rod(折流杆)"几种类型。K、X 和 D 型壳体一般不安装折流板,默认选择无折流板,其余壳体默认选择单弓形折流板,M 型壳体不支持折流杆。

弓形折流板为最常用的折流板类型,大部分的管壳式换热器均采用此折流板。使用单弓形折流板虽能使壳程传热膜系数最高,但也会使压降最大;使用间距相同的双弓形折流板能够显著降低压降(通常在 50%~75%),但同时也会降低传热膜系数。

② Tubes are in baffle window(窗口区是否布管)

涉及换热管是否容易出现振动的问题,窗口区不布管不易有振动问题。"Tubes in window(窗口区布管)"代表着某些换热管不通过所有折流板,因此这些换热管有较长的无支持跨度,易发生振动问题;"No tubes in window(窗口区不布管)"代表所有换热管通过每一块折流板,如图 1-23 所示。

③ Baffle cut %-inner/outer/intermediate(折流板圆缺率—内侧/外侧/中部)

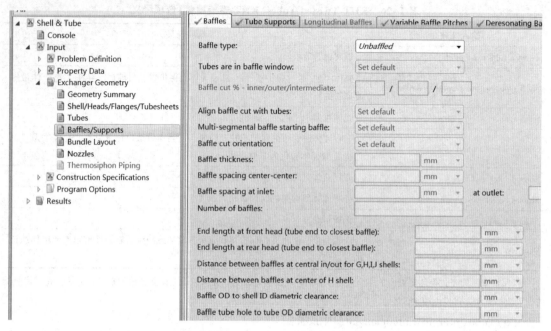

图 1-22　Baffles(折流板)输入页面

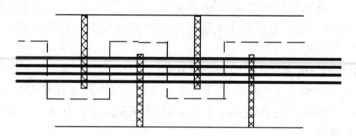

图 1-23　窗口区不布管示意图

折流板缺口位置示意如图 1-24 所示。

④ Align baffle cut with tubes(折流板缺口与换热管对齐)

如果选择"Yes"，程序将调整折流板缺口位置使其通过一排换热管的中心线或者两排换热管之间的中心线；如果选择"No"，程序使用输入的折流板圆缺率。

⑤ Multi-segmental baffle starting baffle(多弓形折流板的起始折流板)

可选"one piece(一块)""two piece(二块)""three piece(三块)"。

⑥ Baffle cut orientation(折流板缺口方向)

折流板缺口方向选择 Horizontal(水平)或 Vertical(垂直)。对于立式换热器，可将其想象成壳程管嘴在上的卧式换热器。水平缺口方向用于上下流动，垂直缺口方向用于左右流动。对壳程沸腾和冷凝，上下流动有潜在的相分离问题(特别是对于冷凝)，此时用垂直缺口方向比较好。

⑦ Baffle thickness(折流板厚度)

⑧ Baffle spacing center-center(折流板中心间距)

校核模式和模拟模式下，输入相邻折流板的中心间距；设计模式下，可通过设定最大折

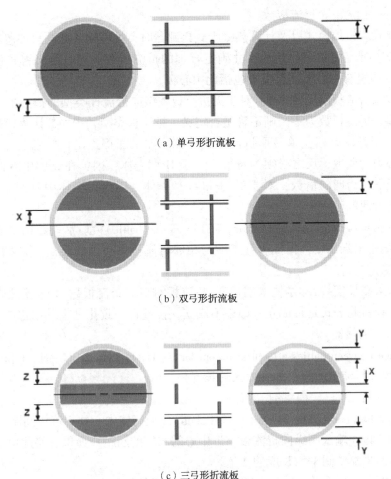

（a）单弓形折流板

（b）双弓形折流板

（c）三弓形折流板

图 1-24　折流板缺口位置示意图

Y—Outer Baffle Cut（外侧折流板缺口）；

X—Inner Baffle Cut（内侧折流板缺口）；

Z—Intermediate Baffle Cuts（中部折流板缺口）

流板间距对设计过程进行限制，如果不设定此值，则默认折流板间距最大能达到壳体直径。

⑨ Baffle spacing at inlet（进口处折流板间距）和 Baffle spacing at outlet（出口处折流板间距）

进口处折流板间距，与壳程进口管嘴的位置有关，是确定折流板位置的一种方法。

a. 对于管嘴处于后端的换热器来说，指的是管板内表面到相邻第一块折流板中心面的间距，若存在一个全支持板，则从支持板中心面开始测量；对于 U 形管式换热器，指的是靠近 U 形弯头的直管末端到折流板中心面的距离，如果折流板正好在 U 形弯头的起点处，则距离为零。

b. 对于处于换热器中间的管嘴，指的是从管嘴中心线到最近的折流板中心面的距离，程序默认此管嘴下方存在全支持板，但不管实际是否存在支持板，都假定管嘴下方存在支持板，这意味着：对于 I 或者 J 型壳体换热器，折流板进口和出口的间距通常相同（除一些特殊情况，例如使用 U 形管）。

一般仅允许输入进口处折流板间距，出口处折流板间距是一个计算值，会显示在输入页面中。

⑩ Number of baffles（折流板数）

在校核模式、模拟模式以及计算热虹吸式再沸器时，推荐输入此项，如忽略此项，程序将会依据管长、折流板间距和其他尺寸确定合理的折流板数，同时给出警告信息。对 I、J和 G 型壳体，假定有中心板，总板数包括此中心板。

折流板数比折流板间隔数多 1。对于无折流板类型或折流杆类型的换热器，无须输入折流板数。若输入折流板数为零，则不管是否定义了折流板类型，程序都认为换热器不存在折流板。对于 E 型壳体无相变单弓形折流板换热器，如果壳程进出口管嘴位于壳体的两侧，则折流板数必须为偶数，反之必须为奇数。对于 H 型壳体，因为在壳体中有四个折流板区域，故折流板数应为四的倍数；对于 I、J 和 G 型壳体，因为在壳体中有两个折流板区域，故折流板数应为偶数。

⑪ End length at front/rear head（tube end to closest baffle）（前/后端结构末端长度）

前/后端结构末端长度，指换热管末端与相邻折流板中心面的距离（包含管板厚度和超出管板的管长）。

前端结构末端长度+后端结构末端长度+折流板间距×（折流板数-1）= 换热管总长度，程序在计算中会校验此等式是否成立，如果不成立，会进行一致化处理并给出警告信息（此式不适用 U 形管式换热器）。

⑫ Distance between baffles at central in/out for G, H, I, J shells（G、H、I 和 J 型壳体中心进口/出口管嘴处折流板间距，即管嘴区的长度）

详见附表 A-1 中符号"Cl"的长度释义。

⑬ Distance between baffles at center of H shell（H 型壳体中心处折流板间距）

如果无折流板，输入两纵向折流板靠近中心的末端的间距；如果忽略此项设置，它常被估计为换热器两末端空间平均长度的 2 倍。

⑭ Baffle OD to shell ID diametric clearance（折流板外径与壳体内径的径向间隙）

⑮ Baffle tube hole to tube OD diametric clearance（折流板上管孔与换热管外径的径向间隙）

（2）Tube Supports（换热管支持板）

Tube Supports 页面如图 1-25 所示，用来输入换热管支持板/空挡板的各项参数，选项释义见表 1-27。

表 1-27　Tube Supports（换热管支持板）选项释义

输入选项	选项释义
Special inlet nozzle support	壳程进口管嘴处是否存在特殊支持　仅仅影响振动固有频率，帮助减少和消除进口区域的振动问题。对 X 型壳体（和 K 型壳体），推荐应用中间支持板
Support or blanking baffle at rear end	后端结构是否存在支持板或空挡板　后端结构为 S 和 T 型的换热器默认存在支持板或空挡板，其他类型的后端结构默认不存在。支持板或空挡板有时用于 U 形管束，如果使用固定支持板或空挡板，U 形弯头将被振动计算排除在外。原则上可以用于任何后端结构，但仅正常用于可抽式浮头。当有支持板或空挡板时，应规定超出此板的换热管长度，超出的长度对换热无影响。一般假定采用常规支持，如果使用厚支持板或空挡板来最小化换热管旋转，可考虑选用固定支持。支持的类型影响换热管振动的固有频率。"Support only（只使用支持板）"只用于 X、K 型壳体

续表

输入选项	选项释义
Length of tube beyond support/blanking baffle	超出支持板/空挡板的换热管长度 指挡板和管板之间的换热管长度，包括挡板厚度，若换热管超出管板，则包括管板厚度和换热管伸出的部分。对于 U 形管束，指最后一块挡板离后端较远的一面与直管段末端的距离，因此当空挡板安装在 U 形弯头开始处时，超出的换热管长度即为空挡板的厚度
Number of extra supports for U-bends	U 形弯头处的支持板数
Number of supports at K, X shells	K 或 X 型壳体的支持板数
Number of supports between central baffles	中间折流板之间的支持板数 仅用于窗口区不布管的换热器
Number of supports at front head end space	前端结构处末端区域内的支持板数 仅用于窗口区不布管的换热器
Number of supports at rear head end space	后端结构处末端区域内的支持板数 仅用于窗口区不布管的换热器
Number of supports at center of H shell	H 型壳体中间处的支持板数
Number of supports at inlet/outlet for G, H, I, J shells	对 G、H、I、J 型壳体，壳程进/出管嘴处的支持板数

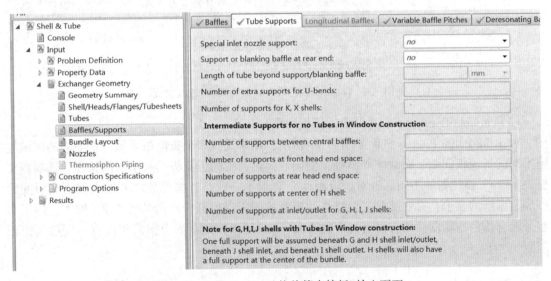

图 1-25 Tube Supports(换热管支持板)输入页面

（3）Longitudinal Baffles(纵向隔板)

Longitudinal Baffles 页面如图 1-26 所示，用来输入纵向隔板的各项参数，仅用于壳体类型为 F、G 和 H 型，选项释义见表 1-28。

表 1-28 **Longitudinal Baffles(纵向隔板)选项释义**

输入选项	选项释义
Window length at rear head for F, G, H shells	F、G 和 H 型壳体后端结构处窗口长度 指壳体末端与纵向隔板末端的间距

续表

输入选项	选项释义
Window length at front head for G, H shells	G 和 H 型壳体前端结构处窗口长度　指管板在壳程的侧面与纵向隔板起始处的距离
Window length at center for H shells	H 型壳体中心处窗口长度　指两个纵向隔板末端的间距
Baffle thickness	纵向隔板厚度
Percent leakage across longitudinal baffle	纵向隔板处泄漏百分数　输入壳程流体在纵向隔板处泄漏百分数的估计值，只用于 F、G 和 H 型这三种壳体。当输入值非 0 时，对于壳程流体（特别是单相流体）的物性数据（特别是比焓），应尽可能使它的温度范围超过换热器出口温度
Longitudinal baffle to bundle clearance	对 F、G 和 H 型壳体，纵向隔板表面与相邻换热管表面之间的间隙

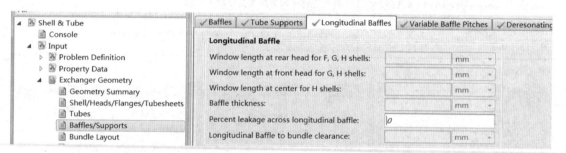

图 1-26　Longitudinal Baffles（纵向隔板）输入页面

（4）Variable Baffle Pitches（可变折流板间距）

Variable Baffle Pitches 页面如图 1-27 所示，用来设置多个折流板区域，在不同的区域规定不同的折流板间距、圆缺率等参数，使同一换热器中的折流板具有不同的特征，选项释义见表 1-29。换热器的不同部分对折流板间距要求不一致，有些部分需要较大的折流板间距以满足压降的要求，有些部分需要较小的折流板间距以保证合理的传热系数（例如，用于多组分混合物的冷凝器、伴有显著过冷的冷凝器），可以在此页面根据需要设置不同的折流板间距。

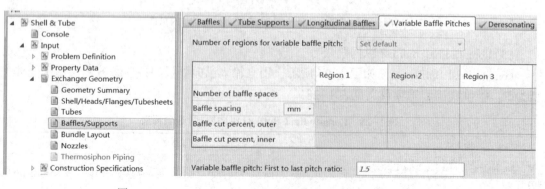

图 1-27　Variable Baffles Pitches（可变折流板间距）输入页面

表 1-29　**Variable Baffles Pitches**(可变折流板间距)选项释义

输入选项	选项释义
Number of regions for variable baffle pitch	可变折流板间距的区域数　最多可定义四个折流板区域。默认选择"1",此时所有的折流板具有相同的折流板间距和圆缺率。当采用不同的折流板区域时,可以规定不同的折流板间距和圆缺率,通过此方法可设置不同类型的折流板。换热器的末端空间不计入折流板区域
Number of baffle spaces	不同区域内折流板间距数
Baffle spacing①	不同区域内折流板间距
Baffle cut percent outer	不同区域内的折流板外侧圆缺率　若在折流板主输入页面规定了圆缺率,则此值将作为所有区域圆缺率的默认值。三弓形折流板不能进行可变折流板间距的设置
Baffle cut percent inner	不同区域内的折流板内侧圆缺率　对于双弓形折流板,圆缺率为折流板中心线到折流板缺口的距离与壳体内径的比值
Variable baffle pitch:First to last pitch ratio	接近壳程进口处和接近壳程出口处的折流板间距比　热流体的体积流量会减少,其值应大于 1;冷流体的体积流量会增加,其值应小于 1

① 每个折流板区域的总长度等于此区域内折流板间距乘以间距数,规定时需要注意一致性原则。对于 E 型壳体,如果在折流板主输入页面规定了折流板数和折流板间距,则总折流板区域长度就已确定,此时需要注意可变间距折流板的所有区域总长度是否与前面一致,否则程序会自动调整折流板间距并发出警告。若未在折流板主输入页面规定折流板数和折流板间距,程序将根据用户规定的可变折流板间距的信息进行设置。对于分流型壳体,用户只需要规定其中一个路径的折流板区域,其余的对称路径按相同方式处理。对于 F、G 和 H 型壳体,对称区域的折流板区域总长度必须一致,否则程序会自动调整折流板间距并发出警告。

(5)Deresonating Baffles(消音板)

Deresonating Baffles 页面如图 1-28 所示,用来设置消音板以消除声振动,选项释义见表 1-30。消音板放置在每个折流板间距内,偏离中心且平行于错流方向,如图 1-29 所示,通常放置在壳体直径大约三分之一或三分之二处,用以阻止基频波和一次谐波,如果放置在壳体直径中心,则只能阻止基频波。消音板不会出现在换热管布置(Tube Layout)结果中,仅用于内部计算。如果要放置消音板,需要在输入页面中扣除消音板占用的管数。

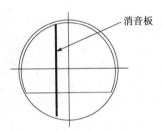

图 1-29　消音板示意图

图 1-28　Deresonating Baffles(消音板)输入页面

表1-30　Deresonating Baffles（消音板）选项释义

输入选项	选项释义
Number of Deresonating Baffles	消音板数
Largest Deresonating Baffle-Baffle or Baffle-Shell Distance	消音板与折流板或壳体之间的最大间距

1.4.4.5　Bundle Layout（管束布置）

此页面主要对管束布置参数、布管限定圆/管程通道、拉杆/定距管、换热管布置、管程细节进行详细设置，部分基本设置选项已在 Geometry Summary 的 Baffles 中给出。

（1）Layout Parameters（管束布置参数）

Layout Parameters 页面如图1-30所示，用来对管束布置进行详细设置，选项释义见表1-31。

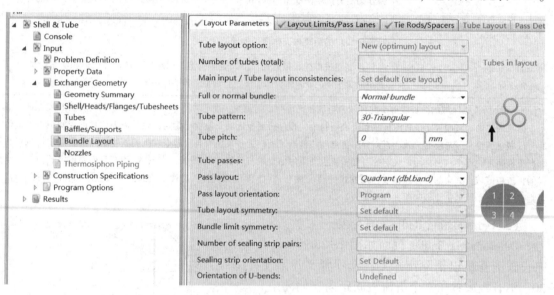

图1-30　Layout Parameters（管束布置参数）输入页面

表1-31　Layout Parameters（管束布置参数）选项释义

输入选项	选项释义
Tube layout option[①]	换热管布置方法　用来确定管束中每根换热管的位置。如果计算的换热管数和规定的换热管数有很大不同，可能是设置的管束布置不合适
Number of tubes（total）	规定的换热管总数　对于 U 形管式换热器，换热管的个数就是管板上管孔的个数
Tubes in layout	计算的换热管总数（根据换热管的当前布置）
Main input/Tube layout inconsistencies	主要输入/换热管布置不一致性　当现有的管束布置与输入数据不一致时，程序选择如何处理
Full or normal bundle	全部或正常管束　布管方式："Normal"，移除管嘴下方的换热管；"Full"，不移除管嘴下方的换热管。对于 D 型换热器和无折流板（unbaffled）的 M 型换热器，需要规定为"Full"型。当规定 Remove tubes under nozzle 时，可以无视"Normal"或"Full"设置。Remove tubes under nozzle 位于**Input ｜ Exchanger Geometry ｜ Nozzles ｜ Shell Side Nozzles** 页面

续表

输入选项	选项释义
Tube pattern	管子排列方式(30°、45°、60°、90°)
Tube pitch	管中心距 直接输入数据或者从下拉列表框中选择标准的尺寸
Tube passes	管程数 单个壳程内的管程数(程序允许的最大管程数为16,奇数、偶数均可,但奇数较少见);对于F、G和H型壳体,此值是指每个壳体内的总管程数;对于D和M型壳体,每个壳体管程数均为1,此项要么忽略,要么输入"1"
Pass layout[②]	管程布置 对四管程或更多管程选择布置方式。对热力设计有主要影响,因为每种布置方式可能有不同管数
Pass layout orientation	管程布置方向 此项用来设置管程分程是水平还是竖直
Tube layout symmetry	管束布置对称性 此项的选择会影响换热管总数,一般来说,"No Symmetry Enforced(不强制对称)"的管数大于"Standard symmetry(标准对称)""Standard symmetry"的管数大于"Full symmetry(完全对称)"
Bundle limit symmetry	是否限制管束对称 如果限制,管束布置将默认选择"Full symmetry"
Number of sealing strip pairs	旁路挡板(密封条)的对数
Sealing strip orientation	旁路挡板的方向 选择旁路挡板方向为平行于折流板缺口或径向布置
Orientation of U-bends	U形弯头的方向 U形弯头的平面是水平还是竖直,有时通过管程布置方向即可确定

① 包括"Use existing layout(使用当前布置)""New(optimum)Layout(新的优化布置)""New,match pass details(新的,匹配管程细节)"和"New,match tubecount(新的,匹配管数)"四种方法。

a. Use existing layout 使用其他三种方法得到的换热管布置,并利用图形交互方式进行增减换热管等操作。

b. New(optimum)Layout 程序每运行一次,会忽略当前换热管布置,根据输入的结构参数重新布置换热管。使用此方法时,为避免布置的管数与指定的管数不一致引起警告,应尽量避免指定管数,当两种管数偏差不大时,可视情况忽略警告。

c. New,match pass details 通过规定每个管程区域换热管的行数和列数确定所有换热管位置,从而匹配已有换热管布置。

d. New,match tubecount 匹配已有换热管布置的一种更粗略方法。换热管布置方法同New(optimum)Layout,程序根据指定的管数粗略地布置换热管,然后可在Use existing layout方法下人为移除换热管,直至匹配指定的管数。如果指定的管数大于优化布置的管数,则不执行任何操作。

② 多管程布置方式包括"Quadrant(double banded)(十字形分程)""Mixed(H banded)(工形分程)"和"Ribbon(single banded)(平行分程)"。

a. Quadrant(double banded) 此布置通常(但不总是)具有最多管数的优势。对于具有四管程或更多管程的U形管式换热器需要这样的布置。十字形分程布置时,管程的管嘴必须偏移中心线。对带有纵向隔板的6、10或14管程,程序会自动避免采用此设计,以免纵向隔板横贯一个管程。

b. Mixed(H banded) 工形分程布置具有使管程管嘴在中心线的优势。换热管数量常常接近十字形分程布置,有时还会超过。对于带纵向隔板的4、8、12或16管程,程序会自动避免采取工形分程布置。

c. Ribbon(single banded) 平行分程布置的管数比十字形分程布置和工形分程布置的少。对于奇数管程,程序常常采用此布置,X型壳体也常采用此布置。平行分程布置的主要优势为,从管板顶部到底部,相邻换热管的操作温度变化更平缓。当管程温度变化较大时,这种温度变化具有优势,因为工形分程布置和十字形分程布置可能会产生很大的热应力。

(2)Layout Limits/Pass Lanes(布管限定圆/管程通道)

Layout Limits/Pass Lanes页面如图1-31所示,用来对管束进行具体限制,选项释义见表1-32。

- Shell & Tube
  - Console
  - Input
    - Problem Definition
    - Property Data
    - Exchanger Geometry
      - Geometry Summary
      - Shell/Heads/Flanges/Tubesheets
      - Tubes
      - Baffles/Supports
      - Bundle Layout
      - Nozzles
      - Thermosiphon Piping
    - Construction Specifications
    - Program Options
  - Results

| ✓ Layout Parameters | ✓ Layout Limits/Pass Lanes | ✓ Tie Rods/Spacers | Tube Layout | Pass Details |

Open space between shell ID and outermost tube

Open distance at top of layout:		mm ▾
Open distance at bottom of layout:		mm ▾
Open distance on left side of layout:		mm ▾
Open distance on right side of layout:		mm ▾
Shell ID to outer tube limit diametric clearance:		mm ▾
Outer tube limit diameter:		mm ▾

Pass Partition Lanes

Horizontal pass partition width:		mm ▾
Vertical pass partition width:		mm ▾
Minimum U-bend diameter:		mm ▾
Number of horizontal pass partition lanes:		
Number of vertical pass partition lanes:		
Cleaning lane or tube alignment:		Aligned for cleaning lanes ▾

图 1-31　Layout Limits/Pass Lanes(布管限定圆/管程通道)输入页面

表 1-32　Layout Limits/Pass Lanes(布管限定圆/管程通道)选项释义

输入选项	选项释义
Open distance at top of layout	最顶部一行换热管边缘与壳体内表面的距离　具体如图 1-32 所示
Open distance at bottom of layout	最底部一行换热管边缘与壳体内表面的距离
Open distance on left side of layout	最左侧一列换热管边缘与壳体内表面的距离
Open distance on right side of layout	最右侧一列换热管边缘与壳体内表面的距离
Shell ID to outer tube limit diametric clearance	布管限定圆(包含管束所有换热管的最小圆)与壳体内壁的径向间隙　主要用来确定壳程绕过管束的旁路流分数。对于釜式再沸器，壳体内壁指靠近前端结构的壳体内壁。如果输入间隙值为 0，则表明换热管和壳壁实际接触。默认值由后端结构的类型决定。对于 D 型换热器，本项设置无效
Outer tube limit diameter	布管限定圆直径　包含管束所有换热管的最小圆周直径，即此圆周外不存在换热管，仅用于校核模式
Horizontal pass partition width	水平分程隔板通道宽度　具体如图 1-33(a)所示，对于立式换热器，将换热器想象成壳程进口管嘴在上的卧式换热器来判断通道的方位。宽度为换热管表面间距(光管表面，忽略任何翅片)
Vertical pass partition width	垂直分程隔板通道宽度　具体如图 1-33(b)所示，对于立式换热器，将换热器想象成壳程进口管嘴在上的卧式换热器来判断通道的方位。宽度为换热管表面间距(光管表面，忽略任何翅片)
Minimum U-bend diameter	U 形弯头的最小直径　最里面 U 形弯头的管中心线到管中心线的间距，默认值为换热管外径的 3 倍
Number of horizontal pass partition lanes	水平分程隔板通道数　对于立式换热器，指垂直于进口管嘴的通道
Number of vertical pass partition lanes	垂直分程隔板通道数　对于立式换热器，指平行于进口管嘴的通道
Cleaning lane or tube alignment	清洗通道或换热管对齐　用来确定相邻管程换热管的行和列是否对齐，可用于任何换热管布置方式，但当需要清洗通道时，特别适合用于 45°或 90°的管子排列方式

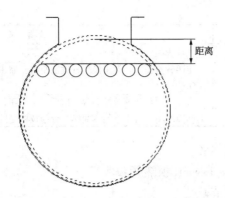

图 1-32 最顶部一行换热管边缘与壳体内表面的距离示意图

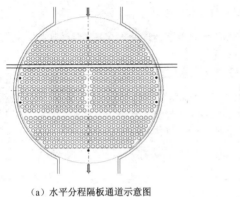
（a）水平分程隔板通道示意图

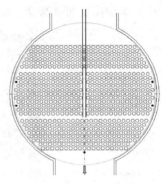
（b）垂直分程隔板通道示意图

图 1-33 分程隔板通道示意图

（3）Tie Rods/Spacers（拉杆/定距管）

Tie rods/Spacers 页面如图 1-34 所示，用来输入拉杆和定距管的参数，选项释义见表 1-33。通过使用拉杆，将折流板固定在合适的管束位置上。拉杆用螺母固定在管板上，折流板之间的定距管固定在拉杆上。

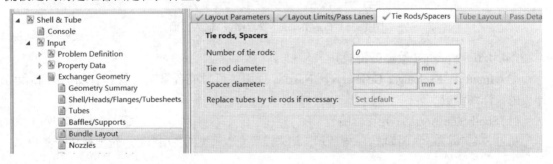

图 1-34 Tie Rods/Spacers（拉杆/定距管）输入页面

表 1-33 Tie Rods/Spacers（拉杆/定距管）选项释义

输入选项	选项释义
Number of tie rods	拉杆数 程序优化拉杆位置，使管孔数最大，拉杆数可取 4~12 之间任意偶数，或者默认选择 TEMA 标准要求的数

输入选项	选项释义
Tie rod diameter	拉杆直径
Spacer diameter	定距管直径　一般用换热管做定距管，如 3/8 in 的拉杆用 5/8 in 的换热管做定距管
Replace tubes by tie rods if necessary	必要时用拉杆替换换热管　拉杆正常放在管束的外缘，但是如果壳体与管束的间隙较小，需要移除一些换热管给拉杆提供空间

（4）Tube Layout（换热管布置）

详见 1.4.4.1 节中"Tube Layout（换热管布置）"。

（5）Pass Details（管程细节）

进入**Bundle Layout | Layout Parameters** 页面，Tube layout option 选择"New，match pass details"，Pass Details 页面被激活，如图 1-35 所示。

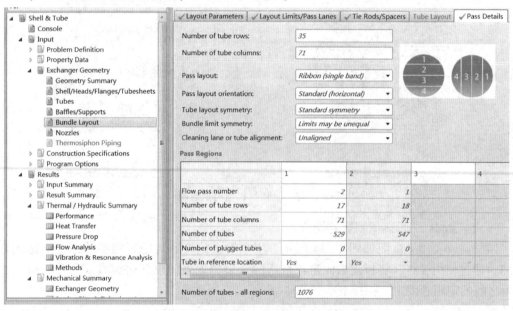

图 1-35　Pass Details（管程细节）输入页面

1.4.4.6　Nozzles（管嘴或接管）

进入**Input | Exchanger Geomery | Nozzles** 页面，可对壳程管嘴、管程管嘴、圆罩和防冲板进行详细设置。

（1）Shell Side Nozzles（壳程管嘴）

Shell Side Nozzles 页面如图 1-36 所示，用来设置壳程管嘴的各项参数，选项释义见表 1-34。

表 1-34　Shell Side Nozzles（壳程管嘴）选项释义

输入选项	选项释义
Use separate outlet nozzles for hot side liquid/vapor flows	热流体的气液两相是否采用不同的出口管嘴
Use the specified nozzle dimensions in 'Design' mode	设计模式中使用的管嘴尺寸　若选择"No"，程序根据工况参数确定合适的管嘴尺寸

续表

输入选项	选项释义
Nominal pipe size	公称尺寸 如果管嘴使用标准管,可从下拉列表框中选择所需的换热管标准和公称尺寸,程序将查阅相应的公称直径和实际外径,并通过计算确定壁厚和实际内径。若不从下拉列表框选择(即不使用标准管),需规定实际外径或内径
Nominal diameter / Actual OD / Actual ID	管嘴公称直径/实际外径/实际内径
Wall Thickness	管嘴壁厚
Nozzle orientation	管嘴方向 在壳体圆周上的管嘴方向(以前端结构为基准观察)
Distance to front tubesheet	到前管板的距离 管嘴中心线与前管板管程面的距离
Number of nozzles	壳体上的管嘴数
Multiple nozzle spacing	多管嘴的间距
Nozzle / Impingement type	进口防冲保护类型(防冲板、圆罩、气相环形导流筒) 主要用来保护进口管嘴下的换热管
Remove tubes below nozzle	是否移除管嘴下方的换热管 "Equate Areas(流通面积相等)",指流体通过管嘴的面积与进入管束的面积相等;"In Projection(投影面积相等)",指管嘴下方的管束圆缺线与管嘴根部平齐,如图1-37所示
Maximum nozzle RhoV2	管嘴内 ρv^2 的最大值
Shell side nozzle flange rating	壳程管嘴法兰等级
Shell side nozzle flange type	壳程管嘴法兰类型
Shell side nozzle location options	壳程管嘴位置设置 对于卧式壳体,管嘴通常位于不同侧;对于立式壳体或者单相壳程流体,管嘴位于同侧可能更具优势,例如方便配管或增加一块折流板
Location of nozzle at U-bend	U形管式换热器U形弯头处的壳程管嘴的相对位置
Nozzle diameter displayed on TEMA sheet	TEMA数据表中显示的管嘴直径 选择显示管嘴的内径、外径或公称直径

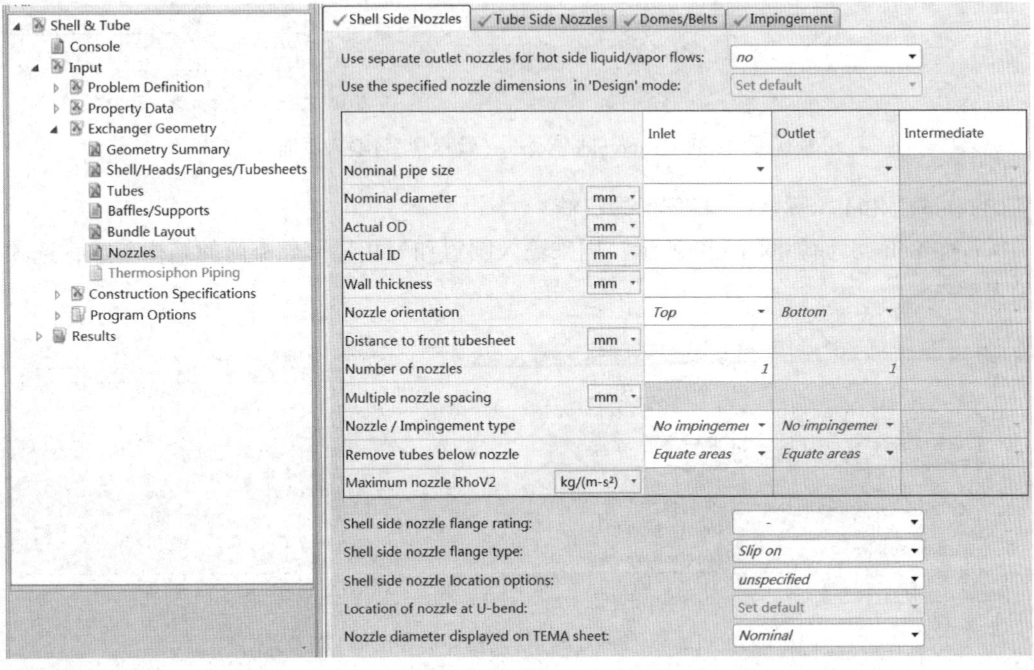

图1-36 Shell Side Nozzles(壳程管嘴)输入页面

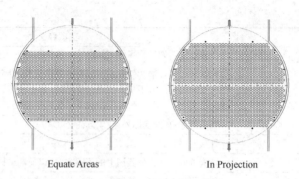

图 1-37　Equate Areas（流通面积相等）与 In Projection（投影面积相等）示意图

（2）Tube Side Nozzles（管程管嘴）

Tube Side Nozzles 页面如图 1-38 所示，与 Shell Side Nozzles（壳程管嘴）页面相似，在此不再赘述。

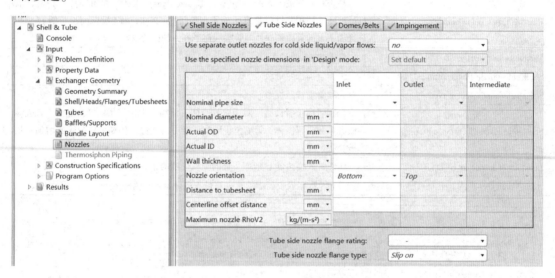

图 1-38　Tube Side Nozzles（管程管嘴）输入页面

（3）Domes/Belts（圆罩/气相环形导流筒）

Domes/Belts 页面如图 1-39 所示，用来输入圆罩和气相环形导流筒的结构参数，选项释义见表 1-35。

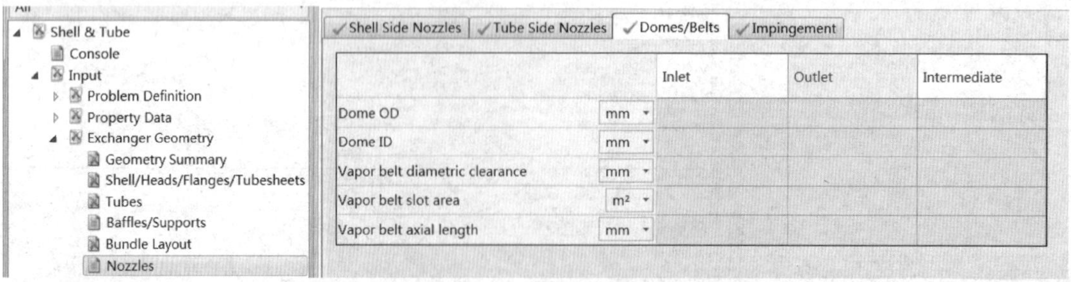

图 1-39　Domes/Belts（圆罩/气相环形导流筒）输入页面

表1-35 Domes/Belts(圆罩/气相环形导流筒)选项释义

输入选项	选项释义
Dome OD	圆罩外径
Dome ID	圆罩内径
Vapor belt diametric clearance	壳体外径和气相环形导流筒内径之间的径向间隙
Vapor belt slot area	气相环形导流筒与壳体内侧之间边槽的总面积
Vapor belt axial length	气相环形导流筒沿着壳体轴向的长度

(4)Impingement(防冲板)

Impingement 页面如图1-40所示,用来输入防冲板的各项参数,选项释义见表1-36。防冲板的作用是防止流体直接冲刷换热管而引起换热管振动和产生腐蚀。

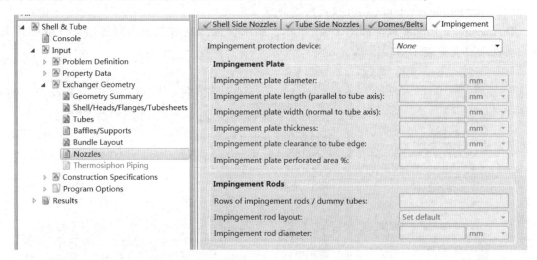

图1-40 Impingement(防冲板)输入页面

表1-36 Impingement(防冲板)选项释义

输入选项	选项释义
Impingement protection device	防冲板类型 Shroud(护罩)仅用于螺旋扁管
Impingement plate diameter	圆形防冲板直径 程序根据此值确定防冲板的位置,默认值为壳程进口管嘴外径
Impingement plate length(parallel to tube axis)	方形防冲板长度 程序根据此值确定防冲板的位置,默认值为壳程进口管嘴外径
Impingement plate width(normal to tube axis)	方形防冲板宽度 程序根据此值确定防冲板的位置,默认值为壳程进口管嘴外径
Impingement plate thickness	防冲板厚度
Impingement plate distance in from shell ID	壳体内表面与防冲板的距离
Impingement plate clearance to tube edge	防冲板与相邻换热管之间距离 默认为0,即防冲板和换热管挨在一起
Impingement plate perforated area %	多孔防冲板的开孔率

续表

输入选项	选项释义
Rows of impingement rods	进口管嘴下防冲杆的行数　标准为 2 或 3
Impingement rod layout	防冲杆的布置　若选择 30°布置，指的是相对于进口管嘴的流体流动方向。防冲杆间距与管中心距相同，无法独立设置
Impingement rod diameter	防冲杆直径　常小于换热管直径

1.4.4.7　Thermosiphon Piping(热虹吸式再沸器管线系统)

主要对热虹吸式再沸器管线系统进行详细设置。只有进入 **Input ┃ Problem Definition ┃ Application Options ┃ Application Options** 页面，Cold Side 选项区域 Vaporizer type 选择 Thermosiphon 时，Thermosyphon Piping 的相应页面才可被激活。

（1）Thermosiphon Piping(热虹吸式再沸器管线系统)

Thermosiphon Piping 页面如图 1-41 所示，用来设置热虹吸式再沸器进出口管线的相关参数，选项释义见表 1-37。

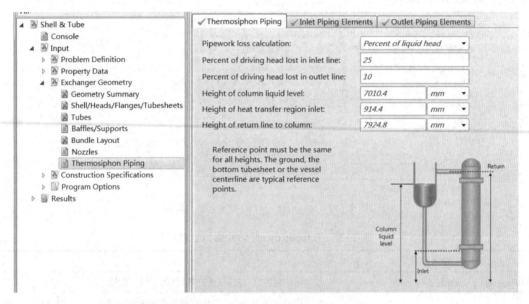

图 1-41　Thermosiphon Piping(热虹吸管线)输入页面

表 1-37　Thermosiphon Piping(热虹吸管线)选项释义

输入选项	选项释义
Pipework loss calculation	管道系统损失计算　"Percent of liquid head(液体静压头百分数)"，是指压降占液体静压头的百分数。液相静压头来源于塔液面与换热器进口(不是换热器管嘴)的液位差。液体静压头百分数不需要提供管道系统实际结构，主要用于管道系统信息还不明确的早期设计阶段。"From pipework(根据管道系统)"，规定了塔液面至换热器进口和换热器出口至塔的实际管道系统细节，推荐用于查找热虹吸流量的模拟。在热虹吸设计计算中，流量和推动压头是固定的，在设计计算前，无论使用上述哪个设置，进口和出口管道损失是预计算的
Percent head loss in inlet pipe	进口管线(也称为降液管)压降占液体静压头的百分比

续表

输入选项	选项释义
Percent head loss in outlet pipe	出口管线(也称为升气管)压降占液体静压头的百分比
Height of column liquid level	相对基准线的塔釜液面高度
Height of heat transfer region inlet	相对基准线的换热区域进口高度 对于卧式壳程热虹吸式再沸器,为壳体底部内表面距基准线的高度;对于卧式管程热虹吸式再沸器,为壳体水平轴线距基准线的高度;对于立式管程热虹吸式再沸器,为换热管下端距基准线的高度
Height of return line to column	相对基准线的返塔管线的高度

(2)Inlet Piping Elements(进口管线相关组件)

Inlet Piping Elements 页面如图 1-42 所示,用来设置进口管线相关组件信息,选项释义见表 1-38。只有进入**Thermosiphon Piping | Thermosiphon Piping** 页面,Pipework loss calculation 选择"From pipework",才可对此页面进行设置。

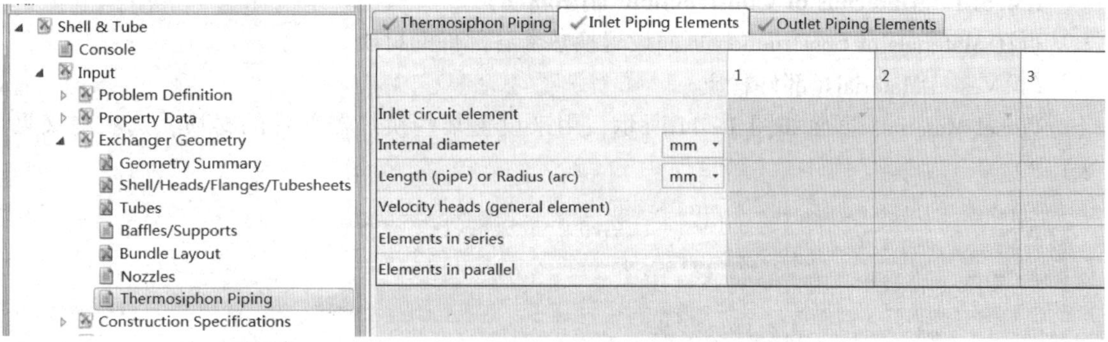

图 1-42 Inlet Piping Elements(进口管线相关组件)输入页面

表 1-38 **Inlet Piping Elements**(进口管线相关组件)选项释义

输入选项	选项释义
Inlet circuit element	进口管及其组件类型
Internal diameter	内径 规定进口管道组件的内径,如果直径不同,需分别进行规定。如果不进行设置,默认选择前一个组件直径,如果没有前一个组件,默认选择换热器管嘴直径
Length(pipe)or Radius(arc)	管长或弧形弯头半径 相同直径的组件,即使被分开,按总长度计算。弧形弯头半径是指弯头中心线的半径
Velocity heads(general element)	速度压头(通用组件) 必须规定组件的速度压头损失。如果此组件是阀门,损失还要由阀门的开度决定。速度压头可以是负数,代表压力增加,例如由泵引起的压力增加
Elements in series	串联个数
Elements in parallel	并联个数

(3)Outlet Piping Elements(出口管线相关组件)

Outlet Piping Elements 页面如图 1-43 所示,与 Inlet Piping Elements(进口管线相关组件)页面相似,故不再赘述。

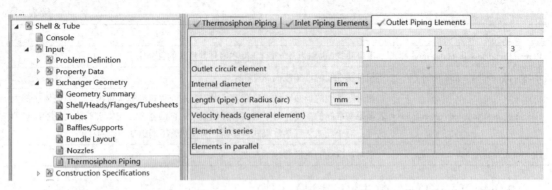

图 1-43　Outlet Piping Elements（出口管线相关组件）输入页面

1.4.5　Construction Specifications（制造规定）

1.4.5.1　Materials of Construction（制造材质）

可在 Materials of Construction 页面设置换热器各部件的材质。

（1）Vessel Materials（部件材质）

Vessel Materials 页面如图 1-44 所示，用来设置某些换热器部件的材质，选项释义见表1-39。

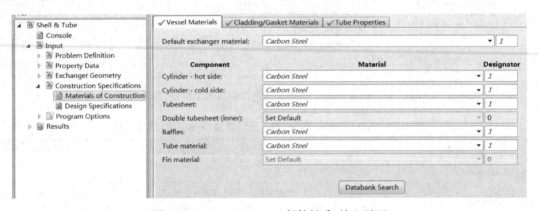

图 1-44　Vessel Materials（部件材质）输入页面

表 1-39　Vessel Materials（部件材质）选项释义

输入选项	选项释义
Default exchanger material[①]	默认的换热器材质
Cylinder－hot side	圆筒-热侧　为热侧部件选择一种通用材质，见表1-40
Cylinder－cold side	圆筒-冷侧　为冷侧部件选择一种通用材质，见表1-40
Tubesheet	管板　为固定管板（或浮头管板）选择一种材质
Double tubesheet（inner）	双管板（内）　为双管板的内管板选择一种材质
Baffles	折流板　为折流板选择一种材质，通常与壳体材质类型相同

续表

输入选项	选项释义
Tube material	换热管材质
Fin material	翅片材质

① 所有部件的默认材质为碳钢。用户可以单击**Databank Search**（数据库搜索）按钮规定材质等级。若用户给出换热管的材质代号，程序将自动从内置数据库检索换热管导热系数。若规定的换热管材质未包含在数据库内，用户可进入**Materials of Construction | Tube Properties**（换热管性质）页面设置换热管导热系数。若使用翅片管（除了低翅片管和纵向翅片管），可设置翅片材质，翅片材质通常与换热管不同。

表 1-40 Cylinder 材质选择对应的 TEMA 表中部件

	热流体在管程		热流体在壳程	
	Cylinder - hot side	Cylinder - cold side	Cylinder - hot side	Cylinder - cold side
Shell(壳体)	—	●	●	—
Shellcover(壳体封头)	—	●	●	—
Channel or bonnet(管箱)	●	—	—	●
Channel cover(管箱封头)	●	—	—	●
Floating head cover(浮头封头)	●	—	—	●

注：●表示换热器部件受对应的材质选择影响。

（2）Cladding/Gasket Materials（覆盖层/垫片材质）

Cladding/Gasket Materials 页面如图 1-45 所示，与 Vessel Materials 页面的输入形式类似，主要用来设置热/冷侧的管板覆盖层材质及垫片材质。可单击**Databank Search** 按钮设置垫片材质的等级。程序要求设置热/冷两侧的垫片材质；对于固定管板式换热器，只需设置一侧垫片材质。

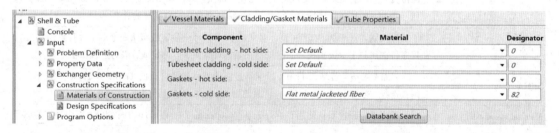

图 1-45 Cladding/Gasket Materials（覆盖层/垫片材质）输入页面

（3）Tube Properties（换热管性质）

Tube Properties 页面如图 1-46 所示，用来输入所需换热管性质（导热系数、密度和弹性模量）。对于选定的换热管，若数据库中对应的材质物性与用户要求不同，可在此页面进行设置。

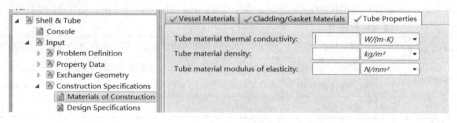

图 1-46 Tube Properties（换热管性质）输入页面

1.4.5.2 Design Specifications(设计规定)

Design Specifications 页面如图 1-47 所示，用来设置各项设计规范、标准和设计条件，选项释义见表 1-41。

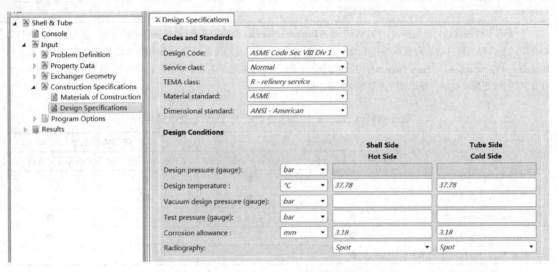

图 1-47　Design Specifications(设计规定)输入页面

表 1-41　Design Specifications(设计规定)选项释义

输入选项	选项释义
Design Code	设计规范　选择程序遵循的基本机械设计计算规范，也可以通过计算壳体和管箱壁厚（影响管数）、管板厚度（影响有效换热面积）、法兰和管嘴补强的尺寸（影响管嘴和折流板的位置），使得到的换热器规格更加完整。机械设计计算非常复杂，Shell & Tube 程序只包括一些基本的机械设计计算，可使用 Mechanical 程序进行完整的计算
Service class	工况级别　对于低温工况（设计温度低于-45℃）或危害性极大的工况（含有致命物质），程序将选用与工况级别相对应的规范，如在对焊和焊后热处理后进行射线探伤
TEMA class	TEMA 级别　若基于 TEMA 标准制造换热器，选择合适的 TEMA 级别 B、C 或 R，否则，选择"Not TEMA, Code only"，只使用 Design Code(设计规范)来确定机械设计
Material standard	材质标准　程序默认使用Customize	Maintenance	Materials Defaults 页面中规定的标准
Dimensional standard	尺寸标准
Design pressure（gauge）	设计压力(表压)　用于机械设计计算，设计压力影响壳体、管箱和管板厚度，进而影响热力设计。若未设置设计压力，程序默认选择操作压力的 1.1 倍，向上取整
Design temperature	设计温度　用于机械设计计算，设计温度影响壳体、管箱和管板厚度，进而影响热力设计和成本。若未设置设计温度，程序默认为最高操作温度加33℃，向下取整
Vacuum design pressure（gauge）	真空设计压力(表压)　真空工况的设计压力，默认不计算，此项对程序的热力设计没有任何影响
Test pressure（gauge）	测试压力(表压)　生产厂商对换热器的测试压力，默认选择设计规范要求的数值
Corrosion allowance	腐蚀余量　用于壳体和管板厚度的计算。对于碳钢材质，默认值为 3.2mm；对其他材质，默认值为 0
Radiography	射线探伤

1.4.6 Program Options(程序设置)

1.4.6.1 Design Options(设计设置)

此页面主要对换热器结构参数、流体工艺参数和程序设计优化进行一系列设置，从而使换热器更加符合用户需求。

（1）Geometry Options(结构设置)

Geometry Options 页面如图 1-48 所示，用来对换热器进行结构设置，选项释义见表1-42。

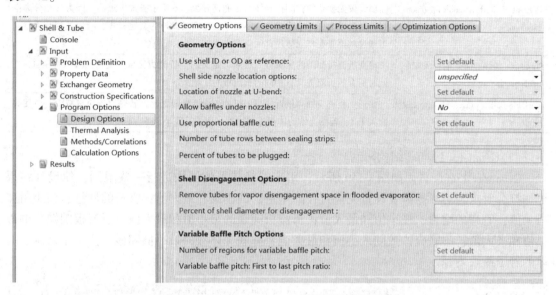

图 1-48 Geometry Options(结构设置)输入页面

表 1-42 Geometry Options(结构设置)选项释义

输入选项	选项释义
Use shell ID or OD as reference	使用壳体内径或外径作为参考 设计过程的壳体直径，包括规定的壳体尺寸限制，应基于壳体内径或外径
Shell side nozzle location options	壳程进出口管嘴处于壳体的同侧还是两侧 用来设置壳程管嘴的默认位置，若已明确地设置了两个壳程管嘴位置，则无需设置此项。对于卧式换热器，通常使壳程进出口管嘴位于壳体相对两侧（当壳程是热流体，进口位于顶部，否则进口位于底部）；对于立式换热器或单相壳程流体，管嘴在同侧可能会更好，例如方便配管或可增加一块折流板
Location of nozzle at U-Bend	U 形弯头处管嘴位置 仅适用于 U 形管式换热器
Allow baffles under nozzle	允许折流板位于管嘴下方 通常管嘴位于换热器的两末端（在第一个折流板之前或最后一个折流板之后），有时（尤其对于双弓形折流板）可将第一块折流板安装于管嘴下方，考虑到振动，减少末端空间长度的重要性远胜过末端空间换热效率的损失
Use proportional baffle cut	使用成比例的折流板圆缺率 默认选择"Yes"，使缺口流通面积与管束错流面积相等，但由于折流板缺口必须基于管线定位，所以仅能使两面积大致相等；另一选择将会探索是否通过移动一两条管线靠近或远离折流板中心而优化折流板缺口

输入选项	选项释义
Number of tuberows between sealing strips	旁路挡板之间的管排数　如果流动分析结果显示管束旁路流较大，可通过减少旁路挡板之间的管排数改善
Percent of tubes to be plugged	假管的比例　用来设置设计过程中允许的假管比例
Remove tubes for vapor disengagement space in flooded evaporator	在浸没式蒸发器中移除换热管以提供气相分离空间
Percent of shell diameter for disengagement	气相分离空间占壳体直径的百分数　对于浸没式蒸发器，当选择移除换热管时，需要设置无换热管空间占壳体直径的百分数。不用于釜式再沸器，因为气相分离空间可通过增大壳径来改善；也不用于设计模式以外的其他模式，因为气相分离空间可通过调整管束与壳体顶部的距离来改善
Number of regions for variable baffle pitch	可变折流板间距的区域数　最多可定义四个折流板区域。默认选择"one region"，此时所有的折流板具有相同的折流板间距和圆缺率
Variable baffle pitch：First to last pitch ratio	接近壳程进口处和接近壳程出口处的折流板间距比　若热流体流量减少，应使其值大于1；若冷流体的体积流量增加，应使其值小于1

（2）Geometry Limits（结构限制）

Geometry Limits 页面如图 1-49 所示，用来对换热器的结构进行一些限制，使设计结果更加符合要求。可根据需要设置壳体直径的增量、最小值和最大值；管长的增量、最小值和最大值；管程的增量、最小值和最大值；折流板间距的最小值和最大值；折流板圆缺率的最小值和最大值；串联壳体数的最小值和最大值；并联壳体数的最小值和最大值；用来制造壳体的管子最大直径。

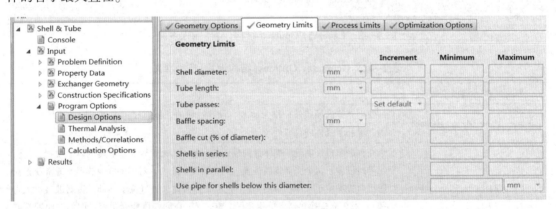

图 1-49　Geometry Limits（结构限制）输入页面

（3）Process Limits（工艺限制）

Process Limits 页面如图 1-50 所示，用来对热/冷侧流体流动过程的某些参数进行限制，使设计结果更加合理。可根据需要设置热/冷侧流体的最大速度，热/冷侧流体的最小速度，热/冷侧流体的管嘴压降百分数（占最大允许压降的百分数），池式再沸器的最大雾沫夹带比值，是否允许局部温度交叉。

（4）Optimization Options（优化设置）

Optimization Options 页面如图 1-51 所示，用来对程序设计进行优化，选项释义见表 1-43。

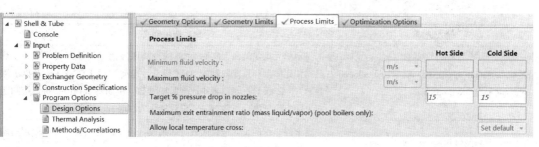

图 1-50　Process Limits(工艺限制)输入页面

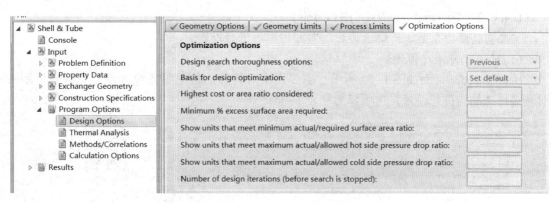

图 1-51　Optimization Options(优化设置)输入页面

表 1-43　**Optimization Options(优化设置)选项释义**

输入选项	选项释义
Design search thoroughness options	设计搜索彻底性设置　搜索到的换热器结构设计可能包含不太有用的设计,此选项可减小搜索算法保守性从而加快搜索速度,但存在丢失可行设计方案的风险
Basis for design optimization	优化设计依据　通常优化设计依据换热器成本最低原则,但也可依据换热器面积最小原则
Highest cost or area ratio considered	考虑的最高成本或面积比　此项提供一个乘数,如果换热器的结果超过最低设计成本(或最小设计面积)与此数的乘积,设计将不被采用
Minimum percent excess surface area required	超过所需表面积的最小百分数　允许百分数略低,此时会显示"Near",而不是"OK"
Show units that meet minimum actual/required surface area ratio	显示单元满足的最小实际/需要面积比　设计搜索不仅用于满足面积比限制和压降限制的"OK"设计,也允许用于忽略一个及以上限制的"Near"设计。通过微小改变某些参数,例如管子长度、折流板间距或末端空间长度,可将"Near"设计转化为"OK"设计
Show units that meet maximum actual/allowed hot side pressure drop ratio	显示单元满足的最大实际/允许的热侧压降比　设计搜索不仅用于满足面积比限制和压降限制的"OK"设计,也允许用于忽略一个及以上限制的"Near"设计。通过微小改变某些参数,例如管子长度、折流板间距或末端空间长度,可将"Near"设计转化为"OK"设计

续表

输入选项	选项释义
Show units that meet maximum actual/allowed cold side pressure drop ratio	显示单元满足的最大实际/允许的冷侧压降比 设计搜索不仅用于满足面积比限制和压降限制的"OK"设计，也允许用于忽略一个及以上限制的"Near"设计。通过微小改变某些参数，例如管子长度、折流板间距或末端空间长度，可将"Near"设计转化为"OK"设计
Number of designs before option to stop	搜索停止前的设计迭代次数 如果设计计算耗时很长，可以使用功能区的"Stop"来停止迭代

1.4.6.2　Thermal Analysis(热力分析)

主要对传热膜系数、压降、传热温差和污垢等进行设置。

（1）Heat Transfer(传热)

Heat Transfer 页面如图 1-52 所示，主要用来对特殊的传热膜系数进行设置，也可用来对某些特殊结构进行设置，选项释义见表 1-44。

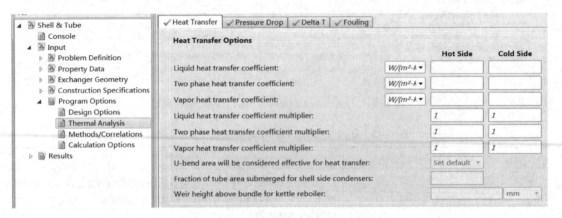

图 1-52　Heat Transfer(传热)输入页面

表 1-44　**Heat Transfer**(传热)选项释义

输入选项	选项释义
Liquid/Two phase/Vapor heat transfer coefficient	液相/两相/气相传热膜系数 通常换热管两侧的传热膜系数是程序计算的两个主要参数，但也存在强制程序使用规定传热膜系数的其他情况。对于两相流体，通过生成一个有效复合相来计算传热和压降损失
Liquid/Two phase/Vapor heat transfer coefficient multiplier	液相/两相/气相传热膜系数乘数 如果使用程序中缺少的强化换热结构，例如管子内插物、内翅片管等，可用大于1的乘数。当不确定流体的组成或物性，可用小于1的乘数作为传热膜系数的安全因数
U-bend area used for heat transfer	用于传热的U形弯头面积 由于流过U形弯头与流过直管的方式不同，U形弯头的面积有效性受到限制
Fraction of tube area submerged for shell side condensers	壳程冷凝物淹没换热管的分数 此项用于卧式壳程冷凝器，也适用于当回路密封、某些装置或结构特征造成换热管被淹没在冷凝液下的情况
Weir height above bundle for kettle reboilers	釜式再沸器中管束上方的溢流堰高度 如果忽略此项，将会假定溢流堰顶部与管束布管限定圆平齐。溢流堰高度为釜式再沸器的内部再循环提供液体压头

（2）Pressure Drop（压降）

Pressure Drop 页面如图 1-53 所示，用来对压降的计算进行相关设置，选项释义见表1-45。

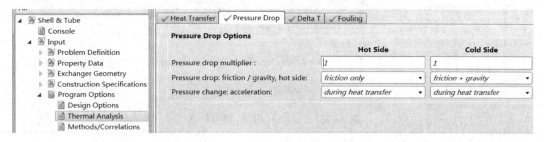

图 1-53　Pressure Drop（压降）输入页面

表 1-45　**Pressure Drop（压降）选项释义**

输入选项	选项释义
Pressure drop multiplier	压降乘数　度量流体摩擦压降的比例因子，可大于1或小于1，影响管程和壳程压降。不用于管嘴压降计算，用于强化表面、管子内插物或程序缺少的强化结构的压降计算
Pressure change：friction /gravity	压力变化：摩擦/重力　在计算换热器压降时，选择是否包括重力变化
Pressure change：acceleration	压力变化：加速度　压力变化与密度变化或流动面积变化相关。随着面积的变化，存在压力变化和压力损失。压力变化是可逆的(仅对单相流体是严格的)，如果进出口管嘴尺寸相同且流体密度不变，压力变化可为零。"during heat transfer(在传热时)"，表示与换热区域中密度变化相关联的所有变化可恢复，例如压力变化的恢复

（3）Delta T（传热温差）

Delta T 页面如图 1-54 所示，用来对最小允许传热平均温差校正因子进行设置。大多数校正因子曲线在校正因子低于 0.7 后急剧变化，因此设计模式下不存在串联时，程序默认最小校正因子是 0.7（对于 X 型壳体，设计模式下可低至 0.5，校核模式下默认值为 0.5）。

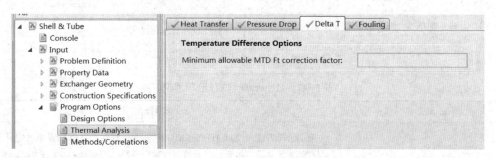

图 1-54　Delta T（传热温差）输入页面

（4）Fouling（污垢）

Fouling 页面如图 1-55 所示，用来对污垢的计算进行相关设置，选项释义见表1-46。

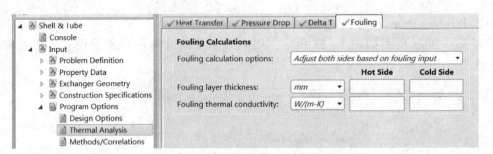

图 1-55　Fouling（污垢）输入页面

表 1-46　Fouling（污垢）选项释义

输入选项	选项释义
Fouling calculation options	污垢计算设置
Fouling layer thickness	污垢层厚度　如果未规定污垢层厚度或污垢层导热系数，流动面积上的污垢影响将被忽略。在寻找污垢模式下，如果规定了污垢厚度和污垢热阻，污垢导热系数将被确定，根据确定的污垢导热系数，再对污垢热阻进行调整，进而重新计算污垢层厚度
Fouling thermal conductivity	污垢导热系数　污垢导热系数常用来关联污垢厚度和污垢热阻

1.4.6.3　Methods/Correlations（方法/关联式）

此页面主要对计算方法进行详细设置。

（1）General（常规）

General 页面如图 1-56 所示，用来对计算方法进行设置，选项释义见表 1-47。

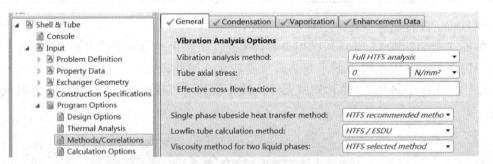

图 1-56　General（常规）输入页面

表 1-47　General（常规）选项释义

输入选项	选项释义
Vibration analysis method	振动分析方法　"Full HTFS analysis"考虑所有管子支撑位置来决定管子的固有频率，并沿换热管长度上的点，进行系统的振动分析。"TEMA analysis"基于最长跨距而不是整个换热管而做出简单假设，如特别要求，只输出 TEMA 振动分析结果

输入选项	选项释义
Tube axial stress	换热管轴向应力　此项仅影响振动的固有频率。压缩的轴向应力减少管子固有频率，拉伸的轴向应力增加管子固有频率。对某些换热器，轴向应力有重要影响。Mechanical 程序可用来计算轴向应力。U 形弯头管束和浮头设计有利于减少但不能消除轴向应力。U 形管式换热器的轴向应力估计还没有一致的设计规则，所以现在忽略其轴向应力
Effective cross flow fraction	有效的错流分数　根据管子周围的壳程流体速度计算管子振动，需要用到壳程错流流路分数。如果不用程序计算出的数值，可在此项进行设置
Single phase tube side heat transfer method	单相管程传热方法
Low fin tube calculation method	低翅片管计算方法
Viscosity method for two liquid phases	两液相的有效黏度计算方法

（2）Condensation（冷凝）

Condensation 页面如图 1-57 所示，用来对冷凝过程进行相关设置，选项释义见表 1-48。

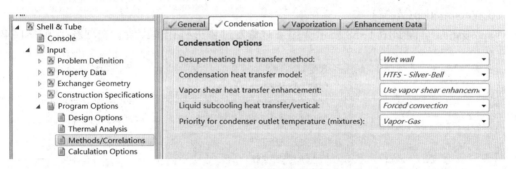

图 1-57　Condensation（冷凝）输入页面

表 1-48　Condensation（冷凝）选项释义

输入选项	选项释义
Desuperheating heat transfer method	过热传热方法　当物料主体温度在露点之上和局部壁温在露点之下时，会产生湿壁过热现象。选择湿壁计算，程序会考虑壁面冷凝来校正过热区的传热速率。选择干壁温度，程序使用单相气相传热膜系数直至气相主体温度达到露点。通常干壁温度传热膜系数比湿壁温度传热膜系数低，因此更为保守。湿壁温度更加符合实际的物理过程，默认选择湿壁温度并推荐使用
Condensation heat transfer model	冷凝传热模型　默认选择"HTFS-Silver-Bell"模型，模型"HTFS-Mass Transfer"用于一相溶于另一相的二元混合物，除此之外采用"HTFS-Silver-Bell"模型。使用"HTFS-Mass Transfer"模型，如果未提供组分的扩散系数或组分数超过 2，将出现警告，此时可采用"HTFS-Silver-Bell"模型
Vapor shear heat transfer enhancement	气相剪切传热强化　气相剪切强化会导致传热膜系数增加。如果采用保守估计，选择"Ignore vapor shear enhancement（忽略气相剪切强化）"

输入选项	选项释义
Liquid subcooling heat transfer/vertical	液相过冷传热/立式　用于立式换热器冷凝。管程冷凝最合适，壳程冷凝需谨慎： ① Set default（设为默认）　默认为"Not used"。 ② Forced convection（强制对流）。 ③ Falling Film（降膜）假定所有表面存在一层薄膜计算传热膜系数。降膜方法的传热膜系数通常比标准方法的传热膜系数高。建议只在确信整个换热管长度上存在连续薄膜时使用。在壳程进行冷凝时，通常在出口管嘴处有一定液位，故采用标准方法更合适。 ④ Not used（不使用）　采用程序的标准方法。在整个冷凝范围内，采用降膜方法；在泡点处和出口处，取泡点处传热膜系数和出口处过冷液传热膜系数之间的插值。泡点位置之下假定全为液体
Priority for condenser outlet temperature (mixtures)	优先冷凝物（混合物）出口温度　部分冷凝时，气相温度和冷凝物出口温度可能不同。仅在主要目的为将冷凝物冷却到一个特定出口温度时，采用此设置

（3）Vaporization（蒸发）

Vaporization 页面如图 1-58 所示，用来对蒸发过程进行相关设置，选项释义见表 1-49。

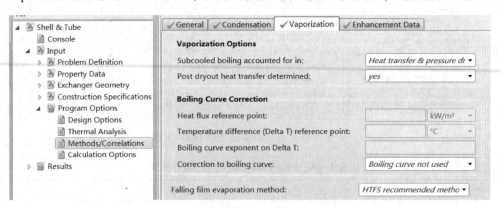

图 1-58　Vaporization（蒸发）输入页面

表 1-49　**Vaporization（蒸发）选项释义**

输入选项	选项释义
Subcooledboiling accounted for in	过冷沸腾说明　当液体温度低于泡点但壁温足够高时，可能会产生气泡，引起过冷沸腾。允许过冷沸腾会导致更高的传热膜系数、增加摩擦压降以及修正此区域重力导致的压力变化。当加热液体时，即使出口温度（混合物的平均温度）低于泡点，过冷沸腾也可能发生
Postdryout heat transfer determined	是否进行干壁后传热计算　选择"yes"，这将导致传热膜系数较低；选择"no"，程序将计算干壁点以外区域的正常沸腾系数
Heatflux reference point	热通量基准点　如果使用自定义沸腾曲线，需要规定曲线基准点处的热通量
Temperaturedifference（Delta T）reference point	温差基准点　如果使用自定义沸腾曲线，需要规定曲线基准点处的温差

续表

输入选项	选项释义
Boilingcurve exponent on Delta T	温差沸腾曲线指数 如果使用自定义沸腾曲线，需要规定温差指数
Correction toboiling curve	沸腾曲线校正
Fallingfilm evaporation method	降膜蒸发方法

（4）Enhancement Data（强化数据）

Enhancement Data 页面如图 1-59 所示，用来输入强化数据。Shell & Tube 程序如果缺少某种强化结构的模型，可使用强化数据（摩擦因子和柯尔伯恩因子）完成计算。Shell & Tube 程序会根据强化数据计算压力损失和传热膜系数。强化数据最适合用于管程强化结构，也可用于轴向壳程流动，主要用于单相流体，不建议用于两相流体。

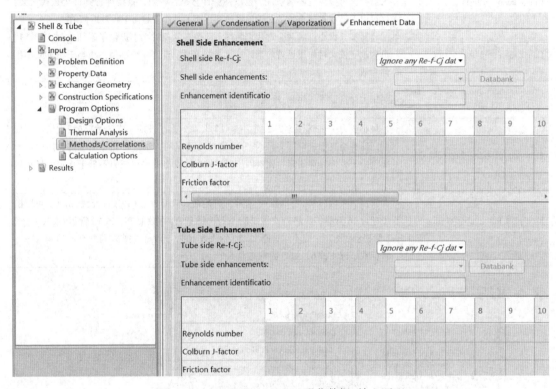

图 1-59 Enhancement Data（强化数据）输入页面

1.4.6.4 Calculation Options（计算设置）

Calculation Options 页面如图 1-60 所示，用来对程序的计算过程进行详细设置，选项释义见表 1-50。

表 1-50 Calculation Options（计算设置）选项释义

输入选项	选项释义
Calculation method	计算方法
Maximum number of iterations	最大迭代次数 默认值为 500，上限是 1000。大部分情况只需要迭代数十次，但如果没收敛，则需要增加迭代次数

输入选项	选项释义
Convergence tolerance-heat load	收敛容差—热负荷　当前值与计算值之差占当前值的分数
Convergence tolerance-pressure	收敛容差—压力　当前值与计算值之差占当前值的分数
Relaxation parameter	松弛参数　使用计算值（根据预测的传热参数得到的计算值）更新当前热负荷分布，从而得到更新值。R 为松弛参数，更新值 $=(1-R)\times$当前值$+R\times$计算值
Calculation grid resolution	计算网格分辨率　分辨率决定计算的网格点数（沿着/横穿换热器），实际点数取决于壳体类型、串联壳体数及每个壳体的管程数。在典型的 E 壳体中，对于壳程和每个管程，"Medium"会沿着壳体给出 20 个点。使用更多点，会增加计算精确度、但会增加计算时间，计算结果更稳定
Convergence criterion	收敛准则　标准的收敛准则指压力改变和热负荷计算必须收敛到规定精度，但如果需要，可以放宽限制条件。也可不管计算是否收敛，直接进行到最大迭代次数，这可以帮助双重核查收敛是否已经达到，而不是慢慢趋向于收敛近似值
Calculation step size	计算步长大小　对两个迭代之间热负荷改变的相对大小提供了附加控制，早期热负荷改变较大时作用显著。当计算远未收敛时，设定一个小值，相当于额外减小松弛参数
Pressure calculation option – hot/cold side	压力计算设置—热侧/冷侧
Minimum pressure-hot/cold side	最小压力—热侧/冷侧　此项用来计算压降远高于预期压降的情况（极端情况下预期压降甚至高于进口压力），程序处理此类情况的方法是在计算绝压前，使用一个比例因子处理计算压降。比例因子通过确保计算出的出口压力不低于规定的最小压力得出
Multiplier for number of tube passes	管程数乘数（可以是小数）　程序允许的最大管程数为16，通过设置此项，可以模拟超过16管程的换热器，例如20管程=16管程×乘数1.25，或10管程×乘数2，或2管程×乘数10，但不应选择"2管程×乘数10"，因为温差影响可能会不精确。一旦管程数超过4或6，温差影响基本不变

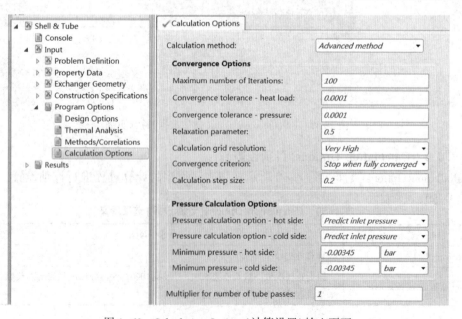

图 1-60　Calculation Options(计算设置)输入页面

1.5 Shell & Tube 主要结果页面

1.5.1 Input Summary(输入概要)

此页面提供了输入文件信息的概要。建议将输入数据作为打印输出的一部分，重新设计时，可用于参考。

1.5.2 Result Summary(结果概要)

1.5.2.1 Warnings & Messages(警告和信息)

此页面如图 1-61 所示，用来提供错误、警告和其他信息。这些信息指出了导致此报告的相关原因和参数，可以帮助用户找出问题所在，分为如下几类：

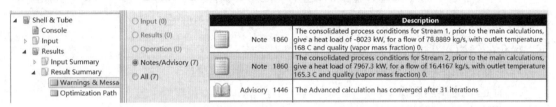

图 1-61　Warnings & Messages(警告和信息)输出页面

① 范围检查警告　此类警告涉及输入值不在预期范围内，需要检查输入数据是否正确。对于非常规换热器结构或非常规流体性质，此类警告可忽略，但增加了结果的不可靠性。

② 输入遗漏错误　这些被识别的输入参数是程序运行所必需的，一个特定参数是否必要，取决于其他参数值。要求输入的参数在用户界面中通常会被突出显示，偶尔不会；有时被突出显示，但不输入参数不会导致程序运行错误。

③ 范围检查错误　此项错误表明输入的数值超出了允许范围，将导致程序停止运行。

④ 结果警告　程序运行已完成，但是在某些计算部分发现了问题，这表明设计结果不准确。

⑤ 结果错误　程序运行不能完成结果中的重要部分，或者在某些方面不能完成。

⑥ 运行警告　程序运行已完成，但预测运行不符合常规，或在某些方面不合适，以及在某些极端情况下不可行。

⑦ 建议　换热器的某些特征或者操作是非常规的，可能存在更好的替代方案。

⑧ 注意　任何其他可能有用的信息。

1.5.2.2 Optimization Path(优化路径)

此页面如图 1-62 所示，展示了程序在寻找满足设计条件的过程得到的一系列设计结果。这些中间设计结果可以指出换热器设计的控制因素，用户可以改变相关参数进一步优化设计。

为了帮助用户更好地了解设计的控制因素，在不满足设计规定的参数后面加"＊"表示。如果换热面积不足，则在管长后加"＊"表示。如果压降超过最大允许值，则在压降后加"＊"表示。

设计模式下，程序会寻找满足工艺条件的换热器结构，寻找过程中将自动改变结构参数，但是程序不能自动评估所有可能的结构，所以未必能找到最优设计。因此需要用户确定

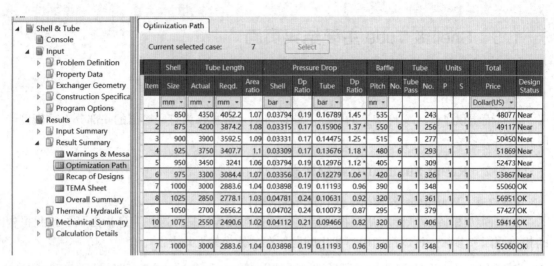

Item	Shell Size	Tube Length Actual	Tube Length Reqd.	Area ratio	Pressure Drop Shell	Pressure Drop Dp Ratio	Pressure Drop Tube	Pressure Drop Dp Ratio	Baffle Pitch	Baffle No.	Tube Pass	Tube No.	Units P	Units S	Total Price	Design Status
	mm ▼	mm ▼	mm ▼		bar ▼		bar ▼		nn ▼						Dollar(US) ▼	
1	850	4350	4052.2	1.07	0.03794	0.19	0.16789	1.45 *	535	7	1	243	1	1	48077	Near
2	875	4200	3874.2	1.08	0.03315	0.17	0.15906	1.37 *	550	6	1	256	1	1	49117	Near
3	900	3900	3592.5	1.09	0.03331	0.17	0.14475	1.25 *	515	6	1	277	1	1	50450	Near
4	925	3750	3407.7	1.1	0.03309	0.17	0.13676	1.18 *	480	6	1	293	1	1	51869	Near
5	950	3450	3241	1.06	0.03794	0.19	0.12976	1.12 *	405	7	1	309	1	1	52473	Near
6	975	3300	3084.4	1.07	0.03356	0.17	0.12279	1.06 *	420	6	1	326	1	1	53867	Near
7	1000	3000	2883.6	1.04	0.03898	0.19	0.11193	0.96	390	6	1	348	1	1	55060	OK
8	1025	2850	2778.1	1.03	0.04781	0.24	0.10631	0.92	320	7	1	361	1	1	56951	OK
9	1050	2700	2656.2	1.02	0.04702	0.24	0.10073	0.87	295	7	1	379	1	1	57427	OK
10	1075	2550	2490.6	1.02	0.04112	0.21	0.09466	0.82	320	6	1	406	1	1	59414	OK
7	1000	3000	2883.6	1.04	0.03898	0.19	0.11193	0.96	390	6	1	348	1	1	55060	OK

图 1-62　Optimization Path(优化路径)输出页面

可以优化的结构，并进行相关设置。

程序设计结果需满足的条件如下：

① 有足够的换热面积；

② 压降在允许范围内；

③ 结构尺寸合理；

④ 流速在合理范围内；

⑤ 机械性能良好并能够制造安装。

除了这些标准，程序还将进行成本估算和振动分析。但是成本和振动并不影响程序的优化设计。

有超过 30 个结构参数直接或间接影响管壳式换热器的传热性能，程序不能评估这些参数的所有组合情况。另外，工艺过程和费用的变化不在程序考虑范围内，因此程序仅改变独立于其他工艺、操作、维护或制造的参数来设计换热器。

程序自动优化的参数有：

① 壳径、折流板间距、管程分程形式；

② 管长、折流板数、换热器并联数；

③ 管子数、管程数、换热器串联数。

用户根据工程经验，需要重点考虑的参数有：

① 壳体形式、管外径、防冲保护；

② 前后端结构类型、管中心距、换热管排列方式；

③ 管嘴尺寸、管子形式、换热器安装方位；

④ 折流板圆缺率、流体分配、管壁厚。

根据满足 AR(Area Ratio，面积比)和 PR(Pressure Drop Ratio，压降比)的情况，优化路径中每个设计的设计状态将被标记为"OK"或"Near"：

① 如果满足 $AR \geqslant 1$ 且 $PR \leqslant 1$，则设计为"OK"；

② 如果满足 $AR \geqslant 1$ 且 $1 < PR \leqslant 1.5$，或 $0.8 \leqslant AR < 1$ 且 $PR \leqslant 1$，或 $0.8 \leqslant AR < 1$ 且 $1 < PR \leqslant 1.5$，则设计为"Near"。

注：*AR*，以 Input ｜ Program Options ｜ Design Options ｜ Optimization Options 页面中 Minimum percent excess surface area required 选项的设置为基准；*PR*，为计算压降与允许压降的比值。

1.5.2.3　Recap of Designs(设计概要)

Recap of Designs 页面如图 1-63 所示，总结了目前设计的基本结构和性能，使用户了解不同设计变化造成的影响，并选择最合适的换热器。可从设计列表中选择想要的设计案例，然后单击**Select** 按钮，程序会恢复所选案例的设计结果。默认情况下，此页面显示的概要信息与 Optimization Path 页面相同。单击**Customize** 按钮，弹出**Recap Customizing** 对话框，如图 1-64 所示，可自定义列表中显示的信息项。

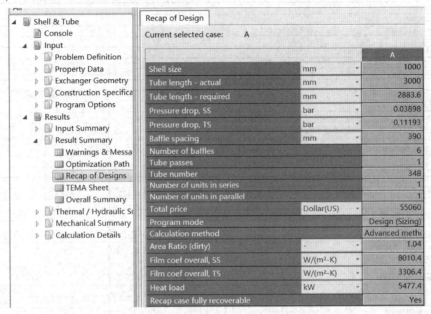

图 1-63　Recap of Designs(设计概要)输出页面

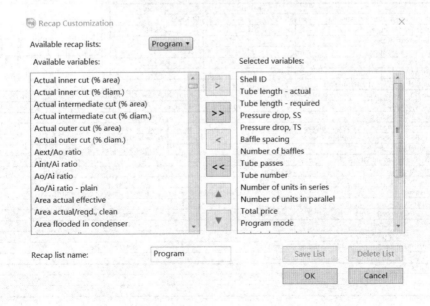

图 1-64　Recap Customizing(自定义概要)对话框

若要保存所选变量的列表，可在 Recap list name 选项中输入一个名称，然后单击**Save List** 按钮。对于随后的运行，可在 Available recap lists 下拉列表框中选择自定义列表。用户自定义列表储存在名为 HTFS_User_Recap. xml 的文件中，此文件位于用户自定义的数据库文件夹中（**Tools ∣ Program Settings ∣ Files**）。

1. 5. 2. 4　TEMA Sheet(TEMA 数据表)

TEMA 数据表使用 TEMA 标准中详述的标准数据表显示热力计算结果和结构简图，如图 1-65 所示。

1	Company:									
2	Location:									
3	Service of Unit:			Our Reference:						
4	Item No.:			Your Reference:						
5	Date:	Rev No.:		Job No.:						
6	Size : 787 - 5486.4 mm		Type: BEM Horizontal			Connected in: 1 parallel		1 series		
7	Surf/unit(eff.) 264.9 m²		Shells/unit 1			Surf/shell(eff.) 264.9		m²		
8	PERFORMANCE OF ONE UNIT									
9	Fluid allocation			Shell Side			Tube Side			
10	Fluid name			Boiler Feedwater			Fuel Oil			
11	Fluid quantity, Total		kg/s	16.4167			78.8889			
12	Vapor (In/Out)		kg/s	0	0		0		0	
13	Liquid		kg/s	16.4167	16.4167		78.8889		78.8889	
14	Noncondensable		kg/s	0	0		0		0	
15										
16	Temperature (In/Out)		°C	50	165.3		213		168	
17	Dew / Bubble point		°C							
18	Density Vapor/Liquid		kg/m³	/ 990.58	/ 902.55		/ 879.4		/ 909.8	
19	Viscosity		mPa-s	/ 0.5512	/ 0.178		/ 1.94		/ 3.37	
20	Molecular wt, Vap									
21	Molecular wt, NC									
22	Specific heat		kJ/(kg-K)	/ 4.186	/ 4.272		/ 2.34		/ 2.18	
23	Thermal conductivity		W/(m-K)	/ 0.6319	/ 0.6852		/ 0.1		/ 0.107	
24	Latent heat		kJ/kg							
25	Pressure (abs)		bar	50	49.96416		12		10.52284	
26	Velocity (Mean/Max)		m/s	0.17 / 0.18			2.48 / 2.67			
27	Pressure drop, allow./calc.		bar	1	0.03584		1.5		1.47716	
28	Fouling resistance (min)		m²-K/W	9E-05			0.0005	0.00064 Ao based		
29	Heat exchanged 7995.2		kW			MTD (corrected)		63.73		°C
30	Transfer rate, Service 473.6			Dirty	500		Clean	787.8		W/(m²-K)
31	CONSTRUCTION OF ONE SHELL						Sketch			
32				Shell Side		Tube Side				
33	Design/Vacuum/test pressure	bar		55.1580/ /		13.7895/ /				
34	Design temperature	°C		204.44		248.89				
35	Number passes per shell			1		4				
36	Corrosion allowance	mm		3.18		3.18				
37	Connections In mm	1		152.4 /	- 1	203.2 /				
38	Size/Rating Out	1		101.6 /	- 1	254 /				
39	Nominal Intermediate			/		/				
40	Tube No. 829 OD 19 Tks Average 2.11				mm Length 5486.4		mm Pitch 23.75		mm	
41	Tube type Plain		#/m Material	Carbon Steel		Tube pattern		30		
42	Shell Carbon Steel ID 787.4		OD 835.02		mm Shell cover		-			
43	Channel or bonnet Carbon Steel				Channel cover		-			
44	Tubesheet-stationary Carbon Steel				Tubesheet-floating		-			
45	Floating head cover				Impingement protection None					
46	Baffle-cross Carbon Steel Type		Single segmental	Cut(%d)	39.94		H Spacing: c/c 590.55		mm	
47	Baffle-long -		Seal Type				Inlet 609.6		mm	
48	Supports-tube U-bend		0			Type				
49	Bypass seal			Tube-tubesheet joint		Expanded only (2 grooves)(App.A 'i')				
50	Expansion joint		-		Type None					
51	RhoV2-Inlet nozzle 783		Bundle entrance 89			Bundle exit 73			kg/(m-s²	
52	Gaskets - Shell side	-		Tube side		Flat Metal Jacket Fibe				
53	Floating head	-								
54	Code requirements ASME Code Sec VIII Div 1				TEMA class R - refinery service					
55	Weight/Shell 8540.5		Filled with water 11159			Bundle 4693.6		kg		
56	Remarks									
57										
58										

图 1-65　TEMA 数据表

1.5.2.5 Overall Summary(总体概要)

Overall Summary 页面如图 1-66 所示，对每股流体的进/出口工艺条件、相关标准、传热、压降、流速、温差和热负荷进行了简要总结，这些信息可快速评估换热器的总体性能。此页面也提供了换热器结构尺寸，以便在分析换热器总体性能时考虑其他的结构选项。

#				Shell Side		Tube Side		Heat Transfer Parameters			
1	Size	787.4 X 5486.4	mm	Type	BEM	Hor		Connected in	1 paralle	1 series	
2	Surf/Unit (gross/eff/finned)		271.5 / 264.9 /			m²		Shells/unit	1		
3	Surf/Shell (gross/eff/finned)		271.5 / 264.9 /			m²					
4	Design (Sizing)				PERFORMANCE OF ONE UNIT						
5				In	Out	In	Out	Heat Transfer Parameters			
6	Process Data			In	Out	In	Out	Total heat load	kW		7995.2
7	Total flow	kg/s		16.4167		78.8889		Eff. MTD/ 1 pass MTD	°C	63.73 /	77.41
8	Vapor	kg/s		0	0	0	0	Actual/Reqd area ratio - fouled/clean		1.06 /	1.66
9	Liquid	kg/s	16.4167	16.4167	78.8889	78.8889				
10	Noncondensable	kg/s		0		0		Coef./Resist.	W/(m²-K)	m²-K/W	%
11	Cond./Evap.	kg/s		0		0		Overall fouled	500	0.002	
12	Temperature	°C	50	165.3	213	168		Overall clean	787.8	0.00127	
13	Dew / Bubble point	°C						Tube side film	1023.7	0.00098	48.84
14	Quality		0	0	0	0		Tube side fouling	1556.2	0.00064	32.13
15	Pressure (abs)	bar	50	49.96416	12	10.52284		Tube wall	20184.9	5E-05	2.48
16	DeltaP allow/cal	bar	1	0.03584	1.5	1.47716		Outside fouling	11363.6	9E-05	4.4
17	Velocity	m/s	0.17	0.18	2.67	2.37		Outside film	4115.7	0.00024	12.15
18	Liquid Properties							Shell Side Pressure Drop		bar	%
19	Density	kg/m³	990.58	902.55	879.4	909.8		Inlet nozzle		0.00542	15.13
20	Viscosity	mPa-s	0.5512	0.178	1.94	3.37		InletspaceXflow		0.00153	4.26
21	Specific heat	kJ/(kg-K)	4.186	4.272	2.34	2.18		Baffle Xflow		0.00495	13.8
22	Therm. cond.	W/(m-K)	0.6319	0.6852	0.1	0.107		Baffle window		0.0011	3.08
23	Surface tensio	N/m						OutletspaceXflow		0.00133	3.72
24	Molecular weight		18.01	18.01				Outlet nozzle		0.0215	59.99
25	Vapor Properties							Intermediate nozzles			
26	Density	kg/m³						Tube Side Pressure Drop		bar	%
27	Viscosity	mPa-s						Inlet nozzle		0.03165	2.14
28	Specific heat	kJ/(kg-K)						Entering tubes		0.05592	3.78
29	Therm. cond.	W/(m-K)						Inside tubes		1.29774	87.74
30	Molecular weight							Exiting tubes		0.08579	5.8
31	Two-Phase Properties							Outlet nozzle		0.00796	0.54
32	Latent heat	kJ/kg						Intermediate nozzles			
33	Heat Transfer Parameters							Velocity / Rho*V2		m/s	kg/(m-s²)
34	Reynolds No. vapor							Shell nozzle inlet		0.89	783
35	Reynolds No. liquid		5734.4	17761.43	17868.51	10286.32		Shell bundle Xflow		0.17 0.18	
36	Prandtl No. vapor							Shell baffle window		0.17 0.18	
37	Prandtl No. liquid		3.65	1.11	45.4	68.66		Shell nozzle outlet		2.21	4427
38	Heat Load		kW		kW			Shell nozzle interm			
39	Vapor only		0		0					m/s	kg/(m-s²)
40	2-Phase vapor		0		0			Tube nozzle inlet		2.78	6794
41	Latent heat		0		0			Tubes		2.67 2.37	
42	2-Phase liquid		0		0			Tube nozzle outlet		1.7	2643
43	Liquid only		7967.3		-8023			Tube nozzle interm			
44	Tubes				Baffles			Nozzles: (No./OD)			
45	Type			Plain	Type	Single segmental				Shell Side	Tube Side
46	ID/OD	mm	14.78 /	19	Number	8		Inlet mm	1 / 168.28	1 / 219.08
47	Length act/eff	mm	5486.4 /	5353	Cut(%d)	39.94		Outlet	1 / 114.3	1 / 273.05
48	Tube passes		4		Cut orientatio	H		Intermediate	/	/
49	Tube No.		829		Spacing: c/c mm	590.55		Impingement protection	None	
50	Tube pattern		30		Spacing at inle mm	609.6				
51	Tube pitch	mm	23.75		Spacing at outletmm	609.6				
52	Insert			None						
53	Vibration problem		No /	No				RhoV2 violation		No

图 1-66 Overall Summary(总体概要)页面

1.5.3 Thermal / Hydraulic Summary(热力/水力概要)

1.5.3.1 Performance(性能)

显示了总体性能、热阻分布、壳体串联状况和热/冷流体组成的输出页面。

（1）Overall Performance（总体性能）

此页面如图 1-67 所示，给出了在清洁状态下、规定热阻状态下和最大热阻情况下分别所需的换热面积。清洁状态假设换热器不存在污垢，其总传热系数不包括污垢热阻，程序使用此状态下的总传热系数计算换热器的面积余量（适用于换热器的初始状态）；规定热阻状态下使用规定的热阻计算出总传热系数，程序用此总传热系数计算换热器的性能；最大热阻情况则在规定热阻的基础上根据实际情况调整热阻，从而使换热器的面积余量为 0。页面底部用示意图形式显示了热阻分布。

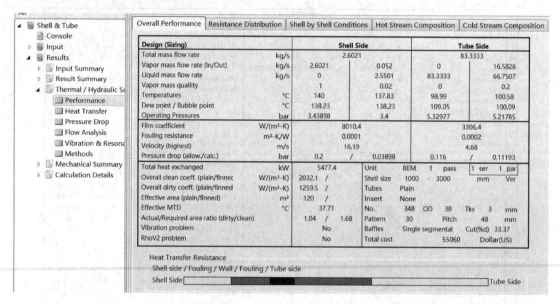

图 1-67　Overall Performance（总体性能）输出页面

图中"1 ser　1 par"代表壳体"串联数为 1，并联数为 1"，若"串联数为 X，并联数为 Y"，是指冷热流体均分成 Y 股，每股流经串联的 X 个壳体。串联的多壳体的总体流动形式为逆流时的示意，如图 1-68 所示，其他总体流动形式介绍详见 1.4.4.2 节中 Overall Flow for Multiple Shells 选项释义。

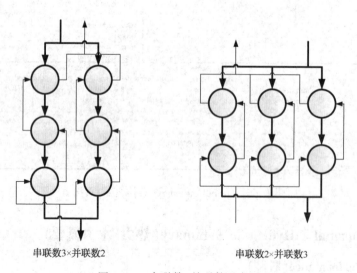

串联数3×并联数2　　　　　　　串联数2×并联数3

图 1-68　串联数×并联数示意图

（2）Resistance Distribution（热阻分布）

Resistance Distribution 页面如图 1-69 所示，用户可快速评估控制热阻。首先观察"Clean"列确定控制传热膜系数，然后在"Dirty"列中观察控制热阻对总传热系数的影响。清洁状态下和规定热阻状态下面积的差值即为因污垢而增加的换热面积。当处理污垢所需的换热面积超过总换热面积的 50%时，应检查规定热阻的合理性，因为热阻过大会增加换热器的直径并降低流速使结垢加剧。

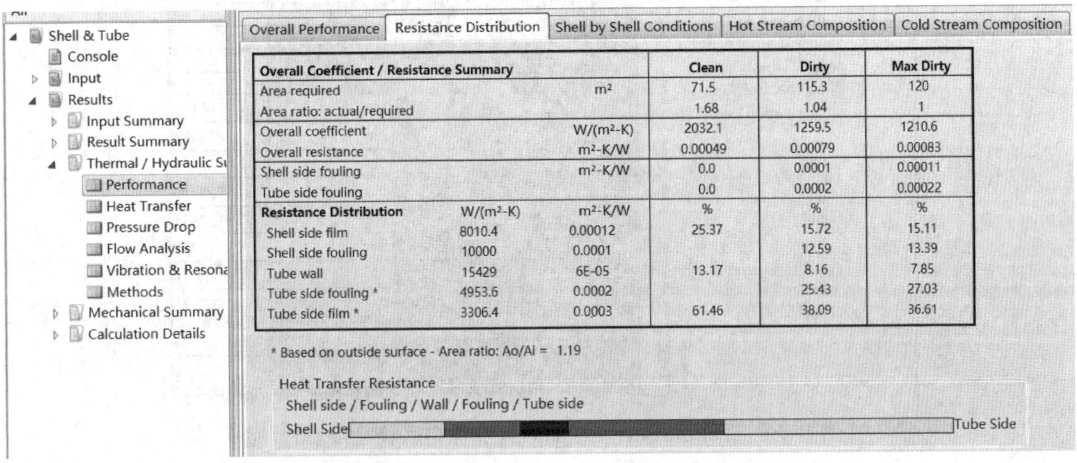

Overall Coefficient / Resistance Summary		Clean	Dirty	Max Dirty
Area required	m²	71.5	115.3	120
Area ratio: actual/required		1.68	1.04	1
Overall coefficient	W/(m²-K)	2032.1	1259.5	1210.6
Overall resistance	m²-K/W	0.00049	0.00079	0.00083
Shell side fouling	m²-K/W	0.0	0.0001	0.00011
Tube side fouling	m²-K/W	0.0	0.0002	0.00022
Resistance Distribution	W/(m²-K)	m²-K/W	%	%	%
Shell side film	8010.4	0.00012	25.37	15.72	15.11
Shell side fouling	10000	0.0001		12.59	13.39
Tube wall	15429	6E-05	13.17	8.16	7.85
Tube side fouling *	4953.6	0.0002		25.43	27.03
Tube side film *	3306.4	0.0003	61.46	38.09	36.61

* Based on outside surface - Area ratio: Ao/Ai = 1.19

Heat Transfer Resistance
Shell side / Fouling / Wall / Fouling / Tube side
Shell Side �————————————————————————— Tube Side

图 1-69　Resistance Distribution（热阻分布）输出页面

程序将热阻分为五个部分：壳程流体、壳程污垢、管壁、管程污垢和管程流体，并在页面底部用水平矩形表示自壳程至管程的热阻分布，用户很容易看出各部分热阻所占比例。默认情况下，黄色表示流体热阻，红色表示污垢热阻，黑色表示管壁热阻。热阻基于平均传热系数计算，是传热系数的倒数。通过查看控制热阻，可针对性地减小此热阻，最大幅度提升传热性能。

（3）Shell by Shell Conditions（壳体串联状况）

此页面如图 1-70 所示，当多个壳体串联时，以表格形式列出了每个壳体的热负荷，以及管程和壳程流体在每个壳体进/出口处的温度、压力和气相质量分数。当仅有一台换热器时，表格中所列信息与 Overall Performance 页面一致。表格中也列出了每个壳体的平均壳体金属温度（Mean shell metal temperature）和平均管壁温度（Mean tube wall temperature），以及管壁的最低/最高温度［Tube wall temperatures（highest/ lowest）］。这些平均温度是基于距离的加权平均数，可应用于机械设计计算，相关数据可进入**Results ｜ Thermal ／ Hydraulic Summary ｜ Heat Transfer ｜ MTD & Fluxes** 页面查看。

（4）Hot／Cold Stream Composition（热/冷流体组成）

Hot Stream Composition 页面如图 1-71 所示，如果在流体物性输入页面提供了流体的组成信息，则在此页面输出流体进/出口组成信息。输出的流体组成信息包括质量分数、摩尔分数和每个组分的质量流量。输出的数值基于进口组成信息，使用插值法来确定进/出口状态的温度和压力数值，因此这些数值与相平衡条件有关，对大多数换热器均可做出较好的估计，但是不适用于某些发生相分离的案例（如回流冷凝器）。

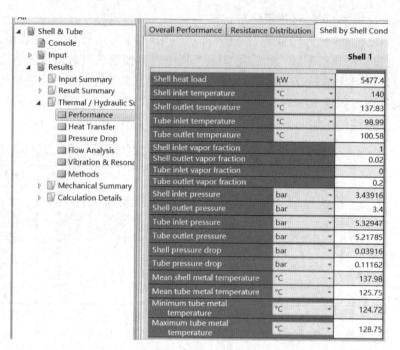

图 1-70　Shell by Shell Conditions(壳体串联状况)输出页面

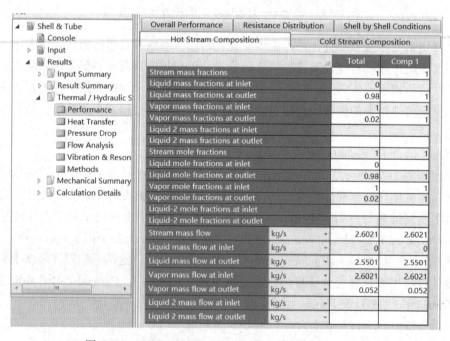

图 1-71　Hot Stream Composition(热流体组成)输出页面

1.5.3.2　Heat Transfer(传热)

显示了传热系数、平均温差、热通量和热负荷分布的输出页面。

(1)Heat Transfer Coefficients(传热系数)

此页面如图 1-72 所示，不同情况下，会给出以下项目中的一个或几个传热膜系数：气相显热、冷凝沸腾、液相显热。此页面给出雷诺数，可方便地判断流体为层流（$Re<2000$）、过渡流（$2000 \leqslant Re \leqslant 10000$）或湍流（$Re>10000$）。翅片效率因子用来校正管程的传热膜热阻和管程的污垢热阻。

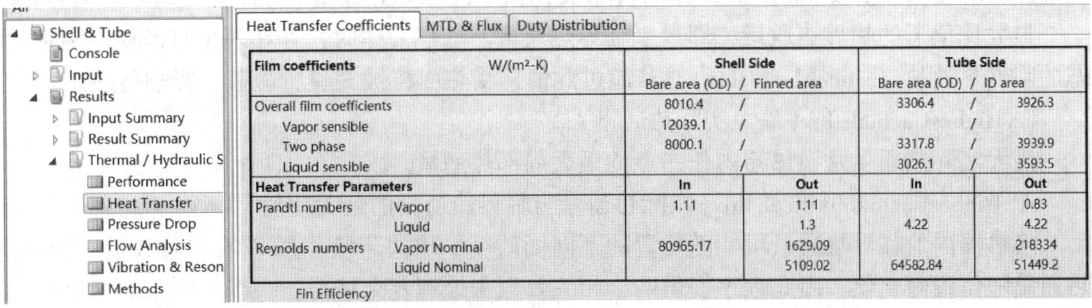

图 1-72　Heat Transfer Coefficients（传热系数）输出页面

（2）MTD & Flux（平均温差和热通量）

此页面如图 1-73 所示，包括温差、热通量和壁温三部分。

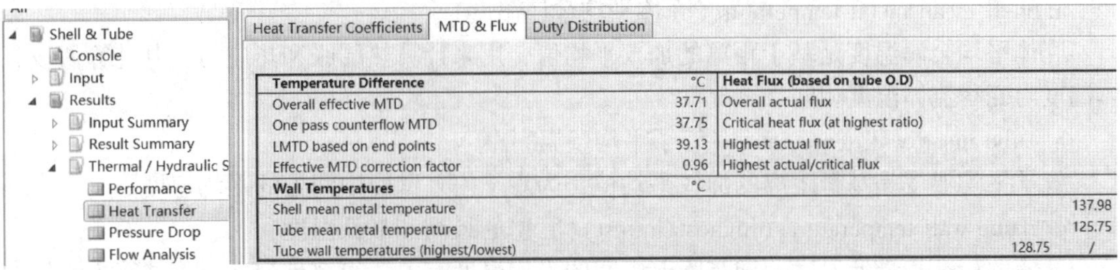

图 1-73　MTD & Flux（平均温差和热通量）输出页面

① Temperature Difference（温差）

a. Overalleffective MTD（总有效平均温差）

总有效平均温差是所有换热器沿着所有管程的实际温差基于热负荷的加权平均值，它取决于换热器热负荷、管程数和热负荷在换热器内的分布。

b. One pass counterflow MTD（单程逆流平均温差）

单程逆流平均温差，是单管程纯逆流换热器基于热负荷加权平均值的实际温差，需考虑每股流体的压力变化，但假定这一变化随着焓变线性分布，因此单程逆流平均温差与换热器性能有关，与换热器的具体几何结构和内部传热现象无关。

c. LMTD based on end points（基于端点对数平均温差）

基于端点对数平均温差，是指热负荷确定、比热容和传热膜系数恒定的单相流在纯逆流换热器中的对数传热温差。

d. Effective MTD correction factor（有效平均温差校正因子）

总有效平均温差与端点对数平均温差的比值，通常情况下，多管程将使校正因子小于1，但是流体温度随焓值的实际变化会减小或增加校正因子，因此有时此值可能会大于1，换热器内传热膜系数和压力变化的分布也将影响到此值。

② Heat Flux(based on tube O.D)（热通量，基于管外径）

a. Overall actual flux（总实际热通量）

总实际热通量是总热负荷与总面积(基于管外径)的比值。

b. Critical heat flux (at highest ratio)（最大比值下的临界热通量）

最大比值下的临界热通量，即最小临界热通量。加热液体时，存在一个打破稳定沸腾状态的临界热通量(Critical heat flux)，若超过此值，受热面将被气膜所覆盖，影响传热。

c. Highest actual flux（最大实际热通量）

最大实际热通量是换热器内任一点的最大局部热通量。

d. Highest actual/critical flux（实际热通量与临界热通量的最大比值）

换热器内的临界热通量可能随位置的不同而改变，取决于流体的气液相对数量等因素。热通量随位置而变化，因此程序提供两个相关参数来处理复杂情况：一个是实际热通量与临界热通量的最大比值，若此值小于1则不必考虑临界热通量的问题；另一个是最大比值时的临界热通量，此值是临界热通量最重要的参考值。临界热通量的计算中存在一定程度的不确定性，因此如果实际热通量与临界热通量的比值接近1，仍存在潜在风险。

③ Wall Temperatures（壁温）

a. Shell mean metal temperature（壳体平均金属温度）

壳体平均金属温度是基于距离的加权平均值，用来计算热膨胀和热应力，其计算假设壳体温度与壳程流体温度相同。

b. Tube mean wall temperature（管子平均壁温）

管子平均温度是基于距离的加权平均值，为管子内外壁面中间处的平均温度。

c. Tube wall temperatures(highest/lowest)（管壁的最高和最低温度）

管壁的最高和最低温度同样与管壁中间的平均温度有关。很容易根据此值估算出流体的温度范围，流体的实际温度应该与污垢层表面的温度相同。

（3）Duty Distribution（热负荷分布）

此页面如图1-74所示，总结了壳程和管程的热负荷情况。

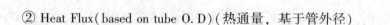

Heat Load Summary	Shell Side		Tube Side	
	kW	% total	kW	% total
Vapor only	-10.5	0.19	0	0
2-Phase vapor	-1.2	0.02	8.1	0.15
Latent heat	-5463.6	99.75	5143.3	93.9
2-Phase liquid	-2.2	0.04	97.4	1.78
Liquid only	0	0	228.6	4.17
Total	-5477.4	100	5477.4	100
Effectiveness	0.9107			

图1-74　Duty Distribution（热负荷分布）输出页面

1.5.3.3　Pressure Drop（压降）

显示了压降、热虹吸管线和热虹吸管线组件的输出页面。

（1）Pressure Drop（压降）

此页面如图1-75所示，列出了换热器各部分的压降分布和速度分布。用户需要观察在几乎没有传热的部分(如进/出口管嘴、折流板窗口区、管束进/出口等)是否消耗了大部分的压降。如果管嘴处消耗了过多压降，可以考虑增加管嘴尺寸；如果进/出口管束部分消耗了过多压降，则可考虑使用导流筒（distributor belt）；如果折流板窗口区消耗了大量压降，则可考虑增大折流板圆缺率。

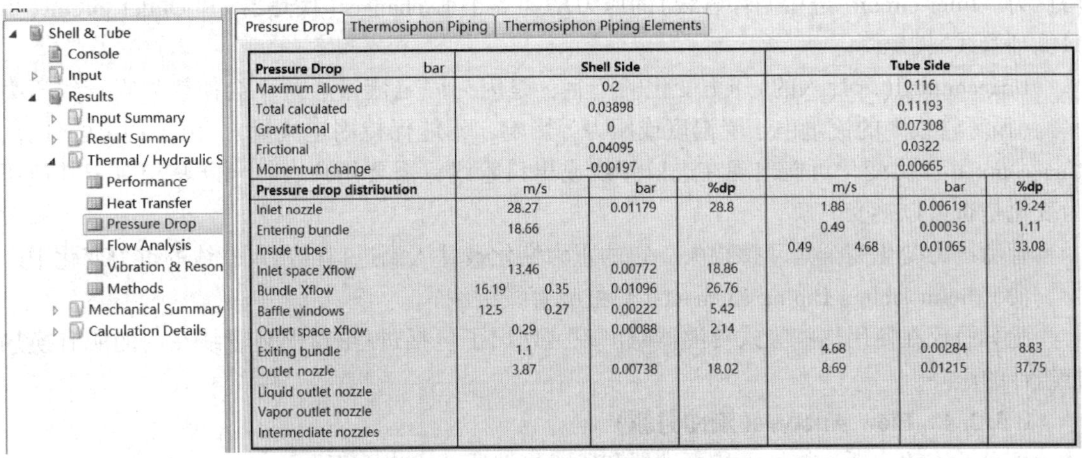

Pressure Drop bar	Shell Side			Tube Side		
Maximum allowed	0.2			0.116		
Total calculated	0.03898			0.11193		
Gravitational	0			0.07308		
Frictional	0.04095			0.0322		
Momentum change	-0.00197			0.00665		
Pressure drop distribution	m/s	bar	%dp	m/s	bar	%dp
Inlet nozzle	28.27	0.01179	28.8	1.86	0.00619	19.24
Entering bundle	18.66			0.49	0.00036	1.11
Inside tubes				0.49 4.68	0.01065	33.08
Inlet space Xflow	13.46	0.00772	18.86			
Bundle Xflow	16.19 0.35	0.01096	26.76			
Baffle windows	12.5 0.27	0.00222	5.42			
Outlet space Xflow	0.29	0.00088	2.14			
Exiting bundle	1.1			4.68	0.00284	8.83
Outlet nozzle	3.87	0.00738	18.02	8.69	0.01215	37.75
Liquid outlet nozzle						
Vapor outlet nozzle						
Intermediate nozzles						

图 1-75 Pressure Drop（压降）输出页面

在计算污垢对壳程压降的影响时，程序假设壳体内壁和折流板外缘之间、折流板管孔和管子外壁之间的间隙被污垢堵塞。在计算污垢对管程压降的影响时，程序根据规定的管程污垢热阻估算污垢层厚度。

（2）Thermosiphon Piping（热虹吸管线）

此页面如图 1-76 所示，仅在计算热虹吸式再沸器时才出现，此页面分为以下三个方面，并给出了热虹吸稳定性分析的结果。

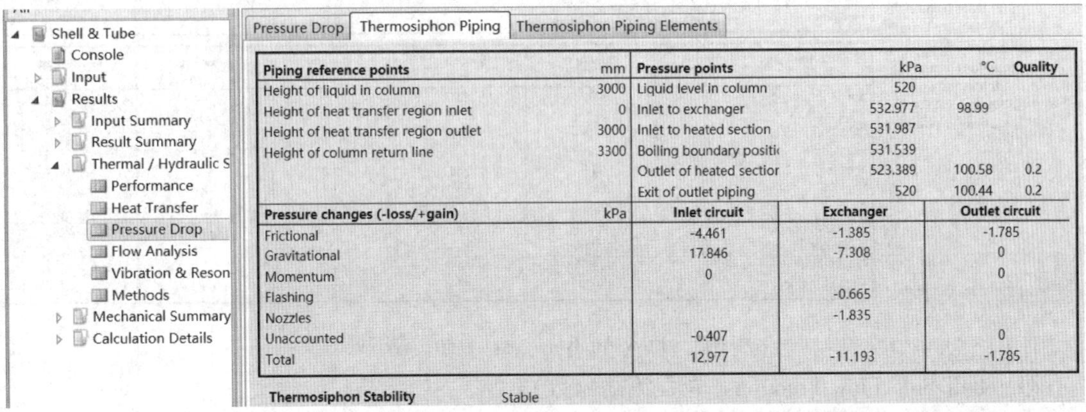

Piping reference points	mm	Pressure points	kPa	°C	Quality
Height of liquid in column	3000	Liquid level in column	520		
Height of heat transfer region inlet	0	Inlet to exchanger	532.977	98.99	
Height of heat transfer region outlet	3000	Inlet to heated section	531.987		
Height of column return line	3300	Boiling boundary positi	531.539		
		Outlet of heated sectior	523.389	100.58	0.2
		Exit of outlet piping	520	100.44	0.2

Pressure changes (-loss/+gain) kPa	Inlet circuit	Exchanger	Outlet circuit
Frictional	-4.461	-1.385	-1.785
Gravitational	17.846	-7.308	0
Momentum	0		0
Flashing		-0.665	
Nozzles		-1.835	
Unaccounted	-0.407		0
Total	12.977	-11.193	-1.785

Thermosiphon Stability Stable

图 1-76 Thermosiphon Piping（热虹吸管线）输出页面

① Piping reference points（管线参考点高度）

Height of liquid in cloumn、Height of heat transfer region inlet、Height of column return line 是输入的重复，详见 1.4.4.7 节的 Thermosiphon Piping（热虹吸式再沸器管线系统），Height of heat transfer region outlet（相对基准线的换热区域出口高度）由程序计算得到。

② Pressure points（压力点）

在各压力点位置给出相应压力，一些情况下也给出相应的温度和气相质量分数。

③ Pressure changes（−loss/+gain）（压力变化）

从塔液体表面到换热器进口，压力逐渐增加，然后减小直至在循环管线出口处再次等于塔压力。Inlet circuit（进口循环管线）的压力增加等于 Exchanger（换热器）和 Outlet circuit（出口循环管线）的压降。

Unaccounted（未计入的）压力变化的产生，是因为固定流量通常不会使热虹吸管线压力平衡（循环管线中的流量由于受温度或压力等影响，不能保持固定流量）。由于特定的计算，Unaccounted 压力变化可能出现在进口管线或出口管线，需要用户自行判断其相对于其他压力变化是否可以接受。

管嘴压力变化完全是摩擦损失，它的重力变化被并入到进口或出口管线的重力变化中。

（3）Thermosiphon Piping Elements（热虹吸管线组件）

此页面仅在使用热虹吸式再沸器时出现，列出了包括进/出口循环管线在内的所有换热器组件的压降。

1.5.3.4 Flow Analysis（流动分析）

显示了流动分析、热虹吸式再沸器和釜式再沸器的输出页面。

（1）Flow Analysis（流动分析）

Flow Analysis 页面如图 1−77 所示，包括 Shell Side Flow Fractions（壳程流路分数）和 Rho*V2 Analysis（ρv^2 分析）两部分。

Shell Side Flow Fractions	Inlet	Middle	Outlet	Diameter Clearance mm
Crossflow	0.63	0.47	0.56	
Window	0.77	0.61	0.79	
Baffle hole - tube OD	0.14	0.24	0.12	0.79
Baffle OD - shell ID	0.09	0.16	0.09	6.35
Shell ID - bundle OTL	0.15	0.14	0.23	12.7
Pass lanes	0	0	0	

Rho*V2 Analysis	Flow Area mm²	Velocity m/s	Density kg/m³	Rho*V2 kg/(m-s²)	TEMA limit kg/(m-s²)
Shell inlet nozzle	50874	28.27	1.81	1446	2232
Shell entrance	64024	22.46	1.81	913	5953
Bundle entrance	77044	18.66	1.81	630	5953
Bundle exit	28910	1.1	81.83	99	5953
Shell exit	9586	3.32	81.83	900	5953
Shell outlet nozzle	8213	3.87	81.83	1227	
	mm²	m/s	kg/m³	kg/(m-s²)	kg/(m-s²)
Tube inlet nozzle	72966	1.88	606.42	2151	8928
Tube inlet	279878	0.49	606.42	146	
Tube outlet	279878	4.68	63.56	1395	
Tube outlet nozzle	150777	8.69	63.56	4806	

图 1−77　Flow Analysis（流动分析）输出页面

① Shell Side Flow Fractions（壳程流路分数）

a. Crossflow（错流流路）

垂直于管束的横向流流路，也称为"B"流路。只有错流流路、折流板管孔与管外壁之间流路有助于传热。错流分数一般在总流路的 30%~70% 之间，此值越小压降越低，但同时表明设计的换热器较差。

b. Window（窗口流路）

错流流路、壳体内壁与管束外围之间的流路和分程隔板处流路的总和。

c. Baffle hole−tube OD（折流板管孔与管外壁之间的流路）

为主要的泄漏流路，也称为"A"流路。通过此间隙的泄漏可有效地降低压降，但会造成传热膜系数的下降。

　　d. Baffle OD-shell ID(折流板外缘与壳体内壁之间的流路)

　　为次要的泄漏流路,也称为"E"流路。

　　e. Shell ID-bundle OTL(壳体内壁与管束外围之间的流路)

　　为旁路流路,大部分绕过了传热面,也称为"C"流路。

　　f. Pass lanes(分程隔板处流路)

　　为旁路流路,也称为"F"流路。

　　②Rho* V^2 Analysis(ρv^2分析)

　　a. Shell Inlet/Outlet Nozzle(壳程进/出口管嘴)

通过单个管嘴的流体。若气液相出口管嘴是分开的,则给出的是较大的ρv^2值。

　　b. Shell Entrance/Exit(壳程进/出口区域)

来自进口管嘴或是到达出口管嘴的流体。

　　c. Bundle Entrance/Exit(管束进/出口区域)

进入/流出管束的流体。流动面积包括管嘴下的管束全部区域(末端空间),对于 K 和 X 型壳体,管束进/出口面积为全部的管束。计算管束进/出口流速时将再循环流体考虑在内。

　　(2)Thermosiphons and Kettles(热虹吸式再沸器和釜式再沸器)

此页面列出了计算所需的物理性质。

1.5.3.5　Methods(方法)

此页面列出了程序计算使用的所有模型和方法。

1.5.4　Mechanical Summary(机械概要)

Mechanical Summary 输出部分主要对换热器的几何结构参数进行了总结,给出了换热器结构参数、平面装配图和管子布置图,并估算出换热器的质量和造价。

1.5.4.1　Exchanger Geometry(换热器结构参数)

此页面如图 1-78 所示,列出了换热器计算中使用的几何结构参数,包括基本结构、换热管、折流板、支持板-其他挡板、管束、内部强化、热虹吸管线等一系列子页面。

1.5.4.2　Setting Plan & Tubesheet Layout(平面装配图和管板布置)

显示了平面装配图和管板布置的输出页面。

　　(1)Setting Plan(平面装配图)

此页面如图 1-79 所示,给出了换热器的平面装配图,包括换热器总长度、管束/管子伸出长度、管嘴的位置和方向、支持板的位置和方向、折流板的位置。页面下部的表格中包括:标题/备注、设计规范和标准、设计数据、质量信息汇总、管嘴数据。在图中右击,可从 Options 选项中选择希望放大的部分,若选择 Exchanger only,则页面上只出现换热器的结构尺寸图。用户可以打印或者复制此页面的信息。

　　(2)Tubesheet Layout(管板布置)

此页面如图 1-80 所示,详细描述了管子布置,图中包括以下数据:壳程进出口管嘴、壳体、换热管位置、管程分程、折流板、拉杆、防冲板、旁路挡板、管束通道、纵向隔板、管程分程间的中间挡板。

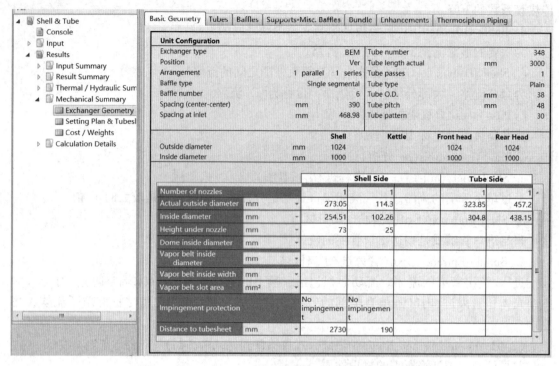

图 1-78　Exchanger Geometry(换热器结构参数)输出页面

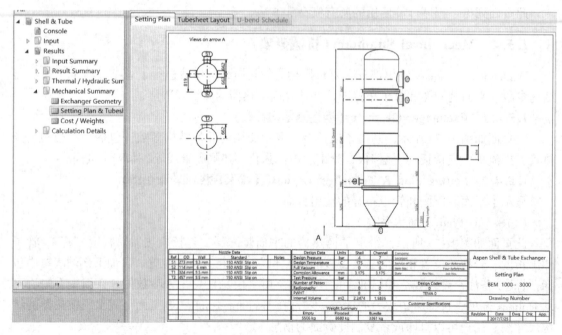

图 1-79　Setting Plan(平面装配图)输出页面

(3)U-Bend Schedule(U 形弯头附表)

对于 U 形管式换热器，此页面列出了每种尺寸 U 形弯头数，给出了弯曲区域的长度和每种尺寸弯头的 U 形管总长度(弯曲部分加上两个直管部分)。

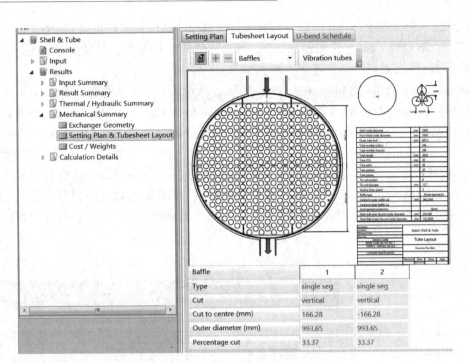

图 1-80　Tubesheet Layout(管板布置)输出页面

1.5.4.3　Cost / Weights(费用/质量)

此页面如图 1-81 所示，总结了换热器主要组成部分的质量，包括空的换热器质量和灌满水的换热器质量。将换热器的总成本拆解为人工成本和材料成本。

Weights	kg	Cost data	Dollar(US)
Shell	1115.8	Labor cost	37565
Front head	459.6	Tube material cost	8783
Rear head	569.8	Material cost (except tubes)	8712
Shell cover			
Bundle	3360.8		
Total weight - empty	5505.9	Total cost (1 shell)	55060
Total weight - filled with water	8680.2	Total cost (all shells)	55060

图 1-81　Cost / Weights(费用/质量)输出页面

1.5.5　Calculation Details(计算细节)

Analysis along Shell/Tube(沿壳程/管程分析)包括 Interval Analysis、Physical Properties 和 Plots 三个页面。

(1)Interval Analysis(区间分析)

Analysis along Shell 的 Interval Analysis 页面如图 1-82 所示，从左至右，各项性能参数依次为 Point No.(点编号)、Shell No.(壳体编号)、Shell Pass No.(壳程编号)、Distance from End(距末端距离)、SS Bulk Temp.(壳程主体温度)、SS Fouling Surface Temp(壳程污垢表面温度)、Tube Metal Temp(换热管金属温度)、SS Pressure(壳程压力)、SS Vapor fraction(壳

程气相分数）、SS void fraction（壳程空隙率）、SS Heat Load（壳程热负荷）、SS Heat flux（壳程热通量）、SS Film Coef.（壳程膜系数）。当壳程流体有相变时，性能参数还包括 SS flow pattern（壳程流体流态）。

Analysis along Tubes 的 Interval Analysis 页面，从左至右，各项性能参数依次为 Shell No.（壳体编号）、Tube Pass No.（管程编号）、Distance from End（距末端距离）、SS Bulk Temp（壳程主体温度）、SS Fouling surface temp.（壳程污垢表面温度）、Tube Metal Temp（换热管金属温度）、TS Fouling surface temp（管程污垢表面温度）、TS Bulk Temp.（管程主体温度）、TS Pressure（管程压力）、TS Vapor fraction（管程气相分数）、TS void fraction（管程空隙率）、TS Heat Load（管程热负荷）、TS Heat flux（管程热通量）、TS Film Coef.（管程膜系数）、SS Film Coef.（壳程膜系数）。当管程流体有相变时，性能参数还包括 TS flow pattern（管程流体流态）。

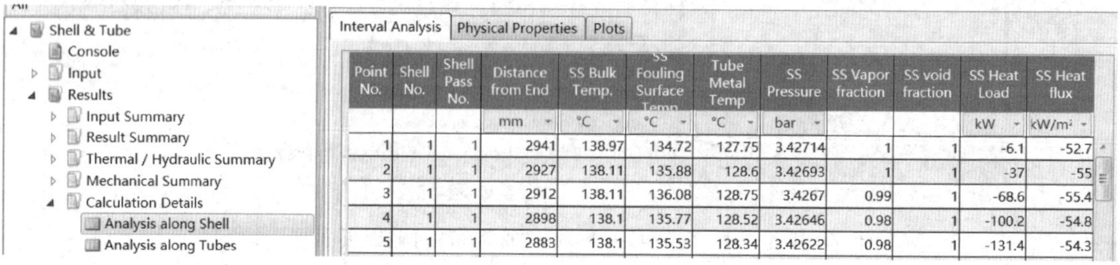

图 1-82　Interval Analysis（区间分析）输出页面

（2）Physical Properties（物性）

此页面如图 1-83 所示，以表格形式列出了计算所用的物性。

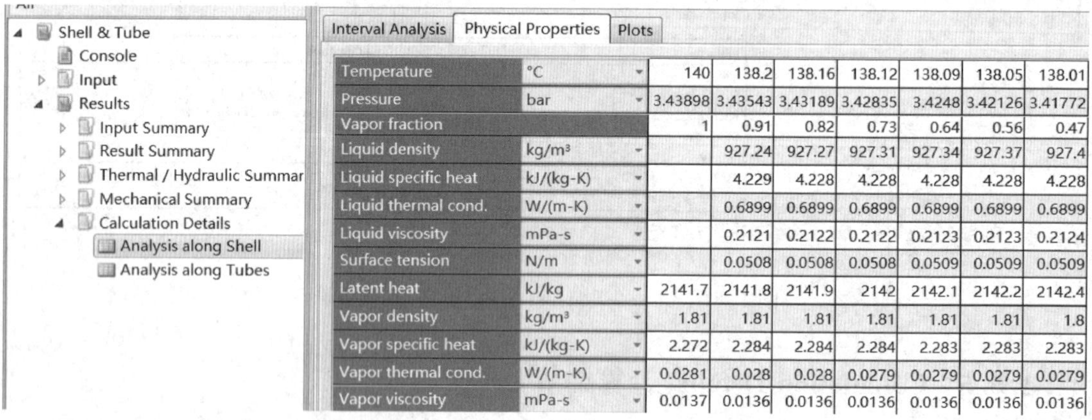

图 1-83　Physical Properties（物性）输出页面

（3）Plots（图）

此页面如图 1-84 所示，可使用区间分析表中的数据来绘制相关坐标图。选择合适的 X 轴变量和 Y 轴变量做出所需图形，可对图形进行缩放、打印、复制和存储操作。

以上主要对 Aspen EDR 的输出页面进行了详细介绍，关于振动分析部分的介绍详见本书 3.9 节。本书着力于热力设计，故只对 Mechanical Summary 部分做简要概述。

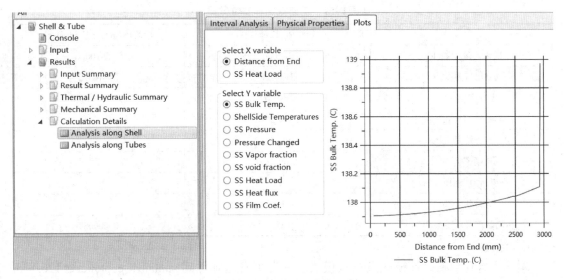

图 1-84 Plots(图)输出页面

1.6 Shell & Tube 入门示例⊠PDF

换热器的设计和校核具体步骤如图 1-85 所示,因本书着力于换热器的热力设计过程,因此不介绍机械设计的相关内容。下面通过一台管壳式换热器实例来说明运用 Aspen EDR 设计换热器的过程。

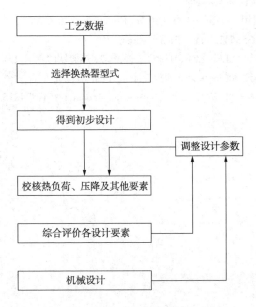

图 1-85 换热器设计和校核流程图

设计一台水平放置的 BEM 管壳式换热器,用燃料油预热锅炉给水的无相变过程中,工艺数据和物性数据见表 1-51。

表 1-51　工艺数据和物性数据

项目	热流体(Fuel Oil)	冷流体(Boiler Feedwater)
质量流量/(kg/h)	284000	59100
进/出口温度/℃	213/168	50/165.3
进/出口密度/(kg/m³)	879.4/909.8	—
比热容/[kJ/(kg·K)]	2.34/2.18	—
进/出口黏度/mPa·s	1.94/3.37	—
进/出口导热系数/[W/(m·K)]	0.1/0.107	—
进口压力(绝压)/bar	12	50
允许压降/bar	1.5	1
污垢热阻/(m²·K/W)	0.0005	0.000088

注：1bar=100kPa。

本章内容还包括设计模式及校核模式。读者可发送邮件到 sunlanyi_cuptower@126.com 获取。具体内容结构如下：

1.6.1　设计模式
1.6.2　校核模式

参 考 文 献

[1] Aspen Technology, Inc.. Aspen Exchanger Design & Rating V8.8 help，2015.

[2] Aspen Technology, Inc.. Aspen Exchanger Design & Rating family[EB/OL]．[2016-08-27]．http：//www.aspentech.com/products/aspen-edr.aspx.

[3] 关威．Tasc+ 2006.5 中文用户手册——热力部分[EB/OL]．[2016-08-27]．http：//wenku.baidu.com/view/d553560e7cd184254b353541.html？from=search.

[4] 北京中油奥特科技有限公司．ASPEN EDR(HTFS)之管壳式换热器软件介绍[EB/OL]．[2016-08-27].http：//wenku.baidu.com/view/8166223d67ec102de2bd8947.html？from=search.

[5] HTFS 简介[EB/OL]．[2016-08-27]．http：//www.docin.com/p-547874875.html.

第 2 章　流体物性

换热器计算结果的准确性很大程度上取决于流体物性计算的可靠性。采用不同的物性方法，计算结果会有很大差别，最终对换热器的设计结果产生较大影响。因此，为获得可靠的计算结果，需选择合适的物性方法。

2.1　换热器工艺设计物性数据

Aspen EDR 软件通过对不同压力水平下的物性数据集进行内插，得到用于计算的物性数据。物性数据可在物性表中直接输入，也可从流程模拟软件（如 Aspen Plus 或 Aspen HYSYS）直接导入或通过三个物性包（Aspen Properties、COMThermo 或 B-JAC）检索获取[1]。

对于单相流体（液相或气相），流体物性数据需提供：密度（density）、比热容（specific heat）、黏度（viscosity）和导热系数（thermal conductivity）。

对于两相流体（气-液相），流体物性数据需提供：气相物性数据、液相物性数据、液相表面张力（surface tension）和 T（温度）$-h$（specific enthalpy，比焓）$-x$（vapor mass fraction，气相质量分数）数据。当存在第二液相（气-液-液相），还需要提供第二液相物性数据与其在流体中的质量分数。

对于每一相数据，只需要提供该相存在时的数据。泡点处的液相数据和露点处的气相数据应尽可能提供，用于在泡露点附近进行数据插值，而泡露点相同的纯物质可不提供。泡点处的气相数据和露点处的液相数据，不应提供。对于单相流体，比焓是可选的，可通过比热容估算比焓。

对于每一组数据，至多提供 24 个温度点的数据，但一般 12 个温度点就已足够。温度点可按任何顺序排列，但为了便于绘图，推荐按升序或降序排列。

对于两相流体，泡露点数据非常重要。如果泡露点数据在提供的温度范围内，应该添加。因为温度输入顺序不重要，可添加在任一端。如果泡露点数据在提供的温度范围之外，添加之仍然有价值，可避免程序对其估算。

温度点不需要完全对应换热器的进出口温度，但应该覆盖进出口温度，否则，物性数据外推时会有精度损失。

一组物性数据（即一个物性表中的所有数据）必须与一个单独的压力关联。如果流体物性随压力变化较大，则需提供不同压力下的多组物性数据。物性数据可在物性表中选择不同的单位输入。

2.2　Aspen EDR 流体物性数据输入

换热器设计过程中每股流体的物性数据输入主要包括两部分：组成（compositions）与物性（properties）。在组成窗口，用户可根据冷热流体组成选择合适的物性包；也可选择 User specified properties（用户自定义物性）或 User specified properties using heat loads（使用热负荷的用户自定义物性）输入物性数据；也可导入由流程模拟软件（Aspen Plus、Aspen HYSYS 等）生成的物性数据。物性窗口主要包括 Properties（物性）、Phase Composition（相态组成）、Component Properties（组分物性）以及 Properties Plots（物性图）四个页面。

2.2.1　Aspen EDR 流体组成页面[1,2]

进入 **Input | Property Data | Hot Stream (1) Compositions | Composition** 页面，如图2-1所示。Physical property package（物性包）下拉列表框中有 Aspen Properties、COMThermo、B-JAC、User specified properties、User specified properties using heat loads 五种选择，前三种为软件内置物性包，后两种为用户自定义物性。

图2-1　流体组成页面—选择物性包

Aspen EDR 中的几个物性包各具特点。其中，Aspen Properties 为 Aspen Plus 所使用的物性包，包括约18000种组分。该物性包适用于化工物系，包含一些极性以及非理想物系。压力1 MPa 以下的极性或非理想物系，可采用活度系数模型（如 NRTL、UNIQUAC 等）；压力1 MPa 以上的物系，可采用状态方程模型（如 Peng-Robinson、SRK、PSRK、RK-Soave 等）。对于理想、非极性和烃类物系，Aspen Properties 物性包能得出与 COMThermo 物性包同样准确的计算结果。对于水蒸气物性，可使用 Aspen Properties 物性包中的 IAPWS-95、STEAM-TA 或 STEAMNBS 等物性方法进行计算。

COMThermo 物性包源于 Aspen HYSYS 流程模拟软件，适用于油气加工过程。对于烃类混合物或理想物系，使用状态方程模型（Peng-Robinson，SRK 等）；对于非理想性不强的物系推荐使用 PRSV。

B-JAC 物性包是 Aspen HTFS+ 中的旧版物性包，此物性包的气-液相平衡与气-液-液相平衡数据有限，适用于纯组分以及简单混合物的物性计算。

2.2.1.1　Aspen Properties 物性包

选择 Aspen Properties 物性包后，**Input | Property Data | Hot Stream (1) Compositions** 下包括三个页面：Composition 页面、Property Methods 页面和 Advanced Options 页面。

（1）Composition（组成）

Composition 页面如图2-2所示。Hot side composition specification（热侧组成规定）下拉列表框中，可选择 Weight flowrate or %（质量流量或百分数）或 Mole flowrate or %（摩尔流量或百分数）。Search Databank（搜索数据库），从 Aspen Properties 数据库中搜索组分。Delete Row（删除行），从列表框中删除组分。组分表包括：Aspen Component Name（Aspen 组分名称）；Composition（组成），可输入组分之间相对含量、组分流量或百分数；Aspen Formula（Aspen 分子式）。

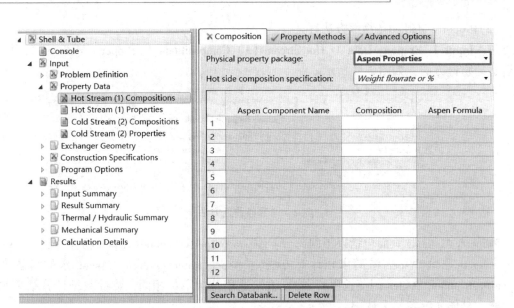

图 2-2   流体组成页面-Aspen Properties 物性包

添加组分过程：单击**Search Databank** 按钮，在弹出的**Find Compounds** 对话框搜索添加组分，步骤如图 2-3 所示。

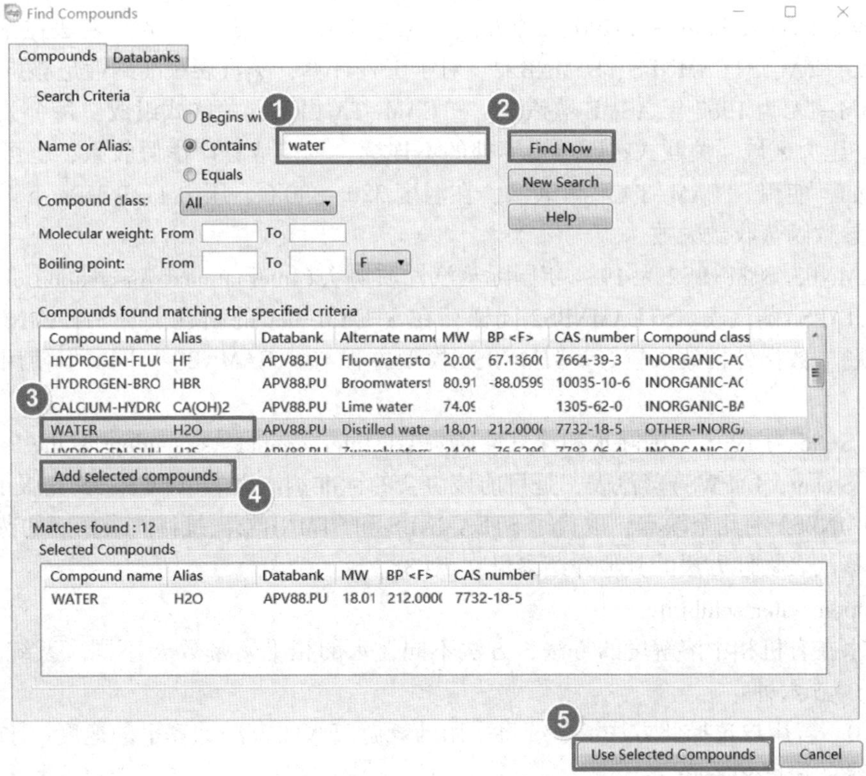

图 2-3   搜索添加组分

（2）Property Methods（物性方法）

进入 **Input ┃ Property Data ┃ Hot Stream （1） Compositions ┃ Property Methods** 页面，选择合适的物性方法，如图 2-4 所示。

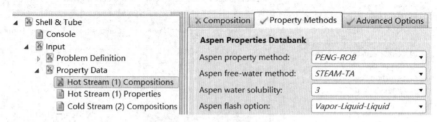

图 2-4　选择物性方法

Property Methods 页面包括以下四部分：Aspen property method（Aspen 物性方法）、Aspen free-water method（Aspen 游离水相计算方法）、Aspen water solubility（Aspen 水的溶解度）、Aspen flash option（Aspen 闪蒸选项）。物性方法适用范围不尽相同，物性数据计算结果也大相径庭，具体介绍参见文献[3]。

① Aspen property method

该选项为用户提供了多种物性计算方法。

② Aspen free-water method

用户可通过此选项规定游离水相物性方法，包括 IAPWS-95、IDEAL、STEAM-TA、STEAMNBS、STMNBS2 和 SYSOP0 六种方法。推荐采用蒸汽表法，蒸汽表法包括 IAPWS-95、STEAM-TA、STEAMNBS、STMNBS2。对于工程计算，蒸汽表法准确性足够。

STEAM-TA 为 1967 年 ASME 蒸汽表。STEAM-TA 由不同关联式组成，每个关联式对应不同温度-压力区域。关联式在区域边界处的不连续，可造成程序虚假收敛，也可造成错误预测。例如，使用 STEAM-TA 蒸汽表法，在温度 320~330℃、压力 11.9 MPa 下，蒸汽焓值减少，可导致闪蒸收敛失败。

STEAMNBS/STMNBS2 为 1984 年国际蒸汽性质协会（International Association of Properties of Steam，IAPS）蒸汽表。STEAMNBS2 同样存在 STEAM-TA 的问题，而 STEAMNBS 则不存在这种问题，数据外推效果较好。STMNBS2 模型方程与 STEAMNBS 相同，但使用不同的根搜索方法。

IAPWS-95 为 1995 年国际水和蒸汽性质协会（International Association for the Properties of Water and Steam，IAPWS）蒸汽表，是目前该协会的标准蒸汽表。IAPWS-95 克服了 STEAMNBS 和 STMNBS2 的几个缺点，取代了 STEAMNBS 和 STMNBS2，是目前最精确的蒸汽表。

关于蒸汽表物性方法的其他介绍参见文献[3]。

③ Aspen water solubility

计算水在有机相中溶解度的方法，方法不同，水的相平衡常数 K 不同。系统计算 K 值的方法有 0~5 六种：

方法 0　若用户选择此方法，系统将采用计算游离水的方法计算水的逸度，水的溶解度与蒸汽中水的逸度相关联。

方法 1　主要通过主物性方法进行相关计算，水的溶解度与蒸汽中水的逸度相关联。

方法 2　在方法 1 基础上添加活度系数修正因子，对于不饱和体系推荐使用此方法。

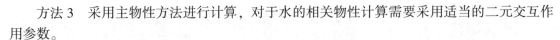

方法 3 采用主物性方法进行计算，对于水的相关物性计算需要采用适当的二元交互作用参数。

方法 4 采用方法 2，但是水的溶解度限定为 1，适用于气液平衡系统中液相组成主要是水的体系。

方法 5 采用方法 2，但是气相逸度采用游离水的方法计算。

④ Aspen flash option

相态类型有 Liquid（液相）、Vapor（气相）、Vapor−Liquid（气−液相）、Vapor−Liquid−Liquid（气−液−液相）、Liquid−Freewater（液−游离水相）以及 Vapor−Liquid−Freewater（气−液−游离水相）。

（3）Advanced Options（高级选项）

进入 **Input | Property Data | Hot Stream（1）Compositions | Advanced Options** 页面，如图 2-5 所示。

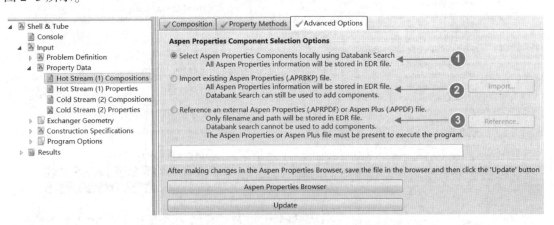

图 2-5 高级选项页面——Aspen Properties 物性包

① 若用户选择此选项，则可以采用 Databank Search 功能搜索 Aspen Property 物性包中的组分，而且所有的物性数据信息都被存储在 Aspen EDR 文件中。

② 从已有的 Aspen 文件（.APRBKP）中导入物性数据，所有的物性数据信息都将被储存到 Aspen EDR 文件中，而且用户可以通过 Aspen EDR 中的 Aspen Properties 添加组分。

③ 参考外部的 Aspen 文件（如 .APRPDF 和 .APPDF 文件），但是在 Aspen EDR 文件中只保存文件名与存储路径，而且用户不能通过 Aspen Properties 添加组分，只有当外部的 Aspen 文件存在的情况下才能运行此功能。

2.2.1.2 COMThermo 物性包

选择 COMThermo 物性包后，**Input | Property Data | Hot Stream（1）Compositions** 下包括三个页面：Composition 页面、Property Methods 页面和 Interaction Parameters 页面。

（1）Composition（组成）

Composition 页面如图 2-6 所示，与 Aspen Properties 物性包的 Composition 页面基本相同。组分表包括：ComThermo Components（ComThermo 组分）；Composition（组成），可输入组分之间相对含量，而不必为组分流量或百分数；Components ID（组分 ID）。

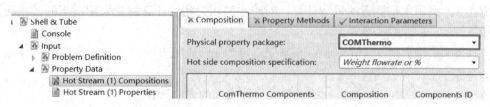

图 2-6　流体组成页面——COMThermo 物性包

（2）Property Methods（物性方法）

Property Methods 页面如图 2-7 所示，可从 Property Packages 列表框中选择物性方法，也可单击 COMThermo Advanced Options，分别为气相和液相选择不同物性方法。

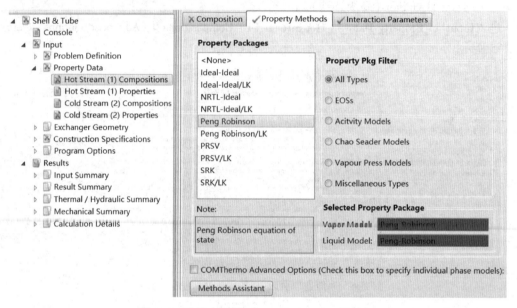

图 2-7　物性方法页面——COMThermo 物性包

（3）Interaction Parameters（二元交互作用参数）

Interaction Parameters 页面如图 2-8 所示，该页面显示了各组分之间的二元交互作用参数。

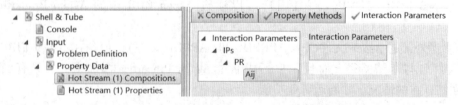

图 2-8　二元交互作用参数页面——COMThermo 物性包

2.2.1.3　B-JAC 物性包

选择 B-JAC 物性包后，**Input | Property Data | Hot Stream（1）Compositions** 下包括五个页面：Composition 页面、Property Methods 页面、Interaction Parameters 页面、NRTL 页面和 Uniquac 页面。

（1）Composition（组成）

Composition 页面如图 2-9 所示，与 Aspen Properties 物性包的 Composition 页面基本相

同。组分表包括：Components(组分)；Composition(组成)，可输入组分之间相对含量，而不必为组分流量或百分数；Components type(组分类型)。

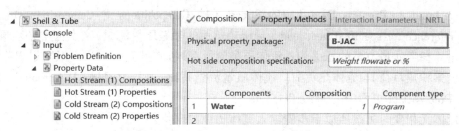

图 2-9　流体组成页面——B-JAC 物性包

(2)Property Methods(物性方法)

Property Methods 页面如图 2-10 所示，选择合适的物性方法。

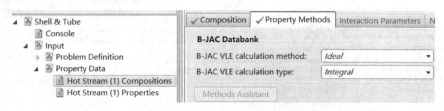

图 2-10　物性方法页面——B-JAC 物性包

① B-JAC VLE calculation method(B-JAC 气液相平衡计算方法)

物性包计算方法包括：Ideal、Soave – Redlich – Kwong、Peng – Robinson、Chao – Seader、Uniquac、Van Laar、Wilson 和 NRTL。

② B-JAC VLE calculation type(B-JAC 气液相平衡计算类型)

a. Integral(积分)　适用于整个换热过程中液相与气相保持充分接触的情况，如热虹吸式再沸器。

b. Differential(微分)　适用于整个换热过程中液相与气相会发生分离的情况，如回流冷凝器。

(3)Interaction Parameters(二元交互作用参数)

当用户选择了有二元交互作用参数的物性方法(Uniquac、Van Laar、Wilson、NRTL)时，此页面处于激活状态，需要输入二元交互作用参数。

(4)NRTL

当用户选择 NRTL 物性方法时，对于每对组分，除了需要在 Interaction Parameters 页面输入二元交互作用参数，还需要在此页面输入溶液特征参数。

(5)Uniquac

当用户选择 Uniquac 物性方法时，对于每对组分，除了需要在 Interaction Parameters 页面输入二元交互作用参数，还需要在此页面输入表面积参数和体积参数。

2.2.1.4　用户自定义物性

选择 User specified properties 或者 User specified properties using heat loads 物性包后，需要用户直接输入流体物性数据。相比于 User specified properties，User specified properties using heat loads 有以下特点：

① 在 **Input | Property Data | Hot Stream（1）Properties | Properties** 页面，物性表中没有比熔输入项，而有 Cumulative heat load（累积热负荷）输入项，由累积热负荷可反推出比热容。

② 在 **Input | Property Data | Hot Stream（1）Compositions | Composition** 页面，Mass flowrate reference for specified heat loads（规定热负荷的参考质量流量）文本框中必须输入参考质量流量。参考质量流量的意义为：流体质量流量/参考质量流量×（出口温度累积热负荷 – 进口温度累积热负荷）= 流体热负荷。流体质量流量指 **Input | Problem Definition | Process-Data | ProcessData** 页面中的 Mass flow rate。

当流体无相变时可按照以下步骤输入流体物性数据：

（1）输入工艺数据

工艺数据输入页面如图 2-11 所示。

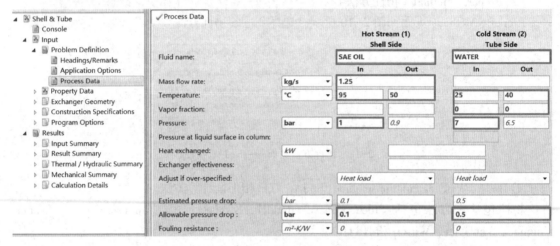

图 2-11　工艺数据输入页面

（2）物性方法选择

物性包下拉列表框中选择 User specified properties，如图 2-12 所示。

图 2-12　流体组成页面——选择用户自定义物性

（3）输入物性数据

① 删除压力：选择需要删除的压力，单击 **Delete Set** 按钮，如图 2-13 所示。

② 输入温度：a. 最少输入一个温度点；b. 工作温度最好在输入的温度区间内以提高计算的准确性；c. 缺失的温度处，软件采用插值法获取物性数据。

③ 液相无相变流体需要输入 Liquid density（液相密度）、Liquid specific heat（液相比热容）、Liquid viscosity（液相黏度）和 Liquid thermal cond.（液相导热系数），如图 2-14 所示。Specific enthalpies（比熔）是可选项，当不输入时可由比热容计算得到。

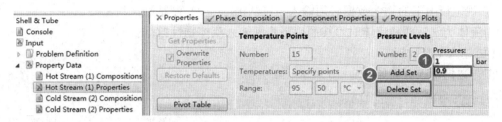

图 2-13　流体物性页面——删除其他压力

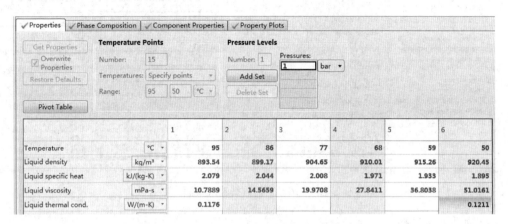

图 2-14　流体物性页面——输入液相物性数据

④ 气相无相变流体需要输入 Vapor density（气相密度）、Vapor specific heat（气相比热容）、Vapor viscosity（气相黏度）和 Vapor thermal cond.（气相导热系数），如图 2-15 所示。Specific enthalpies（比焓）是可选项，当不输入时可由比热容计算得到。

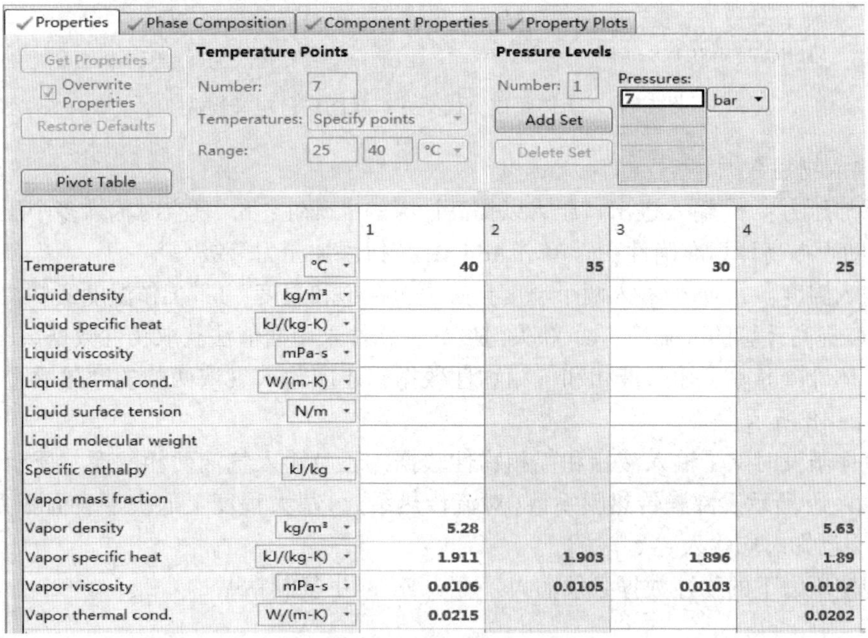

		1	2	3	4
Temperature	℃	40	35	30	25
Liquid density	kg/m³				
Liquid specific heat	kJ/(kg-K)				
Liquid viscosity	mPa-s				
Liquid thermal cond.	W/(m-K)				
Liquid surface tension	N/m				
Liquid molecular weight					
Specific enthalpy	kJ/kg				
Vapor mass fraction					
Vapor density	kg/m³	5.28			5.63
Vapor specific heat	kJ/(kg-K)	1.911	1.903	1.896	1.89
Vapor viscosity	mPa-s	0.0106	0.0105	0.0103	0.0102
Vapor thermal cond.	W/(m-K)	0.0215			0.0202

图 2-15　流体物性页面——输入气相物性数据

⑤ 规定压力下的物性数据必须输入，可从 Excel 中复制粘贴。

当流体为气液两相流体时可按照以下步骤输入流体物性数据：

（1）输入工艺数据

工艺数据输入页面如图 2-16 所示。

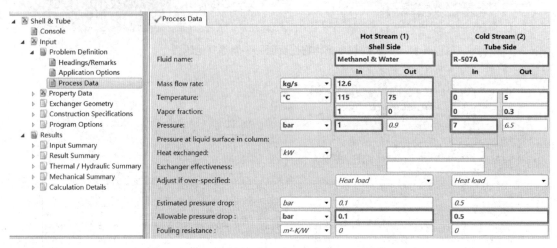

图 2-16　工艺数据输入页面

（2）物性方法选择

物性包下拉列表框中选择 User specified properties，如图 2-17 所示。

图 2-17　流体组成页面——选择用户自定义物性

（3）输入物性数据

① 添加压力：a. 输入进出口压力以提高计算的准确性；b. 真空时输入多个压力下对应的数据有助于提高计算准确性；c. 单击 **Add set** 按钮添加压力等级。

② 输入温度：a. 最少输入两个温度且必须包括饱和温度；b. 工作温度最好在输入的温度区间内以提高计算的准确性；c. 缺失温度处，软件采用插值法获取物性数据。

③ 流体冷凝时除了输入液相和气相物性，还应输入气液两相的摩尔质量和表面张力，如图 2-18 所示。

④ 流体蒸发时除了输入液相和气相物性数据，还应输入气液两相的摩尔质量和表面张力，如图 2-19 所示。沸腾传热膜系数（对流传热系数）很大程度上取决于表面张力准确性，当表面张力已知时应输入。

⑤ 规定压力下的物性数据必须输入，可从 Excel 中复制粘贴。

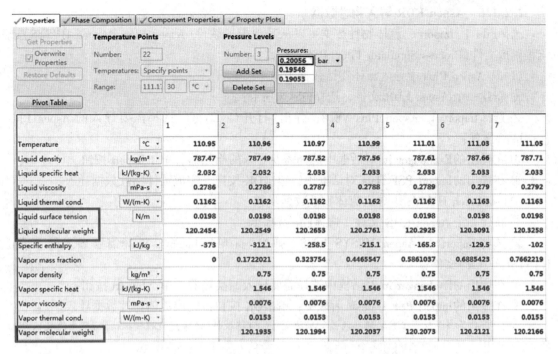

图 2-18　流体物性页面——输入冷凝流体物性数据

		1	2	3	4	5
Temperature	°C	0	2.88	2.9	2.91	2.92
Liquid density	kg/m³	1153	1142	1140	1139	1137
Liquid specific heat	kJ/(kg-K)	1.666	1.694	1.695	1.697	1.699
Liquid viscosity	mPa-s	0.1732	0.1672	0.1671	0.1669	0.1668
Liquid thermal cond.	W/(m-K)	0.0802	0.0789	0.79	0.0791	0.0792
Liquid surface tension	N/m	0.0074				0.007
Liquid molecular weight		98.86	98.86	98.7	98.5	98.3
Specific enthalpy	kJ/kg	-9149.1	-9144.3	-9107.4	-9065.7	-9023.9
Vapor mass fraction		0	0	0.23	0.49	0.75
Vapor density	kg/m³			30.32	30.26	30.2
Vapor specific heat	kJ/(kg-K)			0.821	0.822	0.823
Vapor viscosity	mPa-s			0.0116	0.0115	0.0115
Vapor thermal cond.	W/(m-K)			0.0117	0.0117	0.0117
Vapor molecular weight				99.4	99.2	99

图 2-19　流体物性页面——输入蒸发流体物性数据

2.2.1.5 Aspen EDR 导入物性数据

选择**File | Import**，流体物性数据可以从其他模拟软件(Aspen Plus、Aspen HYSYS)或流程模拟文件(Process Simulator File，PSF)导入。

(1)从 Aspen Plus 中导入流体物性数据步骤

① 新建一个 Aspen EDR 文件，选择**File** 选项卡；

② 选择**Import | Aspen Plus V8.8**，弹出"**打开**"对话框，选择需要导入的 Aspen Plus (* . bkp)文件；

③ 在弹出的**Exchanger in** 对话框中选择需要导入的换热器，单击**Import** 按钮；

④ 在弹出的**Import PSF Data** 对话框中，单击**OK** 按钮，完成流体物性数据导入。

(2)从 Aspen HYSYS 中导入流体物性数据步骤

① 新建一个 Aspen EDR 文件，选择**File** 选项卡；

② 选择**Import | Aspen HYSYS V8.8**，弹出"打开"对话框，选择需要导入的 Aspen HYSYS(* . hsc)文件；

③ 在弹出的**Exchanger in** 对话框中选择需要导入的换热器，单击**Import** 按钮；

④ 在弹出的**Import PSF Data** 对话框中，单击**OK** 按钮，完成流体物性数据导入。

注：1. PSF 是一个包含工艺数据和物性数据的文件，可将软件(通常是流程模拟软件)产生的数据导入到 Aspen EDR。

2. File | Import 页面中，Aspen HYSYS (Default)和 Aspen Plus (Default)，提供了对未列出版本的兼容性支持。

2.2.2 Aspen EDR 流体物性页面[1]

Input | Property Data | Hot Stream (1) Properties 下包括四个页面：Properties 页面、Phase Compositions 页面、Component Properties 页面和 Properties Plots 页面。

2.2.2.1 Properties(物性)

Properties 页面如图 2-20 所示，物性包如果不选择自定义物性，单击**Get Properties** 按钮，程序会自动获取物性数据，选择**Overwrite Properties**，可修改获取的物性数据，单击**Restore Defaults** 按钮，可恢复为默认设置。不单击**Get Properties** 按钮，在程序运行后，也可自动获取物性数据。单击**Pivot Table** 按钮，可调整列表框为横向排列或纵向排列。

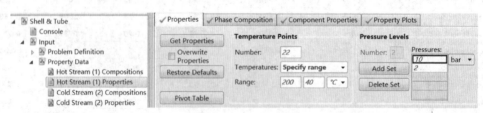

图 2-20 物性页面

(1)Temperature Points(温度点)

① Number 确定物性数据组个数。当物性包选择 User specified properties 或 User specified properties using heat loads 时，最多输入 24 组数据，但一般不必超过 12 组数据。如果用户只输入 1~2 组数据，会降低物性计算精度。用户可不按顺序输入温度点，但为了便

于绘制物性关系图，推荐按升序或降序输入。

② Temperatures 用户可选择 Specify range(定义区间)或者 Specify points(定义温度点)。当用户提供的温度区间不包含进出口温度时，Aspen EDR 采用外推法获得数据；当用户提供的温度区间包含进出口温度时，Aspen EDR 采用插值法获得数据，比采用外推法精确。

③ Range 确定生成物性数据的温度区间。

(2)Pressure Levels(压力水平)

① Add Set 添加压力水平。

② Delete Set 删除压力水平。

对于自定义物性的液相流体，压降较小时，可只输入一个压力水平下的物性数据。若流体物性(如气相)受压力影响较大、传热过程发生相变以及高真空度情况下，则需要输入不同压力水平下的物性数据。尽管用户可以定义更多压力水平，但一般情况下(压降小于入口绝对压力值的30%)，定义两个足矣，可定义最高与最低压力，也可定义进口与出口压力。

2.2.2.2 Phase Compositions(相态组成)

Phase Compositions 页面如图 2-21 所示，显示了特定压力下，对应各温度点的液相、气相以及第二液相摩尔分数。

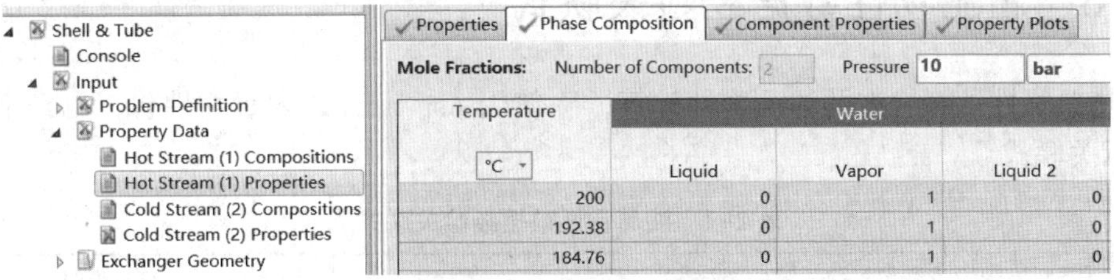

图 2-21 相态组成页面

2.2.2.3 Component Properties(组分物性)

Component Properties 页面如图 2-22 所示，包括以下输入项：Components(组分)、Molecular weight(摩尔质量)、Critical pressure(临界压力)、Critical temperature(临界温度)、Liquid molar volume at BP(沸点下液相摩尔体积)、Acentric factor(偏心因子)、Dipole moment(偶极矩)。输入项数据需要从 Aspen Properties、COMThermo 和 B-JAC 物性包中调用。

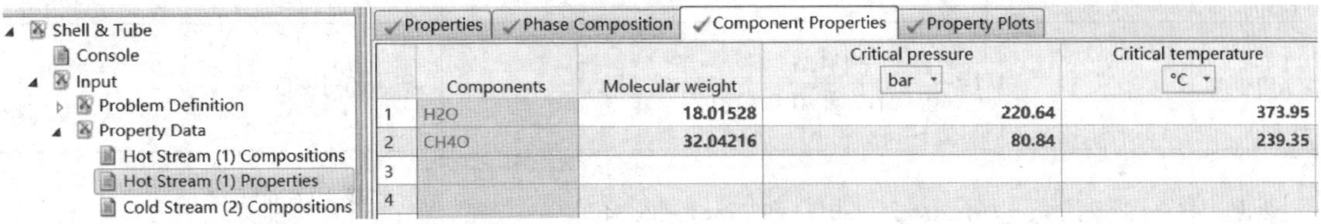

图 2-22 组分物性页面

2.2.2.4 Properties Plots(物性图)

Properties Plots 页面如图 2-23 所示，根据需要选择 X 轴和 Y 轴变量，可将流体物性数据绘制成图。右击页面空白处，弹出的快捷菜单包括以下菜单项：Exporting plot(导出图形)、Importing plot(导入图形)、Copying(复制)、Printing(打印)、Resetting zoom(重置缩放)、Scooter(添加滑线)、Properties(图属性)。

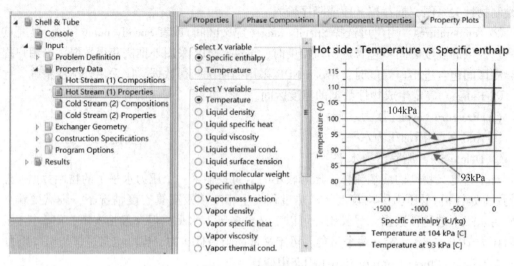

图 2-23　物性图页面

2.3　油品物性数据经验关联式

换热器物性计算，涉及油品物性计算，除使用 Aspen EDR 内置物性包，也经常使用表 2-1 所示关联式。

表 2-1　油品物性数据经验关联式[4]

名称	关联式	符号说明
比焓	$H = 4.1855(0.0533K_F + 0.3604)(3.8192 + 0.2483°API - 0.002706°API^2 + 0.3718T + 0.001972T\ °API + 0.0004754T^2)$	H—比焓，kJ/kg； K_F—特性因数； $°API$—比重指数； T—温度，℃
质量焓变	$\Delta H = 4.1855(T_1 - T_2)(0.0533K_F + 0.3604)[(0.3718 + 0.001972°API) + 0.0004754(T_1 + T_2)]$	ΔH—质量焓变，kJ/kg； T_1，T_2—端点温度，℃
°API 指数	$°API = \dfrac{141.5}{(0.99417d_4^{20} + 0.009181)} - 131.5$	d_4^{20}—相对密度
密度	$\rho = T(1.307d_4^{20} - 1.817) + 973.8d_4^{20} + 36.34$	ρ—密度，kg/m³； T—温度，℃
比热容	$c_p = 4.1855[0.6811 - 0.308(0.99417d_4^{20} + 0.009181) + (1.8T + 32)(0.000815 - 0.000306)(0.99417d_4^{20}) + 0.009181](0.055K_F + 0.35)$	c_p—比热容，kJ/(kg·℃)； T—温度，℃
导热系数	$\lambda = (0.0199 - 0.0000656T + 0.098)/(0.99417d_4^{20} + 0.009181)$	λ—导热系数，W/(m·℃)

续表

名称	关联式	符号说明
黏度	$\nu = \exp\{\exp[a+b\ln(T+273)]\} - C$	ν——运动黏度，mm^2/s
	$\mu = \rho\nu \times 10^{-3}$	μ——黏度，$mPa \cdot s$
	$b = \dfrac{\ln[\ln(v_1+C)] - \ln[\ln(v_2+C)]}{\ln(T_1+273) - \ln(T_2+273)}$	——
	$a = \ln[\ln(\nu_1+C)] - b\ln(T_1+273)$	——
	$d_4^{20} \leqslant 0.8,\ C=0.8$	——
	$d_4^{20} \geqslant 0.9,\ C=0.6$	——
	$0.8 < d_4^{20} < 0.9,\ C=2.4-2.0d_4^{20}$	——

2.4 Aspen EDR 流体物性数据输入示例

2.4.1 用户自定义物性数据

根据表 2-2 和表 2-3 完成管壳式换热器工艺数据和物性数据输入，其中表 2-3 为进口压力下的物性数据。

表 2-2 工艺数据

项目	热流体	冷流体
质量流量/(kg/s)	15.69	——
进口/出口温度/℃	336/102	70/305
进口/出口气相质量分数	1/1	1/1
进口压力(绝压)/kPa	3868	3937
允许压降/kPa	31	20.7
污垢热阻/(m² · K/W)	0.00018	0.00018

表 2-3 物性数据

项目	热流体		冷流体	
压力(绝压)/kPa	3868		3937	
温度/℃	336	102	70	305
密度/(kg/m³)	7.43	11.89	13.17	7.9
比热容/[kJ/(kg · K)]	3.09	3.04	3.086	3.098
黏度/mPa · s	0.0252	0.0184	0.0174	0.0243
导热系数/[W/(m · K)]	0.1906	0.1360	0.1289	0.1853

（1）建立和保存文件

启动 Aspen Exchanger Design & Rating 软件，选择 **File ｜ New ｜ Shell & Tube**，单击 **Create** 按钮，新建一个管壳式换热器文件，如图 2-24 所示。

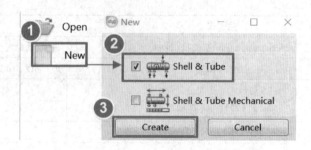

图 2-24　建立文件

单击**Save** 按钮，文件保存为 Example2. 1_User Specified Properties_Design. EDR，如图 2-25 所示。

图 2-25　保存文件

（2）设置应用选项

Home 选项卡中，Set Units 下拉列表框中选择 SI（国际制），如图 2-26 所示。

图 2-26　设置单位

进入**Input ｜ Problem Definition ｜ Application Options ｜ Application Options** 页面，General 选项区域 Location of hot fluid（热流体位置）下拉列表框中选择 Tube side（管程），Select geometry based on this dimensional standard（选择结构基于的尺寸标准）下拉列表框中选择 SI（国际制），Hot Side 选项区域 Application（应用）下拉列表框中选择 Gas, no phase change（气相，无相变），Cold Side 选项区域 Application（应用）下拉列表框中选择 Gas, no phase change（气相，无相变），其余选项保持默认设置，如图 2-27 所示。

（3）输入工艺数据

进入**Input ｜ Problem Definition ｜ Process Data ｜ Process Data** 页面，根据表 2-2 输入流体工艺数据，如图 2-28 所示（输入时注意单位一致）。

（4）输入物性数据

进入 **Input** ｜ **Property Data** ｜ **Hot Stream（1）Compositions** ｜ **Composition** 页面，Physical property package（物性包）默认为 User specified properties（用户自定义物性），如图 2-29 所示。

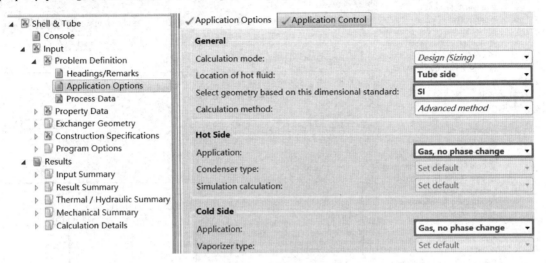

图 2-27　设置应用选项

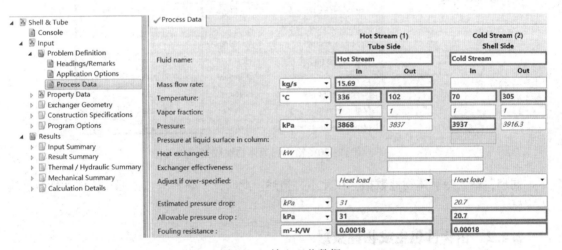

图 2-28　输入工艺数据

图 2-29　设置热流体物性包

进入 **Input** ｜ **Property Data** ｜ **Hot Stream（1）Properties** ｜ **Properties** 页面，因为表 2-3 仅提供进口压力 3868kPa 水平下物性数据，所以选中 3790.64，单击 **Delete Set** 按钮删除，然

后输入压力 3868kPa 水平下物性数据，如图 2-30 所示。

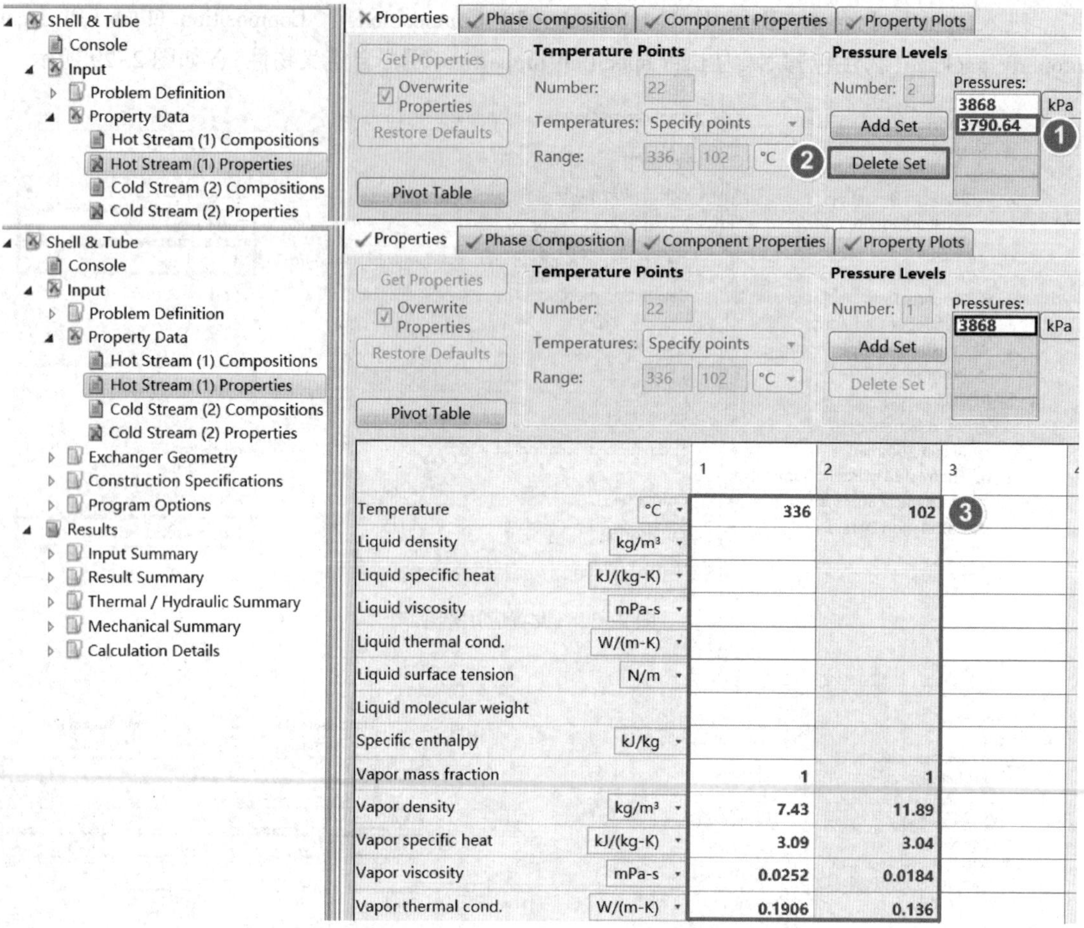

图 2-30　输入热流体物性数据

同理，输入冷流体物性数据，在此不再赘述。此时，换热器工艺数据、流体物性数据输入完毕。

2.4.2　由物性包生成物性数据

根据表 2-4 完成管壳式换热器工艺数据输入，流体物性数据由物性包生成，热流体中甲醇质量分数为 40%。

表 2-4　工艺数据

项目	热流体(管程)	冷流体(壳程)
流体组分	甲醇-水溶液	冷却水
质量流量/(kg/s)	12.6	—
温度(进口/出口)/℃	116/77	32/42
进口压力(绝压)/ kPa	104	345
允许压降/ kPa	11	50
污垢热阻/(m² · K/W)	0.00018	0.00018

（1）建立和保存文件

启动 Aspen Exchanger Design & Rating 软件，选择**File | New | Shell & Tube**，单击**Create**按钮，新建一个管壳式换热器文件，如图 2-31 所示。

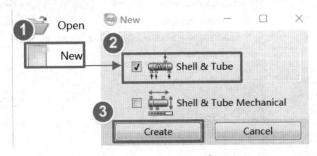

图 2-31　建立文件

单击**Save** 按钮，文件保存为 Example2.2_Shell and Tube_Property Package_Design. EDR，如图 2-32 所示。

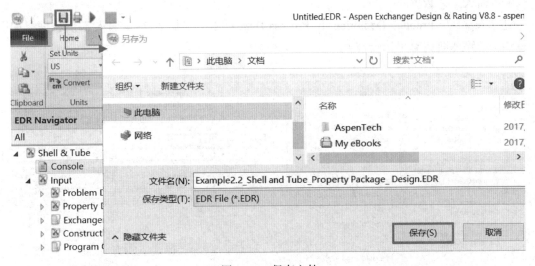

图 2-32　保存文件

（2）设置应用选项

Home 选项卡中，Set Units 下拉列表框中选择 SI（国际制），如图 2-33 所示。

进入**Input | Problem Definition | Application Options | Application Options** 页面，General 选项区域 Location of hot fluid（热流体位置）下拉列表框中选择 Tube side（管程），Select geometry based on this dimensional standard（选择结构基于的尺寸标准）下拉列表框中选择 SI（国际制），Hot Side 选项区域 Application（应用）下拉列表框中选择 Condensation（冷凝），Cold Side 选项区域 Application（应用）下拉列表框中选择 Liquid, no phase change（液相，无相变），其余选项

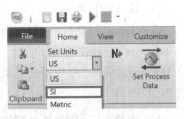

图 2-33　设置单位

保持默认设置，如图 2-34 所示。

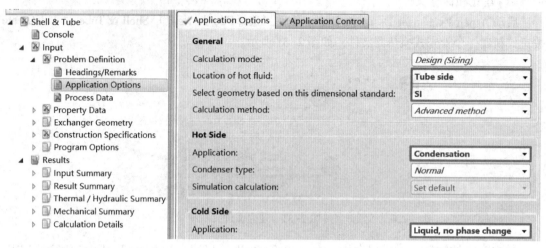

图 2-34　设置应用选项

(3)输入工艺数据

进入 **Input ｜ Problem Definition ｜ Process Data** 页面，根据表 2-4 输入工艺数据，如图 2-35 所示(输入时注意单位一致)。

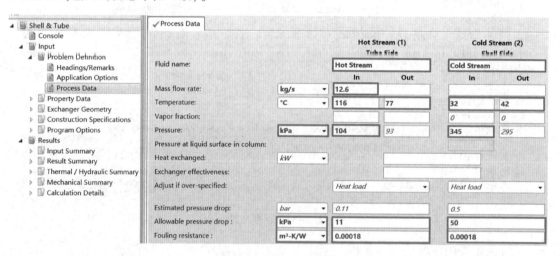

图 2-35　输入工艺数据

(4)输入物性数据

进入 **Input ｜ Property Data ｜ Hot Stream (1) Compositions ｜ Composition** 页面，在 Physical property package(物性包)下拉列表框中选择 B-JAC。单击 **Search Databank** 按钮，添加组分 Methanol(甲醇)和 Water(水)，质量分数分别为 40% 和 60%，其余选项保持默认设置，如图 2-36 所示。

进入 **Input ｜ Property Data ｜ Hot Stream (1) Properties ｜ Properties** 页面，单击 **Get Properties** 按钮，获取物性数据，如图 2-37 所示。

进入 **Input ｜ Property Data ｜ Cold Stream (2) Compositions ｜ Composition** 页面，Physical

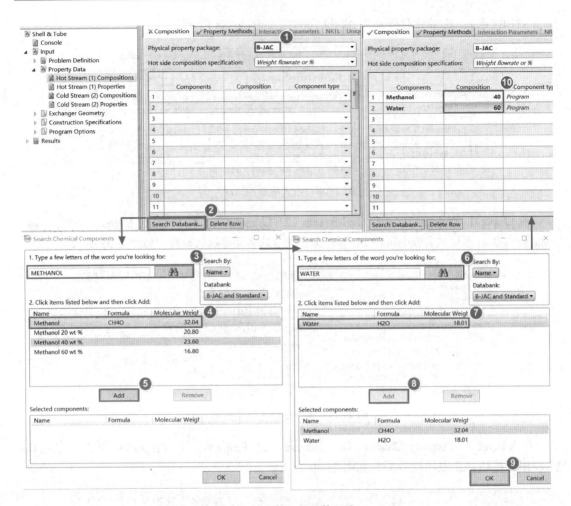

图 2-36 输入热流体组成

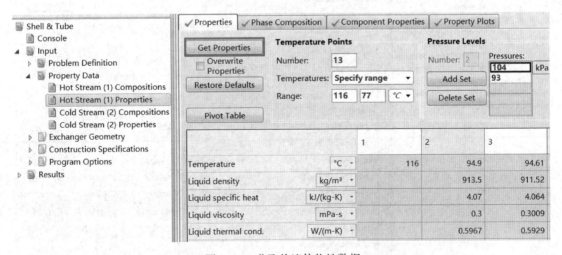

图 2-37 获取热流体物性数据

property package(物性包)下拉列表框中选择 Aspen Properties，添加组分 METHANOL(甲醇)

和 WATER(水)，质量分数分别为 0% 和 100%，如图 2-38 所示。

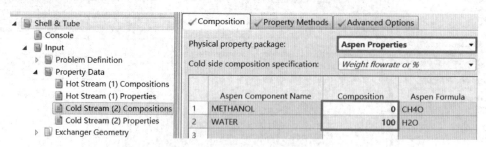

图 2-38　输入冷流体组成

进入 **Input** | **Property Data** | **Cold Stream (2) Compositions** | **Property Methods** 页面，Aspen property method 下拉列表框中选择 IAPWS-95，其余选项保持默认设置，如图 2-39 所示。

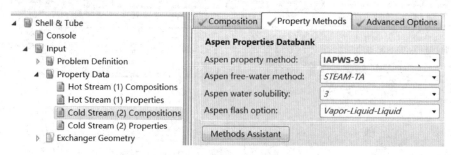

图 2-39　选择冷流体物性方法

进入 **Input** | **Property Data** | **Cold Stream (2) Properties** | **Properties** 页面，单击 **Get Properties** 按钮，获取物性数据，如图 2-40 所示。

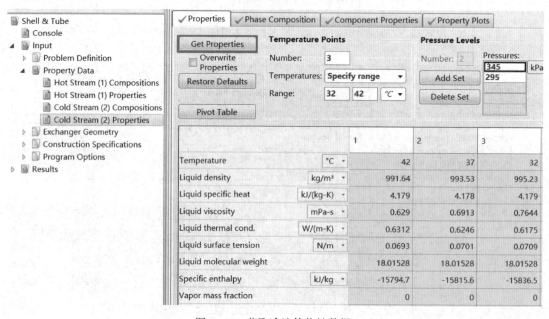

图 2-40　获取冷流体物性数据

至此，换热器工艺数据和流体物性数据输入完毕。

2.4.3 从流程模拟文件导入物性数据

(1)建立和保存文件

启动 Aspen Exchanger Design & Rating 软件，选择**File ｜ New ｜ Shell & Tube** ，单击**Create**按钮，新建一个管壳式换热器文件，如图 2-41 所示。单击 Save 按钮圆，文件保存为 Example2.3_Shell and Tube_Import From Plus_Design. EDR。

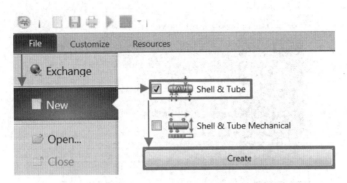

图 2-41　建立文件

(2)导入数据

选择**File ｜ Import ｜ Aspen Plus V8.8**，如图 2-42 所示。

图 2-42　选择物性导入的来源

弹出**"打开"**对话框，选择文件 Test. bkp，单击**"打开"**按钮，如图 2-43 所示。

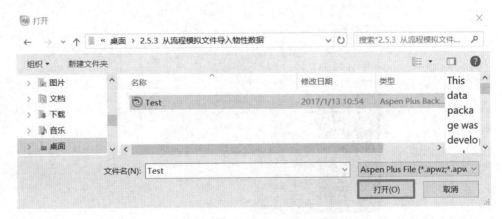

图 2-43　选择 Aspen Plus 文件

弹出**Exchanger in** 对话框，显示 Test. bkp 中的换热器，如图 2-44 所示。

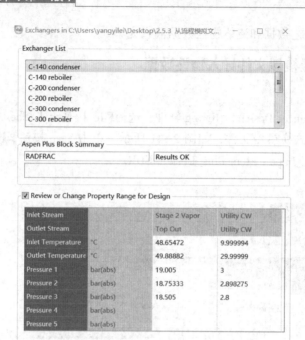

图 2-44　Test. bkp 中的换热器

从换热器列表框中选择 C-200 condenser，可查看冷热流体进出口的温度和压力信息，Number of Pressure 可修改压力水平个数(默认 3 个，最多 5 个)，Number of Points 可修改温度点数目(默认 12 个，最多 24 个)，如图 2-45 所示。

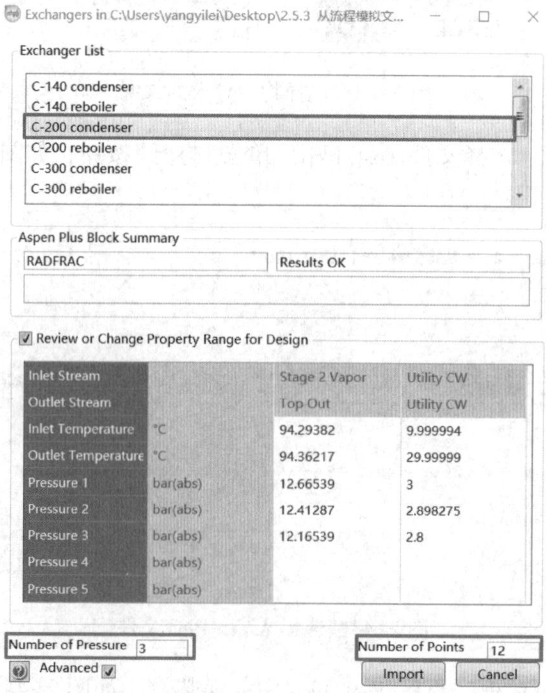

图 2-45　设置 C-200 condenser 冷凝器物性相关数据

选择**Import ｜ OK**，可将工艺数据与物性数据从 Aspen Plus 导入到 Aspen EDR，如图 2-46 所示，单击**Save PSF File** 按钮可生成 PSF 文件。

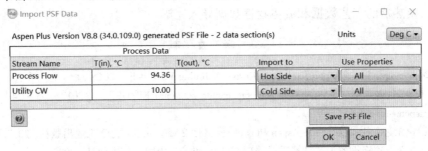

图 2-46 导入 PSF 数据窗口

进入**Input ｜ Problem Definition ｜ Process Data ｜ Process Data** 页面，查看冷热流体工艺数据，如图 2-47 所示。

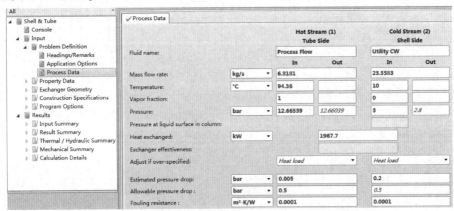

图 2-47 查看冷热流体工艺数据

允许压降与污垢热阻均为默认值，可根据已知条件修改。

进入**Input ｜ Property Data ｜ Hot Stream（1）Properties ｜ Properties** 页面，查看热流体物性数据，如图 2-48 所示。

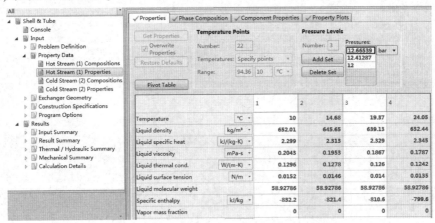

图 2-48 查看导入的热流体物性数据

进入 **Input | Property Data | Cold Stream（2）Properties | Properties** 页面，查看冷流体物性数据。

至此，换热器的工艺数据和流体物性数据导入完毕。

参 考 文 献

［1］Aspen Technology, Inc.. Aspen Exchanger Design & Rating V8.8 help，2015

［2］Aspen Technology, Inc.. AspenTech support center solution［EB/OL］.［2017 − 03 − 24］. https：//support. aspentech. com.

［3］孙兰义. 化工过程模拟实训——Aspen Plus 教程［M］. 2 版. 北京：化学工业出版社，2017.

［4］刘巍，邓方义. 冷换设备工艺计算手册［M］. 2 版. 北京：中国石化出版社，2008.

第 3 章　管壳式换热器

3.1　概述

管壳式换热器(shell-and-tube heat exchangers，STHEs)，一种在炼油厂和其他大型化工过程中最常见换热器，通过流体分别在管程和壳程流动，完成热量交换。管壳式换热器工作可靠、制造标准，具有操作温度与压力范围大、制造成本低、清洗方便、处理量大的特点，在换热器向高温、高压、大型化发展的今天，以及新型高效换热管的不断出现，其应用范围不断扩大[1,2]。

3.2　管壳式换热器类型

3.2.1　结构特点

管壳式换热器主要由外壳、管板、管束和封头等部件组成，其结构示意图如图 3-1 所示。

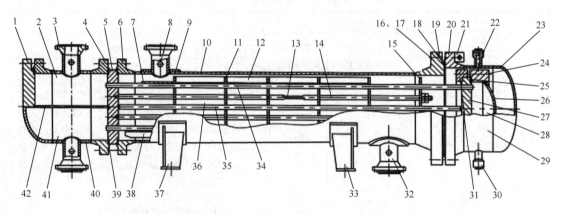

图 3-1　管壳式换热器结构示意图(AES、BES)[3]

1—管箱平盖；2—平盖管箱(部件)；3—管嘴法兰；4—管箱法兰；5—固定管板；6—壳体法兰；7—防冲板；8—仪表接口；9—补强圈；10—壳程圆筒；11—折流板；12—旁路挡板；13—拉杆；14—定距管；15—支持板；16—双头螺柱或螺栓；17—螺母；18—外头盖垫片；19—外头盖侧法兰；20—外头盖法兰；21—吊耳；22—放气口；23—凸形封头；24—浮头法兰；25—浮头垫片；26—球冠形封头；27—浮动管板；28—浮头盖(部件)；29—外头盖(部件)；30—排液口；31—钩圈；32—管嘴；33—活动鞍座(部件)；34—换热管；35—挡管；36—管束(部件)；37—固定鞍座(部件)；38—滑道；39—管箱垫片；40—管箱圆筒；41—封头管箱(部件)；42—分程隔板

3.2.2　型式及适用范围[4,5]

管壳式换热器通常有固定管板式、U 形管式和浮头式三种型式，三种结构各有特点，适用于不同的场合。

固定管板式换热器结构最简单，造价较低，当不需要膨胀节时，固定管板式结构最为经济，管程可以进行机械清洗。因为没有法兰连接，所以该结构可最大限度防止壳程流体泄漏，但因其管束不能抽出，壳程不能进行机械清洗，故采用固定管板式换热器时，壳程应走清洁流体。当管束与壳体温差较大时，需在壳体加膨胀节，但会增加换热器造价，大大削弱其造价较低的优势。

U 形管式换热器换热管为 U 形管，仅有一块换热管板，结构比较简单，造价较低，管束可自由伸缩，壳程可进行机械清洗。由于 U 形管结构特点，管内不能进行有效清洗，U 形管式换热器适用于管程走清洁流体的情况。而在炼油厂中，管程和壳程流体均较脏，这是固定管板式换热器和 U 形管式换热器在炼油厂不常见的原因。

浮头式换热器是管壳式换热器中最通用的一种类型，其管束可自由膨胀，管程和壳程均易清洗，因此可用于管壳程流体均较脏的情况。常用的有钩圈式、外填料函式、可抽式和带套环填料函式浮头式换热器。但由于浮头式换热器结构复杂，造价比固定管板式换热器高 20%左右。

目前国产管壳式换热器系列特征和适用范围见表 3-1，常用管壳式换热器型式及性能见表 3-2。

表 3-1　管壳式换热器系列特征和适用范围[6]

类型	系列名称	系列范围					特　征	适用范围
		公称直径/mm	管程数	管长/m	管子①(外径×厚度)/(mm×mm)	排列方式②		
固定管板式	GB/T 28712.2—2012	159~1800	1, 2, 4, 6	1.5, 2, 3, 4.5, 6, 5	φ19×2 φ25×2.5	△	热膨胀补偿方式：刚性，温差<50℃；加膨胀节，温差<90~120℃；结构简单、紧凑，长管时造价最低，管束不可抽出	温差较小；壳程压力低；壳程流体清洁且不易结垢；可立式或卧式
U 形管式	GB/T 28712.3—2012	325~1200	2, 4	3, 6	φ19×2 φ25×2.5	△ ◇	U 形端自由伸缩补偿性好；结构简单，管束抽出容易；管子排列不紧凑，管长分布不均匀	温差较大；管内流体较干净；管内可承受高压
浮头式	GB/T 28712.1—2012	325~1900	2, 4, 6	3, 4.5, 6, 9	φ19×2 φ25×2.5	◇ □	浮头可伸缩，补偿性好；管束可抽出；造价较高	适用面广泛；管内外均可承受高温高压

① 表中为碳钢和低合金钢管的尺寸，不锈钢材质的管子为 φ19×2mm 及 φ25×2mm，换热管为光管和螺纹管。

② 换热管中心距：φ19×2mm 为 25mm；φ25×2.5mm 为 32mm。

表3-2　常用管壳式换热器型式及性能[7]

性能	固定管板式 L，M或N	U形管式 U	可抽式浮头 T	钩圈式浮头 S	外填料函式浮头 P	带套环填料函浮头 W
TEMA后端结构类型	N	U	T	S	P	W
热膨胀补偿方式	刚性，温差<50℃加膨胀节，温差<90~120℃	U形端自由伸缩，补偿性好	内浮头可自由伸缩，补偿性好		外浮头在填料函处伸缩	
结构特征、相对造价与管束可抽出性	结构简单，紧凑，长管时造价最低。（与U形管式接近）壳体焊在两侧管板上，管束不可抽出	结构简单，U形管两端固定在一块管板上。（与U形管时造价最低）管形排列不紧凑，管长不均，管束分布不均	在管束可抽出的型式中造价最高（比固定式高20%~30%）管束与壳体内侧间隙大，壳体旁流严重。管束易于抽出	去掉钩圈后，管束方可抽出，间隙较小，可减少旁流	造价低于内浮头式。受填料函温度限制，超过315℃，壳侧填料处，间隙较大，管束易于抽出	在浮头式中造价最低。管程和壳程温度均受到填料函处限制，管束易于抽出
管程检修清洗	易	机械清洗困难	较易	较易	易	易
壳程检修清洗	困难	内层困难	易	易	易	可
管子的可更换性	可	不易	可	可	可	可
泄漏性	不易	不易	内浮头垫片处有内漏可能，不易发现	内浮头垫片处有内漏可能，不易发现	填料函区有外漏可能	填料函区有内漏，外漏可能
相对耐压程度　管程	高	最高	较高	较高	较高	管、壳程均较低
相对耐压程度　壳程	较高（有膨胀节时降低）	较高	较高	较高	壳程<4.0MPa	<1.0~4.0MPa
可用管程数	无限制	偶数（一般2或4）	无限制①	无限制①	无限制①	1~2程①
采用双管板	可	可	否	否	否	否
适用介质操作条件及其他特性	主要受温差限制，壳程应为不结垢，无腐蚀介质。使用带膨胀节时，改用弹性管板可用于高温高压场合。壳与管束间隙可达到最小	高温高压，管内外均宜用清洁，无腐蚀介质，管程流动阻力大，故管程流体不宜大流量，管、壳程流体分布不均	适用于介质有腐蚀、易结垢、大温差，而经常需要更换管束和清洗的场合		壳程不宜使用易挥发、易燃易爆和有毒物料，流体温度及压力也受限制，不宜使用大直径	操作温度压力均较低，不宜使用大直径，便于在壳程设置纵向隔板，增强壳程传热。泄漏可通过套环上泪孔外泄，易于发现并收集

① 一般为偶数管程。

按工艺功能可将换热器分为以下几种类型：

① 冷却器　冷却工艺流体的设备。一般冷却剂多采用水，若冷却温度低时，可采用液氨或者氟利昂作为冷却剂。

② 加热器　加热工艺流体的设备。一般多采用水蒸气作为加热介质，当温度要求高时可采用导热油、熔盐等作为加热介质。

③ 再沸器（重沸器）　蒸发工艺流体的设备。热虹吸式再沸器中被蒸发流体，依靠液头压差自然循环蒸发。强制循环式再沸器中被蒸发流体，用泵进行循环蒸发。

④ 冷凝器　蒸馏塔顶流体的冷凝或者反应器冷凝循环回流的设备。分凝器，组分的最终冷凝温度等于或高于泡点，一部分组分未冷凝以达到再一次分离的目的；含有惰性气体的组分冷凝，排除的气体含有惰性气体和未冷凝组分；全凝器，组分的最终冷凝温度等于或低于泡点，所有组分全部冷凝。为了达到储存目的可将冷凝液进行过冷处理。

⑤ 蒸发器　蒸发溶液中水分或者溶剂的设备。

⑥ 过热器　对饱和蒸气再加热升温的设备。

⑦ 废热锅炉　从工艺的高温流体或者废气中回收热量而产生蒸汽的设备。

3.2.3　主要组合部件

TEMA 标准中规定的管壳式换热器的主要组合部件如图 3-2 所示。在 GB/T 151—2014 中，将管壳式换热器的主要组合部件分为前端结构、壳体和后端结构三部分，分类及代号同 TEMA，见表 3-3。

3.2.3.1　壳体[4,9,10]

各型壳体详细介绍如下：

（1）E 型壳体

E 型壳体是使用最广泛的壳体型式，其进出口管嘴为单进单出，即单程壳体，价格便宜。如果换热器为单管程，则冷热物料流动接近纯逆流，此时该换热器允许出现温度交叉（即冷物料出口温度高于热物料出口温度）。

（2）F 型壳体

F 型壳体又称双壳程壳体，壳体中间设一块纵向隔板，将换热器分隔成上下两部分，故壳程为双程。一般该类换热器管程也为双程，这样冷热流体可以实现纯逆流流动，提高换热器传热性能。多数情况下，该类换热器的纵向隔板是可抽出式，因此在挡板两侧就会存在或多或少的物料泄漏，但只要采取适当的措施，泄漏可以减少到很低的程度。如果用于固定管板式换热器中，纵向隔板可以焊接在壳体内部，这样可避免物料泄漏，但会给换热器维修造成不便。对于 F 型壳体，管束经常做成可抽出式（通常采用 U 形管），使得换热器的维修、清理非常方便。

（3）G 型壳体

G 型壳体又称分流式壳体，壳体中需设置一块一定长度的纵向隔板。壳程进出口管嘴均位于壳体的中央，而且壳体内部在进出口管嘴的中心位置应当设置一块无缺口挡板，以实现壳体进口物料进入换热器后在两侧平均分配。流体进入换热器后分成两股，绕过挡板后再由位于中心位置的出口管嘴流出换热器，如图 3-3 所示。

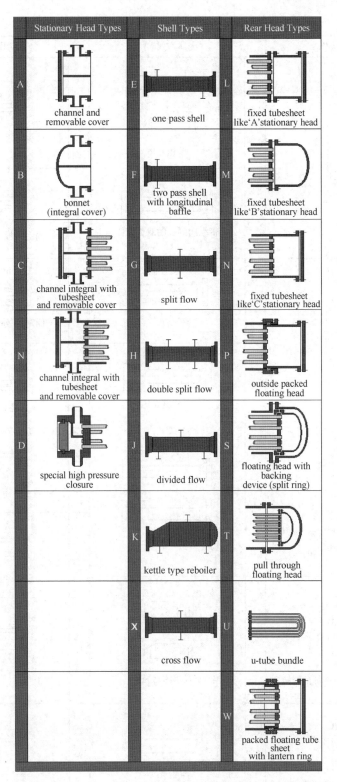

图 3-2 TEMA 管壳式换热器主要部件及部件代号[8]

表 3-3 GB/T 151—2014 管壳式换热器结构型式及代号[3]

前端结构型式	壳体型式	后端结构型式
A 平盖管箱	E 单程壳体	L 固定管板 与 A 相似的结构
A	F 带纵向隔板的双程壳体	M 固定管板 与 B 相似的结构
B 封头管箱	G 分流壳体	N 固定管板 与 N 相似的结构
B	H 双分流壳体	P 外填料函式浮头
C 可拆管束与管板制成一体的管箱	J 无隔板分流壳体	S 钩圈式浮头
C	J	T 可抽式浮头
N 与固定管板制成一体的管箱	K 釜式重沸器壳体	U U 形管束
D 特殊高压管箱	X 穿流壳体	W 带套环填料函式浮头

G 型壳体具有高传热效率和低压降的优点，较多应用于卧式热虹吸式再沸器。而且，纵向隔板可以防止轻组分飞溅、排除不凝气、流体均布和加强混合。其缺点是纵向隔板与壳体间的泄漏流对换热器性能略有影响。

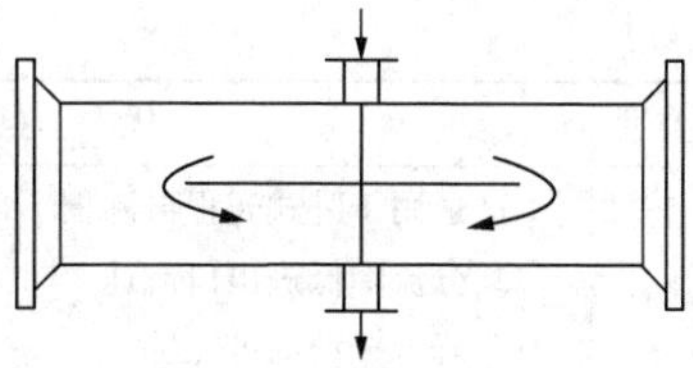

图 3-3　G 型壳体壳程流体流动示意图

（4）H 型壳体

H 型壳体又称双分流式壳体，类似于 G 型壳体，壳体内部的纵向隔板有两块，长度较短，壳程物料可以双进双出。其优缺点也和 G 型壳体类似，只是壳程压降更低。该类壳体常用于卧式热虹吸式再沸器。

注：在 Shell & Tube 程序中，对于 F、G 和 H 型壳体，其管程数不能为 1。为了保证错流流路，对于 G 型壳体，至少有 4 块折流板，对于 H 型壳体则为 8。

（5）J 型壳体

J 型壳体也称无隔板分流式壳体，它有两种型式：一是单进双出，也记作 J12 型；另一是双进单出，又记作 J21 型。J12 和 J21 型壳体的选用，取决于管嘴大小是否满足连接工艺管线的要求。当壳程流体无相变时，两种壳体型式的选用并无差异；当壳程流体在进口处为气相并在壳程冷凝时，进口管线直径比出口大得多，应选用 J21 型壳体，将进口管线分成两个尺寸较小的管线连接壳体。J 型壳体的优点是壳程压降较小，且具有较好的传热性能。该类壳体多用于冷凝器以及低压降的场合。

（6）K 型壳体

K 型壳体广泛应用于再沸器。物料通常从壳体底部进入，由于壳体直径大于管束直径，液相物料围绕整个管束的直径和长度方向流动，最终漫过位于管束上方的溢流堰。换热过程形成的气相和液相在壳体上方空间发生分离，气相通过位于顶部的一个或多个管嘴离开再沸器。釜式再沸器可选用浮头式或 U 形管式，能适用于管程内流体较脏或高压流体情况。

（7）X 型壳体

X 型壳体类似于 G 型壳体，其区别仅仅在于无纵向隔板。该类壳体也称为错流式壳体，可在壳体上部和下部中间分别设有一个进口管嘴和一个出口管嘴，为使流体流均匀分布，也可在壳体上下设多个管嘴。这种壳体的阻力在所有壳体型式中最低，故可用于真空式冷凝器。

在选择壳体时，可参照各种型式的优缺点及适用范围，具体见表 3-4。

表 3-4　各型式壳体优缺点比较[11]

壳体类型	优　点	缺　点
E	① 广泛应用于单相换热器、再沸器和冷凝器 ② 单管程换热器可以出现温度交叉[1]，不会发生反向传热[2]	管程数为偶数和无污垢的换热器中可能会发生反向传热
F	① 壳程流体温度变化可大于 E 型壳体 ② 双壳程壳体，几乎不需要串联壳体来实现多壳程	① 如果纵向隔板未焊接会发生泄漏 ② 纵向隔板两侧流体有热传导 ③ 拆卸管束的维修成本偏高

续表

壳体类型	优 点	缺 点
G	① 适用于卧式壳程再沸器 ② 分流降低进出口流速 ③ 降低振动的可能性 ④ 改进了管嘴下方的管子支承	① 管程较少的换热器管束才能够拆卸 ② 纵向隔板两侧流体有热传导 ③ 温度分布没有并流或逆流的情况下的 E 型壳体理想
H	① 适用于卧式壳程再沸器 ② 双分流降低进出口流速 ③ 相比于 G 型壳体提供了额外的管部支持	① 管嘴比 G 型壳体多 ② 纵向隔板两侧流体有热传导 ③ 与逆流或并流传热比较，温度分布不理想
J	① 分流降低了流速 ② 降低了振动的可能性 ③ 流程短，减少了压降	① 管嘴比 E 型壳体多 ② 与逆流或并流传热比较，温度分布不理想
K	① 压降低 ② 循环促进湿壁沸腾	① 壳体更大，成本较高 ② 需要计算雾沫夹带 ③ 循环复杂 ④ 固体容易聚集在壳体底部
X	① 单壳程压降低 ② 广泛用于单相换热器，再沸器和冷凝器 ③ 发生温度交叉时可能不会发生反向传热	① 可能会发生流体分布不均匀 ② 常使用分布器 ③ 同侧需布置多个管嘴 ④ 冷凝器中很难除去不凝气

① 当热流体出口温度低于冷流体出口温度时存在温度交叉。

② 反向传热发生在热流体温度低于冷流体温度的位置。当发生温度交叉时，具有某些壳型和管程排列方式的换热器的局部区域会发生反向传热。

根据以上各种壳体类型的特点，可以归纳出壳体类型选择的主要原则如下：

① E 型壳体为标准壳体，采用最多；

② F 型壳体作为备选，可以用于需要多壳体、可抽出管束的工况，起到两台或多台换热器串联的作用，但是纵向隔板容易引起泄漏；

③ G 型和 H 型壳体一般用于卧式热虹吸式再沸器；

④ J 型和 X 型壳体的壳程压降较低，多用于 E 型壳体不能满足允许压降要求的场合，比如塔顶冷凝器和卧式热虹吸式再沸器；

⑤ K 型壳体用于釜式再沸器。

3.2.3.2　前端结构[4,9,10]

前端结构详细介绍如下：

（1）A 型前端结构

A 型前端结构是通道式筒状管箱，两端均有法兰，一端法兰采用螺栓固定到管板上，而另一端和平盖采用法兰连接。该结构型式使得清理换热器管内污垢时只需移去平盖，而无须拆卸管箱或相连的管道，维修起来非常方便。但是当检查或维修外围管子与管板间接头，或要移除管束时，就需要整体移除管箱。与 B 型前端结构相比，由于 A 型前端结构多了一个法兰封面，增加了泄漏点，并且大直径的法兰封面制造困难，钢材耗量也有所增加，成本较高。尽管该类前端结构费用较高，但由于其方便性，仍然获得广泛应用，多用于操作压力低、直径较小、管束需要经常清洗的情况。

（2）B 型前端结构

B 型前端结构仅在管箱的一端采用螺栓和壳体连接，另一端为固定的椭圆形封头。该类前端结构较 A 型前端结构价格便宜，重量较轻，适用于一般场合，也是一类应用十分广泛的前端结构。当管程需要经常进行清理时，由于整个管箱重量较大，拆卸时要移去相连管线，故不推荐使用。所以 B 型前端结构常用于管程流体较清洁的情况，如蒸汽或制冷剂，常与 U 形管组合成 BEU 型换热器。

（3）C 型前端结构

C 型前端结构和 A 型前端结构十分类似，只是管箱与管板端相连不是依靠法兰，而是直接焊接到管板上，管板再和壳体法兰用螺栓相连。这一类型前端结构仅仅适用于可拆卸管束，其特点是当管束重量比壳体大得多时，可以很方便地移去壳体，而保持整个管箱、管束及相连的管线系统不动。为拆卸方便，通常壳体底部装有滚轮。该类前端结构比较适合以下场合：

① 螺栓连接最少，适用于管内走有害性流体的场合；

② 高压，管束重量较大，维修时需要移去壳体的场合；

③ 壳程需要经常清洗的场合。

C 型前端结构的主要缺点是虽然可以移去平盖，但是要维修管板仍然十分困难。使用这类前端结构要求管束和壳体之间有较大的间隙，使得采用这类前端结构的换热器造价过高，因此，该类型前端结构应用较少。

（4）N 型前端结构

N 型前端结构类似于 C 型前端结构，只是它的管箱和壳体是直接焊接相连的，而非采用法兰连接。因而只适用于固定管板式换热器。与 A 型壳体类似，优点是无须拆卸管线系统，便可对换热器管内进行清理。其缺点和 C 型前端结构相似，管板维修较为困难。

（5）D 型前端结构

TEMA 标准中的 D 型前端结构主要用于一些特殊场合，如操作压力在 6.0MPa 或更高的工况。这类换热器平时极少用到，使用时需要查阅专门的资料或相关专利。

前端结构的选择主要取决于管程流体的压力和管程是否需要经常机械清洗，不同类型的选择主要影响换热器机械设计和重量，对热力设计影响较小，根据以上前端结构的特点，可以归纳出前端结构类型选择的主要原则如下：

① 当管程流体较脏时，选择 A 型；

② 当管程流体较清洁时，选择 B 型；

③ 当管程流体有害、管束较重或壳程需经常清洗时，选用 C 型；

④ 对于壳程流体有害的固定管板式换热器选用 N 型；

⑤ 对高压换热器前端结构宜选择 D 型。

3.2.3.3 后端结构[4,9,10]

后端结构可分为三种类型，包括固定管板式（L、M、N）、U 形管式和浮头式（P、S、T、W），详细介绍如下：

（1）L、M 及 N 型后端结构

L、M 或 N 型后端结构用于固定管板式换热器，它们与 A、B 及 N 型前端结构相对应，壳体与管束外圈管子之间存在很小的间隙。由于壳体与管子材料具有不同的热膨胀系数，将壳体与管子之间的温差限制在中等程度范围(温差<50℃)。如果壳体具有膨胀节,那么就可以将这一温差的限制提高(温差<90~120℃)。使用该型后端结构时,壳程压力通常小于3.5MPa。

L型和N型后端结构,一般适用于单管程或奇数管程换热器,无须拆卸工艺管线便可对管板进行维修和清理,对于偶数管程的换热器,应采用M型后端结构。以E型壳体为例,对于固定管板式换热器,可能的换热器组合见表3-5。

表3-5 E型壳体固定管板式换热器[9]

TEMA 型号	应用说明	TEMA 型号	应用说明
BEM	管程中为清洁流体,管程为奇数或偶数	AEL	管程中为较脏流体,管程为奇数
AEM	管程中为较脏流体,管程为偶数		

(2) U形管后端结构

U形管后端结构,采用U形管结构,其独有的特点是仅有一块管板,故成本低廉,甚至某些场合比固定管板式换热器还要便宜。此外管束也较容易抽出,便于维修清理,并且该类型换热器不必担心热胀冷缩。管程数为偶数。

(3) S型后端结构

S型后端结构又称钩圈式浮头,该钩圈由两个圆环组成,采用螺栓将浮头、管板和钩圈夹紧。将浮头管板的螺栓拆卸后,即可将管束从壳体中抽出。由于管板直径大于壳体直径,此类结构允许壳体与管束之间存在较小的间隙。S型是应用最广泛的浮头。

(4) T型后端结构

T型后端结构也是一种浮头式结构,又称直接抽出式浮头换热器。与S型换热器不同,它无须先将浮头拆卸下来,便可直接将管束从换热器壳体中抽出。欲做到这一点,其壳体直径就要比相应的S型换热器大,使得其造价较高。尽管如此,某些装置中还是倾向于使用T型结构,主要原因在于其拆卸方便,管程和壳程皆可机械清洗。当管程和壳程压差较大时,因为S型结构容易产生泄漏,故采用T型结构是较好的选择。T型后端结构的管束与壳体之间间隙很大,必须加有旁路挡板,而且在同壳径情况下排布的管子数比S型后端结构少。

(5) P型后端结构

对于这一类型结构,壳体和浮头管板之间的间隙需在后端结构和扩展的壳体法兰间采用填料进行密封,填料采用带螺栓的密封环在壳体法兰上予以压紧。由于该类结构采用填料进行密封,且后端结构要求管束与壳体间存在较大间隙,需在折流板边缘设有密封垫圈,易于泄漏,故只能用于换热器壳程流体压力小于4.0MPa、温度小于300℃和无毒无害的工况。

(6) W型后端结构

W型后端结构又称O形环或套环式结构,表示在浮头管板和壳体之间采用填料密封,W型浮头管程数为1或2。该类型结构难免会出现泄漏,故只能用于换热器管程和壳程流体压力小于1.0MPa、温度小于200℃和无毒无害的工况。

根据以上后端结构的特点,可以归纳出后端结构类型选择的主要原则如下:

① 当壳体具有膨胀节且壳程无须机械清洗时,可选用固定管板式(L、M、N);

② 当壳程流体无害,壳程压力低于3.5MPa且壳程无须机械清洗时,可选用固定管板式;

③ 当管程无须机械清洗且不需要纯逆流的流动方式(F 型壳体除外)时，选用 U 形管束；

④ 浮头式换热器最常用浮头为钩圈式 S 型，其余有 P、T 和 W 型。

在选择前端结构和后端结构时，可参照各种型式的优缺点及适用范围，具体见表 3-6。

表 3-6 不同前端/后端结构型式优缺点及适用范围[11]

结构型式	优 点	缺 点	适用范围
A，L	① 仅移动管箱平盖就可以接近管板 ② 可拆除管箱，完全接触管板	① 造价仅次于 D 型，成本高 ② 当管程流体压力较高时，管程流体会通过垫圈向环境泄漏	① 管程流体压力不高，需要经常清洁管板的情况 ② L 型后端结构仅应用于固定管板式
B，M	① 成本比 A 型结构低 ② 拆除管箱可直接接触管板 ③ 降低了流体通过垫圈向环境泄漏的可能性	需移去相连管线并拆除整个管箱才能接触到管板	① 管程流体压力较低 ② M 型后端结构仅适用于固定管板
C	① 通过移动平盖就可以接触管板 ② 可用于高压工况	① 管箱材料与管板材料必须可以焊接 ② 管束的维护保养必须与管箱连在一起就地进行	① 仅适用于管束可拆卸的换热器 ② 适用于管程流体压力较高，无须经常清洗管程的情况
D	不易向环境泄漏	管程压力不高时，应用此型式性价比低	适用于管箱直径与管程压力的乘积大于 1.5×10^7 mm·kPa 的情况
N	① 成本最低 ② 拆卸平盖便可接触管板 ③ 降低了流体通过垫圈向环境泄漏的可能性	① 管箱、管板和壳体须焊接在一起 ② 仅适用于固定管板式换热器 ③ 管束的维护保养必须与管箱连在一起就地进行	适用于压力较高的情况
P	无内部垫圈，壳程流体与管程流体不会在内部发生泄漏混合	① 壳程流体可能会通过填料向环境泄漏 ② 成本较高 ③ 要求管束与壳体间存在较大间隙	适用管程数较多、温差膨胀明显的情况
S	①内浮头设计使得单壳体的 S 型浮头换热器在所有浮头式换热器中的换热面积最大 ② 漏液会包含在壳体内	① 要拆卸管束或清洗管子，必须拆卸下壳体封头和浮头，清洗费用高 ② 内部垫圈处容易产生泄漏，造成管程流体和壳程流体的混合	适用于冷热流体温差较大的情况
T	① 不用拆下浮头即可移动管束 ② 漏液包含在壳体内	① 换热面积小 ② 成本高 ③ 管程数为偶数 ④ 内部垫圈处容易产生泄漏，造成管程流体和壳程流体的混合	适用于釜式再沸器
W	① 所有浮头结构中成本最低 ② 无内部垫圈，降低了泄漏的可能性	① 管程流体和壳程流体可能会通过填料向环境泄漏 ② 管程和壳程的温度及压强均受填料限制 ③ 管程数最多为 2	适用于温度变化不剧烈的场合。对于温度变化剧烈的情况，会导致填料压不紧而易出现泄漏，因而不推荐使用这种结构

根据壳体、前端结构和后端结构的适用范围及其优缺点，可按图3-4选择换热器类型。

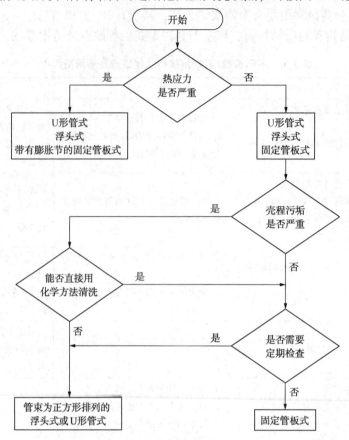

图3-4　换热器类型选择流程图

3.2.4　型号表示方法[3]

通常，管壳式换热器由目前应用较为广泛的 TEMA 标准、DIN 标准以及欧洲和其他地方标准来进行分类制造。在我国发布实施的 GB/T 151—2014 中，换热器的型号表示方法参照美国的 TEMA 标准来表达换热器整体结构型式。TEMA 发展了一套代号系统来标记管壳式换热器的主要类型。常用的管壳式换热器有 AES、BEM、BES、AEP、CFU、AKT 和 AJW 等。具体换热器型号表示方法如下：

设计压力或计算压力的确定应符合以下规定：

① 换热器上装有超压泄放装置时，应按照 GB 150.1—2011 附录 B 的规定确定设计压力；

② 换热器各程（压力室）的设计压力应按各自最苛刻的工作工况分别确定；

③ 如果换热器存在负压操作，确定元件计算压力时应考虑在正常工作情况下可能出现的最大压力差；

④ 真空侧的设计压力按承受外压考虑；当装有安全控制装置（如真空泄放阀）时，设计压力取 1.25 倍的最大内外压力差，或 0.1MPa 两者中的较低值；当无安全控制装置时，取 0.1MPa；

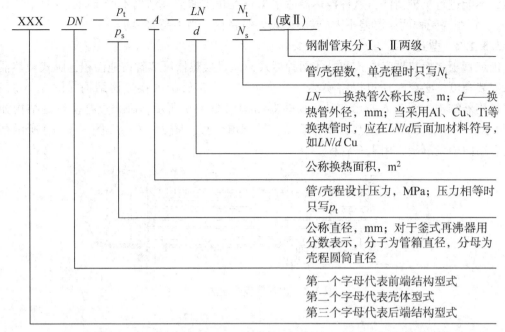

⑤ 对于同时受各程(压力室)压力作用的元件，且在全寿命期内均保证不超过设定压差时，才可以按压差设计，否则应分别按各程(压力室)设计压力确定计算压力，并应考虑可能存在的最苛刻的压力组合；按压差设计时，压差的取值还应考虑在压力试验过程中可能出现的最大压差值，并应在设计文件中明确设计压差，同时应提出在压力试验过程中保证压差的要求。

Ⅰ级管束是指采用较高级、高级冷拔换热管，适用于无相变传热和易产生振动的场合。Ⅱ级管束为采用普通级冷拔换热管，适用于再沸、冷凝传热和无振动的一般场合。Ⅰ、Ⅱ级管束只限于碳钢和低合金钢，不锈钢均为Ⅰ级管束。

【示例】可拆平盖管箱，公称直径500mm，管程和壳程的设计压力均为1.6MPa，公称换热面积54m²，公称长度6m，换热管外径25mm，4管程，单壳程的钩圈式浮头换热器，碳素钢换热管符合NB/T 47019的规定，其型号为

$$AES500-1.6-54-\frac{6}{25}-4\text{ Ⅰ}$$

3.3　管壳式换热器系列

3.3.1　固定管板式换热器[13]

3.3.1.1　概述
固定管板式换热器的两端管板采用焊接与壳体连接固定。这种换热器结构简单、紧凑，能承受较高的压力，造价低，管程清洗方便，管子损坏时易于堵管；缺点是当管束与壳体的壁温或材料的线胀系数相差较大时，壳体与管束之间将产生较大的热应力，常会使管子与管板的接口脱开，从而发生介质泄漏，为此常在外壳上焊一膨胀节减小热应力。由于壳程清洗

较难，不能进行机械清洗，这种换热器适用于壳程介质清洁且结垢不严重（或能用化学方法清洗），管程与壳程两侧温差不大（或温差较大但壳程压力不高）的场合。

3.3.1.2 型式

固定管板式换热器有立式和卧式两种型式，立式换热器可节省占地面积，卧式换热器可降低安装高度，必要时还可以将换热器重叠布置。固定管板式换热器结构如图 3-5 所示，立式换热器结构如图 3-6 所示，卧式换热器结构如图 3-7 所示，卧式重叠换热器结构如图 3-8所示。图 3-6(a)所示换热器没有管箱，用于单管程，图 3-6(b)、图 3-6(c)所示结构可在管箱内增设隔板，用于多管程。

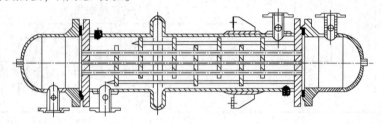

图 3-5　固定管板式换热器[13]

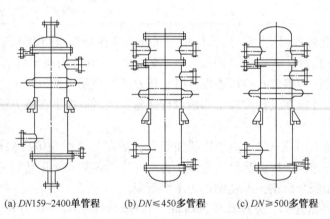

(a) DN159~2400单管程　　　(b) DN≤450多管程　　　(c) DN≥500多管程

图 3-6　立式换热器[13]

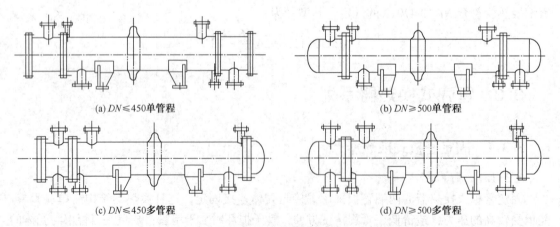

(a) DN≤450单管程　　　　　　　　　　(b) DN≥500单管程

(c) DN≤450多管程　　　　　　　　　　(d) DN≥500多管程

图 3-7　卧式换热器[13]

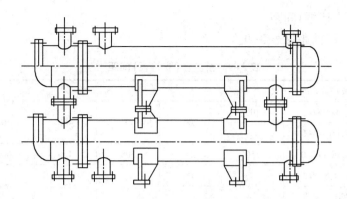

图 3-8　卧式重叠换热器[13]

3.3.1.3　基本参数

换热器的设计前期，一些必须确定的参数，如换热器型式、换热面积、流体流量、进出口温度等应根据工艺条件选定。对于一组工艺条件，理论上应有一种与其最匹配的换热器设计方案。但在工程设计中，往往选用定型的系列产品，有利于缩短设计周期、减少设备投资，也有利于设备使用单位的管理。

（1）公称直径 DN/mm

钢管制圆筒：159、219、273、325、426。

卷制圆筒：400、450、500、600、700、800、900、1000、1100、1200、1300、1400、1500、1600、1700、1800、1900、2000、2100、2200、2300、2400。

注：钢管制圆筒公称直径指外径，卷制圆筒公称直径指内径。

（2）公称压力 PN/MPa

0.25、0.60、1.00、1.60、2.50、4.00、6.40。

（3）换热管长度 L/mm

1500、2000、3000、4500、6000、9000、12000。

（4）换热管规格及排列型式

换热管规格及排列型式见表 3-7。

表 3-7　换热管规格及排列型式[13]　　　　　　　　　　　　　　mm

外径×壁厚/（mm×mm）				排列方式	管中心距/mm
碳钢、低合金钢、铝	不锈钢	钢	钛		
19×2	19×2	19×2	19×1.25	正三角形	25
25×2.5	25×2	25×2	25×1.5		32

（5）管程数

管程数见表 3-8。

表 3-8　管程数[13]

公称直径 DN/mm	159~219	273	325~500	600~2400
管程数	1	1、2	1、2、4	1、2、4、6

（6）折流板（支持板）间距

折流板（支持板）间距见表3-9。

表3-9 折流板（支持板）间距[13]   mm

公称直径 DN	换热管长度	间　距					
≤500	≤3000	100	200	300	450	600	—
	4500~6000	—					
600~800	1500~6000	150	200	300	450	600	—
900~1300	≤6000	200		300	450	600	—
	7500、9000	—					750
1400~1600	6000			300	450	600	750
	7500、9000			—			
1700~1800	6000~9000	—	—	—	450	600	750
1900~2400	6000~12000				450	600	750

（7）换热面积

$$A = \pi d(L-2\delta-2l)n \qquad (3-1)$$

式中　A——换热面积，m^2；

　　　d——换热管外径，m；

　　　L——换热管长度，m；

　　　δ——管板厚度，m；

　　　l——换热管伸出管板长度，m；

　　　n——换热管根数。

（8）基本参数

$\phi19mm$ 管径和 $\phi25mm$ 管径的换热器基本参数见表3-10和表3-11。

表3-10 $\phi19mm$ 管径换热器基本参数[13]

公称直径 DN/mm	公称压力 PN/MPa	管程数	管子根数	中心排管数	管程流通面积/m²	换热面积/m² 换热管长度/mm						
						1500	2000	3000	4500	6000	9000	12000
159	1.60 2.50	1	15	5	0.0027	1.3	1.7	2.6	—	—	—	—
219	4.00 6.40		33	7	0.0058	2.8	3.7	5.7	—	—	—	—
273		1	65	9	0.0115	5.4	7.4	11.3	17.1	22.9	—	—
		2	56	8	0.0049	4.7	6.4	9.7	14.7	19.7	—	—
325	1.60	1	99	11	0.0175	8.3	11.2	17.1	26.0	34.9	—	—
		2	88	10	0.0078	7.4	10.0	15.2	23.1	31.0	—	—
		4	68	11	0.0030	5.7	7.7	11.8	17.9	23.9	—	—

续表

公称直径 DN/mm	公称压力 PN/MPa	管程数	管子根数	中心排管数	管程流通面积/m²	换热面积/m² 换热管长度/mm						
						1500	2000	3000	4500	6000	9000	12000
400		1	174	14	0.0307	14.5	19.7	30.1	45.7	61.3	—	—
		2	164	15	0.0145	13.7	18.6	28.4	43.1	57.8	—	—
		4	146	14	0.0065	12.2	16.6	25.3	38.3	51.4	—	—
450		1	237	17	0.0419	19.8	26.9	41.0	62.2	83.5	—	—
		2	220	16	0.0194	18.4	25.0	38.1	57.8	77.5	—	—
		4	200	16	0.0088	16.7	22.7	34.6	52.5	70.4	—	—
500	0.60 1.00 1.60 2.50 4.00	1	275	19	0.0486	—	31.2	47.6	72.7	96.8	—	—
		2	256	18	0.0226	—	29.0	44.3	67.2	90.2	—	—
		4	222	18	0.0098	—	25.2	38.4	58.3	78.2	—	—
600		1	430	22	0.0760	—	48.8	74.4	112.9	151.4	—	—
		2	416	23	0.0368	—	47.2	72.0	109.3	146.5	—	—
		4	370	22	0.0163	—	42.0	64.0	97.2	130.3	—	—
		6	360	20	0.0106	—	40.8	62.3	94.5	126.5	—	—
700		1	607	27	0.1073	—	—	105.1	159.4	213.8	—	—
		2	574	27	0.0507	—	—	99.4	150.8	202.1	—	—
		4	542	27	0.0239	—	—	93.8	142.3	190.9	—	—
		6	518	24	0.0153	—	—	89.7	136.0	182.4	—	—
800		1	797	31	0.1408	—	—	138.0	209.3	280.7	—	—
		2	776	31	0.0686	—	—	134.3	203.8	273.3	—	—
		4	722	31	0.0319	—	—	125.0	189.8	254.3	—	—
		6	710	30	0.0209	—	—	122.9	186.5	250.0	—	—
900	0.60 1.00 1.60 2.50 4.00	1	1009	35	0.1783	—	—	174.7	265.0	355.3	536.0	—
		2	988	35	0.0873	—	—	171.0	259.5	347.9	524.9	—
		4	938	35	0.0414	—	—	162.4	246.4	330.3	498.3	—
		6	914	34	0.0269	—	—	158.2	240.0	321.5	485.6	—
1000		1	1267	39	0.2239	—	—	219.3	332.8	446.2	673.1	—
		2	1234	39	0.1090	—	—	213.6	324.1	434.6	655.6	—
		4	1186	39	0.0524	—	—	205.3	311.5	417.7	630.1	—
		6	1148	38	0.0338	—	—	198.7	301.5	404.3	609.9	—
1100	0.60 1.00 1.60 2.50 4.00	1	1501	43	0.2652	—	—	—	394.2	528.6	797.4	—
		2	1470	43	0.1299	—	—	—	386.1	517.7	780.9	—
		4	1450	43	0.0641	—	—	—	380.8	510.6	770.3	—
		6	1380	42	0.0406	—	—	—	362.4	486.0	733.1	—
1200		1	1837	47	0.3246	—	—	—	482.5	646.9	975.9	—
		2	1816	47	0.1605	—	—	—	476.9	639.5	964.7	—
		4	1732	47	0.0765	—	—	—	454.9	610.0	920.1	—
		6	1716	46	0.0505	—	—	—	450.7	604.3	911.6	—

公称直径 DN/mm	公称压力 PN/MPa	管程数	管子根数	中心排管数	管程流通面积/ m²	换热面积/m² 换热管长度/mm						
						1500	2000	3000	4500	6000	9000	12000
1300		1	2123	51	0.3752	—	—	—	557.6	747.7	1127.8	—
		2	2080	51	0.1838	—	—	—	546.3	732.5	1105.0	—
		4	2074	50	0.0916	—	—	—	544.7	730.4	1101.8	—
		6	2028	48	0.0597	—	—	—	532.6	714.2	1077.4	—
1400		1	2557	55	0.4519	—	—	—	—	900.5	1358.4	—
		2	2502	54	0.2211	—	—	—	—	881.1	1329.2	—
		4	2404	55	0.1062	—	—	—	—	846.6	1277.1	—
		6	2378	54	0.0700	—	—	—	—	837.5	1263.3	—
1500		1	2929	59	0.5176	—	—	—	—	1031.5	1555.0	—
		2	2874	58	0.2539	—	—	—	—	1012.1	1526.8	—
		4	2768	58	0.1223	—	—	—	—	974.8	1470.5	—
		6	2692	56	0.0793	—	—	—	—	948.0	1430.1	—
1600	0.25 0.60 1.00 1.60 2.50	1	3339	61	0.5901	—	—	—	—	1175.9	1773.8	—
		2	3282	62	0.3382	—	—	—	—	1155.8	1743.5	—
		4	3176	62	0.1403	—	—	—	—	1118.5	1687.2	—
		6	3140	61	0.0925	—	—	—	—	1105.8	1668.1	—
1700		1	3721	65	0.6576	—	—	—	—	1310.4	1976.1	—
		2	3646	66	0.3131	—	—	—	—	1284.0	1936.9	—
		4	3544	66	0.1566	—	—	—	—	1248.1	1882.7	—
		6	3512	63	0.1034	—	—	—	—	1236.8	1869.7	—
1800		1	4247	71	0.7505	—	—	—	—	1495.7	2256.2	—
		2	4186	70	0.3699	—	—	—	—	1474.2	2223.8	—
		4	4070	69	0.1798	—	—	—	—	1433.3	2162.2	—
		6	4048	67	0.1192	—	—	—	—	1425.6	2150.5	—
1900		1	4673	75	0.8258	—	—	—	—	1644.0	2480.8	3317.6
		2	4618	75	0.4080	—	—	—	—	1624.7	2451.6	3278.6
		4	4566	75	0.2017	—	—	—	—	1606.4	2424.0	3241.7
		6	4528	74	0.1334	—	—	—	—	1593.0	2403.8	3214.7
2000	0.25 0.60 1.00 1.60 2.50	1	5281	79	0.9332	—	—	—	—	1857.9	2803.6	3749.3
		2	5200	79	0.4595	—	—	—	—	1829.4	2760.6	3691.8
		4	5084	79	0.2246	—	—	—	—	1788.6	2699.0	3609.4
		6	5042	78	0.1485	—	—	—	—	1773.8	2676.7	3579.6

续表

公称直径 DN/mm	公称压力 PN/MPa	管程数	管子根数	中心排管数	管程流通面积/m²	换热面积/m² 换热管长度/mm 1500	2000	3000	4500	6000	9000	12000
2100		1	5739	83	1.0142	—	—	—	—	2019.1	3046.8	4074.4
		2	5680	83	0.5019	—	—	—	—	1998.3	3015.4	4032.5
		4	5628	83	0.2486	—	—	—	—	1980.0	2987.8	3995.6
		6	5580	82	0.1643	—	—	—	—	1963.1	2962.3	3961.6
2200		1	6401	87	1.1312	—	—	—	—	2252.0	3398.2	4544.4
		2	6336	87	0.5598	—	—	—	—	2229.1	3363.7	4498.3
		4	6186	87	0.2733	—	—	—	—	2176.3	3284.1	4391.8
		6	6144	86	0.1810	—	—	—	—	2161.5	3261.8	4362.0
2300	0.60	1	6927	91	1.2241	—	—	—	—	2437.0	3677.4	4917.9
		2	6828	91	0.6033	—	—	—	—	2402.2	3624.9	4847.6
		4	6762	91	0.2987	—	—	—	—	2379.0	3589.8	4800.7
		6	6746	90	0.1987	—	—	—	—	2373.3	3581.4	4789.4
2400		1	7649	95	1.3517	—	—	—	—	2691.0	4060.7	5430.5
		2	7564	95	0.6683	—	—	—	—	2661.1	4015.6	5370.1
		4	7414	95	0.3275	—	—	—	—	2608.4	3936.0	5263.6
		6	7362	94	0.2168	—	—	—	—	2590.1	3908.4	5226.7

注：管程流通面积为各程平均值。管程流通面积以碳钢管尺寸计算。

表 3-11　φ25mm 管径换热器基本参数[13]

公称直径 DN/mm	公称压力 PN/MPa	管程数	管子根数	中心排管数	管程流通面积/m²	计算换热面积/m² 换热管长度/mm 1500	2000	3000	4500	6000	9000	12000
159		1	11	3	0.0035	1.2	1.6	2.5	—	—	—	—
219		1	25	5	0.0079	2.7	3.7	5.7	—	—	—	—
273	1.60 2.50 4.00 6.40	1	38	6	0.0119	4.2	5.7	8.7	13.1	17.6	—	—
		2	32	7	0.0050	3.5	4.8	7.3	11.1	14.8	—	—
325		1	57	9	0.0179	6.3	8.5	13.0	19.7	26.4	—	—
		2	56	9	0.0088	6.2	8.4	12.7	19.3	25.9	—	—
		4	40	9	0.0031	4.4	6.0	9.1	13.8	18.5	—	—
400	0.60 1.00 1.60 2.50 4.00	1	98	12	0.0308	10.8	14.6	22.3	33.8	45.4	—	—
		2	94	11	0.0148	10.3	14.0	21.4	32.5	43.5	—	—
		4	76	11	0.0060	8.4	11.3	17.3	26.3	35.2	—	—

续表

公称直径 DN/mm	公称压力 PN/MPa	管程数	管子根数	中心排管数	管程流通面积/m²	计算换热面积/m²						
						换热管长度/mm						
						1500	2000	3000	4500	6000	9000	12000
450		1	135	13	0.0424	14.8	20.1	30.7	46.6	62.5	—	—
		2	126	12	0.0198	13.9	18.8	28.7	43.5	58.4	—	—
		4	106	13	0.0083	11.7	15.8	24.1	36.6	49.1	—	—
500	0.60 1.00 1.60 2.50 4.00	1	174	14	0.0546	—	26.0	39.6	60.1	80.6	—	—
		2	164	15	0.0257	—	24.5	37.3	56.6	76.0	—	—
		4	144	15	0.0113	—	21.4	32.8	49.7	66.7	—	—
600		1	245	17	0.0769	—	36.5	55.8	84.6	113.5	—	—
		2	232	16	0.0364	—	34.6	52.8	80.1	107.5	—	—
		4	222	17	0.0174	—	33.1	50.5	76.7	102.8	—	—
		6	216	16	0.0113	—	32.2	49.2	74.6	100.0	—	—
700		1	355	21	0.1115	—	—	80.0	122.6	164.4	—	—
		2	342	21	0.0537	—	—	77.9	118.1	158.4	—	—
		4	322	21	0.0253	—	—	73.3	111.2	149.1	—	—
		6	304	20	0.0159	—	—	69.2	105.0	140.8	—	—
800		1	467	23	0.1466	—	—	106.3	161.3	216.3	—	—
		2	450	23	0.0707	—	—	102.4	155.4	208.5	—	—
		4	442	23	0.0347	—	—	100.6	152.7	204.7	—	—
		6	430	24	0.0225	—	—	97.9	148.5	119.2	—	—
900	0.60 1.60 2.50 4.00	1	605	27	0.1900	—	—	137.8	209.0	280.2	422.7	—
		2	588	27	0.0923	—	—	133.9	203.1	272.3	410.8	—
		4	554	27	0.0435	—	—	126.1	191.4	256.6	387.1	—
		6	538	26	0.0282	—	—	122.5	185.8	249.2	375.9	—
1000		1	749	30	0.2352	—	—	170.8	258.7	346.9	523.3	—
		2	742	29	0.1165	—	—	168.9	256.3	343.7	518.4	—
		4	710	29	0.0557	—	—	161.6	245.2	328.8	496.0	—
		6	698	30	0.0365	—	—	158.9	241.1	323.3	487.7	—
1100		1	931	33	0.2923	—	—	—	321.6	431.2	650.4	—
		2	894	33	0.1404	—	—	—	308.8	414.1	624.6	—
		4	848	33	0.0666	—	—	—	292.9	392.8	592.5	—
		6	830	32	0.0434	—	—	—	286.7	384.4	579.9	—
1200		1	1115	37	0.3501	—	—	—	385.1	516.4	779.0	—
		2	1102	37	0.1730	—	—	—	380.6	510.4	769.9	—
		4	1052	37	0.0826	—	—	—	363.4	487.2	735.0	—
		6	1026	36	0.0537	—	—	—	354.4	475.2	716.8	—

续表

公称直径 DN/mm	公称压力 PN/MPa	管程数	管子根数	中心排管数	管程流通面积/m²	计算换热面积/m²						
						换热管长度/mm						
						1500	2000	3000	4500	6000	9000	12000
1300		1	1301	39	0.4085	—	—	—	449.4	602.6	908.9	—
		2	1274	40	0.2000	—	—	—	440.0	590.1	890.1	—
		4	1214	39	0.0953	—	—	—	419.3	562.3	848.2	—
		6	1192	38	0.0624	—	—	—	411.7	552.1	832.8	—
1400		1	1547	43	0.4858	—	—	—	—	716.5	1080.8	—
		2	1510	43	0.2371	—	—	—	—	699.4	1055.0	—
		4	1454	43	0.1141	—	—	—	—	673.4	1015.8	—
		6	1424	42	0.0745	—	—	—	—	659.5	994.9	—
1500		1	1753	45	0.5504	—	—	—	—	811.9	1224.7	—
		2	1700	45	0.2669	—	—	—	—	787.4	1187.7	—
		4	1688	45	0.1325	—	—	—	—	781.8	1179.3	—
		6	1590	44	0.0832	—	—	—	—	736.4	1110.9	—
1600	0.25 0.60 1.00 1.60 2.50	1	2023	47	0.6352	—	—	—	—	937.0	1413.4	—
		2	1982	48	0.3112	—	—	—	—	918.0	1384.7	—
		4	1900	48	0.1492	—	—	—	—	880.0	1327.4	—
		6	1884	47	0.0986	—	—	—	—	872.6	1316.3	—
1700		1	2245	51	0.7049	—	—	—	—	1039.8	1568.5	—
		2	2216	52	0.3479	—	—	—	—	1026.3	1548.2	—
		4	2180	50	0.1711	—	—	—	—	1009.7	1523.1	—
		6	2156	53	0.1128	—	—	—	—	998.6	1506.0	—
1800		1	2559	55	0.8035	—	—	—	—	1185.3	1787.7	—
		2	2512	55	0.3944	—	—	—	—	1163.4	1755.1	—
		4	2424	54	0.1903	—	—	—	—	1122.7	1693.2	—
		6	2404	53	0.1258	—	—	—	—	1113.4	1679.6	—
1900		1	2899	59	0.9107	—	—	—	—	1342.0	2025.0	2708.1
		2	2854	59	0.4483	—	—	—	—	1321.2	1993.6	2666.1
		4	2772	59	0.2177	—	—	—	—	1283.2	1936.3	2589.5
		6	2742	58	0.1436	—	—	—	—	1269.3	1915.4	2561.4
2000		1	3189	61	1.0019	—	—	—	—	1476.2	2227.6	2979.0
		2	3120	61	0.4901	—	—	—	—	1444.3	2179.4	2914.6
		4	3110	61	0.2443	—	—	—	—	1439.7	2172.4	2905.2
		6	3078	60	0.1612	—	—	—	—	1424.8	2150.1	2875.3

续表

公称直径 DN/mm	公称压力 PN/MPa	管程数	管子根数	中心排管数	管程流通面积/m²	计算换热面积/m²						
						换热管长度/mm						
						1500	2000	3000	4500	6000	9000	12000
2100		1	3547	65	1.1143	—	—	—	—	1642.0	2477.7	3313.4
		2	3494	65	0.5488	—	—	—	—	1617.4	2440.7	3263.9
		4	3388	65	0.2661	—	—	—	—	1568.4	2356.6	3164.9
		6	3378	64	0.1769	—	—	—	—	1563.7	2359.6	3155.6
2200		1	3853	67	1.2104	—	—	—	—	1783.6	2691.4	3599.3
		2	3815	67	0.5994	—	—	—	—	1766.4	2665.6	3564.7
		4	3770	67	0.2961	—	—	—	—	1745.2	2633.5	3521.8
		6	3740	68	0.1958	—	—	—	—	1731.3	2612.5	3493.7
2300	0.60	1	4249	71	1.3349	—	—	—	—	1966.9	2968.1	3969.2
		2	4212	71	0.6616	—	—	—	—	1949.8	2942.2	3934.7
		4	4096	71	0.3217	—	—	—	—	1896.1	2861.2	3826.3
		6	4076	70	0.2134	—	—	—	—	1886.8	2847.2	3807.6
2400		1	4601	73	1.4454	—	—	—	—	2129.9	3214.0	4298.0
		2	4548	73	0.7144	—	—	—	—	2105.3	3176.9	4248.5
		4	4516	73	0.3547	—	—	—	—	2090.5	3154.6	4218.6
		6	4474	74	0.2342	—	—	—	—	2071.1	3125.2	4179.4

注：管程流通面积为各程平均值，以碳钢管尺寸计算。

3.3.2 浮头式换热器[14]

3.3.2.1 概述

浮头式换热器针对固定管板式换热器的缺陷在结构上做了改进，一端管板与壳体固定，另一端（浮头端）管板可在壳体内自由移动。管束可自由膨胀收缩，管束与壳体之间不产生温差应力。

浮头式换热器的浮头由浮头管板、钩圈和浮头盖组成，是可拆连接，管束可以从壳体内抽出。该结构特点为清洗、检修提供了方便，适用于管壳壁间温差较大或易于腐蚀和结垢的场合。但因结构复杂，造价比固定管板式高 20% 左右，材料消耗量大，壳程的压力也受到滑动接触面的密封限制。

3.3.2.2 型式

从换热器型式、冷凝器型式及其重叠型式分别进行介绍。

（1）换热器型式

换热器可设置导流筒，以防止进口处高速流体对管束的直接冲击，使得壳程流体达到较均匀地分布，从而使壳程进口段管束的换热面积得到充分利用，减少传热死区及防止进口段可能会出现的流体诱导振动。导流筒根据其安装位置及与壳体的相对位置可以分为内导流筒和外导流筒两种结构。外导流筒比内导流筒压降更低且换热管可排满壳体，但其金属耗量相对提高，制造难度和要求也有所增加。内导流和外导流浮头式换热器的结构型式分别如图3-9(a)和图3-9(b)所示。

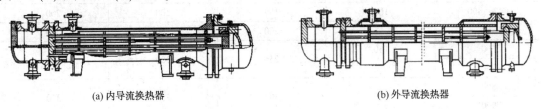

(a) 内导流换热器　　　　　　　　　　　(b) 外导流换热器

图3-9　导流换热器[14]

（2）冷凝器型式

3m和6m管长冷凝器结构型式分别如图3-10(a)和图3-10(b)所示。

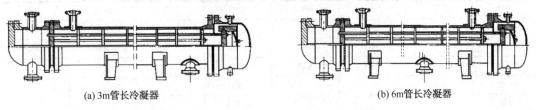

(a) 3m管长冷凝器　　　　　　　　　　　(b) 6m管长冷凝器

图3-10　不同管长冷凝器结构型式[14]

（3）重叠型式

3m、4.5m、6m管长重叠式换热器如图3-11(a)所示，9m管长重叠式换热器如图3-11(b)所示。

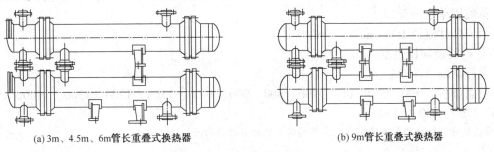

(a) 3m、4.5m、6m管长重叠式换热器　　　　(b) 9m管长重叠式换热器

图3-11　重叠式换热器[14]

3m管长重叠式冷凝器如图3-12(a)所示，其管嘴公称直径见表3-12，6m管长重叠式冷凝器如图3-12(b)所示，其管嘴公称直径见表3-13。

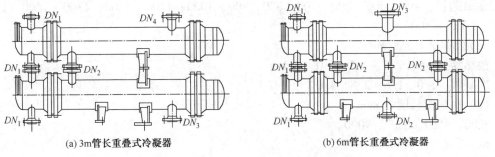

(a) 3m管长重叠式冷凝器　　　　　　　　(b) 6m管长重叠式冷凝器

图3-12　不同管长重叠式冷凝器[14]

表 3-12 3m 管长重叠式冷凝管嘴公称直径[14] mm

DN	DN_1	DN_2	DN_3	DN_4
(426)400	100	150	100	200
500		200	150	250
600	150	250	200	300
700				
800	200	300	250	350
900				
1000	250	350	300	400

注：括号内系钢管制圆筒外径。

表 3-13 6m 管长重叠式冷凝器接管公称直径[14] mm

DN	DN_1	DN_2	DN_3	DN	DN_1	DN_2	DN_3
500	150	200	250	1200	300	350	400
600		250	300	1300		400	450
700	150	250	300	1400	350	400	450
800	200	300	350	1500			
900				1600	400	450	500
1000	250	350	400	1700			
1100				1800	450		

3.3.2.3 基本参数

工程设计中，往往选用定型的系列产品，有利于缩短设计周期、减少设备投资，也有利于设备使用单位的管理。

（1）公称直径 DN/mm

① 内导流筒换热器

钢管制圆筒：325、426。

卷制圆筒：400、500、600、700、800、900、1000、1100、1200、1300、1400、1500、1600、1700、1800、1900。

注：钢管制圆筒公称直径指外径，卷制圆筒公称直径指内径。

② 外导流筒换热器

卷制圆筒：500、600、700、800、900、1000。

③ 冷凝器的公称直径系列

钢管制圆筒：426。

卷制圆筒：400、500、600、700、800、900、1000、1100、1200、1300、1400、1500、1600、1700、1800。

（2）公称压力 PN/MPa

换热器：1.0、1.6、2.5、4.0、6.4。

冷凝器：1.0、1.6、2.5、4.0。

（3）换热管长度 L/mm

3000、4500、6000、9000。

（4）换热管规格和排列型式

换热管规格和排列型式见表 3-14。

表 3-14 换热管规格和排列型式[14] mm

外径×壁厚					排列型式	管中心距
碳素钢、低合金钢	不锈钢	铝、铝合金	铜、铜合金	钛、钛合金		
19×2	19×2	19×2	19×2	19×1.25	正三角形	25
25×2.5	25×2	25×2	25×2	25×1.5	正方形 转角正方形	32

（5）管程数

管程数见表 3-15。

表 3-15 管程数[14]

公称直径 DN/mm	≤500	600~1200	1300~1900
管程数	2、4	2、4、6	4、6

（6）折流板（支持板）间距

换热器的折流板（支持板）间距见表 3-16。冷凝器的折流板（支持板）间距：450（或 480）mm、600mm。

表 3-16 折流板（支持板）间距[14] mm

换热管长度	公称直径 DN	间距							
3000	≤700	100	150	200	—	—	—	—	—
4500	≤700	100	150	200	—	—	—	—	—
	800~1200	—	150	200	250	300	—	450（或 480）	—
6000	400~1100	—	150	200	250	300	350	450（或 480）	—
	1200~1800	—	—	200	250	300	350	450（或 480）	—
	1900	—	—	—	250	300	350	450（或 480）	—
9000	1200~1800	—	—	—	—	300	350	450	600

（7）管箱

$DN \leq 400$mm 一般采用平盖管箱；500mm$\leq DN \leq 800$mm 一般采用平盖管箱或封头管箱；$DN \geq 900$mm 一般采用封头管箱。

（8）旁路挡板数

旁路挡板数见表 3-17。

表 3-17 旁路挡板数[14]

DN/mm	≤500	600~700	800~1200	1300~1500	1600~1800	1900
旁路挡板/对	1	2	3	4	5	6

（9）换热面积

$$A = \pi d(L - 2\delta - 2l)n \tag{3-2}$$

式中　A——换热面积，m^2；

　　　d——换热管外径，m；

　　　L——换热管长度，m；

　　　δ——管板厚度，m；

　　　l——换热管伸出管板长度，m；

　　　n——换热管根数。

（10）基本参数组合和基本参数

浮头式换热器和冷凝器的基本参数组合和基本参数见表 3-18~表 3-22。

表 3–18　内导流浮头式换热器基本参数组合[14]

换热管长度/m		3				4.5				6					9		
公称压力 PN /MPa																	
公称直径 DN/mm	管程数	1.0	1.6	2.5	4.0	1.0	1.6	2.5	4.0	1.0	1.6	2.5	4.0	6.4	1.0	1.6	2.5
325	2	—	—			—	—			—	—	—	—	—	—	—	—
325	4	—	—			—	—			—	—	—	—	—	—	—	—
(426)400	2														—	—	—
(426)400	4														—	—	—
500	2														—	—	—
500	4														—	—	—
600	2														—	—	—
600	4														—	—	—
600	6														—	—	—
700	2														—	—	—
700	4														—	—	—
700	6														—	—	—
800	2	—	—	—	—										—	—	—
800	4	—	—	—	—										—	—	—
800	6	—	—	—	—										—	—	—
900	2	—	—	—	—										—	—	—
900	4	—	—	—	—										—	—	—
900	6	—	—	—	—										—	—	—
1000	2	—	—	—	—										—	—	—
1000	4	—	—	—	—										—	—	—
1000	6	—	—	—	—										—	—	—
1100	2	—	—	—	—										—	—	—
1100	4	—	—	—	—										—	—	—
1100	6	—	—	—	—										—	—	—
1200	2	—	—	—	—										—		
1200	4	—	—	—	—										—		
1200	6	—	—	—	—										—		
1300	4	—	—	—	—	—	—	—	—						—		
1300	6	—	—	—	—	—	—	—	—						—		
1400	4	—	—	—	—	—	—	—	—						—		
1400	6	—	—	—	—	—	—	—	—						—		
1500	4	—	—	—	—	—	—	—	—					—	—		
1500	6	—	—	—	—	—	—	—	—					—	—		
1600	4	—	—	—	—	—	—	—	—					—	—		
1600	6	—	—	—	—	—	—	—	—					—	—		
1700	4	—	—	—	—	—	—	—	—					—	—		
1700	6	—	—	—	—	—	—	—	—					—	—		
1800	4	—	—	—	—	—	—	—	—					—	—		
1800	6	—	—	—	—	—	—	—	—					—	—		
1900	4	—	—	—	—	—	—	—	—	—	—	—	—	—	—	—	—
1900	6	—	—	—	—	—	—	—	—	—	—	—	—	—	—	—	—

表 3-19　外导流换热器基本参数组合[14]

换热管长度/m		3				4.5				6					9		
公称压力 PN/MPa																	
公称直径 DN/mm	管程数	1.0	1.6	2.5	4.0	1.0	1.6	2.5	4.0	1.0	1.6	2.5	4.0	6.4	1.0	1.6	2.5
500	2	—	—	—	—	—	—	—	—						—	—	—
	4	—	—	—	—	—	—	—	—						—	—	—
600	2	—	—	—	—	—	—	—	—						—	—	—
	4	—	—	—	—	—	—	—	—						—	—	—
	6	—	—	—	—	—	—	—	—						—	—	—
700	2	—	—	—	—	—	—	—	—						—	—	—
	4	—	—	—	—	—	—	—	—						—	—	—
	6	—	—	—	—	—	—	—	—						—	—	—
800	2	—	—	—	—	—	—	—	—						—	—	—
	4	—	—	—	—	—	—	—	—						—	—	—
	6	—	—	—	—	—	—	—	—						—	—	—
900	2	—	—	—	—	—	—	—	—						—	—	—
	4	—	—	—	—	—	—	—	—						—	—	—
	6	—	—	—	—	—	—	—	—						—	—	—
1000	2	—	—	—	—	—	—	—	—						—	—	—
	4	—	—	—	—	—	—	—	—						—	—	—
	6	—	—	—	—	—	—	—	—						—	—	—

表 3-20　浮头式冷凝器基本参数组合[14]

换热管长度/m		3				4.5				6					9		
公称压力 PN/MPa																	
公称直径 DN/mm	管程数	1.0	1.6	2.5	4.0	1.0	1.6	2.5	4.0	1.0	1.6	2.5	4.0	6.4	1.0	1.6	2.5
(426)400	2					—	—	—	—	—	—	—	—	—	—	—	—
	4					—	—	—	—	—	—	—	—	—	—	—	—
500	2																
	4																

续表

换热管长度/m		3				4.5				6					9		
公称压力 PN/MPa																	
公称直径 DN/mm	管程数	1.0	1.6	2.5	4.0	1.0	1.6	2.5	4.0	1.0	1.6	2.5	4.0	6.4	1.0	1.6	2.5
600	2						—	—	—					—	—	—	—
	4						—	—	—					—	—	—	—
	6						—	—	—					—	—	—	—
700	2						—	—	—					—	—	—	—
	4						—	—	—					—	—	—	—
	6						—	—	—					—	—	—	—
800	2	—				—								—	—	—	—
	4	—				—								—	—	—	—
	6	—				—								—	—	—	—
900	2	—				—								—	—	—	—
	4	—				—								—	—	—	—
	6	—				—								—	—	—	—
1000	2	—				—								—	—	—	—
	4	—				—								—	—	—	—
	6	—	—			—								—	—	—	—
1100	2	—	—	—	—	—								—	—	—	—
	4	—	—	—	—	—								—	—	—	—
	6	—	—	—	—	—								—	—	—	—
1200	2	—	—	—	—	—								—	—	—	—
	4	—	—	—	—	—								—	—	—	—
	6	—	—	—	—	—								—	—	—	—
1300	4	—	—	—	—	—								—	—	—	—
	6	—	—	—	—	—								—	—	—	—
1400	4	—	—	—	—	—			—					—	—	—	—
	6	—	—	—	—	—			—					—	—	—	—
1500	4	—	—	—	—	—			—					—	—	—	—
	6	—	—	—	—	—			—					—	—	—	—
1600	4	—	—	—	—	—	—	—	—					—	—	—	—
	6	—	—	—	—	—	—	—	—					—	—	—	—
1700	4	—	—	—	—	—	—	—	—					—	—	—	—
	6	—	—	—	—	—	—	—	—					—	—	—	—
1800	4	—	—	—	—	—	—	—	—					—	—	—	—
	6	—	—	—	—	—	—	—	—					—	—	—	—

表3-21 内导流浮头式换热器基本参数[14]

公称直径 DN/mm	管程数	管子根数① 外径/mm 19	管子根数① 外径/mm 25	中心排管数 外径/mm 19	中心排管数 外径/mm 25	管程流通面积/m² 外径×壁厚/(mm×mm) 19×1.25	19×2	25×1.5	25×2	25×2.5	换热面积②/m² 换热管长度=3m 19	25	换热管长度=4.5m 19	25	换热管长度=6m 19	25	换热管长度=9m 19	25
325	2	60	32	7	5	0.0064	0.0053	0.00602	0.0055	0.005	10.5	7.4	15.8	11.1	—	—	—	—
325	4	52	28	6	4	0.00278	0.0023	0.00263	0.0024	0.0022	9.1	6.4	13.7	9.7	—	—	—	—
(426) 400	2	120	74	8	7	0.01283	0.0106	0.0138	0.0126	0.0116	20.9	16.9	31.6	25.6	42.3	34.4	—	—
(426) 400	4	108	68	9	6	0.00581	0.0048	0.00646	0.0059	0.0053	18.8	15.6	28.4	23.6	38.1	31.6	—	—
500	2	206	124	11	8	0.022	0.0182	0.0235	0.0215	0.0194	35.7	28.3	54.1	42.8	72.5	57.4	—	—
500	4	192	116	10	9	0.01029	0.0085	0.01095	0.01	0.0091	33.2	26.4	50.4	40.1	67.6	53.7	—	—
600	2	324	198	14	11	0.03461	0.0286	0.03756	0.0343	0.0311	55.8	44.9	84.8	68.2	113.9	91.5	—	—
600	4	308	188	14	10	0.01646	0.0136	0.01785	0.0163	0.0148	53.1	42.6	80.7	64.8	108.2	86.9	—	—
600	6	284	158	14	10	0.010043	0.0083	0.00996	0.0091	0.0083	48.9	35.8	74.4	54.4	99.8	73.1	—	—
700	2	468	268	16	13	0.05119	0.0414	0.05081	0.0464	0.0421	80.4	60.6	122.2	92.1	164.1	123.7	—	—
700	4	448	256	17	12	0.02396	0.0198	0.02431	0.0222	0.0201	76.9	57.8	117	87.9	157.1	118.1	—	—
700	6	382	224	15	10	0.01355	0.0112	0.01413	0.0129	0.0116	65.6	50.6	99.8	76.9	133.9	103.4	—	—
800	2	610	366	19	15	0.06522	0.0539	0.0694	0.0634	0.0575	—	—	158.9	125.4	213.5	168.5	—	—
800	4	588	352	18	14	0.03146	0.026	0.0324	0.0305	0.0276	—	—	153.2	120.6	205.8	162.1	—	—
800	6	518	316	16	14	0.01839	0.0152	0.01993	0.0182	0.0165	—	—	134.9	108.3	181.3	145.5	—	—
900	2	800	472	22	17	0.08555	0.0707	0.08946	0.0817	0.0741	—	—	207.6	161.2	279.2	216.8	—	—
900	4	776	456	21	16	0.0415	0.0343	0.04325	0.0395	0.0353	—	—	201.4	155.7	270.8	209.4	—	—
900	6	720	426	21	16	0.02565	0.0212	0.0269	0.0246	0.0223	—	—	186.9	145.5	251.3	195.6	—	—
1000	2	1006	606	24	19	0.10769	0.089	0.11498	0.105	0.0952	—	—	260.6	206.6	350.6	277.9	—	—
1000	4	980	588	23	18	0.05239	0.0433	0.05572	0.0509	0.0462	—	—	253.9	200.4	341.6	269.7	—	—
1000	6	892	564	21	18	0.0371	0.0262	0.0357	0.0326	0.0295	—	—	231.1	192.2	311	258.7	—	—

续表

公称直径 DN/mm	管程数	管子根数①外径mm 19	管子根数①外径mm 25	中心排管数 外径mm 19	中心排管数 外径mm 25	管程流通面积/m² 19×1.25	19×2	25×1.5	25×2	25×2.5	换热面积②/m² 长度=3m 19	3m 25	4.5m 19	4.5m 25	6m 19	6m 25	9m 19	9m 25
1100	2	1240	736	27	21	0.1331	0.11	0.1391	0.127	0.116	—	—	320.3	250.2	431.3	336.8	—	—
1100	4	1212	716	26	20	0.0649	0.0536	0.0679	0.062	0.0562	—	—	313.1	243.4	421.6	327.7	—	—
1100	6	1120	692	24	20	0.03981	0.0329	0.04369	0.0399	0.0362	—	—	289.3	235.2	389.6	316.7	—	—
1200	2	1452	880	28	22	0.1561	0.129	0.1664	0.152	0.138	—	—	374.4	298.6	504.3	402.2	764.2	609.4
1200	4	1424	860	28	22	0.07611	0.0629	0.08153	0.0745	0.0675	—	—	367.2	291.8	494.6	393.1	749.5	595.6
1200	6	1348	828	27	21	0.04792	0.0396	0.05333	0.0478	0.0434	—	—	347.6	280.9	468.2	378.4	709.5	573.4
1300	4	1700	1024	31	21	0.09087	0.0751	0.09713	0.0887	0.0804	—	—	—	—	589.3	467.1	—	—
1300	6	1616	972	29	24	0.0576	0.0476	0.06132	0.056	0.0509	—	—	—	—	560.2	443.3	—	—
1400	4	1972	1192	32	26	0.1054	0.0871	0.11579	0.103	0.0936	—	—	—	—	682.6	542.9	1035.6	823.6
1400	6	1890	1130	30	24	0.0674	0.0557	0.0714	0.0652	0.0592	—	—	—	—	654.2	514.7	992.5	780.8
1500	4	2304	1400	34	29	0.1234	0.102	0.133	0.121	0.11	—	—	—	—	795.9	636.3	—	—
1500	6	2252	1332	34	28	0.08047	0.0663	0.08421	0.0769	0.0697	—	—	—	—	777.9	605.4	—	—
1600	4	2632	1592	37	30	0.1404	0.116	0.1511	0.138	0.125	—	—	—	—	907.6	722.3	1378.7	1097.3
1600	6	2520	1518	37	29	0.08954	0.0742	0.0964	0.0876	0.0795	—	—	—	—	869	688.8	1320	1047.2
1700	4	3012	1856	40	32	0.1611	0.133	0.1763	0.161	0.146	—	—	—	—	1036.1	840.1	—	—
1700	6	2834	1812	38	32	0.10104	0.0835	0.10742	0.0981	0.0949	—	—	—	—	974	820.2	—	—
1800	4	3384	2056	43	34	0.18029	0.149	0.1949	0.178	0.161	—	—	—	—	1161.3	928.4	1766.9	1412.5
1800	6	3140	1986	37	34	0.11193	0.0925	0.12593	0.115	0.104	—	—	—	—	1077.5	896.7	1639.5	1364.4
1900	4	3660	2228	42	36	0.19566	0.1617	0.21123	0.1929	0.175	—	—	—	—	1251.8	1003	—	—
1900	6	3650	2172	40	34	0.1295	0.107	0.1373	0.1254	0.114	—	—	—	—	1248.4	977.5	—	—

① 排管数按正方形旋转45°排列计算。
② 计算换热面积按换热面积及光管按公称压力2.5mPa的管壁厚度确定。

表3-22 外导流浮头式换热器和冷凝器基本参数[14]

公称直径 DN/mm	管程数	管子根数[①]		中心排管数		管程流通面积/m²					换热面积[②]/m²	
		外径/mm				外径×壁厚/(mm×mm)					换热管长度=6m	
		19	25	19	25	19×1.25	19×2	25×1.5	25×2	25×2.5	19	25
500	2	224	132	13	10	0.0239	0.0198	0.0247	0.0229	0.0207	78.8	61.2
	4	218	124	12	10	0.1113	0.0092	0.0117	0.0107	0.0161	73.2	57.4
600	2	338	206	16	12	0.0360	0.0298	0.0391	0.0357	0.0324	118.8	95.2
	4	320	196	15	12	0.0170	0.0141	0.0186	0.0170	0.0154	112.4	90.6
700	2	480	280	18	15	0.0514	0.0425	0.0531	0.0485	0.0440	168.3	129.2
	4	460	268	17	14	0.0246	0.0203	0.0254	0.0232	0.0210	161.3	123.6
800	2	636	378	21	16	0.0680	0.0562	0.0717	0.0655	0.0594	222.6	174.0
	4	612	364	20	16	0.0328	0.0271	0.0345	0.0315	0.0285	214.2	167.6
900	2	822	490	24	19	0.0877	0.0726	0.0929	0.0848	0.0769	286.9	225.1
	4	796	472	23	18	0.0432	0.0357	0.0448	0.0409	0.0365	277.8	216.7
900	6	742	452	23	16	0.0263	0.0217	0.0286	0.0261	0.0237	259.0	207.5
1000	2	1050	628	26	21	0.1124	0.0929	0.1194	0.1090	0.0987	365.9	288.0
	4	1020	608	27	20	0.0546	0.0451	0.0576	0.0526	0.0478	355.5	278.9
	6	938	580	25	20	0.0334	0.0276	0.0367	0.0335	0.0301	327.0	266.0

① 排管数按正方形旋转45°排列计算。

② 计算换热面积按光管及公称压力2.5MPa的管板厚度确定。

3.3.3 U形管式换热器[15]

3.3.3.1 概述

U形管式换热器只有一块管板，管束由多根U形管组成，管子两端固定在同一块管板上，可以自由伸缩。由于受弯管曲率半径的限制，其换热管排布较少，管束最内层管中心距较大，管板利用率较低，壳程流体易形成短路，对传热不利。当管子损坏时，由于结构特点，只有管束外围U形管可以更换，而内层换热管只能堵死，另外，损坏一根U形管相当于损坏两根直管，报废率较高。

U形管式换热器结构比较简单、价格便宜、承受压力强，适用于管、壳壁温差较大或壳程介质易结垢需要清洗、又不适宜采用浮头式和固定管板式的场合。特别适用于管内走清洁而不易结垢的高温、高压、腐蚀性大的物料。

3.3.3.2 型式

U形管式换热器结构型式如图3-13和图3-14所示。

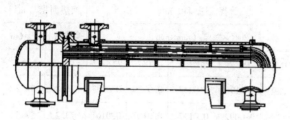

图 3-13　U 形管式换热器结构简图[15]　　　图 3-14　U 形管式换热器重叠式结构[15]

3.3.3.3　基本参数

工程设计中，往往选用定型的系列产品，有利于缩短设计周期、减少设备投资，也有利于设备使用单位的管理。

（1）公称直径 DN/mm

钢管制圆筒：325、426。

卷制圆筒：400、500、600、700、800、900、1000、1100、1200。

注：钢管制圆筒公称直径指外径，卷制圆筒公称直径指内径。

（2）公称压力 PN/MPa

1.00、1.60、2.50、4.00、6.40。

（3）换热管长度 L/mm

3000、6000。

（4）换热管规格及排列型式

换热管规格及排列型式见表 3-23。

表 3-23　换热管规格及排列型式[15]　　　　　　　　　　　　　　mm

外径×壁厚					排列型式	管中心距
碳素钢、低合金钢	不锈钢	铝、铝合金	铜、铜合金	钛、钛合金		
19×2	19×2	19×2	19×2	19×1.25	正三角形 转角正方形	25
25×2.5	25×2	25×2	25×2	25×1.5		32

注：当采用其他壁厚时，应核算管程流通面积。

（5）管程数

管程数：2、4。

（6）折流板（支持板）间距

U 形管式换热器折流板（支持板）间距见表 3-24。

表 3-24　折流板（支持板）间距[15]　　　　　　　　　　　　　　mm

公称直径 DN	换热管长度	间 距					
≤600	3000						—
≤600	6000	150	200				—
700~900	6000				300		450
1000~1200	6000			250		350	450

（7）换热面积

$$A = 2\pi d (L - \delta - l) n \qquad (3-3)$$

式中　A——换热面积，m^2；

　　　d——换热管外径，m；

　　　L——换热管长度，m；

　　　δ——管板厚度，m；

　　　l——换热管伸出管板长度，m；

　　　n——换热管根数。

（8）基本参数组合和基本参数

基本参数组合和基本参数见表3-25～表3-27。

表 3-25　U 形管式换热器基本参数组合（3m 管长）[15]

管程公称压力/MPa		2.5		4.0			6.4			
壳程公称压力/MPa		2.5	1.6	4.0	2.5	1.6	6.4	4.0	2.5	1.6
公称直径 DN/mm	管程数									
325	2	—	—							
	4	—	—							
(426) 400	2	—	—							
	4	—	—							
500	2									
	4									
600	2						—	—	—	—
	4						—	—	—	—
700	2	—	—	—	—	—	—	—	—	—
	4	—	—	—	—	—	—	—	—	—
800	2	—	—	—	—	—	—	—	—	—
	4	—	—	—	—	—	—	—	—	—
900	2	—	—	—	—	—	—	—	—	—
	4	—	—	—	—	—	—	—	—	—
1000	2	—	—	—	—	—	—	—	—	—
	4	—	—	—	—	—	—	—	—	—
1100	2	—	—	—	—	—	—	—	—	—
	4	—	—	—	—	—	—	—	—	—
1200	2	—	—	—	—	—	—	—	—	—
	4	—	—	—	—	—	—	—	—	—

· 137 ·

表 3-26　U 形管式换热器基本参数组合（6m 管长）[15]

管程公称压力/MPa		1.0	1.6	2.5		4.0			6.4			
壳程公称压力/MPa		1.0	1.6	2.5	1.6	4.0	2.5	1.6	6.4	4.0	2.5	1.6
公称直径 DN/mm	管程数											
325	2	—	—	—	—							
325	4	—	—	—	—							
(426) 400	2	—	—	—	—							
(426) 400	4	—	—	—	—							
500	2	—	—									
500	4	—	—									
600	2											
600	4											
700	2											
700	4											
800	2											
800	4											
900	2								—	—	—	—
900	4								—	—	—	—
1000	2								—	—	—	—
1000	4								—	—	—	—
1100	2								—	—	—	—
1100	4								—	—	—	—
1200	2								—	—	—	—
1200	4								—	—	—	—

表 3-27　U 形管式换热器基本参数[15]

公称直径 DN/mm	管程数	管子根数① 外径/mm		中心排管数 外径/mm		管程流通面积/m² 外径×壁厚/(mm×mm)					换热面积②/m² 换热管长度=3m		换热管长度=6m	
		19	25	19	25	19×1.25	19×2	25×1.5	25×2	25×2.5	19	25	19	25
325	2	38	13	11	6	0.0081	0.0067	0.0049	0.0045	0.0041	13.4	6.0	27.0	12.1
325	4	30	12	5	5	0.0033	0.0027	0.0023	0.0021	0.0019	10.6	5.6	21.3	11.2

续表

公称直径 DN/mm	管程数	管子根数①		中心排管数		管程流通面积/m²					换热面积②/m²			
		外径/mm		外径/mm		外径×壁厚/(mm×mm)					换热管 长度=3m		换热管 长度=6m	
		19	25	19	25	19×1.25	19×2	25×1.5	25×2	25×2.5	19	25	19	25
(426) 400	2	77	32	15	8	0.0163	0.0136	0.0121	0.0111	0.0100	26.5	14.7	54.5	29.8
	4	68	28	8	7	0.0073	0.0060	0.0053	0.0048	0.0044	23.8	12.9	48.2	26.1
500	2	128	57	19	10	0.0275	0.0227	0.0216	0.0197	0.0179	44.6	26.1	90.5	53.0
	4	114	56	10	9	0.0122	0.0101	0.0106	0.0097	0.0088	39.7	25.7	80.5	52.1
600	2	199	94	23	13	0.0426	0.0352	0.0357	0.0326	0.0295	69.1	42.9	140.3	87.2
	4	184	90	12	11	0.0197	0.0163	0.0169	0.0155	0.0141	63.9	41.1	129.7	83.5
700	2	276	129	27	15	0.0595	0.0492	0.0498	0.0453	0.0411	—	—	194.1	119.6
	4	258	128	12	13	0.0276	0.0228	0.0242	0.0221	0.0201	—	—	181.4	118.4
800	2	367	182	31	17	0.0786	0.0650	0.0689	0.0630	0.0571	—	—	257.7	168.0
	4	346	176	16	15	0.0370	0.0306	0.0333	0.0304	0.0276	—	—	242.8	162.5
900	2	480	231	35	19	0.1028	0.0850	0.0876	0.0800	0.0725	—	—	336.2	212.8
	4	454	226	16	17	0.0486	0.0402	0.0428	0.0391	0.0355	—	—	317.8	208.2
1000	2	603	298	39	21	0.1291	0.1067	0.1130	0.1032	0.0936	—	—	421.5	273.9
	4	576	292	20	19	0.0617	0.0210	0.0553	0.0505	0.0458	—	—	402.4	268.4
1100	2	738	363	43	24	0.1580	0.1306	0.1376	0.1257	0.1140	—	—	514.6	332.9
	4	706	356	20	21	0.0754	0.0625	0.0675	0.0616	0.0559	—	—	492.2	326.5
1200	2	885	436	47	26	0.1895	0.1566	0.1653	0.1510	0.1369	—	—	615.8	399.0
	4	852	428	24	21	0.0912	0.0754	0.0811	0.0741	0.0672	—	—	592.6	391.7

① 排管数，是指 U 形管的数量，φ19mm 的换热管按正三角形排列，φ25mm 的换热管按正方形旋转 45°排列。
② 计算换热面积，是按光管及管、壳程公称压力 4.0MPa 的管板厚度确定。

3.3.4 立式热虹吸式再沸器[16]

3.3.4.1 概述

由于热虹吸式再沸器内虹吸力的存在，省略了泵等输送设备，在大多数工艺过程中，热虹吸式是再沸器的首选类型。立式热虹吸式再沸器采用 GB/T 28712.4—2012，结构简图如图 3-15 所示。立式热虹吸式再沸器具有传热系数高、结构紧凑、价格和安装费用低等优点。立式热虹吸式再沸器管内易清洗，但结垢严重时不宜使用；管束不易拆卸，壳程难清扫，加热介质必须清洁。

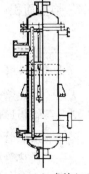

图 3-15 立式热虹吸式再沸器结构简图[16]

3.3.4.2 型式

立式热虹吸式再沸器的结构简图如图 3-15 所示。

3.3.4.3 基本参数

工程设计中，往往选用定型的系列产品，有利于缩短设计周期、减少设备投资，也有利于设备使用单位的管理。

（1）公称直径 DN/mm

400、500、600、700、800、900、1000、1100、1200、1300、1400、1500、1600、1700、1800、1900、2000、2100、2200、2300、2400。

（2）公称压力 PN/MPa

0.25、0.60、1.00、1.60、2.50。

（3）换热管长度 L/mm

1500、2000、2500、3000、4500。

（4）换热管规格及排列型式

换热管规格及排列型式见表 3-28。

表 3-28 换热管规格及排列型式[16]　　　　　　　　　　　　mm

外径×壁厚				排列型式	管中心距
碳素钢、低合金钢、铝	不锈钢	铜	钛		
25×2.5	25×2	25×2	25×1.5	正三角形	32
38×3	38×2.5	—	—		48

（5）管程数

管程数为单管程。

（6）折流板（支持板）间距

折流板（支持板）间距见表 3-29。

表 3-29 折流板（支持板）间距[16]　　　　　　　　　　　　mm

公称直径 DN	间　距		公称直径 DN	间　距	
≤600	300	500	700~2400	600	1000

注：允许采用其他材料或者规格的换热管。

（7）换热面积

$$A = \pi d(L - 2\delta - 2l)n \tag{3-4}$$

式中　A——换热面积，m^2；

　　　d——换热管外径，m；

　　　L——换热管长度，m；

　　　δ——管板厚度，m；

　　　l——换热管伸出管板长度，m；

　　　n——换热管根数。

（8）基本参数

$\phi 25mm$ 管径和 $\phi 38mm$ 管径再沸器基本参数见表 3-30 和表 3-31。

表 3-30 φ25mm 管径立式热虹吸式再沸器基本参数[16]

公称直径 DN/mm	公称压力 PN/MPa	管程数	管子根数	中心排管数	管程流通面积/m² φ25×2.5	换热管面积/m² 换热管长度/mm 1500	2000	2500	3000	4500
400	1.00		98	12	0.0308	10.7	14.6	18.4	—	—
500	1.60		174	14	0.0546	19.0	25.9	32.7	—	—
600	2.50		245	17	0.0769	26.8	36.4	46.1	—	—
700			355	21	0.1115	38.9	52.8	66.7	80.7	—
800			467	23	0.1466	51.1	69.5	87.8	106.1	—
900			605	27	0.1900	66.2	90.0	113.8	137.5	—
1000			749	30	0.2352	82.0	111.4	140.8	170.2	258.5
1100			931	33	0.2923	101.9	138.5	175.1	211.6	321.3
1200			1115	37	0.3501	122.1	165.9	209.6	253.4	384.8
1300			1301	39	0.4085	142.4	193.5	244.6	295.7	449.0
1400	0.25 0.60 1.00 1.60 2.50	1	1547	43	0.4858	—	230.1	290.8	351.6	533.9
1500			1753	45	0.5504	—	—	329.6	398.4	605.0
1600			2023	47	0.6352	—	—	380.4	459.8	698.1
1700			2245	51	0.7049	—	—	422.1	510.3	774.8
1800			2559	55	0.8035	—	—	481.1	581.6	883.1
1900			2899	59	0.9107	—	—	545.1	658.9	1000.5
2000			3189	61	1.0019	—	—	599.6	724.8	1100.5
2100			3547	65	1.1143	—	—	666.9	806.2	1224.5
2200			3853	67	1.2104	—	—	724.5	875.8	1329.7
2300			4249	71	1.3349	—	—	798.9	965.8	1466.3
2400			4601	73	1.4454	—	—	865.1	1045.8	1587.8

注：管程流通面积以碳钢管尺寸计算。

表 3-31 φ38mm 管径立式热虹吸式再沸器基本参数[16]

公称直径 DN/mm	公称压力 PN/MPa	管程数	管子根数	中心排管数	管程流通面积/m² φ38×2.5	换热管面积/m² 换热管长度/mm 1500	2000	2500	3000	4500
400	1.00		51	7	0.0410	8.5	11.5	14.6	—	—
500	1.60		69	9	0.0555	11.5	15.6	19.7	—	—
600	2.50		115	11	0.0942	19.1	26.0	32.9	—	—
700			159	13	0.1280	26.6	36.0	45.5	54.9	—
800	0.25		205	15	0.1648	34.1	46.4	58.6	70.8	—
900	0.60	1	259	17	0.2083	43.1	58.6	74.0	89.5	—
1000	1.00		355	19	0.2855	59.1	80.3	101.5	122.6	186.2
1100	1.60		419	21	0.3370	69.7	94.7	119.5	144.8	219.8
1200	2.50		503	23	0.4045	83.7	113.7	143.8	173.8	263.9
1300			587	25	0.4721	97.7	132.7	167.8	202.8	307.9

公称直径 DN/mm	公称压力 PN/MPa	管程数	管子根数	中心排管数	管程流通面积/m² φ38×2.5	换热管面积/m²				
						换热管长度/mm				
						1500	2000	2500	3000	4500
1400			711	27	0.5718	—	160.8	203.2	245.6	373.0
1500	0.25		813	31	0.6539	—	—	232.4	280.9	426.5
1600	0.60		945	33	0.7600	—	—	270.1	326.5	495.7
1700	1.00		1059	35	0.8517	—	—	302.7	365.9	555.5
1800	1.60		1177	39	0.9466	—	—	336.0	406.6	617.4
1900	2.50	1	1265	39	1.0174	—	—	361.5	437.0	663.6
2000			1403	41	1.1284	—	—	401.0	484.7	736.0
2100			1545	43	1.2426	—	—	441.6	533.8	810.4
2200	0.60		1693	45	1.3616	—	—	483.9	584.9	888.1
2300			1849	47	1.4871	—	—	528.4	638.8	969.9
2400			2025	49	1.6286	—	—	578.3	699.6	1062.2

注：管程流通面积以碳钢管尺寸计算。

3.4 管壳式换热器结构参数选择

3.4.1 换热管

3.4.1.1 管子类型[2,4]

换热管是换热器最核心的组成部分，有光管、低翅片管和波纹管等类型。光管适用于任何条件，应用面广。

低翅片管(图 1-16)是一种外表面传热强化结构，通常用于壳程流体相对清洁、壳程对流传热系数相对较低、管程对流传热系数相对较高和管程污垢热阻较低的情况。当壳程流体的对流传热系数只有管程的 1/3 时，使用低翅片管效果比较明显，但是低翅片不适合用于高表面张力的液体冷凝和会产生严重结垢的场合，尤其不适用于需要机械清洗、携带大量颗粒流体的流动场合。低翅片管在纯错流状态下使用效果最佳。纵向流中，如三弓形折流板、折流杆等，翅片凹槽不能很好地被流体浸润，此时翅片充当了一个阻碍流体流动的界面，导致压降增加，而换热性能没有得到有效提升，因此在这种情况下不宜使用低翅片管。

3.4.1.2 管径

换热管通常以外径(outside diameter，OD)与壁厚来定义。管径越小，换热器结构越紧凑，价格越便宜。但是，管径越小，换热器压降越大，为了满足允许压降，一般推荐选用外径为 19mm 的管子。对于易结垢的物料(一般认为污垢热阻大于 0.00035m²·K/W)，为方便清洗或当其换热器允许压降较小时，采用外径为 25mm 的管子。对于如再沸器、锅炉等有相变的换热环境多采用 32~38mm 的管径。直接受火加热时，多采用 76mm 的管径。国内常用换热管的规格见表 3-32。

表 3-32 国内常用换热管规格[3]

材 料	外径×厚度/(mm×mm)				
碳素钢合金钢其他金属	10×1.5	25×2	32×3	45×2.5	57×3.5
	14×2	25×2.5	38×2.5	45×3	
	19×2	32×2	38×3	57×2.5	

Shell & Tube 程序中，换热管壁厚常用伯明翰线规（Birmingham Wire Gage，BWG）表示。对于钢管，国外常用光管外径与壁厚见表 3-33，BWG 对应壁厚见表 3-34。

表 3-33 国外常用光管外径与壁厚

材质	外径/mm(in)	壁厚(BWG 线规号)	材质	外径/mm(in)	壁厚(BWG 线规号)
碳钢	19(3/4)	16, 14, 12	其他合金	19(3/4)	18, 16, 14
	25(1)	14, 12		25(1)	16, 14, 12

表 3-34 BWG 对应壁厚

BWG 线规号码	壁厚/in	壁厚/mm	BWG 线规号码	壁厚/in	壁厚/mm
10	0.134	3.403	16	0.065	1.651
12	0.109	2.768	18	0.049	1.244
14	0.083	2.108	20	0.035	0.889

3.4.1.3 管子排列方式与管中心距[3,17]

管子在管板上的排列方式主要有正方形和三角形两种型式。三角形排列有利于壳程流体形成湍流流动状态，正方形排列有利于壳程清洗。为了弥合两种排列方式各自的缺点，产生了转过一定角度的正方形排列方式和留有清理通道的三角形排列方式。四种排列方式如图 3-16 所示。

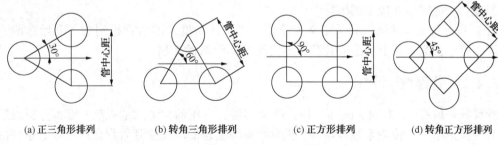

(a) 正三角形排列　(b) 转角三角形排列　(c) 正方形排列　(d) 转角正方形排列

图 3-16 管子排列方式[3]

正三角形排列——流体流动方向与正三角形的顶点连线垂直，应用最普遍，其传热系数高于正方形排列。一般适用于不生成污垢（或生成污垢但能以化学方法处理）以及允许压降较高的工况。

转角三角形排列——流体流动方向与正三角形的一边平行，应用不如正三角形排列普遍，传热系数也不如它高，但高于正方形排列。使用情况与上述正三角形排列相同。

正方形排列——常用于要求流体压降较低和需用机械方法清洗管子外部的情况，但传热系数比正三角形排列低。

转角正方形排列——多应用于要求压降较低（但不必如正方形排列的那样低）和需用机械方法清洗的情况，传热系数比正方形排列高。

转角三角形与正方形排列均不适用于卧式冷凝器，因下流凝液会使下方管表面液膜迅速增厚。

固定管板式换热器管子多采用三角形排列，U 形管式换热器多采用三角形和转角正方形排列，浮头式换热器多采用转角正方形和正方形排列。

管中心距是相邻两根管子中心的直线距离。管中心距小，设备紧凑，但管板厚度增加，清洗不便，壳程压降增大，一般选用管子外径的 1.25~1.5 倍。在对壳程清理和换热管与管板的焊接没有特殊要求时，应当选取规范所规定的最小间距，如美国 TEMA 标准规定最小管中心距为管外径的 1.25 倍。国内常采用的管中心距见表 3-35。

表 3-35　换热管中心距[3]　　　　　　　　　　　mm

项　　目	换热管外径 d														
	10	12	14	16	19	20	22	25	30	32	35	38	45	50	55	57
管中心距 S	13~14	16	19	22	25	26	28	32	38	40	44	48	57	64	70	72
分程隔板槽两侧相邻管中心距 S_n	28	30	32	35	38	40	42	44	50	52	56	60	68	76	78	80

3.4.1.4　管长[1,6]

对无相变换热，管子较长时传热系数增加，在换热面积相同情况下采用长管，则管程数少、压降小且每平方米传热面的造价较低。但是，管子过长给制造和安装带来困难，以整体结构稳定性考虑，管长与壳径比不宜超过 6~10（对立式设备为 4~6），一般应尽量采用标准管长或其等分值，常用管长为 4~6m，对于需要换热面积大或无相变的换热器，可以选用 8~9m 以上的管长。浮头式换热器系列中的管长有 3m 和 6m 两种，在炼油厂设计中最常用的是 6m 管长。壳径较大的换热器采用较长的管子更为经济。用较小的管径和较长的管子，按三角形排列，能够节约较多的钢材。

对于 U 形管式换热器，管长定义为管子直管段的长度，即由管板到管子开始弯曲一端的长度，管子数为管板上的总管孔数，即实际 U 形管数的 2 倍。

3.4.2　管程数[1,2,11]

管程数一般有 1、2、4、6、8、10、12 等多种，常用的为 1、2、4 或 6 管程。管程数增加，管内流速增大，传热系数也增加，但管内流体流速的增加受到管程允许压降等条件的限制。由于管内流体在湍流情况下，传热效果最佳，故在管径和换热管数确定的情况下，可以根据雷诺数≥10^4 来选择管程数。流速也是设定管程数的一个判据，通常可根据管程流量和适宜流速确定每程的管数，然后由总面积和管长来确定管程数，其中管长是一个可变量。应使管程数尽可能减少以简化结构，并使管板排列更为紧凑。同时从加工、安装、操作与维护角度考虑，偶数管程有更多的方便之处，因此应用最多。但程数不宜过多，否则隔板本身将会占去相当大的布管面积，而且在壳程中会形成很大的旁路，影响传热。

常用的分程布置形式见表 3-36。对于 4 管程的分法，有平行和工字形两种，一般为了方便连接管嘴，选用平行排列法较合适，同时平行排列法亦可使管箱内残液放尽。工字形排列法的优点是比平行排列法密封线短，而且可以排列更多的换热管。

表3-36 管程分程形式[3]

项 目	管 程 数						
	1	2	4			6	
管程分程形式	◯	1/2	1,2,3,4	1,2,4,3	1,2,3,4	1,3,5/2,4,6	2,1/3,4/6,5
前端结构隔板结构(介质进口侧)	◯	⊖	⊖	⊖	⊖	⊖	⊟
后端结构隔板结构(介质返回侧)	◯	⊖	⊖	⊖	⊟	⊟	⊖

3.4.3 壳程型式[1,6]

壳程型式如图3-17所示。单壳程换热器如图3-17(a)所示，是常用的一种换热器，可在壳程内放入各种型式的折流板，主要是增大流体的流速、强化传热，在单组分冷凝的真空操作时可将管嘴移到壳体中心。双壳程换热器如图3-17(b)所示，放入纵向隔板可以提高壳程流速，改善热效应，造价比两个换热器串联便宜。分流式换热器如图3-17(c)所示，它适用于大流量且压降要求低的情况，水平隔板在作为冷凝器时可采用有孔板。双分流式换热器如图3-17(d)所示，它适用于低压降、温差很大或者管程对流传热系数很大的情况。

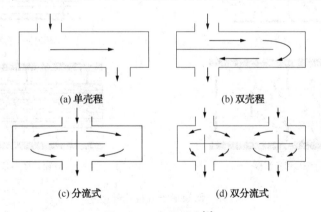

(a) 单壳程   (b) 双壳程

(c) 分流式   (d) 双分流式

图3-17 壳程型式[1]

在采用一定的壳径时，如果管程的条件比较合理，但壳程的流量很小，即使采用最小的折流板间距，流速仍很低，以致壳程一侧成为控制热阻，同时壳程可利用的压降又很大时，可考虑采用双壳程结构。由于压降和流道的长度成正比，与流速的平方成正比，对于同一流量，采用双壳程时，壳程压降约比单壳程增加6~8倍。所以一方面应注意在正确的场合使用双壳程，同时也要注意单壳程与双壳程在计算方法上的差别。在采用双壳程结构时，对数平均温差(logarithmic mean temperature difference，LMTD)的校正因子比单壳程的稍高，这也是双壳程的一个优点，但是双壳程中的纵向隔板容易引起泄漏。

3.4.4　壳径[6]

换热器的壳径一般在 325~1800mm，壳径越大，单台换热器的换热面积越大，而单位换热面积的金属耗量则越低。因此，采用一台大的换热器比采用几台小换热器更经济。

3.4.5　壳程折流板

折流板可以改变壳程流体的流动方向，使其垂直于管束流动，获得较好的传热效果。从传热角度考虑，有些换热器（如冷凝器）是不需要折流板的，但是为了增加换热管刚度，防止产生过大的挠度或引起管子振动，当换热管无支承跨距超过了标准中的规定值时，必须设置一定数量的支持板，其形状与尺寸均按折流板的规定来处理，但在工程上，也可放宽其制造要求，将支持板做成半圆形[4]。

3.4.5.1　折流板形式[18,19]

常见的折流板形式主要有圆缺形（弓形）折流板、盘环形折流板、孔式折流板和折流圈（又称折流杆），其中最常用的为圆缺形折流板。圆缺形（弓形）折流板可分为单弓形和多弓形（双弓形和三弓形等）折流板，如图 3-18 所示。

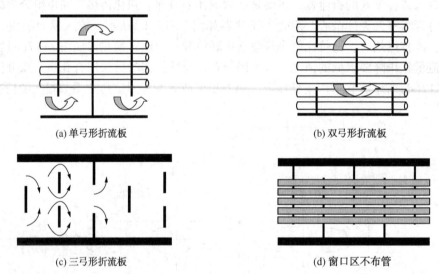

(a) 单弓形折流板　　　　　　(b) 双弓形折流板

(c) 三弓形折流板　　　　　　(d) 窗口区不布管

图 3-18　圆缺形折流板几种型式[20,21]

（1）单弓形折流板

单弓形折流板是最常用的折流板类型，能最有效地把压降运用到热交换中。单弓形折流板错流管束的传热和壳程压降很大程度上受弓形切口大小的影响。设计时，应使流体通过弓形缺口和横向穿过管束的流速相近，以减少流体阻力。

（2）多弓形折流板

当用单弓形折流板无法满足压降限制时可采用多弓形折流板，也可用多弓形折流板减小板间距和降低错流程度。如果为了降低壳程阻力而加大折流板间距，则折流板两侧死角区域也会扩大，使这部分面积换热效率降低。为解决阻力与死角的矛盾，可采用多弓形折流板。

如果采用双弓形折流板，在折流板间流速相同的情况下，双弓形折流板间距比单弓形的小一半，折流板两侧的死角将显著减小，充分利用了换热面积。但多弓形折流板不适用于壳体直径较小的情况，因为流体在折流板之间刚刚沿管束垂直方向流动一小段距离，随即改变流动方向朝折流板缺口方向流动，将会影响传热效果。

多弓形折流板的特点是有较大的开口区域，有些还允许流体与管子近乎平行流动，所以压降很低，并克服了流体急剧回弯造成的管束振动。在单弓形折流板换热器中，除了泄漏流和旁路流外，在折流板间的管束上总流动呈错流方式；而在双弓形折流板换热器中，除了泄漏流，流体分为两股分别在壳体两侧流动；在三弓形折流板换热器中，流体则分为三股。正因为如此，多弓形折流板换热器能处理更大流量的壳程流体。多弓形折流板换热器壳程流体分为两股或者多股，因此，壳程流体的流体诱导振动的可能性最小，但是其板间距不能太小，否则滞流区域很大。

（3）窗口区不布管(no tubes in window，NTIW)折流板

一些换热器设计软件中有折流板类型选项 NTIW，表示窗口区不布管，即弓形缺口区（折流板窗口区）不布管，可保证所有管子均得到全部折流板的支承，一般在需要考虑管振动破坏因素时采用。NTIW 的压降只有单弓形折流板的 1/3 左右；壳程流动均匀、对流传热系数高、不易结垢；窗口区压降很小、旁路及泄漏流量小；弓形缺口区不排的管子大约为总管子的 15%~25%。采用窗口区不布管导致换热面积减少，可采用较小的弓形缺口和提高壳程流速，或适当调大壳径以便维持相同数量的管子。

其他型式折流板如图 3-19 所示。

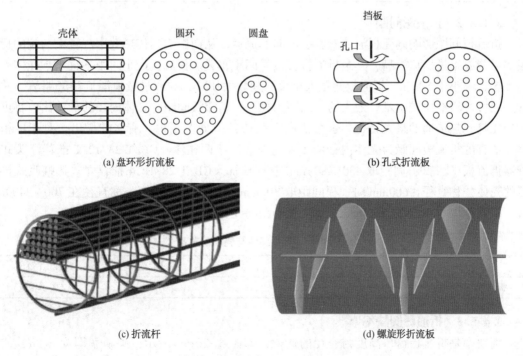

(a) 盘环形折流板　　　　　　　　　　(b) 孔式折流板

(c) 折流杆　　　　　　　　　　(d) 螺旋形折流板

图 3-19　其他型式折流板[20,21]

对于上述几种常用类型折流板，它们优缺点的详细介绍见表3-37。

表3-37　几种类型折流板的优缺点[20]

折流板类型	优　点	缺　点
单弓形折流板	传热效率高；价廉；易于生产	压降最高；不适用于高黏度流体
双弓形折流板	压降较单弓形折流板小	传热效率比单弓形折流板低
三弓形折流板	压降较双弓形折流板小	传热效率比双弓形折流板低
窗口区不布管	所有的管子均得到支承，消除管子振动；将压降转化为壳程传热的效率比单弓形折流板高	需要较小的管束或者更大的壳径；壳径增大导致造价提高
孔式折流板	流体穿过折流板孔和管子之间的缝隙流动，以增加传热效率	压降较大；仅适用于较清洁的流体
折流杆	流体纵向穿过折流杆与换热管之间的间隙，压降小；能有效地将压降转化为壳程传热；为换热管提供支承	要求流量大；管子排列方式较少
螺旋形折流板	壳程不易结垢；压降和传热效率适中；减少或消除滞流面积；降低或消除管子振动	不易制造，设计方法没有标准化；流量较大时管束和壳体之间的旁路流较大
盘环形折流板	径向对称流分布；减小旁路流；在相同压降下，传热效率比双弓形折流板好；适用于气-气场合	造价比传统双弓形折流板高；与三角形和正方形排管方式相比，径向排列制造方法不常见；管子径向排列时，靠近壳体的角度间隔要比靠近中间的管子大，需要在径向管排间增加额外的非径向排列

3.4.5.2　折流板间距

折流板间距影响到壳程流体的流动方向和流速，从而影响到传热效率。管束两端的折流板尽可能靠近进出口管嘴，其余折流板宜按等间距布置。折流板最小间距不宜小于壳体内径的1/5且不小于50mm。折流板间距太小会引起较大压降，导致过量泄漏流和旁路流，并使管外的机械清洁比较困难。最大的板间距为壳径，折流板间距与壳体内径的最佳比值将可以实现压降到热传递的最大转化，这个值通常在0.3~0.6范围内。有文献指出，对于单相流体，适宜的折流板间距为壳体内径的1/3左右。对于两相流，GB/T 28712.1推荐浮头式冷凝器折流板（支持板）间距取450（480）mm或600mm。GB/T 28712.4推荐立式热虹吸式再沸器的壳体公称直径≤600mm时，板间距取300mm或500mm；壳体公称直径在700~2400mm时，板间距取600mm或1000mm。折流板间距与壳径的关系见表3-38。

表3-38　折流板间距与壳径的关系[20]

项目	最小	最大	一般范围	最佳值（范围）
折流板间距/壳径	1/5	1	0.3~0.6	1/3（单相流）

3.4.5.3　折流板圆缺率[4,20]

圆缺率是折流板窗口高度与壳径的比值，如图3-20（a）所示，圆缺率即为h_w/d，如果圆缺率太小，如图3-20（b）所示，流体将会呈喷射状穿过窗口区域，不均衡的通过折流板的分区。若圆缺率太大，如图3-20（c）所示，流体将会在折流板的边缘短路，并且不会在折流板分区形成错流，为尽量使流体分布均衡，圆缺率应小于壳体内径的1/2。

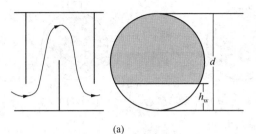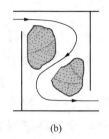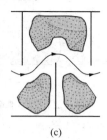

(a) (b) (c)

图 3-20　折流板圆缺率及其对流动的影响[20]

圆缺率依折流板形式的不同而不同，各式折流板及圆缺率如图 1-24 所示。对于单弓形折流板，缺口高度 Y 可为直径的 15%～45%；双弓形折流板有两种形式，缺口高度 X 为直径的 5%～15%，缺口高度 Y 为直径的 10%～25%；三弓形折流板也有两种型式，缺口高度 Z 可为直径的 10%～24%，缺口高度 X 和 Y 同双弓形折流板。

实际上在相同压降的情况下，对于单相流体，圆缺的高度为25%的折流板将获得最高的传热效率，圆缺率小于25%时，壳程压降较大，随着圆缺率超过25%，流动方式越来越偏离错流，导致形成低流速的滞流区，圆缺率过大或过小均会降低管束的传热性能。对于含有低压气流的单弓形折流板来说，为了限制压降，圆缺率通常为 40%～45%。而对于窗口区不布管，该值一般为 15%，使窗口流速(window velocity)与错流流速(crossflow velocity)之比小于 3∶1，以保证较为高效的流体分布。圆缺率与壳径的关系见表 3-39。

表 3-39　圆缺率与壳径的关系[20]

项　　目	最小	一般范围	最佳值(范围)
圆缺率	>0	0.2～0.45	0.25(单相流) 0.40～0.45(多相流) 0.15(窗口区不布管)

折流板缺口高度减小，板间距也要相应减小以保持相近的流通面积，从而使通过缺口时的窗口流速接近横向穿过管束时的错流流速，保持其比值在 0.8～1.2 之间(尽量减少流动方向上流速的变化以减少流动损失，这也是设计其他流道截面积的原则)。流体经过折流板时呈现的窗口流和错流如图 3-21 所示。

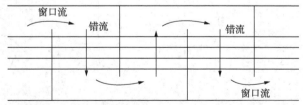

图 3-21　窗口流和错流示意图

3.4.5.4　折流板缺口方向[3,7,20]

折流板缺口方向指的是切口弦线和壳体进口管嘴中心线的夹角，虽然理论上任何夹角均可行，但常用的有以下三种方位，如图 3-22 所示。

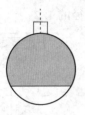 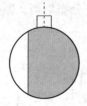 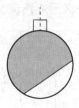

(a) 水平上下布置（横缺形折流板）　　　(b) 垂直左右布置（竖缺形折流板）　　　(c) 转角布置

图 3-22　折流板缺口方向[20]

① 水平上下布置　折流板切口弦线垂直于壳体进口管嘴中心线（90°夹角，水平切口，横缺形），缺口水平上下布置；

② 垂直左右布置　折流板切口弦线平行于壳体进口管嘴中心线（0°夹角，垂直切口，竖缺形），缺口垂直左右布置；

③ 转角布置　折流板切口弦线与进口管嘴中心线呈 45°夹角，折流板相互呈 180°交替布置。主要用于管子排列为正方形的情况，倾斜的折流板可以增加液体湍流程度，提高传热效率。

卧式换热器的壳程为单相清洁流体时，折流板缺口宜水平上下布置，可以防止壳程流体平行于管束流动，减少壳程底部液体的沉积，可以防止多组分混合物的分层；气体中含有少量液体时，应在缺口朝上的折流板最低处开通液口，如图 3-23(a) 所示；液体中含有少量气体时，应在缺口朝下的折流板最高处开通气口，如图 3-23(b) 所示。

卧式换热器的壳程介质为单相易结垢流体时，折流板缺口宜垂直左右布置，可以防止悬浮物的沉积。

卧式换热器、冷凝器和再沸器的壳程介质为气、液共存或液体中含有固体颗粒时，折流板缺口应该垂直左右布置，对于卧式壳程冷凝器而言，以便冷凝液在换热器底部流动；气、液相共存时，应在折流板最低处和最高处开通液口和通气口，如图 3-23(c) 所示；液体中含有固体颗粒时，应在折流板最低处开通液口，如图 3-23(d) 所示。

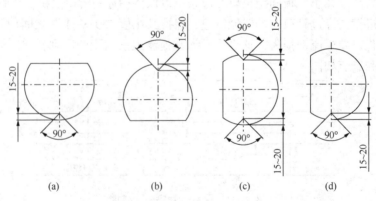

(a)　　　　(b)　　　　(c)　　　　(d)

图 3-23　折流板缺口通气(液)口布置[3]

对于壳程强制对流蒸发（如卧式热虹吸式再沸器），折流板缺口可水平上下布置，以便最大限度地减少气液分离。

3.4.5.5 折流板间隙[10]

折流板间隙包括折流板管孔与管壁之间的间隙、折流板与壳体之间的间隙。

（1）折流板管孔与管壁之间的间隙

折流板上的管孔必须略大于管外径以保证管子容易插入，其造成的间隙即折流板管孔与管壁之间的间隙，该间隙应该力求最小才能减少流体诱导振动，并使泄漏流 A 流最少。根据 TEMA 标准中的 RCB-4.2，对于未受支承的管子的最大长度为 910mm（36in）或更小，或者对于外径大于 32mm（1.25in）的管子，该孔隙为 0.80mm（1/32in）；对于未受支承的长度超过 910mm（36in），外径为 32mm（1.25in）或更小的管子，该孔隙为 0.40mm（1/62in）。

（2）折流板与壳体之间的间隙

折流板外径与壳体内径之间的空隙即折流板与壳体之间的间隙，其大小是折流板边缘（未切割部分）到壳体内壁平均距离的两倍。折流板与壳体间隙大小顺序：固定管板式（L、M、N）及 U 形管式最小，P、S 型间隙较大，T 型最大。

应该力求折流板与壳体之间的间隙最小，从而使得泄漏流 E 流路最少。相关 TEMA-2007 RCB-4.3 的标准见表 3-40。

表 3-40 折流板与壳体之间的间隙[22]

壳体内径/mm(in)	间隙值/mm(in)	壳体内径/mm(in)	间隙值/mm(in)
152~432(6~17)	3.175(0.1250)	1524~1753(60~69)	8.065(0.3175)
457~991(18~39)	4.730(0.1875)	1753~2133(70~84)	9.525(0.3750)
1016~1372(40~54)	6.350(0.2500)	2159~2540(85~100)	11.113(0.4375)
1397~1524(55~60)	7.958(0.3125)		

注：1. 壳体内径小于 152mm 时，程序采用 152~432mm 范围对应值。

2. 壳体内径大于 2540mm 时，程序采用 2159~2540mm 范围对应值。

3.4.6 支持板（支承板）[3]

当换热器不需设置折流板，但换热管无支承跨距超过表 3-41 中的换热管直管最大无支承跨距时，应设置支持板，用来支承换热管，以防止换热管产生过大的挠度及管束振动。一般支持板做成圆缺形，形状与弓形折流板相同。U 形管式换热器弯管端、浮头式换热器浮头端宜设置加厚圆环形或整圆形的支持板。

在 U 形管尾部，靠近弯管段起支承作用的折流板如图 3-24 所示，其结构尺寸 $A+B+C$ 之和不大于表 3-41 中最大无支承跨距，否则应在弯管部分加支承。

K 型和 X 型壳体壳程为纯错流流动，无须添加折流板，仅需支持板。

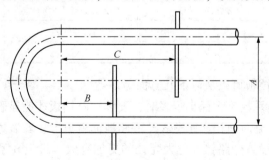

图 3-24 U 形管尾部支承[3]

表 3-41　换热管直管最大无支承跨距[3]　　　　　　　　　　　mm

换热管外径		10	12	14	16	19	25	32	38	45	57
最大无支承跨距	钢管	900	1000	1100	1300	1500	1850	2200	2500	2750	3200
	有色金属管	750	850	950	1100	1300	1600	1900	2200	2400	2750

3.4.7　防旁路流设施

3.4.7.1　旁路挡板(密封条)[3,9,22]

由于管束并未填满整个壳体，壳体与管束之间存在间隙。间隙大小是壳体内壁到最外端换热管外壁距离的 2 倍。对于 L、M、N、P、U、W 型后端结构，软件默认壳体与管束之间的间隙为 12.7mm；对于 S 型浮头，该间隙值由壳径决定，在 35~54mm 范围内变化；对于 T 型浮头，该间隙比 S 型间隙大 76mm。

壳体与管束之间的间隙使得旁路流 C 流路流过管束，可使用旁路挡板减少旁路流。旁路挡板由位于折流板顶端和底端插槽的薄片组成，如图 3-25(a)所示，它主要是为了防止壳体和管束之间的旁流，如图 3-25(b)所示。旁路挡板沿着壳体嵌入到已铣好凹槽的折流板内，一般成对设置，当两折流板缺口间距小于 6 个管中心距时，管束外围设置一对旁路挡板；超过 6 个管中心距时，每增加 5~7 个管中心距增设一对旁路挡板，数量推荐见表 3-42。

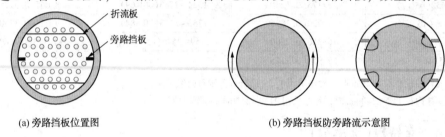

(a) 旁路挡板位置图　　　　　　　　　　(b) 旁路挡板防旁路流示意图

图 3-25　旁路挡板示意图

一般固定管板式和 U 形管式换热器不必使用旁路挡板，因为这些设备壳体与管束外径间隙不大。对于浮头式换热器，旁路流较大，一般需要设置旁路挡板。在有相变发生的设备中，即使间隙很大也不安装旁路挡板，因为旁路挡板会影响到气相和液相的分离，而且再沸器与冷凝器等设备的性能主要不是由错流流动决定的。

表 3-42　旁路挡板数量推荐[22]

公称直径 DN/mm	旁路挡板/对	公称直径 DN/mm	旁路挡板/对
≤500	1	≥1000	3
500~1000	2		

是否需要安装旁路挡板可以从以下几方面考虑：

①　当壳程对流传热系数比管程小很多时，安装旁路挡板才能显著提高总传热系数。

②　旁路面积与壳程流通面积之比愈大，旁路泄漏就愈大，安装旁路挡板效果就愈显著。在较小壳径的换热器中设置旁路挡板比大壳径的更加有效。对于 S 型和 T 型浮头式换热器，由于管束和壳体间距较大，通常需要安装旁路挡板。

③ 旁路挡板对数愈多，对流传热系数提高幅度就愈小，而压降增加很大，故安装较多的旁路挡板并不一定可取。

3.4.7.2 假管(挡管)[3]

假管(挡管)可减少中等或大型换热器壳程中部流体的旁路流，其设置于分程隔板槽背面的管束中间，为两端或一端堵死的盲管，一般与换热管规格相同，可用折流板点焊固定，也可用带定距管的拉杆代替。

两折流板缺口间每间隔4~6个管中心距设置一根假管，假管伸出第一块及最后一块折流板或支持板的长度不宜大于50mm，如图3-26所示。

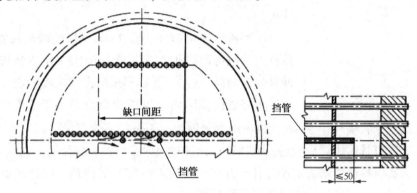

图3-26　假管(挡管)布置[3]

3.4.7.3 中间挡板(中间密封条)[3]

U形管式换热器分程隔板槽背面的管束中间短路宽度较大时应设置中间挡板，如图3-27(a)所示，也可按图3-27(b)将最里面一排的U形管倾斜布置，必要时还应设置挡管(假管)。中间挡板应每隔4~6个管中心距设置一个，但不应设置在折流板缺口区。中间挡板应与折流板焊接固定。

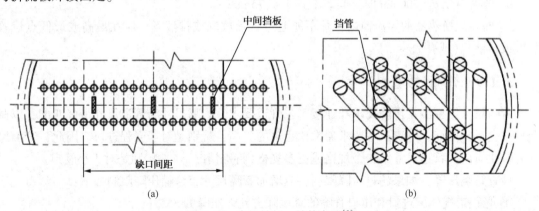

(a)　　　　　　　　　　　　(b)

图3-27　中间挡板、挡管布置[3]

3.4.8 防冲板与导流筒[3,6,20]

符合下列场合之一时，应在壳程进口管嘴处设置防冲板或导流筒：

① 非磨蚀的单相流体，$\rho v^2 > 2230 \text{kg}/(\text{m} \cdot \text{s}^2)$；

② 有磨蚀的液体，包括沸点下的液体，$\rho v^2 > 740 \text{kg}/(\text{m}\cdot\text{s}^2)$；

③ 有磨蚀的气体、蒸汽(气)及气液混合物。

注：ρ 为壳程进口管嘴内的流体密度，kg/m^3；ν 为壳程进口管嘴内的流体流速，m/s。

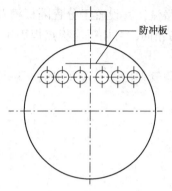

图 3-28 防冲板[3]

防冲板(图 3-28)的直径或边长，应大于管嘴内径 50mm。

通过现场实践发现防冲板的压降有时很大，其根本原因在于防冲板与壳体的间距太小，使流体进入壳程的流速太快。当流体经过壳体进口的流速不高时，也可以不装防冲板。

防冲板的固定型式为：① 防冲板的两侧焊在定距管或拉杆上，也可同时焊在靠近管板的第一块折流板上；② 防冲板焊在圆筒上；③ 用 U 形螺栓将防冲板固定在换热管上，防冲板外表面到圆筒内壁的距离应不小于管嘴外径的 1/4，直径或边长应大于管嘴外径 50mm，最小厚度碳钢为 4.5mm，不锈钢为 3mm。

当壳程进出口管嘴距管板较远、流体流动死区过大时，可设置导流筒。它既能起到防冲板的作用，又能引导流体垂直地流过管子两端，使后者也能有效传热。因此在最近 10 年左右，大型换热器中的防冲板已被导流结构所代替。

导流筒设置应符合下列要求：

① 内导流筒外表面到壳程圆筒内壁的距离不宜小于管嘴内径的 1/3。确定导流筒端部至管板的距离时，应使该处的流通面积不小于导流筒的外侧流通面积。

② 外导流的内衬筒外壁面到外导流筒体的内壁面间距为：

a. 管嘴内径 $d_i \le 200\text{mm}$ 时，间距不宜小于 50mm；

b. 管嘴内径 $d_i > 200\text{mm}$ 时，间距不宜小于 75mm。

③ 外导流换热器的导流筒内，凡不能通过管嘴放气或排液者，应在最高或最低点设置放气或排液口(或孔)。

3.4.9　管嘴(接管)[7,24,25]

管嘴尺寸需要满足压降要求和连接工艺管道要求。管嘴尺寸与管道尺寸最好匹配，以避免使用变径，然而，管嘴尺寸要求通常比管道的更高，特别是对于壳程进口。因此，管嘴尺寸有时比对应的管道尺寸大一个规格或更多规格(特殊情况下)，特别是对于小管道。

检查管嘴压降，如果超过压降限制，应增加管嘴尺寸，管嘴压降限制如下：

① 壳程走气体，进口和出口管嘴的总压降占允许压降的 35%；

② 壳程走液体，进口和出口管嘴的总压降占允许压降的 15%；

③ 壳程管嘴压降不超过 TEMA 的最大限制；

④ 管程进口和出口管嘴总压降，对于单管程，应少于管程压降的 40%；对于多管程，应少于管程压降的 35%。

具体设计导则见表 3-43。标准系列换热器进出口管嘴的公称直径见表 3-44。

表 3-43 管嘴尺寸设计导则[11]

壳径/mm(in)	管嘴公称直径/mm(in)	壳径/mm(in)	管嘴公称直径/mm(in)
102~508(4~10)	52(2)	584~736(23~29)	150(6)
305~440(12~17.25)	78(3)	790~940(31~37)	200(8)
490~540(19.25~21.25)	102(4)	990~1070(39~42)	508(10)

表 3-44 标准换热器管程及壳程进出口管嘴公称直径[7]　　　　　　　　　　mm

壳体公称直径 DN	管程进出口直径	内导流换热器	U形管换热器	浮头式冷凝器		二台重叠浮头式冷凝器 L=3m			二台重叠浮头式冷凝器（分流式 L=6m）		
		壳程进出口	壳程进出口	壳程进口	壳程出口	I 壳程进口	I 壳程出口（II 进）	II 壳程出口	I 壳程进口×1	I 壳程出口×2（II 进）	II 壳程出口×1
325	100	100	100	—	—	—	—	—	—	—	—
400	100	100	100	150	100	200	150	100	—	—	—
500	150	150	150	200	150/200	250	200	150	250	200	200
600	150	150	150	250	200/250	300	250	200	300	250	250
700	150	150	150	250	200/250	300	250	200	300	250	250
800	200	200	200	300	300/250	350	300	250	350	300	300
900	200	200	300	300	300/250	350	300	250	350	300	300
1000	250	250	250	350	350/300	400	350	300	400	350	350
1100	250	250	250	350	350/300	—	—	—	400	350	350
1200	300	300	300	350	350	—	—	—	450	350	350
1300	300	300	—	400	400	—	—	—	450	400	400
1400	350	350	—	400	400	—	—	—	450	400	400
1500	350	350	—	400	400	—	—	—	450	400	400
1600	400	400	—	450	450	—	—	—	500	450	450
1700	400	400	—	450	450	—	—	—	500	450	450
1800	450	450	—	450	450	—	—	—	500	450	450

注：冷凝器两台上下重叠时，I 台壳程出口接 II 台壳程进口。对分流式，I 台壳程进口管嘴为一个，出口为两个，II 台壳程进口两个，出口一个。

管程数为奇数时，进出口管嘴布置在换热器两侧的上下方或水平方，布置在上下方更佳；管程数为偶数时，进出口管嘴布置在换热器前后端结构上下方。对于单相液体介质，流体下进上出有利于充满换热空间。

一般情况下，被加热的流体(冷流体)宜下进上出，被冷却的流体(热流体)宜上进下出。冷流体被加热时，密度下降，自行上浮，为减小阻力和混流宜采用下进上出；相反可以得出热流体上进下出。冷流体和热流体宜选用逆流布置。为使液体更好的均布，也可在进出口处分别设置锥形扩大短管和缩小短管。

一般情况下，气体上进下出，液体下进上出。

对于卧式或立式换热器，用蒸汽加热时，蒸汽应从上部管嘴进入，冷凝水从下部管嘴排出；用水冷却时，冷却水从下部管嘴进入，上部管嘴排出。冷却水宜走管程，以便于清洗污垢，以及停水时换热器内仍能保持充满水。

对卧式全凝器，凝液由下部引出，上方应有不凝气排出口；对分凝器，如为剪切力控制，液气可由一公共出口排出，如为重力控制，可分别采用两个出口。对卧式再沸器必须在上方设置蒸汽出口，在下方设置残液出口。

3.4.10　封头[26]

封头按其形状可分为三类：凸形封头、锥形封头和平板形封头。其中凸形封头包括半球形封头、椭圆形封头、蝶形封头（带折边球形封头）和球冠封头（无折边球形封头）四种，锥形封头包括无折边锥形封头和带折边锥形封头两种。

在直径、厚度和计算压力相同的条件下，半球形封头的应力最小，二向薄膜应力相等，而且沿经线的分布均匀。如果与壁厚相同的圆筒体连接，边缘附近的最大应力与薄膜应力并无明显不同。

椭圆形封头的应力情况不如半球形封头均匀，但较好于蝶形封头。由应力分析可知，椭圆形封头沿经线各点的应力是变化的，顶点处应力最大，在赤道上可能出现环向压应力。标准椭圆形封头与壁厚相等的圆筒体相连接时，可以达到与圆筒体等强度。

蝶形封头在力学上的最大缺点在于其具有较小的折边半径。这一折边的存在使得经线不连续，以致使该处产生较大的弯曲应力和环向应力。小折边的蝶形封头实际上并不适用于压力容器。

在化工容器中采用锥形封头的目的，并非因为其在力学上有很大优点，而是锥壳有利于流体均匀分布和排料。

各种型式封头的详细比较，在此不再赘述，请自行查阅文献[26]。

3.5　管壳式换热器工艺条件选择

3.5.1　流体空间

流体走管程或壳程，一般应从如何提高对流传热系数或充分利用压降的方面进行考虑。确定流体空间的参数有黏度、腐蚀性、压力、流速和温度范围等。当不同参数确定的或根据一般原则选择的流体空间结论相矛盾时，流体在壳程和管程的设计均应尝试，权衡利弊得失，凭实际经验或以经济评价的方法确定流体空间。流体空间选择可参考表3-45进行初步确定，所遵循的一些原则如下：

① 易腐蚀流体宜走管程，与在壳程相比，使用特种材质的成本更低。

② 高压流体宜走管程，与在壳程相比，制造成本更低。

③ 污垢液体宜走管程，因为一般情况下污垢在管程更易被除去；若在壳程，考虑45°或90°管子排列方式以提供清洁通道。

④ 高黏度流体宜走壳程，与管程相比，更易达到湍流；若流动分布不良，流体在管程和壳程的设计均应尝试。

表 3-45　流体空间选择优先顺序[11]

管程流体	壳程流体
腐蚀性强的流体 冷却水 易结垢流体 低黏度流体 压力高的流体 温度较高的流体	需要冷凝的蒸气(具有腐蚀性的除外) 进出口温差较大的流体(>37.78℃)

3.5.2　流速[2,10]

　　流体流速的选择对换热器的设计和运行效果均具有重要意义。为了提高对流传热系数，一般希望参与换热的流体的流速较高，而且较高的流速可使结垢程度减轻、污垢热阻降低，因此，当换热量一定时，采用较高流速所需换热面积减少，换热器外形尺寸变小，节约了材料和制造费用。但流速过高，换热器压降增大，流体输送的动力消耗增加，增加了操作费用。可见选取适宜的流速，需全面分析比较方能确定，通常从下列几方面考虑：

　　① 所选择的流速宜使流体呈稳定的湍流状态流动(即 $Re>10000$)，或至少使流体呈不稳定的过渡流状态流动(即 $Re>2300$)，这样可以使流体在较大的对流传热系数下进行换热。在垂直管束流动下，一般希望流速大于过渡流时的流速，当黏度很高时，宜控制流速使流体呈层流状态以避免产生过大压降。

　　② 高密度流体(或在相变中的流体)的摩擦动力消耗(即压降损失的能量)增加与换热速率增加相比一般较小，不起主要作用，因此适当提高流速是比较经济的。反之，对于低密度流体(如气体)的换热，对流传热系数较低，克服流体阻力所需动力消耗相对较大，在考虑提高流速时就应注意其合理性。总之，所选择的流速产生的压降不应超过换热器允许的压降，通常换热器的压降应不大于 0.1MPa。

　　③ 所选流速应不会因流体动力冲击，使换热管发生振动和冲蚀现象，否则会大大缩短换热器的使用寿命。

　　④ 所选流速应使管长或程数恰当。管子太长不但会因冷凝液的积聚而降低换热效果，而且不便于拆换管子和清洗管内污垢。程数增加，则会使结构复杂化，且导致传热温差减小，从而降低换热效率。

　　⑤ 所选流速还要使换热器有适宜的外形结构尺寸。

　　由上述可知，要选取最适宜的流速，在技术经济上需全面地进行比较，而在实际工作中要做到全面比较并不容易，因此通常参考工业生产中所积累的经验数据选取较为适宜的流速。表 3-46～表 3-49 所列流速数据，可在设计时参考选用。冷却水在管程中的适宜流速，还会随着管程金属材质的不同而有所不同，具体见表 3-50。

表 3-46　换热器内常用流速范围[7]　　　　　　　　m/s

介　　质	管程流速	壳程流速
冷却水	1.0~3.5	0.5~1.5
一般液体(低黏度)	0.5~3.0	0.2~1.5

· 157 ·

续表

介 质	管程流速	壳程流速
低黏度油	0.8~1.8	0.4~1.0
高黏度油	0.5~1.5	0.3~0.8
油蒸气	5~15	3.0~6.0
气体	5~30	3~15
气液混合流体	2.0~6.0	0.5~3.0

表 3-47　不同黏度液体在管壳式换热器（普通钢管）中的最大流速[2]　　m/s

液体黏度/mPa·s	最大流速	液体黏度/mPa·s	最大流速
>1500	0.6	35~1	1.8
1000~500	0.75	<1	2.4
500~100	1.1	烃类	3.0
100~35	1.5		

表 3-48　壳程气体和蒸气的最大流速[27]　　m/s

压力/MPa ＼ 分子量/(g/mol)	18	29	44	100	200	400
0.17	36.0	25.0	21.0	15.0	12.0	10.5
0.45	18.0	15.0	12.0	9.0	7.0	6.0
0.8	15.0	12.0	9.0	7.0	5.5	5.0
3.6	10.0	8.5	6.0	5.0	4.0	3.5
7.0	9.0	7.5	5.0	4.0	—	—

表 3-49　管壳式换热器内易燃、易爆液体允许的最大流速[2]　　m/s

液体种类	最大流速	液体种类	最大流速
乙醚、二硫化碳、苯	<1	丙酮	<10
甲醇、乙醇、汽油	<2~3		

表 3-50　不同金属材质的管程中冷却水的参考流速[10]　　m/s

金属材质	速度范围	金属材质	速度范围
钢	0.8~1.5	90/10 铜镍合金	1.8~3.0
铜	0.9~1.2	70/30 铜镍合金	1.8~4.5
海军黄铜	0.9~1.8	蒙乃尔	1.8~4.5
铝黄铜	1.2~2.4	不锈钢-316	2.4~4.5
铝青铜	1.8~2.7		

Shell & Tube 程序中，管程最高流速、壳程最高流速、管程平均流速和壳程平均流速对设计具有指导意义。进入 Results ｜ Result Summary ｜ TEMA Sheet ｜ TEMA Sheet 页面，可查看这四个值，如图 3-29 所示，其中管程最高流速、壳程最高流速、壳程平均流速的概念如下：

20	Molecular wt, Vap					
21	Molecular wt, NC					
22	Specific heat	kJ/(kg-K)	/ 1.96	/ 1.829	/ 4.178	/ 4.179
23	Thermal conductivity	W/(m-K)	/ 0.1204	/ 0.1323	/ 0.6176	/ 0.6312
24	Latent heat	kJ/kg				
25	Pressure (abs)	kPa	550	495.686	450	436.329
26	Velocity (Mean/Max)	m/s	1.24 / 1.54		1.56 / 1.56	
27	Pressure drop, allow./calc.	kPa	90	54.314	60	13.671

（平均流速/最高流速）

图 3-29　Shell & Tube 程序的 TEMA 表

① 管程最高流速

管程最高流速，由质量流量除以换热管截面积和最小流体密度得到。

② 壳程平均流速

在**Results | Thermal/Hydraulic Summary | Pressure Drop | Pressure Drop** 可以看到壳程各部分的流速，如图 3-30 所示。壳程平均流速，计算基于 Inlet space Xflow（进口空间错流）流速、Bundle Xflow（靠近壳体进口和出口的管束错流）流速和 Outlet space Xflow（出口空间错流）流速，为图中四个流速的算术平均值。

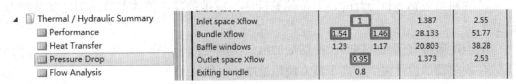

图 3-30　压降中的流速分布

③ 壳程最高流速

壳程最高流速，取最大 Bundle Xflow（管束错流）和最大 Baffle Windows（折流板窗口流）流速的较大值。最大错流流速，由质量流量除以折流板间平均面积和最小流体密度得到。折流板间平均面积，是折流板缺口处和中心线处的折流板间面积的平均值。最大窗口流流速，由质量流量除以窗口面积和最小流体密度得到。

3.5.3　允许压降[4,7]

压降越大，对流传热系数越高，由此换热面积越少和固定成本越低，但操作成本变高。允许压降代表着固定成本与操作成本之间的优化平衡，以使总成本最低。增加工艺流体流速，可增加对流传热系数，使换热器结构紧凑，但会使压降增加、动力消耗增加、腐蚀和振动破坏加剧。不同操作条件下的建议允许压降见表 3-51。

表 3-51　建议允许压降[7]

设备压力(绝压)/MPa	真空<0.1	0.1~0.17	0.17~1.1	1.1~3.1	3.1~8.1
建议允许压降/MPa	$p/10$	0.005~0.035	0.035	0.035~0.18	0.07~0.25

一般情况下，气体的压降控制值要比液体的低(将近一个数量级)，例如，对液体一般取 0.01~0.1MPa，而对气体则控制在 0.001~0.01MPa。应尽可能使流态为湍流状态，而对高黏度液体，为避免压降过高，常常只能在过渡区或层流区操作。

允许压降一般使用建议值，但具体情况需具体对待。若流体的允许压降，严重限制换热设计效果，则必须尝试使用更高的允许压降，以使优化后的设计总成本最低。

3.5.4　温度[1,28,29]

换热终温一般由工艺要求决定，对换热器经济合理性有很大影响，为了合理的规定换热终温，需参考以下原则：

① 冷却水的出口温度不宜高于60℃，以避免换热器内严重结垢；

② 高温端的温差不应小于20℃，低温端的温差分三种情况考虑：a. 一般情况下低温端的温差不应小于20℃；b. 若热流体需进一步冷却、冷流体需进一步加热，则低温端的温差不应小于15℃；c. 流体用水或其他介质冷却时，低温端的温差不小于5℃；

③ 当采用多管程和单壳程，并用水作为冷却剂时，冷却剂的出口温度不应高于工艺流体的出口温度；

④ 在冷却或者冷凝工艺流体时，冷却剂的进口温度应高于工艺流体中易结冻组分的冰点，一般高出5℃；

⑤ 在对反应物进行冷却时，为了控制反应，应维持反应流体与冷却剂之间的温差不低于10℃；

⑥ 当冷凝带有惰性气体时，冷却剂的出口温度应低于工作介质露点，一般至少低5℃；

⑦ 换热器的设计温度应高于最大使用温度，一般高15℃；

⑧ 在确定流体出口温度时，不希望出现温度交叉，即热流体出口温度低于冷流体出口温度，必要时串联多台换热器。

对设计温度需参考以下原则：

① 换热器操作温度范围在0~400℃时，其管程或壳程的设计温度应至少比最高操作温度高17℃；

② 换热器操作温度高于400℃时，其管程或壳程的设计温度应至少比最高操作温度高出1%；

③ 换热器操作温度低于0℃时，其管程或壳程的设计温度应至少为可能达到的最低操作温度；

④ 当换热器需要用蒸汽吹扫时，其设计温度不应低于150℃；

⑤ 当需要干燥时，其设计温度不应低于80℃；

⑥ 当几台换热器串联时，其设计温度应至少等于管程、壳程流体在上一台换热器中所能达到的最高温度；

⑦ 所有换热器的设计温度必须满足最低金属壁温。

3.5.5　流动方式[4,10]

管壳式换热器的流动方式除基本的并流与逆流外，还可进行多管程多壳程的复杂流动。在流量、总管数和壳体数一定的情况下，管程或壳程数越多，对流传热系数越大，对换热过程越有利，但流体阻力损失随之增大，即输送流体的动力消耗增加。因此，换热器的管程或壳程数要综合考虑传热、流速和动力消耗等。若没有温度交叉，为了得到较好的设计效果，可尝试采用壳程并联和管程串联相结合的方式，或壳程串联和管程并联相结合的方式。串联是为了提高换热效果，而并联是为了降低压降。

当单壳体换热器无法完成换热任务时，需要使用多壳体换热器。多壳体方式有壳体串联、壳体并联、壳体串并联相结合，具体介绍如下：

（1）壳体并联

当换热面积太大而单壳体换热器无法满足换热要求时，可通过壳体并联进行解决。壳体并联可用于浮头式或U形管式换热器，但当管束较重时，这两种换热器受到起重设备的限制，因此在大型的炼油和化工装置中，它们的管束重量通常在10t（此时换热面积一般在450~500m²）以下，较大的装置可允许管束重量在15~20t。固定管板式换热器不用拆卸管束，因此管束重量不受限制，一个壳体可以有非常大的换热面积（2000m²甚至更多），此时仅受制造能力、运输能力和占地面积的限制。

使用壳体并联的另一个理由是方便控制。当有多种操作工况而每种操作工况的流量（和热负荷）变化较大时，低流量工况下可能会出现不能接受的低流速。当降负荷操作时，也可能会出现不能接受的低流速。为解决低流速问题，可让流体不流经并联壳体中的一个或多个壳体，以提高流速。

（2）壳体串联

壳体串联主要用来解决换热器中的冷热流体温度交叉，而且在很多情况下，壳体串联还可有效地利用允许压降。

① 温度交叉

冷流体的出口温度高于热流体的出口温度时便产生了温度交叉。1-2换热器（单壳程，双管程）不会出现温度交叉，因为一管程为逆流而另一管程为并流，从热力学角度上讲不可能发生温度交叉，但最好使冷热流体的出口温度相同。1-1纯逆流换热器（单壳程，单管程）允许产生温度交叉，但为了提高管程流速和管程对流传热系数又需要2个及以上的管程，导致不允许产生温度交叉，因此当出现温度交叉时，可采用壳体串联的方式解决。温度交叉的程度越高，壳体串联的数目越多。

② 充分利用允许压降

壳体串联一般用于出现温度交叉且不能实现纯逆流的情况。有时单壳体壳程流量太低，以至于即使尽可能减小折流板间距，壳程压降和对流传热系数仍非常低。在这种情况下，选用两个或者更多壳体串联则比较可取，通过提高壳程的对流传热系数有望获得成本更低的设计。

③ 提高温度分布变形校正因子（temperature profile distortion correction factor）

采用两壳体或多壳体串联还可提高温度分布变形校正因子，参见3.6.7节。

（3）壳体并联和串联相结合

有时既不能使用单独的壳体并联，也不能使用单独的壳体串联，这就需要壳体并联和串联相结合的方式。

串并联形式，可在**Input | Exchanger Geometry | Shell/Heads/Flanges/Tubesheets | Shell/Heads**页面进行设置。

3.6 管壳式换热器计算方法与经验数据

3.6.1 总传热速率方程

传热速率是指单位时间内通过换热面的热量，也称为热负荷。对于管壳式换热器，热流体通过热侧的对流传热、管壁的导热及冷侧的对流传热，将热量传给冷流体。一般流体温度不是太高，辐射传热可以忽略不计。通常传热速率的数学关系如式(3-5)所示。

$$Q = UAMTD = UAF_{\mathrm{T}}LMTD \tag{3-5}$$

式中　Q——传热速率或热负荷，W；

　　　U——总传热系数，$W/(m^2 \cdot \text{℃})$；

　　　A——换热器的面积，m^2；

　　MTD——冷、热流体的平均温差(mean temperature difference)，℃；

　$LMTD$——冷、热流体的对数平均温差或对数平均推动力(logarithmic mean temperature difference)，℃；

　　　F_{T}——对数平均温差校正因子。

3.6.2 热负荷

对于油品介质，按进出口条件下的比焓差及流量来计算；对于其他介质，按平均比热容、进出口温度以及流量来计算。

热流体热负荷：

$$Q_{\mathrm{h}} = W_{\mathrm{h}}\Delta H_{\mathrm{h}} \tag{3-6}$$

或

$$Q_{\mathrm{h}} = W_{\mathrm{h}}c_{\mathrm{ph}}(T_1 - T_2) \tag{3-7}$$

冷流热体负荷：

$$Q_{\mathrm{c}} = W_{\mathrm{c}}\Delta H_{\mathrm{c}} \tag{3-8}$$

或

$$Q_{\mathrm{c}} = W_{\mathrm{c}}c_{\mathrm{pc}}(t_2 - t_1) \tag{3-9}$$

式中　Q_{h}，Q_{c}——热流体、冷流体热负荷，W；

　　W_{h}，W_{c}——热流体、冷流体质量流量，kg/s；

　ΔH_{h}，ΔH_{c}——热流体、冷流体比焓变化，J/kg；

　c_{ph}，c_{pc}——热流体、冷流体比热容，$J/(kg \cdot \text{℃})$；

　　T_1，T_2——热流体进出口温度，℃；

　　t_1，t_2——冷流体进出口温度，℃。

设计换热器时，以热流体的热负荷作为总热负荷比较安全，一般要求热流体负荷大于等于冷流体负荷。冷热流体的热负荷相对误差应在±10%以内，过大的误差需要核查工艺设计条件是否正确。

3.6.3 总传热系数

总传热系数的计算式，如式(3-10)所示。

$$\frac{1}{U}=\frac{1}{h_o}+R_{fo}+\frac{A_o}{A_{lm}}\cdot\frac{\Delta x}{k}+\frac{A_o}{A_i}R_{fi}+\frac{A_o}{A_i}\cdot\frac{1}{h_i}\qquad(3-10)$$

式中　　U——总传热系数(基于换热管外表面)，W/(m² · ℃)；

　　h_o，h_i——壳程和管程的对流传热系数，W/(m² · ℃)；

　　R_{fo}，R_{fi}——壳程和管程的污垢热阻，m² · ℃/W；

A_o，A_i，A_{lm}——换热管外表面积、内表面积、内外表面积的对数平均值，m²；

　　　　Δx——换热管壁厚，m；

　　　　k——管壁金属导热系数，W/(m · ℃)。

为减小换热器尺寸和降低成本，在满足允许压降和其他设计约束条件下，工程设计中应尽可能地提高总传热系数 U。总传热系数 U 的五个组成部分中，污垢和管壁对总传热系数的贡献是一定的，因此提高总传热系数主要依靠提高对流传热系数 h_o 和 h_i。h_o 和 h_i 相差较大时，数值较小的对流传热系数是提高总传热系数 U 的控制因素。最大程度利用允许压降来提高对流传热系数的措施见表 3-52。一些常见的管壳式换热器的总传热系数经验范围见表 3-53~表 3-56。

表 3-52　提高控制对流传热系数的措施[10]

影响因素	调整措施	影响因素	调整措施
折流板类型	单弓形	管中心距	选取 TEMA 标准间距
壳体型式	E 或 F	流体空间选择	交换冷热流体空间
管子排列方式	三角形排列	换热器连接	增加串联数
管径	16mm、19mm	管子类型	使用强化管，如翅片管
折流板圆缺率	15%~20%		

表 3-53　套管及管壳式换热器中的常用总传热系数[7]　　　　W/(m² · ℃)

冷侧流体	热侧流体							
	低压气体 (0.1MPa)	高压气体 (2MPa)	工艺用水	低黏度液体 $\mu=1\sim5$cP	高黏度液体 $\mu>100$cP	水蒸气冷凝	烃蒸气冷凝	带有少量惰性气体的烃蒸气冷凝①
低压气体(0.1MPa)	50	90	100	95	60	105	100	85
高压气体(2MPa)	90	300	430	375	120	530	385	240
处理过的冷却水	100	480	935	710	140	1600	760	345
低黏度液体($\mu=1\sim5$cP)	95	375	600	500	130	815	520	285
高黏度液体($\mu>100$cP)	65	135	160	150	80	170	155	120
沸腾水	105	465	875	675	140	1430	720	335
沸腾有机液体② (一般 $\mu<$1cP)	95	375	600	500	130	815	520	285

① 本栏只对管壳式换热器适用。

② 如苯、甲苯、丙酮、乙醇、丁酮、汽油、煤油等有机物。

表 3-54　管壳式换热器总传热系数的大致数值范围[7]　　　　W/(m² · ℃)

壳程流体	管程流体	总传热系数	U 值中的总污垢热阻/(m² · ℃/W)
液体—液体介质			
稀释沥青（溶于石油馏出物中）	水	57～110	0.0018
植物油、妥尔油等①	水	110～280	0.0007
乙醇胺（单乙醇胺或二乙醇胺 10%～25%）	水或单乙醇胺或二乙醇胺	800～1100	0.00054
软化水	水	1700～2800	0.00018
燃料油	水	85～140	0.0012
燃料油	油	57～85	0.0014
汽油	水	340～910	0.00054
重油	重油	45～280	0.00070
重油（热）	水（冷）	60～280	0.00088
富氢重整油	富氢重整油	510～880	0.00035
煤油或瓦斯油	水	140～280	0.00088
煤油或瓦斯油	油	110～200	0.00088
煤油或喷气发动机燃料	三氯乙烯	230～280	0.00026
润滑油（低黏度）	水	140～280	0.00035
润滑油	油	60～110	0.0011
石脑油	水	280～400	0.00088
石脑油	油	140～200	0.00088
有机溶剂（热）	盐水（冷）	170～510	0.00054
有机溶剂	有机溶剂	110～340	0.00035
水	烧碱溶液（10%～30%）	570～1420	0.00054
蜡馏出液	水	85～140	0.00088
蜡馏出液	油	74～130	0.00088
水	水	1100～1420	0.00054
道生油②	重油	45～340	—
冷凝蒸气-液体介质			
酒精蒸气	水	570～1100	0.00035
沥青	道生油蒸气	230～340	0.0011
道生油蒸气	道生油	460～680	0.00026
煤气厂焦油	水蒸气	230～280	0.00097
高沸点烃类（真空）	水	60～170	0.00054
低沸点烃类（大气压）	水	460～1100	0.00054
烃类蒸气（分凝器）	油	140～230	0.00070
有机蒸气	水	570～1100	0.00054
有机蒸气（大气压下）	盐水	490～980	—
有机蒸气（减压下且含少量不凝气）	盐水	240～490	—
有机蒸气（换热面塑料衬里）	水	230～900	—
有机蒸气（换热面不透性石墨）	水	300～1100	—
汽油蒸气	水（u = 1～1.5）③	520	

续表

壳程流体	管程流体	总传热系数	U 值中的总污垢热阻/(m²·℃/W)
冷凝蒸气–液体介质			
汽油蒸气	原油($u=0.6$)	110~170	—
煤油蒸气	水	170~370	0.00070
煤油或石脑油蒸气	油	110~170	0.00088
石脑油蒸气	水	280~430	0.00088
水蒸气	供给水	2300~5700	0.00088
水蒸气	6#燃料油	85~140	0.00097
水蒸气	2#燃料油	340~510	0.00044
水蒸气	水	1400~4200	—
水蒸气	有机溶剂	570~1100	—
二氧化硫	水	850~1100	0.00054
水(直立式)	甲醇蒸气	640	—
水(直立式)	CCl₄蒸气	360	—
水	芳香族蒸气共沸物	230~460	0.00088
糠醛蒸气(含不凝气)	水(直立式)	107~190	—
21%盐酸蒸气(换热面不透性石墨)	水	100~1500	—
氨蒸气	水($u=1~1.5$)	750~2000	—
气体–液体			
空气、氮气等(压缩)	水或盐水	230~460	0.00088
空气、氮气等(大气压下)	水或盐水	57~280	0.00088
水或盐水	空气等(压缩)	110~230	0.00088
水或盐水	空气等(大气压)	30~110	0.00088
水	氢气含天然气混合物	460~710	0.00054
道生油	气体	20~200	—
介质沸腾汽化④			
氯或无水氧的汽化	水蒸气冷凝	850~1700	0.00026
氯汽化	换热用轻油	230~340	0.00026
丙烷、丁烷等汽化	水蒸气冷凝	1100~1700	0.00026
水沸腾	水蒸气冷凝	1420~4300	0.00026
有机溶剂汽化	水蒸气冷凝	570~1100	—
轻油汽化	水蒸气冷凝	450~1000	—
重油汽化(真空)	水蒸气冷凝	140~430	—
制冷剂汽化	有机溶剂	170~570	—

① 妥尔油为亚硫酸盐纸浆制造时产生的一种油状液体;
② 道生油又称导热姆,是二苯醚和联苯或甲基联苯的混合物,作载热体使用;
③ u 表示流速,其单位为 m/s;
④ 本表不包括蒸发器的 U 的经验数据。

表 3-55　油品换热器总传热系数参考表[31]　　　　　W/(m² · ℃)

壳　程			管　程			
名　称	相对密度	污垢热阻①/(m² · ℃/W)	水 污垢热阻0.00034/(m² · ℃/W)	汽油 污垢热阻0.00017/(m² · ℃/W)	轻柴油 污垢热阻0.00034/(m² · ℃/W)	重柴油 污垢热阻0.00052/(m² · ℃/W)
			经验总传热系数 U			
C3 馏分	—	0.00017	520	494	494	465
C4 馏分	—	0.00017	494	465	436	436
汽油（终沸点 200℃）	0.775	0.00017	442	436	378	349
轻汽油	0.697	0.00017	465	436	320	320
重汽油	0.797	0.00017	413	373	320	291
柴油	0.821	0.00017	332	349	320	291
轻柴油	0.872	0.00034	279	349	291	291
重柴油	0.918	0.00051	244	320	291	262
蒸馏残油	0.948	0.00086	—	320	262	233
重燃料油	0.996	0.00086		262	233	204

① 如果污垢热阻与本表不符，可对经验总传热系数进行调整，调整后的 $U' = 1/(1/U + r')$，U 为表中所列数值，r' 为附加的污垢热阻。

表 3-56　加氢、重整和润滑油换热器的经验总传热系数参考值[31]　　W/(m² · ℃)

壳　程	管　程	总传热系数①	过程说明及污垢热阻
重整油料~H₂	重整生成油~H₂	291~523②	包括汽化过程
重整油料~H₂	水	291~436	包括冷凝过程
预加氢油料~H₂	预加氢生成油料~H₂	233~436②	包括汽化过程
预加氢油料~H₂	水	291~436	包括冷凝过程
芳烃	水	233~436	—
异芳烃	水	291~436	—
芳烃~溶剂	水	233~436	—
芳剂（二乙二醇型）	水	233~436	—
蜡油	油	76~134	包括总垢阻（0.00086m² · ℃/W）
蜡油	水	37~145	包括总垢阻（0.00036m² · ℃/W）
润滑油	油	58~116	包括总垢阻（0.00103m² · ℃/W）
润滑油（高黏度）	水	145~291	包括总垢阻（0.00051m² · ℃/W）
润滑油（低黏度）	水	233~465	包括总垢阻（0.00034m² · ℃/W）
乙醇胺溶液	乙醇胺溶液	582~814	—
乙醇胺溶液	水	582~814	—

① 结垢严重的取下限，结垢轻的取上限。

② 若油品不易结垢，并且储罐中有惰性气体保护时，可用上限，否则用下限。

3.6.4　污垢热阻[4,6,11]

换热器在操作中不断地被污垢覆盖，对传热和流动阻力影响很大。换热表面污垢热阻增大的原因一般有：流体流速较低，流体温度升高或管壁温度高于主流体温度，管壁粗糙或结构上有死角，油品中焦炭、石蜡和机械杂质含量较高，以及水的硬度较大等。换热表面上污垢的形成主要取决于管壁表面的流体膜温度。

防止生成污垢的主要因素不在于流体温度，而在于流体流速。当流速大于 3m/s 时，污垢热阻趋于零。为了避免结垢程度加重，冷却水走管程时，流速不宜小于 1m/s；冷却水走壳程时，流速不宜小于 0.6m/s。

在设计时最好采用条件相似的现场标定的数据。在没有标定数据时，可以参考表 3-57~表 3-63 中的数据。从表中数据可以看出，污垢热阻的范围一般为 0.00018~0.00053m² · ℃/W。

表 3-57　工业流体污垢热阻参考数据表[6]　　　　　　　　　m² · ℃/W

流体名称	污垢热阻	流体名称	污垢热阻
工业用流体		DEG 和 TEG 溶液	0.00035
油类		稳定的侧线馏分和残留产物	0.00017
燃料油	0.00088	苛性碱溶液	0.00035
变压器油	0.00017	植物油	0.00053
发动机润滑油	0.00017	天然气-汽油加工流体	
淬火油	0.0007	气体和蒸气	
气体和蒸气		天然气	0.00017
工厂排出的气体	0.000176	塔顶产物	0.00017
发动机排气	0.000176	液体	
不含油的蒸气	0.0001	贫油	0.00035
含油的乏蒸气	0.00017	富油	0.00017
含油的制冷机蒸气	0.00035	液化天然气和汽油	0.00017
压缩空气	0.00035	石油加工流体	
工业用有机换热介质	0.00017	常减压装置气体和蒸气	
液体		常压塔顶蒸气	0.00017
制冷剂液	0.00017	减压塔顶蒸气	0.00035
水	0.00017	常减压装置馏分油	
工业用有机换热介质	0.00017	轻石脑油	0.00017
化工过程用流体		汽油	0.00017
气体和蒸气		石脑油和轻馏分油	0.00017
酸性气体	0.00017	煤油	0.00017
溶剂蒸气	0.00017	轻瓦斯油	0.00035
稳定的塔顶产物	0.00017	重瓦斯油	0.00053
液体		重燃料油	0.00088
MEA 和 DEA 溶液	0.00035	沥青和残渣油	0.00176

续表

流体名称	污垢热阻	流体名称	污垢热阻
裂化和焦化装置流体		轻质产品加工流体	
塔顶蒸气	0.00035	塔顶蒸气和气体	0.00017
轻循环油	0.00035	液体产物	0.00017
重循环油	0.00053	吸收油	0.00035
轻炼焦瓦斯油	0.00053	含微量酸烷基化油	0.00035
重炼焦瓦斯油	0.0007	润滑油加工流体	
油浆（最小 1.4m/s）	0.00053	原料	0.00035
轻液体产物	0.00035	溶解进料混合物	0.00035
催化重整和加氢脱硫过程流体		溶剂	0.00017
重整进料	0.00035	萃取物	0.00053
重整流出物	0.00017	残液	0.00017
加氢脱硫过程的进料和流出物	0.00035	沥青	0.00088
塔顶蒸气	0.00017	蜡浆	0.00053
液体产物，大于 50 °API	0.00017	精制润滑油	0.00017
30~50 °API	0.00035		

表 3-58　水污垢热阻参考数据表[6]　　　　　　　　　$m^2 \cdot ℃/W$

加热介质温度/℃	<115.6		115.6~204	
水温/℃	≤51.7		>51.7	
水流速/(m/s)	≤0.9	>0.9	≤0.9	>0.9
海水	0.0001	0.0001	0.00017	0.00017
微碱性水	0.00035	0.00017	0.00053	0.00035
冷却塔和人工喷水池　处理过的	0.00017	0.00017	0.00035	0.00035
未处理过的	0.00053	0.00053	0.00088	0.0007
城市水或井水	0.00017	0.00017	0.00035	0.00035
河水　一般河水	0.00053	0.00035	0.0007	0.00053
排污河水	0.0014	0.001	0.0018	0.0014
泥浆水和淤泥水	0.00053	0.00035	0.0007	0.00053
硬水（大于 0.23g/L）	0.00053	0.00053	0.00088	0.00088
发动机冷却套用水	0.00017	0.00017	0.00017	0.00017
蒸馏水	0.0001	0.0001	0.0001	0.0001
处理过的锅炉给水	0.00017	0.0001	0.00017	0.00017
锅炉排污水	0.00035	0.00035	0.00035	0.00035

表 3-59　管壳式换热器中一些工程流体的建议污垢热阻值[7]　　　　$m^2 \cdot \text{℃}/W$

液体污垢热阻		气体及蒸气污垢热阻	
轻质燃料油	0.00035~0.00088	水蒸气(不带油)	0.000088
变压器油	0.000176~0.0002	废水蒸气(带油)	0.000254~0.00035
发动机润滑油、汽油、煤油	0.000176~0.0002	制冷剂蒸气(带油)	0.00035
制冷剂液体	0.000176~0.0002	工业用有机热载体蒸气	0.000176
工业用有机热载体液	0.000176~0.0002	压缩空气	0.000176~0.00035
换热用熔盐	0.000088	干燥气体(为氮气、氢气)	0.000088
液氨	0.000176	潮湿空气	0.000264
液氨(带油)	0.000528	常压空气	0.000088~0.000176
植物油	0.000528	氨气	0.000176
一乙醇胺和二乙醇胺溶液	0.00035	二氧化碳	0.00035
二甘醇和三甘醇溶液	0.00035	工业废气(为高炉燃烧气)	0.00035~0.00088
乙醇	0.000176	天然气烟道气	0.00088
甲醇及乙醇溶液	0.00035	煤燃烧烟道气	0.00176
乙二醇溶液	0.00035	酸性气体	0.00035~0.00053
稳定塔侧线及塔底物料	0.000176	溶剂蒸气、氯化烃类蒸气	0.000176
轻有机化合物	0.000176	乙醇蒸气	0
氯化烃类	0.000176~0.00035	氯化氢气、带触媒的气体	0.000528
盐酸	0	乙烯、含饱和水蒸气的氢	0.00035
苛性碱溶液	0.00035~0.000528	可聚合蒸气(带缓聚剂)	0.000528
一般稀无机物溶液	0.00088	稳定塔顶馏出物蒸气	0.000176

表 3-60　原油污垢热阻参考数据表[6]　　　　$m^2 \cdot \text{℃}/W$

名　称	温度/℃	流速/(m/s)		
		0.6	0.6~1.2	≥1.2
脱盐原油	0~150	0.00053	0.00035	0.00035
	150~260	0.0007	0.00053	0.00035
	≥260	0.00088	0.0007	0.00053
未脱盐原油	0~93	0.00053	0.00035	0.00035
	93~150	0.00088	0.0007	0.0007
	150~260	0.00105	0.00088	0.0007
	≥260	0.00123	0.00105	0.00088

换热器工艺设计（第二版）

表 3-61　各种油品及有关溶液的污垢热阻经验数据[29]　　m² · h · ℃/kcal

名　　称	污垢热阻	说　　明
液化甲烷、乙烷	0.0002	
液化气	0.0002	
灭燃汽油	0.0002	
汽油		
轻汽油	0.0002	
粗汽油(二次加工原料)	0.0004	
成品汽油	0.0002	
烷基化油(含微量酸)	0.0004	
重整油料		
重整进料	0.0004	有惰性气保护
重整进料	0.0007	无惰性气保护
重整反应产物	0.0002	
重整或加氢精制产品		
$\rho<0.78$	0.0002	
$\rho>0.78$	0.0004	
加氢精制进料与出料	0.0004	
溶剂油	0.0002	
煤油		
粗煤油(二次加工原料)	0.0005	
成品	0.0002~0.0003	
吸收油		
贫油	0.0005	
富油	0.0002	
柴油		
直馏及催化裂化(轻)	0.0004	
直馏及催化裂化(重)	0.0006	
热裂化、焦化(轻)	0.0006	指粗柴油，若经再一次加工可酌减
热裂化、焦化(重)	0.0008	指粗柴油，若经再一次加工可酌减
汽油再蒸馏塔底油		
较轻	0.0004	
较重	0.0005	
易叠合的油品		
轻汽油	0.0004	
重汽油	0.0006	

续表

名　称	污垢热阻	说　明
更重的	0.0008	
催化裂化原料油	0.0004	≤120℃
	0.0008	>120℃
循环油		
较轻	0.0006	
较重	0.0008	
催化裂化油浆	0.002	流速至少为 1.4m/s
重油、燃料油	0.001	
残油、渣油		
常压塔底	0.0008	
减压塔底	0.001~0.002	
焦化塔底	0.001	
催化塔底	0.002	
沥青	0.002	
润滑油加工		
原料	0.0004~0.0005	
成品		
未脱蜡的	0.0004	在冷却过程中按 0.0006 考虑
脱蜡后的	0.0002	
溶剂		
新鲜的	0.0002	
回收后的	0.0003	
含油的	0.0004	
提出油(含蜡)	0.0006	
提余油	0.002	
蜡浆	0.0006	
沥青	0.001	
吸收剂、溶剂		
乙醇胺溶液	0.0004	
二乙二醇醚	0.0004	
四乙二醇醚	0.0004	
冷载体、热载体		
冷冻剂(氨、丙烯)	0.0002	
有机热载体	0.0002	
熔盐	0.0001	

表 3-62　气体的污垢热阻经验数据[29]　　　　　　　　　　　m² · h · ℃/kcal

类　别	污垢热阻	有代表性的气体
最干净的	0.0001	干净的水蒸气 干净的有机化合物气体
较干净的	0.0002	一般油田气、天然气 一般炼油厂气如： ① 常压塔顶及催化裂化分馏塔顶的油气或不凝气 ② 重整及加氢反应塔顶气，或含氢气体 ③ 烷基化及叠合装置的油气 ④ 吸收及稳定工序的油气或不凝气 ⑤ 溶剂气体 ⑥ 制氢过程的工艺气体(进变换工序以后的)，包括 CO_2 酸性气
不太干净的	0.0004	热加工油气(如热裂化、焦化及减黏分馏塔顶油气或不凝气)减压塔顶油气 未净化的空气，带油的压缩机出口气体
含尘、含焦油		
最少的	0.0007	精制过的工业气体(H_2、O_2、N_2 等)
较少的	0.001	精制过的工业气体(如水煤气等)
较多的	0.002	未洗涤过的工业气体(如焦炉气、高温裂解气)

表 3-63　再沸器中流体污垢热阻推荐范围[24]　　　　　　　　　　m² · ℃/W

流　体	污垢热阻	流　体	污垢热阻
沸腾侧		加热侧	
$C_1 \sim C_8$ 直链烃	0~0.00009	冷凝蒸气	0~0.000044
较重直链烃	0.00009~0.00026	冷凝有机物	0.000044~0.00009
二烯烃和聚合烃	0.00026~0.00044	显热，有机液体	0.00009~0.00018

对于管壳式换热器，考虑到维修清洗费用，易结垢流体应走管程。黏度较大的易结垢流体，走管程趋向于层流，换热效果较差，使得设备费用增加；走壳程趋向于湍流，换热效果较好，使得设备费用减少，但存在清洗困难及操作费用增加的问题。因此，易结垢流体走管程或走壳程需要综合考虑。一些降低污垢影响的措施如下。

易结垢流体走管程：

① 使用大直径换热管，因为小直径换热管更易堵塞和更难清洗；

② 提高流速；

③ 在允许压降和计算压降之间留有足够的余量(30%~40%，甚至更多)；

④ 使用可减少结垢的强化换热管；

⑤ 使用在线清洗。

易结垢流体走壳程：

① 采用浮头式或 U 形管式换热器；

② 最小化流动死区；

③ 使用较大的管中心距；

④ 保持高的流速(推荐液体最低流速为 0.46m/s)，必要时采用壳体串联；

⑤ 使用螺旋折流板换热器;

⑥ 使用螺旋扁管(麻花管)换热器。

3.6.5 平均温差[4,6,10]

温差是换热器传热的推动力。在计算平均温差时,对无相变对流传热,逆流平均温差大于并流平均温差,因而在工业设计中,在满足工艺条件的情况下,通常选用逆流。对数平均温差(LMTD)等于两个末端温差的对数平均值,一端为热端温差,另一端为冷端温差,逆流时的计算式如下:

令 $\Delta T_h = T_1 - t_2$,$\Delta T_c = T_2 - t_1$

当 $|\Delta T_h / \Delta T_c - 1| \leqslant 0.1$ 时,

$$LMTD = (\Delta T_h + \Delta T_c)/2 \tag{3-11}$$

当 $|\Delta T_h / \Delta T_c - 1| > 0.1$ 时,

$$LMTD = (\Delta T_h - \Delta T_c)/\ln(\Delta T_h / \Delta T_c) \tag{3-12}$$

式中 ΔT_h——热端温差,℃;

ΔT_c——冷端温差,℃。

一般来说,管壳式换热器有两个(及以上)管程,若只有一个壳程,则会使壳程流体与管程流体一部分为逆流流动,而另一部分为并流流动,这时平均温差既不是逆流时的对数平均温差,也不是并流时的对数平均温差,而是介于两者之间的值。平均温差计算如式(3-13)所示。

$$MTD = F_T LMTD \tag{3-13}$$

式中 MTD——平均温差;

$LMTD$——按照逆流计算的对数平均温差;

F_T——对数平均温差校正因子,$F_T \leqslant 1$。

对数平均温差校正因子的计算,可查阅其他相关资料,在此不再详述。

一般要求 $F_T \geqslant 0.8$,否则一方面,换热面积增加较多,经济上不合理;另一方面,当 $F_T < 0.7$ 时,操作温度略有变化就可以使 F_T 值急剧降低,影响操作稳定性。如果 $F_T < 0.8$,应增加管程数或壳程数,或多壳体串联,或重新调整冷热流体出口温度。

换热器不同部位的温差不同,需要根据分区传热计算以得出平均温差。Shell & Tube 程序中的有效平均温差(Effective MTD)是软件根据逐点积分法严格计算出来的一种平均温差,而对数平均温差(LMTD)仅仅是基于两个末端温度点计算出来的平均温差。Shell & Tube 程序中的有效平均温差校正因子(Effective MTD correction factor)为有效平均温差与对数平均温差的比值,并不只是式(3-5)里的对数平均温差校正因子 F_T。有效平均温差校正因子既与对数平均温差校正因子 F_T 有关,又受到温度分布变形校正因子和热负荷分布曲线的影响。

对数平均温差校正因子 F_T 和温度分布变形校正因子均小于或等于 1,但热负荷分布曲线为非线性时可能导致有效平均温差校正因子大于 1。

当热负荷分布曲线为直线时,有效平均温差校正因子才具有指导意义。通过壳体串联可使有效平均温差校正因子变大,间接反映对数平均温差校正因子 F_T 和温度分布变形校正因子的提高,说明采取的壳体串联措施是有效的。

3.6.6 温度分布变形[4]

壳程流路由错流流路（B 流路）、泄漏流路（A 流路、E 流路）和旁路流路（C 流路、F 流路）组成，参见 3.8 节。错流流路（B 流路）的换热效果最好；折流板-壳体泄漏流路（E 流路）完全绕过换热面积，不参与换热过程，温度分布曲线基本水平，对换热最为不利；其他流路（A 流路、C 流路、F 流路）的换热效果虽不如错流流路（B 流路），但也具有一定效果。

假定占总流体 58%的错流流体接触 80%的换热管，相比所有流体一起承担热负荷，错流流体的温度升高更快，导致其温度分布曲线比壳程整个流体表观温度分布曲线更为陡峭，如图 3-31 所示。

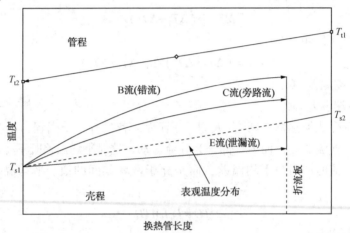

图 3-31　旁路流和泄漏流对温度分布的影响

管子-折流板孔泄漏流路（A 流路）、管束-壳体旁路流路（C 流路）及分程隔板旁路流路（F 流路）的温度分布取决于各自的流路分数和接触的换热面积。因折流板-壳体泄漏流路（E 流路）的流体实际不进行换热，其他流路（A 流路、B 流路、C 流路、F 流路）流体不得不承担全部热负荷，使得这些流体整体产生的温度分布曲线比表观温度分布曲线陡峭，造成冷热流体温差变小。温度分布变形校正因子用来校正冷热流体温差减小的程度。当温度变形校正因子较小时，可通过壳体串联来提高温度变形校正因子，降低冷热流体温差减小的程度。

温度分布变形校正因子的作用，在以下两种情况更为显著：
① 泄漏流/旁路流（尤其是折流板-壳体泄漏流）较大时；
② 壳程温变（指壳程进出口温差）与壳程出口处冷热流体温差的比值较高时。

3.6.7 温度交叉[4,6]

冷流体的出口温度高于热流体的出口温度便形成了温度交叉。对于 1 壳程，2 个及以上管程的换热器，通常温度交叉是不允许的，这是因为换热器内存在一个或多个并流流动，使得冷流体的出口温度不能高于热流体的出口温度。

在实际工况中，较小的温度交叉可能存在，通常可忽略并视冷热流体出口温度相等，但较小的温度交叉也可能引发如下问题：

①冷、热物料反复换热，造成能量浪费；

②由于换热方向发生变化，易造成操作不稳定，影响工艺指标的控制和生产平稳；

③可能使设计的换热面积过大，导致换热器造价高昂。

如果出现了温度交叉，而又不能实现纯逆流流动，可采用调换进出口位置，使用F型壳体或串联多壳体等措施。

3.6.8　热负荷分布与分区计算[6,9]

热负荷分布表达热负荷与温度的关系，如图3-32所示。在程序中的**Results | Calculation Details | Analysis along Shell | Plots** 和**Results | Calculation Details | Analysis along Tubes | Plots**页面，可查看热负荷分布曲线。

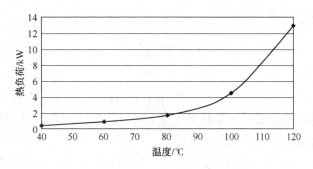

图3-32　热负荷分布曲线

使用$LMTD$(对数平均温差)和F_T(对数平均温差校正因子)计算换热时，必须同时满足以下两条前提假设：

①对流传热系数在换热过程中保持恒定不变；

②热负荷分布曲线为一直线。

当不满足上述条件时，需要进行分区计算：

①单相流体

单相流体热负荷分布基本呈线性，但当对流传热系数变化较大时，不符合使用$LMTD$和F_T的条件，需要进行分区计算；当热负荷分布为非直线时，也需要分区计算。

②两相流体

当存在汽化或冷凝时，热负荷分布是非线性的，必须采用分区计算，即将换热器进出口之间分成若干个较小的换热区域，一般每个区域的热负荷不超过换热器总热负荷的20%。

分区计算的具体过程为：将换热器分成若干个换热区域，在每一区域内计算热负荷和总传热系数，再计算有效温差以得出每一区域的换热面积，将各区域的换热面积相加即可得出总换热面积。4.2.6节，也有相关介绍。

3.6.9　面积余量[6,29,32]

在程序的**Results | Thermal/Hydraulic Summary | Performance | Overall Performance** 页面，可以查看 Actual/Required area ratio (dirty/clean)，其结果按式(3-14)和式(3-15)进行计算。

$$\text{Actual/Required area ratio(dirty)} = A_{\text{actual}}/A_{\text{required}} \quad\quad (3-14)$$

$$\text{Actual/Required area ratio(clean)} = A_{\text{clean}}/A_{\text{required}} \quad\quad (3-15)$$

式中　　　　　　　　　　A_{clean}——换热器的清洁面积（基于换热管外表面），根据式（3–16）计算，m^2；

$\quad\quad\quad\quad\quad\quad\quad A_{\text{actual}}$——换热器实际面积（基于换热管外表面），为软件中的 effective area（有效面积），m^2；

$\quad\quad\quad\quad\quad\quad\quad A_{\text{required}}$——满足给定热负荷的所需面积（基于换热管外表面），根据式（3–17）计算，m^2；

Actual/Required area ratio(dirty)——实际面积比；

Actual/Required area ratio(clean)——清洁面积比。

　　注：effective area 由软件中的 gross area（总面积）减去无效换热面积（如管板内管子面积）得到。gross area ＝π×管子外径×管长×管子数×壳体数。

$$A_{\text{clean}} = \dfrac{U_{\text{clean}} A_{\text{actual}}}{U_{\text{dirty}}} \quad\quad (3-16)$$

$$A_{\text{required}} = \dfrac{Q_{\text{specified}}}{U_{\text{dirty}} EMTD} \quad\quad (3-17)$$

式中　U_{dirty}——考虑污垢热阻时的总传热系数（基于换热管外表面），根据选定的换热器结构与给定的工艺数据计算得出，$\text{W/(m}^2\cdot\text{℃)}$；

$\quad\quad U_{\text{clean}}$——$U_{\text{dirty}}$ 不考虑污垢热阻时得到的总传热系数（基于换热管外表面），$\text{W/(m}^2\cdot\text{℃)}$；

$\quad\quad Q_{\text{specified}}$——给定热负荷，为软件中的 total heat transfer（总传热负荷），是由工艺数据确定的热负荷，W；

$\quad\quad EMTD$——有效平均温差，℃。

　　选定的换热器在满足给定热负荷条件下所需的总传热系数按式（3–18）计算。

$$U_{\text{service}} = \dfrac{Q_{\text{specified}}}{A_{\text{actual}} EMTD} \quad\quad (3-18)$$

式中　U_{service}——给定条件下的所需的总传热系数（基于换热管外表面），$\text{W/(m}^2\cdot\text{℃)}$。

　　有些文献中总传热系数使用 U_{clean}、U_{actual} 和 U_{required}，其中 U_{actual} 对应 U_{dirty}，U_{required} 对应 U_{service}。

　　面积余量，换热面积超出所需换热面积的余量。根据式（3–19）和式（3–20）可得到 $A_{\text{actual}}/A_{\text{required}} = U_{\text{dirty}}/U_{\text{service}}$ 和 $A_{\text{clean}}/A_{\text{required}} = U_{\text{clean}}/U_{\text{service}}$，因此面积余量可定义为以下两种形式：

$$\%\text{Overdesign} = 100(U_{\text{dirty}}/U_{\text{service}} - 1) \quad\quad (3-19)$$

$$\%\text{Total Excess Area} = 100(U_{\text{clean}}/U_{\text{service}} - 1) \quad\quad (3-20)$$

式中　Overdesign——实际面积余量；

Total Excess Area——清洁面积余量。

　　注：Total Excess Area 取值一般为 20%～40%，更高的取值不常见；Overdesign 取值一般为 5%～20%，用于为最终设计提供安全的余量；没有特别说明，面积余量指 Overdesign 所指的面积余量。

　　面积余量一般按式（3–19）计算，也可按式（3–21）计算。

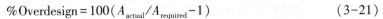

$$\%\text{Overdesign} = 100(A_{\text{actual}}/A_{\text{required}} - 1) \tag{3-21}$$

计算热负荷 $Q_{\text{calculated}}$，按式(3-22)计算。

$$Q_{\text{calculated}} = U_{\text{dirty}} A_{\text{actual}} \text{EMTD} \tag{3-22}$$

式中 $Q_{\text{calculated}}$——软件运行后得出的计算热负荷，也称为实际热负荷，W。

根据式(3-17)和式(3-22)，可得出 $Q_{\text{calculated}}/Q_{\text{specified}} = A_{\text{actual}}/A_{\text{required}}$，因此面积余量也可按式(3-23)计算。

$$\%\text{Overdesign} = 100(Q_{\text{calculated}}/Q_{\text{specified}} - 1) \tag{3-23}$$

一般情况下，$U_{\text{clean}} \geqslant U_{\text{dirty}} \geqslant U_{\text{service}}$，但当面积余量小于 0 时，根据式(3-19)得出 $U_{\text{dirty}} < U_{\text{service}}$。

换热器设计软件会将换热器沿管长分成若干个区间，将每一区间的总传热系数进行加权平均从而得到总传热系数 U_{clean}，具体如式(3-24)所示。

$$U_{\text{clean}} = \frac{1}{A_{\text{actual}}} \sum_{j=1}^{n} U_{\text{clean},j} A_{\text{o},j} \tag{3-24}$$

式中 $U_{\text{clean},j}$——区间 j 内的总传热系数(不考虑污垢热阻，基于换热管外表面)，按式(3-25)计算，$\text{W}/(\text{m}^2 \cdot \text{℃})$；

$A_{\text{o},j}$——区间 j 内的换热管外表面积，m^2。

$$\frac{1}{U_{\text{clean},j}} = \frac{1}{h_{\text{o},j}} + \frac{A_{\text{o},j}}{A_{\text{lm},j}} \cdot \frac{\Delta x_j}{k_j} + \frac{A_{\text{o},j}}{A_{\text{i},j}} \cdot \frac{1}{h_{\text{i},j}} \tag{3-25}$$

式中 Δx_j——区间 j 内的换热管壁厚，m；

k_j——区间 j 内的管壁金属导热系数，$\text{W}/(\text{m} \cdot \text{℃})$；

$h_{\text{o},j}$，$h_{\text{i},j}$——区间 j 内的壳程和管程的对流传热系数，$\text{W}/(\text{m}^2 \cdot \text{℃})$；

$A_{\text{i},j}$——区间 j 内的换热管内表面积，m^2；

$A_{\text{lm},j}$——区间 j 内换热管内外表面积的对数平均值，按式(3-26)计算，m^2。

$$A_{\text{lm},j} = \frac{A_{\text{o},j} - A_{\text{i},j}}{\ln\left(\dfrac{A_{\text{o},j}}{A_{\text{i},j}}\right)} \tag{3-26}$$

实际总传热系数 U_{dirty} 计算方法类似于 U_{clean}，采用加权平均方法，按式(3-27)计算。

$$U_{\text{dirty}} = \frac{1}{A_{\text{actual}}} \sum_{j=1}^{n} U_{\text{dirty},j} A_{\text{o},j} \tag{3-27}$$

式中 $U_{\text{dirty},j}$——区间 j 内的总传热系数(考虑污垢热阻，基于换热管外表面)，按式(3-28)进行计算，$\text{W}/(\text{m}^2 \cdot \text{℃})$。

$$\frac{1}{U_{\text{dirty},j}} = \frac{1}{h_{\text{o},j}} + R_{\text{fo},j} + \frac{A_{\text{o},j}}{A_{\text{lm},j}} \cdot \frac{\Delta x_j}{k_j} + \frac{A_{\text{o},j}}{A_{\text{i},j}} R_{\text{fi},j} + \frac{A_{\text{o},j}}{A_{\text{i},j}} \cdot \frac{1}{h_{\text{i},j}} \tag{3-28}$$

式中 $R_{\text{fo},j}$，$R_{\text{fi},j}$——区间 j 内壳程和管程的污垢热阻，$\text{m}^2 \cdot \text{℃}/\text{W}$。

有效平均温差 $EMTD$ 按式(3-29)计算。

$$\frac{1}{EMTD} = \frac{1}{Q_{\text{caculated}}} \sum_{j=1}^{n} \frac{Q_j}{LMTD_j} \tag{3-29}$$

式中　Q_j——区间 j 内的计算热负荷，W；

　　$LMTD_j$——区间 j 内的对数平均温差，根据区间 j 进口和出口温度计算，℃。

平均总污垢热阻（基于换热管外表面）R_f 按式（3-30）计算。

$$R_f = \frac{1}{n} \sum_{j=1}^{n} \left(R_{\text{fo},j} + \frac{A_{\text{o},j}}{A_{\text{i},j}} R_{\text{fi},j} \right) \tag{3-30}$$

对于给定热负荷 $Q_{\text{specified}}$，可以从两个方面来节省换热器的实际面积 A_{actual}：其一是提高总传热系数 U_{dirty} 值；其二是提高有效平均温差 $EMTD$。现分别说明如下：

① U_{dirty} 值的提高主要依靠提高管程与壳程的对流传热系数。当介质与其操作温度确定后，提高对流传热系数的唯一手段就是增加流速。增加流速的结果是管内对流传热系数和管外对流传热系数分别按对应关系增加，另一方面，流体的压降或消耗的功率也按相应关系增加。为了节省换热面积，却需要消耗更大功率，因此在提高总传热系数的问题上，U_{dirty} 与压降是相互制约的，流体的流速不能任意提高。

② 节省换热面积的第二个途径是提高有效平均温差 $EMTD$。温差的提高是靠改变介质温度来实现的。温差的提高，固然节省了换热面积，但另一方面，却带来了一些其他问题。例如，若另一介质是冷却水，就要增加冷却水的用量及其相应的费用，若另一介质在换热后必须进一步冷却或加热，这就要相应地增加另一个冷却器或加热器的负荷，因此冷却水或燃料的消耗量增加，而从热源所能回收的热量却减少了。又例如，对于易结垢的介质，温差愈大，结垢愈快，操作周期愈短。

由此可见，换热器的工艺设计，关键在于如何合理地确定压降与温差，它是设计结果是否合理的关键因素。

清洁面积比（$A_{\text{clean}}/A_{\text{required}}$）等于 $U_{\text{clean}}/U_{\text{service}}$。校核模式中，在软件中输入和不输入污垢热阻对清洁面积比的影响不同。在程序中输入污垢热阻时，U_{clean} 为 U_{dirty} 扣除污垢热阻，并保持管壳程平均对流传热系数不变得到的，而这个平均对流传热系数是基于污垢表面温度得到的；在程序中不输入污垢热阻时，管壳程的平均对流传热系数是基于换热管表面温度得到的。因此，若需要精确计算清洁面积比，可将污垢热阻设为0。

Shell & Tube 程序中默认面积余量为0，即实际面积（actual area）等于所需面积（required area）。进入 **Input | Program Options | Design Options | Optimization Options** 页面，通过 Minimum% excess surface area required 可对面积余量进行限定。

考虑到工艺设计计算中的不确定因素，为保证安全，需要留有较大的面积余量，但过大的余量会显著增强换热能力，可能导致操作问题。例如，若不进行温度控制，冷流体会被过度加热，导致局部沸腾、腐蚀和结垢；若进行温度控制，冷流体流量减少，则会因流速较低而导致结垢。面积余量，对于无相变换热过程，一般为 10%~20%，如果仅大于 5%[6]，可根据换热器在换热网络中的位置决定是否放大；对于冷凝器应大于 20%[6]；对于再沸器应在 10%[4] 左右。当然，设计时应根据实际情况具体处理。

3.6.10　计算流程

对于无相变管壳式换热器的计算流程如图 3-33 所示。

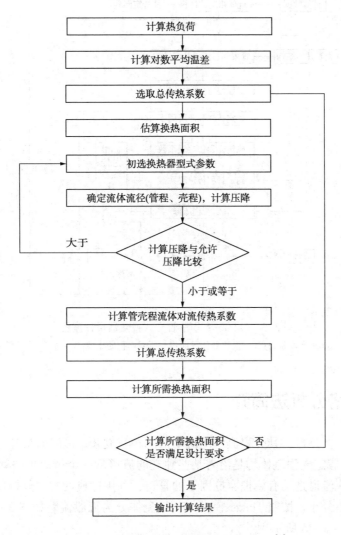

图 3-33　无相变管壳式换热器的计算流程[3]

3.7　贝尔-台华法简介

当换热器壳程内的支承结构为折流板时，流体的流动为平行流动和错流流动的耦合，流动较为复杂，精确地计算压降相当困难。贝尔-台华(Bell-Delaware)法以 Tinker 提出的流路模型为基础，假定没有旁流等情况，全部流体以纯错流的方式通过一理想管束，然后引入一些校正因子，得到计算式。图 3-34 为贝尔-台华法设计流程[1,10]。

贝尔-台华法用校正因子考虑泄漏和旁流的影响。研究计算表明，泄漏对换热器性能的影响较大，会使壳程压降降低 20%~70%。贝尔-台华法所得结果比较接近实际操作测定数据，但是其关联式计算烦琐而且费时，其引进的校正系数也是孤立的，未能完全反映壳程流动的复杂情况。

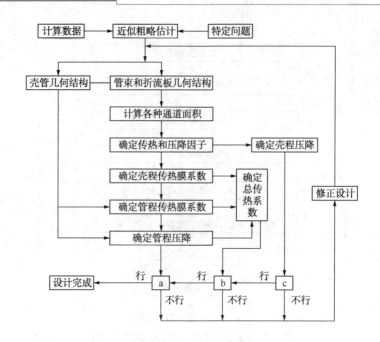

图 3-34　贝尔-台华法管壳式换热器设计流程[1]

a—$\Delta p_t \leqslant$ 允许压力；b—换热器计算面积与所需面积的比较；c—$\Delta p_s \leqslant$ 允许压力

3.8　流路分析法简介

使用折流板的换热器，其壳程流体的流动情况相当复杂。流路分析法（flow analysis 或者 stream analysis），假定壳程流体均是沿着某些独立的流道从一个折流板空间流向下一个折流板空间，假定这些流道是具有模拟摩擦因子的管道，利用经典的管网分析技术获得壳程流体在各个流道的流态分布。按照 Tinker 模型，壳程流体分为五股流路如图 3-35 所示，其中 A 流路与 E 流路如图 3-36 所示[10,22]。

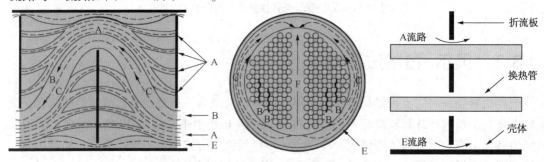

图 3-35　壳程流路分布示意图[33]　　　　图 3-36　A 流路与 E 流路示意图

A 流路——折流板管孔与管子之间弧形间隙的泄漏流路，流体流向平行于管束的轴线。

B 流路——垂直于管束的错流（横向流）流路，流动方向垂直于管束的轴线。

C 流路——管束外围与壳体内壁之间的旁路流路，该流路占据了两个相邻折流板缺口之间所确定的螺旋形通道。在可拆卸管束的换热器，特别是浮头式换热器中，此流路的流通面积可能很大。

E 流路——折流板外缘与壳体内壁之间的泄漏流路，流体流向平行于管束的轴线。

F 流路——分程隔板处因为不布管，在壳程中形成的旁路(穿流)流路(单壳程换热器中不存在此流路)，该流路位于与 B 流路平行的平面内。

在这些流路中，B 流路是管束换热的有效流路，A 流路接近于 B 流路，这是因为它同样可以与管束进行充分接触换热；C 流路和 F 流路与管束部分接触，实现部分换热，其换热效果相对 B 流路来说要低得多；E 流路则完全不与管子接触。因此它们对换热过程的影响程度的排列顺序为：B>A>C、F>E。

B 流路分数越大越好，C、E、F 流路分数越小越好，应最大限度地加大 B 流路分数和减少泄漏流路分数，通过减少旁路流和泄漏流还有助于提高壳程对流传热系数，但换热器安装总需要有间隙，不可能也不必要完全消除泄漏流路。

表 3-64 和表 3-65 给出了一些换热器中的 B 流路分数的最小建议值和 C 流路分数的最大建议值。表中建议的流路分数对换热器优化起指导作用，比如当 B 流路分数大于表中所给建议值时，设计者无须再采取额外措施提高 B 流路分数。

表 3-64　单相流体湍流状态($Re \geqslant 800$)下典型流路分数值[11]

壳体类型	流路分数			
	A	B	C	E
固定管板或 U 形管式	0.20	0.55	0.05	0.20
浮头式(S 型)	0.15	0.45	0.20	0.20

注：可以接受 B 流路分数大于表中推荐值。

表 3-65　单相流体层流状态($Re<800$)下典型流路分数值[11]

壳体类型	流路分数			
	A	B	C	E
固定管板或 U 形管式	0.05	0.50	0.05	0.40
浮头式(S 型)	0.05	0.30	0.25	0.40

注：可以接受 B 流路分数大于表中推荐值。

有文献指出，一般要求 B 流路分数大于 0.6(湍流)或 B 流路分数大于 0.4(层流)，E 流路分数小于 0.15，A 流路分数最好小于 0.1，最大不超过 0.2。如果 B 流路分数小于 0.6，可能需要增大折流板间距。C 值一般要求小于 0.1，可通过增加旁路挡板或调试折流板数来降低其值。F 流路分数等于 0 或接近 0，若 F 流路分数过大，可调整管子排列方式，或者添加假管。各流路推荐值见表 3-66 和表 3-67。

表 3-66　壳程流路分数推荐值[22]

流路名称		流路分数	备　注
错流	B	>0.6(湍流) >0.4(层流)	B 流路对换热有利，其值应尽量大
旁路流	C	0.1	C、F 流路分数最好不超过 0.1，为满足这一条件，可通过密封部件调整。对浮头式或小壳径的换热器，如果 C 值较大，应通过密封部件调整。U 形管或管程数较多的换热器中，通常 F 流路分数会较大，应考虑在分程隔板处使用密封(如密封垫或密封杆)或改变管子排列方式和折流板缺口位置
	F		

续表

流路名称		流路分数	备　注
泄漏流	A	0.15	应尽量减少泄漏，但当污垢系数超过 0.0008m²·h·℃/kcal 时，由于污垢可能将管子和折流板管孔之间的间隙堵塞，因此，A 值较大也无妨，但此时对壳程压力损失应留有余量，最好计算间隙被堵塞时壳程压降
	E	0.05	E 流路会造成温度剖面的变形，如果 E 流路分数大于 0.15，可使用双弓形折流板

表 3-67　壳程流路分数[34]

流路名称	湍流状态下/%	层流状态下/%	流路名称	湍流状态下/%	层流状态下/%
错流，B	30~65	10~50	管束与折流板间泄漏流，A	9~23	0~10
旁路流，C	15~33	30~80	折流板与壳体间泄漏流，E	6~21	6~48

在流路分析中，需要确切知道各流路分数之间的关系。在 Shell & Tube 程序中，进入 **Results | Thermal/Hydraulic Summary | Flow Analysis** 页面，如图 3-37 所示，可查看各流路分数。

Shell Side Flow Fractions	Inlet	Middle	Outlet	Diameter Clearance mm
Crossflow	0.72	0.53	0.72	
Window	0.79	0.58	0.79	
Baffle hole - tube OD	0.12	0.25	0.13	0.79
Baffle OD - shell ID	0.09	0.17	0.09	3.18
Shell ID - bundle OTL	0.06	0.05	0.07	12.7
Pass lanes	0	0	0	

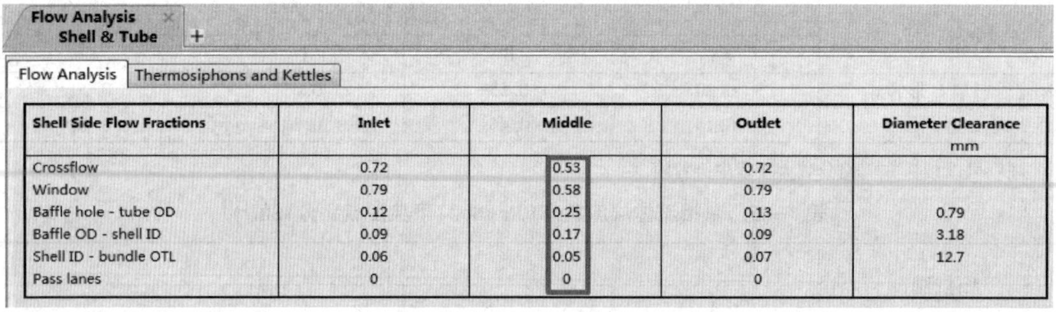

图 3-37　流路分析页面

程序所给的表格中壳程各项流路分数和不为 1，流路分数之间的关系为：

Window 流路（窗口流路）分数 = Crossflow 流路（即 B 流路）分数 + Shell ID-bundle OTL 流路（即 C 流路）分数 + Pass lanes 流路（即 F 流路）分数。

Baffle hole-tube OD 流路（即 A 流路）分数 + Baffle OD-shell ID 流路（即 E 流路）分数 + Window 流路（窗口流路）分数 = 1。

式中，ID 为 Inner Diameter，内径，mm；OD 为 Outer Diameter，外径，mm；OTL 为 Outer Tube Limit，管束外层的最大直径，mm。

运行 EDR 软件时，错流流路分数在任一点低于 30% 时，软件会发出警告，提示该值较低，壳程换热可能较差，可考虑采取以下措施：

① 改变折流板数，增加折流板间距；

② 确保折流板缺口方向正确：壳程流体为单相时，缺口选择水平方向；壳程流体为两相时，缺口选择竖直方向；

③ 根据 TEMA 标准减小旁路流间隙；

④ 增加旁路挡板，减小管束与壳体间的旁路流。

3.9 管壳式换热器振动分析

在管壳式换热器的设计过程中，为了降低污垢并提高换热性能，最常用的方法就是尽可能地提高流速。但过高的流速会对管束形成强烈冲击，从而可能引起换热管振动，有时这种流体诱导的振动相当严重，会造成换热器损坏。因此，在完成管壳式换热器的热力设计后，必须对换热管的振动可能性进行评估，并采取必要的防振措施，避免造成换热器损坏。Shell & Tube 程序具有振动分析的功能，可直观了解到振动管的位置及诱导振动的机理。在充分理解各种振动机理及不同因素对振动影响的前提下，可通过采取合适的调节措施以避免振动现象的发生。

3.9.1 振动起因与危害[1,30,35]

流体流入和流过换热管引发振动是自然结果，大多数换热器中的振动强度很低，不会造成换热器损坏。当流体诱导振动的振幅足够大时，换热管会在无支承跨距的中部发生碰撞或者在折流板处产生摩擦，从而造成换热管泄漏或者换热管与管板连接处泄漏，甚至还会引起噪声和壳程压降升高。流体诱导振动在管壳式换热器内的表现形式有以下两种：

① 在换热管固有频率处的振动 当激励频率(包括旋涡脱落频率和湍流抖振频率)和换热管固有频率接近时，将使换热管产生大幅度的振动，这种形式的振动将导致换热管的严重破坏。换热管的最小固有频率主要受最大无支承跨距影响。

② 在换热器壳体的声学驻波频率处产生的声共振 当激励频率(包括旋涡脱落频率和湍流抖振频率)接近换热器内空气柱的驻波频率时，就会在换热器内发生声共振。这种形式的共振通常不会导致换热管振动但是会产生较大的噪音，对人耳产生损害。声频主要取决于壳程流体中的声速和特性长度(通常是壳体内径)。

对于某一确定的换热器，存在一个最大错流流速，当超过这一流速时，很可能发生振动及相应的机械损坏，此流速给换热器的结构设计设定了一个上限值，是振动分析中的核心问题。

另外需要注意的是，避免一种振动有可能导致其他的振动加剧，因此在设计换热器时需要进行全面分析，而且一根换热管的破坏也可能会加速其他换热管的破坏。

换热器内的流体诱导振动会导致剧烈的噪声及元件的损坏。一般来说，振动所造成的换热器破坏主要有以下几种形式：

① 由于换热管反复弯折而造成的材料疲劳。换热管振动的振幅较大时，换热管反复弯折的扭弯应力较高，长时间连续振动会使管材疲劳，以致产生应力疲劳裂纹，最终引起换热管的疲劳破坏。

② 由于振动产生应力，换热管可能发生应力腐蚀。振动使换热管上产生交变应力，导致附在换热管上的表面膜开裂、脱落，使换热管表面形成腐蚀源，产生腐蚀作用，使换热管寿命缩短。

③ 相邻换热管中部不断碰撞，使管壁变薄，最终造成换热管泄漏。换热管振动的振幅大到足以使相邻换热管互相撞击，或边缘换热管不断撞击壳体，使换热管跨距中部处的撞击部位产生特有的菱形磨损形式，管壁不断减薄而至最后开裂。

④ 换热管和折流板孔之间的碰撞造成的磨损。由于安装的需要，一般折流板孔与换热管间存有间隙，当折流板较薄、折流板材质比换热管材质硬、换热管和折流板孔间隙较大或者折流板孔边缘较锋利时更有可能发生此现象，这可能导致换热管变薄、泄漏甚至折断。

⑤ 换热管和管板之间连续的撞击造成管板内侧管孔边缘的磨损。

⑥ 换热管和管板之间的焊接可能由于振动而产生松动。换热管振动使换热管与管板连接处受交变应力较大，从而导致胀接或焊接点的损坏，造成泄漏。

⑦ 过大的噪声。流体流过管束时，将引起壳程空腔中的气柱振荡而产生驻波。当驻波频率与激励频率一致时，便会激起声振动，这也是一种共振现象。声振动会产生令人难以忍受的强烈噪声，有时可能造成整个壳体的振动。

⑧ 引起壳程压降增高。由于换热管振动需要的能量来自流体，当振动增加时，壳程压降也随之增加。压降的突然增加可作为造成振动破坏的表征。

尽管换热管在换热器中任何地方均可能产生破坏，但最容易引起流体诱导振动的区域是高流速区和支承较少的区域，如：

① 管束中两块折流板间最大的无支承跨距；
② 管束周边在弓形折流板缺口区的换热管；
③ U 形管束弯头区；
④ 位于进口管嘴之下的换热管；
⑤ 位于管束旁流面积和管程分程隔板流道内的换热管；
⑥ 在换热管与换热器结构部件有相对运动的区段界面，如换热管与折流板界面和换热管与管板界面。

3.9.2 换热管固有频率[3,10]

固有频率（natural frequency）是换热器结构的固有属性，是振动分析需要考虑的首要因素。原则上来说，一个换热器具有无穷多的固有频率，但是在振动分析中只考虑最低固有频率。在流体诱导振动分析中需要注意的是，换热管作为一个整体振动，因此需要计算整个换热管的固有频率。固有频率的最主要影响因素为换热管相邻支承之间的距离，也称跨距（span length）。其他的影响因素还有：

① 换热管的弹性和惯性特性、结构参数（换热管外径和壁厚）；
② 跨距的形式（直管处的跨距或弯头处的跨距）；
③ 无支承跨距两端处的支承类型；
④ 无支承跨距上的轴向负载。

当折流板等距均匀分布时，换热管可以简化为等跨直管，等跨直管的固有频率可根据下式计算：

$$f_n = 35.3\lambda_n \sqrt{\frac{E(d_o^4 - d_i^4)}{ml^4}} \tag{3-31}$$

式中　f_n——换热管固有频率，Hz；
　　　λ_n——频率常数，rad；
　　　E——材料的弹性模量，MPa；

d_o——换热管外径，m；

d_i——换热管内径，m；

m——单位管长质量，kg/m；

l——跨距，m。

由式(3-31)可知，换热管的固有频率与换热管无支承跨距的平方成反比，与材料弹性模量的平方根成正比，与单位管长质量的平方根成反比。因此，对于给定换热管的材料、外径和壁厚，影响固有频率的参数只有换热管的无支承跨距和管程流体密度，若管程流体密度一定，则变量只有换热管无支承跨距，无支承跨距也是振动分析中最重要的结构参数。

非等跨直管、有轴向力作用时的直管或 U 形管的固有频率的计算方法有所不同，具体计算方法可参阅文献[3]。

3.9.3 振动机理[3,10,30]

流体诱导振动主要是指换热器受壳程横向流动流体的激发而产生的振动。由于需要考虑流体力学、结构力学和材料的机械性质，因此换热管的振动分析是一个非常复杂的问题。为了降低问题的复杂性，在振动的分析过程中仅考虑壳程流经管束的流体引起的换热管振动，不包括诸如泵输送产生的脉动或者厂房其他操作传递至换热器而引发的振动现象。

由于换热器的振动机理复杂，不能由一种方法预测全部的振动现象，因此必须综合考虑各种因素，主要的振动机理有四种，分别为：旋涡脱落(vortex shedding，也称卡门旋涡)、湍流抖振(turbulent buffeting，也称紊流抖动)、流体弹性不稳定性(fluid elastic instability，也称流体弹性激振)和声共振(acoustic resonance)。

3.9.3.1 旋涡脱落

旋涡脱落是指流体流经一个非流线型物体如换热管时，产生的旋涡周期性脱落现象。当流体横向流过换热管时，在其下游会生成周期性交替脱落的旋涡尾流(图 3-38)，引起换热管上的压力分布产生周期性的变化，其频率随流速的改变而改变。换热管两侧的压力差，会使其在垂直于流体流动的方向上受到激励作用，从而导致换热管振动。

图 3-38 旋涡脱落示意图[4]

旋涡脱落频率(vortex shedding frequency，f_v)按下式计算：

$$f_v = St \frac{V}{d_o} \tag{3-32}$$

式中 f_v——旋涡脱落频率，Hz；

St——斯特罗哈数，无因次，对于按正三角形与正方形排列的管束，与节径比 S/d_o 有关；

S——换热管中心距，m；

V——错流流速，根据管间的最小自由截面计算，m/s；

d_o——换热管外径，m。

由式（3-32）可知，旋涡脱落频率与错流流速成正比，与换热管外径成反比，通过降低错流流速或增加换热管外径可降低旋涡脱落频率。

3.9.3.2 湍流抖振

当物体处于一个湍流场中，并且作用在物体表面的力随时间和位置迅速改变时将发生湍流抖振。由于其随机特性，湍流抖振的机理非常复杂，并且这种现象发生的范围较广，在气相、液相和气液两相中均有可能发生。振动主要由湍流抖振频率和固有频率或声学驻波频率的锁定效应产生，且其影响需经过较长的时间才表现出来。

湍流抖振频率（turbulent buffeting frequency，f_t）按下式计算：

$$f_t = \frac{V d_o}{lT}\left[3.05\left(1-\frac{d_o}{T}\right)^2 + 0.28\right] \tag{3-33}$$

式中 f_t——湍流抖振频率，Hz；

V——错流流速，根据管间的最小自由截面计算，m/s；

d_o——换热管外径，m；

l——纵向的换热管中心距，m；

T——横向的换热管中心距，m。

由式（3-33）可知，湍流抖振频率与流速和换热管外径成正比，与换热管中心距成反比，通过降低错流流速或增加换热管中心距可降低湍流抖振频率。

3.9.3.3 流体弹性不稳定性

当换热管受横掠流体作用而运动时，其周围流场也会发生改变，继而影响相邻换热管上的受力，使其产生位移，这又会进一步改变其他换热管的受力。当流速达到某一临界值并稍有增加时，管束增加的能量将大于系统阻尼所消耗的功，能量将不断累积，振幅不断增大，直至发生碰撞破坏。并且无论壳程流体是气体、液体还是气液两相，流体弹性不稳定一旦发生，即使流速降低到远低于临界流速，这种振动仍会持续下去，很难消除。流体弹性不稳定性是表征换热器振动情况的最重要指标，与其他振动机理不同，它不是由共振产生的振动，而是由临界流速决定的，其在流体错流流速超过临界错流流速时产生，振动振幅随流速的关系如图3-39所示，由图可知，流体弹性不稳定性对换热器的破坏较大，是换热器设计中必须避免的问题。

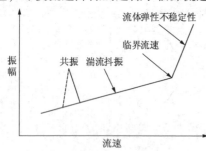

图3-39 振动振幅随流速的关系[30]

影响流体弹性不稳定性的因素主要有：①临界错流流速；②换热管阻尼水平；③换热管固有频率；④换热器结构；⑤流体相态和性质。

（1）临界错流流速

管束发生流体弹性不稳定时的临界错流流速 V_c 由下式计算：

$$V_c = K_c f_n d_o \delta_s^b \tag{3-34}$$

式中 V_c——临界错流流速，m/s；

K_c——比例系数，根据换热管的排列方式、节径比、质量阻尼参数等确定；

f_n——换热管固有频率，Hz；

d_o——换热管外径，m；

δ_s——质量阻尼参数，无因次，由下式计算：

$$\delta_s m\delta/(\rho_o d_o^2) \qquad (3-35)$$

式中　m——单位管长质量，kg/m；

δ——换热管的对数衰减率，无因次；

ρ_o——壳程流体的密度，kg/m³。

（2）换热管阻尼

在换热管的振动过程中能量也会随之耗散，这种能量耗散将对振动产生阻尼作用，并影响换热管振动的振幅。阻尼作用的机理较为复杂，不同换热管的阻尼特性也大不相同，流体的相态决定哪种阻尼作用占主导地位。

阻尼作用可分为以下几类：

① 流体阻尼　由换热管相对流体运动时的黏附力和压力拽力造成的阻尼作用；

② 折流板阻尼　由换热管和折流板孔之间的滑动摩擦造成的阻尼作用；

③ 压膜阻尼　在换热管振动过程中，由换热管和折流板孔间隙中的流体发生周期性的位移产生的能量耗散造成的阻尼作用；

④ 材料阻尼　由换热管变形时产生的自然能量耗散造成的阻尼作用。

对于一根换热管，不能将其分成不同的区域分别计算阻尼，而只能根据其整体计算一个阻尼值。所有的阻尼机理可能在同一时间同时作用在一根换热管上，必须综合考虑不同的阻尼机理，流体的相态将对阻尼的计算产生决定性的影响。对于流体弹性不稳定性分析，必须特别考虑阻尼的影响。换热管作衰减运动时，任意两相邻周期振幅比值的自然对数称为对数衰减率（LDec），以 δ 表示。阻尼的整体水平可以用对数衰减率来表征，Shell & Tube 程序考虑三种阻尼水平下的错流流速与临界错流流速的比值。其中，$LDec=0.1$ 代表重阻尼，$LDec=0.03$ 代表中度阻尼，$LDec=0.01$ 代表轻阻尼。当壳程为液体时 $LDec \approx 0.1$，壳程为气体时 $LDec \approx 0.03$，当为气液两相时较难估计，但应在两者之间。

注：流体弹性不稳定性是对于换热管整体而言，并不能对换热管的某一部分单独计算；在非常规操作期间，如开/停车阶段，须特别注意流体弹性不稳定性；阻尼对流体弹性不稳定性的影响较大，阻尼水平可通过对数衰减率表征；由其他机理（例如，声共振）所造成的振动后果或许可以接受，但是流体弹性不稳定性一定要避免。

3.9.3.4　声共振

流体进入壳程后，在换热管轴线与流动方向均垂直的方向上会出现声学驻波，当声学驻波频率与旋涡脱落频率或湍流抖振频率一致时，就会发生共振。由于液体中声速很快，对应驻波频率非常大，实际工况中不会与旋涡脱落频率或湍流抖振频率重合，故不计算其声学驻波频率，只对气体进行声共振计算。

声学驻波频率（acoustic resonance frequency，f_a）按下式计算：

$$f_a = \frac{nc}{2D} \qquad (3-36)$$

式中　f_a——声学驻波频率，Hz；

n——振型阶数，通常取1；

c——气体中声速，m/s；

  D——特性长度，对矩形气室，取气室的宽度；对圆柱形壳体则取内径；正方形排列的管束中，有可能出现内接壳体的正方形驻波，应取 D 值为壳体内径的 0.707 倍。

  声学驻波频率随壳径的增大而减小，随声速的增大而增大，而声速取决于壳程流体的相态和性质。当声学驻波频率与湍流抖振频率或旋涡脱落频率的比值在 0.8~1.2 之间时，将产生声共振。在液体中，声速较大，声学驻波频率较高，一般情况下不会引起声共振，声共振更有可能发生在气相或气液两相中。声共振主要考虑因素有：

  ① 声学驻波频率与激励频率是否发生锁定效应；

  ② 声共振可能不会对换热管造成损坏，但是会产生不可接受的噪音；

  ③ 对于有多个声学驻波频率的情况，只考虑最低的频率值；

  ④ 可在折流板中间加入消音板以防止声共振；

  ⑤ 换热管 45° 排列方式更容易引发声共振。

  对于流体诱导的各种不同的振动机理，只有流体弹性不稳定性涉及所有流体介质，而其他的激振机理在某些流体介质中则是不重要的。如：湍流抖振因为气体密度低，不会导致非常高的流体动力作用力，故其在气体介质流动中不是主要考虑因素。表 3-68 列出了换热器管束每一种流体介质对流体诱导振动的重要性界限。

表 3-68 错流流动激振机理与流体介质关系[1]

流动介质	旋涡脱落	湍流抖振	流体弹性不稳定性	声共振
液流中	可能发生	可能发生	重要	—
气流中	不可能发生	可能发生	重要	重要
两相流	不可能发生	不重要	重要	可能性较小

3.9.4 振幅

  换热管振动并不一定会对换热器产生破坏，只有当流体错流流过换热管激起振动产生的振幅超过一定限制时，破坏才有可能发生。错流振幅包括旋涡脱落引起的振动振幅和湍流抖振引起的振动振幅。

  对于振幅的限制，Shell & Tube 程序振动分析中采用 TEMA 的振幅计算方法与判定标准，要求振幅与换热管外径的比值小于 0.02，若振幅不超过此值，则产生换热器破坏的振动可能较小。HTRI 则规定，当振幅小于相邻换热管间隙（换热管中心距与换热管外径的差值）的 25% 时，共振不会对换热器造成破坏。

3.9.5 折流板间距影响[4]

  振动的根本机理是激励频率（旋涡脱落频率和湍流抖振频率）与换热管固有频率的重合，由以上的介绍可知，折流板间距或无支承跨距对换热管固有频率和激励频率的计算均有较大的影响，具体为：

  ① 换热管固有频率与其最大无支承跨距的平方成反比；

  ② 激励频率与错流流速成正比，由于错流流速与折流板间距成反比，因此激励频率与折流板间距成反比。又因为折流板间距与无支承跨距直接相关（单弓形折流板无支承跨距为

· 188 ·

折流板间距的 2 倍），激励频率与无支承跨距成反比。

因此，减小折流板间距可使换热管固有频率与激励频率同时增大，但是对换热管固有频率的影响远大于其对激励频率的影响，所以减小折流板间距可降低流体诱导振动的可能。

3.9.6 振动判定[4,10,30]

振动判定主要通过流体弹性不稳定性、共振和声共振进行判定，除此之外，还要参考其他振动判定方法和考虑振动与压降的关系。

（1）流体弹性不稳定性判定

流体弹性不稳定性是最重要的流体诱导振动机理，其对换热器产生的破坏也最大。流体弹性不稳定性最主要的决定因素为错流流速和临界流速的比值，为了避免换热器振动，必须使换热器内所有位置处的错流流速小于临界流速的 80%。

（2）共振判定

管壳式换热器振动机理中的四种频率可分为两类：①特性频率（characteristic frequency）又分为换热管固有频率（f_n）和换热器壳体声学驻波频率（f_a）；②激励频率（excitation frequency）又分为旋涡脱落频率（f_v）和湍流抖振频率（f_t）。当激励频率和特性频率一致（差别小于 20%）时，即 $0.8<(f_v/f_n)<1.2$、$0.8<(f_v/f_a)<1.2$、$0.8<(f_t/f_n)<1.2$ 或 $0.8<(f_t/f_a)<1.2$ 时，将产生大振幅的振动，称为锁定效应（"lock-in" effect），也称为频率共振。

当产生锁定效应时，振动的振幅会明显增大，当共振振幅超过一定限制时将对换热器产生破坏。为防止振动造成的破坏，应该避免这种频率之间的重叠，可以通过降低流速来降低激励频率或者通过缩短无支承跨距等措施降低固有频率来避免发生锁定效应。

当同一处的换热管的一种激励频率同时与两种特性频率相重合时，即 $0.8<(f_v/f_n)<1.2$ 且 $0.8<(f_v/f_a)<1.2$，或 $0.8<(f_t/f_n)<1.2$ 且 $0.8<(f_t/f_a)<1.2$ 时，将产生三重重合（triple coincidence）现象。此时，换热管将在同一时间同一部位受两种振动机理的影响，因此必须采取措施加以避免。

在 Shell & Tube 程序共振判定中，若激励频率和特性频率之间的比值在 0.8~1.2 之间，将在其值的后面加""表示，若振幅未超出最大振幅限制则振动判定结果为 Possible，若振幅超出了限制则振动判定结果为 Yes。另外，若发生了三重重合现象，即使振幅未超过限制，其振动判定结果也为 Yes。

（3）声共振的判定

除了声学驻波频率与激励频率发生锁定效应外 $[0.8<(f_v/f_a)<1.2，0.8<(f_t/f_a)<1.2]$，有文献提出声共振应同时满足无因次声共振参数 Ψ 大于 1300。无因次声共振参数与声共振的关系为：

① $\Psi<1300$ 不可能发生振动；

② $1300 \leqslant \Psi<4000$ 如果频率重合，可能发生振动；

③ $\Psi \geqslant 4000$ 如果频率重合，很有可能发生振动。

在液体中，声速较大，声学驻波频率较高，一般情况下不会引起声共振，声共振更有可能发生在气相或者气液两相中。

（4）其他振动判定方法

其他振动判定方法见表 3-69。

表 3-69 振动判定方法[24]

步骤	项 目	振动问题		
		不可能	可能	很可能
① 检验流体弹性不稳定性				
检查平均错流流速与临界错流流速的比值是否接近或大于1		平均错流流速		
		$\leq 0.8 V_C$	$0.8 V_C \sim 1.0 V_C$	$\geq 1.0 V_C$
② 检验换热管振动				
旋涡脱落频率与换热管固有频率比值		比值		
		≤ 0.5	>0.5：检查错流振幅	
比较横向流振幅与相邻换热管间隙/gap		振幅		
		≤ 0.10gap	$0.1 \sim 0.25$gap	>0.25gap
比较平行流振幅与相邻换热管间隙/gap		振幅		
		≤ 0.25gap	>0.25gap	
检查换热管跨距与TEMA允许的最长换热管跨距比值		比值		
		≤ 0.8	>0.8	
③ 检验声振动(仅对于壳程为气体的情况)				
检查旋涡脱落频率和湍流抖振频率与声学驻波频率的比值		比值		
		≤ 0.8	$0.8 \sim 1.2$，检验无因次声共振参数(Ψ)； >1.2且无因次声共振参数(Ψ)>1300，检验高阶声振动	
检查无因次声共振参数(Ψ)		无因次声共振参数(Ψ)		
		≤ 1300	$1300 \sim 4000$	≥ 4000
④ 次要检验				
检查壳程进出口流速		流速		
		$\leq 0.8 V_C$	$>0.8 V_C$	
管束与壳体的泄漏流(C流)流速		$\leq 0.8 V_C$	$>0.8 V_C$	
检查换热管固有频率与壳程声学驻波频率比值		比值		
		<0.9或>1.1	$0.9 \sim 1.1$	

注：gap，换热管中心距与换热管外径的差值。

（5）振动与压降的关系

在流体诱导振动的计算过程中，换热管的无支承跨距是最重要的参数。无支承跨距与折流板间距及折流板类型密切相关，折流板间距越小，无支承跨距越小，发生振动的可能性也越小，然而过小的折流板间距也将引起错流流速偏高，并导致较大的壳程压降。对于低压下操作的冷凝器来说，当其壳程为气体时，由于气体的流速一般较高，更易产生振动问题，但是其允许压降却较小，因此需要采取合理措施以同时满足压降和振动要求，此时可考虑采用J型壳体或多弓形折流板。另外，运行中换热器压降的突然增高可作为换热器发生振动泄漏的标志。

3.9.7 Shell & Tube 振动分析[30]

3.9.7.1 振动分析方法

进入 **Results | Thermal/Hydraulic Summary | Vibration & Resonance Analysis** 页面，查看换热器的振动分析结果，此页面包括四个子页面，分别为 Fluid Elastic Instability(HTFS)、Resonance Analysis(HTFS)、Simple Fluid Elastic Instability(TEMA) 和 Simple Amplitude and Acoustic Analysis(TEMA)。它们分别代表了完全的 HTFS 分析方法和简化的 TEMA 分析方法的结果，其中：

① HTFS 分析方法

对全部的跨距计算换热管固有频率，并考虑换热管不同位置的流速，系统分析振动的影响。

② TEMA 分析方法

将全管长的分析简化为仅分析最长跨距换热管的振动情况，其结果仅在需要时才显示。默认情况下为 HTFS 振动分析结果。进入 **Input | Program Options | methods/Correlations | General** 页面，Vibration analysismethod(振动分析方法)下拉列表框中若选择 Simple TEMA analysis，则 **Results | Thermal/Hydraulic Summary | Vibration & Resonance Analysis** 页面显示简化的 TEMA 振动分析；若选择 HTFS and TEMA analysis，则显示两种方法的振动分析结果。

3.9.7.2 振动分析范围

本节主要介绍对易发生振动区域的选取。

（1）壳体

除以下换热器壳体型式外，Shell & Tube 程序可对其他所有的管壳式换热器 TEMA 壳体类型进行流体诱导振动分析：

① 任何壳体型式下的折流杆换热器。折流杆换热器的设计可以通过轴向流动来减小流体诱导振动的可能性，但是需要避免进口处过高的错流流速；

② 其他轴流式的换热器(X 型壳体除外)，如无折流板换热器。

（2）换热管

换热管的振动可能性取决于换热管的支承状况(例如，换热管在折流板的窗口区或者重叠区)和沿管长各点错流流过的流体。经验表明，一些典型位置最可能产生振动，主要是管束的最高、最低位置和折流板边缘处的换热管。通常情况下，对一排换热管中的一根换热管进行振动分析来代表这排换热管的振动情况，这些易发生振动区域中的具有代表性的换热管即为振动分析中考虑的换热管。Shell & Tube 程序的振动分析中默认选择一些具有代表性的换热管进行分析，这些选定的换热管代表了换热器中振动情况最严重的部分，它们大多数在支承较少的折流板窗口区或者流速较大的进口或出口管嘴处。振动分析结果中使用 1~8 代表程序选择的振动管编号，其中编号 1~5 振动管的位置如图 3-40 所示，各编号振动管具体位置为：

1　进口管嘴下方第一排且处于管嘴投影中的振动管；

2 和 8　折流板窗口区刚超出切口的振动管；

3 和 4　折流板重叠区刚进入切口的振动管；

5　编号 1 振动管的镜像位置；

6 与编号1振动管处于同一排，但不在防冲板下；

7 双弓形折流板内窗口中的振动管。

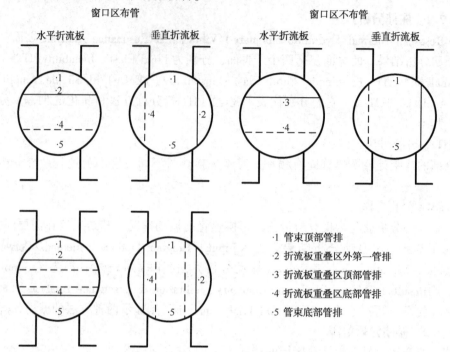

图3-40 换热器振动分析中换热管位置[30]

当使用 F 型、G 型或 H 型壳体时，使用 21~28 表示另一部分壳体内的换热管。由于不同数字代表不同结构的折流板或换热器结构，因此并不是每个数字均会在结果中出现。

（3）分析区域的划分

振动的主要影响因素为换热管的无支承跨距和冲击换热管的流体流速。对于窗口区的换热管，其无支承跨距为折流板间距的 2 倍，而对于重叠区的换热管，其可以得到每一块折流板的支承，无支承跨距为折流板的间距。

对于共振分析则考虑每根换热管沿管长方向的三个位置，分别为：进口区（进口和第一块折流板之间的区域）、出口区（最后一块折流板和出口之间的区域）以及中间区域（两折流板之间的区域）。其中，进口区的流体状况将对振动产生主要影响。

进口处第一排换热管的流速分布主要取决于进口的状况、管嘴形式或有无防冲板（可以通过 Nozzles 页面进行设置）。

通常情况下，Shell & Tube 程序振动分析中使用管束进口的流速作为第一排换热管的流速，对于 TEMA 的 J 型、I 型、G 型和 H 型壳体，振动分析中假设进口和/或出口中心线处有一个圆缺率为 0 的折流板。

（4）U 形管的振动分析

U 形管束在振动分析中需要特别注意以下几点：

① 无支承跨距为 U 形管部分的总长度；

② U 形管的半径取决于管束的几何尺寸；

③ U 形管结构中可设置空白折流板（无缺口折流板）；

④ 振动分析中所考虑的 U 形管无支承跨距会在振动预测表中显示；

⑤ 折流板结构，如单弓、双弓、圆缺率、方位等，将影响 U 形管的几何结构；

⑥ 无论窗口布管或不布管均可明确规定 U 形区域的支持板数；

⑦ 可以单独规定毗邻 U 形弯头处的直管段进行过渡支承；

⑧ 为设计需要，进口管嘴处的流体不可直接冲击 U 形弯头区。

建议对 U 形管区域进行优化设计以使其流速在可行范围内达到最小，不建议在这一区域为了提高不必要的流速而增加多余的管支承，因为增加的传热系数不足以弥补其造成的振动损失。

（5）自定义换热管进行振动分析

若需要分析某一指定换热管的振动情况，可进入 **Input | Exchanger Geometry | Geometry Summary | Tube Layout** 页面，右击需要进行分析的换热管，在弹出菜单中选择 **Vibration Tubes | mark**，如图 3-41 所示。运行后即可在结果中看到此换热管的振动信息，其编号范围为 10~15，如图 3-42 所示。此项仅可在校核模式下换热器结构页面中的 Tube Layout 选择 Use existing layout 时可用，且每次最多可定义 6 根换热管。

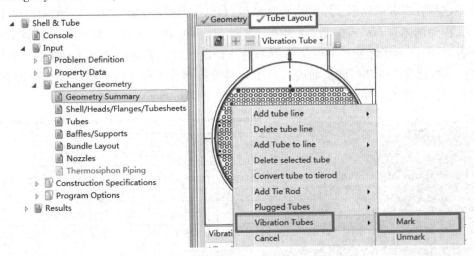

图 3-41　自定义振动分析换热管

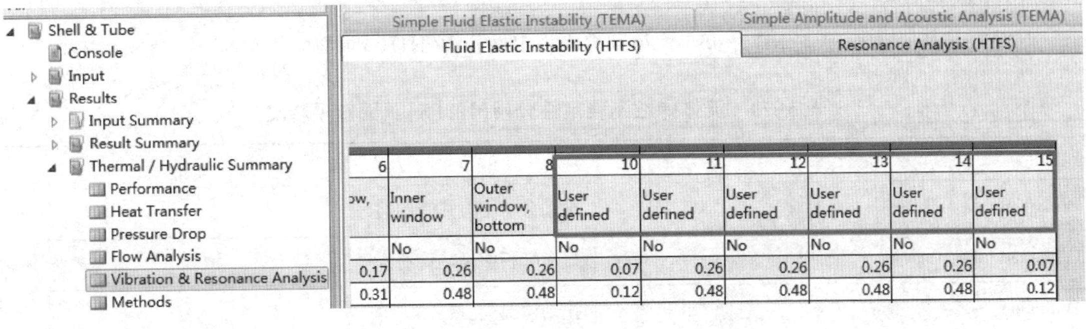

图 3-42　自定义换热管振动分析结果

3.9.7.3 振动分析结果

本节介绍了流体弹性不稳定性分析页面、共振分析页面、简化的流体弹性不稳定性分析页面、简化的振幅和共振分析页面、振动换热管位置图示页面。

（1）Fluid Elastic Instability（HTFS）——流体弹性不稳定性分析（HTFS）页面

换热器流体弹性不稳定性振动可在短时间内对管束产生较大的破坏，因此必须在设计阶段避免潜在的振动影响。Shell & Tube 程序对流体弹性不稳定性的计算包括三个或四个区域：

① 进口　计算部分为进口处的最长跨距。对于窗口区布管的弓形折流板为管板到第二块折流板的长度，对于窗口区不布管结构为管板到第一块折流板的长度。

② 管束　除进口和出口区域外最长的管跨距。对于窗口区布管的弓形折流板为 2 倍的折流板间距，对于窗口区不布管结构为折流板间距。

③ 出口　计算部分为出口处的最长跨距。对于窗口区布管的弓形折流板为管板到倒数第二块折流板的长度，对于窗口区不布管结构为管板到倒数第一块折流板的长度。

④ 其他区域　对于窗口区不布管结构，计算有中间支承的其他换热管跨距。

在流体弹性不稳定性的计算过程中，阻尼对其影响较大，在 Shell & Tube 程序中，流体弹性不稳定性分析页面列出了不同对数衰减率（LDec）（分别为 0.1、0.03、0.01 和程序估计值，当壳程为液体时 $LDec \approx 0.1$，壳程为气体时 $LDec \approx 0.03$，当为气液两相时较难估计，但应在两者之间）下的实际质量流量与临界质量流量的比值，若其值超过 1，则在其值后面加"*"表示其可能发生振动。此页面还列出了计算流体弹性不稳定性所需的换热管固有频率、单位管长质量等数值，如图 3-43 所示，各选项释义见表 3-70。

Vibration tube number		1	2	4	5	6	9
Vibration tube location		Inlet row, centre	Outer window, bottom	Baffle overlap	Bottom Row	Inlet row, end	Outer window, top
Vibration		Yes	Yes	No	Yes	Yes	Yes
W/Wc for heavy damping (LDec=0.1)		0.67	0.68	0.17	0.58	0.67	0.68
W/Wc for medium damping (LDec=0.03)		1.22 *	1.24 *	0.32	1.06 *	1.22 *	1.25 *
W/Wc for light damping (LDec=0.01)		2.11 *	2.14 *	0.55	1.84 *	2.11 *	2.16 *
W/Wc for estimated damping		1.54 *	1.57 *	0.33	1.34 *	1.54 *	1.58 *
Estimated log Decrement		0.02	0.02	0.03	0.02	0.02	0.02
Tube natural frequency	cycle/s	31.69	31.69	90.59	31.69	31.69	31.69
Natural frequency method		Exact Solution	Exact Solution	Exact Solution	Exact Solution	Exact Solution	Exact Solution
Dominant span							
Tube effective mass	kg/m	1.02	1.02	1.02	1.02	1.02	1.02

图 3-43　流体弹性不稳定性分析（HTFS）页面

表 3-70　流体弹性不稳定性分析（HTFS）页面选项释义

项　目	选项释义
Vibration tube number	振动分析中换热管的编号
Vibration tube location	振动分析中换热管的位置
Vibration	振动情况（是或否）
W/Wc for heavy damping（LDec=0.1）	重阻尼水平下的实际质量流量与临界质量流量的比值
W/Wc for medium damping（LDec=0.03）	中度阻尼水平下的实际质量流量与临界质量流量的比值

续表

项　目	选项释义
W/Wc for light damping(LDec=0.01)	轻阻尼水平下的实际质量流量与临界质量流量的比值
W/Wc for estimated damping	估计阻尼下的实际质量流量与临界质量流量的比值
Estimated log decrement	估计对数衰减率
Tube natural frequency	换热管固有频率
Natural frequency method[1]	固有频率计算方法
Dominant span	控制跨距
Tube effective mass	单位管长的质量

① 当中间各跨距相等且换热管两端进出口跨距也相等时，Shell & Tube 程序使用精确的固有频率算法。对于其他的情况，如 U 形管，则使用简化的"控制跨距(dominant span)"方法，此方法分别计算各跨距的固有频率，并用最低的固有频率作为换热管的固有频率。

（2）Resonance Analysis(HTFS)——共振分析(HTFS)页面

当壳程流体为气体或气液两相时，有可能发生声共振现象，声共振对换热管的损害较小，但声共振可能产生较大的噪声，因此应尽量避免。此页面显示了旋涡脱落频率与换热管固有频率的比值(F_v/F_n)、旋涡脱落频率与声学驻波频率的比值(F_v/F_a)、湍流抖振频率与换热管固有频率的比值(F_t/F_n)及湍流抖振频率与声学驻波频率的比值(F_t/F_a)，当这四种频率比值在 0.8~1.2 之间时，表示有发生共振的可能，并在其值后加"*"表示。

本页面还显示了旋涡脱落振幅、湍流抖振振幅、TEMA 振幅限制、换热管固有频率、声学驻波频率、流体流速、错流分数、ρv^2 及斯特罗哈数，如图 3-44 所示，各选项释义见表 3-71。

Vibration tube number		1	1	1	2	2	2
Vibration tube location		Inlet row, centre	Inlet row, centre	Inlet row, centre	Outer window, bottom	Outer window, bottom	Outer window, bottom
Location along tube		Inlet	Midspace	Outlet	Inlet	Midspace	Outlet
Vibration problem		No	No	Possible	No	No	No
Span length	mm	892.18	1181.1	1482.72	1482.72	1181.1	892.18
Frequency ratio: Fv/Fn		7.9	1.93	0.97 *	3.22	5.88	2.95
Frequency ratio: Fv/Fa		0.75	0.19	0.1	0.31	0.59	0.3
Frequency ratio: Ft/Fn		5.46	1.33	0.67	2.23	4.07	2.04
Frequency ratio: Ft/Fa		0.52	0.13	0.07	0.21	0.41	0.21
Vortex shedding amplitude	mm			0.07			
Turbulent buffeting amplitude	mm						
TEMA amplitude limit	mm			0.38			
Natural freq., Fn	cycle/s	31.69	31.69	31.69	31.69	31.69	31.69
Acoustic freq., Fa	cycle/s	333.11	316.8	313.33	333.11	316.8	313.33
Flow velocity	m/s	10.82	2.69	1.33	4.42	8.2	4.04
X-flow fraction		1	0.82	0.82	0.82	0.82	0.82
RhoV2	kg/(m-s²)	1108	75	19	185	692	175
Strouhal No.		0.44	0.44	0.44	0.44	0.44	0.44

图 3-44　共振分析(HTFS)页面

表3-71　共振分析（HTFS）页面选项释义

项　　目	选项释义	项　　目	选项释义
Vibration tube number	振动分析中换热管的编号	Vortex shedding amplitude	旋涡脱落振动振幅
Vibration tube location	振动分析中换热管的位置	Turbulent buffeting amplitude	湍流抖振振动振幅
Location along tube	沿管长的位置	TEMA amplitude limit	TEMA振幅限值
Vibration problem	振动情况（是或否）	Natural freq., Fn	固有频率
Span length	跨距	Acoustic freq., Fa	声学驻波频率
Frequency ratio：Fv/Fn	旋涡脱落频率与固有频率比值	Flow velocity	流速
Frequency ratio：Fv/Fa	旋涡脱落频率与声学驻波频率比值	X-flow fraction	错流分数
Frequency ratio：Ft/Fn	湍流抖振频率与固有频率比值	RhoV2	ρv^2数值
Frequency ratio：Ft/Fa	湍流抖振频率与声学驻波频率比值	Strouhal No.	斯特罗哈数

（3）Simple Fluid Elastic Instability Analysis（TEMA）——简化的流体弹性不稳定性分析（TEMA）页面

进入 Input | Program Options | methods/Correlations | General 页面，如果 Vibration analysis method（振动分析方法）下拉列表框中选择 Simple TEMA analysis 或 HTFS and TEMA analysis，则在 Vibration & Resonance Analysis 页面中显示简化的流体弹性不稳定性分析（TEMA）结果，如图3-45所示，各选项释义见表3-72。

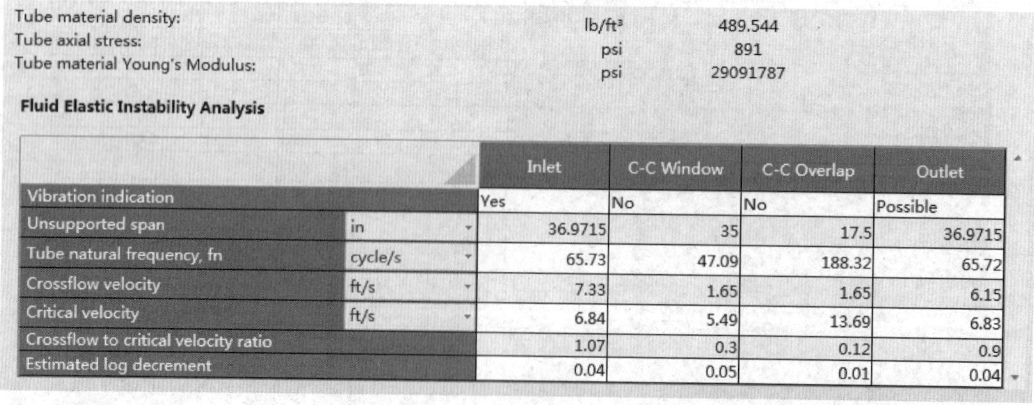

Tube material density:		lb/ft³	489.544
Tube axial stress:		psi	891
Tube material Young's Modulus:		psi	29091787

Fluid Elastic Instability Analysis

		Inlet	C-C Window	C-C Overlap	Outlet
Vibration indication		Yes	No	No	Possible
Unsupported span	in	36.9715	35	17.5	36.9715
Tube natural frequency, fn	cycle/s	65.73	47.09	188.32	65.72
Crossflow velocity	ft/s	7.33	1.65	1.65	6.15
Critical velocity	ft/s	6.84	5.49	13.69	6.83
Crossflow to critical velocity ratio		1.07	0.3	0.12	0.9
Estimated log decrement		0.04	0.05	0.01	0.04

图3-45　简化的流体弹性不稳定性分析（TEMA）页面

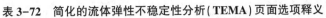

表 3-72　简化的流体弹性不稳定性分析(TEMA)页面选项释义

项　目	选项释义	项　目	选项释义
Tube material density	换热管材料密度	Tube natural frequency, fn	换热管固有频率
Tube axial stress	换热管轴向应力	Crossflow velocity	错流流速
Tube material Young's Modulus	换热管材料杨氏模量	Critical velocity	临界流速
Vibration indication	振动情况	Crossflow to critical velocity ratio	错流流速与临界流速比值
Unsupported span	无支承跨距	Estimated log decrement	估计对数衰减率

(4) Simple Amplitude and Acoustic Analysis(TEMA)——简化的振幅和共振分析(TEMA)页面

简化的振幅和共振分析(TEMA)页面如图 3-46 所示，各选项释义见表 3-73。

Amplitude Vibration Analysis

		Inlet	C-C Window	C-C Overlap	Outlet
Vortex shedding indication		Yes	Yes	No	Yes
Turbulent buffeting indication		Yes	No	No	Yes
Tube natural frequency, fn	cycle/s	31	31.36	125.47	30.99
Vortex shedding frequency, fvs	cycle/s	144.24	125.87	125.87	118.79
Vortex shedding amplitude	mm	4.23	2.98	0.11	3.24
Vortex shedding amplitude limit	mm	0.38	0.38	0.38	0.38
Turbulent buffetting amplitude	mm	0.81	0.33	0	0.62
Turbulent buffetting amplitude limit	mm	0.38	0.38	0.38	0.38

Acoustic Vibration Analysis

		Inlet	C-C Window	C-C Overlap	Outlet
Acoustic resonance indication		Possible	Possible	Possible	Possible
Crossflow velocity	m/s	10.82	9.44	9.44	8.91
Strouhal number		0.25	0.25	0.25	0.25
Acoustic frequency, fa	cycle/s	247	240.08	240.08	232.65
Vortex shedding frequency, fvs	cycle/s	144.24	125.87	125.87	118.79
Turbulent buffeting frequency, ftb	cycle/s	173.13	151.07	151.07	142.58
Condition A fa/fvs		1.71	1.91	1.91	1.96
Condition A fa/ftb		1.43	1.59	1.59	1.63
Condition B velocity	m/s	6	5.83	5.83	5.65
Condition C velocity	m/s	18.53	18.01	18.01	17.46
Condition C		164483.2	159097.6	159097.6	167996.1

图 3-46　简化的振幅和共振分析(TEMA)页面

表 3-73　简化的振幅和共振分析(TEMA)页面选项释义

项　目	选项释义	项　目	选项释义
Vortex shedding indication	是否发生旋涡脱落振动	Vortex shedding amplitude	旋涡脱落振幅
Turbulent buffeting indication	是否发生湍流抖振振动	Vortex shedding amplitude limit	旋涡脱落振幅上限值
Tube natural frequency, fn	换热管固有频率	Turbulent buffeting amplitude	湍流抖振振幅
Vortex shedding frequency, fvs	旋涡脱落频率	Turbulent buffeting amplitude limit	湍流抖振振幅上限值

续表

项　目	选项释义	项　目	选项释义
Acoustic resonance indication	是否发生声共振	Condition A fa/fvs	声学驻波频率与旋涡脱落频率比值
Crossflow velocity	错流流速	Condition A fa/ftb	声学驻波频率与湍流抖振频率比值
Strouhal number	斯特罗哈数	Condition B velocity	TEMA 标准中条件 B 下的流速
Acoustic frequency, fa	声学驻波频率	Condition C velocity	TEMA 标准中条件 C 下的流速
Vortex shedding frequency, fvs	旋涡脱落频率	Condition C	TEMA 标准中的条件 C
Turbulent buffeting frequency, ftb	湍流抖振频率		

（5）振动换热管位置图示页面

进入 **Results｜Mechanical Summary｜Setting Plan & Tubesheet Layout｜Tubesheet Layout** 页面，单击 **Vibration tubes**，可查看运行结果中可能发生振动的换热管，其以红色 V 标注，并用两个具有相对位移的圆形表示，对于振动使用横向位移表示，共振使用纵向位移表示，当两种情况同时发生时使用四个具有相对位移的圆表示，如图 3-47 所示。在图下方列出了换热管振动分析的其他信息。

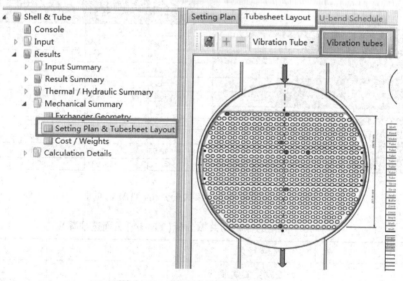

图 3-47　振动换热管位置示意

3.9.8　防振措施[10,24,30]

换热管振动是不可避免的，轻微振动不但不会带来损坏，而且还可以起到强化传热和减少结垢的作用，但对强烈振动应采取必要的防振措施以减缓振动，避免因振动而对换热器造成破坏。可以在换热器的设计、制造和运行阶段采取不同的方法，尽量避免换热管的振动。

3.9.8.1　设计阶段措施

因为工厂经常会在不同的压力和温度下操作，在催化剂失效或清洗时换热器甚至会处理不同的流体，所以在设计阶段应该考虑换热器在非常规状态下的运行情况，确保换热器在开工和停工状态也可正常运行。

在设计阶段减少振动的根本途径主要有：

① 降低换热管的无支承跨距以提高固有频率　a. 减小折流板间距；b. 减小换热管末端与相邻折流板的距离；c. 添加中间过渡支承；d. 使用窗口区不布管；e. 使用折流杆。

② 减小错流流速以降低对换热管的冲击　a. 增加折流板间距；b. 增加管束和壳体间隙；c. 使用双弓形折流板；d. 使用轴流式换热器；e. 使用分流式换热器，如 J 型壳体。

但是以上两种调节方法往往与换热器设计中的传热和压降要求相冲突，在振动的调节过程中需要认真研究换热器的结构对振动情况及换热器传热性能的影响，使在最小的传热性能损失和最低的设备投资下防止振动的发生。

一般情况下，如果换热能力和压降富余，可采取以下方法：

① 减小折流板间距；

② 减小换热管末端与相邻折流板的距离；

③ 改变折流板类型；

④ 去掉一些换热管。

如果换热能力和压降接近限制值，则需要采取以下措施：

① 改变壳体型式；

② 使用窗口区不布管设计。

对于冷凝器来说，其允许压降一般较小，为满足压降的要求，一般需要较大的折流板间距和折流板圆缺率，这将导致其发生振动的可能性增加。为了在满足压降的同时避免振动，可考虑使用多弓形折流板，多弓形折流板可提供更多的轴向流而减小错流流速，并可在相同的允许压降下，提供更小的折流板间距。一般来说，使用 E 型壳体、单弓形折流板时，为了满足允许压降而导致折流板间距过大，产生振动问题，则可以按以下顺序调整以解决振动问题：

① 使用 E 型壳体双弓形折流板；

② 使用 J 型壳体单弓形折流板；

③ 使用 J 型壳体双弓形折流板；

④ 使用 E 型壳体窗口区不布管结构；

⑤ 使用 E 型壳体、折流杆结构。

为在设计阶段避免振动，Shell & Tube 程序还给出了以下建议：

① 不使用单弓形折流板可减小振动发生的可能性。

② 使用双弓形折流板或者 J 型壳体比减小错流流速更为有效。

③ 在极端的情况下可使用窗口区不布管结构或者错流换热器。

④ 避免进口流体直接冲击 U 形弯头区。

⑤ 考虑在 U 形弯头区加强支承，在正方形或转角正方形排列方式中易于添加支持板，而在三角形排列方式中比较困难。

⑥ 建议对 U 形弯头区域进行优化设计，以使其流速在可行范围内最小。在 U 形弯头区不应为了提高流速而设置过多的管支承，因为由流速提高而产生的传热系数增加程度较小，却有较大的振动风险。

⑦ 进出口管嘴尺寸应向上圆整。当壳程进出口流速是引起振动的主要原因时，可增大进出口管嘴尺寸，以降低进出口流速。

⑧ 为了防止进口处流速过高，可以使用带孔的防冲挡板，当进口部分空间不足以安装防冲板时，应增加壳体直径。但应避免流体在防冲板边缘处的局部流速过高，情况严重时可以设置导流筒(或分流器)。

⑨ 对于冷凝器，使用导流筒可以降低进口气体流速，并使气体流速分布均匀，但是成本较高。

⑩ 当使用旁路挡板时，应注意旁路挡板不应与折流板切线太过接近，旁路挡板会引起局部流速增加。

⑪ 避免换热器两端的跨距过长。

⑫ 如果两端的跨距不能减少，应在长跨距中间提供额外支承。

⑬ 为避免液体在折流板附近聚集以产生较高的流速，应设计排水孔或者凹槽。

⑭ 经验表明某些管排列方式可以减少声振动。当壳程流体为气相时应避免使用转角正方形排管。

⑮ 在设计或操作时，若前两排管的振动无法避免，可以考虑使用假管。

⑯ 对于 H 型壳体的卧式热虹吸式再沸器建议在换热管的中点处提供支承。

⑰ 固有频率会由于压应力的存在而降低，这将导致换热管更易受流体弹性不稳定性和旋涡脱落共振的影响。设计阶段应考虑是否有压应力的存在，如果存在且不可避免，则应在计算固有频率时考虑压应力。

⑱ 在进口处的管嘴段应避免明显的弯曲，其可能产生旋涡而造成过高的流速。

3.9.8.2 制造阶段措施

在制造阶段，可考虑以下措施：

① 防振装置和换热管应使用相兼容的材料以避免磨损现象，并确保其间隙合适。

② 装配之前保证所有的折流板孔大小合适。过大的间隙会导致换热管与折流板接触的地方磨损加剧，尤其是对于折流板材料硬度大于换热管的情况。尽管较小的间隙或者较厚的折流板并不影响换热管的固有频率，但是可以增加阻尼来减小振动振幅。

③ 为保证换热管与第一块折流板的触点，换热管有时会弯曲。

④ 校核弯曲的拉杆。

⑤ 确保法兰、螺栓等连接处的紧固。

3.9.8.3 运行阶段措施

在运行阶段，可考虑以下措施：

① 在开工阶段管路清洗时，务必将换热器断开连接；

② 当装置操作改变后，应重新校核换热器；

③ 对于并联的两台相同的换热器，其流量应尽量相近，若比例大于 2 有可能造成振动；

④ 对于冷凝系统必须考虑蒸气冷凝造成的液塞现象，这在装置停工时可能发生。

若振动现象已经发生，则可考虑以下措施：

① 堵塞泄漏换热管 通常换热管振动问题的表征为某些换热管发生泄漏现象，此时最常用的做法是堵塞换热管，在磨损或开裂的换热管内插入固体条状物，并用封头或通过焊接将换热管隔离。这样虽然不能解决振动问题，但是可以使换热器继续运行直至下次检修。

② 移除换热管以制造旁路通道 对于流体弹性不稳定性造成的振动，制造人为的旁路通道是一种有效的临时补救措施。首先，移除窗口区的换热管，制造旁路通道，然后堵塞管板上被移除换热管的管孔，利用折流板上的管孔提供额外的流体通道。这种临时的措施降低了壳程的传热效率和压降，特别适用于换热器为管程控制传热的场合。

③ 降低壳程流速 由于流体诱导振动主要取决于流速，降低壳程流速可有效地减少振动问题。此措施仅在操作允许时可使用。

④ 增加管束硬度 在换热管之间插入楔形物体可增加已有管束的固有频率，限制换热管的移动，避免磨损。这种措施多用于易发生振动的 U 形弯头区，此措施可能影响传热性能和压降。

⑤ 添加消音板 当发生声振动问题时，抽出管束，移除相关的换热管并添加消音板可解决此问题，移除的换热管将影响传热性能。

⑥ 移除换热管以控制声振动 另一种方法是移除管束中的一部分换热管，使用此方法前需要对声振动进行分析。移除换热管的位置取决于管束的几何形状，在双弓形折流板中移除重叠区部分的换热管可有效消除声振动问题。由于移除的换热管数较少，对换热器的传热性能影响不大。

⑦ 重新设计管束 因为必须保持壳体型式、外接管路和现有的管箱不变，所以有时解决流体诱导振动的唯一办法是重新设计新的管束。在设计中可使用不同的换热管材料和折流板布置，设计后需进行振动分析，确保没有新的振动现象发生。

一些防振措施比较见表 3-74。

表 3-74 防振措施的比较[36]

措 施	结 构	按康纳斯机理的临界流速效应	需增加成本
改变折流板类型	双弓形折流板	较高流速的 3 倍	最少
	四缺口（四流道）弓形折流板	较高流速的 9 倍	少量
改变壳程流速	J 型壳体	较高流速的 3 倍	换热器最小，但增加了管道成本
	较大的换热管中心距	取决于换热管中心距	壳径较大，壳程流速降低，换热面积增大
	增大壳体直径	主要降低了壳程进出口流速，临界流速稍有提高	中等，壳程流速降低，换热面积增大
降低管嘴内流体流速	增设进出口防冲挡板、流体分配器、导流筒等，增大管嘴尺寸	可降低壳程进出口处流速	中等

续表

措　施	结　构	按康纳斯机理的临界流速效应	需增加成本
增加换热管的固有频率	弓形缺口处不排管的 E 型壳体	可增加到任何期望值，这种结构措施最有效。必要时还可在两折流板间加支持板，以减小跨距	少量，壳径较大，但换热面积可能减少
	采用"盘-环"型折流板，改变管材，增加换热管壁厚		
变错流为平行流，消除换热管支承间隙	以杆型支承代替折流板支承	除壳程进出口外，气体错流均改为平行流流过管子；消除支承间隙，使管子不能产生振动	中等，面积可能会比弓形缺口不排管大些
管束变化	变更管束排列方式		对传热和压降有影响

注：1. 康纳斯机理的临界流速越大，越不容易发生流体弹性不稳定性。
　　2. 以上所有场合均保持他们的压降和传热系数大致不变，并假定最初的设计是带有单弓形折流板的 E 型壳体结构。

从上述这些措施的对比结果可以看出，其中窗口区不布管的弓形折流板结构能最有效地解决管束振动问题。因为这种结构，第一，消除了那些每间隔一块折流板才得到支承的最易出问题的换热管；第二，如有必要可以在两折流板之间的管段设置中间支持板（两边切去弓形的板），可将换热管跨距减少到任意程度，而对压力损失影响较小且可增加传热速率。

3.10　管壳式换热器工艺设计结果分析

当换热器工艺计算结束后，如何根据实际工况判断计算结果是否合理，以及出现问题后如何解决，对设计者来说非常重要。一般而言，各设计参数之间很难很好地相互匹配，这就看哪个因素最为重要。不同的情况有不同的要求，如流速、压降、传热系数和温升等，需要有一个是控制因素。在评价换热器工艺计算结果时，应考虑并校核以下各项[3,22,33]。

3.10.1　总体设计尺寸

细长型的换热器比粗短型的要经济，通常情况下管长和壳径之比为 5～10。根据实际需要，有时管长和壳径之比可增到 15 或 20，但不常见。对立式热虹吸式再沸器，要控制管长和壳径之比在 3～10 之内。

3.10.2　面积余量

换热器计算结果中面积余量的大小取决于计算准确度、实际经验及对现场的操作控制等。例如，对冷却水换热器，当水流速大于 1.5m/s 时，没必要给出过大的面积余量，过大的余量反而造成流速的降低。对层流和过渡区流动，由于计算准确度不好，需要给出较大的面积余量，通常在考虑了传热阻力值大小和程序计算准确度后再决定。对再沸器，过大的面积余量反而无益，特别是在设备运转初期，会发生如控制困难等操作问题。另外，有些设计计算，为了满足允许压降的限制，可能会使面积余量较大，此时应根据实际经验来判定计算结果是否合理或者对允许压降做适当调整。

面积余量不足的调节措施包括：

① 增加管数(用换热面积弥补总传热系数的不足)；

② 减少管数(提高管程流速以提高对流传热系数)；

③ 调整热阻数值较大的相关项；

④ 调整壳程流速。

3.10.3 压降

允许压降必须尽可能充分利用，如果计算压降与允许压降有实质差别，则必须尝试改变设计参数。校核完计算压降小于允许压降之后，应进一步校核压降分布，使压降大部分分布在换热率高的地方，如横掠管束的错流流动处；如果管嘴或窗口处的压降占总压降的比例较大，应考虑增大管嘴尺寸及折流板圆缺率。一般希望进出口管嘴的压降之和控制在总压降的30%左右。对有轴向管嘴的换热器，管嘴部分的压降最好控制在总压降的30%以下，否则会造成管子进口处的偏流。为避免壳程进口处流体对管子的冲击引起振动和腐蚀，一般应在换热器壳程进口处设置防冲板或导流筒，在计算压降时也要考虑它们的影响[4]。

允许压降是人为给定的，如果在设计中允许压降得到了充分利用，但继续增加很少的压降就能较大地提高经济性，则应再行设计并考虑增加允许压降的可能性。设计中除了考虑压降，还要考虑其他因素。以压降作为重要设计因素往往会忽略一些起关键作用的经济因素，如因流体结垢产生的设备维护费用及泵的操作费用等。压降调整措施如下：

① 壳程压降调节措施：a. 调整折流板间距；b. 调整折流板圆缺率；c. 改变折流板形式；d. 改变管子排列方式或管中心距；e. 改变壳体型式；f. 改变壳体串并联数。

② 管程压降调节措施：如果管径和管长已定，可改变管程数(如果管程数从1增加到 N，那么压降约增加 N^3)。若未规定管径和管长，要将管程压降调整到理想范围，管长和管径均要发生变化。

3.10.4 流速

不但要校核管子进出口处、壳程进口处和管嘴内的流速，还要关注错流流速与窗口流速的比值。一般来说，流体流速在允许压降范围内应尽量选高一些，以便获得较大的传热系数和较小的污垢沉积，但流速过大会造成腐蚀或管子振动，而流速过小使管内易结垢。对于单相流单弓形折流板，窗口流速与错流流速的比值应在 0.8~1.2 之间，最好接近1。对于窗口区不布管(NTIW)，两者比值应小于3∶1。

流速过高时调节措施如下：

① 壳程流速过高的调节措施

a. 增大壳径(过大会导致管束旁路流过高，注意软件中不同单位下直径的进级档不同)；

b. 增大折流板间距(过大会降低壳程对流传热系数或超出 TEMA 最大无支持跨距要求)；

c. 减少管数(注意不要明显影响到换热面积或增加管程流速/压降)；

d. 注意壳程进口和出口侧支持板间距，如果太小可减小板间距来弥补此段不足；如果太大则将其平均分配给板间距，并可适当减少壳程压降。

② 管程流速过高的调节措施

可采取增大壳径、增大管径、增加管数、减少管程数、并联壳体等措施。一般情况下公用工程流体会走管程，如果流体为冷却水，根据表 3-46 将流速控制在 1.0~3.5m/s；若流速不满足要求则可通过增减管程数调整此值。

3.10.5　壳程流路分析

流路分析法将管壳式换热器壳程的流动分为 A、B、C、E、F 五股流路（图 3-50），各股流路对管束换热的贡献不同，根据设计、运行参数的不同，各股流路之间相互影响。虽然从传热角度出发，壳程结构设计应尽量扩大 B 流路分数，抑制其余四股流路分数，但当 B 流路分数大于表 3-64 或表 3-65 所给建议值时，一般无须再采取额外措施提高 B 流路分数。

3.10.6　对流传热系数

首先从流体的相态、物性和以往经验来分析计算结果是否合理。另外，污垢热阻的选取对对流传热系数也有很大的影响，对计算结果应综合分析，并结合实际经验来评定。

（1）提高壳程对流传热系数的方法

① 使用低翅片管；

② 减小换热管外径和管中心距；

③ 提高 B 流路流速（可使用旁路挡板或减小壳体和折流板之间的间隙）；

④ 选用 F 型或 G 型壳体。

（2）提高管程对流传热系数的方法

① 减小管外径；

② 增加管长；

③ 增加管程数；

④ 交换流体空间，管程流动改为壳程流动。

3.10.7　热阻

首先根据流体的物性及实际经验来推断传热系数值是否合理，应特别注意管内雷诺数的大小。如果热阻在管程和壳程分布均衡，则该设计比较合理；如果一侧热阻过大，应分析原因，查看管程和壳程的冷热流体热阻分布是否合理，如果是由于某一侧的污垢热阻过大，则可不必修改原设计。

3.10.8　换热管振动

换热管振动容易产生管壁减薄、噪声、应力腐蚀等危害，因此应采取以下一种或多种措施以防止振动发生：

① 改变流速：a.用分流壳程代替单壳程；b.用双弓形折流板、三弓形折流板代替单弓形折流板。

② 改变换热管的固有频率：a.改变折流板的形式与布置，减小换热管的无支承跨距；b.在换热管二阶振型的节点处增设支持件；c.U 形管段设置支持板或支承条。

③ 在壳程沿平行于气流的方向插入纵向隔板，以减小特征长度，提高声频，防止声振动。纵向隔板的位置应错开驻波的节点而靠近波腹。

④ 采用杆状或条状支承，代替折流板。

⑤ 在换热管外表面沿周向(圆周方向)围绕金属丝或沿轴向安装金属条,可抑制周期性旋涡的形成。

3.11 管壳式换热器设计示例

3.11.1 液液换热器

用水(Water)作冷却剂冷却苯(Benzene),工艺数据见表3-75,试设计管壳式换热器。

表3-75 工艺数据

项 目	热流体 (Benzene)	冷流体 (Water)	项 目	热流体 (Benzene)	冷流体 (Water)
质量流量/(kg/s)	15.1	—	允许压降/kPa	90	60
进口/出口温度/℃	92/53	32/42	污垢热阻/(m²·K/W)	0.00017	0.00017
进口压力(绝压)/kPa	550	450			

3.11.1.1 初步规定

- 流体空间选择

参照表3-45,冷却水易产生水垢,走管程;苯较为清洁,走壳程。

- 壳体和前后端结构

本例中苯和冷却水的污垢热阻小于$0.00035m^2 \cdot K/W$,均较为清洁,且温差较小,故选择固定管板式换热器BEM型。

- 换热管

选择常用的管外径19mm、管壁厚2mm光管。

- 管子排列方式

苯较清洁,不易结垢,管外侧无须机械清洗,故管子排列方式选择正三角形排列(30°),在相同的壳径下可排更多管子,得到更大换热面积。

- 折流板

选用单弓形折流板,缺口方向水平上下布置。

- 材质

管程和壳程流体均无腐蚀性,换热器材质选用普通碳钢。

3.11.1.2 设计模式

(1)建立和保存文件

启动 Aspen Exchanger Design & Rating 软件,新建一个管壳式换热器文件,单击**Save** 按钮█,文件保存为 Example3.1_Liquid-Liquid_BEM_Design.EDR。

(2)设置应用选项

将单位设为 SI(国际制)。进入 **Input | Problem Definition | Application Options | Application Options** 页面。General 选项区域 Select geometry based on this dimensional standard (选择结构基于的尺寸标准)下拉列表框中选择 SI(国际制),Hot Side 选项区域 Application (应用类型)下拉列表框中选择 Liquid,no phase change(液相,无相变),Cold Side 选项区域

Application(应用类型)下拉列表框中选择 Liquid, no phase change(液相，无相变)，其余选项保持默认设置，如图 3-48 所示。

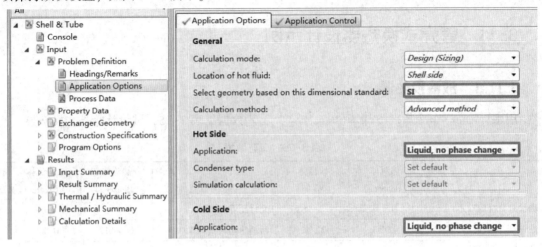

图 3-48　设置应用选项

（3）输入工艺数据

进入 **Input** | **Problem Definition** | **Process Data** | **Process Data** 页面，根据表 3-75 输入冷热流体工艺数据，如图 3-49 所示(输入时注意单位一致)。

		Hot Stream (1)		Cold Stream (2)	
		Shell Side		**Tube Side**	
Fluid name:		Benzene		Water	
		In	Out	In	Out
Mass flow rate:	kg/s	15.1			
Temperature:	°C	92	53	32	42
Vapor fraction:		0	0	0	0
Pressure:	kPa	550	460	450	390
Pressure at liquid surface in column:					
Heat exchanged:	kW				
Exchanger effectiveness:					
Adjust if over-specified:		Heat load		Heat load	
Estimated pressure drop:	kPa	90		60	
Allowable pressure drop :	kPa	90		60	
Fouling resistance :	m²-K/W	0.00017		0.00017	

图 3-49　输入工艺数据

（4）输入物性数据

进入 **Input** | **Property Data** | **Hot Stream (1) Compositions** | **Composition** 页面，Physical property package(物性包)下拉列表框中选择 Aspen Properties，单击 **Search Databank** 按钮，搜索组分 BENZENE(苯)和 WATER(水)，组成分别输入 1 和 0，如图 3-50 所示；进入 **Property Methods** 页面，Aspen property method(Aspen 物性方法)下拉列表框中选择 REFPROP，如

图 3-51 所示。

注：REFPROP 物性方法基于 NIST Reference Fluid Thermodynamic and Transport Database 模型，由 NIST 开发并提供工业上重要流体及其混合物的热力学性质和传递性质，REFPROP 可以应用于制冷剂和烃类化合物，尤其是天然气体系。

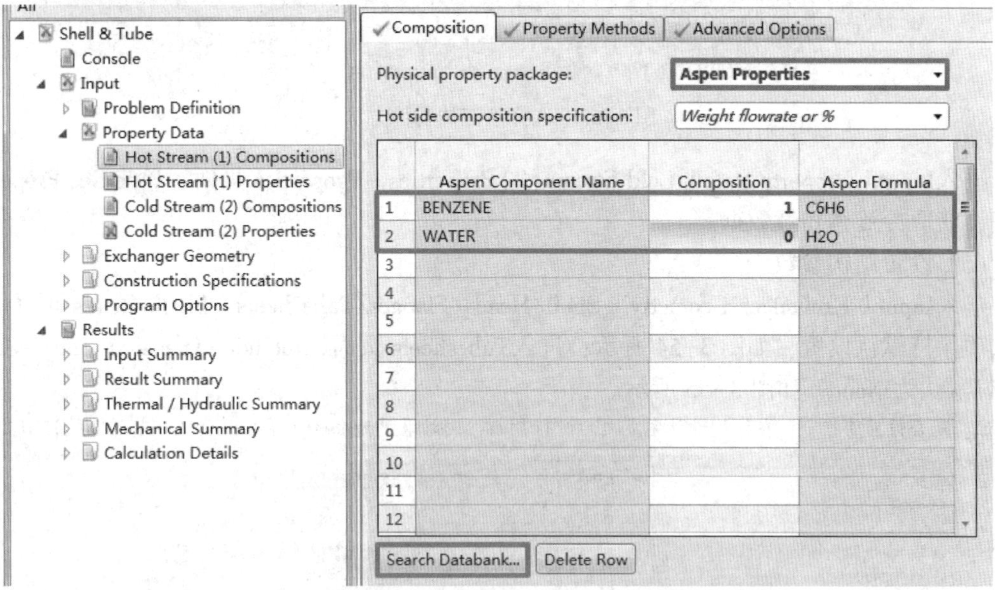

图 3-50　输入热流体组成

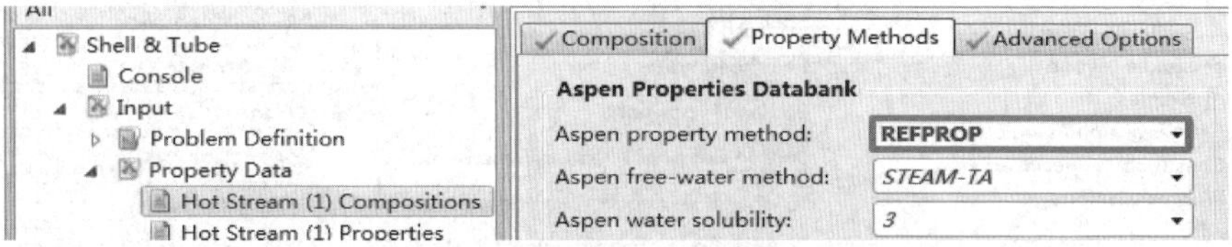

图 3-51　选择热流体物性方法

进入**Input | Property Data | Hot Stream(1)Properties | Properties** 页面，单击**Get Properties** 按钮，获取热流体物性数据。

进入**Input | Property Data | Cold Stream(2)Compositions | Composition** 页面，Physical property package(物性包)下拉列表框中选择 Aspen Properties，组分 BENZENE(苯)和 WATER(水)的组成分别输入 0 和 1，如图 3-52 所示；进入**Property Methods** 页面，Aspen property method(Aspen 物性方法)下拉列表框中选择 IAPWS-95，如图 3-53 所示。

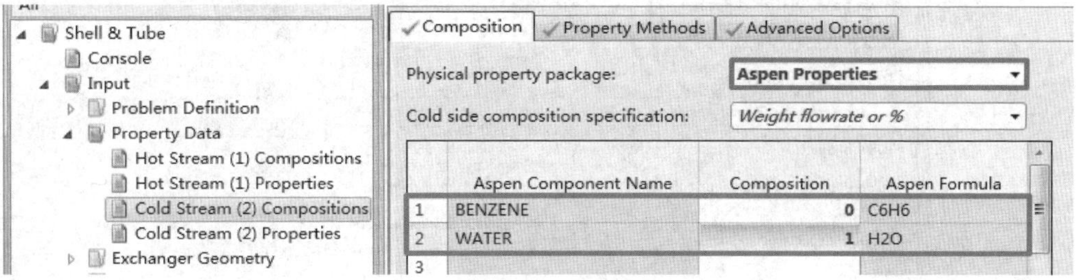

图 3-52　输入冷流体组成

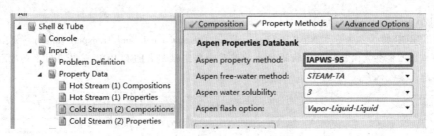

图 3-53　选择冷流体物性方法

进入 **Input ｜ Property Data ｜ Cold Stream(2) Properties ｜ Properties** 页面，单击 **Get Properties** 按钮，获取冷流体物性数据。

（5）设置结构参数

进入 **Input ｜ Exchanger Geometry ｜ Shell/Heads/Flanges/Tubesheets ｜ Shell/Heads** 页面，全部选项保持默认设置，如图 3-54 所示；进入 **Tubesheets** 页面，Include expansion joint（包含膨胀节）默认为 None，如图 3-55 所示。

注：是否设置膨胀节，在结构设计完成之后进行判断，则结果更为准确，详见 3.11.1.3 节的"设置膨胀节"。

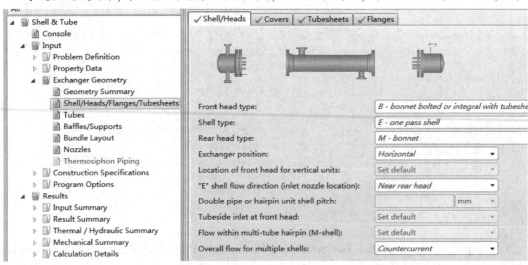

图 3-54　设置换热器结构类型

图 3-55　设置膨胀节

进入**Input | Exchanger Geometry | Tubes | Tube** 页面，输入 Tube outside diameter(管外径) 19mm，Tube wall thickness(管壁厚) 2mm，Tube pitch(管中心距) 25mm，其余选项保持默认设置，如图 3-56 所示。

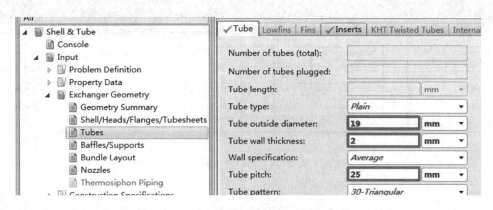

图 3-56　输入换热管参数

(6) 运行程序与查看警告信息

为防止数据丢失，单击**Save** 按钮 ![save] 保存文件。选择**Home |** ▶ ，运行程序。进入**Results | Result Summary | Warnings &messages** 页面，查看警告信息，如图 3-57 所示。

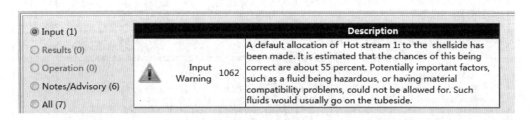

图 3-57　查看警告信息

输入警告 1062：热流体默认分配在壳程，正确率约为 55%；考虑到潜在重要因素，例如流体有害或有材料相容性问题，流体通常放在管程。该警告可忽略。

(7) 优化路径

如果对于设计结果不满意，或者有特殊要求，可以查看优化路径。进入**Results | Result Summary | Optimization Path | Optimization Path** 页面，可以快速地查看面积余量和压降比，以及设计状态，如图 3-58 所示。根据**Input | Program Options | Design Options | Optimization Options** 页面中 Basis for design optimization 选项设置，程序会依据最小换热面积或最低设计成本，选出最佳设计，设计者也可根据自己的考虑，从中选择合适的设计。

注：设计状态"OK"与"Near"的判断标准，详见 1.5.2.2 节。

(8) 查看结果与分析

进入**Results | Thermal/Hydraulic Summary | Performance | Overall Performance** 页面，查看换热器总体性能，如图 3-59 所示。

Item	Shell Size	Tube Length Actual	Tube Length Regd.	Area ratio	Pressure Drop Shell	Pressure Drop Dp Ratio	Pressure Drop Tube	Pressure Drop Dp Ratio	Baffle Pitch	Baffle No.	Tube Tube Pass	Tube No.	Units P	Units S	Total Price	Design Status
	mm	mm	mm		bar		bar		mm						Dollar(US)	
1	307.09	5700	5699.7	1	0.53388	0.59	0.13672	0.23	165	32	1	97	1	1	17386	OK
2	336.55	4650	4606.2	1.01	0.54434	0.6	0.07883	0.13	140	30	1	126	1	1	18473	OK
3	336.55	4950	4940.7	1	0.46204	0.51	0.56334	0.94	155	28	2	116	1	1	18263	OK
4	387.35	3750	3679.8	1.02	0.52471	0.58	0.04524	0.08	115	28	1	173	1	1	20573	OK
5	387.35	3750	3676.3	1.02	0.63422	0.7	0.25294	0.42	115	28	2	162	1	1	20291	OK
1	307.09	5700	5699.7	1	0.53388	0.59	0.13672	0.23	165	32	1	97	1	1	17386	OK

图 3-58　查看优化路径

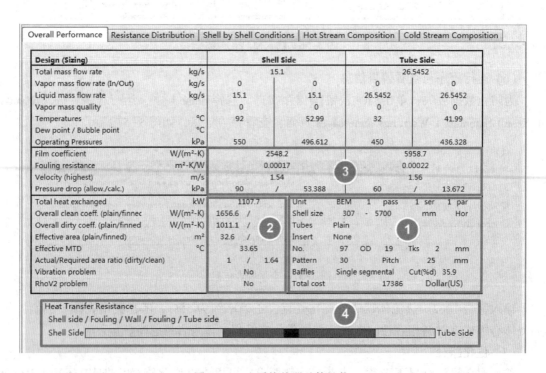

图 3-59　查看换热器总体性能

① 结构参数

如图 3-59 区域①所示，换热器型式为 BEM，管程数 1，串联台数 1，并联台数 1，壳径（内径）307mm，管长 5700mm，光管，管数 97，管外径 19mm，管壁厚 2mm，正三角形排列（30°），管中心距 25mm，单弓形折流板，圆缺率 35.9%。

进入 **Results | Result Summary | TEMA Sheet | TEMA Sheet** 页面，折流板间距 165mm，壳程进出口管嘴公称直径分别为 152.4mm（6in）和 101.6mm（4in），管程进出口管嘴公称直径分别为 152.4mm（6in）和 152.4mm（6in）。

注：Design 计算模式下，**Input | Exchanger Geometry | Nozzles | Shell Side Nozzles** 页面中，Nozzle diameter displayed on TEMA sheet(显示在 TEMA 表中的管嘴直径)选项默认为 Nominal(公称直径)。程序中管嘴尺寸有 ASME(美国机械工程师协会)和 ISO(国际标准化组织)两种标准,默认采用 ASME 标准。

② 面积余量(Actual/Required area ratio,dirty)

如图 3-59 区域②所示,换热器面积余量为 0%。

注:软件默认最小面积余量为 0%,可在 **Input | Program Options | Design Options | Optimization Options** 页面设置最小面积余量数值。

③ 流速(Velocity)

如图 3-59 区域③所示,壳程和管程流体最高流速分别为 1.54m/s 和 1.56m/s。

进入 **Results | Result Summary | TEMA Sheet | TEMA Sheet** 页面,壳程和管程平均流速分别为 1.23m/s 和 1.56m/s,均在合理范围内(表 3-46)。

进入 **Results | Thermal/Hydraulic Summary | Pressure Drop | Pressure Drop** 页面,Bundle Xflow(错流流速)和 Baffle windows(窗口流速)分别为 1.54m/s 和 1.17m/s(靠近进口)、1.46m/s 和 1.11m/s(靠近出口),窗口流速与错流流速比值分别为 0.76、0.76,均在合理范围内(参考 3.10.4 节)。

④ 压降(Pressure drop)

如图 3-59 区域③所示,壳程和管程压降分别为 53.388kPa 和 13.672kPa,均小于允许压降。

注:如果压降远小于允许压降,为了尽可能充分利用允许压降,可参考 3.10.3 节进行调节;如果允许压降得到了充分利用,但继续增加很少的压降就能较大地提高经济性,则应再行设计并考虑增加允许压降的可能性。

⑤ 总传热系数(Overall dirty coeff.)

如图 3-59 区域②所示,换热器总传热系数为 1011.1W/(m² · K)。

⑥ 有效平均温差(Effective MTD)

如图 3-59 区域②所示,有效平均温差为 33.65℃,详见 **Results | Thermal/Hydraulic Summary | Heat Transfer | MTD & Flux** 页面。

⑦ 振动问题(Vibration problem)

如图 3-59 区域②所示,本例无振动问题,详见 **Results | Thermal / Hydraulic Summary | Vibration & Resonance Analysis** 页面。

⑧ ρv^2 问题(RhoV2 problem)

如图 3-59 区域②所示,本例无 ρv^2 问题,详见 **Results | Thermal/Hydraulic Summary | Flow Analysis | Flow Analysis** 页面。

⑨ 热阻分布(Heat Transfer Resistance)

如图 3-59 区域④所示,本例热阻分布基本均衡,详见 **Results | Thermal/Hydraulic Summary | Performance | Resistance Distribution** 页面。

⑩ 压降分布(Pressure drop distribution)

进入 **Results | Thermal/Hydraulic Summary | Pressure Drop | Pressure Drop** 页面,如图 3-60 所示,壳程进出口管嘴压降分别为壳程总摩擦压降的 1.13% 和 3.84%,管程进出口管嘴压降分别为管程总摩擦压降的 6.99% 和 3.92%,均在合理范围内(参考 3.10.3 节)。

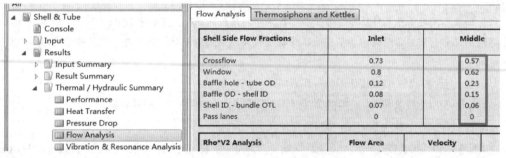

Pressure Drop	kPa	Shell Side			Tube Side		
Maximum allowed		90			60		
Total calculated		53.388			13.672		
Gravitational		0			0		
Frictional		53.421			13.663		
Momentum change		-0.033			0.009		
Pressure drop distribution		m/s	kPa	%dp	m/s	bar	%dp
Inlet nozzle		1.01	0.601	1.13	1.43	0.00955	6.99
Entering bundle		0.99			1.56	0.00596	4.36
Inside tubes					1.56 1.56	0.10611	77.67
Inlet space Xflow		1	1.369	2.56			
Bundle Xflow		1.54 1.46	27.419	51.33			
Baffle windows		1.17 1.11	20.625	38.61			
Outlet space Xflow		0.95	1.356	2.54			
Exiting bundle		0.8			1.56	0.00965	7.06
Outlet nozzle		2.18	2.051	3.84	1.44	0.00536	3.92

图 3-60　查看压降分布

⑪ 流路分析

进入 **Results | Thermal/Hydraulic Summary | Flow Analysis | Flow Analysis** 页面，如图 3-61 所示，Crossflow(B 流路)分数为 0.57，参考表 3-64，无须再采取额外措施提高 B 流路分数。

注：壳程和管程雷诺数详见 **Results | Thermal/Hydraulic Summary | Heat Transfer | Heat Transfer Coefficients** 页面。

Shell Side Flow Fractions	Inlet	Middle
Crossflow	0.73	0.57
Window	0.8	0.62
Baffle hole - tube OD	0.12	0.23
Baffle OD - shell ID	0.08	0.15
Shell ID - bundle OTL	0.07	0.06
Pass lanes	0	0

图 3-61　查看流路分析

⑫ 计算细节(Calculation Details)

进入 **Results | Calculation Details | Analysis along Shell | Interval Analysis** 页面，可查看壳程沿换热器长度的详细性能，如图 3-62 所示。为便于观察，各项性能参数也可在 **Analysis along Shell | Plots** 页面以图形的形式显示。

Point No.	Shell No.	Shell Pass No.	Distance from End	SS Bulk Temp.	SS Fouling Surface Temp	Tube Metal Temp	SS Pressure	SS Vapor fraction	SS void fraction	SS Heat Load	SS Heat flux	SS Film Coef.
			mm	°C	°C	°C	bar			kW	kW/m²	//(m²·)
1	1	1	5656	91.94	72.03	62.23	5.49369	0	0	-1.7	-51.1	2567.5
2	1	1	5413	89.55	70.3	60.88	5.48041	0	0	-71.9	-49.2	2555.8

图 3-62　查看壳程沿换热器长度的详细性能

进入 **Results | Calculation Details | Analysis along Tubes | Interval Analysis** 页面，可查看管程沿换热器长度的详细性能，如图 3-63 所示。为便于观察，各项性能参数也可在 **Analysis along Tubes | Plots** 页面以图形的形式显示。

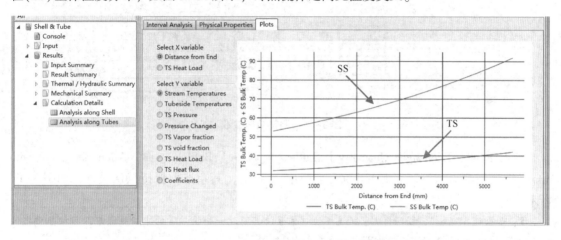

Shell No.	Tube Pass No.	Distance from End	SS Bulk Temp	SS Fouling surface temp.	Tube Metal Temp	TS Fouling surface temp	TS Bulk Temp.	TS Pressure	TS Vapor fraction	TS void fraction	TS Heat Load	TS Heat flux	TS Film Coef.	SS Film Coef.
		mm	℃	℃	℃	℃	℃	bar			kW	kW/m²	W/(m²·K)	W/(m²·K)
1	1	44	53.01	44.36	40.44	35.59	32.01	4.48366	0	0	0.7	20.5	5720.3	2368.4
1	1	287	54.08	45.11	41.03	35.98	32.27	4.47903	0	0	30	21.3	5735.4	2373.8

图 3-63　查看管程沿换热器长度的详细性能

⑬ 温度分布

进入**Results | Calculation Details | Analysis along Tubes | Plots** 页面，查看管程(TS)与壳程(SS)主体温度分布，如图 3-64 所示，冷热流体之间无温度交叉。

图 3-64　查看管程(TS)与壳程(SS)主体温度分布

3.11.1.3　校核模式

(1) 保存文件

选择**File | Save As**，文件另存为 Example3.1_Liquid-Liquid_BEM_Rating.EDR。

(2) 转为校核模式

选择**Home | Rating/Checking**，弹出更改模式对话框，提示"是否在校核模式中使用当前设计结果"，单击**Use Current** 按钮，将设计结果传输到校核模式。

(3) 调整结构参数

参照《热交换器型式与基本参数 第2部分：固定管板式热交换器》(GB/T 28712.2—2012)对设计结果进行调整，壳径(外径)为 325mm，管数 99，管长 6000mm，折流板间距 150mm，折流板圆缺率 25%。

进入**Input | Exchanger Geometry | Geometry Summary | Geometry** 页面，删除 Shell(s)-ID (壳体内径)数值，输入 Shell(s)-OD(壳体外径)325mm、Tubes-Number(管数)99、Tubes-Length(管长)6000mm、Baffles-Spacing(center-center)(折流板间距)150mm，删除 Baffles-Spacing at inlet(进口处折流板间距)数值，输入 Baffles-Number(折流板数)36、Baffles-Cut (%d)(折流板圆缺率)25，如图 3-65 所示。

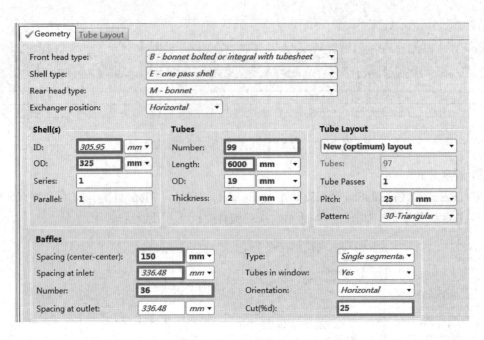

图 3-65　调整结构参数

进入 **Input | Exchanger Geometry | Baffles/Supports | Baffles** 页面，Align baffle cut with tubes（折流板缺口与管子平齐）下拉列表框中选择 No，其余选项保持默认设置，如图 3-66 所示。

注：如果选择"Yes"，程序将调整折流板缺口位置使其通过一排换热管的中心线或者两排换热管之间的中心线；如果选择"No"，程序使用输入的折流板圆缺率。

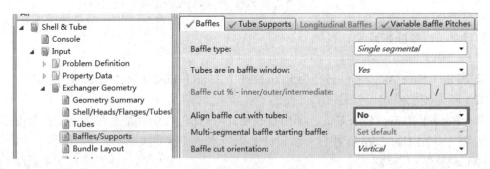

图 3-66　设置折流板参数

进入 **Input | Exchanger Geometry | Nozzles | Shell Side Nozzles** 页面，Nozzle diameter displayed on TEMA sheet（TEMA 表中显示的管嘴直径）下拉列表框中选择 Nominal（公称直径），如图 3-67 所示。

注：Design 计算模式下，Nozzle diameter displayed on TEMA sheet 选项默认为 Nominal（公称直径）。执行 Design 计算模式，如果没有得到设计结果，转为其他计算模式后，选项仍默认为 Nominal；如果得到设计结果，转为其他计算模式后，选项默认为 ID（内径）。

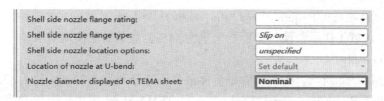

图 3-67 TEMA 表中显示管嘴公称直径

（4）运行程序与查看警告信息

为防止数据丢失，单击 **Save** 按钮 ![save] 保存文件。选择 **Home** | ▶，运行程序。进入 **Results** | **Result Summary** | **Warnings & Messages** 页面，查看警告信息，如图 3-68 所示。

◉ Input (1)				
○ Results (0)				**Description**
○ Operation (0)	⚠	Input Warning	1107	The tube count from the tube layout is 97, which differs from the effective tube count of 99 which you input. Your tube count will be used to determine heat transfer area and tubeside heat transfer and pressure drop.
○ Notes/Advisory (5)				
○ All (6)				

图 3-68 查看警告信息

输入警告 1107：布置的管数 97 与输入的有效管数 99 不同；输入的管数决定了换热面积以及管程的传热和压降。当管束与壳体间隙不同或管束与管嘴距离不同时，可能会导致程序布置的管数与输入的管数不同，该警告可忽略。

（5）查看结果与分析

进入 **Results** | **Thermal/Hydraulic Summary** | **Performance** | **Overall Performance** 页面，查看换热器总体性能，如图 3-69 所示。

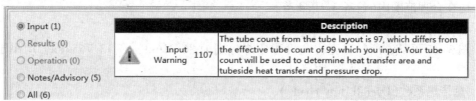

图 3-69 查看换热器总体性能

① 面积余量（Actual/Required area ratio, dirty）

如图 3-69 区域①所示，换热器面积余量为 11%，能够满足换热需求。

② 流速（Velocity）

如图 3-69 区域②所示，壳程和管程流体最高流速分别为 1.77m/s 和 1.53m/s。

进入 **Results | Result Summary | TEMA Sheet | TEMA Sheet** 页面，壳程和管程平均流速分别为 1.24m/s 和 1.53m/s，均在合理范围内（表 3-46）。

进入 **Results | Thermal/Hydraulic Summary | Pressure Drop | Pressure Drop** 页面，查看 Bundle Xflow 流速（错流流速）和 Baffle windows 流速（窗口流速）分别为 1.77m/s 和 1.72m/s（靠近进口）、1.67m/s 和 1.63m/s（靠近出口），窗口流速与错流流速比值分别为 0.97 和 0.98，均在合理范围内（参考 3.10.4 节）。

③ 压降（Pressure drop）

如图 3-69 区域②所示，壳程和管程压降分别为 86.316kPa 和 13.765kPa，均小于允许压降。

④ 总传热系数（Overall dirty coeff.）

如图 3-69 区域①所示，换热器总传热系数为 1046.7W/(m² · K)。

⑤ 有效平均温差（Effective MTD）

如图 3-69 区域①所示，有效平均温差为 33.66℃，详见 **Results | Thermal/Hydraulic Summary | Heat Transfer | MTD & Flux** 页面。

⑥ 振动问题（Vibration problem）

如图 3-69 区域①所示，本例无振动问题，详见 **Results | Thermal/Hydraulic Summary | Vibration & Resonance Analysis** 页面。

⑦ ρv^2 问题（RhoV2 problem）

如图 3-69 区域①所示，本例无 ρv^2 问题，详见 **Results | Thermal/Hydraulic Summary | Flow Analysis | Flow Analysis** 页面。

⑧ 热阻分布（Heat Transfer Resistance）

如图 3-69 区域③所示，本例热阻分布基本均衡，详见 **Results | Thermal/Hydraulic Summary | Performance | Resistance Distribution** 页面。

⑨ 压降分布（Pressure drop distribution）

进入 **Results | Thermal/Hydraulic Summary | Pressure Drop | Pressure Drop** 页面，如图 3-70 所示，壳程进出口管嘴压降分别为壳程总摩擦压降的 0.70% 和 2.40%，管程进出口管嘴压降分别为管程总摩擦压降的 6.93% 和 3.90%，均在合理范围内（参考 3.10.3 节）。

⑩ 流路分析

进入 **Results | Thermal/Hydraulic Summary | Flow Analysis | Flow Analysis** 页面，如图 3-71 所示，Crossflow（B 流路）分数为 0.53，参考表 3-64，无须再采取额外措施提高 B 流路分数。

⑪ 计算细节（Calculation Details）

进入 **Results | Calculation Details | Analysis along Shell | Interval Analysis** 页面，查看壳程沿换热器长度的详细性能，如图 3-72 所示。

进入 **Results | Calculation Details | Analysis along Tubes | Interval Analysis** 页面，可查看管程沿换热器长度的详细性能，如图 3-73 所示。

Pressure Drop	Thermosiphon Piping	Thermosiphon Piping Elements

Pressure Drop	kPa	Shell Side				Tube Side			
Maximum allowed		90				60			
Total calculated		86.316				13.765			
Gravitational		0				0			
Frictional		86.336				13.757			
Momentum change		-0.02				0.008			
Pressure drop distribution		m/s	kPa	%dp		m/s	bar	%dp	
Inlet nozzle		1.01	0.605	0.7		1.43	0.00954	6.93	
Entering bundle		0.76				1.52	0.00572	4.16	
Inside tubes					1.52	1.53	0.10768	78.27	
Inlet space Xflow		0.79	1.521	1.76					
Bundle Xflow	1.77	1.67	49.199	56.99					
Baffle windows	1.72	1.63	31.457	36.44					
Outlet space Xflow		0.75	1.482	1.72					
Exiting bundle		0.62				1.53	0.00927	6.73	
Outlet nozzle		2.18	2.072	2.4		1.44	0.00537	3.9	

图 3-70 查看压降分布

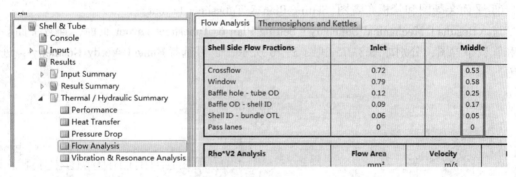

图 3-71 查看流路分析

Point No.	Shell No.	Shell Pass No.	Distance from End	SS Bulk Temp.	SS Fouling Surface Temp	Tube Metal Temp	SS Pressure	SS Vapor fraction	SS void fraction	SS Heat Load	SS Heat flux	SS Film Coef.
			mm	°C	°C	°C	bar			kW	kW/m²	//(m²·℃
1	1	1	5956	91.95	70.29	61.1	5.49368	0	0	-1.5	-47.9	2213.2
2	1	1	5631	89.2	68.38	59.59	5.47681	0	0	-82.1	-45.8	2201.9

图 3-72 查看壳程沿换热器长度的详细性能

Shell No.	Tube Pass No.	Distance from End	SS Bulk Temp	SS Fouling surface temp.	Tube Metal Temp	TS Fouling surface temp	TS Bulk Temp.	TS Pressure	TS Vapor fraction	TS void fraction	TS Heat Load	TS Heat flux	TS Film Coef.	SS Film Coef.
		mm	°C	°C	°C	°C	°C	bar			kW	kW/m²	N/(m²·K)	N/(m²·K)
1	1	44	53.02	43.65	39.97	35.42	32.01	4.48393	0	0	0.6	19.2	5626.1	2047.6
1	1	369	54.25	44.47	40.63	35.87	32.31	4.47795	0	0	34.5	20.1	5643.2	2052.8

图 3-73 查看管程沿换热器长度的详细性能

⑫ 温度分布

进入 **Results | Calculation Details | Analysis along Tubes | Plots** 页面,查看管程(TS)与壳程(SS)主体温度分布,如图 3-74 所示,冷热流体之间无温度交叉。

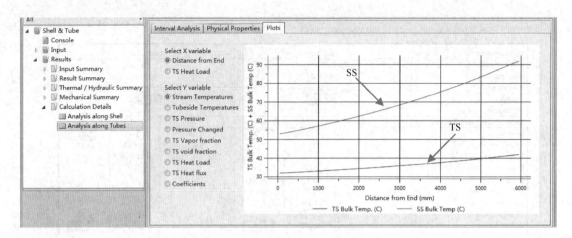

图 3-74　查看管程(TS)与壳程(SS)主体温度分布

⑬ 平面装配图和管板布置图(Setting Plan & Tubesheet Layout)

进入**Results | Mechanical Summary | Setting Plan & Tubesheet Layout** 页面，查看平面装配图和管板布置图，分别如图 3-75 和图 3-76 所示，也可选择**Home | Verify Geometry**，进行查看。

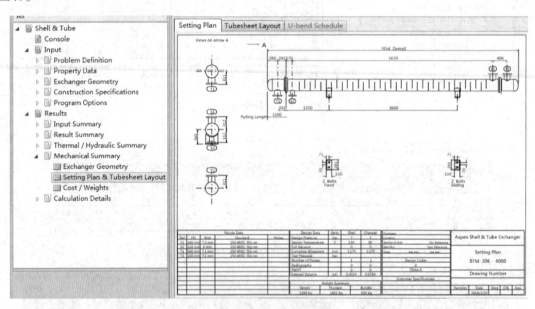

图 3-75　查看平面装配图

(6) 设置膨胀节

选择**Home | Mechanical**（机械设计），弹出更改模式对话框，单击**Transfer** 按钮，将设计结果传输到机械设计。

导航窗格出现 Shell & Tube Mech 程序的导航路径，进入**Input | Exchanger Geometry | Expansion Joints | Expansion Joints** 页面，Expansion joint for fixed tubesheet design（为固定管板式换热器设置膨胀节）默认为 Program（由程序确定是否设置膨胀节），如图 3-77 所示。

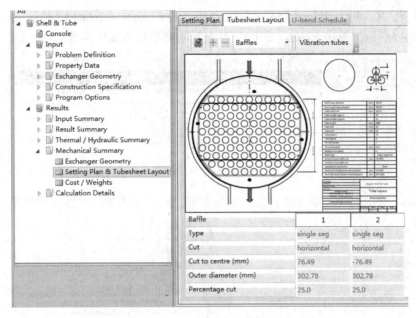

图 3-76 查看管板布置图

Baffle	1	2
Type	single seg	single seg
Cut	horizontal	horizontal
Cut to centre (mm)	76.49	-76.49
Outer diameter (mm)	302.78	302.78
Percentage cut	25.0	25.0

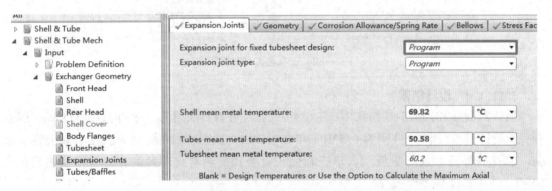

图 3-77 由程序确定膨胀节

为防止数据丢失，单击 **Save** 按钮 ▤ 保存文件。选择 **Home** | ▶，运行程序。进入 **Results** | **Design Summary** | **Warnings/Messages** 页面，查看警告信息，如图 3-78 所示。

			Description
○ Input (0)	⚠	Warning 278	SHELL CYLINDER: Pipe diameter not found in standard tables. Pipe diameter = 325 mm.
○ Results (0)			
● Operation (3)	⚠	Warning 278	FRONT HEAD CYLINDER: Pipe diameter not found in standard tables. Pipe diameter = 325 mm.
○ Notes/Advisory (0)			
○ All (3)	⚠	Warning 278	REAR HEAD CYLINDER: Pipe diameter not found in standard tables. Pipe diameter = 325 mm.

图 3-78 查看警告信息

运行警告 278：在标准表中没有找到壳体、前端结构和后端结构的圆筒直径（325mm）。由于直径参照国标调整，该警告可忽略。

没有出现如图 3-79 所示的提示，说明无须添加膨胀节。当出现提示时，说明程序会自

动添加膨胀节，**Results** | **Vessel Dimensions** 路径下的 Expansion Joint（膨胀节）由灰色变为黑色，如图 3-80 所示。单击 Expansion Joint 可查看膨胀节具体结构参数。

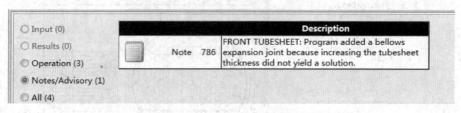

图 3-79　膨胀节添加提示

注意 786　增加前管板厚度没有得到解决方案，故程序添加一个波纹膨胀节。

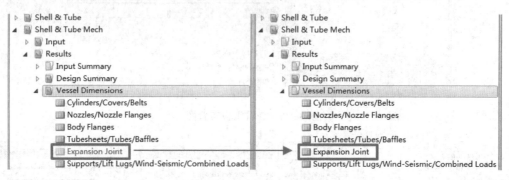

图 3-80　查看是否存在膨胀节

3.11.1.4　设计结果

换热器型号 BEM325-0.5/0.7-35-6/19-1Ⅱ。可拆封头管箱，公称直径 325mm，管程和壳程设计压力（表压）分别为 0.5MPa 和 0.7MPa，公称换热面积 35m^2，换热管公称长度 6m，换热管外径 19mm，1 管程，单壳程固定管板式换热器，碳素钢Ⅱ级管束换热管符合 GB/T 151—2014 偏差要求。

注：进入 **Results** | **Result Summary** | **TEMA Sheet** | **TEMA Sheet** 页面，查看管程和壳程设计温度、设计压力（表压）。

3.11.2　油品换热器

某炼油厂需将减二中油（VGO No.2）和初底油（Initial Bottoms）进行换热，工艺数据和油品物性见表 3-76，试设计管壳式换热器。

表 3-76　工艺数据与油品物性

类型	项　目	热流体（VGO No.2）	冷流体（Initial Bottoms）
工艺数据	质量流量/（kg/s）	14.0	—
	进口/出口温度/℃	303.5/246.0	209.2/226.1
	进口压力（绝压）/MPa	0.80	1.05
	允许压降/kPa	50.0	100.0
	污垢热阻/（$m^2 \cdot K/W$）	0.00034	0.00052

类型	项 目	热流体(VGO No.2)	冷流体(Initial Bottoms)
油品物性	油品相对密度	0.8518	0.8656
	特性因数 K_F	12.68	12.45
	测试第一点运动黏度的温度/℃	80.0	50.0
	第一点运动黏度/(mm²/s)	7.95	27.14
	测试第二点运动黏度的温度/℃	100.0	80.0
	第二点运动黏度/(mm²/s)	5.24	9.69

题目只给出了油品的相对密度、特性因数、两个温度点及其对应运动黏度，需要根据表 2-1 进行油品物性计算，结果见表 3-77。

表 3-77 减二中油和初底油物性数据

项 目	减二中油			初底油		
温度/℃	246.0	274.5	303.5	209.2	217.65	226.1
密度/(kg/m³)	692.764	672.709	652.302	735.873	730.079	724.285
比热容/[kJ/(kg·K)]	2.981	3.105	3.232	2.761	2.797	2.833
黏度/mPa·s	0.737	0.607	0.511	0.958	0.887	0.824
导热系数/[W/(m·K)]	0.119	0.117	0.114	0.120	0.119	0.118

3.11.2.1 初步规定

- 流体空间的选择

参照表 3-45，高黏度流体走壳程，故初底油走壳程，减二中油走管程。

- 壳体和前后端结构

冷热流体易结垢且温差大，故选择浮头式换热器 AES 型。

- 换热管

选用管长 6m、管外径 19mm、管壁厚 2mm 的光管。

- 管子排列方式

为方便清洗且尽量提高传热系数，管子排列方式选择转角正方形(45°)。

- 折流板

选用单弓形折流板，缺口方向水平上下布置。

- 旁路挡板

选用默认设置。对于后端结构为 S 型的浮头式换热器，默认设置为每 6 排管子设一对旁路挡板。

- 材质

减二中油和初底油中活性硫化物含量较高，腐蚀性较强，故选用不锈钢。

3.11.2.2 设计模式

(1) 建立和保存文件

启动 Aspen Exchanger Design & Rating 软件，新建一个管壳式换热器文件，单击**Save** 按钮 💾，文件保存为 Example3.2_Liquid-Liquid_AES_Design.EDR。

（2）设置应用选项

将单位设为 SI（国际制）。进入 **Input | Problem Definition | Application Options | Application Options** 页面。General 选项区域 Location of hot fluid（热流体位置）下拉列表框中选择 Tube side（管程），Select geometry based on this dimensional standard（选择结构基于的尺寸标准）下拉列表框中选择 SI（国际制），Hot Side 选项区域 Application（应用类型）下拉列表框中选择 Liquid, no phase change（液相，无相变），Cold Side 选项区域 Application（应用类型）下拉列表框中选择 Liquid, no phase change（液相，无相变），其余选项保持默认设置，如图 3-81 所示。

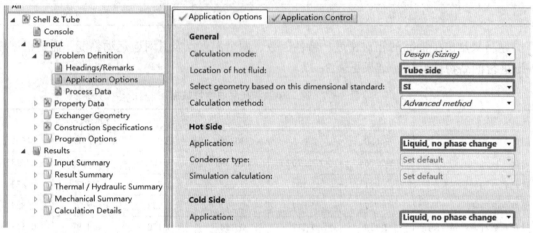

图 3-81　设置应用选项

（3）输入工艺数据

进入 **Input | Problem Definition | Process Data | Process Data** 页面，根据表 3-76 输入冷热流体工艺数据，如图 3-82 所示（输入时注意单位一致）。

		Hot Stream (1) Tube Side		Cold Stream (2) Shell Side	
Fluid name:		VGO No.2		Initial Bottoms	
		In	Out	In	Out
Mass flow rate:	kg/s	14			
Temperature:	°C	303.5	246	209.2	226.1
Vapor fraction:		0	0	0	0
Pressure:	MPa	0.8	0.75	1.05	0.95
Pressure at liquid surface in column:					
Heat exchanged:	kW				
Exchanger effectiveness:					
Adjust if over-specified:		Heat load		Heat load	
Estimated pressure drop:	kPa	50		100	
Allowable pressure drop :	kPa	50		100	
Fouling resistance :	m²-K/W	0.00034		0.00052	

图 3-82　输入工艺数据

（4）输入物性数据

进入 **Input** | **Property Data** | **Hot Stream（1）Compositions** | **Composition** 页面，Physical property package（物性包）选项默认为 User specified properties（用户自定义物性），如图 3-83 所示。

图 3-83 选择热流体物性包

进入 **Input** | **Property Data** | **Hot Stream（1）Properties** | **Properties** 页面，因只提供了进口压力下物性数据，故删除出口压力 750kPa，如图 3-84 所示。根据表 3-77 输入 800kPa 下热流体物性数据，如图 3-85 所示。

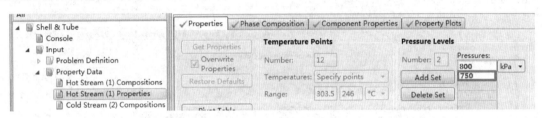

图 3-84 删除出口压力

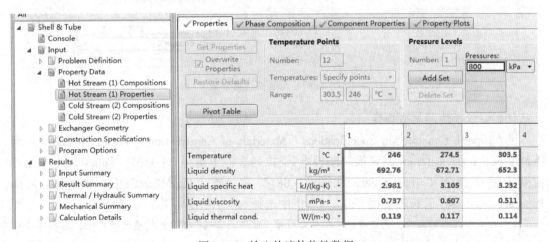

图 3-85 输入热流体物性数据

同理，输入冷流体物性数据。

（5）设置结构参数

进入 **Input** | **Exchanger Geometry** | **Shell/Heads/Flanges/Tubesheets** | **Shell/Heads** 页面，Front head type（前端结构类型）下拉列表框中选择 A 型，Rear head type（后端结构类型）下拉列表框中选择 S 型，其余选项保持默认设置，如图 3-86 所示。

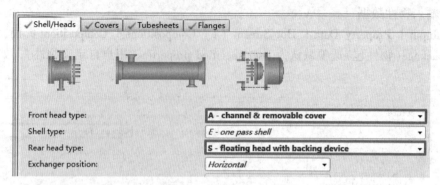

图 3-86 设置换热器结构类型

进入**Input | Exchanger Geometry | Tubes | Tube** 页面，输入 Tube outside diameter(管外径) 19mm，Tube wall thickness(管壁厚)2mm，Tube pitch(管中心距)25mm，在 Tube pattern(管子排列方式)下拉列表框中选择 45-Rotated Sqr.(转角正方形)，其余选项保持默认设置，如图 3-87 所示。

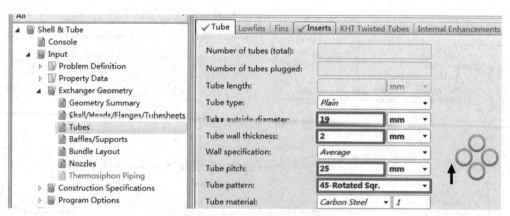

图 3-87 设置换热管参数

（6）设置换热器制造规定

进入**Input | Construction Specifications | Materials of Construction | Vessel Materials** 页面，Default exchanger material(默认换热器材质)下拉列表框中选择 SS 316L，Tubesheet(管板)下拉列表框中选择 Carbon Steel，如图 3-88 所示。进入 **Cladding/Gasket Materials** 页面，Tubesheet cladding(管板覆盖层)下拉列表框中选择 SS 316L，如图 3-89 所示。

注：为节省成本等原因，管板双侧采用复合材质，故在图 3-88 中管板材质选择碳钢，在图 3-89 中管板覆盖层材质选择 SS 316L；为节省成本等原因，壳体、管箱等也可采用复合材质，但 Shell & Tube 程序侧重于热力设计，这些部件不能设置复合材质，更加详细的机械设计请在 Shell & Tube Mech 程序中进行。

（7）设置程序选项

进入**Input | Program Options | Design Options | Geometry Options** 页面，Geometry Options 选项区域 Number of tube rows between sealing strips(旁路挡板之间的管排数)默认为 6，如图 3-90所示。

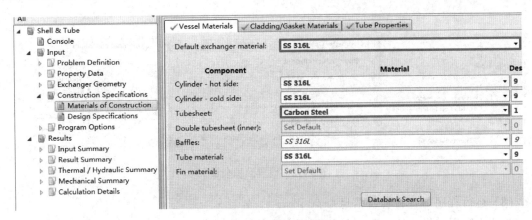

图 3-88 设置换热器材质

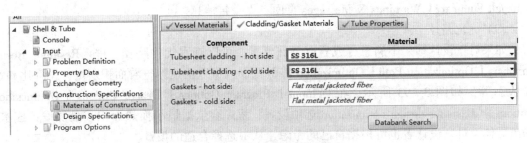

图 3-89 设置管板覆盖层材质

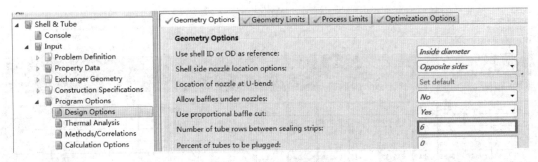

图 3-90 设置旁路挡板

进入 **Input | Program Options | Design Options | Geometry Limits** 页面，Tube length（管长）文本框中输入 6000 mm，如图 3-91 所示。在 **Optimization Options** 页面，Minimum % excess surface area required（超过所需面积的最小百分数）文本框中输入 10，保证面积余量大于 10%，如图 3-92 所示。

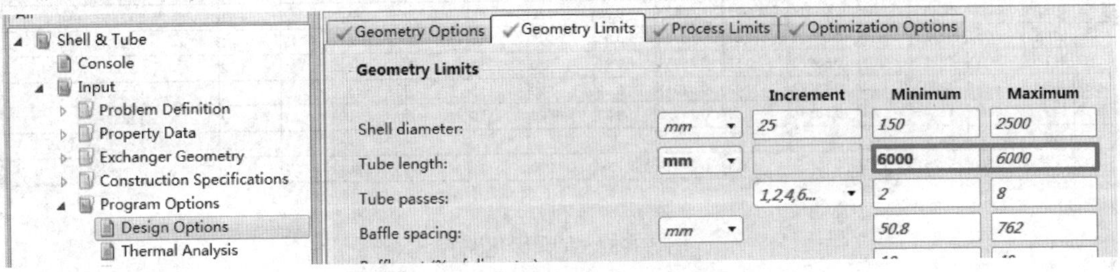

图 3-91 设置结构限制

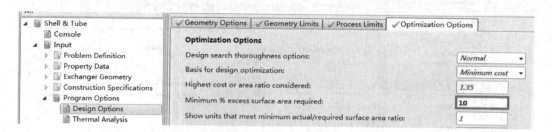

图 3-92 设置面积余量

（8）运行程序与查看警告信息

为防止数据丢失，单击 **Save** 按钮 📑 保存文件。选择 **Home |** ▶，运行程序。进入 **Results | Result Summary | Warnings & Messages** 页面，无警告信息。

（9）优化路径

如果对于设计结果不满意，或者有特殊要求，可以查看优化路径。进入 **Results | Result Summary | Optimization Path | Optimization Path** 页面，可以快速地查看面积余量、压降比和设计状态等，如图 3-93 所示。根据 **Input | Program Options | Design Options | Optimization Options** 中 Basis for design optimization 选项设置，程序会依据最小换热面积或最低设计成本，选出最佳设计。设计者也可根据自己的考虑，从中选择合适的设计。

注：设计状态"OK"与"Near"的判断标准，详见 1.5.2.2 节。

Optimization Path

Current selected case:　2　　Select

Item	Shell Size	Tube Length Actual	Tube Length Reqd.	Area ratio	Pressure Drop Shell	Dp Ratio	Pressure Drop Tube	Dp Ratio	Baffle Pitch	Baffle No.	Tube Pass	Tube No.	Units P	Units S	Total Price	Design Status
	mm	mm	mm		bar		bar		mm						Dollar(US)	
1	625	6000	5827.2	1.03	0.75725	0.76	0.36176	0.72	200	26	4	336	1	1	72693	Near
2	650	6000	5426.8	1.11	0.50325	0.5	0.29889	0.6	230	22	4	380	1	1	77254	OK
3	675	6000	5343	1.12	0.13862	0.14	0.26021	0.52	520	10	4	419	1	1	82212	OK
4	700	6000	5972.7	1	0.77605	0.78	0.0742	0.15	185	28	2	480	1	1	91417	OK
5	700	6000	5046.9	1.19	0.12772	0.13	0.22904	0.46	520	10	4	458	1	1	87860	OK
6	700	6000	4669.9	1.28	0.13039	0.13	0.65104	1.3 *	520	10	6	438	1	1	86529	Near
7	725	6000	5976.6	1	0.2577	0.26	0.07199	0.14	285	18	2	508	1	1	95684	Near
8	725	6000	4872.2	1.23	0.12091	0.12	0.21123	0.42	520	10	4	486	1	1	93704	OK
9	725	6000	4459.8	1.35	0.12351	0.12	0.57989	1.16 *	520	10	6	470	1	1	92638	Near
10	750	6000	5495.8	1.09	1.07779	1.08 *	0.06851	0.14	150	34	2	561	1	1	112000	Near
11	775	6000	5446.5	1.1	0.32503	0.33	0.06633	0.13	250	20	2	603	1	1	111081	OK
12	800	6000	5451.9	1.1	0.11208	0.11	0.06504	0.13	520	10	2	633	1	1	113323	OK
13	825	6000	5214.4	1.15	0.10886	0.11	0.06287	0.13	515	10	2	693	1	1	120435	OK
14	850	6000	5056.8	1.19	0.1069	0.11	0.06148	0.12	515	10	2	741	1	1	126904	OK
15	549.25	6000	5479.7	1.09	1.04413	1.04 *	0.0438	0.09	110	48	2	281	2	1	130346	Near
16	598.53	6000	5372.3	1.12	0.07225	0.07	0.0385	0.08	375	14	2	340	2	1	135278	OK
17	447.65	6000	5879.3	1.02	0.66978	0.67	0.45953	0.92	410	12	2	156	1	2	87864	Near
18	498.45	6000	4820.4	1.24	0.48268	0.48	0.31057	0.62	520	10	2	212	1	2	102774	OK
19	549.25	6000	4164.6	1.44	0.38584	0.39	0.24071	0.48	520	10	2	268	1	2	118278	OK
2	650	6000	5426.8	1.11	0.50325	0.5	0.29889	0.6	230	22	4	380	1	1	77254	OK

图 3-93 查看优化路径

（10）查看结果与分析

进入 **Results | Thermal/Hydraulic Summary | Performance | Overall Performance** 页面，查看换热器总体性能，如图 3-94 所示。

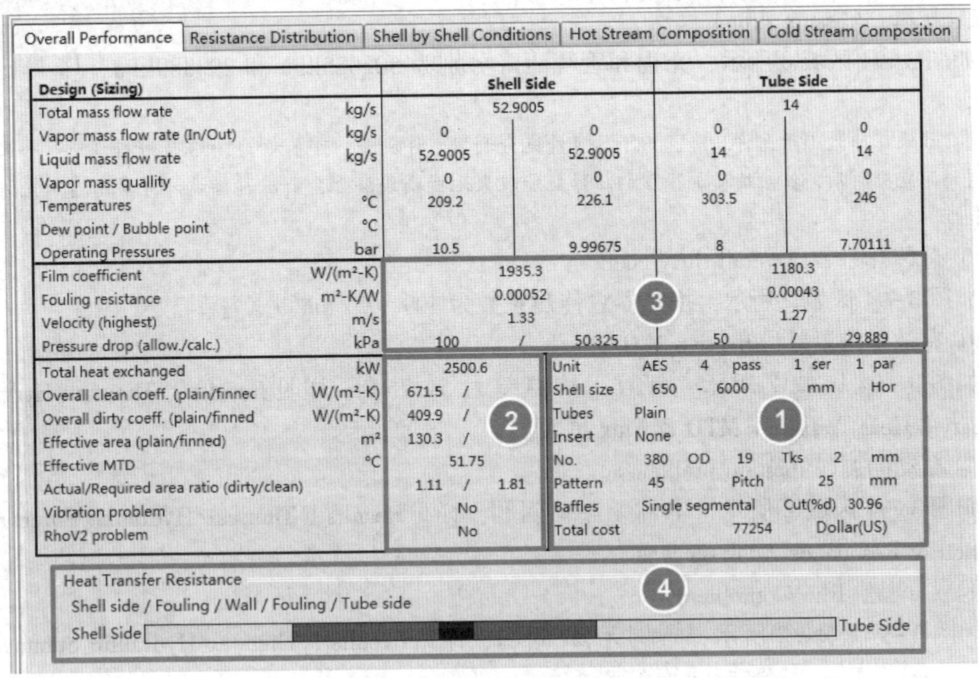

Overall Performance	Resistance Distribution	Shell by Shell Conditions	Hot Stream Composition	Cold Stream Composition

Design (Sizing)		Shell Side		Tube Side	
Total mass flow rate	kg/s	52.9005		14	
Vapor mass flow rate (In/Out)	kg/s	0	0	0	0
Liquid mass flow rate	kg/s	52.9005	52.9005	14	14
Vapor mass quallity		0	0	0	0
Temperatures	°C	209.2	226.1	303.5	246
Dew point / Bubble point	°C				
Operating Pressures	bar	10.5	9.99675	8	7.70111
Film coefficient	W/(m²·K)	1935.3		1180.3	
Fouling resistance	m²·K/W	0.00052		0.00043	
Velocity (highest)	m/s	1.33		1.27	
Pressure drop (allow./calc.)	kPa	100 / 50.325		50 / 29.889	

③

Total heat exchanged	kW	2500.6			Unit	AES	4	pass	1 ser	1 par
Overall clean coeff. (plain/finnec	W/(m²·K)	671.5 /			Shell size	650	-	6000	mm	Hor
Overall dirty coeff. (plain/finned	W/(m²·K)	409.9 /			Tubes	Plain				
Effective area (plain/finned)	m²	130.3 /			Insert	None				
Effective MTD	°C	51.75			No.	380	OD	19	Tks	2 mm
Actual/Required area ratio (dirty/clean)		1.11 / 1.81			Pattern	45	Pitch	25	mm	
Vibration problem		No			Baffles	Single segmental		Cut(%d)	30.96	
RhoV2 problem		No			Total cost		77254		Dollar(US)	

② ①

Heat Transfer Resistance
Shell side / Fouling / Wall / Fouling / Tube side

④

Shell Side [   ] Tube Side

图 3-94　查看换热器总体性能

① 结构参数

如图 3-94 区域①所示，换热器型式为 AES，管程数 4，串联台数 1，并联台数 1，壳径（内径）650mm，管长 6000mm，光管，管数 380，管外径 19mm，管壁厚 2mm，转角正方形排列（45°），管中心距 25mm，单弓形折流板，圆缺率 30.96%。

进入 **Results | Result Summary | TEMA Sheet | TEMA Sheet** 页面，折流板间距 230mm，壳程进出口管嘴公称直径分别为 254mm（10in）和 203.2mm（8in），管程进出口管嘴公称直径分别为 88.9mm（3.5in）和 101.6mm（4in）。

注：Design 计算模式下，**Input | Exchanger Geometry | Nozzles | Shell Side Nozzles** 页面中，Nozzle diameter displayed on TEMA sheet（显示在 TEMA 表中的管嘴直径）选项默认为 Nominal（公称直径）。程序中管嘴尺寸有 ASME（美国机械工程师协会）和 ISO（国际标准化组织）两种标准，默认采用 ASME 标准。

② 面积余量（Actual/Required area ratio，dirty）

如图 3-94 区域②所示，换热器面积余量为 11%，满足换热需求。

注：在 **Input | Program Options | Design Options | Optimization Options** 页面，设置的最小面积余量为 10%。

③ 流速（Velocity）

如图 3-94 区域③所示，壳程和管程流体最高流速分别为 1.33m/s 和 1.27m/s。

进入 **Results | Result Summary | TEMA Sheet | TEMA Sheet** 页面，壳程和管程平均流速分别为 0.99m/s 和 1.24m/s，均在合理范围内（表 3-46）。

进入 **Results | Thermal/Hydraulic Summary | Pressure Drop | Pressure Drop** 页面，Bundle

Xflow(错流流速)和 Baffle windows(窗口流速)分别为 1.31m/s 和 1.17m/s(靠近进口)、1.33m/s 和 1.19m/s(靠近出口),窗口流速与错流流速比值分别为 0.89、0.89,均在合理范围内(参考 3.10.4 节)。

④ 压降(Pressure drop)

如图 3-94 区域③所示,壳程和管程压降分别为 50.325kPa 和 29.889kPa,均小于允许压降。

注:如果压降远小于允许压降,为了尽可能充分利用允许压降,可参考 3.10.3 节进行调节;如果允许压降得到了充分利用,但继续增加很少的压降就能较大地提高经济性,则应再行设计并考虑增加允许压降的可能性。

⑤ 总传热系数(Overall dirty coeff.)

如图 3-94 区域②所示,换热器总传热系数为 409.9W/($m^2 \cdot K$)。

⑥ 有效平均温差(Effective MTD)

如图 3-94 区域②所示,有效平均温差为 51.75℃,详见**Results | Thermal/Hydraulic Summary | Heat Transfer | MTD & Flux** 页面。

⑦ 振动问题(Vibration problem)

如图 3-94 区域②所示,本例无振动问题,详见**Results | Thermal/Hydraulic Summary | Vibration & Resonance Analysis** 页面。

⑧ ρv^2问题(RhoV2 problem)

如图 3-94 区域②所示,本例无 ρv^2 问题,详见**Results | Thermal/Hydraulic Summary | Flow Analysis | Flow Analysis** 页面。

⑨ 热阻分布(Heat Transfer Resistance)

如图 3-94 区域④所示,本例热阻分布基本均衡,详见**Results | Thermal/Hydraulic Summary | Performance | Resistance Distribution** 页面。

⑩ 压降分布(Pressure drop distribution)

进入**Results | Thermal/Hydraulic Summary | Pressure Drop | Pressure Drop** 页面,如图 3-95 所示,壳程进出口管嘴压降分别为壳程总摩擦压降的 2.12%和 4.46%,管程进出口管嘴压降分别为管程总摩擦压降的 12.78%和 3.41%,均在合理范围内(参考 3.10.3 节)。

Pressure Drop | Thermosiphon Piping | Thermosiphon Piping Elements

Pressure Drop kPa	Shell Side			Tube Side		
Maximum allowed	100			50		
Total calculated	50.325			29.889		
Gravitational	0			0		
Frictional	50.32			29.951		
Momentum change	0.005			-0.062		
Pressure drop distribution	m/s	bar	%dp	m/s	bar	%dp
Inlet nozzle	1.41	0.01069	2.12	3.36	0.03828	12.78
Entering bundle	0.91			1.27	0.01042	3.48
Inside tubes				1.27 1.22	0.22319	74.52
Inlet space Xflow	0.66	0.01522	3.02			
Bundle Xflow	1.31 1.33	0.34918	69.39			
Baffle windows	1.17 1.19	0.09042	17.97			
Outlet space Xflow	0.67	0.01524	3.03			
Exiting bundle	1.03			1.22	0.01741	5.81
Outlet nozzle	2.26	0.02242	4.46	2.46	0.01021	3.41

图 3-95 查看压降分布

⑪ 流路分析

进入**Results ｜ Thermal／Hydraulic Summary ｜ Flow Analysis ｜ Flow Analysis** 页面，如图 3-96 所示，Crossflow(B 流路)分数为 0.48，参考表 3-64，无须再采取额外措施提高 B 流路分数。

注：壳程和管程雷诺数详见**Results ｜ Thermal／Hydraulic Summary ｜ Heat Transfer ｜ Heat Transfer Coefficients**页面。

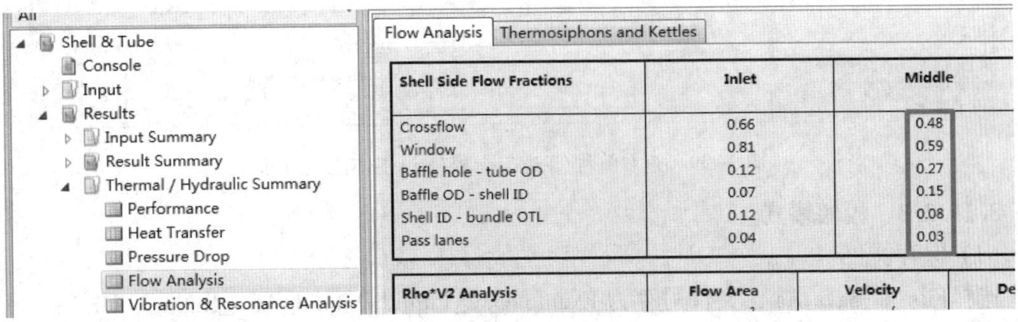

Flow Analysis	Thermosiphons and Kettles		
Shell Side Flow Fractions		**Inlet**	**Middle**
Crossflow		0.66	0.48
Window		0.81	0.59
Baffle hole - tube OD		0.12	0.27
Baffle OD - shell ID		0.07	0.15
Shell ID - bundle OTL		0.12	0.08
Pass lanes		0.04	0.03
Rho*V2 Analysis		**Flow Area**	**Velocity**

(左侧导航树：All / Shell & Tube / Console / Input / Results / Input Summary / Result Summary / Thermal / Hydraulic Summary / Performance / Heat Transfer / Pressure Drop / Flow Analysis / Vibration & Resonance Analysis)

图 3-96　查看流路分析

⑫ 计算细节(Calculation Details)

进入**Results ｜ Calculation Details ｜ Analysis along Shell ｜ Interval Analysis** 页面，可查看壳程沿换热器长度的详细性能，如图 3-97 所示。为便于观察，各项性能参数也可在**Analysis along Shell ｜ Plots** 页面以图形的形式显示。

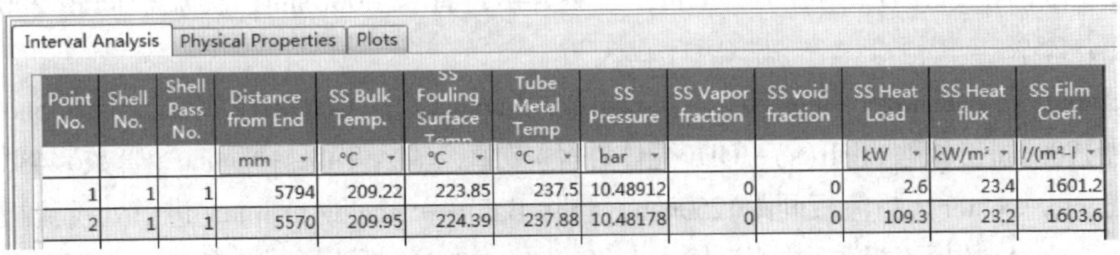

Interval Analysis	Physical Properties	Plots									
Point No.	Shell No.	Shell Pass No.	Distance from End	SS Bulk Temp.	SS Fouling Surface Temp	Tube Metal Temp	SS Pressure	SS Vapor fraction	SS void fraction	SS Heat Load	SS Heat flux	SS Film Coef.
			mm	℃	℃	℃	bar			kW	kW/m²	J/(m²·l
1	1	1	5794	209.22	223.85	237.5	10.48912	0	0	2.6	23.4	1601.2
2	1	1	5570	209.95	224.39	237.88	10.48178	0	0	109.3	23.2	1603.6

图 3-97　查看壳程沿换热器长度的详细性能

进入**Results ｜ Calculation Details ｜ Analysis along Tubes ｜ Interval Analysis** 页面，可查看管程沿换热器长度的详细性能，如图 3-98 所示。为便于观察，各项性能参数也可在**Analysis along Tubes ｜ Plots** 页面以图形的形式显示。

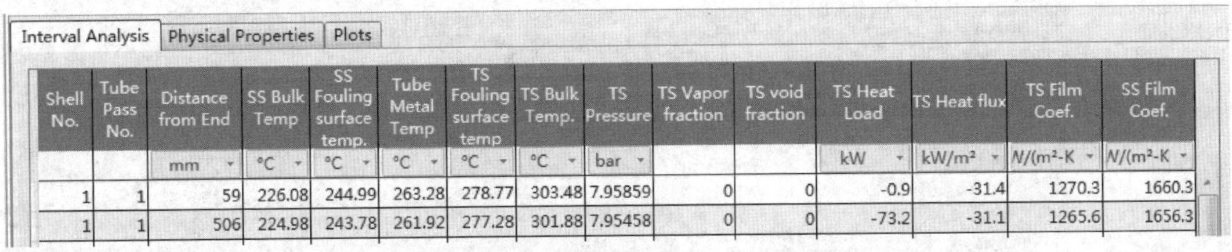

Interval Analysis	Physical Properties	Plots											
Shell No.	Tube Pass No.	Distance from End	SS Bulk Temp	SS Fouling surface temp.	Tube Metal Temp	TS Fouling surface temp	TS Bulk Temp.	TS Pressure	TS Vapor fraction	TS void fraction	TS Heat Load	TS Heat flux	TS Film Coef.	SS Film Coef.
		mm	℃	℃	℃	℃	℃	bar			kW	kW/m²	N/(m²·K)	N/(m²·K)
1	1	59	226.08	244.99	263.28	278.72	303.49	7.95859	0	0	-0.9	-31.4	1270.3	1660.3
1	1	506	224.98	243.78	261.92	277.28	301.88	7.95458	0	0	-73.2	-31.1	1265.6	1656.3

图 3-98　查看管程沿换热器长度的详细性能

⑬ 温度分布

进入**Results ｜ Calculation Details ｜ Analysis along Tubes ｜ Plots** 页面，查看管程(TS)与壳程(SS)主体温度分布，如图 3-99 所示，冷热流体之间无温度交叉。

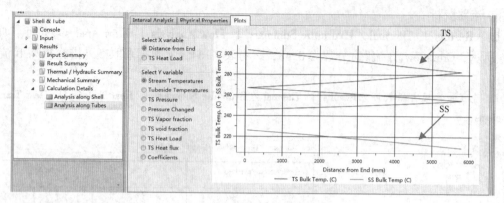

图 3-99　查看管程（TS）与壳程（SS）主体温度分布

3.11.2.3　校核模式

（1）保存文件

选择**File ｜ Save As**，文件另存为 Example3. 2_Liquid-Liquid_AES_Rating. EDR。

（2）转为校核模式

选择**Home ｜ Rating／Checking**，弹出更改模式对话框，提示"是否在校核模式中使用当前设计结果"，单击**Use Current** 按钮，将设计结果传输到校核模式。

（3）调整结构参数

参照《热交换器型式与基本参数 第 1 部分：浮头式热交换器》（GB/T 28712. 1—2012）对设计结果进行调整，壳径（内径）700mm，管数 448，管长 6000mm，折流板间距 250mm，折流板圆缺率 25%。

进入**Input ｜ Exchanger Geometry ｜ Geometry Summary ｜ Geometry** 页面，输入 Shell(s)-ID（壳体内径）700mm，删除 Shell(s)- OD（壳体外径）数值，输入 Tubes-Number（管数）448、Baffles-Spacing（center-center）（折流板间距）250mm，删除 Baffles-Spacing at inlet（进口处折流板间距）数值、Baffles-Number（折流板数）数值，输入 Baffles-Cut(%d)（折流板圆缺率）25，如图 3-100 所示。

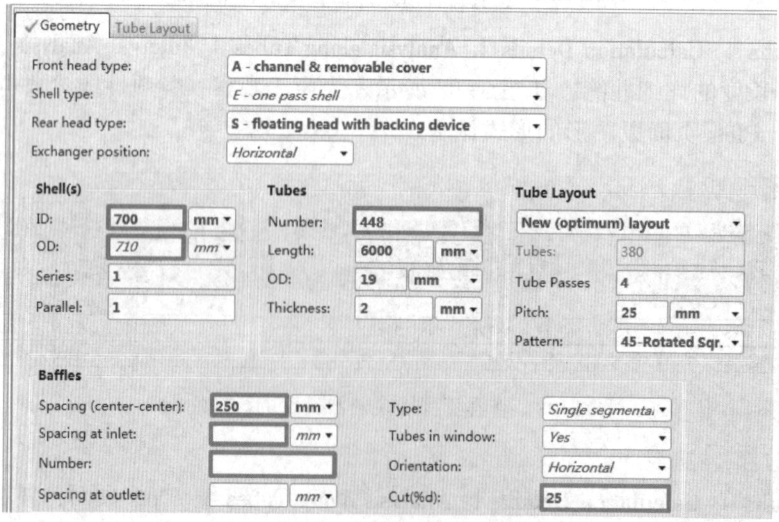

图 3-100　调整结构参数

进入 **Input ｜ Exchanger Geometry ｜ Baffles/Supports ｜ Baffles** 页面，Align baffle cut with tubes（折流板缺口与管子平齐）下拉列表框中选择 No，其余选项保持默认设置，如图 3-101 所示。

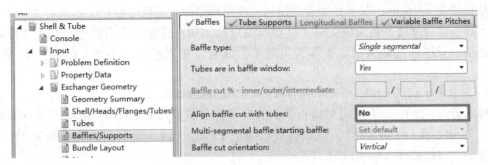

图 3-101　设置折流板参数

进入 **Input ｜ Exchanger Geometry ｜ Nozzles ｜ Shell Side Nozzles** 页面，Nozzle diameter displayed on TEMA sheet（TEMA 表中显示的管嘴直径）下拉列表框中选择 Nominal（公称直径），如图 3-102 所示。

注：Design 计算模式下，Nozzle diameter displayed on TEMA sheet 选项默认为 Nominal（公称直径）。执行 Design 计算模式，如果没有得到设计结果，转为其他计算模式后，选项仍默认为 Nominal；如果得到设计结果，转为其他计算模式后，选项默认为 ID（内径）。

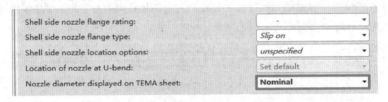

图 3-102　TEMA 表中显示管嘴公称直径

（4）运行程序与查看警告信息

为防止数据丢失，单击 **Save** 按钮 💾 保存文件。选择 **Home ｜ ▶**，运行程序。进入 **Results ｜ Result Summary ｜ Warnings** 页面，查看警告信息，如图 3-103 所示。

			Description
◉ Input (3)			
○ Results (0)	⚠	Input Warning 1231	There is a full support baffle (blanking baffle) present (specified or default for S and T type rear heads), but the distance beyond this baffle has not been specified. The distance beyond the blanking baffle has been calculated as 200.58 mm. For U-bends, this distance is the estimated support plate thickness 4.76 mm. For S-type rear heads, the distance is two tubeplate thicknesses (50.29 mm) plus the greater of 100mm or the estimated support plate thickness. For all other rear head types, the calculated distance beyond the blanking baffle is the tubeplate thickness plus the greater of 100mm or the estimated support plate thickness.
○ Operation (0)			
○ Notes/Advisory (5)			
○ All (8)	⚠	Input Warning 1230	You did not specify the number of crossflow baffles. This has been calculated as 21, the nearest value, given the tube length 6000 mm, endlengths 401.23 mm and 555.78 mm (as input or estimated), and a baffle pitch of 250 mm.
	⚠	Input Warning 1107	The tube count from the tube layout is 466, which differs from the effective tube count of 448 which you input. Your tube count will be used to determine heat transfer area and tubeside heat transfer and pressure drop.

图 3-103　查看警告信息

输入警告 1231：（规定或默认 S 型或 T 型后端结构）存在一块全支持板（或空挡板），但是超出该挡板的距离没有规定，此距离计算值是 197.05mm；对于 U 型后端结构，此距离是挡板估计厚度 4.76mm；对于 S 型后端结构，此距离是两个管板厚度（50.29mm）加上 100mm 或加上挡板估计厚度的较大值；对于其他类型后端结构，此距离是管板厚度加上 100mm 或加上挡板估计厚度的较大值。该警告可忽略，或通过输入超出支持板（或空挡板）的距离解决。

注：超出支持板（或空挡板）的距离（或换热管长度）说明见附录 A。

输入警告 1230：没有规定折流板数；给定了换热管长度 6000mm，末端长度 401.23mm 和 555.78mm（输入或估计的），以及折流板间距 250mm，计算得到的折流板数为 21。该警告可忽略，或通过输入折流板数 21 解决。

输入警告 1107：布置的管数 466 与输入的有效管数 448 不同；输入的管数决定了换热面积以及管程的传热和压降。当管束与壳体间隙不同或管束与管嘴距离不同时，可能会导致程序布置的管数与输入的管数不同，该警告可忽略。

为解决输入警告 1231，进入**Input | Exchanger Geometry | Baffles/Supports | Tube Supports** 页面，将 Length of tube beyond support/blanking baffle 默认值手动输入一遍，如图 3-104 所示。再次运行程序后，该警告消除。同理，可解决输入警告 1230。

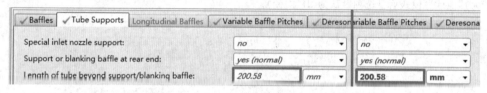

图 3-104　设置换热管支持板

（5）流路分析与换热器性能优化

进入**Results | Thermal / Hydraulic Summary | Flow Analysis | Flow Analysis** 页面，如图 3-105 所示，Crossflow（B 流路）分数为 0.45，参考表 3-64，无须再采取额外措施提高 B 流路分数；Baffle hole-tube OD（A 流路）分数为 0.29，偏大，可通过减小折流板管孔与管壁的间隙等措施进行调整。下面仅从调整折流板间距和圆缺率两方面，对换热器性能进行优化。

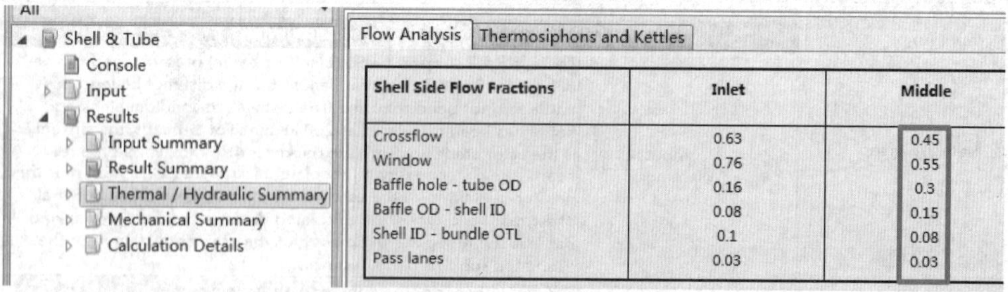

图 3-105　查看流路分析

① 调整折流板间距

选择**File | Save As**，文件另存为 Example3.2_Liquid-Liquid_AES_Rating-baffle.EDR。固定圆缺率为 25%，改变折流板间距，设计结果见表 3-78。增大折流板间距，尽管 B 流路分数增大，A 和 E 流路分数减小，但错流流速的快速下降导致壳程传热膜系数（对流传热系

数)减小，进而导致总传热系数减小。折流板间距200mm，在满足允许压降的情况下，面积余量最大，为优化的折流板间距。

表3-78　折流板间距对换热器性能的影响

项　目		折流板间距/mm						
		150	200	250	300	350	400	450
折流板数		34	26	21	17	15	13	11
流路分数	B	0.37	0.42	0.45	0.48	0.49	0.51	0.52
	A	0.37	0.32	0.30	0.28	0.26	0.25	0.24
	E	0.18	0.16	0.15	0.14	0.13	0.13	0.12
	C	0.06	0.07	0.08	0.08	0.09	0.09	0.09
	F	0.02	0.02	0.03	0.03	0.03	0.03	0.03
传热系数/[W/(m²·℃)]	壳程传热膜系数	2007.9	1939.2	1811.0	1651.6	1575.7	1475.5	1363.0
	总传热系数	393.0	390.4	384.6	377.0	372.9	367.1	359.8
壳程流速(靠近进口)/(m/s)	错流	1.94	1.45	1.16	0.96	0.83	0.73	0.65
	窗口流	1.35	1.35	1.38	1.38	1.38	1.38	1.38
壳程压降/kPa		108.853	67.162	45.936	32.901	27.475	22.367	17.831
面积余量/%		25	24	22	20	18	17	14

② 调整圆缺率

选择**File | Save As**，文件另存为Example3.2_Liquid-Liquid_AES_Rating-cut.EDR。固定折流板间距为200mm，进一步优化圆缺率，结果见表3-79。从表中可看出，圆缺率增大导致B流路分数增大，A和E流路分数减小，壳程压降减小，但窗口流速的减小导致壳程传热膜系数和总传热系数减小。圆缺率为25%时，既满足了允许压降，又实现了面积余量最大，同时压降比圆缺率为15%和20%时的压降低，可作为优化后的设计结果。

表3-79　圆缺率变化对换热器性能的影响

项　目		圆缺率/%							
		10	15	20	25	30	35	40	45
流路分数	B	0.35	0.38	0.40	0.42	0.43	0.46	0.48	0.50
	A	0.37	0.35	0.33	0.32	0.32	0.30	0.30	0.29
	E	0.19	0.18	0.17	0.16	0.16	0.15	0.14	0.13
	C	0.07	0.07	0.07	0.07	0.07	0.07	0.06	0.06
	F	0.02	0.02	0.02	0.02	0.02	0.02	0.02	0.02
传热系数/[W/(m²·℃)]	壳程传热膜系数	1867.3	1924.1	1938.1	1939.2	1859.0	1777.8	1686.7	1586.9
	总传热系数	387.4	389.8	390.3	390.4	387.0	383.4	379.1	373.9
壳程流速(靠近进口)/(m/s)	错流	1.54	1.52	1.48	1.45	1.42	1.40	1.38	1.37
	窗口流	3.67	2.38	1.73	1.35	1.08	0.85	0.73	0.63
壳程压降/kPa		111.056	92.031	76.598	67.162	58.469	52.636	46.027	39.928
面积余量/%		23	24	24	24	23	22	21	19

（6）查看结果与分析

进入**Results ｜ Thermal / Hydraulic Summary ｜ Performance ｜ Overall Performance** 页面，查看换热器总体性能，如图 3-106 所示。

| Overall Performance | Resistance Distribution | Shell by Shell Conditions | Hot Stream Composition | Cold Stream Composition |

Rating / Checking		Shell Side		Tube Side	
Total mass flow rate	kg/s	52.9005		14	
Vapor mass flow rate (In/Out)	kg/s	0	0	0	0
Liquid mass flow rate	kg/s	52.9005	52.9005	14	14
Vapor mass quallity		0	0	0	0
Temperatures	℃	209.2	226.1	303.5	246
Dew point / Bubble point	℃				
Operating Pressures	bar	10.5	9.82838	8	7.76444
Film coefficient	W/(m²·K)	1939.2		1030.8	
Fouling resistance	m²·K/W	0.00052		0.00043	
Velocity (highest)	m/s	1.47		1.08	
Pressure drop (allow./calc.)	kPa	100	/ 67.162	50	/ 23.556

Total heat exchanged	kW	2500.6		Unit	AES	4 pass	1 ser	1 par
Overall clean coeff. (plain/finned)	W/(m²·K)	620.7 /		Shell size	700 - 6000		mm	Hor
Overall dirty coeff. (plain/finned)	W/(m²·K)	390.4 /		Tubes	Plain			
Effective area (plain/finned)	m²	153.7 /		Insert	None			
Effective MTD	℃	51.77		No.	448 OD	19 Tks	2 mm	
Actual/Required area ratio (dirty/clean)		1.24 / 1.97		Pattern	45	Pitch	25 mm	
Vibration problem		No		Baffles	Single segmental	Cut(%d)	25	
RhoV2 problem		No		Total cost		88700	Dollar(US)	

Heat Transfer Resistance
Shell side / Fouling / Wall / Fouling / Tube side
Shell Side _____ Tube Side

图 3-106　查看换热器总体性能

① 面积余量（Actual/Required area ratio，dirty）

如图 3-106 区域①所示，换热器面积余量为 24%。

② 流速（Velocity）

如图 3-106 区域②所示，壳程和管程流体最高流速分别为 1.47m/s 和 1.08m/s。

进入**Results ｜ Result Summary ｜ TEMA Sheet ｜ TEMA Sheet** 页面，壳程和管程平均流速分别为 1.12m/s 和 1.05m/s，均在合理范围内（表 3-46）。

进入**Results ｜ Thermal / Hydraulic Summary ｜ Pressure Drop ｜ Pressure Drop** 页面，查看 Bundle Xflow 流速（错流流速）和 Baffle windows 流速（窗口流速）分别为 1.45m/s 和 1.35m/s（靠近进口）、1.47m/s 和 1.37m/s（靠近出口），窗口流速与错流流速比值分别为 0.93 和 0.93，均在合理范围内（参考 3.10.4 节）。

③ 压降（Pressure drop）

如图 3-106 区域②所示，壳程和管程压降分别为 67.162kPa 和 23.556kPa，均小于允许压降。

④ 总传热系数（Overall dirty coeff.）

如图 3-106 区域①所示，换热器总传热系数为 390.4W/（m²·K）。

⑤ 有效平均温差（Effective MTD）

如图 3-106 区域①所示，有效平均温差为 51.77℃，详见**Results ｜ Thermal / Hydraulic Summary ｜ Heat Transfer ｜ MTD & Flux** 页面。

⑥ 振动问题（Vibration problem）

如图 3-106 区域①所示，本例无振动问题，详见**Results ｜ Thermal / Hydraulic Summary ｜ Vibration & Resonance Analysis** 页面。

⑦ ρv^2 问题（RhoV2 problem）

如图 3-106 区域①所示，本例无 ρv^2 问题，详见**Results ｜ Thermal / Hydraulic Summary ｜ Flow Analysis ｜ Flow Analysis** 页面。

⑧ 热阻分布（Heat Transfer Resistance）

如图 3-106 区域③所示，本例热阻分布基本均衡，详见**Results ｜ Thermal / Hydraulic Summary ｜ Performance ｜ Resistance Distribution** 页面。

⑨ 压降分布（Pressure drop distribution）

进入**Results ｜ Thermal / Hydraulic Summary ｜ Pressure Drop ｜ Pressure Drop** 页面，如图 3-107 所示，壳程进出口管嘴压降分别为壳程总摩擦压降的 1.71% 和 3.03%，管程进出口管嘴压降分别为管程总摩擦压降的 16.35% 和 4.31%，均在合理范围内（参考 3.10.3 节）。

Pressure Drop	kPa	Shell Side			Tube Side		
Maximum allowed		100			50		
Total calculated		67.162			23.556		
Gravitational		0			0		
Frictional		67.156			23.6		
Momentum change		0.006			-0.044		
Pressure drop distribution		m/s	bar	%dp	m/s	bar	%dp
Inlet nozzle		1.41	0.01147	1.71	3.36	0.03858	16.35
Entering bundle		1.2			1.03	0.00747	3.17
Inside tubes					1.03　1.04	0.16729	70.89
Inlet space Xflow		0.78	0.02038	3.03			
Bundle Xflow		1.45　1.47	0.49109	73.13			
Baffle windows		1.35　1.37	0.10787	16.06			
Outlet space Xflow		0.79	0.0204	3.04			
Exiting bundle		1.14			1.04	0.01248	5.29
Outlet nozzle		2.26	0.02033	3.03	2.46	0.01017	4.31

图 3-107　查看压降分布

⑩ 流路分析

进入**Results ｜ Thermal / Hydraulic Summary ｜ Flow Analysis ｜ Flow Analysis** 页面，如图 3-108 所示，Crossflow（B 流路）分数为 0.42。

Shell Side Flow Fractions	Inlet	Middle
Crossflow	0.62	0.42
Window	0.76	0.51
Baffle hole - tube OD	0.16	0.32
Baffle OD - shell ID	0.08	0.16
Shell ID - bundle OTL	0.1	0.07
Pass lanes	0.03	0.02

图 3-108　查看流路分析

⑪ 计算细节（Calculation Details）

进入**Results │ Calculation Details │ Analysis along Shell │ Interval Analysis** 页面，可查看壳程沿换热器长度的详细性能，如图 3-109 所示。

Interval Analysis	Physical Properties	Plots									
Point No.	Shell No.	Shell Pass No.	Distance from End	SS Bulk Temp.	SS Fouling Surface Temp	Tube Metal Temp	SS Pressure	SS Vapor fraction	SS void fraction	SS Heat Load	SS Heat flux	SS Film Coef.
			mm	°C	°C	°C	bar			kW	kW/m²	J/(m²·t
1	1	1	5794	209.22	222.54	235.68	10.48822	0	0	2.6	22.6	1693.3
2	1	1	5613	209.82	223	236.02	10.47844	0	0	90	22.3	1695.5

图 3-109　查看壳程沿换热器长度的详细性能

进入**Results │ Calculation Details │ Analysis along Tubes │ Interval Analysis** 页面，可查看管程沿换热器长度的详细性能，如图 3-110 所示。

Interval Analysis	Physical Properties	Plots											
Shell No.	Tube Pass No.	Distance from End	SS Bulk Temp	SS Fouling surface temp.	Tube Metal Temp	TS Fouling surface temp	TS Bulk Temp.	TS Pressure	TS Vapor fraction	TS void fraction	TS Heat Load	TS Heat flux	TS Film Coef.	SS Film Coef.
		mm	°C	°C	°C	°C	°C	bar			kW	kW/m²	N/(m²·K	N/(m²·K
1	1	59	226.08	243.22	260.76	275.61	303.48	7.9593	0	0	-1	-30.1	1080.4	1757.3
1	1	421	225.17	242.22	259.63	274.37	302.13	7.957	0	0	-62.1	-29.9	1077	1753.7

图 3-110　查看管程沿换热器长度的详细性能

⑫ 温度分布

进入**Results │ Calculation Details │ Analysis along Tubes │ Plots** 页面，查看管程(TS)与壳程(SS)主体温度分布，如图 3-111 所示，冷热流体之间无温度交叉。

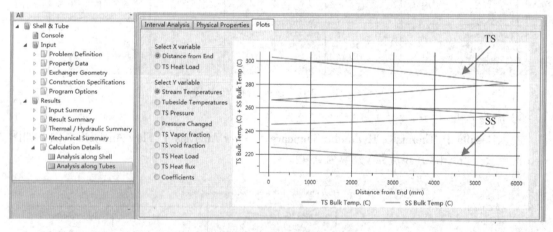

图 3-111　查看管程(TS)与壳程(SS)主体温度分布

⑬ 平面装配图和管板布置图（Setting Plan & Tubesheet Layout）

进入**Results │ Mechanical Summary │ Setting Plan & Tubesheet Layout** 页面，平面装配图和管板布置图，分别如图 3-112 和图 3-113 所示，也可选择**Home │ Verify Geometry**，进行查看。

3.11.2.4　设计结果

换热器型号 AES700-0.9/1.2-154-6/19-4 I。可拆平盖管箱，公称直径 700mm，管程

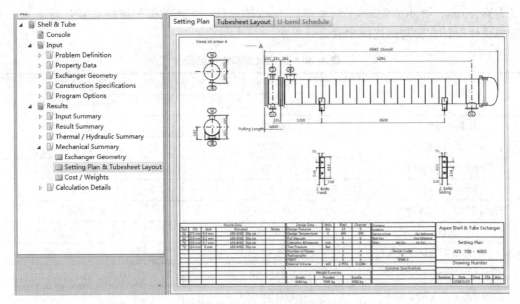

图 3-112　查看平面装配图

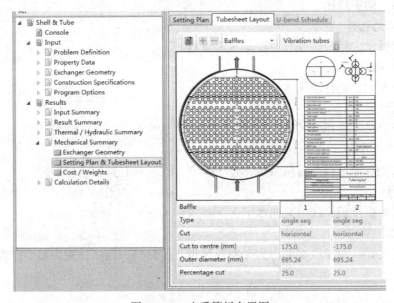

图 3-113　查看管板布置图

和壳程设计压力(表压)分别为 0.9MPa 和 1.2MPa，公称换热面积 154m²，换热管公称长度 6m，换热管外径 19mm，4 管程，单壳程钩圈式浮头式换热器，不锈钢 Ⅰ 级管束符合 GB/T 151—2014 偏差要求。

注：进入 **Results | Result Summary | TEMA Sheet | TEMA Sheet** 页面，查看管程和壳程设计温度、设计压力(表压)。

3.11.3　单壳体与两壳体串联比较

某一炼油厂用水(Water)冷却轻烃(Light Hydrocarbon)，选用浮头式换热器 AES 型，换热管为管长 6m、管外径 25mm、管壁厚 2.5mm 的光管，工艺数据和物性数据见表 3-80，试比较单壳体设计方案与两壳体串联设计方案。

表 3-80　工艺数据和物性数据

项　目	壳　程	管　程
	热流体(Light Hydrocarbon)	冷流体(Water)
流量/(kg/h)	66000	—
进口/出口温度/℃	100/45	32/42
进口压力(绝压)/kPa	1420	637
允许压降/kPa	49	73
污垢热阻/(m² · K/W)	0.00026	0.00034
进口/出口密度/(kg/m³)	610/680	—
进口/出口比热容/[kJ/(kg · K)]	2.47	—
进口/出口黏度/mPa · s	0.35/0.70	—
进口/出口导热系数/[W/(m · K)]	0.1011/0.1103	—

3.11.3.1　初步规定

- 流体空间选择

按照题目要求，轻烃走壳程，冷却水走管程。

- 壳体和前后端结构

按照题目要求，选择浮头式换热器 AES 型。

- 换热管

按照题目要求，选用管长 6m、管外径 25mm、管壁厚 2.5mm 光管。

- 管子排列方式

为方便清洗且尽量提高传热系数，管子排列方式选择转角正方形(45°)。

- 折流板

选用单弓形折流板，缺口方向水平上下布置。

- 旁路挡板

选用默认设置。对于后端结构为 S 型的浮头式换热器，默认设置为每 6 排管子设一对旁路挡板。

- 材质

管程和壳程流体均无腐蚀性，换热器材质选用普通碳钢。

3.11.3.2　单壳体设计

(1) 建立和保存文件

启动 Aspen Exchanger Design & Rating 软件，新建一个管壳式换热器文件，单击 **Save** 按钮 🖫，文件保存为 Example3.3_Liquid-Liquid_AES_Design.EDR。

(2) 设置应用选项

将单位设为 SI(国际制)。进入 **Input | Problem Definition | Application Options | Application Options** 页面。General 选项区域 Select geometry based on this dimensional standard(选择结构基于的尺寸标准)下拉列表框中选择 SI(国际制)，Hot Side 选项区域 Application(应用类

型)下拉列表框中选择 Liquid, no phase change(液相，无相变)，Cold Side 选项区域 Application(应用类型)下拉列表框中选择 Liquid, no phase change(液相，无相变)，其余选项保持默认设置，如图 3-114 所示。

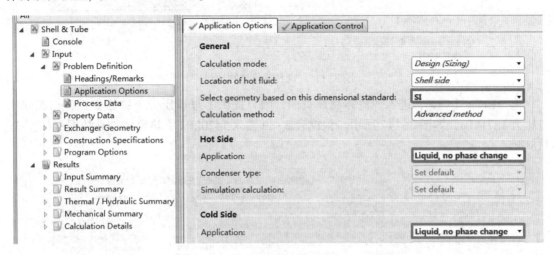

图 3-114 设置应用选项

（3）输入工艺数据

选择**Home | ⟶**，根据表 3-80 输入冷热流体工艺数据，如图 3-115 所示(输入时注意单位一致)。

✓ Process Data						
			Hot Stream (1) Shell Side		Cold Stream (2) Tube Side	
Fluid name:			Light Hydrocarbon		Water	
			In	Out	In	Out
Mass flow rate:	kg/h	▼	66000			
Temperature:	°C	▼	100	45	32	42
Vapor fraction:			0	0	0	0
Pressure:	kPa	▼	1420	1371	637	564
Pressure at liquid surface in column:						
Heat exchanged:	kW	▼				
Exchanger effectiveness:						
Adjust if over-specified:			Heat load	▼	Heat load	▼
Estimated pressure drop:	bar	▼	0.49		0.73	
Allowable pressure drop :	kPa	▼	49		73	
Fouling resistance :	m²-K/W	▼	0.00026		0.00034	

图 3-115 输入工艺数据

（4）输入物性数据

进入**Input | Property Data | Hot Stream (1) Compositions | Composition** 页面，Physical property package(物性包)默认为 User specified properties(用户自定义物性)，如图 3-116

所示。

图 3-116　选择热流体物性包

选择 **Home** ｜ ，进入热流体物性页面，因只提供了进口压力下物性数据，故删除出口压力 1371kPa，如图 3-117 所示。根据表 3-80 输入 1420kPa 下热流体物性数据，如图 3-118 所示。

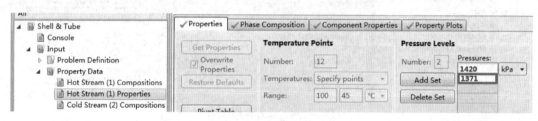

图 3-117　删除出口压力

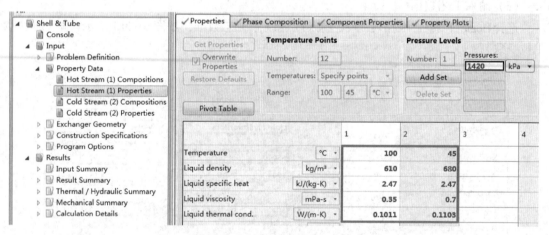

图 3-118　输入热流体物性数据

进入 **Input** ｜ **Property Data** ｜ **Cold Stream（2）Compositions** ｜ **Composition** 页面，Physical property package（物性包）下拉列表框中选择 Aspen Properties，单击 **Search Databank** 按钮，搜索组分 WATER（水），组成默认为 1，如图 3-119 所示；进入 **Property Methods** 页面，Aspen property method（Aspen 物性方法）下拉列表框中选择 IAPWS-95，如图 3-120 所示。

进入 **Input** ｜ **Property Data** ｜ **Cold Stream（2）Properties** ｜ **Properties** 页面，单击 **Get Properties** 按钮，获取冷流体物性数据。

（5）设置结构参数

进入 **Input** ｜ **Exchanger Geometry** ｜ **Shell/Heads/Flanges/Tubesheets** ｜ **Shell/Heads** 页面，Front head type（前端结构类型）下拉列表框中选择 A 型，Rear head type（后端结构类型）下拉列表框中选择 S 型，其余选项保持默认设置，如图 3-121 所示。

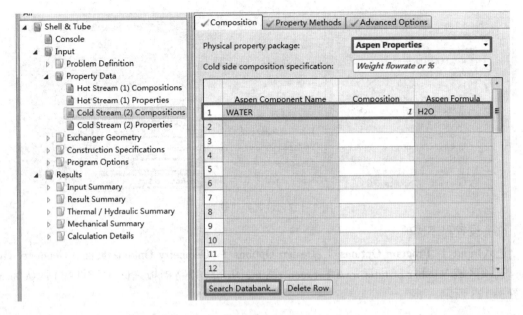

图 3-119 输入冷流体组成

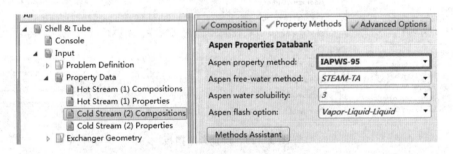

图 3-120 选择冷流体物性方法

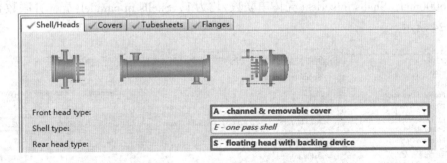

图 3-121 设置换热器结构类型

进入 **Input | Exchanger Geometry | Tubes | Tube** 页面，输入 Tube outside diameter（管外径）25mm，Tube wall thickness（管壁厚）2.5mm，Tube pitch（管中心距）32mm，在 Tube pattern（管子排列方式）下拉列表框中选择 45-Rotated Sqr.（转角正方形），其余选项保持默认设置，如图 3-122 所示。

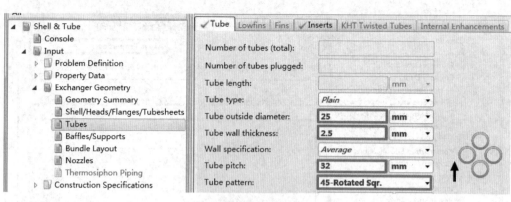

图 3-122 设置换热管参数

（6）设置程序选项

进入**Input ｜ Program Options ｜ Design Options ｜ Geometry Options** 页面，Geometry Options 选项区域 Number of tube rows between sealing strips（旁路挡板之间的管排数）默认为 6，如图 3-123 所示。

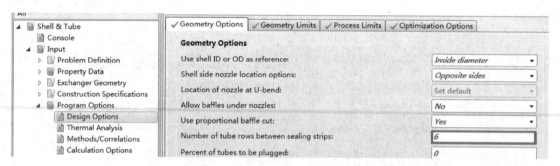

图 3-123 设置旁路挡板

进入**Input ｜ Program Options ｜ Design Options ｜ Geometry Limits** 页面，Tube length（管长）输入 6000mm，Shells in series（壳体串联数）均为 1，Shells in parallel（壳体并联数）均为 1，如图 3-124 所示。

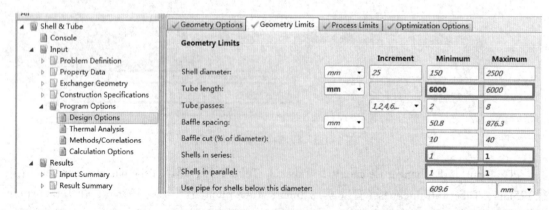

图 3-124 设置结构限制

（7）运行程序

为防止数据丢失，单击**Save** 按钮 ![save] 保存文件。选择**Home** | ![play] ，运行程序。

3.11.3.3 两壳体串联设计

（1）保存文件

选择**File** | **Save As**，文件另存为 Example3. 3 _ Liquid – Liquid _ AES _ Shell – Series _ Design. EDR。

（2）设置程序选项

进入**Input** | **Program Options** | **Design Options** | **Geometry Limits** 页面，Shells in series（壳体串联数）均为2，如图3–125 所示。

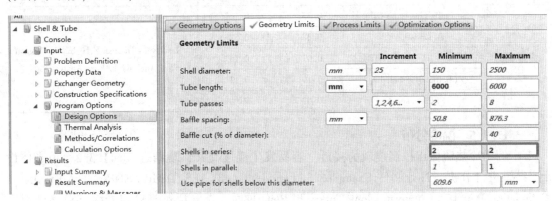

图 3–125 设置结构限制

（3）运行程序

为防止数据丢失，单击**Save** 按钮 ![save] 保存文件。选择**Home** | ![play] ，运行程序。

3.11.3.4 两种设计结果比较

具体结果比较见表3–81。单壳体设计存在有效平均温差校正因子（Effective MTD correction fator）偏低等问题，通过两壳体串联设计可实现提高有效平均温差校正因子、充分利用允许压降、改善换热性能等效果。

表 3–81 单壳体设计和两壳体串联设计结果比较

项　　目	单壳体设计	两壳体串联设计	查看位置
壳体内径/mm	900	600	
总换热面积/m²	216. 2	178. 4	
单个壳体换热面积/m²	216. 2	89. 2	
壳程流速/（m/s）	0. 40	0. 32	
壳程压降/kPa	8. 937	10. 356	Results ｜ Result Summary ｜ TEMA Sheet ｜ TEMA Sheet
管程数	4	2	
单个壳体换热管数	484	198	
折流板圆缺率/%	19. 83	38. 69	
折流板间距/mm	200	355	

项　目		单壳体设计	两壳体串联设计	查看位置
面积余量/%		2	2	Results ｜ Thermal / Hydraulic Summary ｜ Performance ｜ Overall Performance
壳程传热膜系数/[W/(m² · K)]		753.3	856.5	Results ｜ Thermal / Hydraulic Summary ｜ Performance ｜ Resistance Distribution
总传热系数/[W/(m² · K)]		643.1	729.5	
有效平均温差/℃		26.23	29.30	Results ｜ Thermal / Hydraulic Summary ｜ Heat Transfer ｜ MTD & Flux
对数平均温差/℃		30.09	30.09	
有效平均温差校正因子		0.87	0.97	
流路分数	A(Baffle hole-tube OD)	0.35	0.16	Results ｜ Thermal / Hydraulic Summary ｜ Flow Analysis ｜ Flow Analysis
	B(Crossflow)	0.38	0.57	
	C(Shell ID-bundle OTL)	0.07	0.15	
	E(Baffle OD-shell ID)	0.19	0.13	
	F(Pass lanes)	0.02	0	

3.11.3.5 温度分布

本例中冷热流体出口温度较为接近，容易发生温度交叉，现结合"3.11.3.2 单壳体设计"结果进行分析。打开文件 Example3.3_Liquid-Liquid_AES_Design.EDR，进入 **Results ｜ Calculation Details ｜ Analysis along Tubes ｜ Plots** 页面，查看管程(TS)与壳程(SS)主体温度分布，如图 3-126 所示，冷热流体之间无温度交叉。

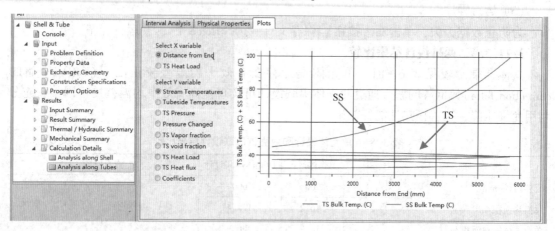

图 3-126　查看管程(TS)与壳程(SS)主体温度分布

虽然没有温度交叉，但需注意换热器使用初期不存在污垢热阻，因此需要考虑无污垢热阻情况。为保持换热器结构不变，需要进入模拟模式。文件另存为 Example3.3_Liquid-Liquid_AES_Simulation.EDR，选择 **Home ｜ Simulation**，弹出更改模式对话框，提示"是否在模拟模式中使用当前设计结果"，单击 **Use Current** 按钮，将设计结果传输到模拟模式。

进入 **Input ｜ Problem Definition ｜ Process Data ｜ Process Data** 页面，将污垢热阻删除，如图 3-127 所示。

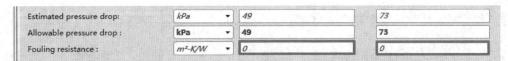

图 3-127 删除污垢热阻

运行程序后，进入 **Results | Calculation Details | Analysis along Tubes | Plots** 页面，查看管程(TS)与壳程(SS)主体温度分布，如图 3-128 所示。热流体在壳程中流动，温度从右向左逐渐降低，冷流体在四管程中流动，温度曲折上升，最终热流体出口温度低于冷流体出口温度，即发生了温度交叉。温度交叉使得热量从冷流体流向热流体，导致换热能力降低。

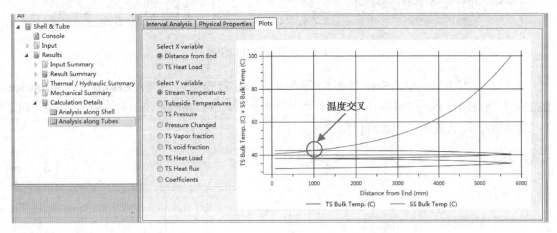

图 3-128 查看管程(TS)与壳程(SS)主体温度分布

进入 **Results | Thermal / Hydraulic Summary | Performance | Overall Performance** 页面，查看换热器总体性能，如图 3-129 所示，热负荷为 2678.4 kW，总传热系数为 633.4 W/(m^2·K)。

Simulation		Shell Side	
Total mass flow rate	kg/s	18.3333	
Vapor mass flow rate (In/Out)	kg/s	0	0
Liquid mass flow rate	kg/s	18.3333	18.3333
Vapor mass quallity		0	0
Temperatures	°C	100	40.85
Dew point / Bubble point	°C		
Operating Pressures	bar	14.2	14.1101
Film coefficient	W/(m^2-K)	739.6	
Fouling resistance	m^2-K/W	0	
Velocity (highest)	m/s	0.53	
Pressure drop (allow./calc.)	bar	0.49 /	0.0899
Total heat exchanged	kW	2678.4	Unit
Overall clean coeff. (plain/finned)	W/(m^2-K)	633.4 /	Shell size
Overall dirty coeff. (plain/finned)	W/(m^2-K)	633.4 /	Tubes

图 3-129 查看换热器总体性能

为解决温度交叉，可考虑调换热流体的进出口位置。进入 **Input | Exchanger Geometry | Shell/Heads/Flanges/Tubesheets | Shell/Heads** 页面，将热流体的进口位置从 Near rear head(靠近后端结构)改为 Near front head(靠近前端结构)，如图 3-130 所示。

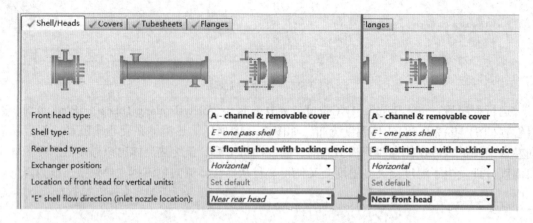

图 3-130　设置壳体进口位置

为防止数据丢失，单击 **Save** 按钮保存文件。运行程序后，进入 **Results ∣ Calculation Details ∣ Analysis along Tubes ∣ Plots** 页面，查看管程(TS)与壳程(SS)主体温度分布，如图 3-131 所示，冷热流体之间没有温度交叉。

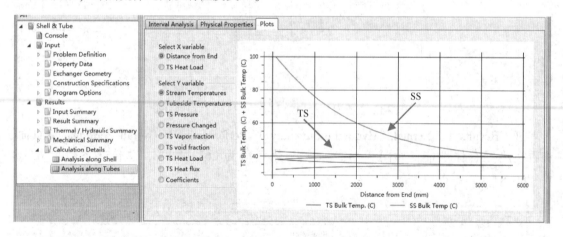

图 3-131　查看管程(TS)与壳程(SS)主体温度分布

进入 **Results ∣ Thermal / Hydraulic Summary ∣ Performance ∣ Overall Performance** 页面，查看换热器总体性能，如图 3-132 所示，热负荷为 2683.6kW，总传热系数为 633.1 W/(m²·K)，与图 3-129 相比，总传热系数基本不变，热负荷略有增加，表明通过消除温度交叉改善了换热性能。

设计换热器时，一般仅考虑存在污垢热阻下的工况，但换热器初始运行时没有污垢热阻，而且在很长运行期间内污垢热阻不会很大，因此，考虑无污垢热阻下的设计非常重要。当设计出换热器后，最好在模拟模式下(即保持换热器结构不变)观察无污垢热阻下的温度分布。若存在温度交叉，可采取调换进出口位置、壳体串联等措施。即使不存在温度交叉，最好也尝试调换进出口位置，考察哪种进料位置下的换热性能更好。

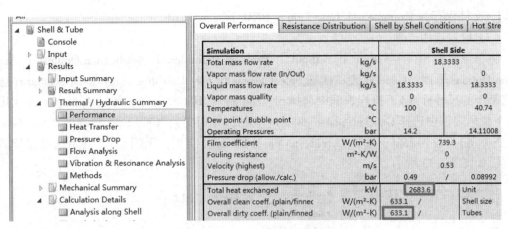

图 3-132　查看换热器总体性能

3.11.4　振动分析

用水(Water)冷却甲烷(CH_4)，工艺数据见表 3-82，试设计管壳式换热器进行振动分析。

表 3-82　工艺数据

项　　目	热流体(CH_4)	冷流体(Water)	项　　目	热流体(CH_4)	冷流体(Water)
质量流量/(kg/s)	14	—	允许压降/kPa	20	15
进口/出口温度/℃	79/39	30/35	污垢热阻/(m²·K/W)	0.00017	0.00034
进口压力(绝压)/kPa	1700	500			

3.11.4.1　初步规定

- 流体空间选择

参考表 3-45，冷却水易产生水垢，走管程；甲烷较为清洁，走壳程。

- 壳体和前后端结构

本例中的冷却水和甲烷均较为清洁，且温差较小，故选择固定管板式换热器 BEM 型。

- 换热管

选择常用的管外径 19mm、管壁厚 2mm 光管。

- 管子排列方式

甲烷较清洁，不易结垢，管外侧无须机械清洗，故管子排列方式选择正三角形(30°)，在相同的壳径下可排更多管子，得到更大换热面积。

- 折流板

选用单弓形折流板，缺口方向水平上下布置。

- 材质

管程和壳程流体均无腐蚀性，换热器材质选用普通碳钢。

3.11.4.2　设计模式

(1) 建立和保存文件

启动 Aspen Exchanger Design & Rating 软件，新建一个管壳式换热器文件，单击**Save** 按

钮 ![img]，文件保存为 Example3.4_Gas-Liquid_BEM_Design.EDR。

（2）设置应用选项

将单位设为 SI（国际制）。进入 **Input | Problem Definition | Application Options | Application Options** 页面。General 选项区域 Select geometry based on this dimensional standard（选择结构基于的尺寸标准）下拉列表框中选择 SI（国际制），Hot Side 选项区域 Application（应用类型）下拉列表框中选择 Gas, no phase change（气相，无相变），Cold Side 选项区域 Application（应用类型）下拉列表框中选择 Liquid, no phase change（液相，无相变），其余选项保持默认设置，如图 3-133 所示。

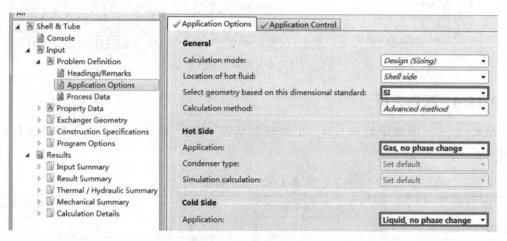

图 3-133 设置应用选项

（3）输入工艺数据

进入 **Input | Problem Definition | Process Data | Process Data** 页面，根据表 3-82 输入冷热流体工艺数据，如图 3-134 所示（输入时注意单位一致）。

（4）输入物性数据

Process Data		Hot Stream (1) Shell Side		Cold Stream (2) Tube Side	
Fluid name:		CH4		Water	
		In	Out	In	Out
Mass flow rate:	kg/s	14			
Temperature:	°C	79	39	30	35
Vapor fraction:		1	1	0	0
Pressure:	kPa	1700	1680	500	485
Pressure at liquid surface in column:					
Heat exchanged:	kW				
Exchanger effectiveness:					
Adjust if over-specified:		Heat load		Heat load	
Estimated pressure drop:	kPa	20		15	
Allowable pressure drop :	kPa	20		15	
Fouling resistance :	m²-K/W	0.00017		0.00034	

图 3-134 输入工艺数据

进入 **Input ┃ Property Data ┃ Hot Stream（1）Compositions ┃ Composition** 页面，Physical property package（物性包）下拉列表框中选择 Aspen Properties，单击 **Search Databank** 按钮，搜索组分 METHANE（甲烷）和 WATER（水），组成分别输入 1 和 0，如图 3-135 所示；进入 **Property Methods** 页面，Aspen property method（Aspen 物性方法）下拉列表框中选择 REFPROP，如图 3-136 所示。

注：REFPROP 物性方法基于 NIST Reference Fluid Thermodynamic and Transport Database 模型，由 NIST 开发并提供工业上重要流体及其混合物的热力学性质和传递性质，REFPROP 可以应用于制冷剂和烃类化合物，尤其是天然气体系。

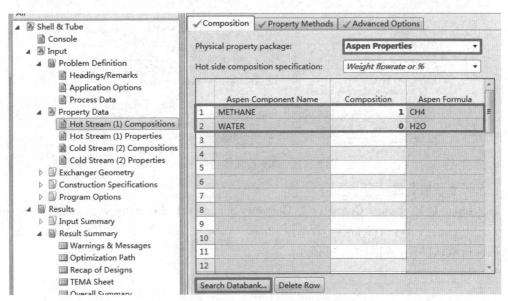

图 3-135　输入热流体组成

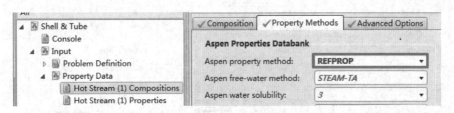

图 3-136　选择热流体物性方法

进入 **Input ┃ Property Data ┃ Hot Stream（1）Properties ┃ Properties** 页面，单击 **Get Properties** 按钮，获取热流体物性数据。

进入 **Input ┃ Property Data ┃ Cold Stream（2）Compositions ┃ Composition** 页面，Physical property package（物性包）下拉列表框中选择 Aspen Properties，组分 METHANE（甲烷）和 WATER（水）的组成分别输入 0 和 1，如图 3-137 所示；进入 **Property Methods** 页面，Aspen property method（Aspen 物性方法）下拉列表框中选择 IAPWS-95，如图 3-138 所示。

进入 **Input ┃ Property Data ┃ Cold Stream（2）Properties ┃ Properties** 页面，单击 **Get Properties** 按钮，获取冷流体物性数据。

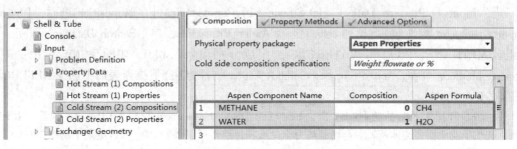

图 3-137　输入冷流体组成

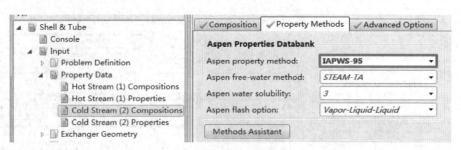

图 3-138　选择冷流体物性方法

（5）设置结构参数

进入**Input ｜ Exchanger Geometry ｜ Geometry Summary ｜ Geometry** 页面，输入 Tubes-OD（管外径）19mm，Tubes-Thickness（管壁厚）2mm，Tube Layout-Pitch（管中心间距）25mm，其余选项保持默认设置，如图 3-139 所示。

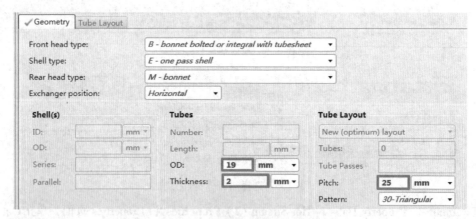

图 3-139　设置换热器结构参数

（6）运行程序与查看警告信息

为防止数据丢失，单击 **Save** 按钮保存文件。选择 **Home ｜ ▶**，运行程序。进入 **Results ｜ Result Summary ｜ Warnings & Messages** 页面，查看警告信息，如图 3-140 所示。

输入警告 1062：热流体默认分配在壳程，正确率约为 50%；考虑到潜在重要因素，例如流体有害或有材料相容性问题，流体通常放在管程。该警告可忽略。

结果警告 1711：方案三的设计成本是最优设计成本的 91%，但不满足 TEMA 无支撑跨距或管嘴 ρv^2 限制；满足面积余量和压降限制，但不满足 TEMA 标准的设计，在最优化设计

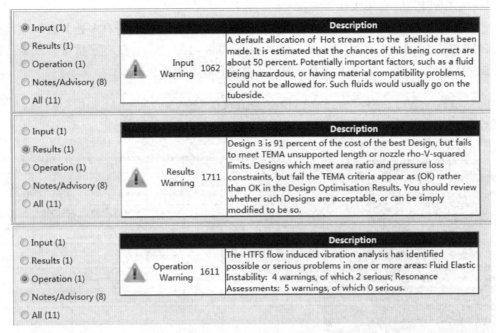

图 3-140 查看警告信息

结果中以(OK)出现而不是 OK；应当检查这些设计是否可以接受，或稍做修改使其可以接受。该警告可忽略。

运行警告 1611：HTFS 流体诱导振动分析确定一个或多个区域存在可能或严重的振动问题，即流体弹性不稳定性振动 4 处，其中 2 处严重振动；共振 5 处，无严重共振。该警告需要加以调整。

（7）振动分析

进入 **Results | Thermal / Hydraulic Summary | Vibration & Resonance Analysis | Fluid Elastic Instability（HTFS）**页面，如图 3-141 所示，换热管有多处流体弹性不稳定性引起的振动问题。编号 2 和编号 8 振动管的实际质量流量与临界质量流量的比值($LDec = 0.1$、$LDec = 0.03$ 和 $LDec = 0.01$ 下的 W/W_c)大于 1，肯定发生流体弹性不稳定性振动；编号 1 和编号 6 振动管的实际质量流量与临界质量流量的比值($LDec = 0.01$ 下的 W/W_c)大于 1，可能发生流

Fluid Elastic Instability (HTFS)	Resonance Analysis (HTFS)	Simple Fluid Elastic Instability (TEMA)	Simple Amplitude and Acoustic Analysi

Shell number: Shell 1

Fluid Elastic Instability Analysis

Vibration tube number	1	2	4	5	6	8
Vibration tube location	Inlet row, centre	Outer window, bottom	Baffle overlap	Bottom Row	Inlet row, end	Outer window, top
Vibration	Possible	Yes	No	No	Possible	Yes
W/Wc for heavy damping (LDec=0.1)	0.33	0.78	0.25	0.24	0.33	0.77
W/Wc for medium damping (LDec=0.03)	0.6	1.42 *	0.46	0.44	0.6	1.41 *
W/Wc for light damping (LDec=0.01)	1.04 *	2.46 *	0.8	0.75	1.04 *	2.45 *
W/Wc for estimated damping	0.74	1.75 *	0.47	0.54	0.74	1.74 *
Estimated log Decrement	0.02	0.02	0.03	0.02	0.02	0.02

图 3-141 查看流体弹性不稳定性分析

体弹性不稳定性振动（参考 3.9.6 节和 3.9.7 节）。

进入 **Resonance Analysis（HTFS）** 页面，如图 3-142 所示，换热管有多处共振问题。编号 4 和编号 5 振动管的频率比值（Frequency Ratio）在 0.8~1.2 之间，没有三重重合现象，同时振幅也没有超过最大限制，可能发生共振（参考 3.9.6 节和 3.9.7 节）。

Fluid Elastic Instability (HTFS) | Resonance Analysis (HTFS) | Simple Fluid Elastic Instability (TEMA) | Simple Amplitude and Acoustic Analysis (TE

Shell number: Shell 1 ▾

Resonance Analysis

Vibration tube number		2	4	4	4	5	5	5
Vibration tube location		Outer window, bottom	Baffle overlap	Baffle overlap	Baffle overlap	Bottom Row	Bottom Row	Bottom Row	Inl en
Location along tube		Outlet	Inlet	Midspace	Outlet	Inlet	Midspace	Outlet	Inl
Vibration problem		No	Possible	No	Possible	Possible	Possible	Possible	No
Span length	mm ▾	717.48	717.48	590	717.48	1307.47	1180	717.48	
Frequency ratio: Fv/Fn		4.19	1.57	1.88	1.43	1.41	1.69	8.24	
Frequency ratio: Fv/Fa		0.46	0.54	0.68	0.52	0.15	0.18	0.91 *	
Frequency ratio: Ft/Fn		2.9	1.08 *	1.3	0.99 *	0.97 *	1.17 *	5.7	
Frequency ratio: Ft/Fa		0.32	0.37	0.47	0.36	0.1	0.13	0.63	
Vortex shedding amplitude	mm ▾								
Turbulent buffeting amplitude	mm ▾						0.02		
TEMA amplitude limit	mm ▾						0.38		

图 3-142 查看共振分析

为解决振动问题，进行不同方案设计，共四种方案，其中方案 A 为原方案：

方案 A：E 型壳体，单弓形折流板；

方案 B：E 型壳体，双弓形折流板；

方案 C：J 型壳体，单弓形折流板；

方案 D：J 型壳体，双弓形折流板。

进入 **Results ｜ Result Summary ｜ Recap of Designs ｜ Recap of Design** 页面，查看比较结果，如图 3-143 所示。

注：单击页面右下角 **Customize** 按钮，可自定义需要显示的项目。

Recap of Design

Current selected case: D

		A	B	C	D
Shell ID	mm ▾	775	650	625	600
Baffle type		Single segmenta	Double segment	Single segmenta	Double segment
Baffle number		4	8	12	26
Baffle inlet spacing	mm ▾	717.48	665.48	503.24	283.23
Baffle spacing	mm ▾	590	590	330	175
Baffle outlet spacing	mm ▾	717.48	665.48	503.24	349.25
Area reqd., dirty	m²	123.1	133.9	134.5	121.6
Area required, clean	m²	86.9	97.7	95.2	82.3
Velocity across bundle, SS	m/s ▾	13.86	5.64	15.71	10.03

Delete   Select Case   Customize

图 3-143 查看设计概要

方案 A、B、C、D 的振动警告汇总，如图 3-144 所示。

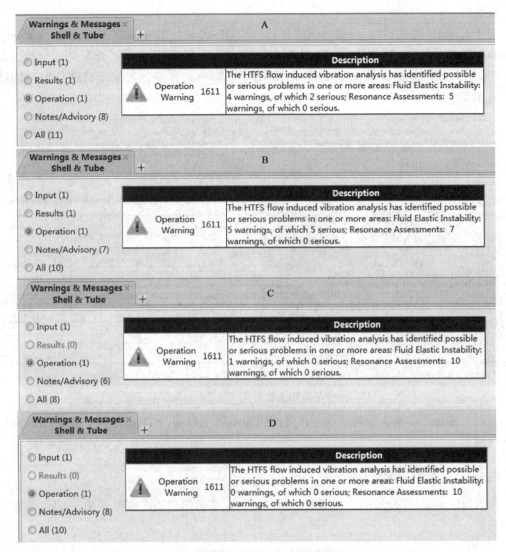

图3-144 方案A、B、C、D的振动警告汇总

从图3-143和图3-144中可以看出：

① 方案A调整为方案B

将E型壳体的折流板由单弓形改为双弓形，管束错流流速由13.86m/s降低到5.64m/s，但为满足允许压降，折流板间距依旧较大，即无支承跨距较大，因此仍有严重振动问题。

② 方案A调整为方案C

改为J型壳体，保持单弓形折流板型式，折流板间距由590mm减小到330mm，即无支承跨距减小，但管束错流流速由13.86m/s提高到15.71m/s，因此依然存在可能的流体弹性不稳定性振动问题。

③ 方案C调整为方案D

在J型壳体型式下，将折流板由单弓形改为双弓形，管束错流流速由15.71m/s降低到10.03m/s，同时，折流板间距由330mm减小到175mm，无支承跨距大大减小，提高了换热管固有频率，换热器振动可能性得到有效降低，没有流体弹性不稳定性警告，仅有10处可能共振警告。

对于方案 D（J 型壳体，双弓形折流板），进入 **Results** ｜ **Thermal ∕ Hydraulic Summary** ｜ **Vibration & Resonance Analysis** ｜ **Fluid Elastic Instability（HTFS）**页面，查看共振分析，如图 3-145 所示，最大振幅 0.02mm，远小于 TEMA 0.38mm 的限制，发生振动破坏的可能性较小，方案 D 设计可行。

Simple Fluid Elastic Instability (TEMA)				Simple Amplitude and Acoustic Analysis (TEMA)		
Fluid Elastic Instability (HTFS)				Resonance Analysis (HTFS)		

Shell number: Shell 1 ▾

Resonance Analysis

			2	2	4	4	4	5	5
Vibration tube number			2	2	4	4	4	5	5
Vibration tube location				Outer window, bottom	Baffle overlap	Baffle overlap	Baffle overlap	Bottom Row	Bottom Row	Botto Row
Location along tube		e	Outlet	Inlet	Midspace	Outlet	Inlet	Midspace	Outle
Vibration problem			No	Possible	No	Possible	Possible	Possible	Possi
Span length	mm	0	717.48	717.48	590	717.48	1307.47	1180	71
Frequency ratio: Fv/Fn		5	4.19	1.57	1.88	1.43	1.41	1.69	
Frequency ratio: Fv/Fa		6	0.46	0.54	0.68	0.52	0.15	0.18	0
Frequency ratio: Ft/Fn		1	2.9	1.08 *	1.3	0.99 *	0.97 *	1.17 *	
Frequency ratio: Ft/Fa		2	0.32	0.37	0.47	0.36	0.1	0.13	
Vortex shedding amplitude	mm								
Turbulent buffeting amplitude	mm								0.02
TEMA amplitude limit	mm								0.38

图 3-145　查看方案 D（J 型壳体，双弓形折流板）共振分析

若以上措施不能解决振动问题，还可使用窗口区不布管（NTIW）结构，或改用折流杆结构进行调节。

3.11.5　套管换热器

用苯（Benzene）作冷却剂冷却苯胺（Aniline），工艺数据和物性数据见表 3-83，试设计套管换热器。

表 3-83　工艺数据和物性数据

项　目	热流体（Aniline）	冷流体（Benzene）
质量流量/（kg/s）	—	1.26
进口/出口温度/℃	65.6/37.8	15.6/48.9
进口压力（绝压）/kPa	1370	1370
允许压降/kPa	137	137
污垢热阻/（m² · K/W）	0.00018	0.00018
进口/出口密度/（kg/m³）	1022	879
进口/出口比热容/[kJ/（kg · K）]	2.177	1.758
进口/出口黏度/mPa · s	2.00	0.55
进口/出口导热系数/[W/（m · K）]	0.1731	0.1592

3.11.5.1　初步规定

● 流体空间选择

参照表 3-45，苯胺具有腐蚀性，走内管（管程）。

● 内管

选用管外径 42mm、管壁厚 3.5mm 光管。

● 材质

苯胺具有腐蚀性，内管材质选用不锈钢；苯无腐蚀性，外管（壳程）材质选用普通碳钢。

3.11.5.2　双管马蹄型套管换热器设计

（1）建立和保存文件

启动 Aspen Exchanger Design & Rating 软件，新建一个管壳式换热器文件，单击**Save** 按钮📑，文件保存为 Example3.5_Double pipe_ADU_Design. EDR。

（2）设置应用选项

将单位设为 SI（国际制）。进入**Input ∣ Problem Definition ∣ Application Options ∣ Application Options** 页面。General 选项区域 Location of hot fluid（热流体位置）下拉列表框中选择 Tube side（管程），Select geometry based on this dimensional standard（选择结构基于的尺寸标准）下拉列表框中选择 SI（国际制），Hot Side 选项区域 Application（应用类型）下拉列表框中选择 Liquid, no phase change（液相，无相变），Cold Side 选项区域 Application（应用类型）下拉列表框中选择 Liquid, no phase change（液相，无相变），其余选项保持默认设置，如图 3-146 所示。

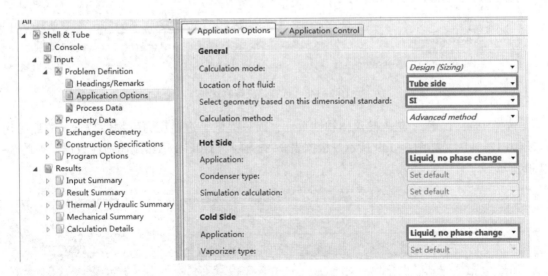

图 3-146　设置应用选项

（3）输入工艺数据

进入**Input ∣ Problem Definition ∣ Process Data ∣ Process Data** 页面，根据表 3-83 输入冷热流体工艺数据，如图 3-147 所示（输入时注意单位一致）。

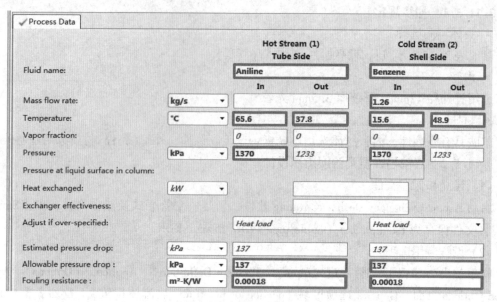

图 3-147　输入工艺数据

（4）输入物性数据

进入**Input ｜ Property Data ｜ Hot Stream（1）Compositions ｜ Composition** 页面，Physical property package（物性包）下拉列表框中选择 User specified properties（用户自定义物性），如图 3-148 所示。

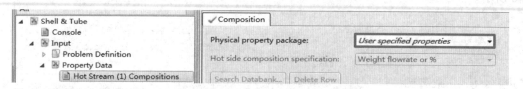

图 3-148　选择热流体物性包

选择**Home ｜ **，进入热流体物性页面，因只提供了进口压力下物性数据，故删除出口压力 1233kPa，如图 3-149 所示。根据表 3-83 输入 1370kPa 下热流体物性数据，如图 3-150 所示。

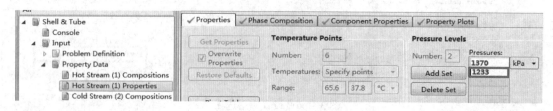

图 3-149　删除出口压力

进入**Input ｜ Property Data ｜ Cold Stream（2）Compositions ｜ Composition** 页面，Physical property package（物性包）默认为 User specified properties（用户自定义物性），如图 3-151 所示。

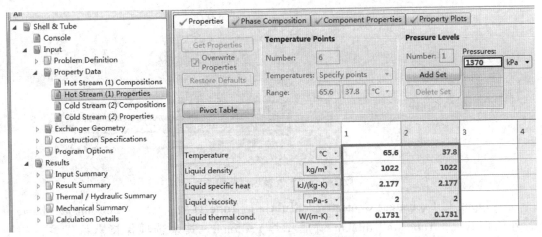

图 3-150　输入热流体物性数据

图 3-151　选择热流体物性包

选择**Home** ｜ 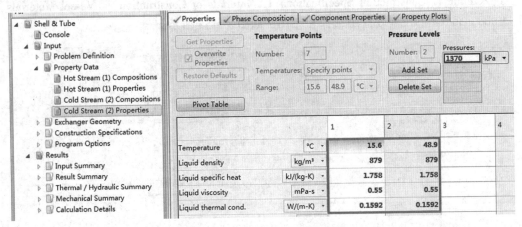，进入冷流体物性页面，同理，删除 1233kPa。根据表 3-83 输入 1370kPa 下冷流体物性数据，如图 3-152 所示。

图 3-152　输入冷流体物性数据

（5）设置结构参数

进入**Input** ｜ **Exchanger Geometry** ｜ **Shell/Heads/Flanges/Tubesheets** ｜ **Shell/Heads** 页面，Front head type（前端结构类型）下拉列表框中选择 A 型，Shell type（壳体类型）下拉列表框中选择 D 型，Rear head type（后端结构类型）下拉列表框中选择 U 型，其余选项保持默认设置，如图 3-153 所示。

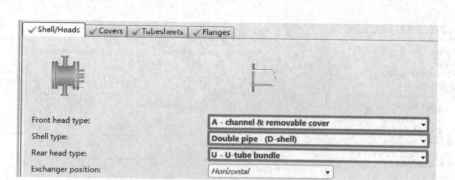

图 3-153　设置换热器结构类型

进入 **Input** ｜ **Exchanger Geometry** ｜ **Tubes** ｜ **Tube** 页面，输入 Tube outside diameter（管外径）42mm，Tube wall thickness（管壁厚）3.5mm，其余选项保持默认设置，如图 3-154 所示。

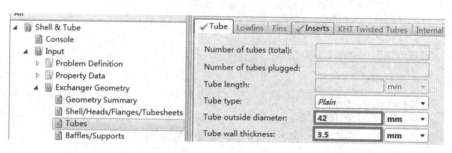

图 3-154　输入换热管参数

进入 **Input** ｜ **Construction Specifications** ｜ **Materials of Construction** ｜ **Vessel Materials** 页面，Tube material 下拉列表框中选择 SS 316，如图 3-155 所示。

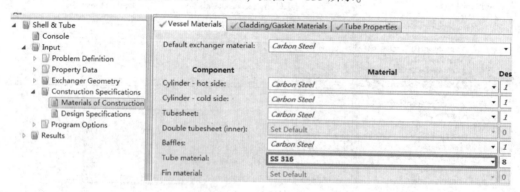

图 3-155　设置换热器材质

（6）运行程序与查看警告信息

为防止数据丢失，单击 **Save** 按钮 💾 保存文件。选择 **Home** ｜ ▶，运行程序。进入 **Results** ｜ **Result Summary** ｜ **Warnings & Messages** 页面，查看警告信息，如图 3-156 所示。

输入警告 1062：热流体默认分配在管程，正确率约为 55%；考虑到潜在重要因素，例如流体有害或有材料相容性问题，流体通常放在管程。该警告可忽略。

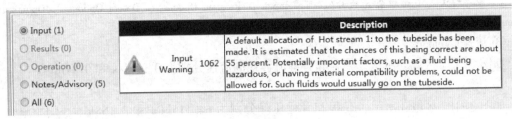

图 3-156 查看警告信息

（7）查看结果与分析

进入 **Results | Thermal / Hydraulic Summary | Performance | Overall Performance** 页面，查看换热器总体性能，如图 3-157 所示。

| Overall Performance | Resistance Distribution | Shell by Shell Conditions | Hot Stream Composition | Cold Stream Composition |

Design (Sizing)		Shell Side		Tube Side	
Total mass flow rate	kg/s	1.26		1.2188	
Vapor mass flow rate (In/Out)	kg/s	0	0	0	0
Liquid mass flow rate	kg/s	1.26	1.26	1.2188	1.2188
Vapor mass quallity		0	0	0	0
Temperatures	°C	15.6	48.9	65.6	37.8
Dew point / Bubble point	°C				
Operating Pressures	kPa	1370	1305.885	1370	1366.842
Film coefficient	W/(m²·K)	1778.5		430.2	
Fouling resistance	m²·K/W	0.00018		0.00022	
Velocity (highest)	m/s	0.92		0.41	
Pressure drop (allow./calc.)	kPa	137	/ 64.115	137	/ 3.158

Heat exchanged / structure section:

	kW	Total heat exchanged 73.8	Unit ADU 1 pass 3 ser 3 par
Overall clean coeff. (plain/finned)	W/(m²·K)	316.2 /	Shell size 49 - 5700 mm Hor
Overall dirty coeff. (plain/finned)	W/(m²·K)	281 /	Tubes Plain
Effective area (plain/finned)	m²	13.7 /	Insert None
Effective MTD	°C	19.32	No. 1 OD 42 Tks 3.5 mm
Actual/Required area ratio (dirty/clean)		1.01 / 1.13	Pattern 0 Pitch mm
Vibration problem			Baffles Unbaffled Cut(%d)
RhoV2 problem		No	Total cost 39204 Dollar(US)

区域标记：① ② ③ ④

Heat Transfer Resistance
Shell side / Fouling / Wall / Fouling / Tube side
Shell Side ▮▮▮▮ Tube Side

图 3-157 查看换热器总体性能

① 结构参数

如图 3-157 区域①所示，换热器型式为 ADU，管程数 1，串联组数 3，并联组数 3，壳径（内径）49mm，管长 5700mm，管数 1，管外径 42mm，管壁厚 3.5mm。

进入 **Results | Result Summary | TEMA Sheet | TEMA Sheet** 页面，总换热面积为 13.7m²，壳体个数为 9，壳径（外管外径）60mm，壳程（外管）进出口管嘴公称直径分别为 38.1mm（1.5in）和 38.1mm（1.5in），管程（内管）进出口管嘴公称直径分别为 31.75mm（1.25in）和 31.75mm（1.25in）。

注：Design 计算模式下，**Input | Exchanger Geometry | Nozzles | Shell Side Nozzles** 页面中，Nozzle diameter displayed on TEMA sheet（显示在 TEMA 表中的管嘴直径）选项默认为 Nominal（公称直径）。程序中管嘴尺寸有 ASME（美国机械工程师协会）和 ISO（国际标准化组织）两种标准，默认采用 ASME 标准。

② 面积余量（Actual/Required area ratio, dirty）

如图 3-157 区域②所示，换热器面积余量为 1%。

注：软件默认最小面积余量为 0%，可在 **Input** ｜ **Program Options** ｜ **Design Options** ｜ **Optimization Options** 页面设置最小面积余量数值。

③ 流速(Velocity)

如图 3-157 区域③所示，壳程和管程流体最高流速分别为 0.92m/s 和 0.41m/s。

④ 压降(Pressure drop)

如图 3-157 区域③所示，壳程和管程压降分别为 64.115kPa 和 3.158kPa，均小于允许压降。

⑤ 总传热系数(Overall dirty coeff.)

如图 3-157 区域②所示，换热器总传热系数为 281.0W/(m² · K)。

⑥ 有效平均温差(Effective MTD)

如图 3-157 区域②所示，有效平均温差为 19.32℃，详见 **Results** ｜ **Thermal / Hydraulic Summary** ｜ **Heat Transfer** ｜ **MTD & Flux** 页面。

⑦ ρv^2 问题(RhoV2 problem)

如图 3-157 区域②所示，本例无 ρv^2 问题，详见 **Results** ｜ **Thermal / Hydraulic Summary** ｜ **Flow Analysis** ｜ **Flow Analysis** 页面。

⑧ 热阻分布(Heat Transfer Resistance)

如图 3-157 区域④所示，管程为控制热阻，详见 **Results** ｜ **Thermal / Hydraulic Summary** ｜ **Performance** ｜ **Resistance Distribution** 页面。

(8) 设计结果

双管马蹄型套管换热器，结构型式 ADU，外管外径 60mm，内管外径 40mm，换热管长度 5.7m，内管和外管的设计温度、设计压力(表压)分别为 105℃ 和 85℃、1.6MPa 和 1.6MPa，共 9 组，总换热面积 13.7m²。

注：进入 **Results** ｜ **Result Summary** ｜ **TEMA Sheet** ｜ **TEMA Sheet** 页面，查看内管和外管设计温度、设计压力(表压)。

如果结构参数不合适或对设计结果不满意，可将 Design 模式转为 Rating / Checking 模式，然后调整结构参数，此处不做详述。

套管换热器除了双管马蹄型，还有多管马蹄型，后者与前者相比，结构更为紧凑且可利用折流板在管束间形成错流而提高传热系数，下面仅对如何设计多管马蹄型套管换热器作简单演示。

3.11.5.3 多管马蹄型套管换热器设计

(1) 保存文件

选择 **File** ｜ **Save As**，文件另存为 Example3.5_Multi-tube hairpin_AMU_Design. EDR。

(2) 设置结构参数

进入 **Input** ｜ **Exchanger Geometry** ｜ **Shell/Heads/Flanges/Tubesheets** ｜ **Shell/Heads** 页面，Shell type(壳体类型)下拉列表框中选择 M 型，其余选项保持默认设置，如图 3-158 所示。

进入 **Input** ｜ **Exchanger Geometry** ｜ **Tubes** ｜ **Tube** 页面，输入 Tube outside diameter(管外径)19mm，Tube wall thickness(管壁厚)2mm，其余选项保持默认设置，如图 3-159 所示。

进入 **Input** ｜ **Exchanger Geometry** ｜ **Baffles/Supports** ｜ **Baffles** 页面，Baffle type(折流板类型)下拉列表框中选择 Unbaffled，如图 3-160 所示。

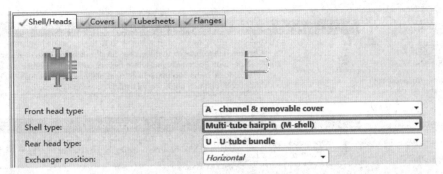

图 3-158　设置换热器结构类型

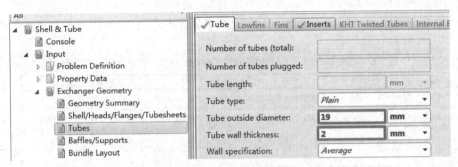

图 3-159　设置换热管参数

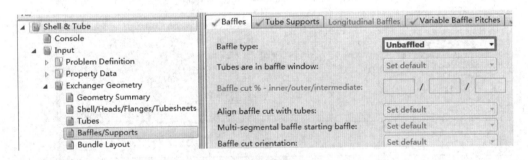

图 3-160　设置折流板参数

（3）运行程序与查看警告信息

为防止数据丢失，单击 **Save** 按钮 保存文件。选择 **Home** ｜ ▶ ，运行程序。进入 **Results** ｜ **Result Summary** ｜ **Warnings & Messages** 页面，查看警告信息，如图 3-161 所示。

输入警告 1062：热流体默认分配在管程，正确率约为 55%；考虑到潜在重要因素，例如流体有害或有材料相容性问题，流体通常放在管程。该警告可忽略。

运行警告 1661：无支承直管跨距 4746.48mm 超过了 TEMA 最大无支承直管跨距 1320.8mm。该警告可忽略。

（4）查看结果与分析

进入 **Results** ｜ **Thermal / Hydraulic Summary** ｜ **Performance** ｜ **Overall Performance** 页面，查看换热器总体性能，如图 3-162 所示。

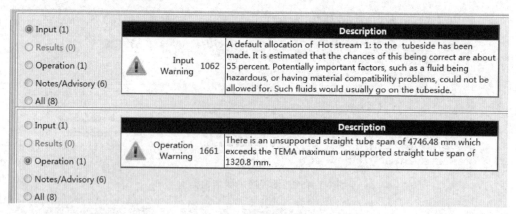

图 3-161　查看警告信息

Design (Sizing)		Shell Side		Tube Side	
Total mass flow rate	kg/s	1.26		1.2188	
Vapor mass flow rate (In/Out)	kg/s	0	0	0	0
Liquid mass flow rate	kg/s	1.26	1.26	1.2188	1.2188
Vapor mass quallity		0	0	0	0
Temperatures	°C	15.6	48.9	65.6	37.8
Dew point / Bubble point	°C				
Operating Pressures	kPa	1370	1369.987	1370	1369.915
Film coefficient	W/(m²-K)	54.5		50.8	
Fouling resistance	m²-K/W	0.00018		0.00023	
Velocity (highest)	m/s	0.02		0.03	
Pressure drop (allow./calc.)	kPa	137	/ 0.013	137	/ 0.085

Total heat exchanged	kW	73.8		Unit	AMU	1	pass	1	ser	1	par
Overall clean coeff. (plain/finned)	W/(m²-K)	26.2 /		Shell size	438	-	4800		mm		Hor
Overall dirty coeff. (plain/finned)	W/(m²-K)	25.9 /		Tubes	Plain						
Effective area (plain/finned)	m²	149.5 /		Insert	None						
Effective MTD	°C	19.32		No.	241	OD	19	Tks	2	mm	
Actual/Required area ratio (dirty/clean)		1.01 /	1.03	Pattern	30		Pitch	23.75	mm		
Vibration problem				Baffles	Unbaffled		Cut(%d)				
RhoV2 problem		No		Total cost			68273		Dollar(US)		

Heat Transfer Resistance
Shell side / Fouling / Wall / Fouling / Tube side

图 3-162　查看换热器总体性能

① 结构参数

如图 3-162 区域①所示，换热器型式为 AMU，管程数 1，串联组数 1，并联组数 1，壳径（内径）438mm，管长 4800mm，管数 241，管外径 19mm，管壁厚 2mm。

进入 **Results | Result Summary | TEMA Sheet | TEMA Sheet** 页面，总换热面积为 149.5m²，壳体个数为 1，壳径（外管外径）457mm，壳程（外管）进出口管嘴公称直径分别为 355.6mm（14in）和 355.6mm（14 in），管程（内管）进出口管嘴公称直径分别为 254mm（10 in）和 254mm（10 in）。

注：Design 计算模式下，**Input | Exchanger Geometry | Nozzles | Shell Side Nozzles** 页面中，Nozzle diameter displayed on TEMA sheet（显示在 TEMA 表中的管嘴直径）选项默认为 Nominal（公称直径）。程序中管嘴尺寸有 ASME（美国机械工程师协会）和 ISO（国际标准化组织）两种标准，默认采用 ASME 标准。

② 面积余量（Actual/Required area ratio，dirty）

如图 3-162 区域②所示，换热器面积余量为 1%。

注：软件默认最小面积余量为 0%，可在 **Input** | **Program Options** | **Design Options** | **Optimization Options** 页面设置最小面积余量数值。

③ 流速(Velocity)

如图 3-162 区域③所示，壳程和管程流体最高流速分别为 0.02m/s 和 0.03m/s。

④ 压降(Pressure drop)

如图 3-162 区域③所示，壳程和管程压降分别为 0.013kPa 和 0.085kPa，均小于允许压降。

⑤ 总传热系数(Overall dirty coeff.)

如图 3-162 区域②所示，换热器总传热系数为 25.9W/(m² · K)。

⑥ 有效平均温差(Effective MTD)

如图 3-162 区域②所示，有效平均温差为 19.32℃，详见 **Results** | **Thermal / Hydraulic Summary** | **Heat Transfer** | **MTD & Flux** 页面。

⑦ ρv^2 问题(RhoV2 problem)

如图 3-162 区域②所示，本例无 ρv^2 问题，详见 **Results** | **Thermal / Hydraulic Summary** | **Flow Analysis** | **Flow Analysis** 页面。

⑧ 热阻分布(Heat Transfer Resistance)

如图 3-162 区域④所示，本例热阻分布基本均衡，详见 **Results** | **Thermal / Hydraulic Summary** | **Performance** | **Resistance Distribution** 页面。

(5) 设计结果

多管马蹄形套管换热器，结构型式 AMU，外管外径 457mm，内管外径 19mm，换热管长度 4.8m，内管和外管的设计温度、设计压力(表压)分别为 105℃ 和 80℃、1.6MPa 和 1.6MPa，共 1 组，总换热面积 149.5m²。

注：进入 **Results** | **Result Summary** | **TEMA Sheet** | **TEMA Sheet** 页面，查看内管和外管设计温度、设计压力(表压)。

如果结构参数不合适或对设计结果不满意，可将 Design 模式转为 Rating / Checking 模式，然后调整结构参数，此处不做详述。

参 考 文 献

[1] 钱颂文. 换热器设计手册[M]. 北京：化学工业出版社，2002.

[2] 董其伍，张垚. 石油化工设备设计选用手册：换热器[M]. 北京：化学工业出版社，2008.

[3] 中华人民共和国国家质量监督检验检疫总局，中国国家标准化管理委员会. 热交换器：GB/T 151—2014[S]. 北京：中国标准出版社，2015.

[4] MUKHERJEE R. Practical thermal design of shell-and-tube heat exchangers[M]. New York：Begell House, Inc., 2004.

[5] 中国石化集团上海工程有限公司. 化工工艺设计手册[M]. 北京：化学工业出版社，2009.

[6] 刘巍，邓方义. 冷换设备工艺计算手册[M]. 2 版. 北京：中国石化出版社，2008.

[7] 王子宗. 化工单元过程[M]//王子宗. 石油化工设计手册：第 3 卷. 新 1 版. 北京：化学工业出版社，2015.

［8］ TEMA designations of heat exchangers［EB/OL］.［2016-09-02］. http://www. wermac. org/equipment/heate-xchanger_part5. html.

［9］ 陆恩锡，张慧娟. 化工过程模拟——原理与应用［M］. 北京：化学工业出版社，2011.

［10］ Aspen Technology, Inc.. AspenTech support center solution［EB/OL］.［2016-09-02］. https：// support. aspentech. com.

［11］ SERTH R W, LESTINA T G. Process heat transfer：principles, applications and rules of thumb［M］. 2nd ed. Oxford：Elsevier, Inc. , 2014.

［12］ NITSCHE M, GBADAMOSI R. Heat exchanger design guide：a practical guide for planning, selecting and de-signing of shell and tube exchangers［M］. Oxford：Elsevier, Inc. , 2016.

［13］ 中华人民共和国国家质量监督检验检疫总局，中国国家标准化管理委员会. 热交换器型式与基本参数 第2部分：固定管板式热交换器：GB/T 28712. 2—2012［S］. 北京：中国标准出版社，2012.

［14］ 中华人民共和国国家质量监督检验检疫总局，中国国家标准化管理委员会. 热交换器型式与基本参数 第1部分：浮头式热交换器：GB/T 28712. 1—2012［S］. 北京：中国标准出版社，2012.

［15］ 中华人民共和国国家质量监督检验检疫总局，中国国家标准化管理委员会. 热交换器型式与基本参数 第3部分：U形管式热交换器：GB/T 28712. 3—2012［S］. 北京：中国标准出版社，2012.

［16］ 中华人民共和国国家质量监督检验检疫总局，中国国家标准化管理委员会. 热交换器型式与基本参数 第4部分：立式热虹吸式热交换器：GB/T 28712. 4—2012［S］. 北京：中国标准出版社，2012.

［17］ LUDWING E E. 化工装置实用工艺设计［M］. 李春喜，译. 3版. 北京：化学工业出版社，2006.

［18］ KUPPAN T. 换热器设计手册［M］. 钱颂文，译. 北京：中国石化出版社，2004.

［19］ 刘家明. 石油化工设备设计手册［M］. 北京：中国石化出版社，2012.

［20］ BOUHAIRIE S. Selecting baffles for shell-and-tube heat exchanger［J］. Chemical Engineering Progress, 2012, 108(2)：27-33.

［21］ Process design of heat exchanger［EB/OL］.［2016-09-02］. http：//nptel. ac. in/courses/103103027/ pdf/mod1. pdf.

［22］ TEMA. Standards of the Tubular Exchanger Manufacturers Association［S］. 9th ed. New York：Tubular Ex-changer Manufacturers Association, 2007.

［23］ 热交换器的选型和设计指南［EB/OL］.［2016-09-02］. http：//www. doc88. com/p-94459590748. html.

［24］ 孙兰义. 换热器工艺设计补充材料——HTRI 入门教程［EB/OL］.［2016-11-01］. http：// bbs. hcbbs. com/thread-1578073-1-1. html.

［25］ 换热器配管规定［EB/OL］.［2016-09-02］. http：//www. docin. com/p-1702759752. html.

［26］ 喻健良，王立业，刁玉玮. 化工设备机械基础［M］. 7版. 大连：大连理工大学出版社，2013.

［27］ E. H. 朱达柯夫. 石油加工主要过程和设备的计算［M］. 黄文赢，译. 北京：石油工业出版社，1984.

［28］ 换热器工艺设计规定［EB/OL］.［2016-09-02］. http：//www. docin. com/p-885218126. html.

［29］ 石油化学工业部石油化工规划设计院. 冷换设备工艺计算［M］. 北京：石油工业出版社，1979.

［30］ Aspen Technology, Inc.. Aspen Exchanger Design & Rating V8. 8 help, 2015.

［31］ 侯芙生. 炼油工程师手册［M］. 北京：石油工业出版社，1994.

［32］ BENNETT C A, KISTLER R S, LESTINA T G. Improving heat exchanger designs［J］. Chemical Engineering Progress, 2007, 103(4)：40-45.

［33］ MUKHERJEE R. Effectively design shell-and-tube heat exchangers［J］. Chemical Engineering Progress, 1998, 94(2)：21-37.

［34］ SHAH R K, SEKULIC D P. Fundamentals of heat exchanger design［M］. New Jersey：John Wiley & Sons,

Inc. , 2003.

［35］程林，杨培毅，陆煜. 换热器运行导论［M］. 北京：科学出版社，1995.

［36］钱颂文，吴家声，曾文明. 换热器流体诱导振动基础［M］. 武汉：华中工学院出版社，1988.

［37］HTRI Exchanger 使用手册［EB/OL］. ［2016-09-02］. http：//www. doc88. com/p-908231241555. html.

［38］中国石化兰州设计院. 换热器配管规定［EB/OL］. ［2016-09-02］. http：//www. docin. com/p-1702759752. html.

第4章 冷 凝 器

4.1 概述

冷凝器(condensers)广泛应用于化学工业中,例如,在精馏塔塔顶通常设有分凝器或全凝器,用于塔顶蒸气的部分或全部冷凝,以实现液体回流和产品采出,而在制冷操作中,冷凝器则被用来液化来自压缩机的高压制冷气体[1]。

蒸气在冷凝器中被冷凝为液体,由于发生相变、热流体密度变大和流速降低等现象,液体流态及气液两相分离成为影响传热的重要因素,进而影响到冷凝器的流程安排及方位选择。对于宽沸程蒸气混合物,尤其是冷凝曲线为非线性或气液两相的物性随冷凝温度变化较大时,应使用分区计算并考虑质量传递影响。

4.2 冷凝机理

蒸气与低于其露点的壁面接触会发生冷凝,冷凝过程分为膜状冷凝(filmwise condensation)和滴状冷凝(dropwise condensation),目前工业上冷凝器的冷凝机理绝大部分属于膜状冷凝。膜状冷凝时,冷凝液能很好地润湿壁面,在壁面上形成一层完整的液膜,冷凝过程只在液膜与蒸气的分界面上进行,冷凝放出的液化潜热必须穿过这层液膜才能传到冷却壁面。滴状冷凝时,蒸气与管壁直接接触,中间没有比管壁导热系数小得多的液膜存在,并且滴状冷凝的推动力为蒸气温度与管壁温度之差,比膜状冷凝时的气液界面温度与管壁温度之差要大,故其传热速率可达膜状冷凝的几倍甚至十几倍。虽然滴状冷凝传热效果较好,但是在操作上不稳定,而且所需要的特殊材质的冷凝表面也很难完全满足,只有在液体处理量较少时才会有一定优势。因此,滴状冷凝在工业上的应用仍非常有限,本章只讨论膜状冷凝[2,3]。

当发生膜状冷凝时,液膜会覆盖在壁面上成为主要的传热阻力,液膜越薄,其产生的传热阻力越小,对流传热系数越高。因此,在冷凝液组成一定的情况下,减小液膜厚度成为提高冷凝器传热性能的首要考虑因素。在冷凝过程中,液膜厚度取决于冷凝速率和冷凝液移出速率,而冷凝液移出速率则取决于剪切力和重力对冷凝液膜的作用,故在冷凝器设计中确定流体形态——剪切力控制(shear-controlled)或重力控制(gravity-controlled),是非常重要的。

相对于纯组分,当冷凝蒸气为多组分混合物或冷凝蒸气中存在不凝气时,冷凝过程受质量传递的影响,将变得更加复杂。

4.2.1 垂直管内冷凝[2]

垂直管内冷凝是能直观体现冷凝机理的最简单情况。垂直管内冷凝过程中,液膜会受到剪切力、重力和管壁摩擦力的共同作用,在液膜受力平衡的基础上,通过对气液相流量及其物理性质的分析可以确定液膜的厚度。

（1）重力控制下的流态

蒸气流速较低时对液膜剪切力较小，重力对液膜厚度的影响占主导地位，重力控制下的流态，如图4-1所示。在重力方向上液膜先是呈层流状态，接着经过一个过渡区域达到临界雷诺数后变为湍流状态。重力控制下液膜对流传热系数随液相雷诺数和普朗特数的变化如图4-2所示。

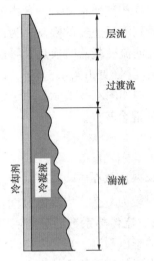 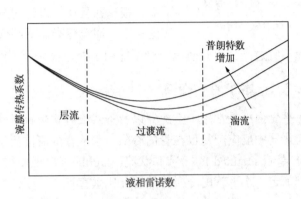

图4-1　垂直管内重力控制下的液膜流态[2]　　　图4-2　重力控制流态下传热系数的变化[2]

（2）剪切力控制下的流态

当蒸气流速很高时，液膜所受的剪切力远大于其所受重力，重力对液膜流态的影响可忽略不计，为剪切力控制下的流态。在高速气流的剪切力作用下，管内液体流型为环状流（annular flow），如图4-3所示。在剪切力控制下，液膜对流传热系数随气相雷诺数基本上呈线性变化，对于相同的气相雷诺数，当普朗特数增加时，对流传热系数也会增大，如图4-4所示。

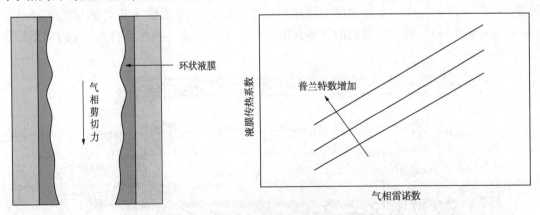

图4-3　垂直管内剪切力控制下的液膜流态[2]　　　图4-4　剪切力控制流态下对流传热系数的变化[2]

（3）回流冷凝

回流冷凝是垂直管内冷凝中比较特殊的一种冷凝形式。在回流冷凝器中，自下而上的蒸

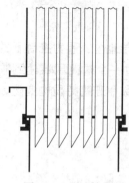

图4-5　回流冷凝器
下端管板结构[1]

气在冷却剂的作用下冷凝，最终以环状液膜的形式沿管壁回流，而不凝气则在管程顶部排出。为提供更多的冷量，冷却剂通常以与蒸气逆流的方向自冷凝器壳体顶部进入。

在化工行业中，回流冷凝器多用于从尾气中最大限度回收可凝性气体或者冷凝来自气液分离器的蒸气。回流冷凝器直接安装在精馏塔顶部，可节省大量管线和设备费用。

回流冷凝的主要缺点在于：当气相流速很高时，管内液体可能会发生液泛，因此其处理量将受到液泛速度的限制。为便于冷凝液排出并防止管内液泛，在设计回流冷凝器时换热管可以超出下端管板，并且在管口处切割一角度（详见1.4.4.3节），以提高液泛速度，回流冷凝器下端管板结构如图4-5所示。由于管内蒸气流速不宜过高，因此回流冷凝不适用于处理含大量不凝气的混合蒸气。

4.2.2　水平管内冷凝[2,4,5]

水平管内冷凝常用于空冷器以及釜式或卧式热虹吸式再沸器加热介质的冷凝。加氢装置进料换热器中反应产物也在管内冷凝。水平管内流体流动情况较为复杂，当流体为重力控制时，分层流（stratified flow）或弹状流（slug flow）出现使得影响对流传热系数的分离层液面高度很难确定，水平管内冷凝传热情况比垂直管内冷凝传热更加难以预测。当管内流体受剪切力控制时，水平管内液体流型和计算方法与垂直管内相似。由于气相剪切力的作用，管内冷凝液被气体及时吹扫出管外，避免了换热管底部液相的积累，液膜较薄。因此，在水平管内冷凝过程中，剪切力控制下的液体比重力控制下的液体有更高的对流传热系数。

纯组分饱和蒸气水平管内冷凝过程中，流型的分布取决于管内总的流体流动，典型流动模型如图4-6所示。无论是高质量流速还是低质量流速蒸气，在水平管内冷凝时都是从雾状流（mist flow）开始。随后，在高质量流速下，某些冷凝液以液滴形式被卷入高速蒸气流中，沿管道流动。冷凝使蒸气流速降低，剪切力减小，将产生两个影响：首先，蒸气对液膜的破碎作用下降；其次，重力作用变得相对明显，管内的液膜成为非对称形的半环状流（semi-annular flow）。随着冷凝液的增多，依次出现了弹状流、块状流（plug flow），最后所

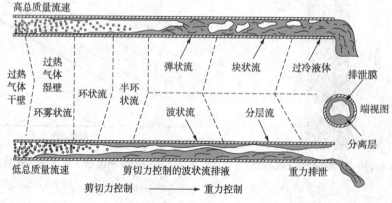

图4-6　水平管内冷凝过程两种典型的流型变化[3]

有蒸气凝结为液体。低质量流速时，流型出现的次序基本上是一样的：先是环状流，然后是半环状流、波形流(wavy flow)，最后是分层流。在分层流区域，液体主要是在液压梯度作用下流出管道。分层流和环状流端视图如图4-7所示。

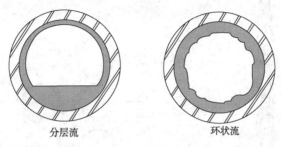

分层流　　　　　　　环状流

图4-7　分层流与环状流端视图[2]

4.2.3　管外冷凝[2,4,6]

在化工过程中，水平管外冷凝是管壳式冷凝器中最常见的冷凝类型，立式管外冷凝常见于立式热虹吸式再沸器中。水平管外冷凝过程中，对于没有气相剪切力作用的单一管，其管外冷凝机理较为简单。然而，对于多管排的水平管束，其管外冷凝过程中，除冷凝液在管排之间滴落和气相剪切力对冷凝器传热性能造成影响外，管间距和管子排列方式也会产生一定的影响。在立式管外冷凝中，冷凝液沿管壁流到折流板处，又从折流板的边缘落到下层折流板，也会对传热造成影响，使情况变得更加复杂，如图4-8所示。因此，纯组分饱和蒸气管外冷凝比管内冷凝更加复杂，平均对流传热系数更加难以准确计算。

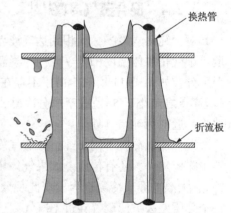

换热管

折流板

图4-8　折流板的影响[4]

水平管外冷凝同样应考虑剪切力和重力对液膜的影响，剪切力作用在水平方向上，重力作用在竖直方向上，冷凝液膜受剪切力控制还是重力控制取决于两种力对液膜影响的相对大小。另外，在管外冷凝过程中液膜的流态存在一个很大的过渡区域，当气相刚进入壳体时，气速较高，剪切力较大，为剪切力控制的流态；随着冷凝过程的进行，气相减少，气速降低，剪切力迅速降低，此时转变为重力控制的流态。重力和剪切力控制下水平管外流态如图4-9和图4-10所示。设计管外冷凝的冷凝器时，理论上可通过逐步减小折流板间距的方法提高气速，增强传热效果。在宽沸程混合蒸气的冷凝过程中，这种效果尤为显著。但由于壳程发生相变传热阻力较小，管程传热阻力较大且为控制热阻，因此通过改变折流板间距提高冷凝器传热性能的方法，在设计中并不常见。

卧式换热器中单弓形折流板的缺口方向视用途可为水平、垂直或转角方向(详见3.4.5.4节)，水平缺口宜用于单相清洁流体。在分凝器和部分汽化器中，若在剪切力控制下(气液同向流动)，则应使用水平缺口或带通液(气)口的水平缺口；若在重力控制下，则应使用垂直缺口。在重力控制下的冷凝器和再沸器，也应使用垂直缺口，以利于气液分离，而且蒸气流动方向与液体重力下的流动方向垂直，可减小液膜厚度，增强传热。

流动状态
液膜层流区
液膜波状流区
过渡区
液膜湍流区

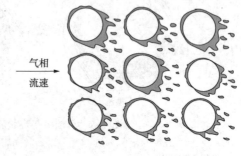

气相
流速

图 4-9　重力控制下水平管外流态[4]　　　　图 4-10　剪切力控制下水平管外流态[2]

4.2.4　混合蒸气冷凝[3,5]

对于纯蒸气冷凝，气相到达气液界面时不存在传质阻力，气相温度场是平坦的，界面温度等于气相主体温度（$T_{if}=T_v$），冷凝温差推动力是气相主体温度与管壁温度之差（T_v-T_w），温度分布如图 4-11 所示。由于不存在气相传质阻力，冷凝传热系数较高。对于小温差介质（泡露点之差小于 5℃）或窄馏分冷凝，尽管存在气相传质阻力，但其值很小，可忽略不计，故将其近似为纯组分处理。

混合蒸气冷凝不同于纯组分蒸气冷凝：一是冷凝器各处产生冷凝的温度不同，二是冷凝器中除传热外，还有传质。如果气体中含不凝气，那么在气相中就会产生额外的温降（T_v-T_{if}），大温差介质冷凝也会出现此现象，如图 4-12 所示。这个温差的产生，是由于必须有一个分压差去迫使蒸气穿过不凝气到达气液界面。气液界面处的蒸气分压等于界面温度对应的饱和蒸气压，界面处蒸气分压降低，相应的饱和温度随之降低。可凝性气体混合物的冷凝也会产生类似的气相温降。因此混合蒸气冷凝的温差推动力是（$T_{if}-T_w$），而不是纯组分的（T_v-T_w），在其他条件相同的情况下，其冷凝传热效率比纯组分冷凝时低。

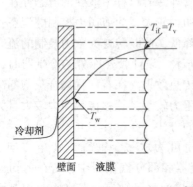

$T_{if}=T_v$

T_w

冷却剂

壁面　液膜

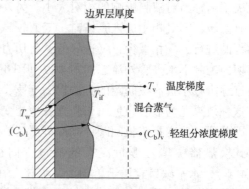

边界层厚度

T_v　温度梯度

T_{if}

混合蒸气

T_w

$(C_b)_i$

$(C_b)_v$　轻组分浓度梯度

图 4-11　纯组分蒸气冷凝温度分布图[3]　　　　图 4-12　混合蒸气冷凝温度分布图[3]

鉴于混合蒸气的冷凝过程较为复杂，在设计时，需要考虑以下特征：

① 冷凝会在一个温度范围进行，且重组分会先于轻组分冷凝。

② 蒸气混合物冷凝为非线性冷凝，除冷凝负荷外，还存在显热负荷。蒸气混合物在冷凝之前首先要冷却到露点，已冷凝的冷凝液还要冷却到出口温度。由于冷却时的对流传热系数远远低于冷凝时的对流传热系数，蒸气冷却时整体对流传热系数将会明显降低。组分的沸点范围越广，冷凝温度的范围就越广，在其他条件相同的情况下，对流传热系数就会越低。

③ 随冷凝过程的进行，气液相的组成及其物理性质都将变化，尤其是液体黏度。

④ 重组分的分子必须通过扩散穿过轻组分到达冷凝表面，如图 4-13 所示，因此冷凝速率受到扩散速率以及传热速率的限制。

4.2.5 过热冷却与过冷冷却

当冷凝器冷凝来自精馏塔塔顶的饱和蒸气时，冷凝过程开始于进口处。若进入冷凝器的气体温度高于其露点，即处于过热状态，则气体需要先冷却到露点才能开始冷凝过程，称为过热冷却(desuperheating)。冷凝器出口的液体一般为饱和液体，在有些情况下，例如，当冷凝液易挥发、冷凝液中具有可回收热量或者蒸馏塔塔顶需要过冷的液体回流时，冷凝器出口液体还需要进一步冷却，即过冷冷却(subcooling)。含过热冷却与过冷冷却过程的混合蒸气冷凝曲线如图 4-14 所示。

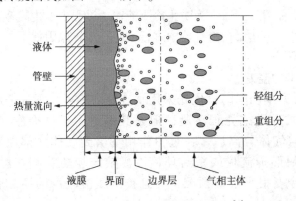

图 4-13　混合蒸气冷凝机理示意图[4]

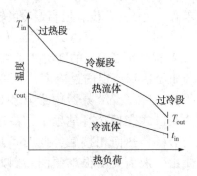

图 4-14　含过热冷却与过冷冷却
过程的混合蒸气冷凝曲线[3]

在冷凝器中可能会出现以下四种情况：

① 只有冷凝；

② 过热冷却和冷凝；

③ 过热冷却、冷凝和过冷冷却；

④ 冷凝和过冷冷却。

冷凝和过热冷却、过冷冷却的主要区别为：

① 过热冷却包含了气体显热的传递，其对流传热系数较低；

② 当热流体在壳程冷凝时，由于冷凝器允许压降一般较低，其折流板间距较大。

当蒸气在壳程完全冷凝时，壳程流体密度显著增大，若保持折流板间距不变，壳程流体流速降低，这将使得过冷区对流传热系数大大减小。

4.2.5.1 过热冷却[2]

过热冷却中，根据管壁温度与气体露点的高低，过热蒸气存在两种状态：干壁状态（dry wall condition）、湿壁状态（wet wall condition）。若管壁温度高于气相露点，则过热蒸气处于干壁状态，反之则处于湿壁状态。过热冷却过程相当复杂，即使过热蒸气处于湿壁状态，其主体温度依旧大于露点，这将造成管壁上已冷凝液体的闪蒸，直到气相主体温度降低到露点。过热蒸气管内冷凝的温度分布如图4-15所示。

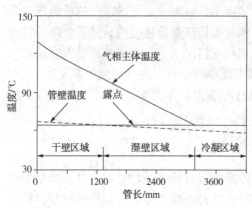

图4-15　过热蒸气管内冷凝的温度分布图[4]

通常情况下，气体在干壁区域冷却和在湿壁区域冷却的热负荷大小取决于过热蒸气和冷却剂的对流传热系数。在过热冷却中，气体过热度越大，则对流传热系数越小，传热温差越大。因传热系数降低而增加的换热面积，大部分可由传热温差的增加来弥补，故气体过热对换热面积的影响较小。

4.2.5.2 过冷冷却[2,7]

过冷冷却是比过热冷却更为复杂的一种情况，通常为防止冷凝液输送过程中发生闪蒸而要求有一定的过冷度，但当过冷度较高时，不建议在冷凝器中进行过冷冷却，原因如下：

① 过冷区流体流速低，对流传热系数小；

② 很难预测液面的真实高度和有效平均温差。

如需达到一定的过冷度，在冷凝器大小相同时，优先采用垂直管内冷凝，不宜采用水平管内冷凝。冷凝器中最常用的型式为卧式壳程冷凝，但是其不适用于过冷冷却，因为在卧式壳程冷凝过程中，冷凝液与气体分离后，在重力作用下落到壳体底部而不能与有效传热面相接触，此时可通过堰形折流板或密封环使冷凝液与换热管相接触，但是由于液面高度很难预测，因此过冷度很难准确预测，并且被冷凝液淹没的换热管将不能用于气体的冷凝。

对于单组分介质或窄馏分（冷凝温降不超过10℃），冷凝和过冷应分为两个独立过程，采用两台设备进行处理，否则后者基本处于自然对流状态，对传热不利。如处理量很小，为节约管线阀门，希望用一台设备完成两个阶段的任务时，建议采用立式冷凝冷却器。由于自然对流传热系数比较小，当过冷段换热面积超过全过程换热面积的一半时，即使是小装置也建议将两个阶段分开，分别在两台设备中进行处理。

4.2.6　冷凝曲线与分区计算[3,8,9]

冷凝过程中介质温度、气液两相组成及气相分数等都将发生显著的变化，从进口到出口之间可能会经历若干种截然不同的两相流动状态，不同流态下的传热性能也各不相同。温度范围变化不大时，比热容可以看作常量，故当冷凝器中的流体无相变时，随传热过程的进行，其热负荷随温度的变化呈线性关系。对于多组分混合物的冷凝，受组分分压的影响，重组分先冷凝，轻组分后冷凝，因冷凝器热端的比热容大于冷端比热容，所以冷凝曲线的热端斜率大于冷端斜率。

当存在过冷或过热时,冷凝曲线在过冷和过热段为线性,在冷凝段则为非线性。由于冷凝曲线的非线性,在计算热负荷时需要将冷凝器沿管长方向进行分区计算(zone-wise calculation),以保证计算的准确性,并且每个区间的热负荷一般不得超过冷凝器总热负荷的20%。分区计算时,冷凝曲线的计算方法包括积分法和微分法。积分法假设气液之间始终保持平衡,并且冷凝液随气体一起到达冷凝器出口。最适用于积分法计算的冷凝类型是垂直管内冷凝(下流式),其他类型还有:水平管内冷凝、立式壳程冷凝和水平壳程错流冷凝(X型壳体)。微分法假设气相冷凝后即与液相发生分离,改变了气液平衡和未冷凝气体的露点,最适用于微分法计算的冷凝类型是回流冷凝。

由于冷凝曲线的非线性,在软件计算结果中会出现温差修正系数大于1的情况,此时温差修正系数已不具有参考价值,因此对于冷凝过程可忽略软件计算的温差修正系数。

4.3　冷凝器类型

在对冷凝器进行分类时,按布置方向可分为卧式冷凝器和立式冷凝器,按蒸气的冷凝位置可分为壳程冷凝器和管程冷凝器。

4.3.1　卧式壳程冷凝器[1]

石油化工行业中,大型冷凝器通常水平放置,以降低支撑结构的成本,方便设备维修。冷凝蒸气多为有机化合物或其混合物,冷却剂通常为循环冷却水。由于冷却水易结垢,在进行流体空间选择时为便于清洗和控制结垢,冷却水布置在管程,较为清洁的蒸气在壳程冷凝。

在卧式壳程冷凝器(horizontal shell-side condensers)中,E型壳体冷凝器(图4-16)应用最为广泛,造价最低,后端结构可选用固定管板式或浮头式。为便于冷凝液的排出,折流板通常垂直左右布置,底部设有通液口。为防止不凝气的积累而影响冷凝器传热效果,应在壳体的合适位置设置放气口。冷凝器中气相进口流速一般较大,且进口温度在其露点附近,容易形成液滴而对管束造成冲击,在冷凝器的蒸气进口处应设有防冲结构。

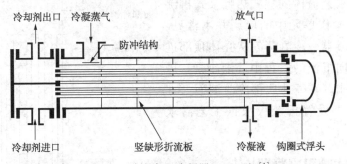

图4-16　卧式壳程冷凝器(AES型)[1]

若壳程压降是设计的限制因素,可以考虑使用双弓形折流板或折流杆,也可以改用J型壳体(图4-17)或X型壳体(图4-18)。X型壳体可以提供很低的压降,常用于真空系统。这些类型可能有不凝气积聚问题,为防止不凝气的积累,应在冷凝液面上方壳体部位设置放气口。

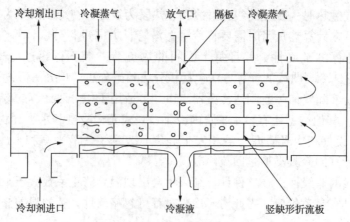

图 4-17　卧式壳程冷凝器(J21 型壳体)[1]

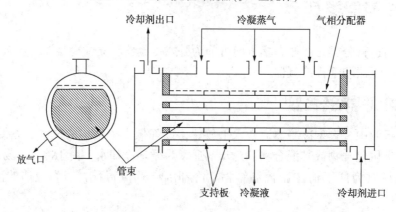

图 4-18　卧式壳程冷凝器(X 型壳体)[1]

4.3.2　立式壳程冷凝器[1]

立式壳程冷凝器(vertical shell-side condensers)的结构如图 4-19 所示，常见于加热介质为蒸气或需冷凝工艺流体的立式热虹吸式再沸器中，而在冷凝操作单元中的应用并不常见。对于立式壳程冷凝器，冷凝蒸气从壳体顶部进入，在沿换热管向下流的过程中逐渐冷凝，最后在壳体底部流出。在壳体底部冷凝液面上方设置放气口，是否设置折流板根据工艺需求确定。

4.3.3　卧式管程冷凝器[1,3]

卧式管程冷凝器(horizontal tube-side condensers)结构如图 4-20 所示，可用于冷凝高压或腐蚀性的蒸气，也可用作加热介质为蒸气或需冷凝工艺流体的釜式再沸器或卧式热虹吸再

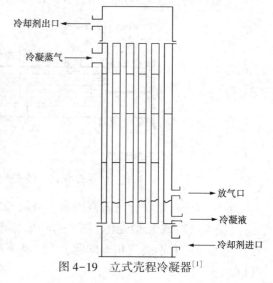

图 4-19　立式壳程冷凝器[1]

沸器。对于卧式管程冷凝器,最好采用单管程,如需采用双管程可优先考虑采用 U 形管结构,因为可以认为气液两相在回弯处达到完全混合。对于两管程或多管程的浮头式结构,剪切力控制下的蒸气和冷凝液可能处于混合状态,但在重力控制下将发生两相分离,因此卧式管程冷凝器不宜采用太多的管程数。在冷凝器设计时,还应重点考虑换热管内流体流态,否则会因流体不稳定而引起操作问题。

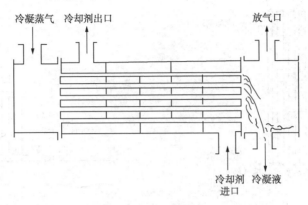

图 4-20　卧式管程冷凝器[1]

4.3.4　立式管程下流式冷凝器[1,7]

立式管程下流式冷凝器(vertical tube-side downflow condensers)中冷凝蒸气自上而下流动,结构如图 4-21 所示。该冷凝器管程最好为单管程,后端结构可使用固定管板式或浮头式。为收集冷凝液和设置放气口,下端封头一般要比上端封头大。同时,为防止随冷却剂进入的不凝气(如空气)在壳程出口管嘴和管板之间的空间积累,在上端管板处也应设置放气口。

冷凝液在换热管中以环状液膜形式向下流动,与换热面和未冷凝气体都保持良好的接触。所以,这种结构有利于宽沸程混合蒸气中轻组分的冷凝,缺点是冷却剂通常易结垢,且位于壳程。

4.3.5　回流冷凝器[1]

回流冷凝器(reflux condensers)为立式管程冷凝器,冷凝蒸气自下而上流动,结构如图 4-22所示。该型式冷凝器常用于分离轻组分含量较小的气体混合物,冷凝后的重组分沿管壁向下流动,轻组分则从上端管箱的放气口中排出。在精馏操作中,回流冷凝器常用作精馏塔内置冷凝器,为塔顶提供回流,或安装在回流罐上方作为一个二级冷凝器回收组分,如图 4-23 所示。为

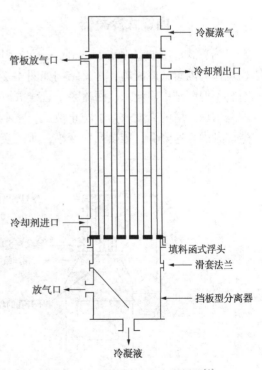

图 4-21　立式管程下流式冷凝器[1]

防止雾沫夹带量过大或液泛，回流冷凝器必须保持较低的蒸气流速。与立式管程下流式冷凝器相同，回流冷凝器也具有壳程易结垢的缺点。

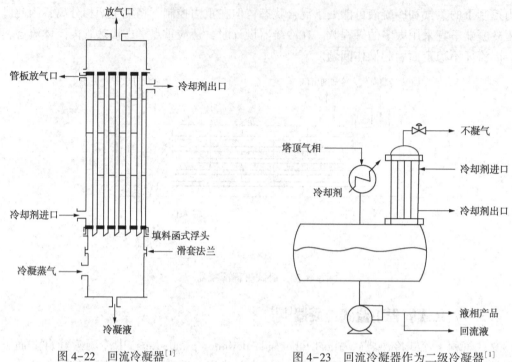

图 4-22　回流冷凝器[1]　　　　　　　图 4-23　回流冷凝器作为二级冷凝器[1]

4.3.6　内置式冷凝器[10]

内置式冷凝器（internal condensers）多用于精馏操作，一般而言，所有类型的管壳式冷凝器均可作为内置式冷凝器，常见结构如图 4-24~图 4-27 所示。当内置式冷凝器用于塔顶冷凝器时，不但能减少回流罐、回流泵及管线等设备投资和操作费用，而且还能简化精馏塔的操作，但是增加了塔的高度。为了防止液泛、减小塔高，内置式冷凝器通常设计为立式短管式，这将造成管内气速降低，传热系数变小，所需换热面积增大，进而增加冷凝器的制造成本。

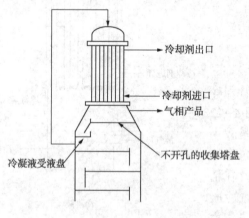

图 4-24　内置式立式管程下流式冷凝器[10]

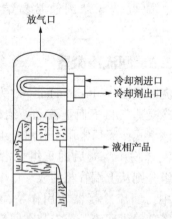

图 4-25　内置式卧式冷凝器[10]

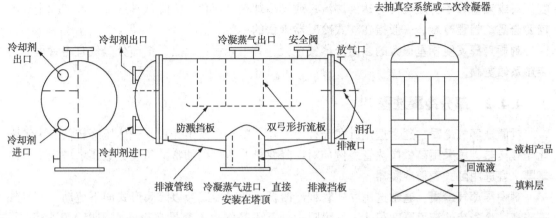

图 4-26 壳体直接安装塔顶的真空冷凝器[11]　　　图 4-27 填料塔内置式冷凝器[12]

4.3.7 直接接触式冷凝器[10,13]

直接接触式冷凝器(direct-contact condensers)结构如图 4-28 所示,冷热流体直接接触并相互传递能量,从而实现传热。直接接触式冷凝器适用于压降极小的真空冷凝、炼油厂分馏塔中段回流取热及吸收塔或精馏塔的中间取热。直接接触式冷凝器与通过器壁进行间接传热的冷凝器相比,具有传热效率高、反应灵敏、结构简单、容易制造与维修等优点。常见的直接接触式冷凝器的种类有液柱式冷凝器、液膜式冷凝器、充填塔式冷凝器和喷射式冷凝器等。

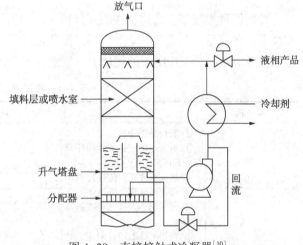

图 4-28 直接接触式冷凝器[10]

4.4 冷凝器选型

在进行管壳式冷凝器选型时,主要考虑以下三类因素:允许压降、冷却过程的约束条件和机械结构的约束条件。卧式壳程冷凝器和立式管程冷凝器是最常用的型式,卧式管程冷凝器很少用作工艺冷凝器,常用于蒸气加热的加热器和汽化器[4]。

4.4.1 全凝过程[14]

一般情况下,从传热、压降和清洗方便考虑,宜选用卧式壳程冷凝器。其结构形式可采用固定管板式、浮头式和 U 形管式冷凝器。当选用固定管板式冷凝器时,若换热管与壳体壁温相差太大,需增设膨胀节。

当冷凝蒸气压力很高或有严重腐蚀性需使用特殊材质时,管程冷凝比较适宜,壳程材质可选用普通材质。若管壳程介质都有腐蚀,则需结合冷却剂物性特点来选型。例如冷却剂黏度很高或流量较小，走壳程易达到湍流；或者冷却剂易汽化，为降低其压降，冷却剂走壳程较为合适。管程冷凝，一般指在立式冷凝器管程的冷凝。

对相对挥发度相差很大的多组分蒸气全凝，宜走壳程；反之，窄馏分蒸气宜走管程，总传热系数更高。

4.4.2 部分冷凝过程[14]

对低压蒸气冷凝，通常选用卧式壳程冷凝器，冷凝介质走壳程，壳体压降较低。为了强化壳程传热，可采用高效换热管。例如对压降要求非常严格的常减压装置减压塔塔顶冷凝冷却器，宜选用卧式壳程冷凝器。

对中压蒸气冷凝，通常选用立式管程冷凝器。此时冷凝液以降膜形式向下流动，而且气速较高，冷凝液的液膜厚度很薄，气膜阻力低，不凝气也不容易在设备内积聚，压降也低。选型时，尽量使管壳程介质呈纯逆流换热，出口气体与温度最低的管壁接触，可凝气的热损失也最少。

对高压蒸气冷凝，宜选用卧式管程冷凝器，此时应选择合适的流速，避免出现气液分层或者管束振动，对设备造成损害。

4.4.3 冷凝器优缺点比较[4]

冷凝器种类繁多，结构和性能差异很大，如何根据使用条件选择合适的冷凝器，比较复杂和烦琐。在满足工艺条件(操作压力、操作温度、介质特性)的前提下，对冷凝器进行选型，应综合考虑不同类型冷凝器的优缺点、制造成本等因素。常用冷凝器的优缺点见表4-1。

表4-1 冷凝器优缺点[4]

型 式	优 点	缺 点	备 注
卧式壳程冷凝器	① 管程易于清洗 ② 可采用可变折流板间距降低壳程压降 ③ 湍流程度高，传热效果好 ④ 可使用低翅片管强化传热 ⑤ 可采用多壳程和可变折流板间距 ⑥ 可用于冷凝液凝固的工况	① 高压降，微分冷凝，惰性气体积累 ② 难以控制过冷度	① 折流板下方设通液口 ② 如冷凝蒸气中含有不凝性气体，若希望保持高的蒸气流速，应采用可变折流板间距 ③ 为避免流体在折流板边缘短路，建议折流板圆缺率小于35% ④ 当冷凝液的表面张力小于0.04 N/m时，建议使用低翅片管
卧式壳程冷凝器(J型壳体)	① 压降很低 ② 可使用低翅片管强化传热 ③ 管程易于清洗	① 不是逆流方式 ② 难以预测过冷度	①2进1出 流量较大时进行分流，进口蒸气流速低，两进口管嘴尺寸较小 ②1进2出 每个出口的流量较小，进口蒸气流速高，进口管嘴尺寸较大
卧式壳程冷凝器(X型壳体)	① 压降小 ② 可采用低翅片管 ③ 管程易于清洗 ④ 支持板可防止振动的发生	① 通常需要添加管线或蒸气分配器(价格高昂) ② 低的蒸气流速很难使惰性气体排空 ③ 不适用于宽沸程混合物冷凝 ④ 不适用于温度交叉 ⑤ 难以预测过冷度	

型 式	优 点	缺 点	备 注
卧式管程冷凝器	① 适用于高温、高压和腐蚀性蒸气 ② 能比较好地将惰性气体排空	① 流体流动可能不稳定 ② 壳程清洗困难 ③ 为便于排液，安装时有一定的倾斜度 ④ 避免使用多管程 ⑤ 不适用于绝对压力低于 25mmHg 的工况 ⑥ 可能出现弹状流	该类型冷凝器通常采用单管程和 U 形管结构，大于两管程的并不常见
立式壳程冷凝器	① 重力控制下传热性能较好（折流板破碎流体） ② 适用于管程冷却剂为沸腾状态的工况（单管程时流体自下而上流动） ③ 适用于过冷冷却 ④ 可采用多管程和可变折流板间距 ⑤ 可用于冷凝液凝固的工况	① 冷凝液出口下方换热区域被液体浸没 ② 管程清洗困难 ③ 惰性气体难以排空 ④ 换热管振动问题	① 为便于排液，在支持板上开设通液口 ② 很少采用蒸气自下而上的流动方式，如果采用此方式，不能设置折流板或支持板
立式管程下流式冷凝器	① 适用于高压、高温的工况 ② 适用于腐蚀性冷凝介质 ③ 低压降，重力有助于冷凝液膜向下流动 ④ 整体冷凝 ⑤ 排气顺畅，适用于过冷冷却 ⑥ 冷凝机理简单，易于理解 ⑦ 可冷凝不清洁或易聚合蒸气	① 立式结构，壳程难于清洗 ② 需设管板放气口 ③ 不适用于绝对压力小于 25mmHg 的工况	应确保轴向进口管嘴压降与换热管压降的分配合理。必要条件下，可在管嘴下方设置开孔率为 5% ~ 10% 的防冲板，其直径为管嘴直径的 0.5 ~ 1 倍

4.4.4 选型建议

在进行冷凝器选型时，可参考表 4-2。

表 4-2 冷凝器选型指南[4]

工艺条件	冷凝器型式					
	卧式壳程冷凝器（E 型壳体）	卧式壳程冷凝器（J 型壳体）	卧式壳程冷凝器（X 型壳体）	立式壳程冷凝器（E 型壳体）	立式管程下流式冷凝器	卧式管程冷凝器
操作压力：						
中压	B	O	O	G	G	G
接近临界压力	O	O	O	O	G	B
低压	F-P	B	G-O	F-P	G	G
高真空	P	F-P	G-B	P	G-B	F
过冷冷却/过热冷却：						
中等过冷度	F-G	F-G	G	G	G	G
高过冷度	P	P	G	G	B	P
高过热度	B	F	P	G	F	F

续表

工艺条件	冷凝器型式					
	卧式壳程冷凝器（E 型壳体）	卧式壳程冷凝器（J 型壳体）	卧式壳程冷凝器（X 型壳体）	立式壳程冷凝器（E 型壳体）	立式管程下流式冷凝器	卧式管程冷凝器
宽冷凝范围	B	G	F-G	G	F	F
不凝气:						
中等量	B	G	F-P	G	G-O	G
大量	B	G-F	P	G	F	G
混合物冷凝范围:						
窄~中等	B	G	O	G	G-O	G-O
宽	Rd	Rd	Rd	Rd	B	G
其他:						
冷却剂易结垢	B	G	G-O	G	P	P-F
冷凝液有腐蚀性	O	O	O	O	B	G
冷凝液易凝固	B	G	F	G	P	P

注：B—best overall（最佳选择）；G—good operation（很好）；F—fair operation but better choice possible（尚好，但可能有更好的选择）；Rd—risky unless carefully designed（有风险，需要谨慎设计）；R—risky because of insufficient data（由于数据不足而有风险）；P—poor operation（差）；O—operable but unnecessarily expensive（可运行，但会产生不必要的高费用）。

　　可参考图 4-29 和图 4-30 对分凝器和全凝器进行选型。

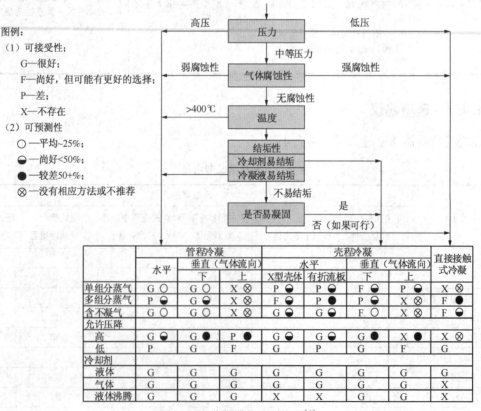

图 4-29　分凝器的选型流程[4]

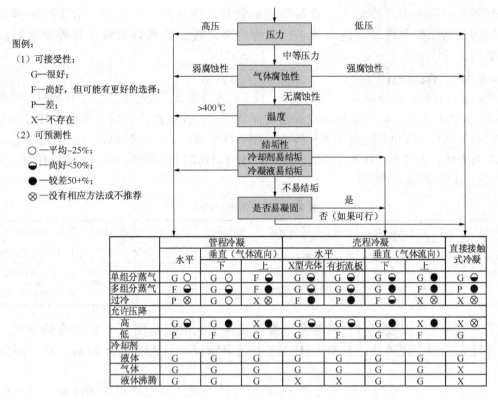

图例：
（1）可接受性；
　　G—很好；
　　F—尚好，但可能有更好的选择；
　　P—差；
　　X—不存在
（2）可预测性
　　○—平均~25%；
　　◐—尚好<50%；
　　●—较差50+%；
　　⊗—没有相应方法或不推荐

| | 管程冷凝 | | | 壳程冷凝 | | | | 直接接触式冷凝 |
| | 水平 | 垂直(气体流向) | | 水平 | | 垂直(气体流向) | | |
		下	上	X型壳体	有折流板	下	上	
单组分蒸气	G○	G○	F●	G◐	G◐	G●	G●	G◐
多组分蒸气	F◐	G◐	F●	G◐	G◐	G◐	F●	P◐
过冷	P⊗	G○	X⊗	F●	P●	F◐	X⊗	X⊗
允许压降								
高	G◐	G●	X●	G◐	G◐	G◐	G◐	X⊗
低	P	F	G	G	F	G	F	G
冷却剂								
液体	G	G	G	G	G	G	G	G
气体	G	G	G	G	G	G	G	X
液体沸腾	G	G	G	X	X	G	G	X

图4-30　全凝器的选型流程[4]

4.4.5　低翅片管[2]

通常使用光管降低冷凝器造价，但在特定工况中使用低翅片管(low-fin tubes)造价更低。翅片不仅可以增加换热面积，而且可以降低冷凝液膜厚度，提高对流传热系数。

翅片结构(间距、厚度、高度)对低翅片管的传热性能有非常重要的影响。例如，随着翅片间距的降低，液泛发生的可能性增大，若翅片间距降低到临界翅片间距时，则有可能会使整个换热管发生液泛，造成传热系数的降低。因此，在对低翅片管进行设计时须对翅片间距进行优化，以获得最佳的传热性能。

低翅片管适用于壳程热阻为控制热阻的壳程冷凝工况。然而，当冷凝介质为易结垢的蒸气时，使用低翅片管不利于传热，因为污垢会堵塞翅片之间的间隙。此外，冷凝蒸气的表面张力不宜过大，否则会引起冷凝液的积聚，使得液膜厚度增加，传热性能显著下降，因此低翅片管不适用于表面张力较大的水蒸气的冷凝。当冷凝介质的导热系数较大时，无须使用低翅片管。当冷凝介质为清洁烃类蒸气(如丙烯)时，使用低翅片管效果最佳。

4.5　冷凝器设计要点

4.5.1　卧式壳程冷凝器

工业冷凝中常选用冷却水作为冷却剂，在长期循环使用后易造成设备内污垢沉积，需定期进行清洗，因此冷却水宜走易清洗的管程，冷凝蒸气走壳程。由于冷凝器壳体不规则的几何结构和良好的混合效果，壳程冷凝对流传热系数通常比管程冷凝对流传热系数高。

4.5.1.1 壳体型式[4]

冷凝器设计时，压降的计算非常重要。对于壳程冷凝器，壳体型式的选择取决于壳程允许压降，而壳程允许压降则取决于冷凝器的操作压力，在选择冷凝器壳体型式时可参考表4-3。然而，壳程压降也会随流速和具体的应用条件而改变，因此最初设计时可选用造价最低的E型壳体，当E型壳体不能满足压降的要求时可选用J型壳体。在高真空操作时，X型壳体可能是唯一的选择[4]。

表4-3 壳体选型建议[4]

操作压力	冷凝器允许压降/kPa	壳体，折流板型式	操作压力	冷凝器允许压降/kPa	壳体，折流板型式
高压	34~138	E，单弓形折流板	低压	3~14	J，单弓形折流板
				1~7	J，双弓形折流板
中压	14~34	E，双弓形折流板	超低压	0~3	X，仅使用支持板

当冷凝蒸气沸程较宽时，可能发生温度交叉，此时可采用多个E型壳体串联。当允许压降较高时，还可选用F型壳体，由于纵向隔板处易发生液体泄漏，其应用并不广泛。

冷凝过程的允许压降一般不大于20kPa，单组分或冷凝温降很小的冷凝，其允许压降可能更低。在中等压力下，若冷凝液需用回流泵打入塔时，允许压降约为35kPa；若冷凝液由冷凝器自流回塔时，由于安装高度的要求，压降不能太高，允许压降一般在7~14kPa。

在冷凝器设计时，可通过改变壳体型式与折流板型式的方法，减少壳程压降。设计时可参照如下顺序逐步进行：

- E型壳体与单弓形折流板；
- E型壳体与双弓形折流板；
- J型壳体与单弓形折流板；
- J型壳体与双弓形折流板；
- E型壳体与NTIW单弓形折流板；
- X型壳体。

也就是说，在冷凝器设计时，首先应选用E型壳体与单弓形折流板，如不能满足要求，保留E型壳体，将折流板型式改为双弓形，然后使用J型壳体、NTIW结构，最后考虑X型壳体型式。

冷凝器壳程压降与流体诱导振动有着直接的关系，当壳程压降过大时，会引起换热管的振动。可通过增大折流板间距，使壳程压降保持在允许范围内，但同时也增大换热管的无支撑跨距，进而引起流体诱导振动，因此在冷凝器设计时须将压降和流体诱导振动进行综合考虑。

4.5.1.2 折流板[2,4]

折流板(baffles)是壳体中最重要的结构，主要参数有：折流板型式、折流板间距、折流板圆缺率和折流板缺口方向(详见3.4.5节)。

E型壳体和J型壳体冷凝器可依据允许压降的大小，选择使用单弓形折流板还是双弓形折流板。单弓形折流板可提高壳程流速，适用于含不凝性气体的冷凝；双弓形折流板通过将壳程流体分为两股，以达到减小压降的目的，适用于纯组分或窄馏分混合蒸气的冷凝。

在冷凝器中，随蒸气的冷凝，气相对冷凝液的剪切力作用降低，为减小对流传热系数的降低，可沿管长方向逐步减小折流板间距，这对气相热阻为控制热阻的宽沸程蒸气的冷凝作用尤为显著。不过，在相同的压降下，逐步减小折流板间距提高对流传热系数，效果并不显著，因此，可变折流板间距的应用并不广泛。

4.5.1.3　管嘴(接管)尺寸[2,15]

管嘴尺寸(nozzle sizing)应在压降允许的条件下，按照所采用的流速来确定，一般可由ρv^2数值进行估算。管嘴尺寸设计是否合理对管束寿命影响很大，尤其对于饱和蒸气。由于进口蒸气中常夹带一定量的液滴，并以与蒸气相同的速度进入冷凝器，对冷凝器进口顶部的换热管造成冲击，所以常在壳程进口管嘴下方设置防冲结构(详见3.4.8节)。

与其他换热器相同，为保证管程换热区域或壳程换热区域有足够的压降，冷凝器进出口管嘴压降一般被限制在各程(壳程或管程)总压降的20%以内。壳程(或管箱)进口膨胀，出口收缩，所以在相同的ρv^2数值下，进口管嘴的压降大于出口管嘴的压降。因为气体的允许压降小于液体的允许压降，所以进口管嘴的尺寸一般比出口大。

冷凝液在出口管路处可能处于两种流动状态——溢流和液泛，如图4-31所示。应将冷凝液出口管嘴设计的足够大，使得冷凝液在重力作用下顺利排出，且在出口管路处于溢流流动。当冷凝液储罐放气口堵塞或壳体内冷凝液液位对管嘴尺寸和流体流速非常敏感时，就有可能造成出口管嘴处冷凝液液泛并流回壳体内，若此时壳程未开设放气口，那么累积的不凝气将降低传热速率，影响传热性能。为了防止排出管路液泛，除增大管嘴尺寸外，还可在冷凝液储罐和冷凝器出口管嘴上方的壳体之间设置一个压力平衡管线。

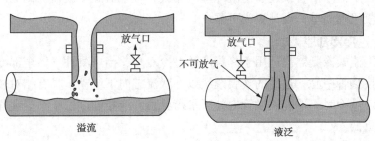

图4-31　冷凝液出口管路流动状态[1]

4.5.1.4　放气口[4]

冷凝蒸气中常夹带有不凝气，不凝气的积累会使冷凝器传热性能显著下降，为保证其连续高效运行，必须设法将不凝气及时排出。对于剪切力控制的分凝器，气液可由一公共出口排出，而对于其他工况的冷凝，则需专门开设放气口(vent)，如图4-32所示，放气口类型可分为以下两种：

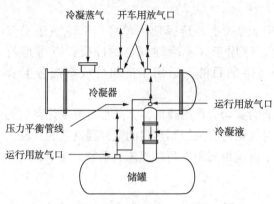

图 4-32　卧式壳程冷凝器放气口[1]

① 开车用放气口位于冷凝器壳体顶部，用于前期排净壳体内积存的气体，在冷凝器能够正常运行时须关闭。

② 运行用放气口可位于冷凝液储罐或壳体出口管嘴附近，在设计时应保障可凝气的损失达到最小。在冷凝器正常运行时，需根据不凝气的累积速率选择定时放气或保持放气口处于常开状态。

4.5.1.5　多壳体串并联[2]

换热器设计有时需要多壳体并联或多壳体串联。

（1）多壳体并联（multiple shells in parallel）

当冷凝介质需在 U 形管式或浮头式冷凝器中冷凝，所需换热面积过大，使得单台管束重量超过允许的最大重量时，使用多壳体并联结构。其优点是各台冷凝器之间独立运行，可在不停工状态下对冷凝器进行清洗或维修。

（2）多壳体串联（multiple shells in series）

在单壳体冷凝器设计时，如果出现温度交叉，或温差校正因子 F_T 小于 0.8，需使用多壳体串联结构；所需换热面积过大，使得单台管束重量超过允许的最大重量时，可采用多壳体串联，若其压降超出允许压降，则应考虑使用多壳体并联结构；使用最小折流板间距和圆缺率仍不能充分利用壳程允许压降，导致传热系数小并使换热面积大时，可采用直径较小的壳体串联方式增大壳程流速，提高传热系数，从而减少总换热面积。

4.5.2　立式管程下流式冷凝器

在化工过程中，冷凝蒸气压力较高或者有腐蚀性时，须在管程进行冷凝。冷凝蒸气从上端管嘴进入，自上而下沿管束逐步冷凝冷却。立式管程下流式冷凝器与回流冷凝器或壳程冷凝器相比，冷凝机理简单，设计更为可靠[2]。

4.5.2.1　过冷冷却[4]

立式管程下流式冷凝器最适用于冷凝液的过冷冷却，当可凝性气体全部冷凝时，管内的不凝气聚集在换热管中心，过冷的液膜继续以环状流态向下流动，具有相对较高的对流传热系数。在冷凝液过冷时，不能假设管内处于平衡状态，液相温度低于不凝性气体的温度且其对流传热系数更低。

4.5.2.2　管程压降[16]

在低系统压力下运行冷凝器，压降很重要。在工程上，一般希望塔顶到冷凝器出口的压降不要超过塔顶绝对压力的 10%，包括从塔顶到冷凝器进口之间的管道压降、冷凝器进口压降、冷凝器内部压降、出口压降等。

4.5.2.3　冷凝液排出

为便于冷凝液的收集和不凝气的排出，冷凝器下端封头尺寸一般较大，当蒸气部分冷凝时，为便于气液分离，须在下端封头处设计气液分离装置，如图 4-33 所示。

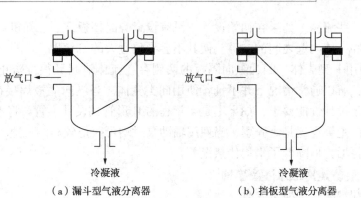

（a）漏斗型气液分离器　　　　（b）挡板型气液分离器

图 4-33　气液分离装置[4]

4.5.3　回流冷凝器[1]

在回流冷凝器中，需要冷凝液在重力控制下流动，以防止出口气体中夹带液体，管内蒸气流速受到液泛速度的限制，蒸气流速一般较小，对流传热系数偏低。可通过在管出口进行切角处理，提高液泛速度，其切角范围应在 15°～30° 之间，气体流速控制在液泛速度的 50%～70% 范围内。

4.5.4　冷却水

冷却水是最常用的冷却剂，为便于清除水垢，一般走管程，冷却水在管程的流速一般在 1.5～2.0m/s 之间。如水压有富余，流速还可以适当地再提高一些，这样对提高传热效率和降低水垢生成速度都有好处。若冷却水的流速小于 1.0m/s，则易引起结垢和腐蚀等问题。

4.5.4.1　提高冷却水流速措施[7,17]

当冷却水流速较低时，可增加新鲜水流量提高流速。但是，当冷却水流量一定时，可通过以下方法提高流速。

（1）提高管程冷却水流速措施

① 增加换热管长度，减少换热管数　可能造成壳程压降超出允许压降，可通过增大折流板间距的方法进行解决。

② 增加管程数　可能导致对数平均温差校正因子 F_T 过低或出现温度交叉，可通过串联壳体并在每个壳体中使用多管程的方法加以解决。

③ 减小换热管直径　增加传热表面积与换热管横截面积的比值，对于恒定的冷凝器换热面积，可提高管程冷却水流速。需注意的是机械清洗的最小换热管外径通常为 19mm。

（2）提高壳程冷却水流速措施

① 减小折流板间距　折流板间距小至 100～150mm 完全可行，对于小型换热器，折流板间距甚至可以小至 25mm。

② 减小换热管间距　通过减小换热管间距减小壳体直径。

③ 减小换热管直径　在换热管数相同时，减小换热管直径，从而减小壳体直径。

④ 增加换热管长度　可相应地减少换热管数和壳径，如果此方法造成换热器细长，可以考虑多个壳体串联。

⑤ 使用密封圈和旁路挡板　当 C 流路或 F 流路分数大于 0.1 时，考虑使用密封圈和旁

路挡板来减少这些流路。如果在初始设计中没有设置旁路挡板，当已知机械设计时，应校核实际管束外围和壳体内壁之间的空隙，使其不会导致过大的 C 流路。

⑥ 建议使用 F 型壳体　因为纵向隔板的两侧存在流体泄漏且很难防止，可能无法满足设计性能要求，所以通常情况下并不推荐使用此类壳体。当纵向隔板焊接在壳体内壁时，F 型壳体可能满足设计性能要求，如果不是 4 管程的 U 形管式设计，管束将不能抽出。

冷却水无论走管程还是走壳程，当使用辅助泵时均可获得较高的流速，增加流体对流传热系数，减小污垢，但降低了平均传热温差。

4.5.4.2　壳程走冷却水注意事项[17]

壳程走冷却水注意事项主要有：

（1）折流板间距

冷凝器设计时，折流板间距和圆缺率不宜太大。壳程流量和直径一定时，折流板间距和圆缺率越大，流速越低，流动死区越大，进而导致冷凝器传热效率降低，腐蚀风险增加。

实践表明，良好的设计需要适宜的折流板间距，间距值通常为壳体直径的 20% ~ 100%。为优化性能，折流板圆缺部分通常为壳体直径的 0.17 ~ 0.35 倍。此外，还需避免错流与窗口流之间流体速度发生较大的变化。

（2）防冲板

当壳程进口管嘴中流体流速超过 1.5m/s 或流体的 $\rho v^2 > 2250 \, kg/(m \cdot s^2)$ 时，需在壳程进口处设置防冲板，可能需要移除一部分换热管，使防冲板上方留出一定空隙。

通常情况下，管嘴内流体流速不宜过高，否则会导致压降过高，管束振动或腐蚀。同时应尽量避免管嘴直径大于壳体直径的 1/3，以符合机械设计规范及在制造中保持所需的壳体圆度。

（3）壳体水平布置或垂直布置

工程经验表明，当冷却水走壳程时，垂直壳体比水平壳体存在更多的污垢和腐蚀问题。对于水平放置的壳体，污垢沉积物更倾向于沉积在壳体底部而不是换热管外侧，而在立式壳体中，污垢易沉积在换热管与折流板连接处。

（4）折流板缺口方向

水平壳体中，应尽可能使用垂直折流板，增强流体的冲刷作用，以最大限度地减少污垢沉积。

（5）排污口

有人建议在污垢可能沉积处定期使用排污阀，清除污垢。对于垂直缺口折流板卧式冷凝器，为有效地清除污垢，在每对折流板间设置排污口。有时为使冷凝器壳程冷却水保持一定流速，使得折流板间距很小，若仍在折流板之间设置排污口，很显然不合理。当有严重的污垢问题时，应采用其他方式加以解决。

（6）可拆卸式管束

冷凝器需定期进行机械清洗时，应尽量选用正方形排列的可拆卸式管束；当然，在某些情况下并不能使用可拆卸式管束，则应设置排污口清除污垢；如果条件允许，还应提高冷却水的流速，增加除垢剂或定期进行化学清洗。

壳程冷却水容易在折流板附近的死区引起局部腐蚀，故应尽量避免使用易形成死区造成腐蚀的波纹管。

为避免冷凝器结垢或腐蚀，合理设计和正确操作非常重要。经验表明，即使冷却水经过很好地处理，但设计操作不合理也会引起结垢腐蚀等问题。

4.5.4.3　冷却水温度[7]

冷却水的进口温度越低越好，但应比另一侧流体中高冰点组分的冰点至少高5℃；冷却水的出口温度不宜太高，否则会加快水垢的生成。对于经过良好净化的新鲜水，出口水温可到45℃或稍高一些，对于净化较差的新鲜水及循环水，建议出口水温不超过40℃。另外，在两管程或多管程中出口水温不应大于另一侧流体的出口温度，否则将出现逆向传热现象。

4.5.4.4　水垢热阻[7]

选用水垢热阻必须慎重，若水质较差且选用的水垢热阻较低，将给夏季操作带来困难；如果选用的水垢热阻太高，换热面积增加很多，也不一定安全。例如，因开工初期换热面积富余，当自动调节水量以节约操作费用时，水出口温度相应提高反而加快水垢生成，抵消了多余的换热面积。综上，应适当选用合理的水垢热阻。

4.6　冷凝器设计示例

4.6.1　卧式壳程冷凝器

用水作冷却剂冷凝含有不凝性气体(N_2)的烃类蒸气混合物，工艺数据见表4-4，试设计浮头式换热器AES型。

表4-4　工艺数据

项　目		热流体(Hydrocarbon)	冷流体(Water)
质量流量/(kg/s)		1.6	—
进口/出口温度/℃		98/49	30/40
进口压力(绝压)/kPa		175	200
允许压降/kPa		18	40
污垢热阻/(m²·K/W)		0.0001	0.00017
摩尔分数	氮气(Nitrogen)	0.25	—
	正戊烷(n-Pentane)	0.62	—
	对二甲苯(p-Xylene)	0.13	—
	水(Water)	—	1

4.6.1.1　初步规定

* 流体空间选择

冷却水走管程；热流体走壳程，有利于不凝气的排出和热流体的散热。

* 壳体和前后端结构

按照题目要求，选择浮头式换热器AES型。

* 换热管

选择常用的管外径19mm、管壁厚2mm光管。

* 管子排列方式

为方便清洗及尽量提高传热系数，管子排列方式选择转角正方形(45°)。

- 折流板

选择单弓形折流板，缺口方向垂直左右布置。

- 材质

管程和壳程流体均无腐蚀性，换热器材质选用普通碳钢。

4.6.1.2　设计模式

（1）建立和保存文件

启动 Aspen Exchanger Design & Rating 软件，新建一个管壳式换热器文件，单击**Save** 按钮 ，文件保存为 Example4.1_Shellside Condenser_Horizontal_AES_Design.EDR。

（2）设置应用选项

将单位设为 SI(国际制)。进入**Input | Problem Definition | Application Options | Application Options** 页面。General 选项区域 Select geometry based on this dimensional standard(选择结构基于的尺寸标准)下拉列表框中选择 SI(国际制)，Hot Side 选项区域 Application(应用类型)下拉列表框中选择 Condensation(冷凝)，Cold Side 选项区域 Application(应用类型)下拉列表框中选择 Liquid, no phase change(液相，无相变)，其余选项保持默认设置，如图4-34所示。

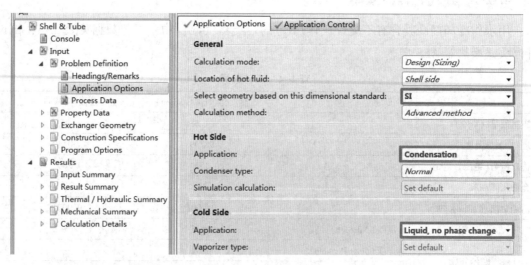

图4-34　设置应用选项

（3）输入工艺数据

进入**Input | Problem Definition | Process Data | Process Data** 页面，根据表4-4输入冷热流体工艺数据，如图4-35所示(输入时注意单位一致)。

（4）输入物性数据

进入**Input | Property Data | Hot Stream (1) Compositions | Composition** 页面，本例热流体组分均为较常见的组分，所以 Physical property package(物性包)下拉列表框中选择 B-JAC，单击**Search Databank** 按钮，搜索组分 Nitrogen(氮气)、n-Pentane(正戊烷)和 p-Xylene (对二甲苯)，组成分别输入 0.25、0.62 和 0.13，如图4-36所示；进入**Property Methods** 页面，B-JAC VLE calculation method 下拉列表框中选择 Peng-Robinson，如图4-37所示。

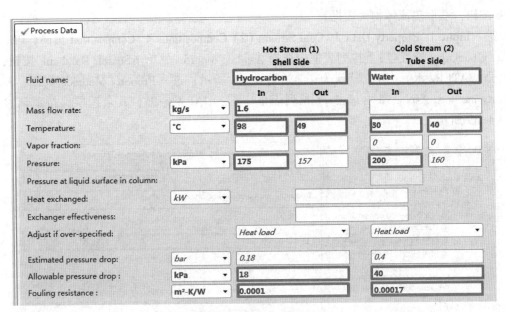

图 4-35　输入工艺数据

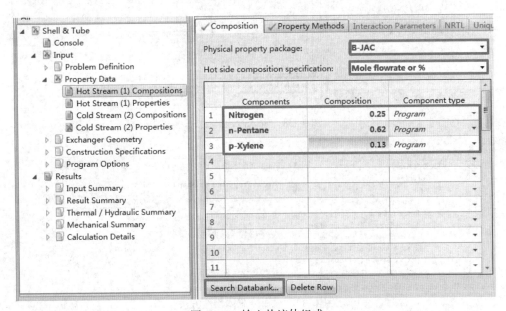

图 4-36　输入热流体组成

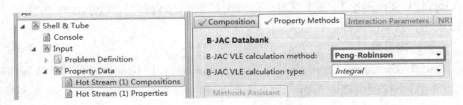

图 4-37　选择热流体物性方法

进入**Input ｜ Property Data ｜ Hot Stream（1）Properties ｜ Properties** 页面，单击**Get Prop-**

erties 按钮，获取热流体物性数据。

进入**Input ┃ Property Data ┃ Cold Stream（2）Compositions ┃ Composition** 页面，Physical property package（物性包）下拉列表框中选择 Aspen Properties，单击**Search Databank** 按钮，搜索组分 WATER（水），组成默认为 1，如图 4-38 所示；进入**Property Methods** 页面，Aspen property method（Aspen 物性方法）下拉列表框中选择 IAPWS-95，其余选项保持默认设置，如图 4-39 所示。

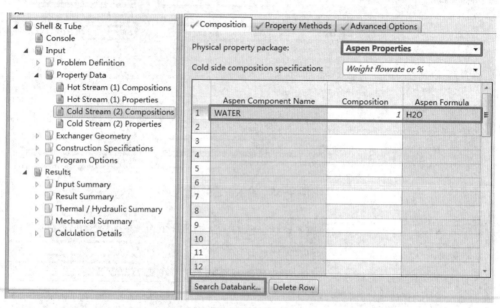

图 4-38　输入冷流体组成

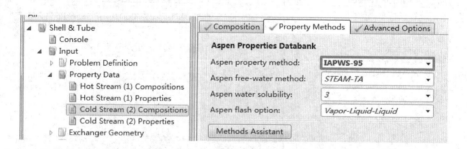

图 4-39　选择冷流体物性方法

进入**Input ┃ Property Data ┃ Cold Stream（2）Properties ┃ Properties** 页面，单击**Get Properties** 按钮，获取冷流体物性数据。

（5）设置结构参数

进入**Input ┃ Exchanger Geometry ┃ Geometry Summary ┃ Geometry** 页面，Front head type（前端结构类型）下拉列表框中选择 A 型，Rear head type（后端结构类型）下拉列表框中选择 S 型，输入 Tubes-OD（管外径）19mm，Tubes-Thickness（管壁厚）2mm，Tube Layout-Pitch（管中心距）25mm，在 Tube pattern（管子排列方式）下拉列表框中选择 45-Rotated Sqr.（转角正方形），其余选项保持默认设置，如图 4-40 所示。

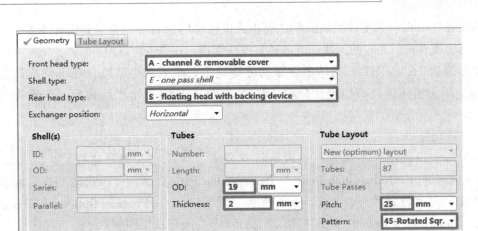

图 4-40　设置结构参数

进入 **Input ｜ Exchanger Geometry ｜ Nozzles ｜ Shell Side Nozzles** 页面，热流体中含有不凝性气体，需设放气口，故在 Use separate outlet nozzles for hot side liquid/vapor flows 下拉列表框中选择 yes，其余选项保持默认设置，如图 4-41 所示。

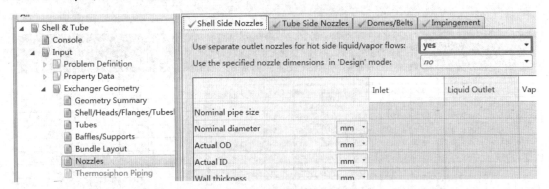

图 4-41　设置壳程放气口

（6）运行程序与查看警告信息

为防止数据丢失，单击 **Save** 按钮 🖫 保存文件。选择 **Home ｜ ▶**，运行程序。进入 **Results ｜ Result Summary ｜ Warnings & Messages** 页面，查看警告信息，如图 4-42 所示。

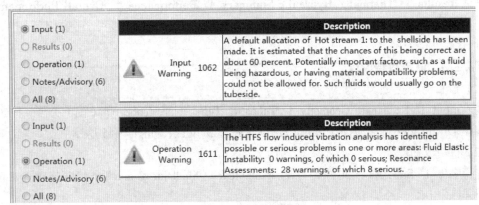

图 4-42　查看警告信息

输入警告 1062：热流体默认分配在壳程，正确率约为 60%；考虑到潜在重要因素，例如流体有害或有材料相容性问题，流体通常放在管程。该警告可忽略。

运行警告 1611：HTFS 流体诱导振动分析确定一个或多个区域存在可能或严重的振动问题，即无流体弹性不稳定性振动；共振 28 处，其中 8 处严重共振。该警告需要加以调整。

（7）优化路径

如果对于设计结果不满意，或者有特殊要求，可以查看优化路径。进入 **Results** | **Result Summary** | **Optimization Path** | **Optimization Path** 页面，可以快速地查看面积余量和压降比，以及设计状态，如图 4-43 所示。根据 **Input** | **Program Options** | **Design Options** | **Optimization Options** 页面中 Basis for design optimization 选项设置，程序会依据最小换热面积或最低设计成本，选出最佳设计。设计者也可根据自己的考虑，从中选择合适的设计。

注：设计状态"OK"与"Near"的判断标准，详见 1.5.2.2 节。

Optimization Path

Current selected case: 2 [Select]

Item	Shell Size	Tube Length		Area ratio	Pressure Drop				Baffle		Tube		Units		Total	Design Status
	Size	Actual	Reqd.		Shell	Dp Ratio	Tube	Dp Ratio	Pitch	No.	Tube Pass	No.	P	S	Price	
	mm ▼	mm ▼	mm ▼		bar ▼		bar ▼		mm ▼						Dollar(US) ▼	
1	307.09	6000	5892.2	1.02	0.16682	0.93	0.29681	0.74	355	15	2	66	1	1	21283	OK
2	336.55	4050	4036.4	1	0.17216	0.96	0.14485	0.36	210	16	2	87	1	1	19473	OK
3	387.35	3000	2982.8	1.01	0.12364	0.69	0.07475	0.19	175	13	2	126	1	1	21349	OK
4	387.35	3150	2841.6	1.11	0.11917	0.66	0.45842	1.15 *	195	13	4	114	1	1	21233	Near
5	438.15	2550	2457.8	1.04	0.14241	0.79	0.05416	0.14	145	13	2	163	1	1	23166	OK
6	438.15	2400	2377.1	1.01	0.15896	0.88	0.22516	0.56	135	13	4	153	1	1	22792	OK
7	488.95	1950	1919.2	1.02	0.15631	0.87	0.13068	0.33	120	11	4	200	1	1	24188	OK
2	336.55	4050	4036.4	1	0.17216	0.96	0.14485	0.36	210	16	2	87	1	1	19473	OK

图 4-43 查看优化路径

（8）查看结果与分析

进入 **Results** | **Thermal / Hydraulic Summary** | **Performance** | **Overall Performance** 页面，查看换热器总体性能，如图 4-44 所示。壳程热阻为控制热阻，宜采用低翅片管进行设计。

4.6.1.3 低翅片管设计

（1）设置管子类型

进入 **Input** | **Exchanger Geometry** | **Tubes** | **Tube** 页面，Tube type（管子类型）下拉列表框中选择 Lowfin tube（低翅片管），其余选项保持默认设置，如图 4-45 所示。

（2）保存文件

选择 **File** | **Save As**，文件另存为 Example4.1_Shellside Condenser_Horizontal_Lowfin_AES_Design.EDR。

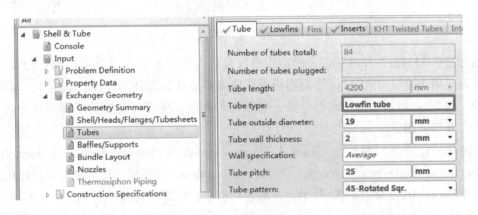

图 4-44 查看换热器总体性能

Design (Sizing)		Shell Side		Tube Side	
Total mass flow rate	kg/s	1.6		9.1762	
Vapor mass flow rate (In/Out)	kg/s	1.6	0.9339	0	0
Liquid mass flow rate	kg/s	0	0.6661	9.1762	9.1762
Vapor mass quallity		1	0.58	0	0
Temperatures	℃	98	49.12	30	40
Dew point / Bubble point	℃	96.12	20.59		
Operating Pressures	bar	1.75	1.57784	2	1.85515
Film coefficient	W/(m²-K)	963.5		4783.8	
Fouling resistance	m²-K/W	0.0001		0.00022	
Velocity (highest)	m/s	17.89		1.27	
Pressure drop (allow./calc.)	bar	0.18	/	0.17216	0.4	/	0.14485
Total heat exchanged	kW	383.2		Unit AES 2 pass 1 ser 1 par	
Overall clean coeff. (plain/finned)	W/(m²-K)	775 /		Shell size 337 - 4050 mm Hor	
Overall dirty coeff. (plain/finned)	W/(m²-K)	622.8 /		Tubes Plain	
Effective area (plain/finned)	m²	19.9 /		Insert None	
Effective MTD	℃	30.96		No. 87 OD 19 Tks 2 mm	
Actual/Required area ratio (dirty/clean)		1 / 1.25		Pattern 45 Pitch 25 mm	
Vibration problem		Yes		Baffles Single segmental Cut(%d) 39.49	
RhoV2 problem		No		Total cost 19473 Dollar(US)	

图 4-45 设置管子类型

（3）运行程序与查看警告信息

选择**Home | ▶**，运行程序。进入**Results | Result Summary | Warnings & Messages**页面，查看警告信息，如图4-46所示。

输入警告1062：热流体默认分配在壳程，正确率约为60%；考虑到潜在重要因素，例如流体有害或有材料相容性问题，流体通常放在管程。该警告可忽略。

结果警告1521：低翅片管的传热和压力损失关联式在某些点超出适用范围；假定采用光管传热系数，这可能会降低计算结果准确性。该警告可忽略。

运行警告1611：HTFS流体诱导振动分析确定一个或多个区域存在可能或严重的振动问题，即无流体弹性不稳定性振动；共振30处，其中8处严重共振。该警告需要加以调整。

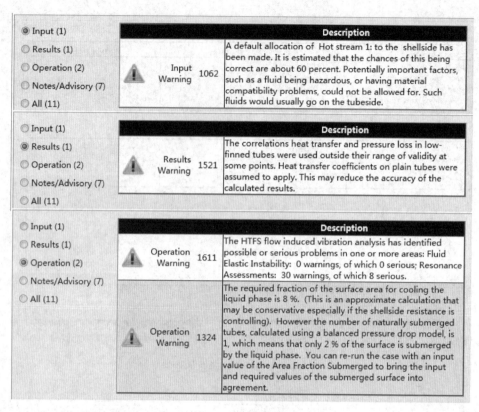

图 4-46　查看警告信息

运行警告 1324：冷却液相需要的面积淹没分数为 8%（该近似计算值可能比较保守，尤其当壳程热阻为控制热阻时），然而利用平衡压降模型计算得到的淹没管数为 1，即面积淹没分数仅为 2%；可输入面积淹没分数并重新运行程序，使其与需要的面积淹没分数一致。该警告需要加以调整。

为解决运行警告 1324，进入**Input ｜ Program Options ｜ Thermal Analysis ｜ Heat Transfer**页面，Fraction of tube area submerged for shell side condensers（壳程冷凝器淹没管的面积分数）文本框中输入 0.08，如图 4-47 所示。重新运行程序，该警告消除。

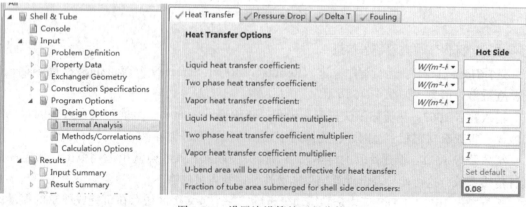

图 4-47　设置淹没管的面积分数

（4）振动分析

进入**Results | Thermal / Hydraulic Summary | Vibration & Resonance Analysis | Fluid Elastic Instability (HTFS)**页面，查看流体弹性不稳定性分析，如图4-48所示。编号6振动管的实际质量流量与临界质量流量比值（$Ldec=0.01$下的W/W_c）大于1，可能发生流体弹性不稳定性振动（参考3.9.6节和3.9.7节）。

流体弹性不稳定性振动必须解决，可通过减小错流流速或增大临界错流流速解决；减小错流流速措施有增大壳径，增大无支承跨距，改变折流板类型和壳体类型等；减小无支承跨距可使错流流速和临界错流流速同时增大，但对临界错流流速影响更大，因为错流流速与无支承跨距成反比，而临界错流流速与无支承跨距的平方成反比（参考3.9.2节和3.9.3.3节）。综合考虑，该振动可在校核模式下采取增大壳径、减小折流板间距的措施解决。

Fluid Elastic Instability Analysis						
Vibration tube number		1	2	4	5	6	8
Vibration tube location		Inlet row, centre	Outer window, left	Baffle overlap	Bottom Row	Inlet row, end	Outer window, right
Vibration		No	No	No	No	Possible	No
W/Wc for heavy damping (LDec=0.1)		0.13	0.26	0.06	0.06	0.38	0.16
W/Wc for medium damping (LDec=0.03)		0.24	0.47	0.11	0.11	0.7	0.3
W/Wc for light damping (LDec=0.01)		0.42	0.81	0.19	0.19	1.21 *	0.52
W/Wc for estimated damping		0.24	0.53	0.11	0.11	0.8	0.34

（Shell number: Shell 1）

图4-48 查看流体弹性不稳定性分析

进入**Results | Thermal / Hydraulic Summary | Vibration & Resonance Analysis | Resonance Analysis (HTFS)**页面，查看共振分析，如图4-49所示。编号1、编号4和编号5振动管的频率比值F_v/F_n、F_v/F_a、F_t/F_n和F_t/F_a均在0.8~1.2之间，存在三重重合现象，肯定发生共振（参考3.9.6节和3.9.7节）。

Resonance Analysis										
Vibration tube number		1	1	1	4	4	4	5	5	
Vibration tube location		Inlet row, centre	Inlet row, centre	Inlet row, centre	Baffle overlap	Baffle overlap	Baffle overlap	Bottom Row	Bottom Row	
Location along tube		Inlet	Midspace	Outlet	Inlet	Midspace	Outlet	Inlet	Midspace	
Vibration problem		No	Yes	Possible	No	Yes	No	No	Yes	
Span length	mm	362.71	215	362.71	362.71	215	362.71	362.71	215	
Frequency ratio: Fv/Fn		1.31	1.09 *	0.85 *	0.58	1.09 *	0.41	0.58	1.09 *	
Frequency ratio: Fv/Fa		0.8	0.82 *	0.66	0.35	0.82 *	0.32	0.35	0.82 *	
Frequency ratio: Ft/Fn		1.32	1.09 *	0.85 *	0.58	1.09 *	0.41	0.58	1.09 *	
Frequency ratio: Ft/Fa		0.8	0.82 *	0.66	0.35	0.82 *	0.32	0.35	0.82 *	

（Shell number: Shell 1）

图4-49 查看共振分析

肯定发生的共振必须解决，可通过增大不同振动频率的差异解决；减小无支承跨距，可使换热管固有频率和激励频率同时增大，但对固有频率影响更大；添加消音板，可以防止声共振；增大壳径可减小错流流速，降低旋涡脱落频率和湍流抖振频率（参考3.9.3节和3.9.5节）。综合考虑，该共振可在校核模式下采取减小折流板间距、添加消音板或增大壳径的措施解决。

（5）优化路径

如果对于设计结果不满意，或者有特殊要求，可以查看优化路径。进入**Results ｜ Result Summary ｜ Optimization Path ｜ Optimization Path** 页面，可以快速地查看面积余量和压降比，以及设计状态，如图 4-50 所示。根据**Input ｜ Program Options ｜ Design Options ｜ Optimization Options** 页面中 Basis for design optimization 选项设置，程序会依据最小换热面积或最低设计成本，选出最佳设计。设计者也可根据自己的考虑，从中选择合适的设计。

注：设计状态"OK"与"Near"的判断标准，详见 1.5.2.2 节。

Optimization Path

Current selected case: 1 [Select]

Item	Shell Size	Tube Length Actual	Tube Length Reqd.	Area ratio	Pressure Drop Shell	Dp Ratio	Pressure Drop Tube	Dp Ratio	Baffle Pitch	No.	Tube Tube Pass	No.	Units P	S	Total Price	Design Status
	mm ▾	mm ▾	mm ▾		bar ▾		bar ▾		mm ▾						Dollar(US) ▾	
1	307.09	3300	3244.8	1.02	0.14755	0.82	0.35176	0.88	215	12	2	66	1	1	17424	OK
2	336.55	2550	2537.7	1	0.12211	0.68	0.18795	0.47	170	11	2	87	1	1	18472	OK
3	387.35	1950	1943	1	0.07446	0.41	0.09425	0.24	160	8	2	126	1	1	20462	OK
4	387.35	1800	1841.2	0.98 *	0.15504	0.86	0.58326	1.46 *	115	10	4	115	1	1	20205	Near
1	307.09	3300	3244.8	1.02	0.14755	0.82	0.35176	0.88	215	12	2	66	1	1	17424	OK

图 4-50　查看优化路径

（6）查看结果与分析

进入**Results ｜ Thermal / Hydraulic Summary ｜ Performance ｜ Overall Performance** 页面，查看换热器总体性能，如图 4-51 所示。

Overall Performance | Resistance Distribution | Shell by Shell Conditions | Hot Stream Composition | Cold Stream Composition

Design (Sizing)		Shell Side		Tube Side	
Total mass flow rate	kg/s	1.6		9.1762	
Vapor mass flow rate (In/Out)	kg/s	1.6	0.9308	0	0
Liquid mass flow rate	kg/s	0	0.6692	9.1762	9.1762
Vapor mass quallity		1	0.58	0	0
Temperatures	°C	98	49.49	30	40
Dew point / Bubble point	°C	96.12	20.59		
Operating Pressures	kPa	175	160.245	200	164.824
Film coefficient	W/(m²-K)	2282.2		6710.9	
Fouling resistance	m²-K/W	0.0001		0.00025	
Velocity (highest)	m/s	21.39		2.26	
Pressure drop (allow./calc.)	kPa	18	/ 14.755	40	/ 35.176

Total heat exchanged	kW	383.2		Unit	AES	2	pass	1 ser	1 par
Overall clean coeff. (plain/finned)	W/(m²-K)	1598.9 / 535.5		Shell size	307 - 3300		mm		Hor
Overall dirty coeff. (plain/finned)	W/(m²-K)	1025.6 / 343.5		Tubes	Lowfin tube				
Effective area (plain/finned)	m²	12.2 / 36.4		Insert	None				
Effective MTD	°C	31.21		No.	66	OD	19	Tks 2	mm
Actual/Required area ratio (dirty/clean)		1.02 / 1.59		Pattern	45		Pitch	25	mm
Vibration problem		Yes		Baffles	Single segmental		Cut(%d)	38.49	
RhoV2 problem		No		Total cost	17424		Dollar(US)		

Heat Transfer Resistance
Shell side / Fouling / Wall / Fouling / Tube side
Shell Side [   ] Tube Side

图 4-51　查看换热器总体性能

① 结构参数

如图 4-51 区域①所示，换热器型式为 AES，管程数 2，串联台数 1，并联台数 1，壳径（内径）307mm，管长 3300mm，低翅片管，管数 66，管外径 19mm，管壁厚 2mm，转角正方形排列（45°），管中心距 25mm，单弓形折流板，圆缺率 38.49%。

进入 **Results ｜ Result Summary ｜ TEMA Sheet ｜ TEMA Sheet** 页面，折流板间距 180mm，壳程进出口管嘴公称直径均为 152.4mm（6 in），管程进出口管嘴公称直径均为 76.2mm（3 in）。

注：Design 计算模式下，**Input ｜ Exchanger Geometry ｜ Nozzles ｜ Shell Side Nozzles** 页面中，Nozzle diameter displayed on TEMA sheet（显示在 TEMA 表中的管嘴直径）选项默认为 Nominal（公称直径）。程序中管嘴尺寸有 ASME（美国机械工程师协会）和 ISO（国际标准化组织）两种标准，默认采用 ASME 标准。

② 面积余量（Actual/Required area ratio，dirty）

如图 4-51 区域②所示，换热器面积余量为 2%。

注：软件默认最小面积余量为 0%，可在 **Input ｜ Program Options ｜ Design Options ｜ Optimization Options** 页面设置最小面积余量数值。

③ 流速（Velocity）

如图 4-51 区域③所示，壳程和管程流体最高流速分别为 21.39m/s 和 2.26m/s。

进入 **Results ｜ Result Summary ｜ TEMA Sheet ｜ TEMA Sheet** 页面，壳程和管程平均流速分别为 7.72m/s 和 2.13m/s。

④ 压降（Pressure drop）

如图 4-51 区域③所示，壳程和管程压降分别为 14.755kPa 和 35.176kPa，均小于允许压降。

注：如果压降远小于允许压降，为了尽可能充分利用允许压降，可参考 3.10.3 节进行调节；如果允许压降得到了充分利用，但继续增加很少的压降就能较大地提高经济性，则应再行设计并考虑增加允许压降的可能性。

⑤ 总传热系数（Overall dirty coeff.）

如图 4-51 区域②所示，换热器总传热系数为 1025.6W/（m² · K）。

⑥ 有效平均温差（Effective MTD）

如图 4-51 区域②所示，有效平均温差为 31.21℃，详见 **Results ｜ Thermal / Hydraulic Summary ｜ Heat Transfer ｜ MTD & Flux** 页面。

⑦ 振动问题（Vibration problem）

如图 4-51 区域②所示，本例有振动问题，详见 **Results ｜ Thermal / Hydraulic Summary ｜ Vibration & Resonance Analysis** 页面。

⑧ ρv^2 问题（RhoV2 problem）

如图 4-51 区域②所示，本例无 ρv^2 问题，详见 **Results ｜ Thermal / Hydraulic Summary ｜ Flow Analysis ｜ Flow Analysis** 页面。

⑨ 热阻分布（Heat Transfer Resistance）

如图 4-51 区域④所示，本例热阻分布基本均衡，详见 **Results ｜ Thermal / Hydraulic Summary ｜ Performance ｜ Resistance Distribution** 页面。

⑩ 压降分布（Pressure drop distribution）

进入 **Results ｜ Thermal / Hydraulic Summary ｜ Pressure Drop ｜ Pressure Drop** 页面，如图

4-52 所示。壳程进口管嘴压降为壳程总摩擦压降的 10.72%，壳程液相出口和气相出口管嘴压降分别为壳程总摩擦压降的 0.09% 和 2.81%，管程进出口管嘴压降分别为管程总摩擦压降的 5.29% 和 2.61%。

Pressure Drop	Thermosiphon Piping	Thermosiphon Piping Elements						

Pressure Drop kPa	Shell Side			Tube Side		
Maximum allowed		18			40	
Total calculated		14.755			35.176	
Gravitational		0			0	
Frictional		14.842			35.16	
Momentum change		-0.086			0.016	
Pressure drop distribution	m/s	kPa	%dp	m/s	kPa	%dp
Inlet nozzle	23.11	1.591	10.72	1.93	1.86	5.29
Entering bundle	12.08			2.26	2.272	6.46
Inside tubes				2.26 2.01	25.949	73.8
Inlet space Xflow	7.01	0.975	6.57			
Bundle Xflow	11.83 7.55	4.573	30.81			
Baffle windows	21.39 13.65	6.767	45.6			
Outlet space Xflow	4.48	0.518	3.49			
Exiting bundle	7.77			2.01	4.162	11.84
Outlet nozzle	14.87	0.417	2.81	1.94	0.917	2.61
Liquid outlet nozzle	0.2	0.013	0.09			
Vapor outlet nozzle	14.87	0.417	2.81			

图 4-52   查看压降分布

⑪ 计算细节（Calculation Details）

进入 **Results ｜ Calculation Details ｜ Analysis along Shell ｜ Interval Analysis** 页面，查看壳程沿换热器长度的详细性能，如图 4-53 所示。为便于观察，各项性能参数也可在 **Analysis along Shell ｜ Plots** 页面以图形的形式显示。

Interval Analysis	Physical Properties	Plots												

Point No.	Shell No.	Shell Pass No.	Distance from End	SS Bulk Temp.	SS Fouling Surface Temp	Tube Metal Temp	SS Pressure	SS Vapor fraction	SS void fraction	SS Heat Load	SS Heat flux	SS Film Coef.	SS Cond. Coef.	SS flow pattern
			mm	°C	°C	°C	bar			kW	kW/m²	//(m²·)	//(m²·)	
1	1	1	3126	97.75	67.33	60.19	1.73401	1	1	-0.7	-59.9	1970.3	6533.4	
2	1	1	2948	92.19	64.25	57.81	1.72939	0.96	1	-40	-54.1	1935	7556.9	Spray

图 4-53   查看壳程沿换热器长度的详细性能

进入 **Results ｜ Calculation Details ｜ Analysis along Tubes ｜ Interval Analysis** 页面，查看管程沿换热器长度的详细性能，如图 4-54 所示。为便于观察，各项性能参数也可在 **Analysis along Tubes ｜ Plots** 页面以图形的形式显示。

Interval Analysis	Physical Properties	Plots												

Shell No.	Tube Pass No.	Distance from End	SS Bulk Temp	SS Fouling surface temp.	Tube Metal Temp	TS Fouling surface temp	TS Bulk Temp.	TS Pressure	TS Vapor fraction	TS void fraction	TS Heat Load	TS Heat flux	TS Film Coef.	SS Film Coef.
		mm	°C	°C	°C	°C	°C	bar			kW	kW/m²	N/(m²·K)	N/(m²·K)
1	1	42	49.56	40.86	38.45	33.02	30	1.96685	0	0	0.1	20.2	6713.4	2325.3
1	1	220	50.51	41.3	38.83	33.26	30.18	1.95888	0	0	6.7	20.7	6725.1	2252.9

图 4-54   查看管程沿换热器长度的详细性能

⑫ 温度分布

进入 **Results | Calculation Details | Analysis along Tubes | Plots** 页面，查看管程(TS)与壳程(SS)主体温度分布，如图 4-55 所示，冷热流体之间无温度交叉。

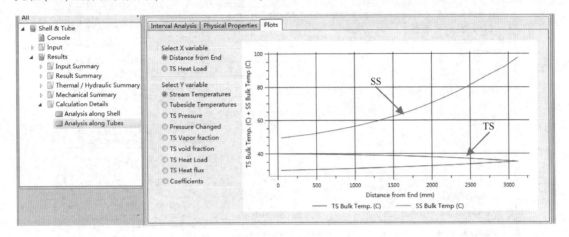

图 4-55　查看管程(TS)与壳程(SS)主体温度分布

4.6.1.4　校核模式

(1) 保存文件

选择 **File | Save As**，文件另存为 Example4.1_Shellside Condenser_Horizontal_Lowfin_AES_Rating.EDR。

(2) 转为校核模式

选择 **Home | Rating / Checking**，弹出更改模式对话框，提示"是否在校核模式中使用当前设计结果"，单击 **Use Current** 按钮，将设计结果传输到校核模式。

(3) 调整结构参数

参照《热交换器型式与基本参数 第 1 部分：浮头式热交换器》(GB/T 28712.1—2012)对设计结果进行调整，壳径(内径)为 500mm，管数 206，管长 3000mm，折流板间距 150mm，折流板数 15。

进入 **Input | Exchanger Geometry | Geometry Summary | Geometry** 页面，删除 Shell(s)-OD(壳体外径)数值，输入 Shell(s)-ID(壳体内径)500mm、Tubes-Number(管数)206、Tubes-Length(管长)3000mm、Baffles-Spacing(center-center)(折流板间距)150mm，删除 Baffles-Spacing at inlet(进口处折流板间距)数值，输入 Baffles-Number(折流板数)15、Baffles-Cut(%d)(折流板圆缺率)40，如图 4-56 所示。

进入 **Input | Exchanger Geometry | Baffles/Supports | Baffles** 页面，Align baffle cut with tubes(折流板缺口与管子平齐)下拉列表框中选择 No，其余选项保持默认设置，如图 4-57 所示。

注：如果选择"Yes"，程序将调整折流板缺口位置使其通过一排换热管的中心线或者两排换热管之间的中心线；如果选择"No"，程序使用输入的折流板圆缺率。

进入 **Input | Exchanger Geometry | Baffles/Supports | Deresonating Baffles** 页面，Number of deresonating baffles(消音板数)文本框中输入 1，如图 4-58 所示。

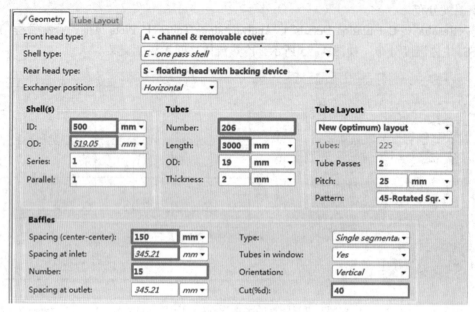

图4-56　调整结构参数

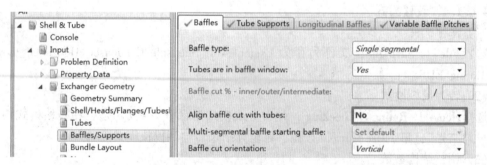

图4-57　设置折流板参数

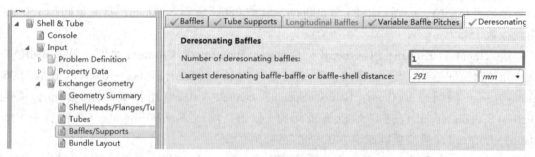

图4-58　添加消音板

进入**Input ｜ Exchanger Geometry ｜ Nozzles ｜ Shell Side Nozzles**页面，Nozzle diameter displayed on TEMA sheet（TEMA 表中显示的管嘴直径）下拉列表框中选择 Nominal（公称直径），如图4-59所示。

注：Design 计算模式下，Nozzle diameter displayed on TEMA sheet 选项默认为 Nominal（公称直径）。执行 Design 计算模式，如果没有得到设计结果，转为其他计算模式后，选项仍默认为 Nominal；如果得到设计结果，转为其他计算模式后，选项默认为 ID（内径）。

Shell side nozzle flange rating:	- ▼
Shell side nozzle flange type:	*Slip on* ▼
Shell side nozzle location options:	*unspecified* ▼
Location of nozzle at U-bend:	Set default ▼
Nozzle diameter displayed on TEMA sheet:	**Nominal** ▼

图 4-59 TEMA 表中显示管嘴公称直径

（4）运行程序与查看警告信息

为防止数据丢失，单击 **Save** 按钮 ■ 保存文件。选择 **Home** | ▶ ，运行程序。进入 **Results** | **Result Summary** | **Warning & Messages** 页面，查看警告信息，如图 4-60 所示。

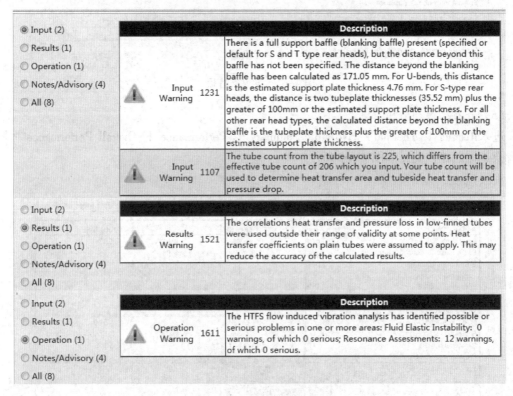

图 4-60 查看警告信息

输入警告 1231：（规定或默认 S 型或 T 型后端结构）存在一块全支持板（或空挡板），但是超出该挡板的距离没有规定，此距离计算值是 171.05mm；对于 U 型后端结构，此距离是挡板估计厚度 4.76mm；对于 S 型后端结构，此距离是两个管板厚度（35.52mm）加上 100mm 或加上挡板估计厚度的较大值；对于其他类型后端结构，此距离是管板厚度加上 100mm 或加上挡板估计厚度的较大值。该警告可忽略，或通过输入超出支持板（或空挡板）的距离解决。

注：超出支持板（或空挡板）的距离（或换热管长度）说明见附录 A。

输入警告 1107：布置的管数 225 与输入的有效管数 206 不同；输入的管数决定了换热面积以及管程的传热和压降。当管束与壳体间隙不同或管束与管嘴距离不同时，可能会导致程序布置的管数与输入的管数不同。该警告可忽略。

结果警告 1521：低翅片管的传热和压力损失关联式在某些点超出适用范围；假定采用光管传热系数，这可能会降低计算结果准确性。该警告可忽略。

运行警告 1611：HTFS 流体诱导振动分析确定一个或多个区域存在可能或严重的振动问题，即无流体弹性不稳定性振动；共振 12 处，无严重共振。该警告可忽略。

为解决输入警告 1231，进入 **Input ｜ Exchanger Geometry ｜ Baffles/Supports ｜ Tube Supports** 页面，将 Length of tube beyond support/blanking baffle 默认值手动输入一遍，如图 4-61 所示。运行程序后，该警告消除。

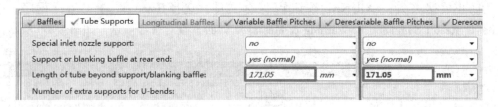

图 4-61　设置支持板

（5）查看结果与分析

进入 **Results ｜ Thermal / Hydraulic Summary ｜ Performance ｜ Overall Performance** 页面，查看换热器总体性能，如图 4-62 所示。

Rating / Checking		Shell Side		Tube Side	
Total mass flow rate	kg/s	1.6		9.1762	
Vapor mass flow rate (In/Out)	kg/s	1.6	0.9234	0	0
Liquid mass flow rate	kg/s	0	0.6766	9.1762	9.1762
Vapor mass quallity		1	0.58	0	0
Temperatures	°C	98	50.38	30	39.99
Dew point / Bubble point	°C	96.12	20.59		
Operating Pressures	kPa	175	166.426	200	193.327
Film coefficient	W/(m²-K)	1792		2740	
Fouling resistance	m²-K/W	0.0001		0.00025	
Velocity (highest)	m/s	11.27		0.69	
Pressure drop (allow./calc.)	kPa	18　/　8.574		40　/　6.673	
Total heat exchanged	kW	383.2	Unit	AES	2　pass　1 ser　1 par
Overall clean coeff. (plain/finnec	W/(m²-K)	1040.3　/ 348.4	Shell size	500　-　3000	mm　Hor
Overall dirty coeff. (plain/finned	W/(m²-K)	762.9　/ 255.5	Tubes	Lowfin tube	
Effective area (plain/finned)	m²	34.3　/ 102.4	Insert	None	
Effective MTD	°C	32.09	No.	206　OD　19　Tks　2　mm	
Actual/Required area ratio (dirty/clean)		2.19　/ 2.99	Pattern	45　Pitch　25　mm	
Vibration problem		Possible	Baffles	Single segmental　Cut(%d) 40	
RhoV2 problem		No	Total cost	27497　Dollar(US)	

Heat Transfer Resistance
Shell side / Fouling / Wall / Fouling / Tube side
Shell Side 　　　　　　　　　　　　　　　　　　　　 Tube Side

图 4-62　查看换热器总体性能

① 面积余量（Actual/Required area ratio，dirty）

如图 4-62 区域①所示，换热器面积余量为 119%。

② 流速(Velocity)

如图 4-62 区域②所示，壳程和管程流体最高流速分别为 11.27m/s 和 0.69m/s。

进入 **Results | Result Summary | TEMA Sheet | TEMA Sheet** 页面，壳程和管程平均流速分别为 6.52m/s 和 0.68m/s。

③ 压降(Pressure drop)

如图 4-62 区域②所示，壳程和管程压降分别为 8.574kPa 和 6.673kPa，均小于允许压降。

④ 总传热系数(Overall dirty coeff.)

如图 4-62 区域①所示，换热器总传热系数为 762.9W/($m^2 \cdot K$)。

⑤ 有效平均温差(Effective MTD)

如图 4-62 区域①所示，有效平均温差为 32.09℃，详见 **Results | Thermal / Hydraulic Summary | Heat Transfer | MTD & Flux** 页面。

⑥ 振动问题(Vibration problem)

如图 4-62 区域①所示，本例可能有振动问题，但对换热管损害不大，详见 **Results | Thermal / Hydraulic Summary | Vibration & Resonance Analysis** 页面。

⑦ ρv^2 问题(RhoV2 problem)

如图 4-62 区域①所示，本例无 ρv^2 问题，详见 **Results | Thermal / Hydraulic Summary | Flow Analysis | Flow Analysis** 页面。

⑧ 热阻分布(Heat Transfer Resistance)

如图 4-62 区域③所示，本例热阻分布基本均衡，详见 **Results | Thermal / Hydraulic Summary | Performance | Resistance Distribution** 页面。

⑨ 压降分布(Pressure drop distribution)

进入 **Results | Thermal / Hydraulic Summary | Pressure Drop | Pressure Drop** 页面，如图 4-63 所示，壳程进口管嘴压降为壳程总摩擦压降的 17.58%，壳程液相出口和气相出口管嘴压降分别为壳程总摩擦压降的 0.16% 和 4.39%，管程进出口管嘴压降分别为管程总摩擦压降的 29.49%和 13.47%。

| Pressure Drop | Thermosiphon Piping | Thermosiphon Piping Elements | | | | | |

Pressure Drop	bar	Shell Side			Tube Side		
Maximum allowed		0.18			0.4		
Total calculated		0.08574			0.06673		
Gravitational		0			0		
Frictional		0.08615			0.06671		
Momentum change		-0.0004			2E-05		
Pressure drop distribution		m/s	bar	%dp	m/s	bar	%dp
Inlet nozzle		23.11	0.01515	17.58	1.93	0.01968	29.49
Entering bundle		8.24			0.67	0.00231	3.46
Inside tubes					0.67 0.69	0.03152	47.24
Inlet space Xflow		4.9	0.00406	4.71			
Bundle Xflow		11.27 6.91	0.04493	52.15			
Baffle windows		8.53 5.23	0.01581	18.36			
Outlet space Xflow		3	0.00242	2.81			
Exiting bundle		5.09			0.69	0.00423	6.34
Outlet nozzle		14.27	0.00378	4.39	1.94	0.00898	13.47
Liquid outlet nozzle		0.21	0.00014	0.16			
Vapor outlet nozzle		14.27	0.00378	4.39			

图 4-63 查看压降分布

⑩ 计算细节（Calculation Details）

进入 **Results ∣ Calculation Details ∣ Analysis along Shell ∣ Interval Analysis** 页面，查看壳程沿换热器长度的详细性能，如图 4-64 所示。

Point No.	Shell No.	Shell Pass No.	Distance from End	SS Bulk Temp.	SS Fouling Surface Temp.	Tube Metal Temp	SS Pressure	SS Vapor fraction	SS void fraction	SS Heat Load	SS Heat flux	SS Film Coef.	SS Cond. Coef.	SS flow pattern
			mm	℃	℃	℃	bar			kW	kW/m²	//(m²·l	//(m²·l	
1	1	1	2826	97.74	71.44	66.77	1.73441	1	1	-0.7	-39.2	1490.3	5844.8	
2	1	1	2681	92.48	68.19	63.95	1.73282	0.96	1	-37.7	-35.6	1463.6	6320.4	Spray

图 4-64　查看壳程沿换热器长度的详细性能

进入 **Results ∣ Calculation Details ∣ Analysis along Tubes ∣ Interval Analysis** 页面，查看管程沿换热器长度的详细性能，如图 4-65 所示。

Shell No.	Tube Pass No.	Distance from End	SS Bulk Temp	SS Fouling surface temp.	Tube Metal Temp	TS Fouling surface temp	TS Bulk Temp.	TS Pressure	TS Vapor fraction	TS void fraction	TS Heat Load	TS Heat flux	TS Film Coef.	SS Film Coef.
		mm	℃	℃	℃	℃	℃	bar			kW	kW/m²	N/(m²·K	N/(m²·K
1	1	41	50.98	43.02	41.4	37.76	30	1.97959	0	0	0.1	13.5	1745.1	1699.3
1	1	186	51.92	43.61	41.94	38.18	30.18	1.97926	0	0	6.9	14	1748.8	1683.9

图 4-65　查看管程沿换热器长度的详细性能

⑪ 温度分布

进入 **Results ∣ Calculation Details ∣ Analysis along Tubes ∣ Plots** 页面，查看管程（TS）与壳程（SS）主体温度分布，如图 4-66 所示，冷热流体之间无温度交叉。

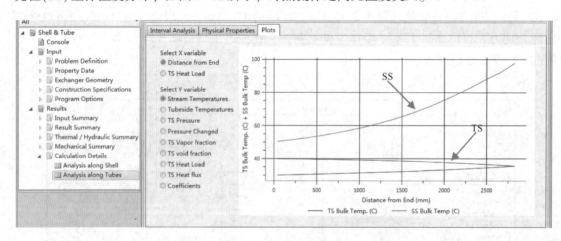

图 4-66　查看管程（TS）与壳程（SS）主体温度分布

⑫ 平面装配图和管板布置图（Setting Plan & Tubesheet Layout）

进入 **Results ∣ Mechanical Summary ∣ Setting Plan & Tubesheet Layout** 页面，分别查看平面装配图和管板布置图，如图 4-67 和图 4-68 所示，也可选择 **Home ∣ Verify Geometry**，进

行查看。

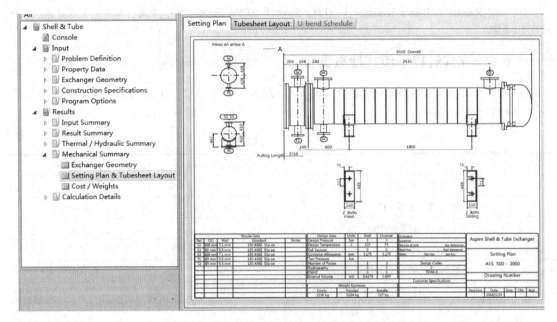

图 4-67　查看平面装配图

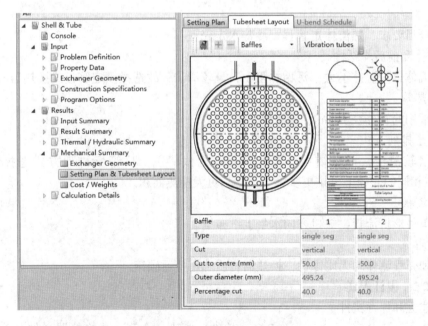

图 4-68　查看管板布置图

4.6.1.5　设计结果

换热器型号 AES500-0.3-102-3/19-2 I。可拆平盖管箱，公称直径 500mm，管程和壳程设计压力(表压)分别为 0.3MPa 和 0.3MPa，公称换热面积 102m²，换热管公称长度3m，低翅片管光管外径 19mm，2 管程，单壳程钩圈式浮头式冷凝器，碳素钢 I 级管束符合 GB/T

151—2014 偏差要求。

注：进入 **Results Ⅰ Result Summary Ⅰ TEMA Sheet Ⅰ TEMA Sheet** 页面，查看管程和壳程设计温度、设计压力（表压）。

4.6.2 立式管程下流式冷凝器

用水作冷却剂将甲醇和水的混合过热蒸气冷凝冷却到70℃，工艺数据见表4-5，试设计立式管程下流式冷凝器。

表4-5 工艺数据

项　　目		热流体(Mixture)	冷流体(Water)
质量流量/(kg/s)		1.6	—
进口/出口温度/℃		115/70	32/42
进口压力(绝压)/kPa		105	345
允许压降/kPa		10	50
污垢热阻/(m² · K/W)		0.00017	0.00017
质量分数	甲醇(Methanol)	0.4	—
	水(Water)	0.6	1

4.6.2.1 初步规定

- 流体空间选择

按照题目要求，热流体走管程，冷却水走壳程。

- 壳体和前后端结构

冷热流体进口温差不大，污垢热阻小，且较清洁，故选择固定管板式换热器 BEM 型。

- 换热管

选择常用的管外径 19mm、管壁厚 2mm 光管。

- 管子排列方式

冷却水较清洁，不易结垢，管外侧无须机械清洗，故管子排列方式选择正三角形（30°），在相同的壳径下可排更多管子，得到更大换热面积。

- 折流板

选择单弓形折流板，缺口方向水平上下布置。

- 材质

管程和壳程流体均无腐蚀性，换热器材质选用普通碳钢。

4.6.2.2 设计模式

（1）建立和保存文件

启动 Aspen Exchanger Design & Rating 软件，新建一个管壳式换热器文件，单击 **Save** 按钮 🖫，文件保存为 Example4.2_Tubeside Condenser_Vertical_BEM_Design. EDR。

（2）设置应用选项

将单位设为 SI（国际制）。进入 **Input Ⅰ Problem Definition Ⅰ Application Options Ⅰ Application Options** 页面。General 选项区域 Location of hot fluid（热流体位置）下拉列表框中选择 Tube side（管程）、Select geometry based on this dimensional standard（选择结构基于的尺寸标

准)下拉列表框中选择 SI(国际制)，Hot Side 选项区域 Application(应用类型)下拉列表框中选择 Condensation(冷凝)，Cold Side 选项区域 Application(应用类型)下拉列表框中选择 Liquid, no phase change(液相，无相变)，其余选项保持默认设置，如图 4-69 所示。

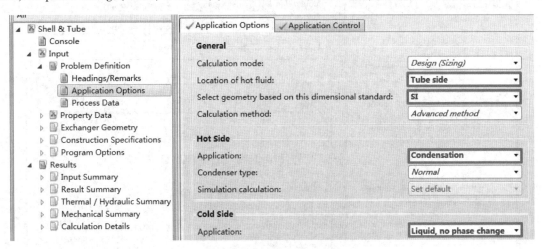

图 4-69　设置应用选项

（3）输入工艺数据

进入 **Input | Problem Definition | Process Data** 页面，根据表 4-5 输入冷热流体工艺数据，如图 4-70 所示(输入时注意单位一致)。

Process Data

		Hot Stream (1) Tube Side		Cold Stream (2) Shell Side	
		In	Out	In	Out
Fluid name:		Mixture		Water	
Mass flow rate:	kg/s	1.6			
Temperature:	°C	115	70	32	42
Vapor fraction:				0	0
Pressure:	kPa	105	95	345	295
Pressure at liquid surface in column:					
Heat exchanged:	kW				
Exchanger effectiveness:					
Adjust if over-specified:		Heat load		Heat load	
Estimated pressure drop:	bar	0.1		0.5	
Allowable pressure drop :	kPa	10		50	
Fouling resistance :	m²-K/W	0.00017		0.00017	

图 4-70　输入工艺数据

（4）输入物性数据

进入 **Input | Property Data | Hot Stream (1) Compositions | Composition** 页面，因为甲醇-水体系的非理想性较强，所以 Physical property package(物性包)下拉列表框中选择 Aspen Properties，单击 **Search Databank** 按钮，搜索组分 METHANOL(甲醇)和 WATER(水)，组成

分别输入 0.4 和 0.6，如图 4-71 所示；进入 **Property Methods** 页面，Aspen property method（Aspen 物性方法）下拉列表框中选择 UNIQUAC，其余选项保持默认设置，如图 4-72 所示。

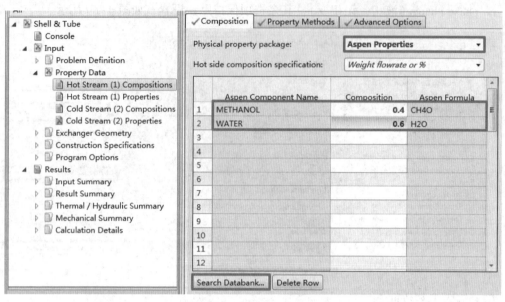

图 4-71　输入热流体组成

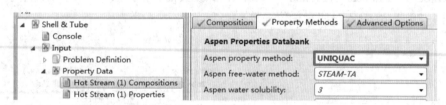

图 4-72　选择热流体物性方法

进入 **Input | Property Data | Hot Stream (1) Properties | Properties** 页面，单击 **Get Properties** 按钮，获取热流体物性数据。

进入 **Input | Property Data | Cold Stream (2) Compositions | Composition** 页面，Physical property package（物性包）下拉列表框中选择 Aspen Properties，METHANOL（甲醇）和 WATER（水）的组成分别输入 0 和 1，如图 4-73 所示；进入 **Property Methods** 页面，Aspen property method（Aspen 物性方法）下拉列表框中选择 IAPWS-95，其余选项保持默认设置，如图 4-74 所示。

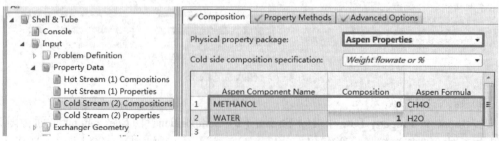

图 4-73　输入冷流体组成

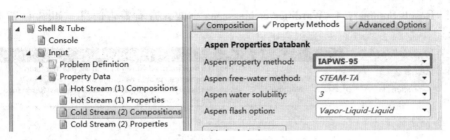

图4-74 选择冷流体物性方法

进入**Input** | **Property Data** | **Cold Stream（2）Properties** | **Properties** 页面，单击**Get Properties** 按钮，获取冷流体物性数据。

（5）设置结构参数

进入**Input** | **Exchanger Geometry** | **Geometry Summary** | **Geometry** 页面，Exchanger position（换热器安装方位）下拉列表框中选择 Vertical（立式），输入 Tubes–OD（管外径）19mm，Tubes–Thickness（管壁厚）2mm，Tube Layout–Pitch（管中心距）25mm，其余选项保持默认设置，如图4-75 所示。

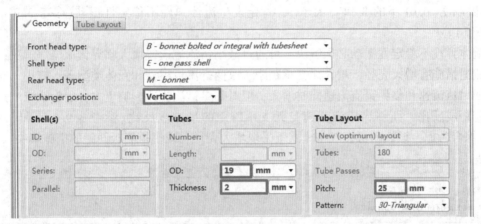

图4-75 设置结构参数

（6）设置程序选项

对于立式管程冷凝，其管程只能为单管程。进入**Input** | **Program Options** | **Design Options** | **Geometry Limits** 页面，管程数均为1，其余选项保持默认设置，如图4-76 所示。

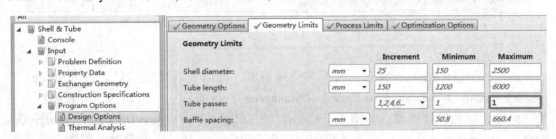

图4-76 规定管程数

（7）运行程序与查看警告信息

为防止数据丢失，单击**Save** 按钮保存文件。选择**Home** | ▶，运行程序。进入

Results｜Result Summary｜Warnings & Messages 页面，查看警告信息，如图 4-77 所示。

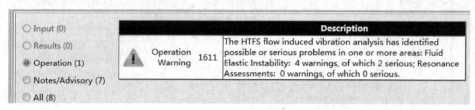

图 4-77　查看警告信息

运行警告 1611：HTFS 流体诱导振动分析确定一个或多个区域存在可能或严重的振动问题，即流体弹性不稳定性振动 4 处，其中 2 处严重振动；无共振。该警告需要加以调整。

（8）振动分析

进入 **Results｜Thermal / Hydraulic Summary｜Vibration & Resonance Analysis｜Fluid Elastic Instability（HTFS）** 页面，查看流体弹性不稳定性分析，如图 4-78 所示。编号 1 和编号 6 振动管的实际质量流量与临界质量流量比值（$Ldec=0.01$ 下的 W/W_c）大于 1，可能发生流体弹性不稳定性振动；编号 2 和编号 8 振动管的实际质量流量与临界质量流量比值（$Ldec=0.03$ 和 $Ldec=0.01$ 下的 W/W_c）大于 1，肯定发生流体弹性不稳定性振动（参考 3.9.6 节和 3.9.7 节）。

流体弹性不稳定性振动必须解决，可通过减小错流流速或增大临界错流流速解决；减小错流流速措施有增大壳径，增大无支承跨距，改变折流板类型和壳体类型等；减小无支承跨距可使错流流速和临界错流流速同时增大，但对临界错流流速影响更大，因为错流流速与无支承跨距成反比，而临界错流流速与无支承跨距的平方成反比（参考 3.9.2 节和 3.9.3.3 节）。综合考虑，该振动可在校核模式下采取增大壳径、减小折流板间距的措施解决。

Fluid Elastic Instability (HTFS)	Resonance Analysis (HTFS)	Simple Fluid Elastic Instability (TEMA)	Simple Amplitude and Acoustic Analysis

Shell number:　Shell 1

Fluid Elastic Instability Analysis

Vibration tube number	1	2	4	5	6	8
Vibration tube location	Inlet row, centre	Outer window, bottom	Baffle overlap	Bottom Row	Inlet row, end	Outer window, top
Vibration	Possible	Yes	No	No	Possible	Yes
W/Wc for heavy damping (LDec=0.1)	0.37	0.56	0.13	0.3	0.37	0.56
W/Wc for medium damping (LDec=0.03)	0.68	1.02 *	0.24	0.54	0.68	1.02 *
W/Wc for light damping (LDec=0.01)	1.17 *	1.77 *	0.42	0.94	1.17 *	1.77 *

图 4-78　查看流体弹性不稳定性分析

（9）优化路径

如果对于设计结果不满意，或者有特殊要求，可以查看优化路径。进入 **Results｜Result Summary｜Optimization Path｜Optimization Path** 页面，可以快速地查看面积余量和压降比，以及设计状态，如图 4-79 所示。根据 **Input｜Program Options｜Design Options｜Optimization Options** 页面中 Basis for design optimization 选项设置，程序会依据最小换热面积或最低设计成本，选出最佳设计。设计者也可根据自己的考虑，从中选择合适的设计。

注：设计状态"OK"与"Near"的判断标准，详见 1.5.2.2 节。

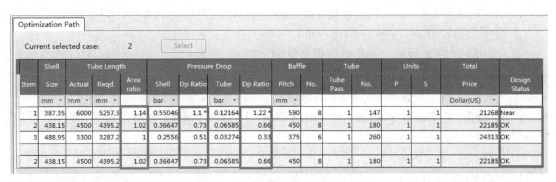

图 4-79　查看优化路径

（10）查看结果与分析

进入 **Results | Thermal / Hydraulic Summary | Performance | Overall Performance** 页面，查看换热器的总体性能，如图 4-80 所示。

| Overall Performance | Resistance Distribution | Shell by Shell Conditions | Hot Stream Composition | Cold Stream Composition |

Design (Sizing)		Shell Side		Tube Side	
Total mass flow rate	kg/s	74.2484		1.6	
Vapor mass flow rate (In/Out)	kg/s	0	0	1.6	0
Liquid mass flow rate	kg/s	74.2484	74.2484	0	1.6
Vapor mass quallity		0	0	1	0
Temperatures	°C	32	42	115	70
Dew point / Bubble point	°C			93.6	79.93
Operating Pressures	bar	3.45	3.08354	1.05	0.98415
Film coefficient	W/(m²-K)	10932.6		4349.5	
Fouling resistance	m²-K/W	0.00017		0.00022	
Velocity (highest)	m/s	1.88		70.78	
Pressure drop (allow./calc.)	kPa	50	/ 36.647	10	/ 6.585
Total heat exchanged	kW	3099.9		Unit BEM 1 pass 1 ser 1 par	
Overall clean coeff. (plain/finned)	W/(m²-K)	2733.7 /		Shell size 438 - 4500 mm Ver	
Overall dirty coeff. (plain/finned)	W/(m²-K)	1331.3 /		Tubes Plain	
Effective area (plain/finned)	m²	47.6 /		Insert None	
Effective MTD	°C	50.13		No. 180 OD 19 Tks 2 mm	
Actual/Required area ratio (dirty/clean)		1.02 / 2.1		Pattern 30 Pitch 25 mm	
Vibration problem		Yes		Baffles Single segmental Cut(%d) 40.12	
RhoV2 problem		No		Total cost 22185 Dollar(US)	

Heat Transfer Resistance
Shell side / Fouling / Wall / Fouling / Tube side
Shell Side ▬▬▬▬▬▬▬▬▬▬ Tube Side

图 4-80　查看换热器总体性能

① 结构参数

如图 4-80 区域①所示，换热器型式为 BEM，管程数 1，串联台数 1，并联台数 1，壳径（内径）438mm，管长 4500mm，光管，管数 180，管外径 19mm，管壁厚 2mm，正三角形排列（30°），管中心距 25mm，单弓形折流板，圆缺率 40.12%。

进入 **Results | Result Summary | TEMA Sheet | TEMA Sheet** 页面，折流板间距 450mm，壳程进出口管嘴公称直径均为 254mm（10 in），管程进出口管嘴公称直径分别为 254mm（10 in）和 31.75mm（1.25 in）。

注：Design 计算模式下，**Input | Exchanger Geometry | Nozzles | Shell Side Nozzles** 页面中，Nozzle diameter displayed on TEMA sheet（显示在 TEMA 表中的管嘴直径）选项默认为 Nominal（公称直径）。程序中管

嘴尺寸有 ASME（美国机械工程师协会）和 ISO（国际标准化组织）两种标准，默认采用 ASME 标准。

② 面积余量（Actual/Required area ratio, dirty）

如图 4-80 区域②所示，换热器面积余量为 2%。

③ 流速（Velocity）

如图 4-80 区域③所示，壳程流体最高流速为 1.88m/s，管程流体最高流速为 70.78m/s。

进入**Results │ Result Summary │ TEMA Sheet │ TEMA Sheet** 页面，壳程和管程平均流速分别为 1.35m/s 和 35.42m/s。

④ 压降（Pressure drop）

如图 4-80 区域③所示，壳程压降为 36.647kPa，管程压降为 6.585kPa，均小于允许压降。

注：如果压降远小于允许压降，为了尽可能充分利用允许压降，可参考 3.10.3 节进行调节；如果允许压降得到了充分利用，但继续增加很少的压降就能较大地提高经济性，则应再行设计并考虑增加允许压降的可能性。

⑤ 总传热系数（Overall dirty coeff.）

如图 4-80 区域②所示，换热器总传热系数为 1331.3W/(m² · K)。

⑥ 有效平均温差（Effective MTD）

如图 4-80 区域②所示，有效平均温差为 50.13℃。

⑦ 振动问题（Vibration problem）

如图 4-80 区域②所示，本例有振动问题，详见**Results │ Thermal / Hydraulic Summary │ Vibration & Resonance Analysis** 页面。

⑧ ρv^2 问题（RhoV2 problem）

如图 4-80 区域②所示，本例无 ρv^2 问题，详见**Results │ Thermal / Hydraulic Summary │ Flow Analysis │ Flow Analysis** 页面。

⑨ 热阻分布（Heat Transfer Resistance）

如图 4-80 区域④所示，本例热阻分布基本均衡，详见**Results │ Thermal / Hydraulic Summary │ Performance │ Resistance Distribution** 页面。

⑩ 压降分布（Pressure drop distribution）

进入**Results │ Thermal / Hydraulic Summary │ Pressure Drop** 页面，如图 4-81 所示，壳

Pressure Drop	kPa		Shell Side			Tube Side		
Maximum allowed			50			10		
Total calculated			36.647			6.585		
Gravitational			0			0		
Frictional			36.639			10.198		
Momentum change			0.007			-3.613		
Pressure drop distribution		m/s	bar	%dp		m/s	bar	%dp
Inlet nozzle		1.47	0.01538	4.2		44.26	0.00633	6.21
Entering bundle		1.07				70.78	0.00894	8.76
Inside tubes						70.78 0.06	0.07891	77.38
Inlet space Xflow		1.12	0.03114	8.5				
Bundle Xflow		1.58 1.59	0.1613	44.02				
Baffle windows		1.87 1.88	0.11535	31.48				
Outlet space Xflow		1.12	0.03023	8.25				
Exiting bundle		1.21				0.06	1E-05	0.01
Outlet nozzle		1.47	0.01299	3.55		1.96	0.00779	7.63

图 4-81　查看压降分布

程进出口管嘴压降分别为壳程总摩擦压降的 4.20% 和 3.55%；管程进出口管嘴压降分别为管程总摩擦压降的 6.21% 和 7.63%。

⑪ 流路分析

进入 **Results ┃ Thermal / Hydraulic Summary ┃ Flow Analysis ┃ Flow Analysis** 页面，如图 4-82 所示，Crossflow(B 流路)分数为 0.67，参考表 3-64，无须采取额外措施来提高 B 流路分数。

注：对于壳程有相变的冷凝器，其流路分析不重要。本例热流体走管程，壳程为单相流体(冷却水)，因此需进行流路分析。壳程和管程雷诺数详见 **Results ┃ Thermal / Hydraulic Summary ┃ Heat Transfer ┃ Heat Transfer Coefficients** 页面。

Shell Side Flow Fractions	Inlet	Middle
Crossflow	0.79	0.67
Window	0.85	0.72
Baffle hole - tube OD	0.08	0.16
Baffle OD - shell ID	0.06	0.12
Shell ID - bundle OTL	0.06	0.05
Pass lanes	0	0

图 4-82　查看流路分析

⑫ 计算细节(Calculation Details)

进入 **Results ┃ Calculation Details ┃ Analysis along Shell ┃ Interval Analysis** 页面，查看壳程沿换热器长度的详细性能，如图 4-83 所示。为便于观察，各项性能参数也可在 **Analysis along Shell ┃ Plots** 页面以图形的形式显示。

Point No.	Shell No.	Shell Pass No.	Distance from End	SS Bulk Temp.	SS Fouling Surface Temp	Tube Metal Temp	SS Pressure	SS Vapor fraction	SS void fraction	SS Heat Load	SS Heat flux	SS Film Coef.
			mm	°C	°C	°C	bar			kW	kW/m²	J/(m²·l
1	1	1	4459	32	32.78	34.18	3.4344	0	0	0.3	7.3	9408.8
2	1	1	4249	32.19	36.97	45.82	3.42414	0	0	59.2	46.1	9644.3

图 4-83　查看壳程沿换热器长度的详细性能

进入 **Results ┃ Calculation Details ┃ Analysis along Tubes ┃ Interval Analysis** 页面，查看管程沿换热器长度的详细性能，如图 4-84 所示。为便于观察，各项性能参数也可在 **Analysis along Tubes ┃ Plots** 页面以图形的形式显示。

Shell No.	Tube Pass No.	Distance from End	SS Bulk Temp	SS Fouling surface temp.	Tube Metal Temp	TS Fouling surface temp	TS Bulk Temp.	TS Pressure	TS Vapor fraction	TS void fraction	TS Heat Load	TS Heat flux	TS Film Coef.	TS Cond. Coef.	SS Film Coef.	TS flow pattern
		mm	°C	°C	°C	°C	°C	bar			kW	N/n	J/(m²·l	J/(m²·l	N/(m²·K)	
1	1	41	41.98	50.06	66.4	86.59	113.6	1.03381	1	1	-3.9	-85	3147.4	51742.2	10528.7	
1	1	356	41.09	49.04	65	84.73	92.59	1.03078	0.94		-281	-83.1	10569.8	18854.2	10455.3	Annular

图 4-84　查看管程沿换热器长度的详细性能

⑬ 温度分布

进入 **Results ┃ Calculation Details ┃ Analysis along Tubes ┃ Plots** 页面，查看管程(TS)与

壳程(SS)主体温度分布，如图 4-85 所示，冷热流体之间无温度交叉。

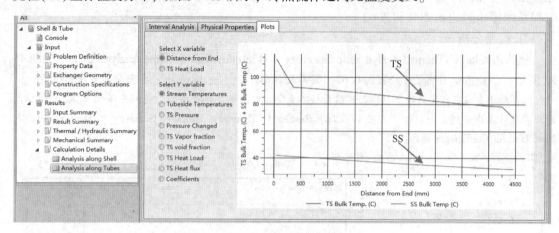

图 4-85　查看管程(TS)与壳程(SS)主体温度分布

为考察过冷冷却和过热冷却对冷凝过程的影响，分别进行以下工况设计：

工况 A：移除工艺数据中的过冷量　进入 **Input ｜ Problem Definition ｜ Application Options ｜ Process Data** 页面，删除热流体出口温度，输入热流体出口气相分数为 0，文件另存为 Example4. 2_A_Design. EDR，重新运行程序。

工况 B：移除工艺数据中的过冷量及过热量　进入 **Input ｜ Problem Definition ｜ Application Options ｜ Process Data** 页面，删除热流体进出口温度，输入热流体进口气相分数为 1，出口气相分数为 0，文件另存为 Example4. 2_B_Design. EDR，重新运行程序。

工况 C：移除工艺数据中的过热量　进入 **Input ｜ Problem Definition ｜ Application Options ｜ Process Data** 页面，删除热流体进口温度，输入热流体进口气相分数为 1，文件另存为 Example 4. 2_C_Design. EDR，重新运行程序。

工况 D：移除工艺数据中的过热量并增大过冷量　进入 **Input ｜ Problem Definition ｜ Application Options ｜ Process Data** 页面，删除热流体进口温度，输入热流体进口气相分数为 1，热流体出口温度为 50℃，文件另存为 Example 4. 2_D_Design. EDR，重新运行程序。

工况 E：将工况 C 的热流体进口温度改为 77.32℃，设计一台单独的换热器处理过冷量，文件另存为 Example 4. 2_E_Design. EDR，重新运行程序。

工况 F：将工况 D 的热流体进口温度改为 77.32℃，设计一台单独的换热器处理过冷量，文件另存为 Example 4. 2_F_Design. EDR，重新运行程序。

原工况与上述六种工况的结果比较见表 4-6。

表 4-6　不同工况下冷凝器参数比较

工　　况	原工况	工况 A	工况 B	工况 C	工况 D	工况 E	工况 F
	过热+冷凝+过冷	过热+冷凝	只有冷凝	冷凝+过冷	冷凝+过冷	过冷	过冷
热流体进口/出口温度/℃	115/70	115/77. 32	93. 6/77. 32	93. 6/70	93. 6/50	77. 32/70	77. 32/50
有效平均温差/℃	50. 13	50. 14	49. 71	49. 41	48. 05	36. 66	25. 82
热负荷/kW	3099. 9	3050. 4	2990. 2	3039. 7	3171. 0	49. 5	180. 8
换热面积/m²	47. 6	45. 9	45. 1	45. 9	75. 6	3	14. 1

续表

工 况	原工况	工况 A	工况 B	工况 C	工况 D	工况 E	工况 F
	过热+冷凝+过冷	过热+冷凝	只有冷凝	冷凝+过冷	冷凝+过冷	过冷	过冷
面积余量/%	2	0	0	0	2	9	2
管子数	180	180	190	180	260	40	40
管长/mm	4500	4350	4050	4350	4950	1350	6000
壳径/mm	438	438	438	438	489	205	205
壳程传热膜系数（对流传热系数）/[W/(m²·K)]	10932.6	10275.2	11045.2	10886.8	10257.7	2385.1	3071.5
管程传热膜系数/[W/(m²·K)]	4349.5	4457.8	4393.8	4477.6	1677.1	815.6	812.9
总传热系数/[W/(m²·K)]	1331.3	1330.7	1337.3	1342.8	890.4	482	503.8

原工况与工况 A、B、C 比较，换热面积没有大幅度增加，说明一台立式管程冷凝器可较好地处理此工况的过热量和过冷量。

工况 B 与工况 E 总换热面积为 48.1m²（45.1m² + 3m²），工况 C 换热面积为 45.9m²，表明：再设计一台换热器单独处理过冷量与在同一台冷凝器中处理过冷量相比，所需换热面积相差不大，而设计两台换热器，必将大大增加设备投资费用与维护费用，因此应使用一台冷凝器。

当热流体的出口温度由 77.32℃ 降低至 50℃ 时，比较工况 B 和工况 D，若使用一台冷凝器处理过冷量，需要增加的换热面积为 30.5m²（75.6m² − 45.1m²）；比较工况 B 和工况 F，若设计一台换热器单独处理过冷量，需要增加的换热面积为 14.1m²。

分别打开 Example4.2_C_Design.EDR 和 Example4.2_D_Design.EDR，进入 **Results | Calculation Details | Analysis along Tubes | Interval Analysis** 页面，查看管程流态，如图 4-86 和

Shell No.	Tube Pass No.	Distance from End	SS Bulk Temp	SS Fouling surface temp.	Tube Metal Temp	TS Fouling surface temp	TS Bulk Temp.	TS Pressure	TS Vapor fraction	TS void fraction	TS Heat Load	TS Heat flux	TS Film Coef.	TS Cond. Coef.	SS Film Coef.	TS flow pattern
		mm	℃	℃	℃	℃	℃	bar			kW	W/m	N/(m²·K)	N/(m²·K)	N/(m²·K)	
1	1	41	41.98	51.01	68.09	89.2	93.21	1.03482	1	1	-4	-88.9	22174.3	100000	9849.3	Annular
1	1	273	41.29	49.7	65.48	84.99	92.64	1.03224	0.94	1	-215.8	-82.2	10744.7	18929.8	9768.5	Annular
1	1	504	40.63	48.9	64.35	83.44	92	1.02832	0.88	1	-417.2	-80.4	9395.7	16482.1	9715.9	Annular
1	1	736	39.98	48.14	63.29	82.02	91.3	1.0242	0.82	0.99	-614.5	-78.9	8497.2	14971.3	9665.6	Annular
1	1	744	39.95	46.73	62.36	81.68	91.27	1.02405	0.82	0.99	-621.8	-81.4	8480.2	14940	12006.5	Annular
1	1	1004	39.22	45.88	61.14	80.01	90.39	1.01946	0.76	0.99	-845.7	-79.5	7653.7	13499.5	11935.3	Annular
1	1	1265	38.5	45.01	59.84	78.17	89.44	1.01516	0.69	0.99	-1063.9	-77.2	6852.1	12198	11864.1	Annular
1	1	1525	37.8	44.15	58.54	76.31	88.4	1.01118	0.63	0.99	-1275.7	-74.9	6193.4	10984.4	11794.5	Annular
1	1	1785	37.13	43.31	57.25	74.47	87.3	1.00756	0.56	0.98	-1481	-72.5	5651.5	9834.9	11726.8	Annular
1	1	2045	36.47	42.48	55.92	72.54	86.15	1.00435	0.5	0.98	-1679.6	-70	5141.2	8741.7	11659.4	Annular
1	1	2305	35.84	41.68	54.67	70.72	84.97	1.00157	0.43	0.98	-1871.3	-67.6	4745.6	7734	11594.9	Annular
1	1	2565	35.23	40.89	53.43	68.93	83.8	0.99925	0.37	0.97	-2056.6	-65.3	4389	6786.5	11532.4	Annular
1	1	2825	34.65	40.14	52.25	67.21	82.66	0.99594	0.3	0.97	-2235.4	-64	4079.6	5917.8	11472.4	Annular
1	1	3085	34.08	39.38	50.99	65.34	81.6	0.99594	0.24	0.96	-2407.5	-60.4	3716.9	5031.5	11412.5	Annular
1	1	3346	33.54	38.59	49.61	63.24	80.63	0.99498	0.17	0.94	-2571.8	-57.4	3297.7	4156.4	11352.2	Annular
1	1	3606	33.03	37.78	48.07	60.8	79.78	0.99453	0.11	0.91	-2726.7	-53.6	2823.7	3326.4	11290.8	Annular
1	1	3614	33.01	38.76	48.78	61.16	79.75	0.99452	0.11	0.91	-2731.5	-52.2	2805.9	3299	9077.8	Annular
1	1	3846	32.6	37.97	47.28	58.78	79.11	0.99433	0.05	0.86	-2856.5	-48.5	2383.2	2665.2	9032.2	Annular
1	1	4077	32.22	37.3	46.09	56.95	78.55	0.99437	0	0.45	-2973.4	-45.7	2117.8	2161.5	8993.5	Annular
															8760.7	

图 4-86　查看工况 C 下的管程流态

图4-87所示。过冷量未增加前（工况 C），管程流态基本为环流状态，而过冷量增加后（工况 D），管程流态有很大部分为充满液体状态，传热膜系数大幅度降低，换热面积大大增加。

综上所述，当冷凝器需要过冷时，若过冷量较小，应使用一台立式管程冷凝器处理冷凝和过冷，反之，需再设计单独冷却器处理过冷。

Interval Analysis	Physical Properties	Plots

Shell No.	Tube Pass No.	Distance from End	SS Bulk Temp	SS Fouling surface temp.	Tube Metal Temp	TS Fouling surface temp.	TS Bulk Temp.	TS Pressure	TS Vapor fraction	TS void fraction	TS Heat Load	TS Heat flux	TS Film Coef.	TS Cond. Coef.	SS Film Coef.	TS flow pattern
		mm	°C	°C	°C	°C	°C	bar			kW	kW/m²	W/(m²-K)	W/(m²-K)	W/(m²-K)	
1	1	43	41.98	50.76	67.38	87.91	93.32	1.03944	1	1	-6.2	-86.5	15995.9	78514	9849.4	Annular
1	1	382	40.65	48.59	63.41	81.72	92.21	1.03777	0.88	0.99	-427.4	-77.2	7351.6	13184.5	9713.4	Annular
1	1	720	39.43	47.07	61.17	78.6	90.9	1.03518	0.76	0.99	-815	-73.4	5968.9	10872.4	9614.6	Annular
1	1	730	39.39	46.25	60.59	78.31	90.86	1.0351	0.76	0.99	-826	-74.7	5947.7	10824.6	10887.2	Annular
1	1	1021	38.38	44.97	58.62	75.5	89.52	1.03271	0.66	0.99	-1148.3	-71.1	5073	9274.3	10793.3	Annular
1	1	1312	37.41	43.7	56.62	72.6	88.02	1.03064	0.57	0.98	-1454.3	-67.3	4363.8	7897.1	10702.2	Annular
1	1	1602	36.5	42.51	54.75	69.89	86.4	1.02886	0.47	0.98	-1744.1	-63.8	3861.6	6637.8	10616.2	Annular
1	1	1893	35.64	41.35	52.9	67.18	84.74	1.02743	0.38	0.97	-2018.1	-60.2	3426.3	5481.7	10533.4	Annular
1	1	2184	34.82	40.25	51.15	64.63	83.14	1.02636	0.29	0.96	-2276.7	-56.8	3066.6	4444.2	10455.8	Annular
1	1	2475	34.06	39.17	49.37	61.97	81.69	1.02566	0.19	0.94	-2519.7	-53.1	2693.1	3520.6	10380.5	Annular
1	1	2766	33.35	38.05	47.37	58.88	80.46	1.02531	0.1	0.89	-2744.4	-48.5	2247.3	2660.4	10304.6	Annular
1	1	3057	32.71	36.88	45.07	55.19	79.45	1.02527	0.01	0.64	-2945.9	-42.6	1756.9	1862.3	10227	Annular
															10013.5	
															9976.3	
															9966.5	
															9958.4	
															8761.4	
															8756.4	
															8752	
															8748.2	

图 4-87　查看工况 D 下的管程流态

4.6.2.3　校核模式

（1）保存文件

打开文件 Example4. 2_Tubeside Condenser_Vertical_BEM_Design. EDR，选择**File ｜ Save As，**文件另存为 Example4. 2_Tubeside Condenser_Vertical_BEM_Rating. EDR。

（2）转为校核模式

选择**Home ｜ Rating / Checking**，弹出更改模式对话框，提示"是否在校核模式中使用当前设计结果"，单击**Use Current** 按钮，将设计结果传输到校核模式。

（3）调整结构参数

参照《热交换器型式与基本参数 第 2 部分：固定管板式热交换器》（GB/T 28712. 2—2012）对设计结果进行调整，壳径（内径）为 600mm，管数 430，管长 4500mm，折流板间距 300mm，折流板数 13。

进入**Input ｜ Exchanger Geometry ｜ Geometry Summary ｜ Geometry** 页面，删除 Shell（s）-OD（壳体外径）数值，输入 Shell（s）-ID（壳体内径）600mm、Tubes-Number（管数）430、Tubes-Length（管长）4500mm、Baffles-Spacing（center-center）（折流板间距）300mm，删除 Baffles-Spacing at inlet（进口处折流板间距）数值，输入 Baffles-Number（折流板数）13、Baffles-Cut（%d）（折流板圆缺率）40，如图 4-88 所示。

进入**Input ｜ Exchanger Geometry ｜ Baffles/Supports ｜ Baffles** 页面，Align baffle cut with

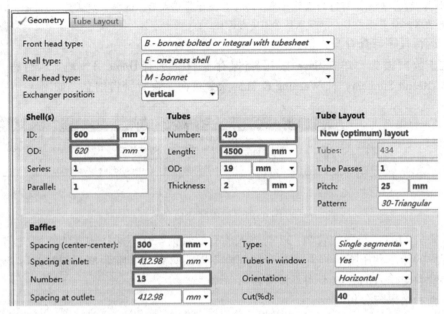

图 4-88 调整结构参数

tubes(折流板缺口与管子平齐)下拉列表框中选择 No, 其余选项保持默认设置, 如图 4-89 所示。

注: 如果选择"Yes", 程序将调整折流板缺口位置使其通过一排换热管的中心线或者两排换热管之间的中心线; 如果选择"No", 程序使用输入的折流板圆缺率。

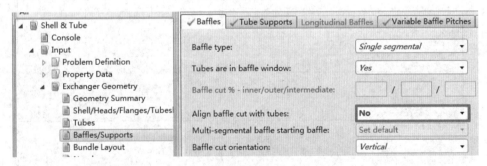

图 4-89 设置折流板参数

进入 **Input | Exchanger Geometry | Nozzles | Shell Side Nozzles** 页面, Nozzle diameter displayed on TEMA sheet(TEMA 表中显示的管嘴直径)下拉列表框中选择 Nominal(公称直径), 如图 4-90 所示。

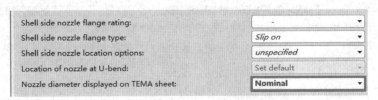

图 4-90 TEMA 表中显示管嘴公称直径

注: Design 计算模式下, Nozzle diameter displayed on TEMA sheet 选项默认为 Nominal(公称直径)。执

行 Design 计算模式，如果没有得到设计结果，转为其他计算模式后，选项仍默认为 Nominal；如果得到设计结果，转为其他计算模式后，选项默认为 ID（内径）。

（4）运行程序与查看警告信息

为防止数据丢失，单击 **Save** 按钮 💾 保存文件。选择 **Home** | ▶，运行程序。进入 **Results** | **Result Summary** | **Warning & Messages** 页面，查看警告信息，如图 4-91 所示。

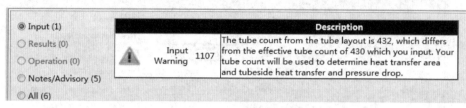

图 4-91　查看警告信息

输入警告 1107：布置的管数 432 与输入的有效管数 430 不同；输入的管数决定了换热面积以及管程的传热和压降。当管束与壳体间隙不同或管束与管嘴距离不同时，可能会导致程序布置的管数与输入的管数不同。该警告可忽略。

（5）查看结果与分析

进入 **Results** | **Thermal / Hydraulic Summary** | **Performance** | **Overall Performance** 页面，查看换热器总体性能，如图 4-92 所示。

| Overall Performance | Resistance Distribution | Shell by Shell Conditions | Hot Stream Composition | Cold Stream Composition |

Rating / Checking		Shell Side		Tube Side	
Total mass flow rate	kg/s	74.2484		1.6	
Vapor mass flow rate (In/Out)	kg/s	0	0	1.6	0
Liquid mass flow rate	kg/s	74.2484	74.2484	0	1.6
Vapor mass quallity		0	0	1	0
Temperatures	℃	32	42	115	70
Dew point / Bubble point	℃			93.6	79.93
Operating Pressures	kPa	345	302.547	105	102.183
Film coefficient	W/(m²-K)	8948.5		2427.5	
Fouling resistance	m²-K/W	0.00017		0.00022	
Velocity (highest)	m/s	1.75		29.63	
Pressure drop (allow./calc.)	kPa	50 /	42.453	10 /	2.817

Total heat exchanged	kW	3099.9		Unit	BEM	1	pass	1 ser	1 par
Overall clean coeff. (plain/finned)	W/(m²-K)	1760.2 /		Shell size	600	-	4500	mm	Ver
Overall dirty coeff. (plain/finned)	W/(m²-K)	1048.8 /		Tubes	Plain				
Effective area (plain/finned)	m²	113.6 /		Insert	None				
Effective MTD	℃	50.6		No.	430	OD	19	Tks	2	mm
Actual/Required area ratio (dirty/clean)		1.94 /	3.26	Pattern	30	Pitch	25	mm
Vibration problem		No		Baffles	Single segmental	Cut(%d)	40.12
RhoV2 problem		No		Total cost	33653	Dollar(US)

Heat Transfer Resistance	
Shell side / Fouling / Wall / Fouling / Tube side	
Shell Side	Tube Side

图 4-92　查看换热器总体性能

① 面积余量（Actual/Required area ratio，dirty）

如图 4-92 区域①所示，换热器面积余量为 94%。

② 流速（Velocity）

如图 4-92 区域②所示，壳程和管程流体最高流速分别为 1.75m/s 和 29.63m/s。

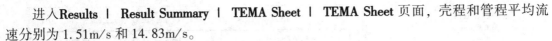

进入 **Results** | **Result Summary** | **TEMA Sheet** | **TEMA Sheet** 页面，壳程和管程平均流速分别为 1.51m/s 和 14.83m/s。

③ 压降(Pressure drop)

如图 4-92 区域②所示，壳程和管程压降分别为 42.453kPa 和 2.817kPa，均小于允许压降。

④ 总传热系数(Overall dirty coeff.)

如图 4-92 区域①所示，换热器总传热系数为 1048.8W/(m^2·K)。

⑤ 有效平均温差(Effective MTD)

如图 4-92 区域①所示，有效平均温差为 50.60℃。

⑥ 振动问题(Vibration problem)

如图 4-92 区域①所示，本例无振动问题，详见 **Results** | **Thermal / Hydraulic Summary** | **Vibration & Resonance Analysis** 页面。

⑦ ρv^2 问题(RhoV2 problem)

如图 4-92 区域①所示，本例无 ρv^2 问题，详见 **Results** | **Thermal / Hydraulic Summary** | **Flow Analysis** | **Flow Analysis** 页面。

⑧ 热阻分布(Heat Transfer Resistance)

如图 4-92 区域③所示，本例热阻分布基本均衡，详见 **Results** | **Thermal / Hydraulic Summary** | **Performance** | **Resistance Distribution** 页面。

⑨ 压降分布(Pressure drop distribution)

进入 **Results** | **Thermal / Hydraulic Summary** | **Pressure Drop** | **Pressure Drop** 页面，如图 4-93 所示，壳程进出口管嘴压降分别为壳程总摩擦压降的 3.61% 和 2.54%，管程进出口管嘴压降分别为管程总摩擦压降的 19.60% 和 22.59%。

Pressure Drop	kPa	Shell Side			Tube Side		
Maximum allowed		50			10		
Total calculated		42.453			2.817		
Gravitational		0			0		
Frictional		42.444			3.446		
Momentum change		0.009			-0.628		
Pressure drop distribution		m/s	bar	%dp	m/s	bar	%dp
Inlet nozzle		1.47	0.01533	3.61	44.26	0.00675	19.6
Entering bundle		1.28			29.63	0.00155	4.51
Inside tubes					29.63 0.02	0.01836	53.29
Inlet space Xflow		1.26	0.03679	8.67			
Bundle Xflow		1.74 1.75	0.23034	54.27			
Baffle windows		1.17 1.18	0.09599	22.62			
Outlet space Xflow		1.27	0.03523	8.3			
Exiting bundle		1.28			0.02	0	0.01
Outlet nozzle		1.47	0.01077	2.54	1.96	0.00778	22.59

图 4-93 查看压降分布

⑩ 流路分析

进入 **Results** | **Thermal / Hydraulic Summary** | **Flow Analysis** | **Flow Analysis** 页面，如图 4-94 所示，Crossflow(B 流路)分数为 0.52，参考表 3-64，无须再采取额外措施提高 B 流路分数。

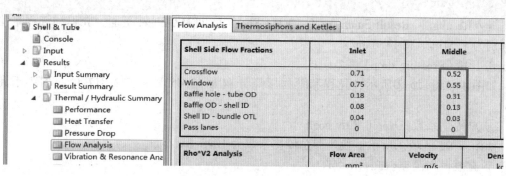

图 4-94　查看流路分析

⑪ 计算细节（Calculation Details）

进入**Results | Calculation Details | Analysis along Shell | Interval Analysis** 页面，查看壳程沿换热器长度的详细性能，如图 4-95 所示。

Point No.	Shell No.	Shell Pass No.	Distance from End	SS Bulk Temp.	SS Fouling Surface Temp	Tube Metal Temp	SS Pressure	SS Vapor fraction	SS void fraction	SS Heat Load	SS Heat flux	SS Film Coef.
			mm	°C	°C	°C	bar			kW	kW/m²	W/(m²-K)
1	1	1	4459	32	32.68	33.86	3.43428	0	0	0.4	6.1	9062.8
2	1	1	4256	32.06	32.85	34.24	3.41623	0	0	18.2	7.2	9073.1

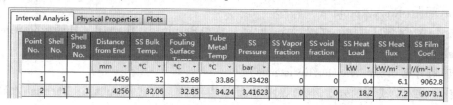

图 4-95　查看壳程沿换热器长度的详细性能

进入**Results | Calculation Details | Analysis along Tubes | Interval Analysis** 页面，查看管程沿换热器长度的详细性能，如图 4-96 所示。

Shell No.	Tube Pass No.	Distance from End	SS Bulk Temp	SS Fouling surface temp.	Tube Metal Temp	TS Fouling surface temp	TS Bulk Temp.	TS Pressure	TS Vapor fraction	TS void fraction	TS Heat Load	TS Heat flux	TS Film Coef.	TS Cond. Coef.	SS Film Coef.	TS flow pattern
		mm	°C	°C	°C	°C	°C	bar			kW	kW/m²	W/(m²-K)	W/(m²-K)	W/(m²-K)	
1	1	41	41.98	49.95	65.49	84.69	113.32	1.04149	1	1	-4.7	-80.8	2823.1	39984.6	10150.2	
1	1	244	41.31	48.91	63.65	81.86	93.02	1.04101	0.96	1	-214.6	-76.7	6872.2	14623.8	10081.5	Annular

图 4-96　查看管程沿换热器长度的详细性能

⑫ 温度分布

进入**Results | Calculation Details | Analysis along Tubes | Plots** 页面，查看管程（TS）与壳程（SS）主体温度分布，如图 4-97 所示，冷热流体之间无温度交叉。

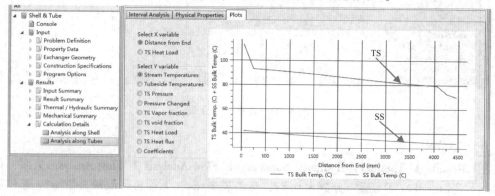

图 4-97　查看管程（TS）与壳程（SS）主体温度分布

⑬ 平面装配图和管板布置图（Setting Plan & Tubesheet Layout）

进入 **Results │ Mechanical Summary │ Setting Plan & Tubesheet Layout** 页面，分别查看平面装配图和管板布置图，如图 4-98 和图 4-99 所示，也可选择 **Home │ Verify Geometry**，进行查看。

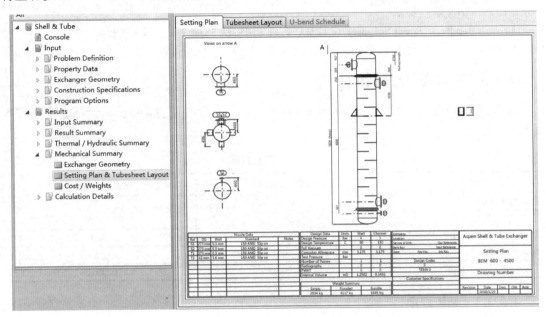

图 4-98　查看平面装配图

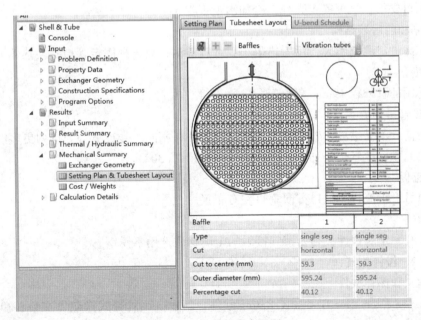

图 4-99　查看管板布置图

（6）设置膨胀节

3.11.1.3 节方法供参考。

4.6.2.4　设计结果

换热器型号 BEM600-0.3/0.4-114-4.5/19-1Ⅱ。可拆封头管箱，公称直径 600mm，管程和壳程设计压力（表压）分别为 0.3MPa 和 0.4MPa，公称换热面积 114m²，换热管公称长度 4.5m，换热管外径 19mm，1 管程，单壳程固定管板式换热器，碳素钢Ⅱ级管束符合 GB/T 151—2014 偏差要求。

注：进入 **Results** ｜ **Result Summary** ｜ **TEMA Sheet** ｜ **TEMA Sheet** 页面，查看管程和壳程设计温度、设计压力（表压）。

4.6.3　立式壳程冷凝器

用水（Water）作冷却剂冷凝氨（Ammonia）蒸气，工艺数据见表 4-7，试设计立式壳程冷凝器。

表 4-7　工艺数据

项　　目	热流体（Ammonia）	冷流体（Water）
质量流量/（kg/s）	0.18	—
进口/出口温度/℃	42/—	32/37
进口压力（绝压）/kPa	1600	300
允许压降/kPa	30	35
污垢热阻/（m²·K/W）	0.00018	0.00017

4.6.3.1　初步规定

- 流体空间选择

按照题目要求，氨蒸气走壳程，冷却水走管程。

- 壳体和前后端结构

冷热流体进口温差不大，污垢热阻小，且较清洁，故选择固定管板式换热器 BEM 型。

- 换热管

选择常用的管外径 19mm、管壁厚 2mm 光管。

- 换热管排列方式

氨较清洁，不易结垢，管外侧无须机械清洗，在相同的壳径下，为排列更多的管子，得到更大换热面积，故管子排列方式选择正三角形排列（30°）。

- 折流板

选择单弓形折流板，缺口方向垂直左右布置。

- 材质

氨蒸气有一定腐蚀性，与氨蒸气接触的金属材质选用不锈钢。

4.6.3.2　设计模式

（1）建立和保存文件

启动 Aspen Exchanger Design & Rating 软件，新建一个管壳式换热器文件，单击 **Save** 按钮 █，文件保存为 Example4.3_Shellside Condenser_Vertical_BEM_Design. EDR。

（2）设置应用选项

将单位设为 SI（国际制）。进入 **Input** ｜ **Problem Definition** ｜ **Application Options** ｜ **Application Options** 页面。General 选项区域 Select geometry based on this dimensional standard（选择

结构基于的尺寸标准)下拉列表框中选择 SI(国际制),Hot Side 选项区域 Application(应用类型)下拉列表框中选择 Condensation(冷凝),Cold Side 选项区域 Application(应用类型)下拉列表框中选择 Liquid, no phase change(液相,无相变),其余选项保持默认设置,如图 4-100 所示。

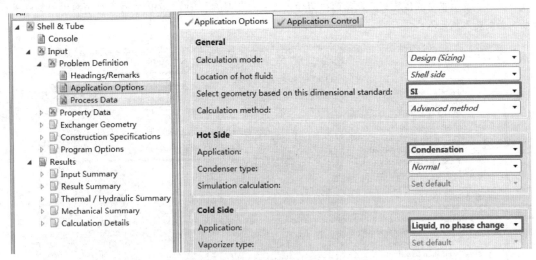

图 4-100 设置应用选项

(3)输入工艺数据

进入 **Input | Problem Definition | Process Data** 页面,根据表 4-7 输入冷热流体工艺数据,如图 4-101 所示(输入时注意单位一致)。

		Hot Stream (1) Shell Side		Cold Stream (2) Tube Side	
Fluid name:		Ammonia		Water	
		In	Out	In	Out
Mass flow rate:	kg/s	0.18			
Temperature:	°C	42		32	37
Vapor fraction:			0	0	0
Pressure:	kPa	1600	1570	300	265
Pressure at liquid surface in column:					
Heat exchanged:	kW				
Exchanger effectiveness:					
Adjust if over-specified:		Heat load		Heat load	
Estimated pressure drop:	bar	0.3		0.35	
Allowable pressure drop :	kPa	30		35	
Fouling resistance :	m²-K/W	0.00018		0.00017	

图 4-101 输入工艺数据

(4)输入物性数据

进入 **Input | Property Data | Hot Stream (1) Compositions | Composition** 页面,Physical property package(物性包)下拉列表框中选择 Aspen Properties,单击 **Search Databank** 按钮,搜

索组分 AMMONIA（氨）和 WATER（水），组成分别输入 1 和 0，如图 4-102 所示；进入 **Property Methods** 页面，Aspen property method（Aspen 物性方法）下拉列表框中选择 REFPROP，其余选项保持默认设置，如图 4-103 所示。

注：REFPROP 物性方法基于 NIST Reference Fluid Thermodynamic and Transport Database 模型，由 NIST 开发并提供工业上重要流体及其混合物的热力学性质和传递性质，REFPROP 可以应用于制冷剂和烃类化合物，尤其是天然气体系。

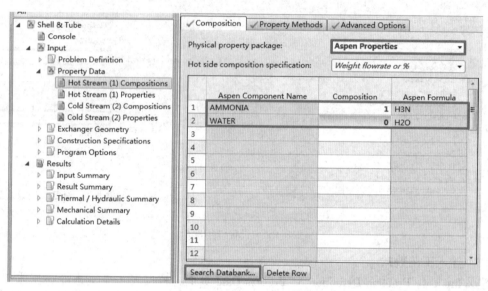

图 4-102　输入热流体组成

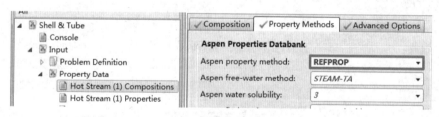

图 4-103　选择热流体物性方法

进入 **Input | Property Data | Hot Stream（1）Properties | Properties** 页面，单击 **Get Properties** 按钮，获取热流体物性数据。

进入 **Input | Property Data | Cold Stream（2）Compositions | Composition** 页面，Physical property package（物性包）下拉列表框中选择 Aspen Properties，AMMONIA（氨）和 WATER（水）的组成分别输入 0 和 1，如图 4-104 所示；进入 **Property Methods** 页面，Aspen property

图 4-104　输入冷流体组成

method(Aspen 物性方法)下拉列表框中选择 IAPWS-95，其余选项保持默认设置，如图 4-105所示。

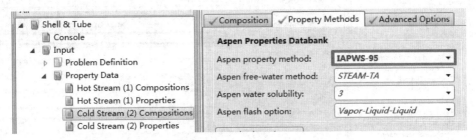

图 4-105　选择冷流体物性方法

进入 **Input | Property Data | Cold Stream (2) Properties | Properties** 页面，单击 **Get Properties** 按钮，获取冷流体物性数据。

（5）设置结构参数

进入 **Input | Exchanger Geometry | Geometry Summary | Geometry** 页面，Exchanger position(换热器安装方位)下拉列表框中选择 Vertical(立式)，输入 Tubes-OD(管外径)19mm，Tubes-Thickness(管壁厚)2mm，Tube Layout-Pitch(管中心距)25mm，其余选项保持默认设置，如图 4-106 所示。

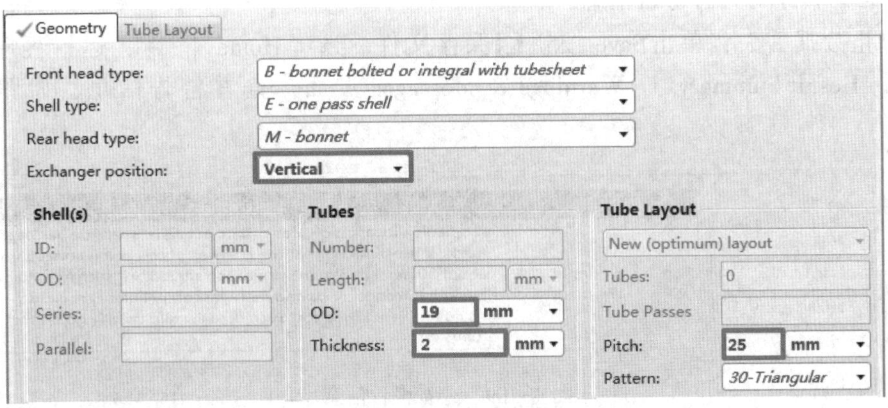

图 4-106　设置结构参数

进入 **Input | Construction Specifications | Materials of Construction | Vessel Materials** 页面，Cylinder - hot side(圆筒-热侧)下拉列表框中选择 SS 304L，Tube material(换热管材质)下拉列表框中选择 SS 304L，其余选项保持默认设置，如图 4-107 所示；进入 **Cladding/Gasket Materials** 页面，Tubesheet cladding - hot side(管板覆盖层-热侧)下拉列表框中选择 SS 304L，如图 4-108 所示。

注：为节省成本等原因，管板采用复合材质，故在图 4-107 中管板材质选择碳钢，在图 4-108 中管板覆盖层材质选择 SS 304L；为节省成本等原因，壳体也可采用复合材质，但 Shell & Tube 程序侧重于热力设计，壳体不能设置复合材质，更加详细的机械设计请在 Shell & Tube Mech 程序中进行。

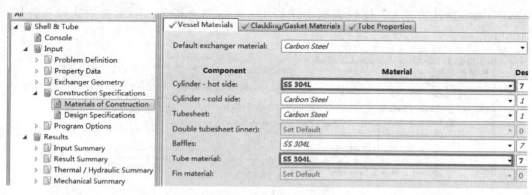

图 4-107　设置换热器材质

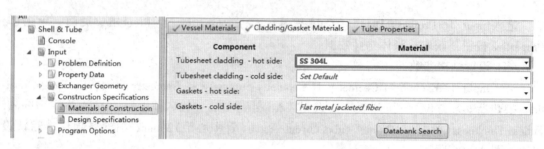

图 4-108　设置管板覆盖层材质

（6）运行程序与查看警告信息

为防止数据丢失，单击 **Save** 按钮 💾 保存文件。选择 **Home** | ▶，运行程序。进入 **Results** | **Result Summary** | **Warnings & Messages** 页面，查看警告信息，如图 4-109 所示。

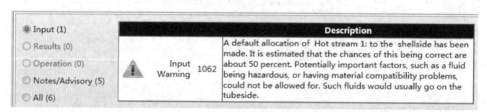

图 4-109　查看警告信息

输入警告 1062：热流体默认分配在壳程，正确率约为 50%；考虑到潜在重要因素，例如流体有害或有材料相容性问题，流体通常放在管程。该警告可忽略。

（7）优化路径

如果对于设计结果不满意，或者有特殊要求，可以查看优化路径。进入 **Results** | **Result Summary** | **Optimization Path** | **Optimization Path** 页面，可以快速地查看面积余量和压降比，以及设计状态，如图 4-110 所示。根据 **Input** | **Program Options** | **Design Options** | **Optimization Options** 页面中 Basis for design optimization 选项设置，程序会依据最小换热面积或最低设计成本，选出最佳设计。设计者也可根据自己的考虑，从中选择合适的设计。

注：设计状态"OK"与"Near"的判断标准，详见 1.5.2.2 节。

Optimization Path

Current selected case: 2   [Select]

Item	Shell Size	Tube Length Actual	Tube Length Reqd.	Area ratio	Pressure Drop Shell	Dp Ratio	Pressure Drop Tube	Dp Ratio	Baffle Pitch	No.	Tube Pass	Tube No.	Units P	S	Total Price	Design Status
	mm	mm	mm		bar		bar		mm						Dollar(US)	
1	315.93	6000	5727.2	1.05	0.01538	0.03	0.04716	0.13	590	9	1	111	1	1	21228	OK
2	315.93	5250	5201.3	1.01	0.01546	0.03	0.14632	0.42	260	19	2	102	1	1	20096	OK
3	346.05	4950	4841.9	1.02	0.01812	0.04	0.04013	0.11	170	28	1	139	1	1	23643	OK
4	346.05	4500	4497.8	1	0.01613	0.03	0.10273	0.29	335	12	1	124	1	1	21329	OK
2	315.93	5250	5201.3	1.01	0.01546	0.03	0.14632	0.42	260	19	2	102	1	1	20096	OK

图 4-110　查看优化路径

（8）查看结果与分析

进入 **Results ｜ Thermal／Hydraulic Summary ｜ Performance ｜ Overall Performance** 页面，
查看换热器总体性能，如图 4-111 所示。

| Overall Performance | Resistance Distribution | Shell by Shell Conditions | Hot Stream Composition | Cold Stream Composition |

Design (Sizing)		Shell Side		Tube Side	
Total mass flow rate	kg/s	0.18		9.5182	
Vapor mass flow rate (In/Out)	kg/s	0.18	0	0	0
Liquid mass flow rate	kg/s	0	0.18	9.5182	9.5182
Vapor mass quallity		1	0	0	0
Temperatures	℃	42	39.87	32	37
Dew point / Bubble point	℃	41.02	41.02		
Operating Pressures	kPa	1600	1598.454	300	285.368
Film coefficient	W/(m²·K)	5162.9		4305.7	
Fouling resistance	m²·K/W	0.00018		0.00022	
Velocity (highest)	m/s	0.71		1.06	
Pressure drop (allow./calc.)	kPa	50	1.546	35	14.632

③

Total heat exchanged	kW	198.6	Unit	BEM	2 pass	1 ser	1 par
Overall clean coeff. (plain/finnec	W/(m²·K)	1737.9 /	Shell size	316 - 5250 mm	Ver
Overall dirty coeff. (plain/finned	W/(m²·K)	1030.1 /	Tubes	Plain
Effective area (plain/finned)	m²	31.5 /	Insert	None
Effective MTD	℃	6.17	No.	102 OD 19 Tks 2 mm
Actual/Required area ratio (dirty/clean)		1.01 / 1.7	Pattern	30 Pitch 25 mm
Vibration problem		No	Baffles	Single segmental Cut(%d) 43.15
RhoV2 problem		No	Total cost	20096 Dollar(US)

② ①

Heat Transfer Resistance
Shell side / Fouling / Wall / Fouling / Tube side
Shell Side ▓▓▓▓░░░░░▓▓▓▓▓░░░░░░░░░░ Tube Side

④

图 4-111　查看换热器总体性能

① 结构参数

如图 4-111 区域①所示，换热器型式为 BEM，管程数 2，串联台数 1，并联台数 1，壳
径（内径）316mm，管长 5250mm，光管，管数 102，管外径 19mm，管壁厚 2mm，正三角形
排列（30°），管中心距 25mm，单弓形折流板，圆缺率 43.15%。

进入 **Results ｜ Result Summary ｜ TEMA Sheet ｜ TEMA Sheet** 页面，折流板间距 285mm，
壳程进出口管嘴公称直径分别为 38.1mm（1.5 in）和 12.7mm（0.5 in），管程进出口管嘴公称
直径均为 76.2mm（3 in）。

注：Design 计算模式下，**Input ｜ Exchanger Geometry ｜ Nozzles ｜ Shell Side Nozzles** 页面中，Nozzle di-
ameter displayed on TEMA sheet（显示在 TEMA 表中的管嘴直径）选项默认为 Nominal（公称直径）。程序中管

嘴尺寸有 ASME(美国机械工程师协会)和 ISO(国际标准化组织)两种标准，默认采用 ASME 标准。

② 面积余量(Actual/Required area ratio, dirty)

如图 4-111 区域②所示，换热器面积余量为 1%。

注：软件默认最小面积余量为 0%，可在 **Input | Program Options | Design Options | Optimization Options** 页面设置最小面积余量数值。

③ 流速(Velocity)

如图 4-111 区域③所示，壳程和管程流体最高流速分别为 0.71m/s 和 1.06m/s。

进入 **Results | Result Summary | TEMA Sheet | TEMA Sheet** 页面，壳程和管程平均流速分别为 0.30m/s 和 1.06m/s。

④ 压降(Pressure drop)

如图 4-111 区域③所示，壳程和管程压降分别为 1.546kPa 和 14.632kPa，均小于允许压降。

注：如果压降远小于允许压降，为了尽可能充分利用允许压降，可参考 3.10.3 节进行调节；如果允许压降得到了充分利用，但继续增加很少的压降就能较大地提高经济性，则应再行设计并考虑增加允许压降的可能性。

⑤ 总传热系数(Overall dirty coeff.)

如图 4-111 区域②所示，换热器总传热系数为 1030.1W/(m^2·K)。

⑥ 有效平均温差(Effective MTD)

如图 4-111 区域②所示，有效平均温差为 6.17℃，详见 **Results | Thermal / Hydraulic Summary | Heat Transfer | MTD & Flux** 页面。

⑦ 振动问题(Vibration problem)

如图 4-111 区域②所示，本例无振动问题，详见 **Results | Thermal / Hydraulic Summary | Vibration & Resonance Analysis** 页面。

⑧ ρv^2 问题(RhoV2 problem)

如图 4-111 区域②所示，本例无 ρv^2 问题，详见 **Results | Thermal / Hydraulic Summary | Flow Analysis | Flow Analysis** 页面。

⑨ 热阻分布(Heat Transfer Resistance)

如图 4-111 区域④所示，本例热阻分布基本均衡，详见 **Results | Thermal / Hydraulic Summary | Performance | Resistance Distribution** 页面。

⑩ 压降分布(Pressure drop distribution)

进入 **Results | Thermal / Hydraulic Summary | Pressure Drop | Pressure Drop** 页面，如图 4-112 所示，壳程进出口管嘴压降分别为壳程总摩擦压降的 61.29% 和 34.20%，管程进出口管嘴压降分别为管程总摩擦压降的 13.75% 和 6.72%。

⑪ 计算细节(Calculation Details)

进入 **Results | Calculation Details | Analysis along Shell | Interval Analysis** 页面，查看壳程沿换热器长度的详细性能，如图 4-113 所示。为便于观察，各项性能参数也可在 **Analysis along Shell | Plots** 页面以图形的形式显示。

进入 **Results | Calculation Details | Analysis along Tubes | Interval Analysis** 页面，查看管程沿换热器长度的详细性能，如图 4-114 所示。为便于观察，各项性能参数也可在

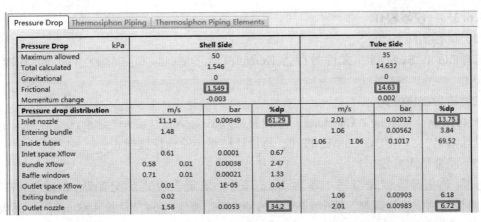

Pressure Drop | Thermosiphon Piping | Thermosiphon Piping Elements

Pressure Drop kPa	Shell Side				Tube Side			
Maximum allowed	50				35			
Total calculated	1.546				14.632			
Gravitational	0				0			
Frictional	1.549				14.63			
Momentum change	-0.003				0.002			
Pressure drop distribution	m/s		bar	%dp	m/s		bar	%dp
Inlet nozzle	11.14		0.00949	61.29	2.01		0.02012	13.75
Entering bundle	1.48				1.06		0.00562	3.84
Inside tubes					1.06	1.06	0.1017	69.52
Inlet space Xflow	0.61		0.0001	0.67				
Bundle Xflow	0.58	0.01	0.00038	2.47				
Baffle windows	0.71	0.01	0.00021	1.33				
Outlet space Xflow	0.01		1E-05	0.04				
Exiting bundle	0.02				1.06		0.00903	6.18
Outlet nozzle	1.58		0.0053	34.2	2.01		0.00983	6.72

图 4-112　查看压降分布

Interval Analysis | Physical Properties | Plots

Point No.	Shell No.	Shell Pass No.	Distance from End	SS Bulk Temp.	SS Fouling Surface Temp.	Tube Metal Temp	SS Pressure	SS Vapor fraction	SS void fraction	SS Heat Load	SS Heat flux	SS Film Coef.	SS Cond. Coef.
			mm	°C	°C	°C	bar			kW	kW/m²	//(m²-I	//(m²-I
1	1	1	5209	41.63	40.44	38.65	15.99051	1	1	-0.2	-7	5892.5	11143.6
2	1	1	4970	41	40.24	38.52	15.99041	0.95	1	-10.2	-6.8	8929.3	8929.3

图 4-113　查看壳程沿换热器长度的详细性能

Analysis along Tubes | **Plots** 页面以图形的形式显示。

Interval Analysis | Physical Properties | Plots

Shell No.	Tube Pass No.	Distance from End	SS Bulk Temp	SS Fouling surface temp.	Tube Metal Temp	TS Fouling surface temp	TS Bulk Temp.	TS Pressure	TS Vapor fraction	TS void fraction	TS Heat Load	TS Heat flux	TS Film Coef.	SS Film Coef.
		mm	°C	°C	°C	°C	°C	bar			kW	kW/m²	N/(m²-K	N/(m²-K
1	1	41	39.95	34.74	33.85	32.83	32	2.97671	0	0	0.1	3.5	4193.6	669.4
1	1	280	41	39.07	36.81	34.23	32.11	2.97437	0	0	4.5	8.9	4209.7	4615.3

图 4-114　查看管程沿换热器长度的详细性能

⑫ 温度分布

进入**Results** | **Calculation Details** | **Analysis along Tubes** | **Plots** 页面，查看管程(TS)与壳程(SS)主体温度分布，如图 4-115 所示，冷热流体之间无温度交叉。

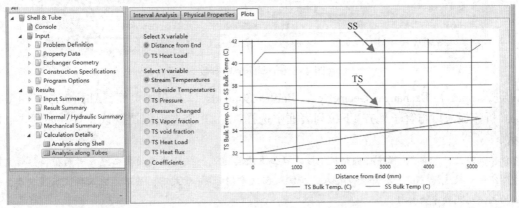

图 4-115　查看管程(TS)与壳程(SS)主体温度分布

4.6.3.3　校核模式

（1）保存文件

选择**File ┃ Save As**，文件另存为 Example4.3_Shellside Condenser_Vertical_BEM_Rating. EDR。

（2）转为校核模式

选择**Home ┃ Rating／Checking**，弹出更改模式对话框，提示"是否在校核模式中使用当前设计结果"，单击**Use Current**按钮，将设计结果传输到校核模式。

（3）调整结构参数

参照《热交换器型式与基本参数 第2部分：固定管板式热交换器》(GB/T28712.2—2012)对设计结果进行调整，壳径(内径)为400mm，管数164，管长4500mm，折流板间距100mm，折流板数43。

进入**Input ┃ Exchanger Geometry ┃ Geometry Summary ┃ Geometry**页面，输入 Shell(s)-ID(壳体内径)400mm，删除 Shell(s)-OD(壳体外径)数值，输入 Tubes-Number(管数)164、Tubes-Length(管长)4500mm、Baffles-Spacing(center-center)(折流板间距)100mm，删除 Baffles-Spacing at inlet(进口处折流板间距)数值，输入 Baffles-Number(折流板数)43、Baffles-Cut(%d)(折流板圆缺率)40，如图 4-116 所示。

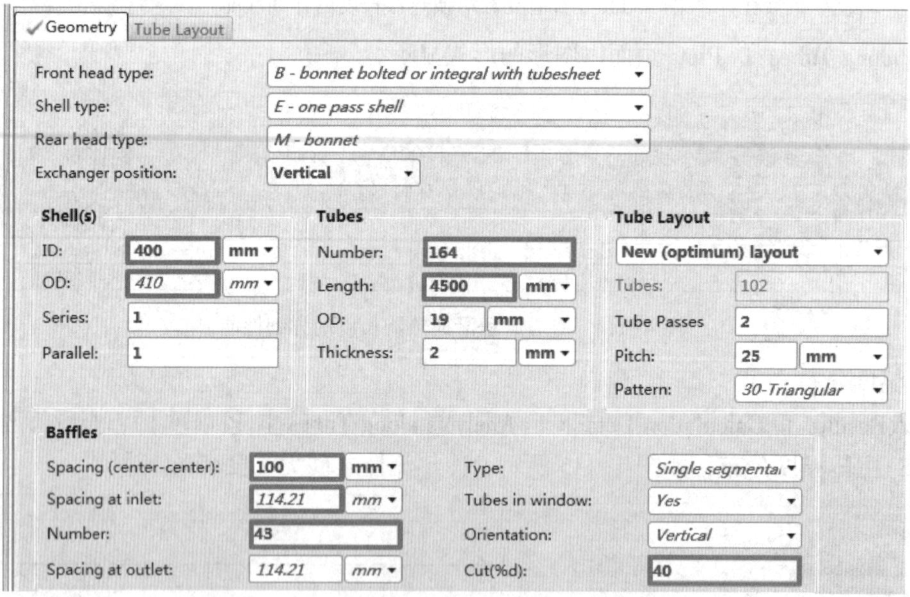

图 4-116　调整结构参数

进入**Input ┃ Exchanger Geometry ┃ Baffles/Supports ┃ Baffles**页面，Align baffle cut with tubes(折流板缺口与管子平齐)下拉列表框中选择 No，其余选项保持默认设置，如图 4-117 所示。

注：如果选择"Yes"，程序将调整折流板缺口位置使其通过一排换热管的中心线或者两排换热管之间的中心线；如果选择"No"，程序使用输入的折流板圆缺率(Design 模式下，虽不能输入折流板圆缺率，但得到的折流板圆缺率为整数)。

进入**Input ┃ Exchanger Geometry ┃ Nozzles ┃ Shell Side Nozzles**页面，Nozzle diameter

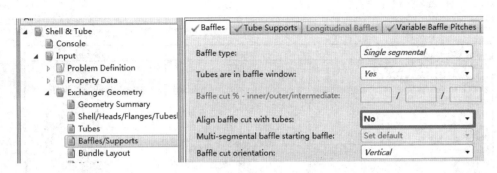

图4-117　设置折流板参数

displayed on TEMA sheet（TEMA 表中显示的管嘴直径）下拉列表框中选择 Nominal（公称直径），如图4-118 所示。

　　注：Design 计算模式下，Nozzle diameter displayed on TEMA sheet 选项默认为 Nominal（公称直径）。执行 Design 计算模式，如果没有得到设计结果，转为其他计算模式后，选项仍默认为 Nominal；如果得到设计结果，转为其他计算模式后，选项默认为 ID（内径）。

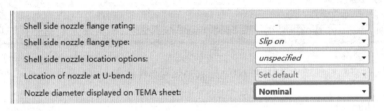

图4-118　TEMA 表中显示管嘴公称直径

（4）运行程序与查看警告信息

　　为防止数据丢失，单击 **Save** 按钮💾保存文件。选择 **Home** | ▶，运行程序。进入 **Results** | **Result Summary** | **Warning & Messages** 页面，查看警告信息，如图4-119 所示。

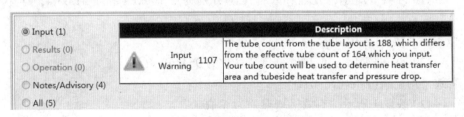

图4-119　查看警告信息

　　输入警告1107：布置的管数188 与输入的有效管数164 不同；输入的管数决定了换热面积以及管程的传热和压降。当管束与壳体间隙不同或管束与管嘴距离不同时，可能会导致程序布置的管数与输入的管数不同。该警告可忽略。

　　（5）查看结果与分析

　　进入 **Results** | **Thermal / Hydraulic Summary** | **Performance** | **Overall Performance** 页面，查看换热器总体性能，如图4-120 所示。

　　① 面积余量（Actual/Required area ratio，dirty）

　　如图4-120 区域①所示，换热器面积余量为28%，满足换热需求。

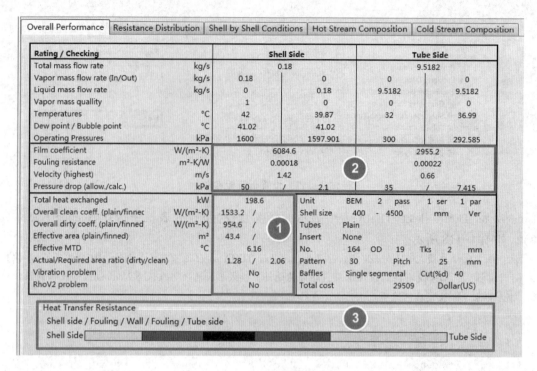

图 4-120　查看换热器总体性能

② 流速（Velocity）

如图 4-120 区域②所示，壳程和管程流体最高流速分别为 1.42m/s 和 0.66m/s。

进入 **Results ｜ Result Summary ｜ TEMA Sheet ｜ TEMA Sheet** 页面，壳程和管程平均流速分别为 0.68m/s 和 0.66m/s。

③ 压降（Pressure drop）

如图 4-120 区域②所示，壳程和管程压降分别为 2.100kPa 和 7.415kPa，均小于允许压降。

④ 总传热系数（Overall dirty coeff.）

如图 4-120 区域①所示，换热器总传热系数为 954.6W/（$m^2 \cdot K$）。

⑤ 有效平均温差（Effective MTD）

如图 4-120 区域①所示，有效平均温差为 6.16℃。

⑥ 振动问题（Vibration problem）

如图 4-120 区域①所示，本例无振动问题，详见 **Results ｜ Thermal ／ Hydraulic Summary ｜ Vibration & Resonance Analysis** 页面。

⑦ ρv^2 问题（RhoV2 problem）

如图 4-120 区域①所示，本例无 ρv^2 问题，详见 **Results ｜ Thermal ／ Hydraulic Summary ｜ Flow Analysis ｜ Flow Analysis** 页面。

⑧ 热阻分布（Heat Transfer Resistance）

如图 4-120 区域③所示，本例热阻分布基本均衡，详见 **Results ｜ Thermal ／ Hydraulic Summary ｜ Performance ｜ Resistance Distribution** 页面。

⑨ 压降分布(Pressure drop distribution)

进入Results | Thermal / Hydraulic Summary | Pressure Drop | Pressure Drop 页面，如图 4-121 所示，壳程进出口管嘴压降分别为壳程总摩擦压降的 59.06% 和 26.97%，管程进出口管嘴压降分别为管程总摩擦压降的 28.00% 和 13.09%。

Pressure Drop kPa	Shell Side			Tube Side		
Maximum allowed	50			35		
Total calculated	2.1			7.415		
Gravitational	0			0		
Frictional	2.107			7.414		
Momentum change	-0.007			0.001		
Pressure drop distribution	m/s	bar	%dp	m/s	bar	%dp
Inlet nozzle	11.14	0.01244	59.06	2.01	0.02076	28
Entering bundle	4.6			0.66	0.00217	2.93
Inside tubes				0.66 0.66	0.03801	51.27
Inlet space Xflow	1.24	0.00025	1.16			
Bundle Xflow	1.42 0.03	0.00185	8.8			
Baffle windows	0.52 0.01	0.00083	3.95			
Outlet space Xflow	0.03	1E-05	0.06			
Exiting bundle	0.1			0.66	0.00349	4.71
Outlet nozzle	1.58	0.00568	26.97	2.01	0.0097	13.09

图 4-121　查看压降分布

⑩ 计算细节(Calculation Details)

进入Results | Calculation Details | Analysis along Shell | Interval Analysis 页面，查看壳程沿换热器长度的详细性能，如图 4-122 所示。

Point No.	Shell No.	Shell Pass No.	Distance from End	SS Bulk Temp.	SS Fouling Surface Temp	Tube Metal Temp	SS Pressure	SS Vapor fraction	SS void fraction	SS Heat Load	SS Heat flux	SS Film Coef.	SS Cond. Coef.
			mm	°C	°C	°C	bar			kW	kW/m²	//(m²·l	//(m²·l
1	1	1	4460	41.63	40.58	38.97	15.98755	1	1	-0.2	-6.3	6029.8	13662.9
2	1	1	4354	40.99	40.51	38.92	15.98735	0.98	1	-5.3	-6.3	12961.6	12961.6

图 4-122　查看壳程沿换热器长度的详细性能

进入Results | Calculation Details | Analysis along Tubes | Interval Analysis 页面，查看管程沿换热器长度的详细性能，如图 4-123 所示。

Shell No.	Tube Pass No.	Distance from End	SS Bulk Temp	SS Fouling surface temp.	Tube Metal Temp	TS Fouling surface temp	TS Bulk Temp.	TS Pressure	TS Vapor fraction	TS void fraction	TS Heat Load	TS Heat flux	TS Film Coef.	SS Film Coef.
		mm	°C	°C	°C	°C	°C	bar			kW	kW/m²	N/(m²·K	N/(m²·K
1	1	40	39.95	34.82	34.02	33.1	32	2.978	0	0	0.1	3.2	2876.2	616
1	1	146	40.99	39.42	37.31	34.92	32.06	2.97755	0	0	2.3	8.3	2888.9	5261.4

图 4-123　查看管程沿换热器长度的详细性能

⑪ 温度分布

进入Results | Calculation Details | Analysis along Tubes | Plots 页面，查看管程(TS)与壳程(SS)主体温度分布，如图 4-124 所示，冷热流体之间无温度交叉。

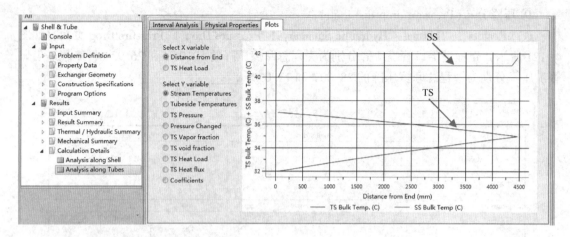

图 4-124　查看管程(TS)与壳程(SS)主体温度分布

⑫ 平面装配图和管板布置图(Setting Plan & Tubesheet Layout)

进入**Results ｜ Mechanical Summary ｜ Setting Plan & Tubesheet Layout** 页面，查看平面装配图和管板布置图，如图 4-125 和图 4-126 所示，也可选择**Home ｜ Verify Geometry**，进行查看。

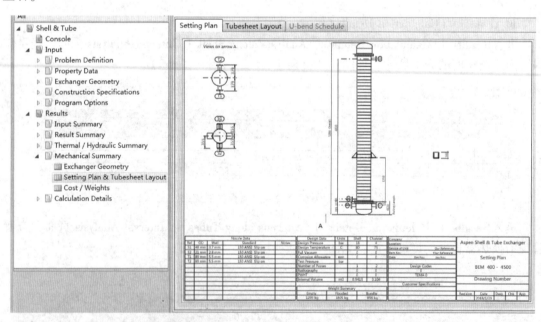

图 4-125　查看平面装配图

（6）设置膨胀节

3.11.1.3 节方法供参考。

4.6.3.4　设计结果

换热器型号 BEM400-0.4/1.8-43-4.5/19-2Ⅰ。可拆封头管箱，公称直径 400mm，管程和壳程设计压力(表压)分别为 0.4MPa 和 1.8MPa，公称换热面积 43m²，换热管公称长度

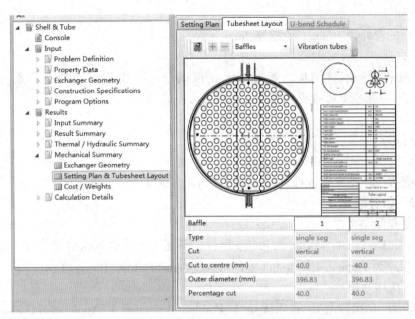

图 4-126 查看管板布置图

4.5m，换热管外径 19mm，2 管程，单壳程固定管板式换热器，不锈钢Ⅰ级管束符合GB/T 151—2014 偏差要求。

注：进入 **Results | Result Summary | TEMA Sheet | TEMA Sheet** 页面，查看管程和壳程设计温度、设计压力(表压)。

4.6.4 回流冷凝器

用水作冷却剂冷凝丙烷和对二甲苯的混合物，工艺数据见表 4-8，试设计回流冷凝器。

表 4-8 工艺数据

项　目		热流体(nC_3)	冷流体(Water)
质量流量/(kg/s)		0.6	—
进口/出口温度/℃		57.5/37	26/32
进口压力(绝压)/kPa		35	275
允许压降/kPa		4	30
污垢热阻/(m² · K/W)		0.0002	0.00017
质量分数	丙烷(Propane)	0.7	—
	对二甲苯(p-Xylene)	0.3	—
	水(Water)	—	1

4.6.4.1 初步规定

● 流体空间选择

对二甲苯有毒，为防止泄漏走管程；冷却水走壳程。

● 壳体和前后端结构

冷热流体进口温差小，污垢热阻小，且较清洁，故选择固定管板式换热器 BEM 型。

- 换热管

选择常用的管外径 19mm、管壁厚 2mm 光管。

- 管子排列方式

冷却水较清洁，不易结垢，管外侧无须机械清洗，故管子排列方式选择正三角形
（30°），在相同的壳径下可排更多管子，得到更大换热面积。

- 折流板

选择单弓形折流板，缺口方向水平上下布置。

- 材质

管程和壳程流体均无腐蚀性，换热器材质选用普通碳钢。

4.6.4.2　设计模式

（1）建立和保存文件

启动 Aspen Exchanger Design & Rating 软件，新建一个管壳式换热器文件，单击 **Save** 按
钮，文件保存为 Example4.4_Reflux Condenser_Vertical_BEM_Design. EDR。

（2）设置应用选项

将单位设为 SI（国际制）。进入 **Input ｜ Problem Definition ｜ Application Options ｜ Appli-
cation Options** 页面。General 选项区域 Location of hot fluid（热流体位置）下拉列表框中选择
Tube side（管程）、Select geometry based on this dimensional standard（选择结构基于的尺寸标
准）下拉列表框中选择 SI（国际制），Hot Side 选项区域 Application（应用类型）下拉列表框中
选择 Condensation（冷凝）、Condenser type 下拉列表框中选择 Knockback reflux（回流式），
Cold Side 选项区域 Application（应用类型）下拉列表框中选择 Liquid，no phase change（液相，
无相变），其余保持默认设置，如图 4-127 所示。

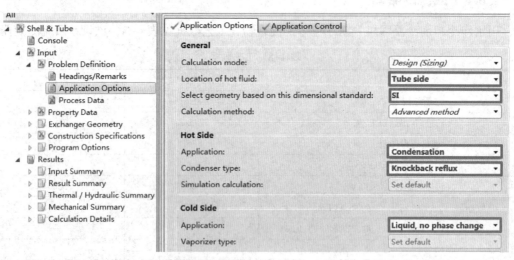

图 4-127　设置应用选项

（3）输入工艺数据

进入 **Input ｜ Problem Definition ｜ Process Data** 页面，根据表 4-8 输入冷热流体工艺数
据，如图 4-128 所示（输入时注意单位一致）。

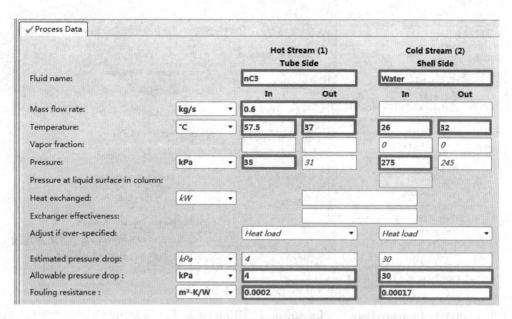

图4-128 输入工艺数据

（4）输入物性数据

进入**Input Ⅰ Property Data Ⅰ Hot Stream（1）Compositions Ⅰ Composition** 页面，因为热流体是烃类蒸气，所以 Physical property package（物性包）下拉列表框中选择 COMThermo，单击**Search Databank** 按钮，搜索组分 Propane（丙烷）和 p-Xylene（对二甲苯），组成分别输入 0.7 和 0.3，如图4-129 所示；进入**Property Methods** 页面，物性方法选择 Peng Robinson，如图4-130 所示。

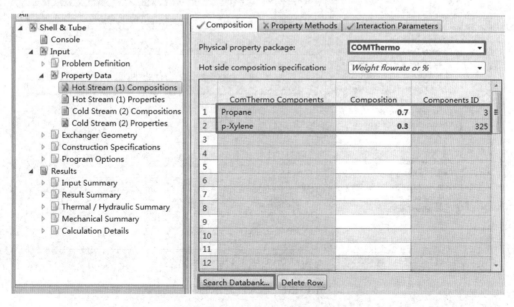

图4-129 输入热流体组成

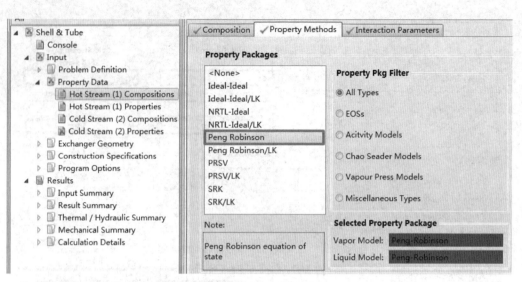

图 4-130　选择热流体物性方法

进入**Input ｜ Property Data ｜ Hot Stream（1）Properties ｜ Properties** 页面，单击**Get Properties** 按钮，获取热流体物性数据。

进入**Input ｜ Property Data ｜ Cold Stream（2）Compositions ｜ Composition** 页面，Physical property package(物性包)下拉列表框中选择 Aspen Properties，单击**Search Databank** 按钮，搜索组分 WATER(水)，组成默认为 1，如图 4-131 所示；进入**Property Methods** 页面，Aspen property method(Aspen 物性方法)下拉列表框中选择 IAPWS-95，其余选项保持默认设置，如图 4-132 所示。

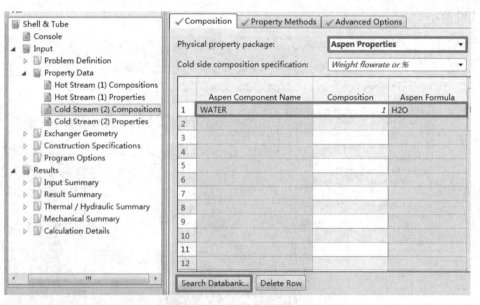

图 4-131　输入冷流体组成

进入**Input ｜ Property Data ｜ Cold Stream（2）Properties ｜ Properties** 页面，单击**Get Properties** 按钮，获取冷流体物性数据。

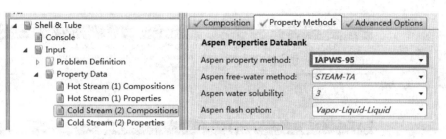

图 4-132 选择冷流体物性方法

（5）设置结构参数

进入 **Input** | **Exchanger Geometry** | **Geometry Summary** | **Geometry** 页面，输入 Tubes-OD（管外径）19mm，Tubes-Thickness（管壁厚）2mm，Tube Layout-Pitch（管中心距）25mm，其余选项保持默认设置，如图 4-133 所示。

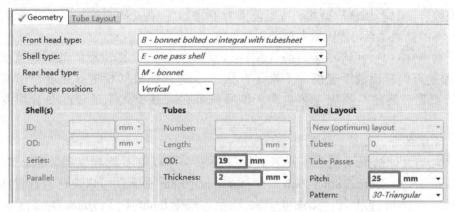

图 4-133 设置结构参数

进入 **Input** | **Exchanger Geometry** | **Nozzles** | **Tube Side Nozzles** 页面，回流冷凝器的气液相会发生分离，故在 Use separate outlet nozzles for hot side liquid/vapor flows 下拉列表框中选择 yes，其余选项保持默认设置，如图 4-134 所示。

图 4-134 设置管程放气口

（6）运行程序与查看警告信息

为防止数据丢失，单击 **Save** 按钮 保存文件。选择 **Home** | ，运行程序。进入 **Results** | **Result Summary** | **Warnings & Messages** 页面，查看警告信息，如图 4-135 所示。

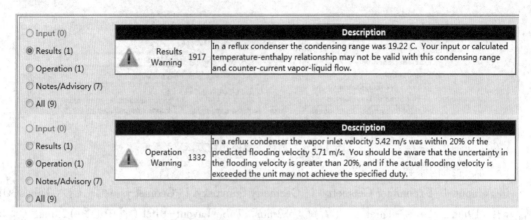

图 4-135　查看警告信息

结果警告 1917：回流冷凝器的冷凝范围为 19.22℃；在此冷凝范围和气液逆流情况下，输入或计算的温焓关系可能无效。该警告可忽略。

运行警告 1332：回流冷凝器的气相进口速度 5.42m/s 在预测的液泛速度 5.71m/s 的 20%偏差以内，而液泛速度的不确定性大于 20%；如果气相进口速度超出实际液泛速度，冷凝器可能达不到规定热负荷。该警告可在校核模式下通过改变管切角等方法解决。

（7）优化路径

如果对于设计结果不满意，或者有特殊要求，可以查看优化路径。进入 **Results | Result Summary | Optimization Path | Optimization Path** 页面，可以快速地查看面积余量和压降比，以及设计状态，如图 4-136 所示。根据 **Input | Program Options | Design Options | Optimization Options** 页面中 Basis for design optimization 选项设置，程序会依据最小换热面积或最低设计成本，选出最佳设计。设计者也可根据自己的考虑，从中选择合适的设计。

注：设计状态"OK"与"Near"的判断标准，详见 1.5.2.2 节。

	Shell	Tube Length			Pressure Drop				Baffle		Tube		Units		Total	
Item	Size	Actual	Reqd.	Area ratio	Shell	Dp Ratio	Tube	Dp Ratio	Pitch	No.	Tube Pass	No.	P	S	Price	Design Status
	mm	mm	mm		bar		bar		mm						Dollar(US)	
1	825	1200	1062.5	1.13	0.01855	0.06	0.0059	0.15	165	6	1	907	1	1	45057	OK
2	850	1200	1048.4	1.14	0.01327	0.04	0.00584	0.15	170	4	1	970	1	1	46754	OK
3	875	1200	1028.9	1.17	0.01583	0.05	0.00579	0.14	175	4	1	1031	1	1	48734	OK
4	900	1200	1016.3	1.18	0.01277	0.04	0.00575	0.14	180	4	1	1085	1	1	50761	OK
1	825	1200	1062.5	1.13	0.01855	0.06	0.0059	0.15	165	6	1	907	1	1	45057	OK

图 4-136　查看优化路径

（8）查看结果与分析

进入 **Results | Thermal / Hydraulic Summary | Performance | Overall Performance** 页面，

查看换热器总体性能，如图 4-137 所示。

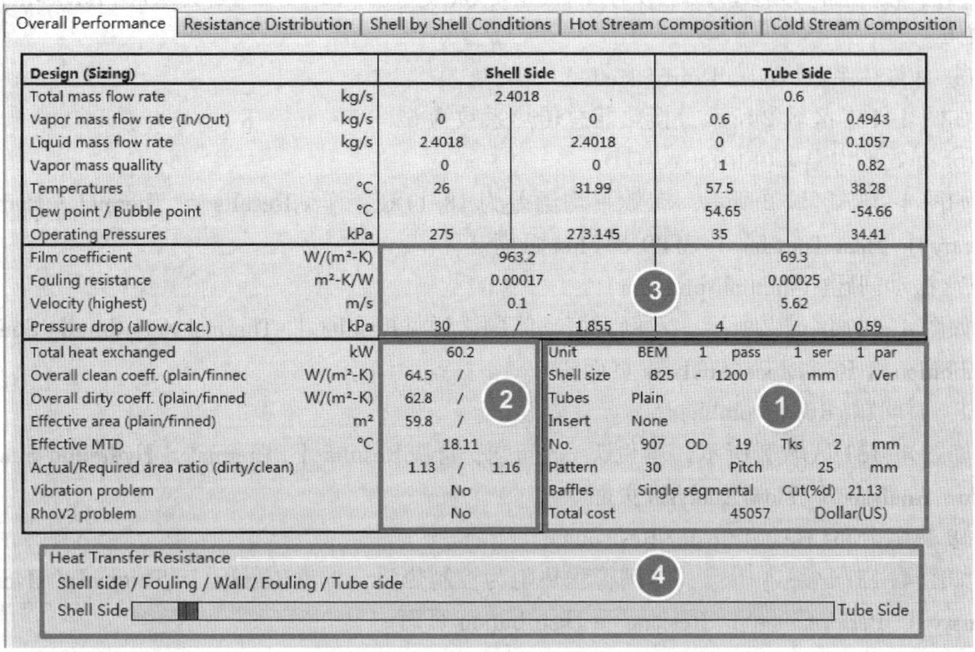
Overall Performance | Resistance Distribution | Shell by Shell Conditions | Hot Stream Composition | Cold Stream Composition
Design (Sizing) | Shell Side | Tube Side
Total mass flow rate kg/s 2.4018 0.6
Vapor mass flow rate (In/Out) kg/s 0 0 0.6 0.4943
Liquid mass flow rate kg/s 2.4018 2.4018 0 0.1057
Vapor mass quallity 0 0 1 0.82
Temperatures °C 26 31.99 57.5 38.28
Dew point / Bubble point °C 54.65 -54.66
Operating Pressures kPa 275 273.145 35 34.41
Film coefficient W/(m²-K) 963.2 69.3
Fouling resistance m²-K/W 0.00017 0.00025
Velocity (highest) m/s 0.1 5.62
Pressure drop (allow./calc.) kPa 30 / 1.855 4 / 0.59
3
Total heat exchanged kW 60.2
Overall clean coeff. (plain/finnec W/(m²-K) 64.5 /
Overall dirty coeff. (plain/finned W/(m²-K) 62.8 /
Effective area (plain/finned) m² 59.8 /
Effective MTD °C 18.11
Actual/Required area ratio (dirty/clean) 1.13 / 1.16
Vibration problem No
RhoV2 problem No
2
Unit BEM 1 pass 1 ser 1 par
Shell size 825 - 1200 mm Ver
Tubes Plain
Insert None
No. 907 OD 19 Tks 2 mm
Pattern 30 Pitch 25 mm
Baffles Single segmental Cut(%d) 21.13
Total cost 45057 Dollar(US)
1
Heat Transfer Resistance
Shell side / Fouling / Wall / Fouling / Tube side
4
Shell Side
Tube Side

图 4-137 查看换热器总体性能

① 结构参数

如图 4-137 区域①所示，换热器型式为 BEM，管程数 1，串联台数 1，并联台数 1，壳径(内径)825mm，管长 1200mm，光管，管数 907，管外径 19mm，管壁厚 2mm，正三角形排列(30°)，管中心距 25mm，单弓形折流板，圆缺率 21. 13%。

进入**Results | Result Summary | TEMA Sheet | TEMA Sheet** 页面，折流板间距 165mm，壳程进出口管嘴公称直径均为 50. 8mm(2 in)，管程进出口管嘴公称直径分别为 203. 2mm(8 in)和 152. 4mm(6 in)。

注：Design 计算模式下，**Input | Exchanger Geometry | Nozzles | Shell Side Nozzles** 页面中，Nozzle diameter displayed on TEMA sheet(显示在 TEMA 表中的管嘴直径)选项默认为 Nominal(公称直径)。程序中管嘴尺寸有 ASME(美国机械工程师协会)和 ISO(国际标准化组织)两种标准，默认采用 ASME 标准。

② 面积余量(Actual/Required area ratio, dirty)

如图 4-137 区域②所示，换热器面积余量为 13%。

注：软件默认最小面积余量为 0%，可在 **Input | Program Options | Design Options | Optimization Options** 页面设置最小面积余量数值。

③ 流速(Velocity)

如图 4-137 区域③所示，壳程和管程流体最高流速分别为 0. 10m/s 和 5. 62m/s。

进入**Results | Result Summary | TEMA Sheet | TEMA Sheet** 页面，壳程和管程平均流速分别为 0. 09m/s 和 5. 62m/s。

④ 压降(Pressure drop)

如图 4-137 区域③所示，壳程和管程压降分别为 1. 855kPa 和 0. 590kPa，均小于允许压降。

注：如果压降远小于允许压降，为了尽可能充分利用允许压降，可参考3.10.3节进行调节；如果允许压降得到了充分利用，但继续增加很少的压降就能较大地提高经济性，则应再行设计并考虑增加允许压降的可能性。

⑤ 总传热系数(Overall dirty coeff.)

如图4-137区域②所示，换热器总传热系数为62.8W/($m^2 \cdot K$)。

⑥ 有效平均温差(Effective MTD)

如图4-137区域②所示，有效平均温差为18.11℃，详见**Results | Thermal / Hydraulic Summary | Heat Transfer | MTD & Flux**页面。

⑦ 振动问题(Vibration problem)

如图4-137区域②所示，本例无振动问题，详见**Results | Thermal / Hydraulic Summary | Vibration & Resonance Analysis**页面。

⑧ ρv^2问题(RhoV2 problem)

如图4-137区域②所示，本例无ρv^2问题，详见**Results | Thermal / Hydraulic Summary | Flow Analysis | Flow Analysis**页面。

⑨ 热阻分布(Heat Transfer Resistance)

如图4-137区域④所示，本例管程热阻为控制热阻，详见**Results | Thermal / Hydraulic Summary | Performance | Resistance Distribution**页面。

⑩ 压降分布(Pressure drop distribution)

进入**Results | Thermal / Hydraulic Summary | Pressure Drop | Pressure Drop**页面，如图4-138所示，壳程进出口管嘴压降分别为壳程总摩擦压降的55.62%和39.00%，管程进出口管嘴压降分别为管程总摩擦压降的44.43%和43.86%。

Pressure Drop | Thermosiphon Piping | Thermosiphon Piping Elements

Pressure Drop kPa	Shell Side			Tube Side		
Maximum allowed	30			4		
Total calculated	1.855			0.59		
Gravitational	0			0		
Frictional	1.855			0.596		
Momentum change	0			-0.006		
Pressure drop distribution	**m/s**	**bar**	**%dp**	**m/s**	**bar**	**%dp**
Inlet nozzle	1.11	0.01032	55.62	27.14	0.00265	44.43
Entering bundle	0.2			5.46	5E-05	0.86
Inside tubes				5.46 4.76	0.00059	9.87
Inlet space Xflow	0.1	0.00025	1.36			
Bundle Xflow	0.08 0.08	0.00046	2.5			
Baffle windows	0.05 0.05	4E-05	0.22			
Outlet space Xflow	0.1	0.00024	1.29			
Exiting bundle	0.2			4.76	6E-05	0.98
Outlet nozzle	1.11	0.00723	39	40.97	0.00261	43.86

图4-138　查看压降分布

⑪ 计算细节(Calculation Details)

进入**Results | Calculation Details | Analysis along Shell | Interval Analysis**页面，查看壳程沿换热器长度的详细性能，如图4-139所示。为便于观察，各项性能参数也可在**Analysis along Shell | Plots**页面以图形的形式显示。

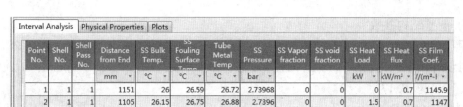

Point No.	Shell No.	Shell Pass No.	Distance from End	SS Bulk Temp.	SS Fouling Surface Temp.	Tube Metal Temp	SS Pressure	SS Vapor fraction	SS void fraction	SS Heat Load	SS Heat flux	SS Film Coef.
			mm	°C	°C	°C	bar			kW	kW/m²	//(m²-l
1	1	1	1151	26	26.59	26.72	2.73968	0	0	0	0.7	1145.9
2	1	1	1105	26.15	26.75	26.88	2.7396	0	0	1.5	0.7	1147

图 4-139　查看壳程沿换热器长度的详细性能

进入**Results │ Calculation Details │ Analysis along Tubes │ Interval Analysis** 页面，查看管程沿换热器长度的详细性能，如图 4-140 所示。为便于观察，各项性能参数也可在 **Analysis along Tubes │ Plots** 页面以图形的形式显示。

Shell No.	Tube Pass No.	Distance from End	SS Bulk Temp	SS Fouling surface temp.	Tube Metal Temp	TS Fouling surface temp	TS Bulk Temp.	TS Pressure	TS Vapor fraction	TS void fraction	TS Heat Load	TS Heat flux	TS Film Coef.	TS Cond. Coef.	SS Film Coef.
		mm	°C	°C	°C	°C	°C	bar			kW	kW/m²	W/(m²-K	W/(m²-K	W/(m²-K
1	1	49	31.98	33.53	33.89	34.4	57.4	0.34729	1	1	-0.1	-1.9	80.5	1372	1196
1	1	118	31.4	32.84	33.17	33.64	53.86	0.34726	0.99	0.98	-5.9	-1.7	84.9	1339.3	1190.9

图 4-140　查看管程沿换热器长度的详细性能

⑫ 温度分布

进入**Results │ Calculation Details │ Analysis along Tubes │ Plots** 页面，查看管程(TS)与壳程(SS)主体温度分布，如图 4-141 所示，冷热流体之间无温度交叉。

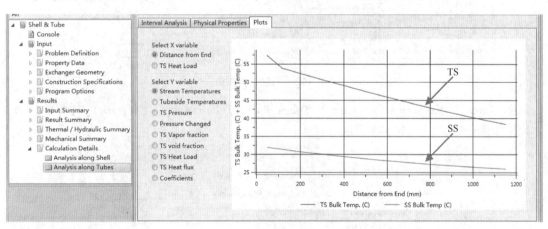

图 4-141　查看管程(TS)与壳程(SS)主体温度分布

4.6.4.3　校核模式

（1）保存文件

选择**File │ Save As**，文件另存为 Example4.4_Reflux Condenser_Vertical_BEM_Rating. EDR。

（2）转为校核模式

选择**Home │ Rating / Checking**，弹出更改模式对话框，提示"是否在校核模式中使用当前设计结果"，单击**Use Current** 按钮，将设计结果传输到校核模式。

（3）调整结构参数

参照《热交换器型式与基本参数 第 2 部分：固定管板式热交换器》（GB/T 28712.2—2012）对设计结果进行调整，壳径（内径）为 900mm，管数 1009，管长 3000mm，折流板间距 150mm，折流板数 17。

进入**Input | Exchanger Geometry | Geometry Summary | Geometry** 页面，删除 Shell(s)－OD(壳体外径)数值，输入 Shell(s)－ID(壳体内径)900mm、Tubes－Number(管数)1009、Tubes－Length(管长)3000mm、Baffles－Spacing(center－center)(折流板间距)150mm，删除 Baffles－Spacing at inlet(进口处折流板间距)数值，输入 Baffles－Number(折流板数)17、Baffles－Cut(%d)(折流板圆缺率)20，如图 4-142 所示。

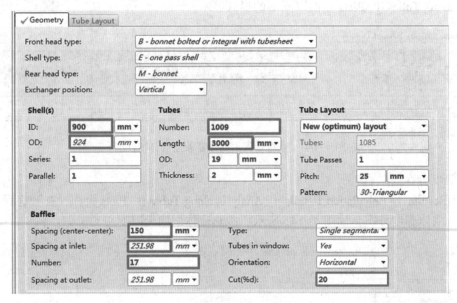

图 4-142　调整结构参数

进入**Input ｜ Exchanger Geometry ｜ Tubes** 页面，Tube cut angle（degrees）［管切角（度）］文本框中输入 25，如图 4-143 所示。

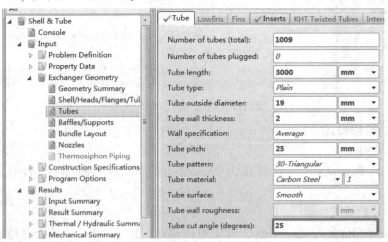

图 4-143　设置换热管切角

进入**Input** | **Exchanger Geometry** | **Baffles/Supports** | **Baffles** 页面，Align baffle cut with tubes(折流板缺口与管子平齐)下拉列表框中选择 No，其余选项保持默认设置，如图 4-144 所示。

注：如果选择"Yes"，程序将调整折流板缺口位置使其通过一排换热管的中心线或者两排换热管之间的中心线；如果选择"No"，程序使用输入的折流板圆缺率。

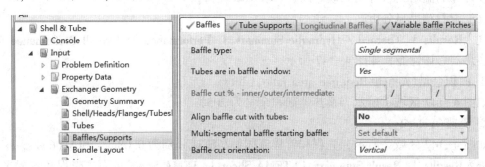

图 4-144　设置折流板参数

进入**Input** | **Exchanger Geometry** | **Nozzles** | **Shell Side Nozzles** 页面，Nozzle diameter displayed on TEMA sheet(TEMA 表中显示的管嘴直径)下拉列表框中选择 Nominal(公称直径)，如图 4-145 所示。

注：Design 计算模式下，Nozzle diameter displayed on TEMA sheet 选项默认为 Nominal(公称直径)。执行 Design 计算模式，如果没有得到设计结果，转为其他计算模式后，选项仍默认为 Nominal；如果得到设计结果，转为其他计算模式后，选项默认为 ID(内径)。

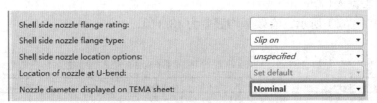

图 4-145　TEMA 表中显示管嘴公称直径

(4) 运行程序与查看警告信息

为防止数据丢失，单击**Save** 按钮 保存文件。选择 **Home** | ▶，运行程序。进入 **Results** | **Result Summary** | **Warning & Messages** 页面，查看警告信息，如图 4-146 所示。

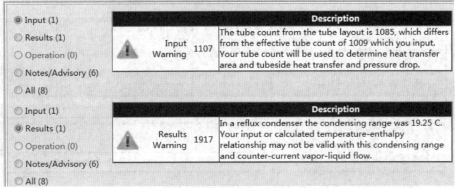

图 4-146　查看警告信息

输入警告 1107：布置的管数 1085 与输入的有效管数 1009 不同；输入的管数决定了换热面积以及管程的传热和压降。当管束与壳体间隙不同或管束与管嘴距离不同时，可能会导致程序布置的管数与输入的管数不同，该警告可忽略。

结果警告 1917：回流冷凝器的冷凝范围为 19.25℃；在此冷凝范围和气液逆流情况下，输入或计算的温焓关系可能无效。该警告可忽略。

(5) 查看结果与分析

进入**Results | Thermal / Hydraulic Summary | Performance | Overall Performance** 页面，查看换热器总体性能，如图 4-147 所示。

① 面积余量(Actual/Required area ratio，dirty)

如图 4-147 区域①所示，换热器面积余量为 205%。

② 流速(Velocity)

如图 4-147 区域②所示，壳程和管程流体最高流速分别为 0.08m/s 和 5.06m/s。

进入**Results | Result Summary | TEMA Sheet | TEMA Sheet** 页面，壳程和管程平均流速分别为 0.07m/s 和 5.06m/s。

③ 压降(Pressure drop)

如图 4-147 区域②所示，壳程和管程压降分别为 1.402kPa 和 0.659kPa，均小于允许压降。

④ 总传热系数(Overall dirty coeff)

如图 4-147 区域①所示，换热器总传热系数为 57.9 W/(m^2·K)。

⑤ 有效平均温差(Effective MTD)

如图 4-147 区域①所示，有效平均温差为 18.11℃。

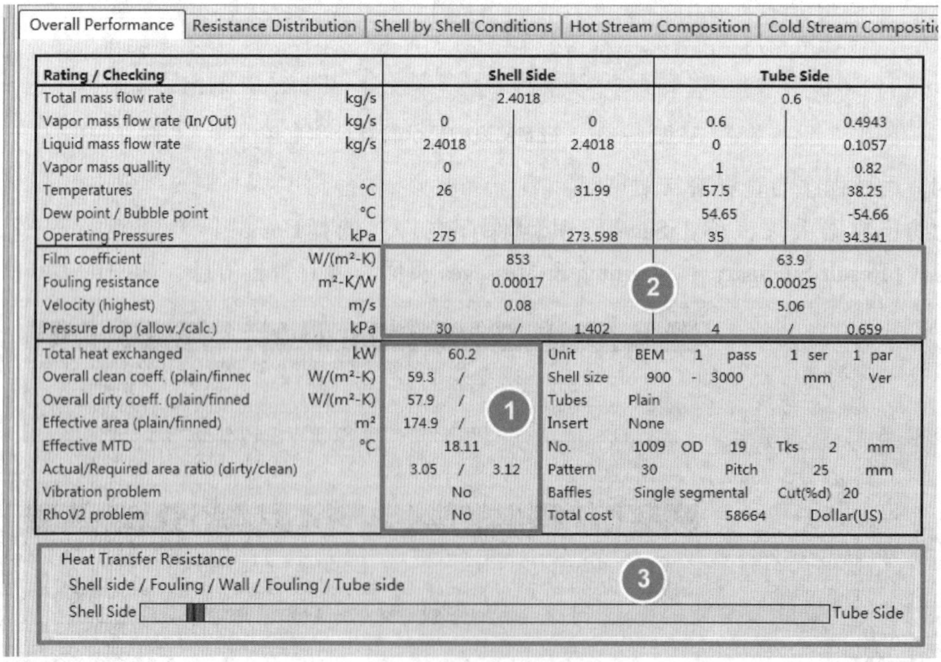

Overall Performance | Resistance Distribution | Shell by Shell Conditions | Hot Stream Composition | Cold Stream Compositi

Rating / Checking		Shell Side		Tube Side	
Total mass flow rate	kg/s	2.4018		0.6	
Vapor mass flow rate (In/Out)	kg/s	0	0	0.6	0.4943
Liquid mass flow rate	kg/s	2.4018	2.4018	0	0.1057
Vapor mass quallity		0	0	1	0.82
Temperatures	°C	26	31.99	57.5	38.25
Dew point / Bubble point	°C			54.65	-54.66
Operating Pressures	kPa	275	273.598	35	34.341
Film coefficient	W/(m²-K)	853		63.9	
Fouling resistance	m²-K/W	0.00017		0.00025	
Velocity (highest)	m/s	0.08		5.06	
Pressure drop (allow./calc.)	kPa	30	1.402	4	0.659

Total heat exchanged	kW	60.2		Unit	BEM	1	pass	1	ser	1 par
Overall clean coeff. (plain/finnec	W/(m²-K)	59.3	/	Shell size	900	-	3000		mm	Ver
Overall dirty coeff. (plain/finned	W/(m²-K)	57.9	/	Tubes	Plain					
Effective area (plain/finned)	m²	174.9	/	Insert	None					
Effective MTD	°C	18.11		No.	1009	OD	19	Tks	2	mm
Actual/Required area ratio (dirty/clean)		3.05 /	3.12	Pattern	30		Pitch		25	mm
Vibration problem		No		Baffles	Single segmental		Cut(%d)	20		
RhoV2 problem		No		Total cost			58664		Dollar(US)	

图 4-147　查看换热器总体性能

⑥ 振动问题(Vibration problem)

如图4-147区域①所示，本例无振动问题，详见**Results ｜ Thermal ／ Hydraulic Summary ｜ Vibration & Resonance Analysis** 页面。

⑦ ρv^2问题(RhoV2 problem)

如图4-147区域①所示，本例无ρv^2问题，详见**Results ｜ Thermal ／ Hydraulic Summary ｜ Flow Analysis ｜ Flow Analysis** 页面。

⑧ 热阻分布(Heat Transfer Resistance)

如图4-147区域③所示，本例管程热阻为控制热阻，详见**Results ｜ Thermal ／ Hydraulic Summary ｜ Performance ｜ Resistance Distribution** 页面。

⑨ 压降分布(Pressure drop distribution)

进入**Results ｜ Thermal ／ Hydraulic Summary ｜ Pressure Drop ｜ Pressure Drop** 页面，如图4-148所示，壳程进出口管嘴压降分别为壳程总摩擦压降的51.49%和36.10%，管程进出口管嘴压降分别为管程总摩擦压降的40.17%和39.42%。

Pressure Drop	kPa	Shell Side			Tube Side		
Maximum allowed		30			4		
Total calculated		1.402			0.659		
Gravitational		0			0		
Frictional		1.402			0.664		
Momentum change		0			-0.005		
Pressure drop distribution		m/s		kPa	%dp	m/s	bar	%dp
Inlet nozzle		1.11		0.722	51.49	27.14	0.00267	40.17
Entering bundle		0.12				4.91	4E-05	0.62
Inside tubes						4.91 4.29	0.00127	19.08
Inlet space Xflow		0.05		0.014	0.99			
Bundle Xflow		0.08	0.08	0.136	9.69			
Baffle windows		0.05	0.05	0.011	0.79			
Outlet space Xflow		0.05		0.013	0.94			
Exiting bundle		0.12				4.29	5E-05	0.71
Outlet nozzle		1.11		0.506	36.1	41.05	0.00262	39.42

图4-148 查看压降分布

⑩ 计算细节(Calculation Details)

进入**Results ｜ Calculation Details ｜ Analysis along Shell ｜ Interval Analysis** 页面，查看壳程沿换热器长度的详细性能，如图4-149所示。

Point No.	Shell No.	Shell Pass No.	Distance from End	SS Bulk Temp.	SS Fouling Surface Temp.	Tube Metal Temp	SS Pressure	SS Vapor fraction	SS void fraction	SS Heat Load	SS Heat flux	SS Film Coef.
			mm	°C	°C	°C	bar			kW	kW/m²	//(m²·t
1	1	1	2949	26	26.67	26.79	2.74278	0	0	0	0.6	920.3
2	1	1	2826	26.15	26.84	26.96	2.74271	0	0	1.6	0.6	921.3

图4-149 查看壳程沿换热器长度的详细性能

进入**Results ｜ Calculation Details ｜ Analysis along Tubes ｜ Interval Analysis** 页面，查看管程沿换热器长度的详细性能，如图4-150所示。

Shell No.	Tube Pass No.	Distance from End	SS Bulk Temp	SS Fouling surface temp.	Tube Metal Temp	TS Fouling surface temp	TS Bulk Temp.	TS Pressure	TS Vapor fraction	TS void fraction	TS Heat Load	TS Heat flux	TS Film Coef.	TS Cond. Coef.	SS Film Coef.
		mm	°C	°C	°C	°C	°C	bar			kW	kW/m²	N/(m²·K)	N/(m²·K)	N/(m²·K)
1	1	51	31.98	33.73	34.05	34.52	57.4	0.34728	1	1	-0.1	-1.7	73.8	1421.7	968.7
1	1	297	31.2	32.81	33.11	33.54	53.42	0.34718	0.98	0.98	-8	-1.6	78	1406.7	963

图 4-150　查看管程沿换热器长度的详细性能

⑪ 温度分布

进入 **Results ｜ Calculation Details ｜ Analysis along Tubes ｜ Plots** 页面，查看管程(TS)与壳程(SS)主体温度分布，如图 4-151 所示，冷热流体之间无温度交叉。

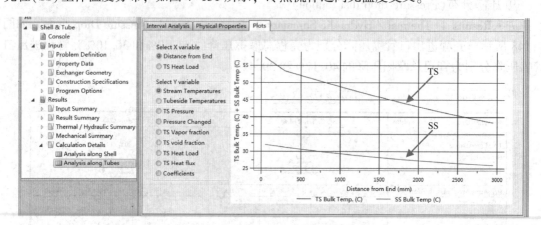

图 4-151　查看管程(TS)与壳程(SS)主体温度分布

⑫ 平面装配图和管板布置图(Setting Plan & Tubesheet Layout)

进入 **Results ｜ Mechanical Summary ｜ Setting Plan & Tubesheet Layout** 页面，查看平面装配图和管板布置图，如图 4-152 和图 4-153 所示，也可选择 **Home ｜ Verify Geometry**，进行查看。

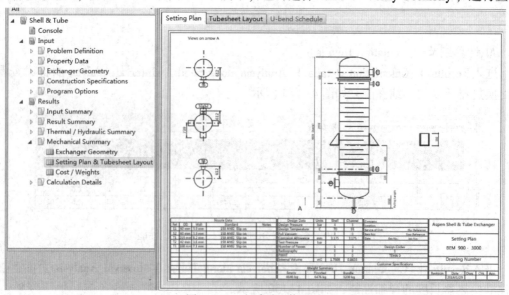

图 4-152　查看平面装配图

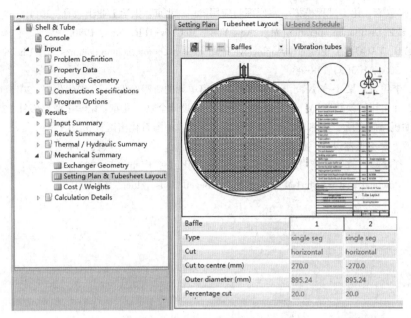

图4-153　查看管板布置图

（6）设置膨胀节

3.11.1.3节方法供参考。

4.6.4.4　设计结果

换热器型号 BEM900-0.3/0.4-175-3/19-1Ⅱ。可拆封头管箱，公称直径900mm，管程和壳程设计压力（表压）分别为0.3MPa和0.4MPa，公称换热面积175m²，换热管公称长度3m，换热管外径19mm，1管程，单壳程固定管板式换热器，碳素钢Ⅱ级管束符合GB/T 151—2014偏差要求。

注：进入 **Results ｜ Result Summary ｜ TEMA Sheet ｜ TEMA Sheet** 页面，查看管程和壳程设计温度、设计压力（表压）。

参 考 文 献

[1] SERTH R W, LESTINA T G. Process heat transfer：principles, applications and rules of thumb[M]. 2nd ed. Oxford：Elsevier, Inc., 2014.

[2] MUKHERJEE R. Practical thermal design of shell-and-tube heat exchangers[M]. New York：Begell House, Inc., 2004.

[3] 刘巍, 邓方义. 冷换设备工艺计算手册[M]. 2版. 北京：中国石化出版社, 2008.

[4] 孙兰义. 换热器工艺设计补充材料——HTRI入门教程[EB/OL]. [2016-11-01]. http://bbs.hcbbs.com/thread-1578073-1-1.html.

[5] 施林德尔. 流体力学与传热学[M]//施林德尔. 换热器设计手册. 马庆芳, 马重芳, 译. 北京：机械工业出版社, 1989.

[6] 王子宗. 化工单元过程[M]//王子宗. 石油化工设计手册：第3卷. 新1版. 北京：化学工业出版社, 2015.

[7] 石油化学工业部石油化工规划设计院. 冷换设备工艺计算[M]. 北京：石油工业出版社, 1979.

[8] Aspen Technology, Inc.. Aspen Exchanger Design & Rating V8.8 help, 2015.

［9］陆恩锡，张慧娟．化工过程模拟——原理与应用［M］．北京：化学工业出版社，2011.

［10］KISTER H Z. Distillation operation［M］. New York：McGraw-Hill, Inc. , 1990.

［11］GREENE D, VAGO G J. Properly employ overhead condensers for vacuum columns［J］. Chemical Engineering Progress, 2004, 100(2)：38-43.

［12］李秀芝，李凭力．聚 α-烯烃润滑油装置产品分离单元的流程开发［J］．现代化工，2015(6)：151-154.

［13］秦叔经，叶文邦．换热器［M］//秦叔经．化工设备设计全书．北京：化学工业出版社，2003.

［14］兰州石油机械研究所．换热器：上［M］. 2 版．北京：中国石化出版社，2013.

［15］尾花英朗．热交换器设计手册［M］．徐中权，译．北京：烃加工出版社，1987.

［16］钱俊明，任曙霞．真空精馏塔塔顶系统的设计和优化［J］．广州化工，2014，42(14)：159-161.

［17］HILLS P. Practical heat transfer［M］. New York：Begell House, Inc. , 2005.

第 5 章　再沸器

5.1　概述

再沸器（reboilers），又称重沸器，是精馏塔底部（或侧线）的热交换器，用来汽化一部分液相物料返回塔内作气相回流，使塔内气液两相间的接触传质得以进行，同时提供精馏过程所需的热量。因此，设计再沸器时，必须同精馏塔的特点和结构联系起来考虑。根据实际生产的需要，沸腾过程既可以发生在壳程，也可以发生在管程。加热介质通常是蒸汽，也可以是载热的流体。为其他操作单元提供蒸气的换热器称为蒸发器，在很多方面和再沸器类似[1-3]。

沸腾传热时，热量由加热壁面传给液体，使液体汽化，在加热壁面上不断经历着气泡的形成、长大和脱离的过程。壁面附近的流体处于强烈扰动状态，并伴随着质量和潜热的传递，对于同种流体，沸腾时的对流传热系数比无相变时要大得多。

再沸器中的液体沸腾主要有两种：池式沸腾和流动沸腾。釜式和内置式再沸器属于池式沸腾，热虹吸式再沸器和降膜蒸发器属于流动沸腾。

5.2　池式沸腾

池式沸腾（pool boiling），又称大容积沸腾，是静止液体被加热而产生的沸腾，生成的气泡脱离加热壁面后自由浮升，液体的运动由气泡扰动和自然对流引起，不存在液体宏观运动。在这种沸腾过程中，液体沸腾所需要的热量由加热壁面传给液体。若液体温度低于其饱和温度，而加热壁面的温度又高于其饱和温度，则在加热壁面产生气泡，但所产生的气泡在壁面或脱离壁面后又在液体中迅速凝结，这种沸腾称为过冷沸腾（subcooled boiling）。若液体主体处于沸点状态，则称为饱和沸腾（saturated boiling）[1,4]。

5.2.1　池式沸腾曲线[1,5,6]

池式沸腾过程中，传热强度（heat transfer intensity）q 随过热度（over heat）Δt（加热壁面和饱和液体之间的温差）变化的曲线称为池式沸腾曲线，如图 5-1 所示。根据过热度的大小，沸腾曲线可分为五个区域，各个区域的特性分析如下。

自然对流区（natural convection）：在 AB 区，过热度很小，加热壁面液体轻微过热，尚未有气泡逸出液面，只在液体表面上蒸发，热

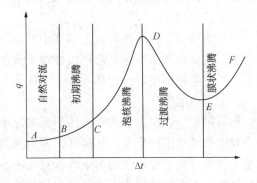

图 5-1　池式沸腾曲线[5]

量靠液体内部自然对流传递。

初期沸腾区（initial boiling）：在 BC 区，过热度增加，气泡开始在加热壁面的个别点上产生并通过液体上升，此区域是自然对流向泡核沸腾转变的过渡区，热量传递是自然对流和泡核沸腾的结合。

泡核沸腾区（nucleate boiling）：在 CD 区，随着过热度的不断增加，传热强度增大，大量气泡在加热壁面的汽化核心处形成并迅速成长，最后跃离壁面上升到液体表面，使液体受到强烈扰动，传热强度急剧增大。D 点是产生泡核沸腾的最大热通量点，由于从加热壁面上逸出的气泡数目太多，蒸气可能会形成一个覆盖加热壁面的蒸气膜，阻碍液体的补充。由于气膜的热阻较大，传热强度迅速下降（DE 段），加热壁面温度升高，产生"烧毁"现象（又称"沸腾危机"）。通常把 D 点的温差称为临界温差（critical temperature difference），热通量称为临界热通量（critical heat flux）。

过渡沸腾区（transition boiling）：在 DE 区，热通量的值不再随过热度的增加而增加，在临界热通量 D 处开始过渡到膜状沸腾。随过热度增加，气层和液层交替覆盖表面，传热效率下降，操作极不稳定，在设计中，应尽量避开过渡沸腾区。

膜状沸腾区（film boiling）：在 EF 区，加热壁面被一层稳定的蒸气膜包围，过热度很高，气膜对流传热系数很低，在 E 点热通量达到最低值，随着壁温进一步升高，热通量因热辐射有所提高。在膜状沸腾区，加热壁面温度很高，可能使物料变质，结垢加剧，同时温度过高也会使壁面损坏。若没有特殊要求，一般不将再沸器设计在膜状沸腾区。

设计时要求再沸器在泡核沸腾区中操作，此区域不仅操作稳定，而且有较高的沸腾对流传热系数。设计时其热通量上限不应超过 D 点的临界热通量，下限不应低于 B 点的热通量。在 B 点附近操作时，由于传热的不稳定会导致对流传热系数急剧波动，应避免在这一区域操作。

5.2.2 影响泡核沸腾因素[2,3]

影响泡核沸腾的主要因素有系统压力、传热面、混合效应和管束结构等。

（1）系统压力

在池式沸腾中，对流传热系数随系统压力的增大而增大。系统压力的增大使液体表面张力减小，相变焓降低，汽化核心数和汽化量增加，进而推动对流传热系数的增大。当达到临界压力时，液体的表面张力和相变焓接近于 0，沸腾对流传热系数达到峰值。

（2）传热面

对于沸腾传热，沸腾表面上的微小凹坑最容易产生汽化核心，因此通常强化沸腾传热的研究主要是强化沸腾表面。采用机械加工方法在换热管表面上造成一层多孔结构，增加汽化核心，可使泡核沸腾对流传热系数大大提高，如工业上使用的翅片管和多孔金属表面管。

（3）混合效应

沸腾过程中，混合物的对流传热系数比单组分液体要低，有时仅为其中轻组分的 1/30。混合物中低沸点组分优先汽化离开，不易挥发的高沸点组分在加热壁面聚集，使其附近的液体饱和温度升高，传热推动力下降，对流传热系数减小。多组分混合物的沸腾特性不仅取决于传热特性，而且受限于浓度梯度引起的传质压降。混合物露点和泡点之差称为沸程，混合物的组分数越多，挥发度差别越大，沸程越大，对流传热系数越低。

(4) 管束结构

在相同条件下，管束的平均对流传热系数通常高于单管管外对流传热系数。这是由于管束间液体与两相混合物之间的密度差导致的循环流动与上升气泡引起的扰动促进了传热，从而强化了传热速率。

5.2.3 临界热通量[3]

泡核沸腾的终点所对应的热通量是最大的热通量，称为临界热通量，在再沸器或汽化器的设计中十分重要，代表着即使提高加热介质的温度也无法跨越的界限。只有当实际热通量小于临界热通量时，才可通过提高加热介质温度来改善。对于刚开工的清洁表面，实际热通量可能超过临界热通量，需引起特别关注。

影响临界热通量的主要因素有压力和管束的几何结构。当对比压力(操作压力/临界压力)小于0.3时，临界热通量随对比压力的增大而增大；当对比压力为0.3时，临界热通量达到最大值；当对比压力大于0.3时，临界热通量随对比压力的增大而减小。与单管相比，管束会阻碍蒸气的逸出，进而导致临界热通量的减小，此时可通过增大管中心距来增加临界热通量。

5.3 流动沸腾

流动沸腾(flow boiling)是液体在通道内流动过程中与通道内壁传热而产生的沸腾。液体流速影响传热速率，而且在加热壁面上产生的气泡与液体一起流动，从而出现复杂的气液两相流动状态。工业上应用较多的是管内流动沸腾，且多为垂直管内上升流，沸腾传热与两相流动相互发生耦合，其传热机理比池式沸腾更加复杂[1,4]。

5.3.1 垂直管内沸腾两相流流型及传热[2,7]

管内流动沸腾时，由于产生的蒸气混入液流，会出现多种不同型式的两相流结构。垂直管内沸腾由于汽化率、流速和换热管方向的不同而有差异，可能出现的流动类型和传热类型如图5-2所示。

泡状流和块状流(bubbly flow and slug flow)：泡状流中的流体汽化率较低，气泡分散在连续液相中。块状流(或称活塞流)中汽化率升高但流速较低，大量的气泡在管壁形成，然后离开壁面在流体内变大聚集成块。

搅动流(churn flow)：随着汽化率和流速的增加，块状流中出现的气泡聚集在一起形成一连串的气核。但在这个区域气体流速还不足以带动液体向上流动，同时由于气液相间的相互作用，管内液体出现搅动现象。

环状流(annular flow)：汽化率和流速不断增大，大气块进一步合并，在管中心形成气芯，液体成环状膜附着在管壁上，出现环状流。此时气体从管中心区域高速流过，夹带少量液滴，同时液膜中也分布少量气泡。

雾状流(mist flow)：环状液膜受热蒸发，逐渐减薄，汽化率进一步增大。当管壁完全变干且液相变为小液滴夹带在连续的气相中时出现雾状流。

图5-2给出了垂直管内沸腾过程中对流传热系数的变化情况。过冷流体进入管内，无

气泡产生，传热过程为液体对流传热。流体被壁面加热，开始产生气泡，泡状流逐渐形成，对流传热系数迅速增加，此时液相主体尚未达到饱和温度，处于过冷状态，传热过程为过冷沸腾。继续加热，液体达到饱和温度，此时传热过程为核状沸腾。随着汽化率的增加，对流传热系数不断增大，两相流型由泡状流变为块状流，进而变为环状流（这里忽略搅动流），此时传热过程为液膜对流沸腾。当液体量减少到管壁出现干点时，对流传热系数急剧下降，直到雾状流的出现，此时传热过程为湿蒸气传热。在液滴逐渐汽化并且气体变为过热蒸气的过程中对流传热系数基本不变，此时传热过程为蒸气对流传热。

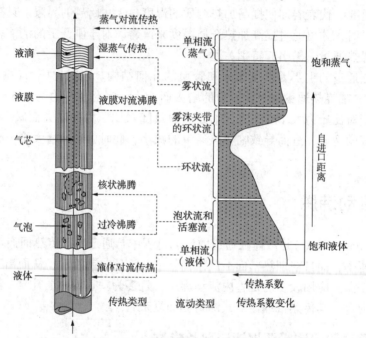

图 5-2　垂直管内沸腾示意图[2]

5.3.2　临界热通量[8]

由于换热管内的换热面积有限，流动沸腾的临界热通量不仅受膜状沸腾的制约，还受雾状流和流动不稳定性的潜在影响。临界热通量出现在环状流段的液膜对流沸腾区，此时加热壁面的液膜基本消失，它象征着沸腾情况的恶化。

当气相剪切力大到足以撕裂管壁液膜时会出现雾状流。一般汽化率大于 0.5 时可能会发生雾状流，汽化率大于 0.8 时雾状流将非常明显。

当汽化所需的压降超过塔釜静压头时会出现流动不稳定现象。在汽化率较低且对比压力较小时换热管内易发生振荡，出现噎塞流（choke flow），影响传热性能。

膜状沸腾在流动沸腾和池式沸腾都会出现，然而在流动沸腾中气泡合并形成液膜时的热通量更低，这是因为管内通道的限制能够使气泡在管壁上滞留。因此泡核沸腾区的最大热通量也与管内的流动截面积有关。一般对比压力大于 0.2 时极易发生膜状沸腾。

设计热通量应小于临界热通量，计算结果取安全系数 0.7，即 $q_{des} \leq 0.7 q_{max}$。随着传热温差的增加，流动沸腾中热通量的限制类型取决于汽化率和对比压力，见表 5-1。

表 5-1　热通量的限制形式[8]

操作条件	限制形式
汽化率>0.6	雾状流
汽化率<0.5 且对比压力<0.1	噎塞流，不稳定
对比压力>0.2	膜状沸腾

5.4　再沸器类型

再沸器按循环方式可分为自然循环(热虹吸)和强制循环两种，按蒸发位置可分为管内和管外蒸发两种，按结构可分为釜式、立式、卧式及内置式四种，按蒸发(汽化)程度可分为一次通过式和循环式两种，此外还可按与塔的连接形式分类和按塔釜有无隔板分类。本章主要介绍釜式再沸器、立式热虹吸式再沸器、卧式热虹吸式再沸器、强制循环式再沸器和降膜蒸发器[8]。

目前常用的换热器设备系列有国家标准《热交换器型式与基本参数　第1部分：浮头式热交换器》(GB/T 28712.1—2012)适用于卧式热虹吸式再沸器；《热交换器型式与基本参数　第4部分：立式热虹吸式重沸器》(GB/T 28712.4—2012)适用于立式热虹吸式再沸器；釜式再沸器和降膜蒸发器需要自行设计。

5.4.1　釜式再沸器[1,2,5]

釜式再沸器(kettle reboilers)由一个部分扩大的 K 型壳体和可抽出的换热管束组成，如图 5-3 所示，气液分离过程在壳体中进行。管束末端有溢流堰，以保证管束完全浸没在液体中。

精馏塔塔底液体在重力作用下通过进料管进入再沸器壳程底部并浸没管束。液体受热在管外产生以泡核沸腾为主的沸腾过程。气相和液相在管束上部的空间分离，气相自上升管返回精馏塔底部液面上方，液相溢流到储液槽由泵抽出。釜式再沸器相当于一块理论塔板的作用，有利于稳定操作，当精馏塔塔板数不是很多时，优势更为显著。

釜式再沸器具有流体循环量低、水平放置和气相回流等特点，对水力学变化不敏感，可用于压力很低(真空)或很高(接近临界压力)的工况。增大

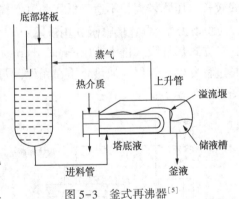

图 5-3　釜式再沸器[5]

管中心距可使热通量变高，釜式再沸器在低操作温差下也可以良好运行。

釜式再沸器的汽化率可高达 80%以上，常用于获得高浓度的排出物(废弃物)。但是不适用于易结垢或含有固体颗粒的流体，因为釜式再沸器内物料循环量低，停留时间长，固体很容易积聚在管束中和堰板底部。

釜式再沸器不适用于宽沸程流体，因为汽化过程中重组分的不断累积会使沸腾温度升高，热通量减小，传热效果变差。釜式再沸器 K 型壳体体积较大，外部配管所占空间较大，投资较高。

5.4.2 热虹吸式再沸器

热虹吸式再沸器(thermosiphon reboilers)为自然循环式，进料从塔底或底部塔板降液管液封中引入再沸器，液体在再沸器内汽化，形成密度较小的气液混合物。进口管内的液体和出口管内的气液混合物之间存在密度差，两者产生的静压差作为流体在管内进行自然循环的推动力。热虹吸式再沸器分为两大类：立式热虹吸式再沸器和卧式热虹吸式再沸器[1,5]。

热虹吸式再沸器使用最广，其原因与装置规模以及介质的结垢性有关，统计资料表明，炼油工业约95%使用卧式热虹吸式再沸器，而化工行业约95%使用立式热虹吸式再沸器，石油化工行业则介于其间，选用时应根据实际情况确定。

5.4.2.1 卧式热虹吸式再沸器[2,5]

卧式热虹吸式再沸器(horizontal thermosiphon reboilers)为水平放置，塔底液体从壳程底部进入，向上流过管束，沸腾发生在换热管外表面，气液混合物自上升管返回精馏塔内，如图5-4所示。

卧式热虹吸式再沸器的流动形式类似于釜式再沸器，但其良好的循环性能和较低的汽化率使得工艺流体不易结垢。卧式热虹吸式再沸器循环量比较大，所以通过它的工艺流体，尤其是宽沸程混合物所需温升比釜式再沸器低，因此卧式热虹吸式再沸器的局部沸腾温差和传热速率较高。由于卧式热虹吸式再沸器的水平放置形式和独立支承结构使之很少受到重量或高度的限制，相较于立式热虹吸式再沸器，其所需的静压头更低，更适用于热负荷较大的工况和高黏度流体。当流体黏度小于0.5cP时，可考虑采用立式热虹吸；当黏度大于0.5cP时，则考虑采用卧式热虹吸。

卧式热虹吸式再沸器清洗方便，换热面积较大，但是占地面积大而且造价较高，出口管线较长，压降较大，不适于低压和真空操作工况以及结垢较严重的场合。

5.4.2.2 立式热虹吸式再沸器[1,2,5]

立式热虹吸式再沸器(vertical thermosiphon reboilers)一般采用固定管板式和单管程，沸腾过程发生在管程，加热介质在壳程，两相流混合物以较高的流速由出口管嘴流向塔内，如图5-5所示。

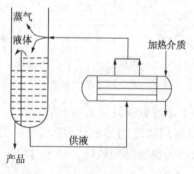

图5-4 卧式热虹吸式再沸器[2]

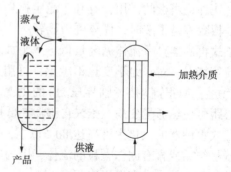

图5-5 立式热虹吸式再沸器[2]

立式热虹吸式再沸器适用于低压和真空操作，由于物料在换热管内循环量高、汽化率低、停留时间短、不易结垢且管程容易清洗，常用于易结垢的情况。对极易结垢的体系，应考虑不停车切换的备用再沸器。由于每米净压头提供的流速与流体的黏度成反比，因此不推荐用于黏度过大和沸程较宽的体系。立式热虹吸式再沸器的结构和管线之间连接比较紧凑，占地面积小，安装费用以及价格都比较低。气液混合物在精馏塔内进行分离，省去再沸器的分离空间，分馏效果小于一块理论板。

然而，立式热虹吸式再沸器的垂直放置形式使其维修困难，壳程不易清洗且不适用于较脏的加热介质。另外塔底液面高度大约与再沸器上管板在同一水平面上，提高了塔的标高，使造价增大。

高真空系统中热虹吸式再沸器的热力设计比较困难，可考虑用其他类型的再沸器。真空操作中立式螺旋板式再沸器能克服管壳式再沸器的不足，且价格便宜。由于其压降非常低，即使塔裙座低也能提供较大的传热系数。

5.4.2.3 热虹吸式再沸器的操作方式[1,9,10]

按照操作方式，热虹吸式再沸器可分为一次通过式（once-through）和循环式（circulating），如图5-6所示。

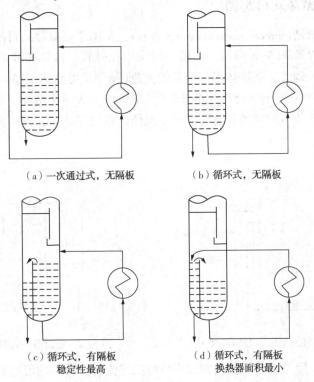

    （a）一次通过式，无隔板   （b）循环式，无隔板

    （c）循环式，有隔板   （d）循环式，有隔板
      稳定性最高   换热器面积最小

图5-6 热虹吸式再沸器的操作形式[10]

  一次通过式是指再沸器的进料可直接从底部塔板的降液管液封中引出，经再沸器回到塔板下方，分出的液相即为塔底产品，再沸器进料与塔底产品组成不同。这种方式具有分离效率高，加热段停留时间短，加热温度低，不易结垢等优点。对于相对挥发度高的混合物能保持最大的加热温差，操作稳定性略优于循环式，可在较低汽化率（5%~10%[1]）下操作。有文献指出，只要汽化率能满足需要，宜选用一次通过式，设计时应按精馏塔最大可能热负荷核算其汽化率。

  循环式是指底部塔板流下的液体与再沸器出口的分离液体混合（全部或部分），再回到再沸器，再沸器进料与塔底产品组成相同，允许有较高的汽化率。循环式分为带隔板和不带隔板两种型式，带隔板式又可称为部分循环式或混合进料式，如图 5-6 所示。

在塔底部加一块纵向隔板可使再沸器操作稳定。但塔底是否设纵向隔板，取决于系统的相对挥发度和系统对稳定性的要求，设置隔板会影响再沸器的换热面积。当相对挥发度较小时，可以不设隔板，这时塔内有最大的气液分离截面与缓冲空间；相对挥发度较大时（大于 1.5[1]），采用隔板可减小换热面积。隔板类型有多种，常用的为溢流隔板，溢流隔板的设置能使作为再沸器推动力的塔釜液面高度维持恒定，提高系统稳定性，进一步增加再沸器内温差，但只在用于相对挥发度很大的系统才比较有利，故使用很少，并且塔釜隔板制造复杂，填料塔或直径小于 1m[9] 的板式塔一般不推荐采用带隔板的再沸器。

对于带隔板的再沸器，当循环量远大于产品量时，再沸器热负荷的微小变化会引起流向产品侧的液体量大幅度变化，产品侧液位随之波动，造成产品流速的不稳定，对此可增大产品侧液体的停留时间来减少这种波动。

5.4.3　强制循环式再沸器[3,11]

强制循环式再沸器（forced-circulation reboilers），类似于热虹吸式再沸器，可分为立式和卧式两类，如图 5-7 和图 5-8 所示，沸腾一般发生在管程。流体循环动力由泵提供，其汽化率和流速可以人为调节。在流体保持很高的流速（循环量可高达 5~6m/s[1]）和非常低的汽化率（通常小于 1%[10]，也有文献介绍为 5%[12]）下可以大大防止结垢。最佳适用场合为严重结垢、极高黏性或低压下的宽沸程流体。由于流体的汽化率较低，强制循环式再沸器也类似于单相换热器。

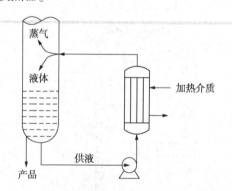

图 5-7　强制循环式再沸器（立式）[3]

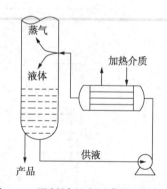

图 5-8　强制循环式再沸器（卧式）[3]

在设计过程中，操作所需的汽化率和热负荷决定流速。物料的流速越大，相应的对流传热系数就越高，强制循环式再沸器的最大热通量要高于其他类型的再沸器。强制循环式再沸器的对流传热系数高，允许压降大，因此换热器和管线的费用相对较低。然而管程流速较高，导致泵的造价和能耗很高。一旦汽化率确定，则需考虑流速（由换热管数决定）和维护费用之间的经济平衡。

5.4.4　内置式再沸器[1,2,8]

内置式再沸器（internal reboilers）是将管束（通常是 U 形）直接置于塔内，如图 5-9 所示，不需要壳体和工艺配管，结构简单。管束长度受塔内径的制约，会出现管束直径较大或是安装面积不够的情况。由于管束的长径比很小，因此即使传热温差 ΔT 很高，其临界热通量也很小，但在 ΔT 很低时，沸腾对流传热系数也可以很高。内置式再沸器换热面积较小，可以将多个管束并排放置安装在一台精馏塔内。

内置式再沸器内易形成泡沫，造成操作问题，因此不常使用，不过在换热面积满足要求时，内置式是最经济的一种，其性能与釜式相同。

内置式再沸器比釜式再沸器难结垢，易清洗，但清洗时塔必须停工。与釜式再沸器一样，在处理某些易结垢的物料时选用翅片管效果更好，但是翅片管的传热机理尚未研究透彻，需谨慎选择。

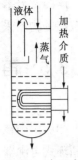

图 5-9　内置式
再沸器[2]

5.4.5　降膜蒸发器[1,8,13]

降膜蒸发器(falling film evaporator)类似于倒置的热虹吸式再沸器，单管程，管束结构与立式热虹吸式再沸器相同，但是管径更大一些，管程的出口管嘴位于蒸发器底部而不是顶部，管嘴直径也较大。由于料液分配器的存在，造价也相对较高。

料液通过进料泵从蒸发器顶部加入，经料液分配器均匀地分布到每根换热管中，在重力作用下呈均匀膜状沿管内壁向下流动。流动过程中，液膜受到从壁面传入的热量而蒸发汽化，气液混合物从蒸发器底部的出口管嘴返回精馏塔或是进入气液分离室，如图 5-10 和图 5-11 所示。

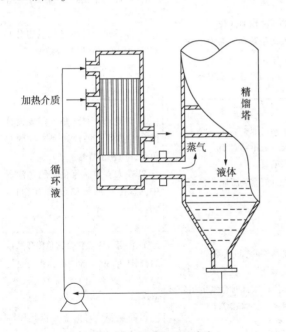

图 5-10　降膜蒸发器[13]

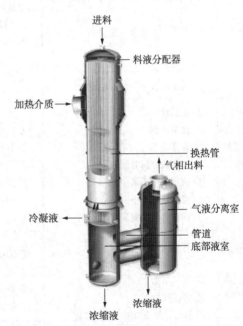

图 5-11　带气液分离室的降膜蒸发器[14]

降膜蒸发器内的物料是在重力作用下流动，而不是靠温差来推动，同时蒸发不承受液柱静压，消除了由静压引起的有效传热温差损失，因此在低温差下有较高的传热速率，即使温差只有 3~4℃[1] 也不影响操作，适用于低温差的真空流体。既可以一次通过操作，也可以循环操作，适用于稀溶液的浓缩。

换热管壁上的液膜很薄（约 0.25mm），持液量很少，液体在蒸发器内停留时间短、流速大、对流传热系数高、对热敏性物料的蒸发有利，而且清洗所需的化学药品也很少。

降膜蒸发器不适于处理黏度大的物料（上限为100cP[1]）。结垢倾向较大的物料或悬浮固体较多的物料采用强制循环式再沸器较好。

5.5 再沸器选型

各种类型的再沸器都有自己的优缺点和适用场合，不同的操作条件选择不同的再沸器。在一些应用中再沸器类型的选择是比较明确的，比如结垢严重或是黏度很高的液体需采用强制循环式再沸器；加热介质较脏或有腐蚀性和工艺流体结垢的场合倾向于采用卧式热虹吸式再沸器。然而在大多数情况下，多种类型的再沸器都可适用，此时则需要考虑经济性、可靠性、可控性和设备设计经验等因素选择最优类型。表5-2列出了各种再沸器的主要优缺点，表5-3从操作压力、设计温差、结垢情况、混合物的沸程和黏度等方面对再沸器的性能做了比较，表5-4给出了再沸器的选型指南[1,13,15]。

表5-2 再沸器主要优缺点比较[13,16]

型式	优点	缺点	备注
釜式	① 操作可靠性最高 ② 汽化率高，蒸气的气相质量分数良好 ③ 再沸器本身有蒸发空间，相当于一块理论塔板 ④ 循环量低 ⑤ 易于清洗和维修	① 安装费用高（壳体、管嘴和液面控制） ② 加热段停留时间长 ③ 不太适用于高压沸腾 ④ 热通量小，传热速率低 ⑤ 重组分和聚合物易积聚	① 设计多个出口管嘴减小壳体参数 ② 连续出料可以避免重组分和聚合物积聚，从而减轻结垢
立式热虹吸式	① 传热速率高 ② 占地面积小 ③ 管路简单 ④ 加热段停留时间短 ⑤ 管程流体不易结垢 ⑥ 可控性好 ⑦ 固定管板式安装费用低	① 汽化率一般不大于30% ② 管长一般不超过5m ③ 检修困难 ④ 壳程可能需要膨胀节	① 对要求严格的塔，需要设计两台再沸器，每台处理70%的热负荷，以便于维修 ② 在大多数碳氢化合物再沸器中，总传热系数的范围为511～908W/(m²·℃)
卧式热虹吸式	① 传热速率中等 ② 可以处理很大的热负荷 ③ 不易结垢 ④ 可控性好 ⑤ 易于清洗和维护 ⑥ 加热段停留时间短	① 需要额外的管道空间 ② 汽化率低，一般不大于35% ③ 壳程流速太低时会发生相分离 ④ 使用多个壳体和多个进口会存在流体分布不均	① 重组分碳氢化合物总传热系数的范围为397～567W/(m²·℃)，轻组分碳氢化合物高达851W/(m²·℃) ② 折流板设计时需要满足压降要求和消除管束振动
一次通过式自然循环	① 根据塔高要求，热虹吸式再沸器可以是立式或卧式 ② 传热速率较高 ③ 相当于一块理论板 ④ 加热段停留时间短 ⑤ 不易结垢	① 不控制循环量 ② 塔内有返混危险 ③ 立式布置时有过量汽化的危险	汽化率可达40%

型式	优点	缺点	备注
强制循环式	① 适用于高黏度和含固体颗粒的液体 ② 循环量可控 ③ 适用于循环量很高的情况 ④ 适用于换热面积需求很大的情况 ⑤ 适用于加热炉再沸器 ⑥ 可以避免相分离 ⑦ 建立冲刷-结垢平衡 ⑧ 允许过热	① 由于需要泵、管道及控制设备，成本最高 ② 操作费用高 ③ 泵的密封处有可能泄漏 ④ 泵的安装需额外占地面积	只有釜式或卧式热虹吸无法工作时才考虑
内置式	① 安装费用低 ② 热负荷很小 ③ 不需要额外占地空间	① 传热速率低 ② 清洗和维护难度大 ③ 塔内容积有限，管长受限，换热面积较小 ④ 不能看作一块理论板	一般不做考虑
降膜式	① 停留时间短 ② 传热速率高 ③ 压降小 ④ 所需温差低 ⑤ 设备内滞液量少	① 设备安装垂直度要求高 ② 液体流量较高，管较长(保证管内完全润湿) ③ 要求管壁较厚以利于机械清洗 ④ 不适合处理结垢或有较大颗粒的物料 ⑤ 安装费用较高	

表 5-3 不同类型再沸器的比较[1,15]

再沸器型式	立式热虹吸式		卧式热虹吸式		釜式	强制循环式再沸器	内置式再沸器
	一次通过式	循环式	一次通过式	循环式			
沸腾液体走向	管程	管程	壳程	壳程	壳程	管程	壳程
汽化率 最低	~5%	~10%	~10%	~15%	—		
汽化率 常用设计上限	~25%	~25%	~25%	~25%	—	~1%	
汽化率 最高	~30%	~35%	~30%	~35%	~80%	—	
单台换热面积	较小(<750)	较小	较大	较大	大	较小	大
加热段停留时间	短	中等	短	中等	长	短	长
要求温差 ΔT	高	高	中等	中等	可变范围较大	高	可变范围较大
设计液位高度差(循环推动力)	受高度限制	受高度限制	可较大	可较大	—	—	—
可控性	中+	中	中+	中	好	极好	差
传热系数	高	高	较高	较高	较低	高	较低
分离效果(相当理论板)	接近一块	低于一块	接近一块	低于一块	一块	—	—
换热面积较大时	需要多壳程	需要多壳程	比立式易比釜式难	比立式易比釜式难	单壳程	需要多壳程	受限于塔径，通常很难

续表

再沸器型式	立式热虹吸式		卧式热虹吸式		釜式	强制循环式再沸器	内置式再沸器
	一次通过式	循环式	一次通过式	循环式			
结垢难易	不易	较不易	不易	较不易	易	难	较不易
清洗维护	困难（壳程不能）	困难（壳程不能）	较易	较易	易	困难（壳程不能）	运行时困难停车时容易
占地面积	小	小	大	大	大	小（如果垂直放置）	不需要
塔裙座位置（要求液位高度差）	高	高	较低	较低	低	低	低
管线连接	简单	简单	较长	较长	较长	较长	不需要
翅片管的应用	—	—	可能用	可能用	可能用	—	可能用
投资费用	较低	较低	中等	中等	较高	高	低
其他	对操作条件变化敏感，在中等压力和窄沸程的介质设计较可靠		对操作条件变化敏感，可用于宽沸程的介质		对操作条件变化不敏感，在真空和高压下设计较可靠	对操作条件变化不敏感，适用于严重结垢和极高黏性流体	同釜式

表 5-4　再沸器选型指南[2,8]

工艺数据	再沸器型式				
	釜式或内置式	卧式热虹吸式（壳程）	立式热虹吸式（管程）	强制循环式（管程）	降膜蒸发器（管程）
操作压力：					
中等	O	G	B	O	O
接近临界压力	B-O	R	Rd	O	R
高真空	B	R	Rd	O	B
设计温差（ΔT）：					
较大	B	R	G-Rd	O	P
中等	O	G	B	O	O
较小	F	F	Rd	P	G
极小	B	F	P	P	B
结垢情况：					
干净	G	G	G	O	O
中等	Rd	G	B	O	G
较脏	P	Rd	B	G	G
极脏	P	P	Rd	B	G-Rd
混合物沸程：					
纯组分	G	G	G	O	G
窄	G	G	B	O	G

工艺数据	再沸器型式				
	釜式或内置式	卧式热虹吸式（壳程）	立式热虹吸式（管程）	强制循环式（管程）	降膜蒸发器（管程）
混合物沸程：					
宽	F	G	G	O	G
较宽（黏性液体）	F-P	G-Rd	P	B	G-Rd

注：B—best overall（最佳选择）；G—good operation（很好）；F—fair operation but better choice possible（尚好，但可能有更好的选择）；Rd—risky unless carefully designed（有风险，需要谨慎设计）；R—risky because of insufficient data（由于数据不足而有风险）；P—poor operation（差）；O—operable but unnecessarily expensive（可运行，但会产生不必要的高费用）。

5.6 再沸器设计要点

5.6.1 釜式再沸器

5.6.1.1 流动状态[1,2]

釜式再沸器循环示意如图5-12所示。釜式再沸器的换热管束沉浸于沸腾液体中，液体在管束间受热沸腾，气液混合物向上流动，液体自管束两边底部进入，形成空间上不均匀的循环流动，循环量取决于管束外的液体静压头和流经管束产生的压降之间的平衡。釜式再沸器对流体动力学最不敏感。内置式再沸器原理与其类似。

釜式再沸器在处于完全泡核沸腾状态时，泡核沸腾对流传热系数与压力和流速无关。为简化处理，只考虑沸腾对流传热系数，忽略自然对流的影响。釜式再沸器的进出口流体均为单相，管线设计比较简单。

5.6.1.2 结构型式[16,17]

釜式再沸器的前端结构常用TEMA中的B型和A型；后端结构多用U型，有时也会用固定管板式或浮头（T型）式。再沸器本身为错流流动，无须折流板，但需要支持板对换热管提供支承以防止振动。TEMA类型BKU适用于蒸气作为加热介质、泄漏较小的工况；AKT型为浮头式，管程清洗方便，适用于重油、料浆等污垢热阻比较大的介质；也有如BKM和NKN等固定管板式适用于壳程为清洁流体的工况。

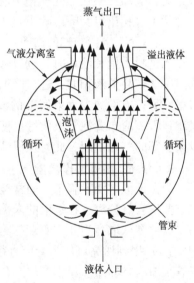

图5-12 釜式再沸器循环示意图[1]

釜式再沸器与其他形式管壳式换热器的主要区别在于它的壳体上部设有蒸发空间，该蒸发空间兼有蒸气室的作用。蒸发空间的大小由蒸气的性质决定，一般取蒸气室的直径为管箱直径的1.5~2倍。

5.6.1.3 管径、管子排列方式与管中心距[8]

管径对再沸器的传热性能影响较小，完全可以基于经济性、可维护性或加热介质压降等因素考虑选择。

管子排列方式对再沸器的传热性能的影响不大，一般选择45°或90°排列，一方面有利于气体排出，防止气体在换热管面凝聚，产生"烧毁现象"，另一方面便于机械清洗。

管中心距对釜式再沸器的传热性能影响较大。管中心距的增加能够增大换热管束的最大热通量，但会在一定程度上降低对流传热系数。因此，在设计过程中，当低传热温差ΔT为限制因素时，可通过减小管中心距来调整；当仅有最大热通量（温差ΔT较高）为限制因素时，增大管中心距是较为经济的选择。当管板和壳体成本的增加与换热面积的减小达到平衡时可以获得最佳配置。

5.6.1.4　管束长径比[1,16]

增大管束长径比（L/D_b）能够增加换热管束的最大热通量，但同时也会减小对流传热系数。通常，短管束、大管束直径的结构适用于传热温差较小的工况。长管束适用于宽沸程流体，但是应考虑增加气液相出口管嘴数，以保证流体在管束沿线上获得均匀分布。根据经验，管嘴数N_n可按式（5-1）估计。

$$N_n = L/(5D_b) \tag{5-1}$$

式中　L——管束长度，m；

　　　D_b——管束直径，m。

在釜式再沸器设计中，管嘴数可以使用默认值也可自己定义，并不影响换热器的性能，但是会影响离开换热器的气相中液体的夹带量。当管长超过5m[16]并且气相流速很高时，应设计两个气相出口管嘴以减小釜式再沸器结构尺寸。

5.6.1.5　进口管嘴位置[8]

当进料为饱和液相时，进口管嘴通常布置在管束下方，以达到最好的循环效果。当进料为过冷度较高的液相时，进口管嘴通常布置在管束两侧或顶部，一方面使进料与蒸气更好地接触，另一方面减少管束底部的液体"停滞"。对于宽沸程混合物（一般不推荐采用釜式），进出口管嘴应布置在管束两端以使混合程度达到最大。对于闪蒸进料，进口管嘴一般布置在管束上部的气相空间，此时须保证有足够的壳体空间来容纳该额外蒸气。

5.6.1.6　液体浸没高度[1]

为保证液体浸没管束，通常釜内液面高度应比换热管束上表面高出约50mm。为使液体能与蒸气较好分离，在管束的末端设溢流堰，溢流堰可看作液体压头为再沸器循环提供推动力。软件默认堰高为0，即溢流堰与管束顶部平齐。不同文献对堰高的描述不同，文献[1][18][19]提到堰高可取为管束直径加65mm，或堰板至少要高出管束25mm，或堰板一般高于管束50~150mm，除非工艺上有特殊要求，堰上不得开放净孔。

储液槽中液相停留时间一般为3min，由于成本限制，储液槽长度一般在2m以下[16]。

5.6.1.7　雾沫夹带

雾沫夹带是釜式再沸器设计中需要考虑的因素。一般要求雾沫夹带量小于2%[8]。为防止雾沫夹带，液面上方应保留足够的分离空间，管束顶部管的中心线至壳顶的距离不宜小于壳径的40%[1]。设计热通量越大，壳程结构尺寸越大。釜式再沸器的壳体内径由管束上方蒸气所需要的流通面积决定，流通速度不应超过气相最大速度，即雾沫夹带时的速度。设计时应考虑壳体内的清液层上方可能会存在一层液沫，液沫的允许厚度是125mm[20]，液沫上方的气相流通所需要的高度至少是250mm[20]。为基本上消除雾沫夹带，蒸气在出口管嘴中的速度要低，速度压头ρv^2不得高于3750 kg/（m·s²）[20]。为减少雾沫夹带有时建议在液面上留 1~2 排暴露的水平管[15]。

5.6.1.8　压降与安装高度[2,5,11]

在设计釜式再沸器时，应进行壳程压力平衡计算，以确定塔和再沸器之间的标高差和各项参数，保证再沸器操作时的正常循环，图 5-13 为釜式再沸器的压力平衡示意图。

按压力平衡原理，参照图 5-13，可得式(5-2)。

$$H_x + H_1 + D_i = \Delta P_1 + \Delta P_2 + \Delta P_3 + \Delta P_4 + \Delta P_5 \qquad (5-2)$$

式中　H_x——安装高度(精馏塔塔底和再沸器顶部之间的标高差)，m；

H_1——塔内最低液位高度，m；

D_i——再沸器壳体内径，m；

ΔP_1——再沸器进口管线的摩擦损失，m 液柱；

ΔP_2——再沸器出口管线的摩擦损失，m 液柱；

ΔP_3——再沸器内流体的静压头，m 液柱；

ΔP_4——出口管线内流体的静压头，m 液柱；

ΔP_5——壳程压降，m 液柱。

由于釜式再沸器的流体循环量相对较低，出口管线中全为气相，所以出口管线内流体的静压头 ΔP_4 和壳程压降 ΔP_5 可以忽略，由于设计时一般取塔内最低液位高度 $H_1 = 0$，安装高度求解可简化为式(5-3)。

$$H_x = \Delta P_1 + \Delta P_2 + \Delta P_3 - D_i \qquad (5-3)$$

由于压力平衡对再沸器的正常操作非常重要，设计时应有足够的安全系数，安装高度可按 H_x 的 1.5~2 倍[11]考虑。

釜式再沸器为一次通过式，进料速率和液体从精馏塔底部塔板流出速率一致，因此可根据塔内的液体静压头确定适合气液相流动的进出口管线参数。

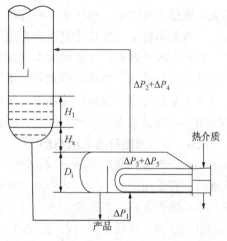

图 5-13　釜式再沸器压力平衡示意图[5]

5.6.2　立式热虹吸式再沸器

5.6.2.1　流动状态[1,9,11]

立式热虹吸式再沸器的常用配置如图 5-14 所示，A 为精馏塔内液面，B 和 D 分别为再沸器的进口和出口管板。在换热管内相应的流体温度和压力变化，如图 5-15 所示。液体从精馏塔塔底进入再沸器，由于受到 A、B 间液柱的静压作用，B 点压力大于流体饱和状态压力，使流体沸点升高，处于过冷状态。流体经换热管向上流动，压力逐渐降低，到 C 点时压力与换热管壁温所对应的饱和蒸气压一致，温度达到泡点，液体开始沸腾汽化，对流传热系数和汽化率迅速增加。从 B 点到 C 点，液体压降低，温度升高，BC 段称为显热段，依靠液体强制对流传热。从 C 点到 D 点，随着压力的降低和组成的变化，沸腾温度、温差 ΔT、相应的汽化率、沸腾对流传热系数和热通量均不断变化，CD 段称为蒸发段。

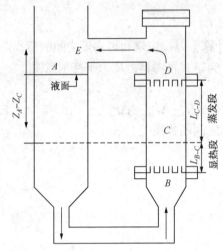

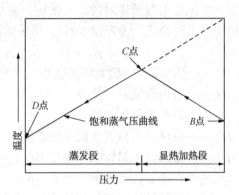

图 5-14　立式热虹吸式再沸器流程示意图[1]　　　　图 5-15　温度和压力变化图[1]

设计良好的立式热虹吸式再沸器，管内流动沸腾开始时，首先是泡状流，当气泡相连而变大时就成为块状流。再往上管中心形成连续的气芯，成为环状流，从块状流到环状流的过渡区一般都不稳定，环状流是比较理想的操作区域。

在环状流上部有一段区域为雾状流，在再沸器设计中一定要注意这一相变过程。雾状流区域液相呈分散状，以微滴形式分布于连续相的气相中，管壁间的传热主要由气体控制，大大降低了对流传热系数和传热速率，又因为换热管壁温接近加热介质温度，会造成换热管过热而引起再沸器管板处泄漏和结垢加剧，设计再沸器时要尽量避免雾状流的出现。

5.6.2.2　加热介质流动方向[21]

当壳程为有相变的加热介质如饱和蒸气，或利用显热加热的具有较宽沸程的混合物如导热油时，宜采用逆流。当加热介质为沸程较窄的混合物或是纯净物如蒸气冷凝液时，利用其显热为再沸器加热，宜采用并流，这样可以提高校正温差，还可以增加工艺流体在换热管底部的泡核沸腾，有利于再沸器稳定循环。对于宽沸程的混合物不推荐采用并流，因为传热温差的损失大于传热系数的提高。

5.6.2.3　结构参数[1,3,22]

对于结构参数的考虑如下：

① 立式热虹吸式再沸器一般采用单管程 E 型壳体。常用的 TEMA 类型有 AEL、BEM、NEN，管子排列方式一般为正三角形（30°），进出口位置可布置在轴线方向上。

② 管径通常为 19~51mm[16]，小管径造价低，适用于中压或清洁流体。当汽化率偏低（小于 10%）时，也宜采用小管径，如 19mm[2] 管径。真空操作、近临界压力操作以及高黏度液体条件下宜采用大管径。当汽化率偏高（大于 35%[3]）时，也宜采用大管径，如 25mm、32mm、38mm。

③ 管长取决于所需的换热面积和管程流动面积。因为立式热虹吸式再沸器一般是固定管板式换热器，所以不必使用标准管长。管长通常采用 2.5m，最长为 3.5m 或 4m，很少采用 5m 的管长[15]。也有文献中提到，管长可用范围为 1.5~6m，通常采用 2.5~5m[12]。当需要足够的循环量，或者因为可获得的静压头较小时，宜使用短管。换热管管长增加，成本下

降但所需循环推动力增大，塔的标高也会相应增加，从而需要更高更昂贵的裙座。也可采用1.5m 和 2m[15]管长，其主要用于包括真空蒸发在内的特殊用途。

④ 由于加热蒸气走壳程，为避免与管板连接处附近的换热管出现干管现象，在设计时应在管板周围留出气体的逸出空间。

⑤ 如果壳程结构尺寸和长度不超过界限，尽量选用单壳程；如果所需换热面积过大而采用几台立式再沸器并联，必须保证每台的大小、与塔的管线连接方式和长度完全一致。

设计时可根据《热交换器型式与基本参数 第 4 部分：立式热虹吸式重沸器》(GB/T 28712.4—2012)选择面积合适的结构参数。如果选用非标再沸器，可根据《热交换器》(GB/T 151—2014)选择换热管管径、管中心距等参数，换热管数可参考软件计算结果(通常为计算结果乘 0.9 后取偶数根)。

5.6.2.4 静压头

静压头(static head)是塔釜正常液位到再沸器下管板的垂直距离，是再沸器循环的推动力，如图 5-16 所示。这一关键数据确定精馏塔和再沸器连接的相对位置，同时是影响汽化率的关键数据。最佳设计要能够使流体混合物在到达换热管顶部时全部完成单程的汽化率。为了这个目的，对于常压到中压操作，可调节再沸器使其上管板与精馏塔塔釜液位持平；对于高压操作，增加静压头有利于改善液体循环，但这会增加出口管线长度和塔裙座高度；对于真空操作，再沸器的上管板要高于塔釜正常液位，一般静压头宜小于 2/3[12]换热管长度，也有文献提到，静压头为换热管长度的 50%~70%[2]或 60%~80%[3]，以降低换热管内流体的过冷度，进而减少显热段换热面积。但静压头降低，汽化率会增加，在调整静压头时，注意汽化率不能大于 50%[12]。一般除真空操作，不推荐两者的标高差超过 0.6m[5]。

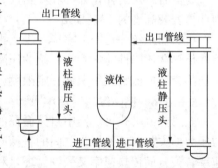

图 5-16 立式热虹吸式
再沸器安装示意图[8]

当再沸器进口侧静压头过高时，不但会增加显热段的换热面积，而且由于进料泡点的提高，再沸器传热的有效平均温差降低，造成温差损失(temperature difference loss)。温差损失对宽馏分、高温差或高压系统的影响并不明显，但对窄馏分、低温差或真空操作系统的影响却十分显著。在这种情况下，可考虑在进口管线设置调节阀。在再沸器进口侧静压头过高时将该阀关小，使管线系统的压降适度增加，也相当于降低了再沸器进料压力，泡点随之降低，从而起到降低循环量、降低显热段长度和减少温差损失的作用。

5.6.2.5 压降[6]

立式热虹吸式再沸器管线系统的总压降主要由三部分组成：进口管线流体压降、出口管线流体压降和再沸器流体压降。每项压降又由三部分组成：摩擦造成的压降、重力造成的流体静压降和两相混合物动量变化而造成的压降。

为使再沸器正常操作，应使总推动力(静压头)大于总压降。当精馏塔-再沸器循环回路中静压头和压降达到平衡时，再沸器处于自然循环状态。

(1) 再沸器总推动力小于总压降

当总推动力小于总压降时，将无法完成规定条件下的传热和物料循环，严重影响再沸器和精馏塔的正常操作，但再沸器仍可运转。当推动力不足以克服压降时，再沸器中的物料将无法循环，停留时间加大，汽化率上升，物料平均密度减小，出口管线中的压降减小，当总推动力大于总压降时，再沸器又可以重新运转。此时建立了新的平衡，需要注意的是虽然此时再沸器可以维持较高的出口汽化率，但在新的平衡条件下再沸器的进料量会减小，从再沸器上升的气体量也将减小，导致再沸器无法提供需要的热负荷。精馏塔的操作可能并无明显的变化，但精馏塔塔顶和塔釜产品的分离纯度会降低，即无法达到预期的分离要求。

一般来说，再沸器系统设计即使不够合理，仍然是可以运转的，除非设计方案极其不合理，否则无须担心再沸器物料无法循环，需要重点关注再沸器是否可以完成所要求的热负荷。

精馏塔若无法达到分离要求，并不一定由塔板数不够所导致，完全可能是再沸器系统设计不合理造成的。

（2）再沸器总推动力大于总压降

再沸器总推动力若大于总压降，则物料循环更快，即循环比增加，单位时间内进入再沸器的物料流量加大，因再沸器参数并无变化，流量加大引起管线压降的增加以及再沸器出口汽化率的降低，流量变大只能达到一定的程度。再沸器换热面积不变，流速的提高使传热性能改善，传热系数及热负荷略有增加，汽化率也有所增加，时间足够长后，便建立起新的平衡。

为留有一定的操作弹性和安全性，通常经过再沸器压力平衡计算后，可取实际安装高度为计算安装高度的 1.5~2 倍。

再沸器系统一旦安装完毕，进入再沸器的物料流量就由整个系统的特性所决定，如再沸器的传热和压降性能、管线系统的压降性能等，而非人工所能调节控制的，最多只能在再沸器加热介质的流量大小上做一定限度内的调节。

5.6.2.6　循环量与汽化率[1,8,21]

立式热虹吸式再沸器中自然循环的循环量、热负荷和压降是相互耦合的。循环量由系统的压力损失与有效静压头之间的平衡确定，又取决于两相流体汽化率的大小，同时也与传热速率有关，而传热速率又受到循环量和汽化率的影响，因此蒸发段内的计算相当复杂。通常设计的立式热虹吸式再沸器，其循环量和汽化率与工艺数据规定值无法保持一致性。

在热负荷给定的情况下，循环量和汽化率成反比。循环量越大，汽化率越低，两相混合物密度越大，换热管内压降越高；循环量越小，汽化率越高，两相混合物密度越小，换热管内压降越低。在某些软件中，可以根据精馏塔的热量平衡，输入再沸器的循环量和汽化率的初始值，在输入静压头和热负荷后，软件会计算出实际的循环量和汽化率。

立式热虹吸式再沸器的汽化率不宜过大，否则极易发生干管或雾状流，汽化率过高还会导致严重结垢，管程对流传热系数降低，出口温度过高进而导致平均温差减小。

立式热虹吸式再沸器（循环式）出口的汽化率范围一般为 10%~35%，真空条件下可扩大至 50%，汽化率过低无法产生足够的"虹吸"动力[1]。由于水和烃化合物在汽化潜热、临界压力及其他物性方面存在巨大差异，对于烃类化合物汽化率范围为 10%~35%，对于水汽化率范围为 2%~10%[8]。

5.6.2.7　进出口管线[7]

立式热虹吸式再沸器设计还需注重进出口管线的设计。

（1）进口管线

在进口管线中设置调节阀，可以增加进口管线的阻力以提高再沸器运行的稳定性，同时还可以减少再沸器下部的过冷显热段，但应校核循环量能否满足。一般情况下，进口管线压降占总压降的20%~30%[21]，进口管线的流通面积占管程总流通面积的10%~30%[8]。

（2）出口管线

立式热虹吸式再沸器设计中很重要的一个方面是出口管线的参数，如果出口管线设计过小，会引起临界热通量的降低和操作的不稳定，出口管线设计要点如下：

① 出口管线压降 出口管线的压降对再沸器的操作至关重要，出口管线压降占总压降的10%~20%，推荐值为10%，不能超过35%[21]。应尽量减少出口管线的长度和弯头数目，并且不应设置阀门，以减小压降损失。

② 出口管线速度压头 出口管线的速度压头ρv^2不能小于$100 \ kg/(m \cdot s^2)$[7]，否则蒸气流速太低不能维持再沸器流体循环。对于宽沸程流体，不能维持循环将导致重组分的积累和传热温差的降低，可通过增加设计热通量和减小出口管线直径来调整。

③ 出口管线流通面积 通常情况下，当热通量较高时出口管线流通面积与管程的总横截面积的比值为1；当热通量较低时出口管线流通面积与管程的总横截面积的比值不应小于0.4[3]。

④ 出口管嘴连接方式 图5-17为立式热虹吸式再沸器出口管嘴连接方式。三通出口的管嘴较短，从而塔釜的最底层塔板较低，而且造价少；长半径弯头则允许有较高的塔釜液位，最小截面积与三通一样时，两者对再沸器性能的影响相同；曲径弯头由于压降较大不常使用。当上管板和出口管线返塔管嘴之间的高度差很小时采用三通，较大时采用长半径弯头。

(a) 三通　　　　　　(b) 长半径弯头　　　　　　(c) 曲径弯头

图5-17 出口管嘴连接方式[11]

⑤ 出口管线返塔管嘴位置 对于立式热虹吸式再沸器，无论是一次通过式还是循环式，一般要求其出口管线返塔管嘴底部与塔釜最高液面的距离不小于300mm[5]，以防止塔釜液面过高时产生严重的雾沫夹带。返塔管嘴顶部与最底层塔板（或最底层填料支撑格栅）的距离最好大于或等于400mm[8]，以防止该段距离过小时气体携带过多的液体返回至最底层塔板，引起液泛。

进出口管线不宜倾斜，应保持垂直或水平方向，以避免出现难以预测的流型（此要求也适用于卧式热虹吸式再沸器）。

5.6.2.8 操作稳定性[8,19]

在设计热虹吸式再沸器时，除了需要解决传热及压降问题外，还要考虑另一关键问题：消除波动性或不稳定性。引起两相流波动有几种不同的传热机理，如在泡核沸腾区，若缺乏汽化核心，液体过热度急剧上升，可能引起严重的不稳定性；又如从一种流型过渡到另一种流型时也会产生波动，像块状流本身就具有间歇性的本质，可能激化系统的不稳定性。

立式热虹吸式再沸器中自然循环沸腾系统的动力学不稳定往往是由于流量、气相体积及压降之间的反馈引起的。假定热通量不变，若进入循环的流体流量因外界干扰而略微下降，换热管内蒸气体积就会增加，管内两相流体的密度相应减小，有效推动力变大，流量、流速增加，产生气体加速运动。这将导致蒸气减少，从而使两相流体的密度变大，有效推动力减小，又产生减速运动，形成带有周期性的波动。这种不稳定性将使精馏塔内发生液泛或漏液等现象。

影响热虹吸式再沸器稳定性的因素如下：

① 进口节流　在进口管线中设置调节阀，增大进口管线压降时，与稳定极限相应的临界热通量上升。热通量较大时稳定性较差，可在进口管线设置阀门以防止振荡不稳定性。通常仅需很小的进口压降就能使流体稳定流动，不会对系统循环量造成很大影响。

② 出口管线直径　出口管线压降增加会引起流动不稳定性。当出口管嘴流通截面积小于换热管的总流通截面积时会使流动稳定性明显下降，容易出现噎塞流。

③ 管长　管子稳定性随管长的增加而下降。管长增加、出口流体汽化率增加、两相区压降上升，都会引起流动不稳定。实验数据表明，当管长从 2.5m 增大到 4m，临界热通量下降 60%，即当进口段无调节阀，管长超过 2.5m 以上，热负荷基本不变，有时甚至下降。如果在设计时必须缩小壳径而增加管长，须安装进口调节阀。

④ 管径　管径增加，临界热通量明显增加，热虹吸式再沸器设计时管径不宜太小，尤其是在低压时更应注意。

⑤ 静压头　如果精馏塔内液位低于再沸器顶部管板，提升塔底液面，增加静压头，有助于提高稳定性，而在真空条件下会增加温差损失。

⑥ 系统压力　提高系统压力，可提高临界热通量。

5.6.2.9　气锁[23]

在立式热虹吸式再沸器的实验中发现了一种气锁（vapor-lock）现象，在操作达到或者超过气锁时，换热管内蒸发段的气液混合物的流动压降大于静压头，将引起再沸器中的气液混合物倒流入塔内，热虹吸现象被破坏，再沸器的操作停止。这是由于立式热虹吸式再沸器热负荷太大的缘故。

传热温差变化影响循环量，随着温差增大，汽化率上升，两相流体密度减小，有效推动力增加，循环量增加。当温差达到一定程度时，循环量达到最大，进一步增加温差，管内的气体量增加，摩擦压降增加，循环量降低，直至流动压降大于静压头，形成气锁。气锁使热虹吸停止，不利于操作，建议谨慎选择加热介质的温度。

5.6.2.10　主要约束条件汇总[8,24]

表 5-5 对立式热虹吸式再沸器的主要设计要点做了汇总。

表 5-5　立式热虹吸式再沸器主要设计要点汇总[8]

项目		单位制	
		SI	US
出口汽化率		0.05~0.35(真空下扩至 0.5)	
换热管设计流速	a. 加压系统	0.3~1.5m/s	1~5ft/sec
	b. 真空系统	0.03~0.3m/s	0.1~1ft/sec
沸腾平均对流传热系数 （宽沸程流体或高真空下偏小）		1135~5674W/(m²·℃)	200~1000 Btu/(hr·ft²·℉)
污垢热阻		0.0001~0.0002m²·℃/W	0.0005~0.001 hr·ft²·℉/Btu
设计热通量		9500~95000W/m²	2000~30000 Btu/(hr·ft²)

不同工况下热虹吸式再沸器的操作性能不同，表 5-6 对传热系数、循环量、热通量、平均温差、污垢热阻及结构参数等做了汇总。

表 5-6　热虹吸式再沸器设计汇总[8]

序号	体系	特征					推荐（建议范围和评价）			
		传热系数	循环量	最大热通量	平均温差	污垢热阻	管径/mm	管长/m	静压头	备注
①	窄沸程饱和烃，中等压力（$C_5 \sim C_7$，0.7MPa）	很高	高	高，通常受限于膜状沸腾	无	低	19~25	若出口汽化率<35%，可达到6m	等于管长	问题较少，通常操作良好
②	窄沸程，有机物的水溶液（水和醇类）	高	高	通常非理想气液平衡，应该仔细计算	通常很低	同上	同上	等于管长	传热系数较高，但易结垢；可在沸点进料
③	重烃真空再沸器（混合二甲苯，界面压力7kPa）	低；过冷区长，抑制泡核沸腾	低；高摩擦压降，加速压头和压头损失	低；不稳定或雾状流限制	非线性；液体顶部最大平均温度	雾状流时可能很高	32~45	通常3.5m或更小	小于管长，存在最佳值	出口汽化率<50%；检查稳定性；如果压力敏感，增加进口压降
④	高压（接近临界压力）轻烃或轻烃混合物（戊烷-辛烷）或水-乙二醇	泡核沸腾下很高；膜状沸腾时更低，但更可控	由于静压头小，出口流体密度高，故较低	低；膜状沸腾限制	由于气液平衡数据的不确定性，沸点温度分布曲线很难预测	通常较低	25~32	同上	尽可能大	物性数据误差较大，操作对压力变化敏感；需要一定的安全系数；临界条件下，设计为膜状沸腾更好
⑤	宽沸程混合物，黏度中等或较小（戊烷-辛烷或分子量1400的丁烯聚合油）沸程较小	相当高；泡核沸腾或泡核沸腾抑制，对流传热控制	设计良好时可以较高	可以相当高	循环量的函数；出口温度随汽化率的增加而增加	中等	25~38	与管径匹配，尽可能短，以获得高循环量	尽可能大，可能需要强制循环或者喷射	小（10%~25%），以增加传热系数，平均温差和可控性。常常指定沸腾状态更好
⑥	沸程较宽，黏度较高（皮炼和分子量1400的丁烯聚合油）沸程（BR）>205℃，黏度>50cP	很低；<280W/m²·℃的泡核沸腾受到抑制，径向混合差	很低	低；由于阻得了蒸气的释放，过早出现膜状沸腾	由于非平衡效应的影响，难以计算	可以达到较高（当壁温较高时）	45~51	短	尽可能大，可能需要强制循环或者喷射	在这些极端条件下，采用热虹吸式再沸器效果不好，考虑卧式壳程热虹吸式再沸器（混合更能更好）或者降膜蒸发器

续表

序号	体系	特征					推荐（建议范围和评价）			备注
		传热系数	循环量	最大热通量	平均温差	污垢热阻	管径/mm	管长/m	静压头	
⑦	喷射式再沸器（蒸气注入到塔内的再沸器）	可以较高，但是当喷射速度过高时传质会受限	通过喷射有了很大的提高	当喷射速度过高时，受雾状流限制	喷射蒸气分压的函数	较低的壁温可以降低污垢的形成	25~32	通常3.5m或更短	等于管长	评估后期处理问题。仔细计算体积温度分布曲线
⑧	全蒸发（LNG二次蒸发器）仅用于特殊情况，一般设计不建议	部分换热管处于雾状流，传热系数较低	强制流动	换热管上端受雾状流限制	非线性，雾状流边界之上过热	只适用于无污垢流体	19~25	雾状流边界以上的长度部分是无效的	只有强制流动	进口管线设阀门消除不稳定性，调节雾状流边界；设计较大的面积余量
⑨	聚合（不饱和）碳氢化合物（丁烯-丁二烯的混合物）	高	高	高	壁温受到限制	在特定温度和汽化率下形成速度很快	25~32	2.4m或者更长，受出口汽化率影响	等于管长	将壁温和出口汽化率限制在快速聚合阈值以下
⑩	无机盐水溶液（硫酸铝溶液）	高，与水相似；固体并不影响沸腾过程，除非浓度很高	高	高	与水类似，除非固体浓度很高	类似于单相流的情况，可逆溶解性盐在壁面沉积，常规溶解性盐可在高汽化率下沉积	25~32	如果出口汽化率低于10%，可以较长	等于管长	使汽化率处于较小值，对可逆溶解性盐，应减小壁温
⑪	污垢较大的重烃混合物（塔底清理剂）	相当低	可以较低，但应该尽可能提高	由于污垢热阻很大，相当高；开工时蒸气压力过高易引起膜状沸腾	可能是循环量的函数	污垢热阻通常>0.001m²·℃/W；沉淀、聚合和焦化等对温度、流速以及微量元素很敏感	32~51	3.5m或更短	在极端情况下可能需要强制流动	在保证低汽化率和低壁温下，尽可能提高流速；提供备用再沸器，隔离清洗污垢严重的再沸器
⑫	低温锅炉-冷凝器（乙烯沸腾-丙烯冷凝）	相对高，沸腾侧表面特性敏感，冷凝侧的阻力也很明显	可以较高	高	很低，使设计热通量较低	很低	19~32	如果出口汽化率35%，可以较长	等于管长	尽可能在泡核沸腾下进料；考虑增强沸腾和冷凝侧表面

续表

序号	体系	特征					推荐（建议范围和评价）			备注
		传热系数	循环量	最大热通量	平均温差	污垢热阻	管径/mm	管长/m	静压头	
⑬	制冷剂（R11，R22，R113）	相当高	通常较高；但由于蒸气密度较高，可能类低比径类低	高	如果使用准确的蒸气压数据，不会出现问题	同上	同上	同上	同上	需要特定的物性数据；由于数据有限，在接近临界状态下操作具有不确定性
⑭	低温（O₂沸腾-N₂冷凝）	或许与轻烃相同	预期较高	ΔT可能较高，注意膜状沸腾	调整为泡核沸腾或完全膜状沸腾，不会是局部分膜状沸腾	很低	19~25	同上	同上	现场经验泡核沸腾较少；尽可能在泡核沸腾下进料
⑮	废热锅炉（产生蒸气的热源为热气体）	沸腾侧很高	设计良好时较高	由于ΔT可能会很高，仔细检查避免雾状状流和膜状沸腾	使用并流以获得最大的ΔT	通常较低	25~32	如果出口汽化率较低，可以较长	如果过冷区域不超过口管的1/4，可较长	汽化率在10%左右；查看不稳定性。如果有必要，可以增加进口管线的阻力，当ΔT较高时，注意避免雾状流和膜状沸腾；使流体均匀分布以消除蒸气聚集

表 5-7 列出了立式热虹吸式再沸器警告信息的调整方法。

表 5-7　调整方法[24]

警告信息	调整方法
汽化率偏高或出现雾状流	增大出口管嘴直径，加大换热管径，缩短换热管长
出现膜状沸腾	减小传热温差 ΔT，加大换热管径
汽化率偏低	减小进口管嘴直径，缩小换热管径，增加换热管长
运行不稳定	增大出口管嘴直径，减小进口管嘴直径，减小传热温差 ΔT
底部显热段偏大	减小静压头，减小进口管嘴直径，工艺流体中注入不凝气或过热蒸气

5.6.3　卧式热虹吸式再沸器

5.6.3.1　流动状态[2]

卧式热虹吸式再沸器的壳程流动状态类似于釜式再沸器，特别是使用错流式壳体（如 X 型壳体）时更为接近。当采用 G 型和 H 型壳体时，纵向隔板可使流体轴向流动，因此整体流动状态更多是错流流动和轴向流动的复合。相对于釜式再沸器，卧式热虹吸式再沸器的循环量更大，从而有更高的壳程对流传热系数和压降，同时由于壳程混合效果更好，平均温差更大。

5.6.3.2　结构参数[3,25]

卧式热虹吸式再沸器的壳体型式有多种，常用的壳体型式如图 5-18 所示。通常 X、G 和 H 型壳体使用最广泛，但也有选用 E 型和 J 型的，这取决于传热速率、结垢情况和壳程的允许压降。由于热虹吸式再沸器本身为自然循环，如果压降较大，可能导致无法在规定条件下实现再沸器的物料循环，因此应使其压降尽可能低。相同条件下 X 型压降最低，其次是 H、G 和 J 型，E 型的压降最高。一般而言，壳体的几何结构导致的压降越大，其传热系数就越高。

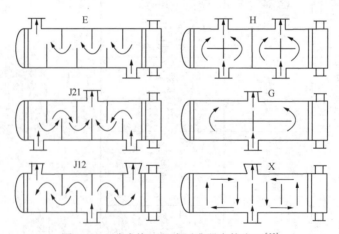

图 5-18　卧式热虹吸式再沸器壳体类型[25]

G 型壳体有一个纵向隔板，换热管长一般不超过 3m；H 型壳体有两个纵向隔板，两进两出式，管长一般不超过 6m[26]。通常纵向隔板总长占壳体长度的 2/3[21]。纵向隔板的设计可使物料路径较短并保持较高的传热性能，有效减少轻组分的闪蒸，所以 G 型和 H 型壳体更适用于宽沸程混合物。另外，纵向隔板还可以消除缺口垂直左右布置折流板导致的气液分离和缺口水平上下布置折流板导致的脉冲流等水力学问题。

E 型和 J 型壳体适用于比 G 型和 H 型壳程流速更高的场合，通常设计成缺口垂直左右布置折流板。当选用 J 型壳体，应注意观察壳程沸腾流体是否有相分离的倾向，如果有，采用缺口水平上下布置折流板。

带有多个进口和出口的 X 型再沸器常用于诸如在余热蒸发器中所遇到的窄沸程纯组分沸腾。宽沸程混合物中的轻组分在纯错流的 X 型壳体中往往会发生闪蒸，造成较高沸点组分的积聚，特别在再沸器的端部更为严重，此时泡点升高，局部沸腾温差降低，传热效果减弱。

对于卧式热虹吸式再沸器，当加热介质较清洁时使用 U 形管（如 BHU）；当加热介质较脏时应使用直管，工艺流体较清洁应使用固定管板式（如 BHM），工艺流体较脏应使用浮头式（如 AHS）。

5.6.3.3 出口管线[2,10]

原则上卧式热虹吸式再沸器的水力学计算方法和釜式类似，但是由于卧式的出口管线中是气液相混合物，计算更为复杂。循环情况取决于系统的压力平衡，包括液体静压头、再沸器进口管线的压降和出口管线的压降以及通过再沸器本身的压降。出口管线的压降和汽化率有关，而汽化率又和循环量有关，因此设计的关键是计算管线尺寸，确定循环量和汽化率。

如果出口管线管径设计过小，会发生噎塞流导致流动不稳定；如果出口管线管径设计过大，会发生气液相分离。对于宽沸程混合物，管线管径设计过大会导致重组分在再沸器内积聚，结垢加剧，沸腾温度升高，从而降低了传热温差。

因此在设计过程中，一方面应审核出口管线流速与两相流最大流速之比（小于 1），确保出口管线尺寸合理；另一方面应审核出口管嘴的速度压头 ρv^2，确保有足够的速度压头来推动垂直管段中的液体上升。出口管线两相流最大流速由下式确定：

$$V_{max} = (371.61/\rho_{tp})^{0.5} \tag{5-4}$$

式中　V_{max}——最大流速，m/s；

　　　ρ_{tp}——两相流密度，kg/m³。

5.6.3.4 汽化率[8]

汽化率应控制在 10%~50% 之间，最好是 20%~30%，接近或低于 10% 时可能会发生块状流；超过 50% 时会因壁温过高导致结垢严重，传热系数下降；接近或超过 60% 时，可能会发生雾状流，使临界热通量降低。

5.6.4 降膜蒸发器

5.6.4.1 流动状态[12,13]

从宏观上看，降膜蒸发器主要以对流沸腾为主，泡核沸腾为辅。液体自管顶流入，呈膜状沿管壁向下流，进口时流速较大，处于过渡区，随后由于阻力损失，流速减小，处于流动发达区，如图 5-19 所示。

传热计算是降膜蒸发器设计的核心。降膜流动的雷诺数计算与液体充满换热管时相同，但因为流动液体并未充满换热管，所以其对流传热系数比相同流速下的满管流动时的对流传热系数要大。另外，气液一起向下流动时，气流的剪切力使液膜减薄，从而强化了传热。对

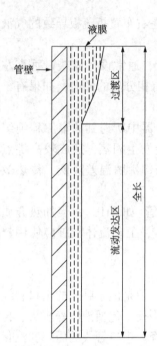

图 5-19　膜状态[12]

流传热系数与管内气速无关，也与温差无关，即在较低的温差下，对流传热系数也很高。

5.6.4.2　结构参数[13]

降膜蒸发器直立安装，一般使用单管程 E 型壳体。常用管径范围为 20~75mm。管径一般比热虹吸式再沸器大，选用原则是常压以上操作时选用小管径；真空操作时选用大管径，真空度越高，选用的管径越大。管子长度一般在 1~6m 之间，也有 8~9m。小管径选用大管长，大管径选用小管长，当然有时大管径也采用大管长。

5.6.4.3　压降[8]

换热管内为气液两相流，压降通常很低，这是一个很大的优势。高真空工况下的可用压降接近于 0，因此产生压降的任何因素都不可忽视。压降的最大组成部分是气液两相间的流动，计算比较困难，而且计算结果误差较大。降膜蒸发器中的允许最大压降通常是设计的一个约束条件。

5.6.4.4　液膜破裂[12]

超过一定热通量和低于一定流速时，液膜往往有变为不连续的倾向。不连续的液膜或干点会造成对应位置的对流传热系数降低和壁温升高，甚至导致产品过热和分解。以下三种机制可导致液膜破裂。

① 最小流速　最小流速通常定义为：由干壁开始，流速从零逐步增加，直到壁面全部润湿时的流速为最小流速。为防止液膜破裂的出现，其操作流速必须要大于最小流速。如果进料流速低于最小流速，液膜会因为表面张力的减小而发生破裂，不断出现干壁现象。同时随着料液的不断蒸发，液膜越来越薄，在换热管下部也有可能发生破裂，因此在控制进料流速的同时还必须控制料液的出口浓度。对于热敏性物料，为了限制停留时间，在保证各换热管具有最小流速的前提下，实际选用的流速应尽量小一些；对于非热敏性物料，可以选用高流速以限制污垢生成，必要时可增设循环泵以保证高流速。最小流速的计算公式为

$$M_{min} = 8.061 \times 10^{-3} (\mu_L \rho_L \sigma^3)^{0.2} \qquad (5-5)$$

式中　M_{min}——最小液体质量流速，kg/(s·m)；

　　　　σ——液体表面张力，mN/m；

　　　　μ_L——液体黏度，cP；

　　　　ρ_L——液体比密度。

② 马朗格尼效应（Marangoni effect）　马朗格尼效应是指蒸发时低表面张力的流体在液相中浓缩形成表面张力梯度，从而造成液膜破裂。当难挥发组分比易挥发组分的表面张力低时，会出现此效应。一般烃类混合物很少受影响。

③ 泡核沸腾　轻微的泡核沸腾可以极大地增加膜对流传热系数，但是剧烈的泡核沸腾会破坏液膜造成干点，导致对流传热系数下降。一般认为常压或比常压低一点的工况下，降膜蒸发器中的壁面过热度不超过 25℃。

5.6.4.5　液体分布[26]

料液分配器是降膜蒸发器的关键部件，降膜蒸发器的热交换强度和生产能力实质上取决

于料液沿换热管分布的均匀程度。所谓均匀分布不仅是指液体要均匀地分配到每一根换热管中，还要沿每根换热管的全部周边均匀分布，并在整个换热管长度方向上保持其均匀性。当料液不能均匀地湿润全部换热管的内表面时，缺液或少液表面就可能因蒸干而结垢，结垢表面反过来又阻滞了液膜的流动从而使邻近区域的传热条件进一步恶化。

5.6.4.6 液泛[13]

当降膜蒸发器汽化后的蒸气由上部流出时，气液相互为逆流，气体向上有阻止液膜向下流动的倾向。当气速很大时，就会产生液泛现象，导致管内液膜受到严重破坏，最终影响整个系统的传热。因此要限制气体流速，可以通过扩大管径或是增加管数防止液泛。

5.6.4.7 设计结果审核要点[12]

当一台降膜蒸发器初步计算结束后，还要从以下三方面去检查该设备是否可行：

① 压降 在一般情况下降膜蒸发器的压降是比较小的，这对常压操作没有问题，但在真空操作时，对压降有严格的限制。

② 热通量 降膜蒸发器的热通量应控制在 $25kW/m^2$ 以内，如果热通量太大，可降低壳程的加热温度，即减小传热温差。

③ 传热温差 蒸汽加热热敏性液体时最大为 $20\sim25℃$；热油加热热敏性液体时最大为 $35℃$；对非热敏性液体最大为 $50℃$。

5.6.5 其他设计考虑因素

本节将阐述设计再沸器时应考虑的某些重要因素。造成再沸器不能正常操作的问题，往往不是由于沸腾对流传热系数的计算误差，而是对设计计算方法之外的情况缺乏具体的考虑。本节所讨论的某些影响因素，仅供读者参考。

5.6.5.1 污垢热阻[5]

在再沸器设计中需要考虑污垢的影响，一般可根据工程经验选择一个污垢热阻值。由于再沸器的沸腾对流传热系数一般较高，所以规定的污垢热阻通常在总传热系数中占相当大的比例。目前尚无方法预测沸腾流体污垢热阻，因此根据实践经验和文献介绍的试验数据，可以通过设备形式的选择和操作条件的调整，做到尽可能地降低污垢热阻的影响，以下建议仅供设计参考。

(1) 影响污垢生成的因素

污垢的生成与流体流动速度、温度、汽化率有关，或者三者兼而有之。

含沉淀物或重残渣等介质，污垢生成与流速关系密切，因此依靠提高流速来减少污垢是首先要考虑的问题，此工况选择管内沸腾的立式热虹吸式再沸器较好；其次，考虑选择用泵强制输送的卧式热虹吸式再沸器。易沉淀介质或重残渣等不宜选择釜式再沸器，因为它会积累残渣物，形成严重的污垢。

与流体温度有关的污垢，一般通过某种化学反应如不饱和烃类的聚合而形成。因此换热管壁温超过反应温度时，污垢生成速度将迅速增加。由于釜式再沸器可以在较低的有效温差下操作，所以是比较合适的选择。

汽化敏感的污垢，常发生在重组分随介质汽化后从液体析出的状况，在釜式再沸器或液体循环量较低的卧式热虹吸式再沸器中易发生。对于这种工况，选用管内沸腾的立式热虹吸式再沸器更合适。

（2）汽化率对污垢的影响

在较低的汽化率下，各种污垢都有减小的倾向。对于容易生成污垢的介质，根据经验，其汽化率不宜超过20%。

（3）流动分布的影响

壳程不良的流动分布将导致污垢生成加快，例如管中心距太小、旁路面积较大、折流板切口太大或折流板切口方位错误等都可能造成不良的流动分布。任何引起局部高汽化率、高壁温或低流速的壳程几何形状，都将引起严重的结垢。

另外，壳程的不良分布也会引起换热管壁温较高，促使管内介质污垢生成加快，这样可能堵塞换热管而引起管程的不良分布。

（4）尽量采用符合实际的污垢热阻

一般不推荐"只是为了保险"采用过大的污垢热阻。过大的污垢热阻将使换热面积过大，造成浪费。并使得新设备开车时所需的 ΔT 比正常操作要小得多，再沸器的操作性能变差。如果污垢热阻选择过大，会使实际运行条件与设计条件相差悬殊，开工时若根据设计条件去分析实际运行情况，将没有任何意义。因此选用污垢热阻应尽量合乎实际，推荐的污垢热阻数据见表5-8。

表 5-8　推荐的污垢热阻数据[5]　　　　　　　　　　　　　　　　$m^2 \cdot K/W$

介质	污垢热阻	介质	污垢热阻
	沸腾侧		加热侧
$C_1 \sim C_8$ 正构烃类	$0 \sim 0.00018$	水蒸气冷凝	$0 \sim 0.0001$
$>C_8$ 的烃类	$0.00018 \sim 0.0005$	有机物冷凝	$0.0001 \sim 0.00018$
二烯烃和有聚合的烃类	$0.0005 \sim 0.0009$	有机物液体冷却	$0.0001 \sim 0.00035$

在极端情况下，一些措施应酌情考虑，例如，清洗频繁需要备用设备，以保证连续操作，或者采用强制循环增加循环量，从而减缓污垢生成、延长开工周期。

5.6.5.2　有效温差[5]

所有的再沸器都是按照某些规定的污垢热阻进行设计。当新设备开工时，有效温差 ΔT、换热面积或加热介质的对流传热系数，需要降低到设计水平以下，才能弥补暂时不存在的污垢热阻。因此在新设备开工时，应注意 ΔT 的控制方法。

（1）开工时对操作的考虑

按照较高的污垢热阻值设计的再沸器，开工时需要的 ΔT 远远低于达到规定污垢热阻的 ΔT。如果开工时对新设备提供满足设计的 ΔT，就可能使再沸器处于膜状沸腾下，因此再沸器开工时，要使 ΔT 尽可能小，然后逐渐增加热介质的温度，直至达到设计能力，防止不必要的膜状沸腾。

对再沸器热源的控制是降低开工时 ΔT 的有效办法。如果用水蒸气加热，可在水蒸气进口管线上设置阀门进行节流，降低水蒸气的压力和饱和温度，从而降低了 ΔT。或者，当设备能力有很大潜力时，可以使用冷凝液淹没法。通过再沸器壳程冷凝液液面的积聚，生成较长的过冷区，但是这样做减少了有效的换热表面，使得热通量和循环量降低，并加快沸腾侧污垢生成。冷凝液淹没法最好与进口蒸气节流结合使用，这样能够更有效地控制 ΔT。

如果用无相变流体加热，再沸器一般需要设置旁路。开工时用旁路减少热流体的流速，从而降低热流体出口温度，用此方法来调节 ΔT。

（2）在很低 ΔT 下的操作

由于经济原因或工艺限制，再沸器有时必须在极低 ΔT（小于4℃）下操作。但是当 ΔT 很低时，泡核沸腾对流传热系数受表面粗糙度的影响而急剧地变化，使得泡核沸腾很不稳定。此工况下，为增强泡核沸腾效果，对于不易生成污垢的流体可以使用多孔表面管，或者采用低翅片管（T形翅片管）扩大和改变换热管表面，增加泡核生成，稳定操作。

在很低 ΔT 下操作时，立式热虹吸式再沸器（管内沸腾）设计的热通量不能太小，以便提供良好的循环。但也不能超过或接近临界热通量，否则会造成操作不稳定，应特别注意。

（3）在较高 ΔT 下的操作

再沸器在较高 ΔT 下操作，会产生三种不同的极限状态，即膜状沸腾、雾状流沸腾和不稳定沸腾。超过临界热通量，将会发生上述三种状态之一。

有些工况不得不使用中高温加热介质，此时的 ΔT 比泡核沸腾状态所需要的 ΔT 显然高很多。在这种情况下可以将再沸器设计成处于膜状沸腾状态，但是不推荐，因为操作难以控制。通常采用减小传热温差或增大管径的方法避免膜状沸腾。

总之，再沸器的设计要尽量处于完全泡核沸腾状态，或者处于完全膜状沸腾状态。由于泡核沸腾对流传热系数高得多并且壁温较低，宜优先考虑。

5.6.5.3　操作压力[5]

接近临界压力和高真空下的操作需要特别注意。

（1）接近临界压力的操作

在趋近临界压力时蒸气密度接近液体密度，因此降低了用于循环的净驱动压头。此时气液分离能力较差，会使泡核沸腾的临界热通量降低。在趋近临界压力时，釜式再沸器有较好的操作性能，在塔内安装有足够换热面积的内置式再沸器有更好的操作性能。如果使用管内沸腾的立式热虹吸式再沸器，最好采用大直径且较短的换热管。

（2）高真空下的操作

重质流体尤其是热敏性流体，在真空下精馏必须特别注意再沸器性能。真空条件下易产生较长过冷区，过冷区对流传热系数比较低，使沸腾传热效率下降，因此设计立式热虹吸式再沸器时，过冷区长度最好小于或等于换热管长的1/4。另外，在真空下泡核沸腾需要更大的孔穴，普通光滑管一般不能满足要求，最好采用多孔表面管来提高传热效率。一种消除真空操作下再沸器过冷区同时增加高黏度宽沸程流体循环量的方法，是在再沸器进口工艺流体中注入少量不凝气或过热蒸气。此方法可能造成冷凝过程的传热效率降低，但可以极大提高再沸器的热传递并显著提高低压操作的循环量。

大部分真空操作带来的问题，一般属于流体动力学问题，选择对流体动力学最不敏感的釜式再沸器最适宜。其次可选择管内沸腾立式热虹吸式再沸器，但必须有足够的静压头以保证良好的循环。立式热虹吸式再沸器的设计，须用可靠的计算机软件来完成。

5.6.5.4　沸程[8]

相较于窄沸程流体，宽沸程流体的黏度较高，流动阻力较大，而且不易挥发的高沸点组分在加热壁面聚集，使泡核沸腾被完全抑制，导致对流传热系数低。

立式热虹吸式再沸器的管束长径比较小，流体循环量大，高黏度下操作良好。卧式热虹吸式再沸器在折流板选用适当的情况下能够使宽沸程混合物在壳程充分混合，获得较高的对流传热系数。降膜蒸发器在流体分布均匀的情况下适用于宽沸程、高黏度的混合物。

5.6.5.5 壳程相分离[8]

折流板为垂直切口且壳程为两相流的卧式再沸器可能会出现气液相分离的问题。气液相分离严重时壳程顶部和底部产生极端温差，导致壳体弯曲，换热管从管板处脱落。在涉及相分离的所有案例中，尺寸较大的 E 型壳体最易发生相分离。

水平切向折流板能够很好地改善因垂直切向折流板引起的相分离问题，但同时会增加壳程压降，尤其是在换热管出现振动需要减小折流板间距时，会出现超出允许压降的情况。水平切向折流板不利于液相排出，因而很少使用；垂直切向折流板有利于液相排出但是容易导致相分离，不过相分离一般不是很严重，尤其是在污垢热阻较高而有较大换热余量时。

对于气液两相流的蒸发，尤其对于两相进料—产物再沸器（表 5-9），为防止相分离可采取以下措施：

① 使用立式单壳程再沸器，流体流动方向向上；

② 使用折流杆和环形分配器；

③ 如果必须使用卧式再沸器，蒸发发生在壳程，可采用水平切口折流板并使再沸器的长径比小于 10。

表 5-9　两相进料-产物再沸器[8]

工艺数据	再沸器型式				
	VSBR	VSBD	VTB	HSBV	HSBH
含氢气的烃类混合物的冷凝和沸腾	B	G-Rd	Rd	P	F-G, Rd

注：1. 再沸器的壳程与管程均为含氢气的烃类混合物，蒸发液的气液两相发生相分离会导致操作不稳定。

2. VSBR—立式壳程沸腾，折流杆；VSBD—立式壳程沸腾，双弓形折流板；VTB—立式管程沸腾；HSBV—卧式壳程沸腾，垂直切向折流板；HSBH—卧式壳程沸腾，水平切向折流板。

3. B—best overall（最佳选择）；G—good operation（很好）；F—fair operation but better choice possible（尚好，但可能有更好的选择）；Rd—risky unless carefully designed（有风险，需要谨慎设计）；P—poor operation（差）；O—operable but unnecessarily expensive（可运行，但会产生不必要的高费用）。

以上所述是提醒设计人员注意，在设计再沸器时不仅要审核软件计算的结果，还要从工艺数据、操作条件（尤其开工条件）、介质性质和污垢生成情况等，全面考虑所选设备性能的应变能力，从而保证再沸器的高效长周期运行。

5.7　再沸器设计示例

5.7.1　釜式再沸器

为精馏塔设计釜式再沸器，工艺数据见表 5-10。

表 5-10 工艺数据

项目		热流体(Steam)	冷流体(Hydrocarbon)
质量流量/(kg/h)		2561	43546
进口温度/℃		109	92
进口气相质量分数		1	0
出口气相质量分数		—	0.5
进口压力(绝压)/kPa		138	1724
允许压降/kPa		7	70
污垢热阻/(m² · K/W)		0.00009	0.00009
摩尔分数	丙烷(Propane)	—	0.15
	异丁烷(i-Butane)	—	0.25
	正丁烷(n-Butane)	—	0.6
	水(Water)	1	—

5.7.1.1 初步规定

• 流体空间选择

对于釜式再沸器,热流体(蒸气)走管程,冷流体(烃类混合物)走壳程。

• 壳体和前后端结构

釜式再沸器选用 K 型壳体;冷热流体污垢热阻小于 0.00035m² · K/W,均为较清洁流体,前端结构选用 B 型,后端结构选用 U 型。

• 换热管

选用管外径 25mm、管壁厚 2.5mm U 形管。

• 管子排列方式

为便于机械清洗,选择正方形排列(90°)。

• 折流板

釜式再沸器没有折流板,通常使用支持板支承管子并防止振动。

• 材质

管程和壳程流体均无腐蚀性,再沸器材质选用普通碳钢。

5.7.1.2 设计模式

(1)建立和保存文件

启动 Aspen Exchanger Design & Rating 软件,新建一个管壳式换热器文件,单击 **Save** 按钮 ，文件保存为 Example5.1_Kettle_BKU_Design.EDR。

(2)设置应用选项

将单位设为 SI(国际制)。进入 **Input | Problem Definition | Application Options | Application Options** 页面。General 选项区域 Location of hot fluid 下拉列表框中选择 Tube side(管程)、Select geometry based on this dimensional standard(选择结构基于的尺寸标准)下拉列表框中选择 SI(国际制),Hot Side 选项区域 Application(应用)下拉列表框中选择 Condensation(冷凝)、Cold Side 选项区域 Application(应用)下拉列表框中选择 Vaporization(蒸发)、Vaporizer type(蒸发器类型)下拉列表框中选择 Flooded evaporator or kettle(浸没式蒸发器或釜式再沸器),其余选项保持默认设置,如图 5-20 所示。

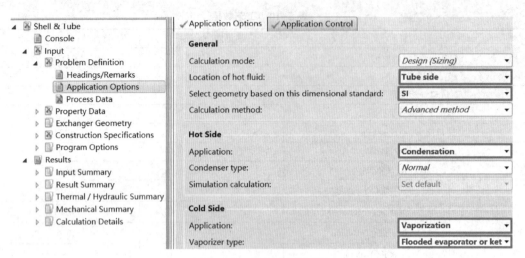

图 5-20　设置应用选项

（3）输入工艺数据

进入**Input | Problem Definition | Process Data | Process Data** 页面，根据表 5-10 输入冷热流体工艺数据，如图 5-21 所示(输入时注意单位一致)。

		Hot Stream (1) Tube Side		Cold Stream (2) Shell Side	
Fluid name:		Steam		Hydrocarbon	
		In	Out	In	Out
Mass flow rate:	kg/h	2561		43546	
Temperature:	°C	109		92	
Vapor fraction:		1		0	0.5
Pressure:	kPa	138	131	1724	1654
Pressure at liquid surface in column:					
Heat exchanged:	kW				
Exchanger effectiveness:					
Adjust if over-specified:		Heat load		Heat load	
Estimated pressure drop:	kPa	7		70	
Allowable pressure drop :	kPa	7		70	
Fouling resistance :	m²-K/W	0.00009		0.00009	

图 5-21　输入工艺数据

（4）输入物性数据

进入**Input | Property Data | Hot Stream (1) Compositions | Composition** 页面，Physical property package (物性包) 下拉列表框中选择 Aspen Properties，Hot side composition specification(热流体组成规定)下拉列表框中选择 Mole flowrate or %，单击**Search Databank** 按钮，搜索组分 WATER(水)，组成默认为 1，如图 5-22 所示；进入**Property Methods** 页面，Aspen propertymethod(Aspen 物性方法)下拉列表框中选择 IAPWS-95，其余选项保持默认设置，如图 5-23 所示。

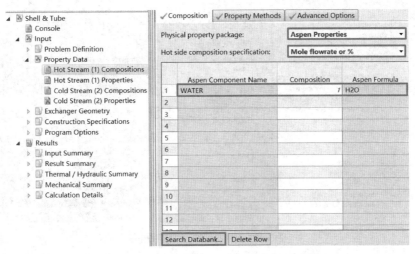

图 5-22　输入热流体组成

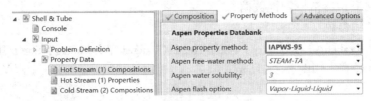

图 5-23　选择热流体物性方法

进入**Input | Property Data | Hot Stream (1) Properties | Properties** 页面，单击**Get Properties** 按钮，获取热流体物性数据。

进入**Input | Property Data | Cold Stream (2) Compositions | Composition** 页面，Physical property package(物性包)下拉列表框中选择 COMThermo，Cold side composition specification (冷流体组成规定)下拉列表框中选择 Mole flowrate or %，单击**Search Databank** 按钮，搜索组分 Propane(丙烷)、i-Butane(异丁烷)及 n-Butane(正丁烷)并输入其组成，如图 5-24 所示；进入**Property Methods** 页面，物性方法选择 Peng Robinson，如图 5-25 所示。

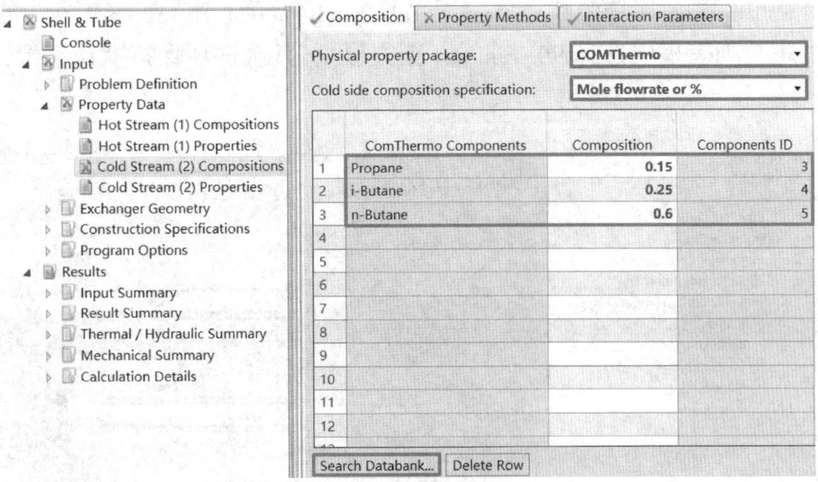

图 5-24　输入冷流体组成

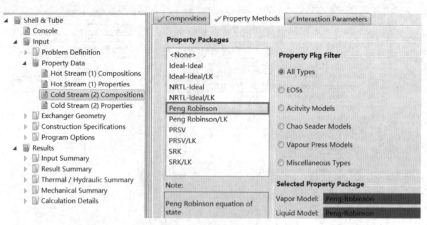

图 5-25　选择冷流体物性方法

进入 **Input｜Property Data｜Cold Stream（2）Properties｜Properties** 页面，单击 **Get Properties** 按钮，获取冷流体物性数据。

（5）设置结构参数

进入 **Input｜Exchanger Geometry｜Shell/Heads/Flanges/Tubesheets｜Shell/Heads** 页面，全部选项保持默认设置，如图 5-26 所示。

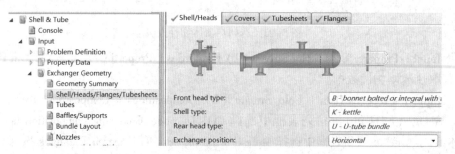

图 5-26　设置再沸器结构类型

进入 **Input｜Exchanger Geometry｜Tubes｜Tube** 页面，输入 Tube outside diameter（管外径）25mm，Tube wall thickness（管壁厚）2.5mm，Tube pitch（管中心距）32mm，在 Tube pattern（管子排列方式）下拉列表框中选择 90-Square（正方形），其余选项保持默认设置，如图 5-27所示。

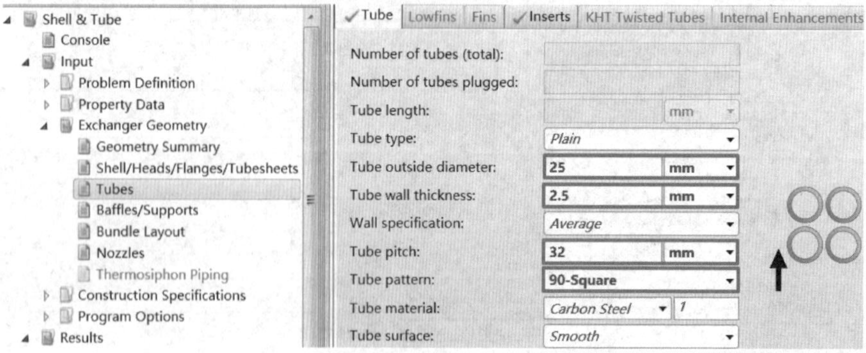

图 5-27　输入换热管参数

（6）设置程序选项

因管程气体/蒸气常用流速范围为 5 ~ 30m/s[16]，进入 **Input | Program Options | Design Options | Process Limits** 页面，输入 Maximum fluid velocity（最大流体速度）30m/s，其余选项保持默认设置，如图 5-28 所示。

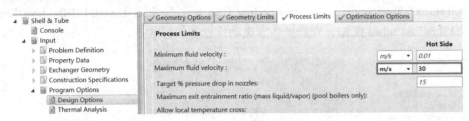

图 5-28　设置热流体最大流体速度

（7）运行程序与查看警告信息

为防止数据丢失，单击**Save** 按钮🖫保存文件。选择**Home | ▶**，运行程序。进入**Results | Result Summary | Warnings & Messages** 页面，查看警告信息，如图 5-29 所示。

			Description
⚠	Operation Warning	1626	There were 2 supports specified or estimated along the bundle of shell 1, but the HTFS vibration analysis indicates that 3 supports are required
⚠	Operation Warning	1611	The HTFS flow induced vibration analysis has identified possible or serious problems in one or more areas: Fluid Elastic Instability: 1 warnings, of which 0 serious; Resonance Assessments: 0 warnings, of which 0 serious.

○ Input (0)
○ Results (0)
◉ Operation (2)
○ Notes/Advisory (6)
○ All (8)

图 5-29　查看警告信息

运行警告 1626：沿壳体 1 的管束方向有 2 块规定或估计的支持板，但 HTFS 振动分析表明需要 3 块支持板。该警告可在模拟模式下通过添加支持板解决。

运行警告 1611：HTFS 流体诱导振动分析确定一个或多个区域存在可能或严重的振动问题，即流体弹性不稳定性振动 1 处，无严重振动；无共振。该警告需要加以调整。

（8）振动分析

进入**Results | Thermal / Hydraulic Summary | Vibration & Resonance Analysis | Fluid Elastic Instability (HTFS)**页面，查看再沸器振动情况，如图 5-30 所示。编号 3 振动管的实际质量流量与临界质量流量的比值（$LDec = 0.01$ 下的 W/W_c）大于 1，可能发生流体弹性不稳定性振动（参考 3.9.6 节和 3.9.7 节）。

Fluid Elastic Instability (HTFS)		
Shell number: Shell 1 ▼		
Fluid Elastic Instability Analysis		
Vibration tube number	3	4
Vibration tube location	Inlet row, centre	Baffle overlap
Vibration	Possible	No
W/Wc for heavy damping (LDec=0.1)	0.35	0.2
W/Wc for medium damping (LDec=0.03)	0.63	0.37
W/Wc for light damping (LDec=0.01)	1.1 *	0.65
W/Wc for estimated damping	0.38	0.22

图 5-30　查看流体弹性不稳定性分析

流体弹性不稳定性振动必须解决，可通过减小错流流速或增大临界错流流速解决；减小无支承跨距可使错流流速和临界错流流速同时增大，但对临界错流流速影响更大，因为错流流速与无支承跨距成反比，而临界错流流速与无支承跨距的平方成反比（参考 3.9.2 节和 3.9.3.3 节）。该振动可在模拟模式下采取添加支持板的措施解决。

进入**Results | Mechanical Summary | Setting Plan & Tubesheet Layout | Tubesheet Layout** 页面，单击**Vibrations tubes** 按钮，查看换热管振动位置，编号 3 振动管位置如图 5-31 所示。

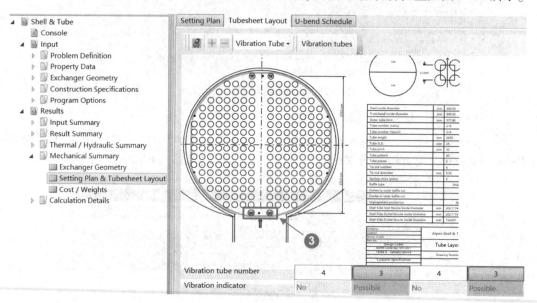

图 5-31　查看换热管振动位置

（9）优化路径

如果对于设计结果不满意，或者有特殊要求，可以查看优化路径。进入**Results | Result Summary | Optimization Path | Optimization Path** 页面，可以快速地查看面积余量和压降比，以及设计状态，如图 5-32 所示。根据**Input | Program Options | Design Options | Optimization Options** 页面中 Basis for design optimization 选项设置，程序会依据最小换热面积或最低设计成本，选出最佳设计。设计者也可根据自己的考虑，从中选择合适的设计。

注：设计状态"OK"与"Near"的判断标准，详见 1.5.2.2 节。

Optimization Path

Current selected case:　　1　　Select

Item	Shell Size	Tube Length Actual	Tube Length Reqd.	Area ratio	Pressure Drop Shell	Dp Ratio	Pressure Drop Tube	Dp Ratio	Baffle Pitch	No.	Tube Pass	Tube No.	Units P	Units S	Total Price	Design Status
	mm	mm	mm		bar		bar		mm						Dollar(US)	
1	590.55	2850	2786.3	1.02	0.0475	0.07	0.02675	0.38	0		2	216	1	1	40533	OK
2	602	2850	2734.4	1.04	0.0455	0.06	0.0263	0.38	0		2	220	1	1	41279	OK
3	627	2550	2528.1	1.01	0.04825	0.07	0.02346	0.34	0		2	236	1	1	42391	OK
4	652	2250	2226.8	1.01	0.05058	0.07	0.02043	0.29	0		2	264	1	1	44154	OK
1	590.55	2850	2786.3	1.02	0.0475	0.07	0.02675	0.38	0		2	216	1	1	40533	OK

图 5-32　查看优化路径

（10）查看结果与分析

进入**Results｜Thermal／Hydraulic Summary｜Performance｜Overall Performance**页面，查看换热器总体性能，如图5-33所示。

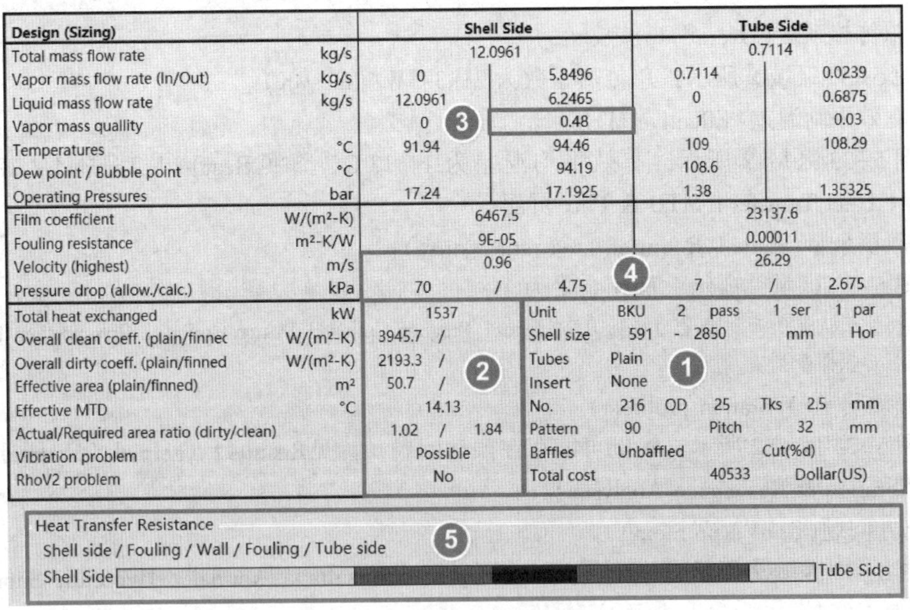

Design (Sizing)		Shell Side		Tube Side	
Total mass flow rate	kg/s	12.0961		0.7114	
Vapor mass flow rate (In/Out)	kg/s	0	5.8496	0.7114	0.0239
Liquid mass flow rate	kg/s	12.0961	6.2465	0	0.6875
Vapor mass quallity		0	0.48	1	0.03
Temperatures	°C	91.94	94.46	109	108.29
Dew point / Bubble point	°C		94.19	108.6	
Operating Pressures	bar	17.24	17.1925	1.38	1.35325
Film coefficient	W/(m²-K)	6467.5		23137.6	
Fouling resistance	m²-K/W	9E-05		0.00011	
Velocity (highest)	m/s	0.96		26.29	
Pressure drop (allow./calc.)	kPa	70	4.75	7	2.675

Total heat exchanged	kW	1537	Unit	BKU	2 pass	1 ser	1 par
Overall clean coeff. (plain/finnec	W/(m²-K)	3945.7 /	Shell size	591 - 2850		mm	Hor
Overall dirty coeff. (plain/finned)	W/(m²-K)	2193.3 /	Tubes	Plain			
Effective area (plain/finned)	m²	50.7 /	Insert	None			
Effective MTD	°C	14.13	No.	216 OD	25 Tks	2.5	mm
Actual/Required area ratio (dirty/clean)		1.02 / 1.84	Pattern	90	Pitch	32	mm
Vibration problem		Possible	Baffles	Unbaffled	Cut(%d)		
RhoV2 problem		No	Total cost		40533	Dollar(US)	

Heat Transfer Resistance
Shell side / Fouling / Wall / Fouling / Tube side
Shell Side ████████████████████████████████ Tube Side

图5-33　查看换热器总体性能

① 结构参数

如图5-33区域①所示，再沸器型式为BKU，管程数2，串联台数1，并联台数1，壳体（内径）591mm，管长2850mm，光管，管数216，管外径25mm，管壁厚2.5mm，正方形排列（90°），管中心距32mm，无折流板。

进入**Results｜Result Summary｜TEMA Sheet｜TEMA Sheet**页面，壳程进出口管嘴公称直径分别为203.2mm（8in）和152.4mm（6in），管程进出口管嘴公称直径分别为152.4mm（6in）和76.2mm（3in）。

注：在Design模式下，**Input｜Exchanger Geometry｜Nozzles｜Shell Side Nozzles**页面中，Nozzle diameter dislayed on TEMA sheet（显示在TEMA表中的管嘴直径）选项默认为Nominal（公称直径）。程序中管嘴尺寸有ASME（美国机械工程师协会）和ISO（国际标准化组织）两种标准，默认采用ASME标准。

② 总热负荷（Total heat exchanged）

如图5-33区域②所示，总热负荷为1537.0kW。

③ 气相质量分数（Vapor mass quality）

如图5-33区域③中所示，壳程出口气相质量分数为0.48，在合理范围内（表5-3）。

④ 流速（Velocity）

如图5-33区域④所示，壳程和管程流体的最高流速分别为0.96m/s和26.29m/s。

进入**Results｜Results Summary｜TEMA Sheet｜TEMA Sheet**页面，壳程和管程平均流速分别为0.79m/s和1.78m/s，均在合理范围内（表3-46）。

⑤ 压降（Pressure drop）

如图5-33区域④所示，壳程和管程压降分别为4.750kPa和2.675kPa，均小于允许压降。

注：如果压降远小于允许压降，为了尽可能充分利用允许压降，可参考 3.10.3 节进行调节；如果允许压降得到了充分利用，但继续增加很少的压降就能较大地提高经济性，则应再行设计并考虑增加允许压降的可能性。

⑥ 总传热系数（Overall dirty coeff.）

如图 5-33 区域②所示，总传热系数为 2193.3W/（m² · K）。

⑦ 有效平均温差（Effective MTD）

如图 5-33 区域②所示，有效平均温差为 14.13℃，详见 **Results | Thermal / Hydraulic Summary | Heat Transfer | MTD & Flux** 页面。

⑧ 面积余量（Actual/Required area ratio，dirty）

如图 5-33 区域②所示，面积余量为 2%。

注：软件默认最小面积余量为 0%，可在 **Input | Program Options | Design Options | Optimization Options** 页面设置最小面积余量数值。

⑨振动问题（Vibration problem）

如图 5-33 区域②所示，本例可能存在振动问题，详见 **Results | Thermal / Hydraulic Summary | Vibration & Resonance Analysis** 页面。

⑩ ρv^2 问题（RhoV2 problem）

如图 5-33 区域②所示，本例无 ρv^2 问题，详见 **Results | Thermal / Hydraulic Summary | Flow Analysis | Flow Analysis** 页面。

⑪ 热阻分布（Heat Transfer Resistance）

如图 5-33 区域⑤所示，本例热阻分布基本均衡，详见 **Results | Thermal / Hydraulic Summary | Performance | Resistance Distribution** 页面。

⑫ 热通量（Heat flux）

进入 **Results | Thermal / Hydraulic Summary | Heat Transfer | MTD & Flux** 页面，如图 5-34 所示，最大实际热通量 32.9kW/m²，临界热通量 381.6kW/m²，最大实际热通量与临界热通量的比值 0.086 小于 0.7，在安全范围内（参考 5.3.2 节）。

注：最大实际热通量与临界热通量的比值由 Highest actual flux/Critical heat flux 计算得到[24]。

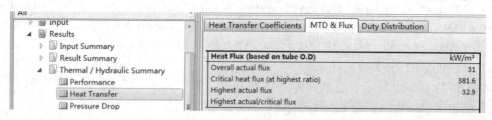

图 5-34 查看热通量

⑬ 压降分布（Pressure drop distribution）

进入 **Results | Thermal / Hydraulic Summary | Pressure Drop | Pressure Drop** 页面，如图 5-35 所示，壳程进出口管嘴压降分别为壳程总摩擦压降的 50.36% 和 35.82%，管程进出口管嘴压降分别为管程总摩擦压降的 28.98% 和 8.09%。

Pressure Drop	kPa	Shell Side			Tube Side		
Maximum allowed		70			7		
Total calculated		4.75			2.675		
Gravitational		2.134			0		
Frictional		2.592			3.138		
Momentum change		0.024			-0.464		
Pressure drop distribution		m/s	kPa	%dp	m/s	kPa	%dp
Inlet nozzle		0.82	1.305	50.36	47.85	0.91	28.98
Entering bundle		0.63			26.29	0.135	4.31
Inside tubes					26.29　0.92	1.83	58.32
Inlet space Xflow		0	0				
Bundle Xflow		0.63　0.96	0.358	13.82			
Baffle windows		0	0				
Outlet space Xflow		0	0				
Exiting bundle		0.96			0.92	0.01	0.3
Outlet nozzle		7.71	0.928	35.82	7.08	0.254	8.09

图 5-35　查看压降分布

⑭ 雾沫夹带(Entrainment fraction)

进入 **Results | Thermal / Hydraulic Summary | Flow Analysis** 页面，如图 5-36 所示，釜式再沸器的雾沫夹带量为 2%，在合理范围内(参考 5.6.1.7 节)。

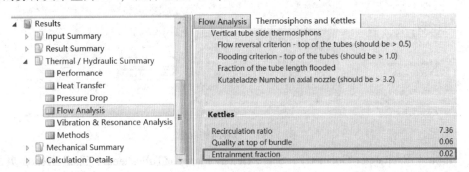

图 5-36　查看雾沫夹带量

⑮ 温度分布

进入 **Results | Calculation Details | Analysis along Tubes | Plots** 页面，查看管程(TS)与壳程(SS)主体温度分布，如图 5-37 所示，冷热流体之间无温度交叉。

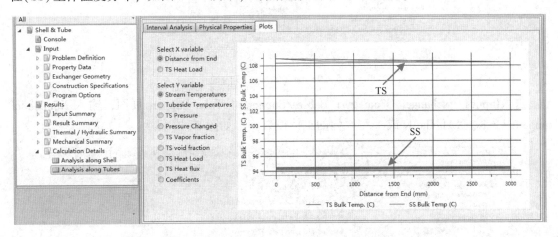

图 5-37　查看管程(TS)与壳程(SS)主体温度分布

5.7.1.3 模拟模式

（1）保存文件

选择**File | Save As**，文件另存为 Example5.1_Kettle_BKU_Simulation.EDR。

（2）转为模拟模式

选择**Home | Simulation**，弹出更改模式对话框，提示"是否在模拟模式中使用当前设计结果"，单击**Use Current**按钮，将设计结果传输到模拟模式。

（3）调整结构参数

参照《热交换器型式与基本参数 第 3 部分：U 形管式热交换器》（GB/T 28712.3—2012）对设计结果进行调整，壳径（内径）600mm，K 型壳径（内径）1000mm，管长 3000mm。

进入**Input | Exchanger Geometry | Geometry Summary | Geometry** 页面，输入 Shell（s）-ID（壳体内径）600mm，删除 Shell（s）-OD（壳体外径）数值、Tubes-Number（管数）数值，输入 Tubes-Length（管长）3000mm，其余选项保持默认设置，如图 5-38 所示。

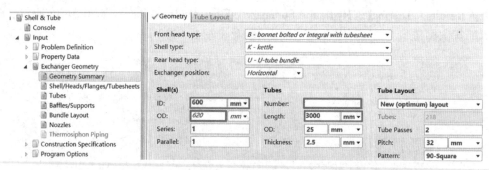

图 5-38　调整结构参数

进入**Input | Exchanger Geometry | Shell/Heads/Flanges/Tubesheets | Shell/Heads** 页面，删除 Kettle-OD（K 型壳体外径）数值，输入 Kettle-ID（K 型壳体内径）1000mm，如图 5-39 所示。

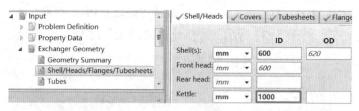

图 5-39　调整 K 型壳体内径

进入**Input | Exchanger Geometry | Baffles/Supports | Tube Support** 页面，输入 Number of supports for K, X shells（K 或 X 型壳体的支持板数）3，如图 5-40 所示。

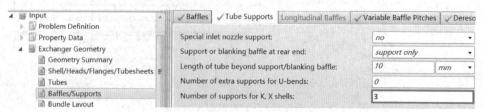

图 5-40　调整支持板数

进入 **Input | Exchanger Geometry | Nozzles | Shell Side Nozzles** 页面，Nozzle diameter displayed on TEMA sheet(TEMA 表中显示的管嘴直径)下拉列表框中选择 Nominal(公称直径)，如图 5-41 所示。

注：在 Design 模式下，Nozzle diameter displayed on TEMA sheet 选项默认为 Nominal(公称直径)，此计算模式运行后，如果没有得到设计结果，转为其他计算模式，选项仍默认为 Nominal；如果得到设计结果，转为其他计算模式，选项默认为 ID(内径)。

Shell side nozzle flange rating:	-
Shell side nozzle flange type:	Slip on
Shell side nozzle location options:	unspecified
Location of nozzle at U-bend:	Set default
Nozzle diameter displayed on TEMA sheet:	Nominal

图 5-41　TEMA 表中显示管嘴公称直径

（4）运行程序与查看警告信息

为防止数据丢失，单击 **Save** 按钮 保存文件。选择 **Home |** ▶，运行程序。进入 **Results | Result Summary | Warning & Messages** 页面，没有警告信息。

（5）查看结果与分析

进入 **Results | Thermal / Hydraulic Summary | Performance | Overall Performance** 页面，查看换热器总体性能，如图 5-42 所示。

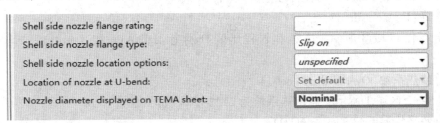

图 5-42　查看再沸器总体性能

① 总热负荷(Total heat exchanged)

如图 5-42 区域①所示，模拟后总热负荷为 1607.6kW，大于设计模式下计算出的 1537.0kW，可满足工艺要求。

② 气相质量分数(Vapor mass quality)

如图5-42区域②所示，壳程出口气相质量分数为0.51，在合理范围内(表5-3)。

③ 流速(Velocity)

如图5-42区域③所示，壳程和管程流体的最高流速分别为1.14m/s和27.24m/s。

进入**Results | Result Summary | TEMA Sheet | TEMA Sheet** 页面，壳程和管程平均流速分别为0.91m/s和1.85m/s，均在合理范围内(表3-46)。

④ 压降(Pressure drop)

如图5-42区域③所示，壳程和管程压降分别为4.050kPa和3.014kPa，均小于允许压降。

⑤ 总传热系数(Overall dirty coeff.)

如图5-42区域①所示，总传热系数为2122.1W/(m² · K)。

⑥ 有效平均温差(Effective MTD)

如图5-42区域①所示，有效平均温差为14.01℃，详见**Results | Thermal / Hydraulic Summary | Heat Transfer | MTD & Flux** 页面。

⑦ 振动问题(Vibration problem)

如图5-42区域①所示，本例无振动问题，详见**Results | Thermal / Hydraulic Summary | Vibration & Resonance Analysis** 页面。

⑧ ρv^2 问题(RhoV2 problem)

如图5-42区域①所示，本例无 ρv^2 问题，详见**Results | Thermal / Hydraulic Summary | Flow Analysis | Flow Analysis** 页面。

⑨ 热阻分布(Heat Transfer Resistance)

如图5-42区域④所示，本例热阻分布基本均衡，详见**Results | Thermal / Hydraulic Summary | Performance | Resistance Distribution** 页面。

⑩ 热通量(Heat flux)

进入**Results | Thermal / Hydraulic Summary | Heat Transfer | MTD & Flux** 页面，如图5-43所示，最大实际热通量为31.0kW/m²，临界热通量为387.0kW/m²，最大实际热通量与临界热通量的比值为0.080小于0.7，在安全范围内(参考5.3.2节)。

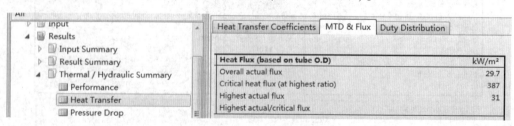

图5-43 查看热通量

⑪ 压降分布(Pressure drop distribution)

进入**Results | Thermal / Hydraulic Summary | Pressure Drop | Pressure Drop** 页面，如图5-44所示，壳程进出口管嘴压降分别为壳程总压降的33.34%和46.54%，管程进出口管嘴压降分别为管程总压降的28.76%和7.43%。

Pressure Drop kPa		Shell Side			Tube Side		
Maximum allowed		70			7		
Total calculated		4.05			3.014		
Gravitational		2.047			0		
Frictional		1.948			3.469		
Momentum change		0.054			-0.456		
Pressure drop distribution	m/s		kPa	%dp	m/s	kPa	%dp
Inlet nozzle	0.82		0.649	33.34	50.05	0.998	28.76
Entering bundle	0.68				27.24	0.146	4.2
Inside tubes					27.24 0.96	2.058	59.31
Inlet space Xflow			0	0			
Bundle Xflow	0.68	1.14	0.392	20.12			
Baffle windows			0	0			
Outlet space Xflow			0	0			
Exiting bundle	1.14				0.96	0.011	0.3
Outlet nozzle	7.45		0.907	46.54	6.88	0.258	7.43

图 5-44　查看压降分布

⑫ 雾沫夹带(Entrainment fraction)

进入 **Results | Thermal / Hydraulic Summary | Flow Analysis** 页面,如图 5-45 所示,釜式再沸器的雾沫夹带量为 2%,在合理范围内(参考 5.6.1.7 节)。

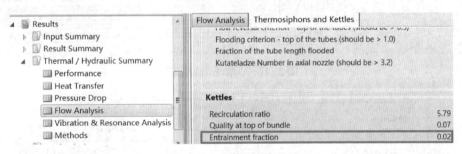

图 5-45　查看雾沫夹带量

⑬ 温度分布

进入 **Results | Calculation Details | Analysis along Tubes | Plots** 页面,查看管程(TS)和壳程(SS)主体温度分布,如图 5-46 所示,冷热流体之间无温度交叉。

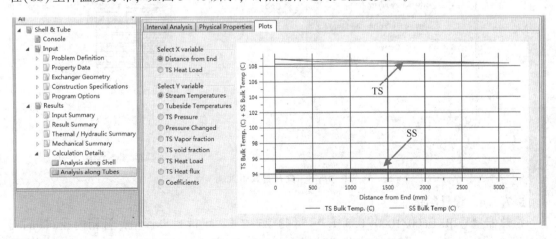

图 5-46　查看管程(TS)与壳程(SS)主体温度分布

⑭ 平面装配图和管板布置图（Setting Plan & Tubesheet Layout）

进入 **Results | Mechanical Summary | Setting Plan & Tubesheet Layout** 页面，分别查看平面装配图和管板布置图，如图 5-47 和图 5-48 所示，也可选择 **Home | Verify Geometry**，进行查看。

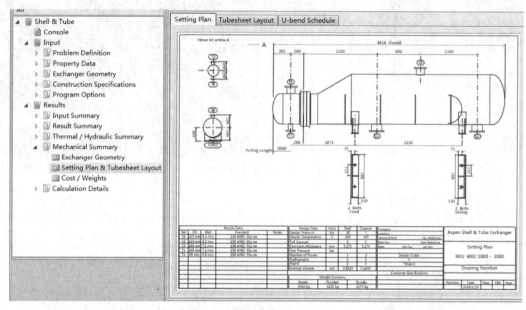

图 5-47　查看平面装配图

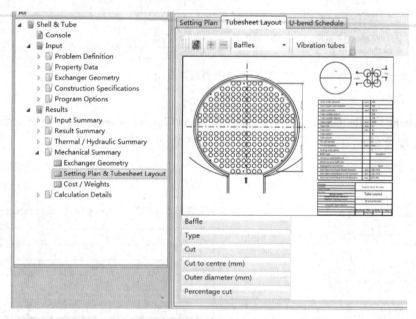

图 5-48　查看管板布置图

5.7.1.4　设计结果

换热器型号 BKU600/1000-0.3/1.9-54-3/25-2Ⅱ。可拆封头管箱，管箱内径 600mm，壳程圆筒内径 1000mm，管程和壳程设计压力（表压）分别为 0.3MPa 和 1.9MPa，公称换热面积 54m²，换热管公称长度 3m，换热管外径 25mm，2 管程，单壳程 U 形管式换热器，碳素钢Ⅱ级管束符合 GB/T 151—2014 偏差要求。

注：进入**Results | Result Summary | TEMA Sheet | TEMA Sheet** 页面，查看管程和壳程设计温度、设计压力(表压)。

5.7.2 立式热虹吸式再沸器

为精馏塔设计立式热虹吸式再沸器，工艺数据见表 5-11。

表 5-11 工艺数据

项目		热流体(Steam)	冷流体(Hydrocarbon)
质量流量/(kg/s)		—	83.3
进口温度/℃		140	100
进口气相质量分数		1	0
出口气相质量分数		0.02	0.2
进口压力(绝压)/kPa		360	—
塔釜液面压力(绝压)/kPa		—	520
允许压降/kPa		20	35
塔釜液面高度/mm		—	3000
污垢热阻/($m^2 \cdot K/W$)		0.0001	0.00017
质量分数	1，3-丁二烯(1，3-Butadiene)	—	0.02
	正戊烷(n-Pentane)	—	0.71
	苯(Benzene)	—	0.27
	水(Water)	1	—

5.7.2.1 初步规定

● 流体空间选择

对于立式热虹吸式再沸器，热流体(蒸气)走壳程，冷流体(烃类混合物)走管程。

● 壳体和前后端结构

冷热流体进口温差不大，且污垢热阻小于 $0.00035m^2 \cdot K/W$，均为较清洁流体，故选择固定管板式再沸器 BEM 型。

● 换热管

选用管外径 38mm、管壁厚 3mm 光管。

● 管子排列方式

热流体(蒸气)较清洁，管外侧无须机械清洗，故选择正三角形排列(30°)，在相同的壳径下可排更多管子，得到更大换热面积。

● 折流板

选用单弓形折流板，缺口方向垂直左右布置。

● 材质

管程和壳程流体均无腐蚀性，再沸器材质选择普通碳钢。

● 与塔的连接方式

再沸器管程进口管嘴采用轴向进口形式，出口管嘴采用径向出口形式。

● 热虹吸管线尺寸

进口管线长 8000mm，出口管线长 1000mm，管线内径与再沸器管嘴内径相同。

5.7.2.2　设计模式

（1）建立和保存文件

启动 Aspen Exchanger Design & Rating 软件，新建一个管壳式换热器文件，单击**Save** 按钮![save icon]，文件保存为 Example5.2_Thermosiphon-Vertical_BEM_Design. EDR。

（2）设置应用选项

将单位设为 SI（国际制）。进入 **Input | Problem Definition | Application Options | Application Options** 页面。General 选项区域 Select geometry based on this dimensional standard（选择结构基于的尺寸标准）下拉列表框中选择 SI（国际制），Hot Side 选项区域 Application（应用）下拉列表框中选择 Condensation（冷凝），Cold Side 选项区域 Application（应用）下拉列表框中选择 Vaporization（蒸发）、Vaporizer type（蒸发器类型）下拉列表框中选择 Thermosiphon（热虹吸），其余选项保持默认设置，如图 5-49 所示。

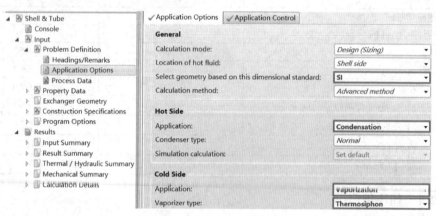

图 5-49　设置应用选项

（3）输入工艺数据

进入**Input | Problem Definition | Process Data | Process Data** 页面，根据表 5-11 输入冷热流体工艺数据，如图 5-50 所示（输入时注意单位一致）。

图 5-50　输入工艺数据

注：热虹吸模式下，冷流体侧只能输入塔釜液面压力，软件会默认在此压力上增加30kPa作为冷流体进口压力。

（4）输入物性数据

进入**Input | Property Data | Hot Stream（1）Compositions | Composition**页面，Physical property package（物性包）下拉列表框中选择Aspen Properties，单击**Search Databank**按钮，搜索组分WATER（水），组成默认为1，如图5-51所示；进入**Property Methods**页面，Aspen property method（Aspen物性方法）下拉列表框中选择IAPWS-95，其余选项保持默认设置，如图5-52所示。

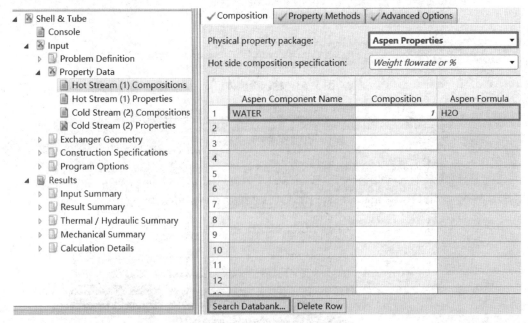

图5-51　输入热流体组成

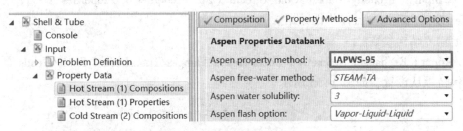

图5-52　选择热流体物性方法

进入**Input | Property Data | Hot Stream（1）Properties | Properties**页面，单击**Get Properties**按钮，获取热流体物性数据。

进入**Input | Property Data | Cold Stream（2）Compositions | Composition**页面，Physical property package（物性包）下拉列表框中选择COMThermo，单击**Search Databank**按钮，搜索组分1,3-Butadiene（1,3-丁二烯）、n-Pentane（正戊烷）及Benzene（苯）并输入其质量分数，如图5-53所示；进入**Property Methods**页面，物性方法选择Peng Robinson，如图5-54所示。

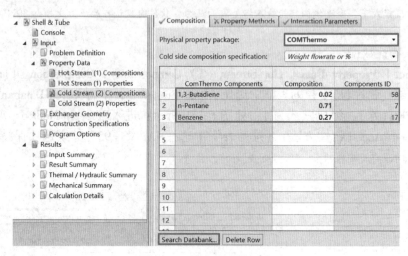

图 5-53　输入冷流体组成

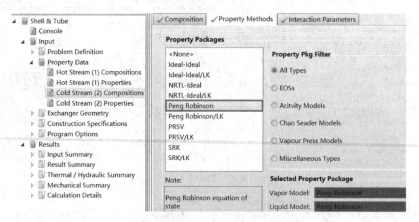

图 5-54　选择冷流体物性方法

进入 **Input｜Property Data｜Cold Stream（2）Properties｜Properties** 页面，单击 **Get Properties** 按钮，获取冷流体物性数据。

（5）输入结构参数

进入 **Input｜Exchanger Geometry｜Shell/Heads/Flanges/Tubesheets｜Shell/Heads** 页面，全部选项保持默认设置，如图 5-55 所示。

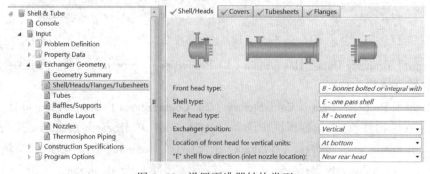

图 5-55　设置再沸器结构类型

进入 **Input** | **Exchanger Geometry** | **Shell/Heads/Flanges/Tubesheets** | **Covers** 页面，Front cover type(前端结构封头类型)下拉列表框中选择 Cone(锥型)，其余选项保持默认设置，如图 5-56 所示。

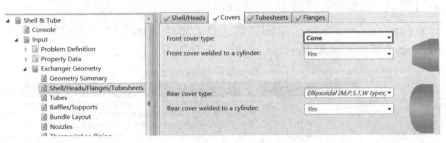

图 5-56 选择封头类型

注：封头选择参考 3.4.10 节。

进入 **Input** | **Exchanger Geometry** | **Tubes** | **Tube** 页面，输入 Tube outside diameter(管外径) 38mm，Tube wall thickness(管壁厚)3mm，Tube pitch(管中心距)48mm，其余选项保持默认设置，如图 5-57 所示。

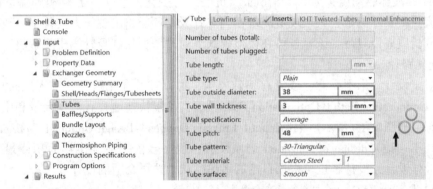

图 5-57 输入换热管参数

(6) 输入热虹吸管线参数

进入 **Input** | **Exchanger Geometry** | **Thermosiphon Piping** | **Thermosiphon Piping** 页面，输入 Height of column liquid level(相对基准线的塔釜液面高度)3000mm，Height of heat transfer region inlet(相对基准线的换热区域进口高度)0mm，Height of return line to column(相对基准线的返塔管线高度)3300mm，其余选项保持默认设置，如图 5-58 所示。

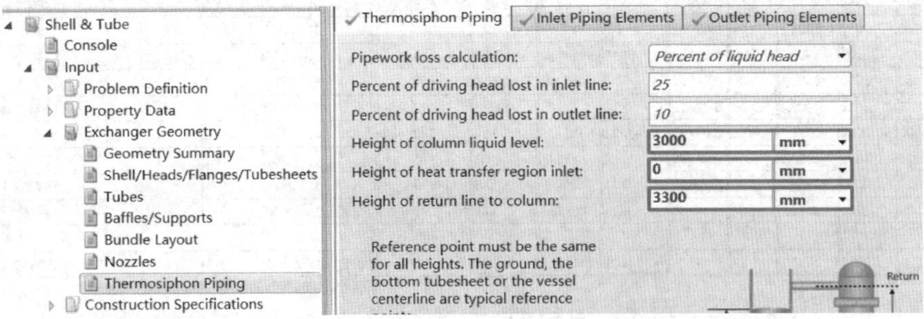

图 5-58 输入热虹吸管线参数

注：Pipework loss calculation(管道系统损失计算)设为 Percent of liquid head 时，出口管线的重力和动量变化造成的压降(软件不能单独计算)包含在摩擦损失中；Pipework loss calculation 设为 From Pipework 时，软件会要求输入详细的进出口管线数据，并以此计算较为准确的压降。

（7）运行程序与查看警告信息

为防止数据丢失，单击 **Save** 按钮 💾 保存文件。选择 **Home** | ▶ ，运行程序。进入 **Results | Result Summary | Warnings & Messages** 页面，查看警告信息，如图 5-59 所示。

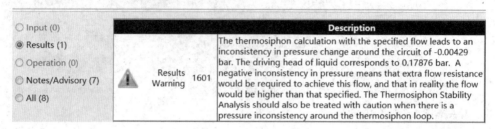

图 5-59　查看警告信息

结果警告 1601：热虹吸计算表明，规定流量下的循环回路压力变化不一致，偏差为 -0.00429bar；液体驱动压头为 0.17876bar，负的压力变化，意味着需要额外流动阻力才能达到规定流量，实际流量会大于规定流量；当热虹吸循环回路出现压力变化不一致时，热虹吸稳定性分析应谨慎对待。该警告可在模拟模式下通过增加热虹吸管线压降解决。

（8）优化路径

如果对于设计结果不满意，或者有特殊要求，可以查看优化路径。进入 **Results | Result Summary | Optimization Path | Optimization Path** 页面，可以快速地查看面积余量和压降比，以及设计状态，如图 5-60 所示。根据 **Input | Program Options | Design Options | Optimization Options** 页面中 Basis for design optimization 选项设置，程序会依据最小换热面积或最低设计成本，选出最佳设计，设计者也可根据自己的考虑，从中选择合适的设计。

注：设计状态"OK"与"Near"的判断标准，详见 1.5.2.2 节。

Optimization Path

Current selected case:　　7　　[Select]

Item	Shell Size	Tube Length Actual	Tube Length Reqd.	Area ratio	Pressure Drop Shell	Dp Ratio	Pressure Drop Tube	Dp Ratio	Baffle Pitch	Baffle No.	Tube Pass	Tube No.	Units P	Units S	Total Price	Design Status
	mm	mm	mm		bar		bar		mm						Dollar(US)	
1	850	4500	4205	1.07	0.04023	0.2	0.17255	1.49 *	535	7	1	243	1	1	48479	Near
2	875	4350	4027.5	1.08	0.03611	0.18	0.16372	1.41 *	605	6	1	256	1	1	49537	Near
3	900	4050	3721.2	1.09	0.03982	0.2	0.14888	1.28 *	465	7	1	277	1	1	51176	Near
4	925	3900	3538.2	1.1	0.03567	0.18	0.14121	1.22 *	530	6	1	293	1	1	52340	Near
5	950	3600	3367.1	1.07	0.04066	0.2	0.13407	1.15 *	450	7	1	309	1	1	52966	Near
6	975	3450	3202.6	1.08	0.03622	0.18	0.12709	1.09 *	460	7	1	326	1	1	54953	Near
7	1000	3000	2998.7	1	0.04185	0.21	0.1119	0.96	390	6	1	348	1	1	55055	OK
8	1025	3000	2898.5	1.04	0.04079	0.2	0.11045	0.95	390	6	1	361	1	1	57176	OK
9	1050	2850	2768.2	1.03	0.04115	0.2	0.10449	0.9	390	6	1	379	1	1	58405	OK
10	1075	2700	2585.2	1.04	0.04786	0.24	0.09884	0.85	295	6	1	406	1	1	59645	OK
7	1000	3000	2998.7	1	0.04185	0.21	0.1119	0.96	390	6	1	348	1	1	55055	OK

图 5-60　查看优化路径

(9) 查看结果与分析

进入**Results | Thermal / Hydraulic Summary | Performance | Overall Performance** 页面,查看换热器总体性能,如图 5-61 所示。

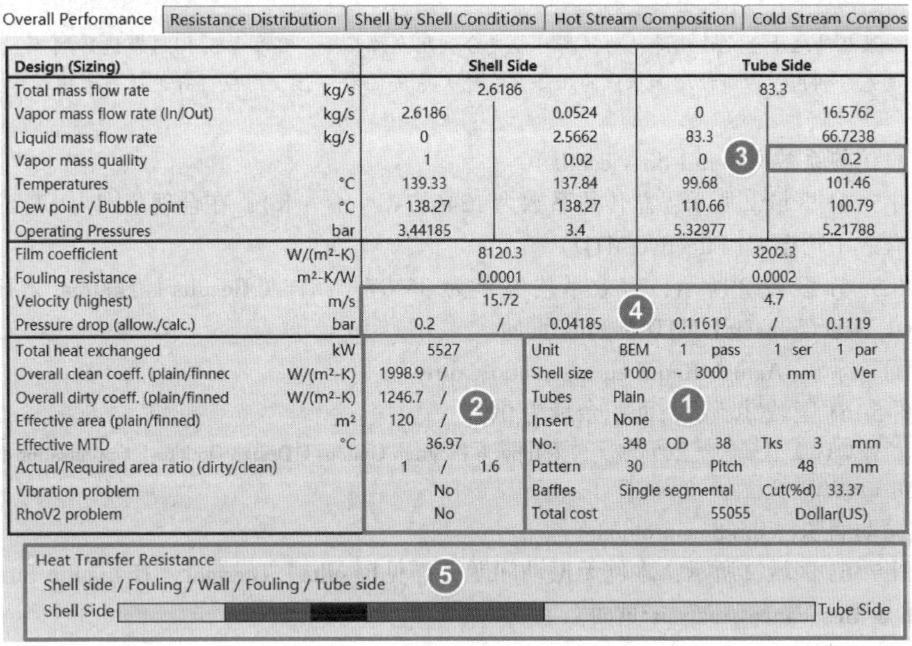

Overall Performance	Resistance Distribution		Shell by Shell Conditions		Hot Stream Composition		Cold Stream Compos

Design (Sizing)		Shell Side			Tube Side		
Total mass flow rate	kg/s		2.6186			83.3	
Vapor mass flow rate (In/Out)	kg/s	2.6186		0.0524	0		16.5762
Liquid mass flow rate	kg/s	0		2.5662	83.3		66.7238
Vapor mass quallity		1		0.02	0	③	0.2
Temperatures	°C	139.33		137.84	99.68		101.46
Dew point / Bubble point	°C	138.27		138.27	110.66		100.79
Operating Pressures	bar	3.44185		3.4	5.32977		5.21788
Film coefficient	W/(m²-K)		8120.3			3202.3	
Fouling resistance	m²-K/W		0.0001			0.0002	
Velocity (highest)	m/s		15.72			4.7	
Pressure drop (allow./calc.)	bar	0.2	/	0.04185	④ 0.11619	/	0.1119
Total heat exchanged	kW		5527	Unit	BEM	1 pass	1 ser	1 par
Overall clean coeff. (plain/finned)	W/(m²-K)	1998.9	/	Shell size	1000 - 3000	mm	Ver
Overall dirty coeff. (plain/finned)	W/(m²-K)	1246.7	/ ②	Tubes	Plain	①	
Effective area (plain/finned)	m²	120		Insert	None		
Effective MTD	°C	36.97		No.	348 OD 38	Tks 3	mm
Actual/Required area ratio (dirty/clean)		1 / 1.6		Pattern	30	Pitch 48	mm
Vibration problem			No	Baffles	Single segmental	Cut(%d) 33.37	
RhoV2 problem			No	Total cost	55055	Dollar(US)	

Heat Transfer Resistance
Shell side / Fouling / Wall / Fouling / Tube side ⑤
Shell Side ▮▮▮▮▮▮▮▮ Tube Side

图 5-61 查看换热器总体性能

① 结构参数

如图 5-61 区域①所示,换热器型式为 BEM,管程数 1,串联台数 1,并联台数 1,壳径(内径)1000mm,管长 3000mm,光管,管数 348,管外径 38mm,管壁厚 3mm,正三角形排列(30°),管中心距 48mm,单弓形折流板,圆缺率为 33.37%。

进入**Results | Result Summary | TEMA Sheet | TEMA Sheet** 页面,折流板间距 390mm,壳程进出口管嘴公称直径分别为 254mm(10in)和 88.9mm(3.5in),管程进出口管嘴公称直径分别为 304.8mm(12in)和 457.2mm(18in)。

注:Design 计算模式下,**Input | Exchanger Geometry | Nozzles | Shell Side Nozzles** 页面中,Nozzle diameter displayed on TEMA sheet(显示在 TEMA 表中的管嘴直径)选项默认为 Nominal(公称直径)。程序中管嘴尺寸有 ASME(美国机械工程师协会)和 ISO(国际标准化组织)两种标准,默认采用 ASME 标准。

② 总热负荷(Total heat exchanged)

如图 5-61 区域②所示,总热负荷为 5527.0kW。

③ 气相质量分数(Vapor mass quality)

如图 5-61 区域③所示,管程流体出口气相质量分数为 0.2,在合理范围内(表 5-3)。

④ 流速(Velocity)

如图 5-61 区域④所示,壳程和管程流体的最高流速分别为 15.72m/s 和 4.70m/s。

进入**Results | Results Summary | TEMA Sheet | TEMA Sheet** 页面,壳程和管程平均流速分别为 7.36m/s 和 0.89m/s,均在合理范围内(表 3-46)。

进入**Results | Thermal / Hydraulic Summary | Flow Analysis** 页面,Tube inlet(换热管进口

流速即设计流速）为 0.49m/s，在合理范围内（表 5-5）。

⑤ 压降（Pressure drop）

如图 5-61 区域④所示，壳程和管程压降分别为 4.185kPa 和 11.190kPa，均小于允许压降。

注：如果压降远小于允许压降，为了尽可能充分利用允许压降，可参考 3.10.3 节进行调节；如果允许压降得到了充分利用，但继续增加很少的压降就能较大地提高经济性，则应再行设计并考虑增加允许压降的可能性。

⑥ 总传热系数（Overall dirty coeff.）

如图 5-61 区域②所示，总传热系数为 1246.7W/（$m^2 \cdot K$），在合理范围内（表 5-5）。

⑦ 有效平均温差（Effective MTD）

如图 5-61 区域②所示，有效平均温差为 36.97℃，详见 **Results | Thermal / Hydraulic Summary | Heat Transfer | MTD & Flux** 页面。

⑧ 面积余量（Actual/Required area ratio，dirty）

如图 5-61 区域②所示，面积余量为 0%。

注：软件默认最小面积余量为 0%，可在 **Input | Program Options | Design Options | Optimization Options** 页面设置最小面积余量数值。

⑨ 振动问题（Vibration problem）

如图 5-61 区域②所示，本例无振动问题，详见 **Results | Thermal / Hydraulic Summary | Vibration & Resonance Analysis** 页面。

⑩ ρv^2 问题（RhoV2 problem）

如图 5-61 区域②所示，本例无 ρv^2 问题，详见 **Results | Thermal / Hydraulic Summary | Flow Analysis | Flow Analysis** 页面。

⑪ 热阻分布（Heat Transfer Resistance）

如图 5-61 区域⑤所示，本例热阻分布基本均衡，详见 **Results | Thermal / Hydraulic Summary | Performance | Resistance Distribution** 页面。

⑫ 热通量（Heat flux）

进入 **Results | Thermal / Hydraulic Summary | Heat Transfer | MTD & Flux** 页面，如图 5-62 所示，最大实际热通量 53.2kW/m^2，临界热通量 292.2kW/m^2，最大实际热通量与临界热通量的比值 0.182 小于 0.7，在安全范围内（参考 5.3.2 节）。

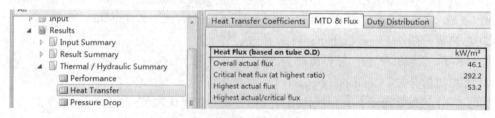

图 5-62　查看热通量

⑬ 热虹吸管线系统压降分布（Thermosiphon Piping）

进入 **Results | Thermal / Hydraulic Summary | Pressure Drop | Thermosiphon Piping** 页面，查看热虹吸管线系统压降分布情况，如图 5-63 所示。

Piping reference points	mm	Pressure points	kPa	℃	Quality
Height of liquid in column	3000	Liquid level in column	520		
Height of heat transfer region inlet	0	Inlet to exchanger	532.977	99.68	
Height of heat transfer region outlet	3000	Inlet to heated section	531.988		
Height of column return line	3300	Boiling boundary position	531.539		
		Outlet of heated section	523.395	101.46	0.2
		Exit of outlet piping	520	101.32	0.2

Pressure changes (-loss/+gain)	kPa	Inlet circuit	Exchanger	Outlet circuit
Frictional		-4.469	-1.389	-1.788
Gravitational		17.876	-7.298	0
Momentum		0		0
Flashing			-0.666	
Nozzles			-1.836	
Unaccounted		-0.429		0
Total		12.977	-11.19	-1.788

（图中标注 ① ② ③）

图 5-63　查看热虹吸管线系统压降分布情况

a. 如图 5-63 区域①所示，进口管线中摩擦造成的压降 4.469kPa，动量变化造成的压降 0kPa。

b. 如图 5-63 区域②所示，再沸器中摩擦造成的压降 1.389kPa，重力造成的压降 7.298kPa，动量变化（Flashing）造成的压降 0.666kPa，管嘴造成的压降 1.836kPa。

c. 如图 5-63 区域③所示，出口管线中摩擦造成的压降 1.788kPa，重力造成的压降 0kPa，动量变化造成的压降 0kPa。

进口管线压降（进口管线中摩擦造成的压降+动量变化造成的压降）4.469kPa，再沸器压降（再沸器中摩擦造成的压降+重力造成的压降+动量变化造成的压降+管嘴造成的压降）11.189kPa，出口管线压降（出口管线中摩擦造成的压降+重力造成的压降+动量变化造成的压降）1.788kPa，总压降（进口管线压降+再沸器压降+出口管线压降）17.446kPa。进口管线压降占总压降 25.6%，出口管线压降占总压降 10.2%，均在合理范围内（参考 5.6.2.7 节）。

注：区域①中重力引起的压力变化值为正，此值不是压降而是推动力；流量固定的热虹吸循环中通常压力不会平衡，故添加未计入压降（Unaccounted）以满足压力平衡（未计入压降+总压降=推动力）；出口管线的重力和动量变化造成的压降（软件不能单独计算）包含在摩擦损失中。

⑭ 稳定性分析

进入 **Results | Thermal / Hydraulic Summary | Flow Analysis | Thermosiphon and Kettles** 页面，如图 5-64 所示，热虹吸循环稳定。

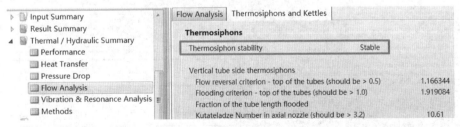

图 5-64　查看热虹吸稳定性

⑮ 管程详细分析

a. 进入 **Results | Calculation Details | Analysis along Tubes | Interval Analysis** 页面，查看换热管内的两相流型，如图 5-65 所示。流型从泡状流和块状流（Bubbly slug）开始，经过一段搅动流（Churn）后，管内大部分区域为理想的环状流（Annular），符合设计要求（参考 5.6.2.1 节）。

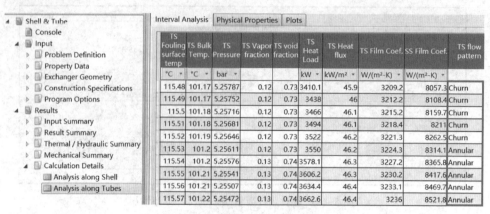

图 5-65　查看管程两相流型

b. 进入 **Results | Calculation Details | Analysis along Tubes | Plots** 页面，查看管程汽化率分布，如图 5-66 所示；进入 **Interval Analysis** 页面，过冷区(气体质量分数为 0)长度约为 233mm，占换热管长 7.92%，在合理范围内(参考 5.6.5.3 节)。

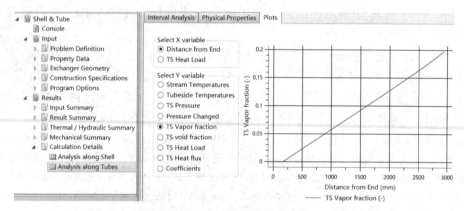

图 5-66　查看管程汽化率分布

c. 进入 **Results | Calculation Details | Analysis along Tubes | Plots** 页面，查看管程(TS)与壳程(SS)主体温度分布，如图 5-67 所示，冷热流体之间无温度交叉。

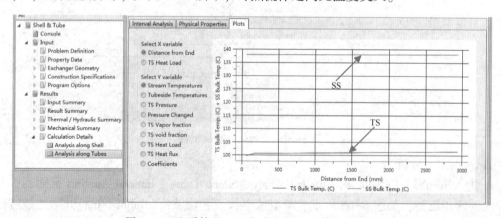

图 5-67　查看管程(TS)与壳程(SS)主体温度分布

5.7.2.3 模拟模式

（1）保存文件

选择**File | Save As**，文件另存为 Example5.2_Thermosiphon-Vertical_BEM_Simulation.EDR。

（2）转为模拟模式

选择**Home | Simulation**，弹出更改模式对话框，提示"是否在模拟模式中使用当前设计结果"，单击**Use Current**按钮，将设计结果传输到模拟模式。

（3）调整结构参数

参照《热交换器型式与基本参数 第4部分：立式热虹吸式重沸器》（GB/T 28712.4—2012）对设计结果进行调整，壳径（内径）1000mm，管长3000mm，折流板间距500mm，折流板圆缺率40%。

进入**Input | Exchanger Geometry | Geometry Summary | Geometry**页面，删除 Tubes-Number（管数）数值，输入 Baffles-Spacing(center-center)（折流板间距）500mm，删除 Baffles-Spacing at inlet（进口处折流板间距）数值、Baffles-Number（折流板数）数值，输入 Baffles-Cut(%d)（折流板圆缺率）40，如图5-68所示。

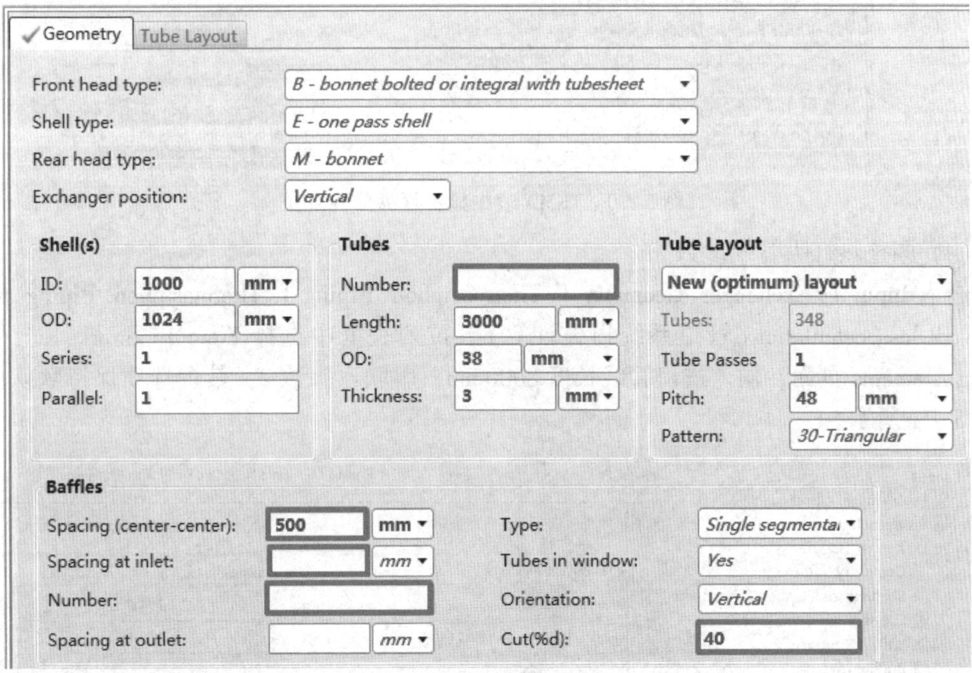

图5-68 调整结构参数

进入**Input | Exchanger Geometry | Baffles/Supports | Baffles**页面，Align baffle cut with tubes（折流板缺口与管子平齐）下拉列表框中选择 No，其余选项保持默认设置，如图5-69所示。

注：如果选择"Yes"，程序将调整折流板缺口位置使其通过一排换热管的中心线或者两排换热管之间的中心线；如果选择"No"，程序使用输入的折流板圆缺率。

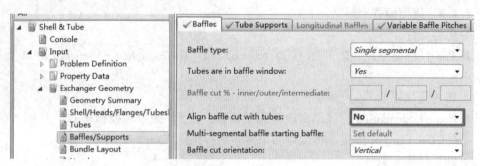

图 5-69　设置折流板参数

进入 **Input | Exchanger Geometry | Nozzles | Shell Side Nozzles** 页面，Nozzle diameter displayed on TEMA sheet（TEMA 表中显示的管嘴直径）下拉列表框中选择 Nominal（公称直径），如图 5-70 所示。

注：在 Design 模式下，Nozzle diameter displayed on TEMA sheet 选项默认为 Nominal（公称直径），此计算模式运行后，如果没有得到设计结果，转为其他计算模式，选项仍默认为 Nominal；如果得到设计结果，转为其他计算模式，选项默认为 ID（内径）。

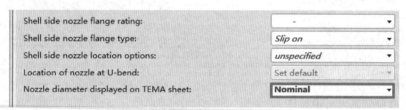

图 5-70　TEMA 表中显示管嘴公称直径

（4）调整热虹吸管线参数

进入 **Input | Exchanger Geometry | Thermosiphon Piping | Thermosiphon Piping** 页面，Pipework loss calculation（管道系统损失计算）下拉列表框中选择 From Pipework；进入 **Inlet Piping Elements** 页面，输入进口管线长度 8000mm，串联弯头数 2，其余选项保持默认设置，如图 5-71 所示。

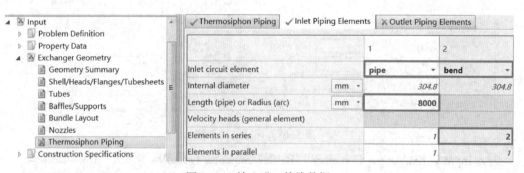

图 5-71　输入进口管线数据

进入 **Input | Exchanger Geometry | Thermosiphon Piping | Outlet Piping Elements** 页面，输入出口水平管线长度 1000mm，其余选项保持默认设置，如图 5-72 所示。

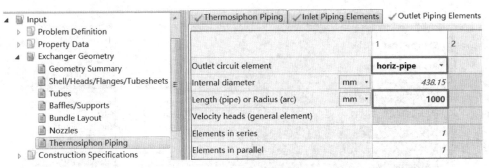

图 5-72　输入出口管线数据

（5）运行程序与查看警告信息

为防止数据丢失，单击**Save**按钮![save]保存文件。选择**Home | ▶**，运行程序。进入**Results | Result Summary | Warnings & Messages** 页面，查看警告信息，如图 5-73 所示。

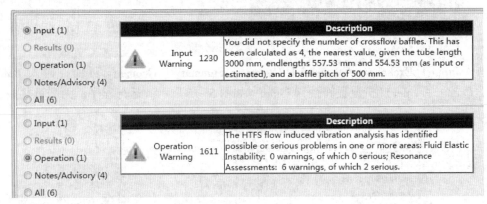

图 5-73　查看警告信息

输入警告 1230：没有规定折流板数；给定了换热管长度 3000mm，末端长度 557.53mm 和 554.53mm（输入或估计的），以及折流板间距 500mm，计算得到的折流板数为 4。该警告可忽略，或通过输入折流板数 4 解决。

运行警告 1611：HTFS 流体诱导振动分析确定一个或多个区域存在可能或严重的振动问题，即无流体弹性不稳定性振动；共振 6 处，其中 2 处严重共振。该警告需要加以调整。

（6）振动分析

进入**Results | Thermal / Hydraulic Summary | Vibration & Resonance Analysis | Resonance Analysis（HTFS）**页面，查看再沸器振动情况，如图 5-74 所示。编号 1 振动管的频率比值 F_v/F_n、F_v/F_a、F_t/F_n 和 F_t/F_a 均在 0.8~1.2 之间，存在三重重合现象，肯定发生共振；编号 6 振动管的频率比值 F_v/F_a 和 F_t/F_a 在 0.8~1.2 之间，没有三重重合现象，同时振幅也没有超过最大限制，可能发生共振（参考 3.9.6 节和 3.9.7 节）。

肯定发生的共振必须解决，可通过增大不同振动频率的差异解决；减小无支承跨距，可使换热管固有频率和激励频率同时增大，但对固有频率影响更大；添加消音板，可以防止声共振（参考 3.9.3 节和 3.9.5 节）。该共振可采取添加支持板或消音板的措施解决。

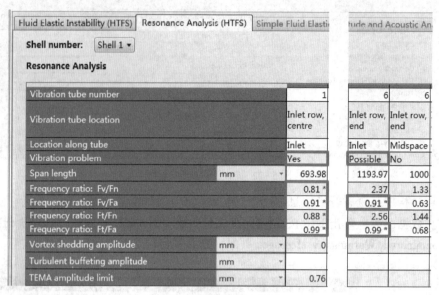

图 5-74　查看共振分析

进入 **Input | Exchanger Geometry | Geometry Summary | Geometry** 页面，输入 Baffles-Spacing（center-center）（折流板间距）450mm，如图 5-75 所示。运行程序，无严重共振。

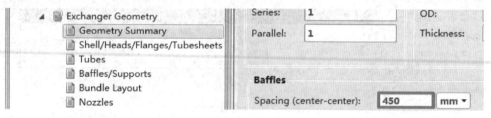

图 5-75　输入折流板间距

如需进一步解决可能的共振，进入 **Input | Exchanger Geometry | Baffles/Supports | Baffles** 页面，Number of deresonating baffles（消音板数）输入 1，如图 5-76 所示。运行程序，无共振。

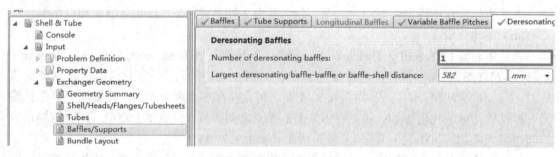

图 5-76　输入消音板数

（7）查看结果与分析

进入 **Results | Thermal / Hydraulic Summary | Performance | Overall Performance** 页面，查看换热器总体性能，如图 5-77 所示。

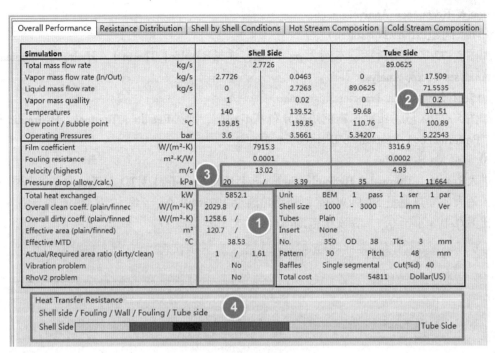

图 5-77 查看换热器总体性能

① 总热负荷(Total heat exchanged)

如图 5-77 区域①所示,总热负荷为 5852.1kW,大于设计模式下计算出的 5527.0kW,可满足工艺要求。

② 气相质量分数(Vapor mass quality)

如图 5-77 区域②所示,管程流体出口气相质量分数为 0.2,在合理范围内(表 5-3)。

③ 流速(Velocity)

如图 5-77 区域③所示,壳程和管程流体的最高流速分别为 13.02m/s 和 4.93m/s。

进入**Results | Results Summary | TEMA Sheet | TEMA Sheet** 页面,壳程和管程平均流速分别为 6.06m/s 和 0.94m/s,均在合理范围内(表 3-46)。

进入**Results | Thermal / Hydraulic Summary | Flow Analysis** 页面,Tube inlet(换热管进口流速即设计流速)为 0.52m/s,在合理范围内(表 5-5)。

④ 压降(Pressure drop)

如图 5-77 区域③所示,壳程和管程压降分别为 3.390kPa 和 11.664kPa,均小于允许压降。

⑤ 总传热系数(Overall dirty coeff.)

如图 5-77 区域①所示,总传热系数为 1258.6W/(m² · K),在合理范围内(表 5-5)。

⑥ 有效平均温差(Effective MTD)

如图 5-77 区域①所示,有效平均温差为 38.53℃,详见**Results | Thermal / Hydraulic Summary | Heat Transfer | MTD & Flux** 页面。

⑦ 振动问题(Vibration problem)

如图 5-77 区域①所示,本例无振动问题,详见**Results | Thermal / Hydraulic Summary |**

Vibration & Resonance Analysis 页面。

⑧ ρv^2 问题（RhoV2 problem）

如图 5-77 区域①所示，本例无 ρv^2 问题，详见 **Results｜Thermal／Hydraulic Summary｜ Flow Analysis｜Flow Analysis** 页面。

⑨ 热阻分布（Heat Transfer Resistance）

如图 5-77 区域④所示，本例热阻分布基本均衡，详见 **Results｜Thermal／Hydraulic Summary｜Performance｜Resistance Distribution** 页面。

⑩ 热通量（Heat Flux）

进入 **Results｜Thermal／Hydraulic Summary｜Heat Transfer｜MTD & Flux** 页面，如图 5-78 所示，最大实际热通量 57.9 kW/m²，临界热通量 292.8 kW/m²，最大实际热通量与临界热通量的比值 0.198 小于 0.7，在安全范围内（参考 5.3.2 节）。

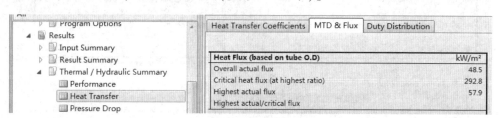

图 5-78　查看热通量

⑪ 热虹吸管线系统压降分布（Thermosiphon Piping）

进入 **Results｜Thermal／Hydraulic Summary｜Pressure Drop｜Thermosiphon Piping** 页面，查看热虹吸管线系统压降分布情况，如图 5-79 所示。

Piping reference points	mm	Pressure points	bar	℃	Quality
Height of liquid in column	3000	Liquid level in column	5.2		
Height of heat transfer region inlet	0	Inlet to exchanger	5.34207	99.68	
Height of heat transfer region outlet	3000	Inlet to heated section	5.33124		
Height of column return line	3300	Boiling boundary positio	5.32608		
		Outlet of heated section	5.24345	101.51	0.2
		Exit of outlet piping	5.2	101.3	0.2

Pressure changes (-loss/+gain)	kPa	Inlet circuit	Exchanger	Outlet circuit
Frictional		-3.586	-1.523	-2.824
Gravitational		17.876	-7.315	-0.188
Momentum		-0.082		0.457
Flashing			-0.744	
Nozzles			-2.082	
Unaccounted		0		0.012
Total		14.207	-11.664	-2.542

图 5-79　查看热虹吸管线系统压降分布情况

a. 如图 5-79 区域①所示，进口管线中摩擦造成的压降 3.586 kPa，动量变化造成的压降 0.082 kPa。

b. 如图 5-79 区域②所示，再沸器中摩擦造成的压降 1.523 kPa，重力造成的压降 7.315 kPa，动量变化造成的压降 0.744 kPa，管嘴造成的压降 2.082 kPa。

c. 如图 5-79 区域③所示，出口管线中摩擦造成的压降 2.824 kPa，重力造成的压降 0.188 kPa，动量变化（Flashing）造成的压降 -0.457 kPa。

所以，进口管线压降(进口管线中摩擦造成的压降+动量变化造成的压降)3.668kPa，再沸器压降(再沸器中摩擦造成的压降+重力造成的压降+动量变化造成的压降+管嘴造成的压降)11.664kPa，出口管线压降(出口管线中摩擦造成的压降+重力造成的压降+动量变化造成的压降)2.555kPa，总压降(进口管线压降+再沸器压降+出口管线压降)17.887kPa。进口管线压降占总压降20.5%，出口管线压降占总压降14.3%，均在合理范围内(参考5.6.2.7节)。

⑫ 稳定性分析

进入**Results | Thermal / Hydraulic Summary | Flow Analysis | Thermosiphon and Kettles** 页面，可知热虹吸循环稳定，如图5-80所示。

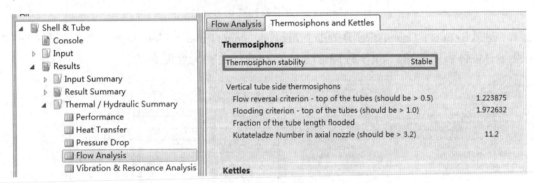

图5-80 查看热虹吸稳定性

⑬ 管程详细分析

a. 进入**Results | Calculation Details | Analysis along Tubes | Interval Analysis** 页面，查看换热管内的两相流型，如图5-81所示。流型从泡状流和块状流(Bubbly slug)开始，经过一段搅动流(Churn)后，管内大部分区域为理想的环状流(Annular)，符合设计要求(参考5.6.2.1节)。

Shell No.	Tube Pass No.	Distance from End	SS Bulk Temp.	SS Fouling surface temp.	Tube Metal Temp	TS Fouling surface temp	TS Bulk Temp.	TS Pressure	TS Vapor fraction	TS void fraction	TS Heat Load	TS Heat flux	TS Film Coef.	SS Film Coef.	TS flow pattern
		mm	℃	℃	℃	℃	℃	bar			kW	kW/m²	W/(m²·K)	W/(m²·K)	
1	1	778	139.62	132.68	126.46	115.45	100.88	5.30022	0.04	0.5	1413.7	47	3228	6773.6	Bubbly slug
1	1	793	139.62	132.69	126.47	115.45	100.89	5.29971	0.04	0.51	1442.4	47	3228.4	6783.3	Bubbly slug
1	1	807	139.62	132.7	126.47	115.46	100.89	5.2992	0.04	0.51	1471.1	47	3228.8	6793.1	Churn
1	1	822	139.62	132.71	126.48	115.46	100.89	5.2987	0.04	0.52	1499.8	47	3229.3	6802.9	Churn
1	1	836	139.63	132.72	126.49	115.47	100.9	5.2982	0.05	0.52	1528.5	47	3229.8	6812.9	Churn
1	1	1857	139.66	133.49	127.09	115.77	101.23	5.26901	0.12	0.72	3560.3	48.3	3323	7838	Churn
1	1	1872	139.66	133.51	127.11	115.78	101.24	5.26865	0.12	0.72	3589.7	48.3	3324.9	7860.4	Churn
1	1	1887	139.66	133.52	127.12	115.78	101.24	5.26828	0.12	0.72	3619.2	48.4	3326.9	7883.3	Annular
1	1	1901	139.66	133.54	127.13	115.79	101.25	5.26792	0.12	0.73	3648.7	48.4	3328.8	7906.4	Annular

图5-81 查看管程两相流型

b. 进入**Results | Calculation Details | Analysis along Tubes | Plots** 页面，查看管程汽化率分布，如图5-82所示；进入**Interval Analysis** 页面，过冷区(气体质量分数为0)长度约为248mm，占换热管长8.43%，在合理范围内(参考5.6.5.3节)。

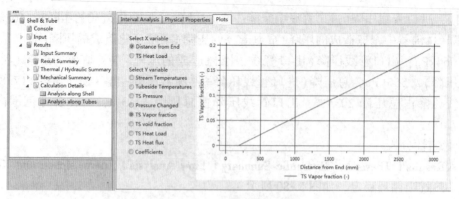

图 5-82　查看管程汽化率分布

c. 进入 **Results ❘ Calculation Details ❘ Analysis along Tubes ❘ Plots** 页面，查看管程(TS)与壳程(SS)主体温度分布，如图 5-83 所示，冷热流体之间无温度交叉。

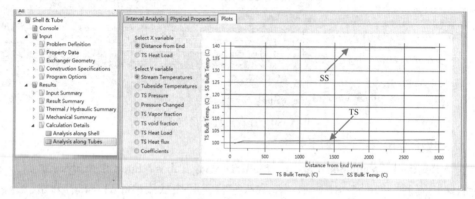

图 5-83　查看管程(TS)与壳程(SS)主体温度分布

⑭ 平面装配图和管板布置图(Setting Plan & Tubesheet Layout)

进入 **Results ❘ Mechanical Summary ❘ Setting Plan & Tubesheet Layout** 页面，查看平面装配图和管板布置图，分别如图 5-84 和图 5-85 所示，也可选择 **Home ❘ Verify Geometry**，进行查看。

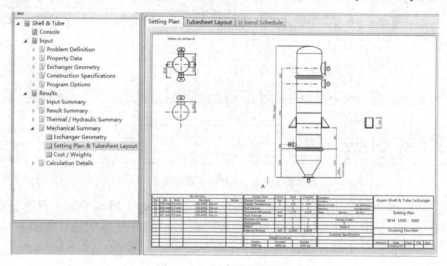

图 5-84　查看平面装配图

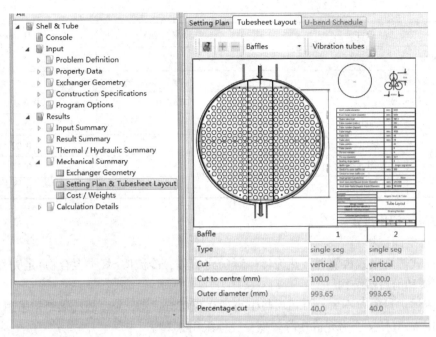

图 5-85 查看管板布置图

（8）设置膨胀节

3.11.1.3 节方法供参考。

5.7.2.4 设计结果

换热器型号 BEM1000-0.7/0.4-121-3/38-1Ⅱ。可拆封头管箱，公称直径 1000mm，管程和壳程设计压力（表压）分别为 0.7MPa 和 0.4MPa，公称换热面积 121m²，换热管公称长度 3m，换热管外径 38mm，1 管程，单壳程固定管板式换热器，碳素钢Ⅱ级管束符合 GB/T 151—2014 偏差要求。

注：进入 **Results | Result Summary | TEMA Sheet | TEMA Sheet** 页面，查看管程和壳程设计温度、设计压力（表压）。

5.7.3 卧式热虹吸式再沸器

为精馏塔设计卧式热虹吸式再沸器，用饱和蒸气加热烃类混合物，工艺数据见表 5-12。

表 5-12 工艺数据

项目	热流体（Steam）	冷流体（Hydrocarbon）
质量流量/(kg/h)	—	300000
进口温度/℃	147	98
进口气相质量分数	1	0
出口气相质量分数	0.02	0.2
进口压力（绝压）/kPa	450	—
塔釜液面压力（绝压）/kPa	—	500

项目		热流体（Steam）	冷流体（Hydrocarbon）
允许压降/kPa		35	35
塔釜液面高度/mm		5000	
污垢热阻/（m² · K/W）		0.0001	0.00017
质量分数	水（Water）	1	—
	1-丁烯（1-Butene）	—	0.02
	正戊烷（n-Pentane）	—	0.71
	苯（Benzene）	—	0.27

5.7.3.1　初步规定

• 流体空间选择

对于卧式热虹吸式再沸器，热流体（蒸气）走管程，冷流体（烃类混合物）走壳程。

• 壳体和前后端结构

冷热流体进口温差不大，且污垢热阻小于 0.00035m² · K/W，故前端结构采用 B 型，后端结构采用 M 型，又因为允许压降较低，壳体采用 X 型。

• 换热管

选用管外径 25mm、管壁厚 2.5mm 光管。

• 管子排列方式

管外侧无须机械清洗，管子排列方式选择正三角形排列（30°），在相同的壳径下可排更多管子，得到更大换热面积。

• 折流板

X 型壳体没有折流板，通常使用支持板支承换热管以防止振动。

• 材质

管程和壳程流体均无腐蚀性，再沸器材质选择普通碳钢。

5.7.3.2　设计模式

（1）建立和保存文件

启动 Aspen Exchanger Design & Rating 软件，新建一个管壳式换热器文件，单击 **Save** 按钮 💾，文件保存为 Example5.3_Thermosiphon-Horizontal_BXM_Design.EDR。

（2）设置应用选项

将单位制设为 SI（国际制）。进入 **Input | Problem Definition | Application Options | Application Options** 页面。General 选项区域 Location of hot fluid（热流体位置）下拉列表框中选择 Tube side（管程）、Select geometry based on this dimensional standard（选择结构基于的尺寸标准）下拉列表框中选择 SI（国际制），Hot Side 选项区域 Application（应用）下拉列表框中选择 Condensation（冷凝），Cold Side 选项区域 Application（应用）下拉列表框中选择 Vaporization（蒸发）、Vaporizer type（蒸发类型）下拉列表框中选择 Thermosiphon（热虹吸），其余选项保持默认设置，如图 5-86 所示。

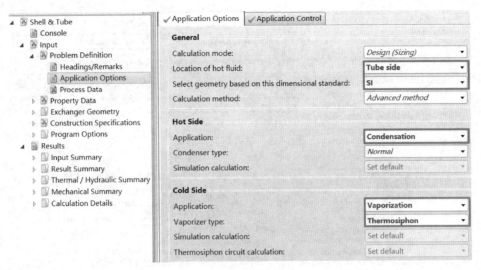

图 5-86 设置应用选项

（3）输入工艺数据

进入 **Input | Problem Definition | Process Data | Process Data** 页面，根据表 5-12 输入冷热流体工艺数据，如图 5-87 所示（输入时注意单位一致）。

		Hot Stream (1) Tube Side		Cold Stream (2) Shell Side	
Fluid name:		Steam		Hydrocarbon	
		In	Out	In	Out
Mass flow rate:	kg/h			300000	
Temperature:	°C	147		98	
Vapor fraction:		1	0.02	0	0.2
Pressure:	kPa	450	415	530	505
Pressure at liquid surface in column:				5	
Heat exchanged:	kW				
Exchanger effectiveness:					
Adjust if over-specified:		Heat load		Heat load	
Estimated pressure drop:	kPa	35		25	
Allowable pressure drop :	kPa	35		35	
Fouling resistance :	m²-K/W	0.0001		0.00017	

图 5-87 输入工艺数据

注：热虹吸模式下，冷流体侧只能输入塔釜液面压力，软件会默认在此压力上增加 30kPa 作为冷流体进口压力。

（4）输入物性数据

进入 **Input | Property Data | Hot Stream (1) Compositions | Composition** 页面，Physical property package（物性包）下拉列表框中选择 Aspen Properties，单击 **Search Databank** 按钮，搜索组分 WATER（水），组成默认为 1，如图 5-88 所示；进入 **Property Methods** 页面，Aspen property method（Aspen 物性方法）下拉列表框中选择 IAPWS-95，如图 5-89 所示。

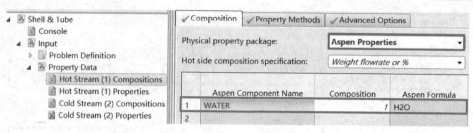

图 5-88　输入热流体组成

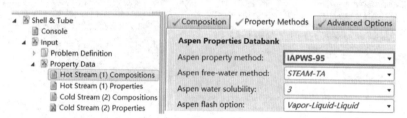

图 5-89　选择热流体物性方法

进入 **Input | Property Data | Hot Stream（1）Properties | Properties** 页面，单击 **Get Properties** 按钮，获取热流体物性数据。

进入 **Input | Property Data | Cold Stream（2）Compositions | Composition** 页面，Physical property package（物性包）下拉列表框中选择 B-JAC，单击 **Search Databank** 按钮，搜索组分 1-Butene（1-丁烯）、n-Pentane（正戊烷）和 Benzene（苯）并输入相应的质量分数，如图 5-90 所示；进入 **Property Methods** 页面，B-JAC VLE calculation method（B-JAC 气液平衡计算方法）下拉列表框中选择 Peng-Robinson，如图 5-91 所示。

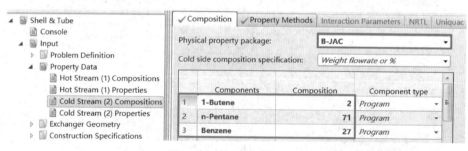

图 5-90　输入冷流体组成

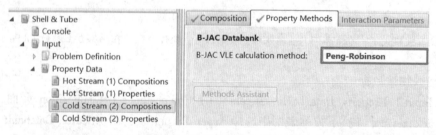

图 5-91　选择冷流体物性方法

进入 **Input | Property Data | Cold Stream（2）Properties | Properties** 页面，单击 **Get Properties** 按钮，获取冷流体物性数据。

（5）输入结构参数

进入 **Input ｜ Exchanger Geometry ｜ Shell/Heads/Flanges/Tubesheets ｜ Shell/Heads** 页面，Shell type（壳体类型）下拉列表框中选择 X 型，其余选项保持默认设置，如图 5-92 所示。

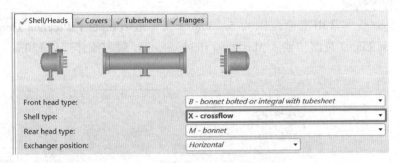

图 5-92　设置换热器结构类型

进入**Input ｜ Exchanger Geometry ｜ Tubes ｜ Tube** 页面，输入 Tube outside diameter（管外径）25mm，Tube wall thickness（管壁厚）2.5mm，Tube pitch（管中心距）32mm，其余选项保持默认设置，如图 5-93 所示。

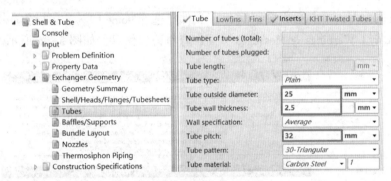

图 5-93　输入换热管参数

（6）输入热虹吸管线参数

进入**Input ｜ Exchanger Geometry ｜ Thermosiphon Piping ｜ Thermosiphon Piping** 页面，输入 Height of column liquid level（相对基准线的塔釜液面高度）5000mm，Height of heat transfer region inlet（相对基准线的换热区域进口高度）0，Height of return line to column（相对基准线的返塔管线高度）5300mm，其余选项保持默认设置，如图 5-94 所示。

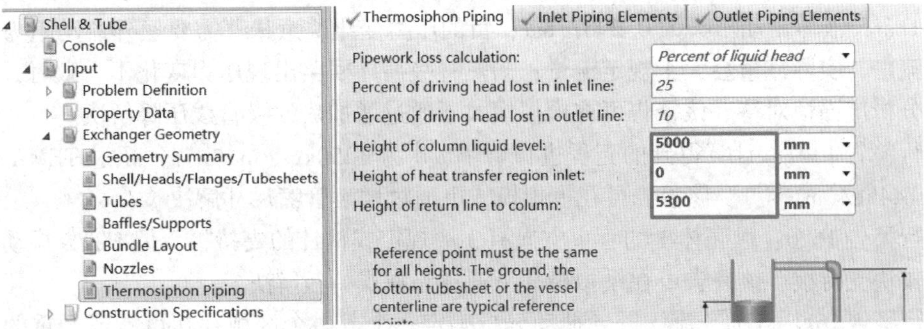

图 5-94　输入热虹吸管线参数

注：Pipework loss calculation(管道系统损失计算)设为 Percent of liquid head 时，出口管线的重力和动量变化造成的压降(软件不能单独计算)包含在摩擦损失中；Pipework loss calculation 设为 From Pipework 时，软件会要求输入详细的进出口管线数据，并以此计算较为准确的压降。

（7）设置程序选项

因管程气体/蒸气常用流速范围为 $5 \sim 30 \mathrm{m/s}$[16]，进入 Input | Program Options | Design Options | Process Limits 页面，输入 Maximum fluid velocity(最大流体速度)30m/s，如图 5-95 所示。

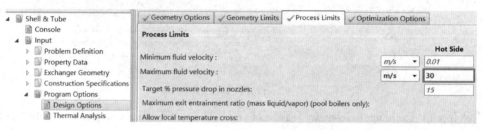

图 5-95 设置流体最大流体速度

（8）运行程序与查看警告信息

为防止数据丢失，单击 Save 按钮🖫保存文件。选择 Home | ▶，运行程序。进入 Results | Result Summary | Warnings & Messages 页面，查看警告信息，如图 5-96 所示。

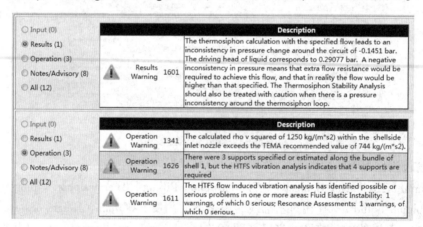

图 5-96 查看警告信息

结果警告 1601：热虹吸计算表明，规定流量下的循环回路压力变化不一致，偏差为 -0.1451bar；液体驱动压头为 0.29077bar，负的压力变化，意味着需要额外流动阻力才能达到规定流量，实际流量会大于规定流量；当热虹吸循环回路出现压力变化不一致时，热虹吸稳定性分析应谨慎对待。该警告可在模拟模式下通过增加热虹吸管线压降解决。

运行警告 1341：计算得到的壳程进口管嘴 ρv^2 为 1250kg/(m·s²)，超过 TEMA 标准的推荐值 744kg/(m·s²)。该警告可在模拟模式下通过增大管嘴尺寸解决。

运行警告 1626：沿壳体 1 的管束方向有 3 块规定或估计的支持板，但 HTFS 振动分析表明需要 4 块支持板。该警告可在模拟模式下通过添加支持板解决。

运行警告 1611：HTFS 流体诱导振动分析确定一个或多个区域存在可能或严重的振动问题，即流体弹性不稳定性振动 1 处，无严重振动；共振 1 处，无严重共振。该警告需加以调整。

（9）振动分析

进入 **Results | Thermal / Hydraulic Summary | Vibration & Resonance Analysis | Fluid Elastic Instability（HTFS）** 页面，查看流体弹性不稳定性分析，如图 5-97 所示。编号 4 振动管的实际质量流量与临界质量流量比值（$Ldec = 0.01$ 下的 W/W_c）大于 1，可能发生流体弹性不稳定性振动（参考 3.9.6 节和 3.9.7 节）。

流体弹性不稳定性振动必须解决，可通过减小错流流速或增大临界错流流速解决；减小无支承跨距可使错流流速和临界错流流速同时增大，但对临界错流流速影响更大，因为错流流速与无支承跨距成反比，而临界错流流速与无支承跨距的平方成反比（参考 3.9.2 节和 3.9.3.3 节）。该振动可在模拟模式下采取添加支持板的措施解决。

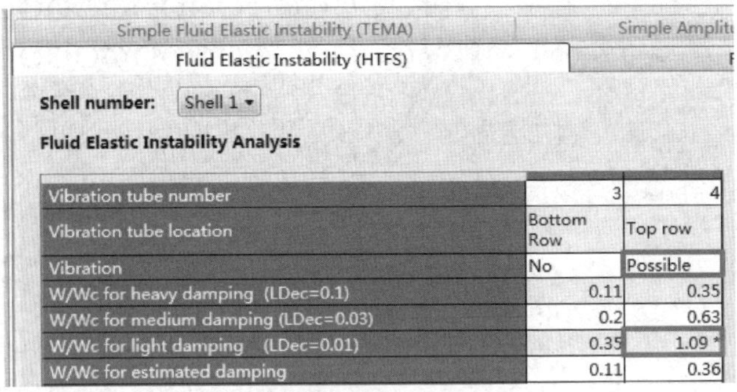

Simple Fluid Elastic Instability (TEMA)		Simple Amplit
Fluid Elastic Instability (HTFS)		
Shell number: Shell 1 ▾		
Fluid Elastic Instability Analysis		
Vibration tube number	3	4
Vibration tube location	Bottom Row	Top row
Vibration	No	Possible
W/Wc for heavy damping (LDec=0.1)	0.11	0.35
W/Wc for medium damping (LDec=0.03)	0.2	0.63
W/Wc for light damping (LDec=0.01)	0.35	1.09 *
W/Wc for estimated damping	0.11	0.36

图 5-97　查看流体弹性不稳定性分析

进入 **Results | Thermal / Hydraulic Summary | Vibration & Resonance Analysis | Resonance Analysis（HTFS）** 页面，查看共振分析，如图 5-98 所示。编号 4 振动管的频率比值 F_v/F_n 在 0.8~1.2 之间，没有三重重合现象，同时振幅也没有超过最大限制，可能发生共振（参考 3.9.6 节和 3.9.7 节）。

可能发生的共振可通过增大不同振动频率的差异解决；减小无支承跨距，可使换热管固有频率和激励频率同时增大，但对固有频率影响更大（参考 3.9.3 节和 3.9.5 节）。该共振可在模拟模式下采取添加支持板的措施解决。

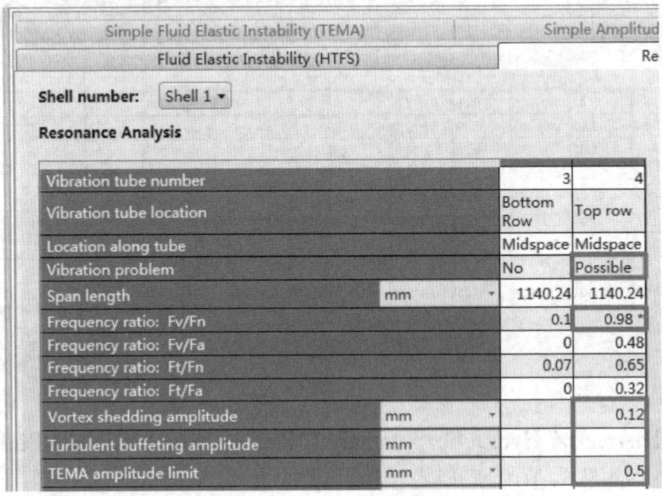

Simple Fluid Elastic Instability (TEMA)			Simple Amplitud
Fluid Elastic Instability (HTFS)			Re
Shell number: Shell 1 ▾			
Resonance Analysis			
Vibration tube number		3	4
Vibration tube location		Bottom Row	Top row
Location along tube		Midspace	Midspace
Vibration problem		No	Possible
Span length	mm	1140.24	1140.24
Frequency ratio: Fv/Fn		0.1	0.98 *
Frequency ratio: Fv/Fa		0	0.48
Frequency ratio: Ft/Fn		0.07	0.65
Frequency ratio: Ft/Fa		0	0.32
Vortex shedding amplitude	mm		0.12
Turbulent buffeting amplitude	mm		
TEMA amplitude limit	mm		0.5

图 5-98　查看共振分析

进入 **Results | Mechanical Summary | Setting plan & Tubesheet Layout | Tubesheet Layout** 页面，单击下拉列表框右侧的 **Vibration tubes** 按钮，查看换热管振动位置，编号 4 振动管位置如图 5-99 所示。

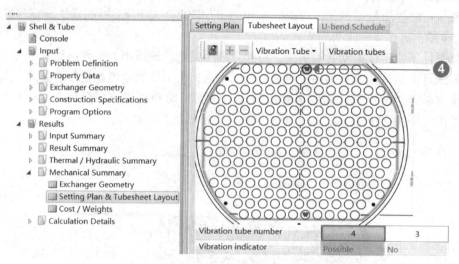

图 5-99　查看换热管振动位置

（10）优化路径

如果对于设计结果不满意，或者有特殊要求，可以查看优化路径。进入 **Results | Result Summary | Optimization Path | Optimization Path** 页面，可以快速地查看面积余量、压降比和设计状态等，如图 5-100 所示。根据 **Input | Program Options | Design Options | Optimization Options** 页面中 Basis for design optimization 选项设置，程序会依据最小换热面积或最低设计成本，选出最佳设计。设计者也可根据自己的考虑，从中选择合适的设计。

注：设计状态"OK"与"Near"的判断标准，详见 1.5.2.2 节。

Item	Shell Size	Tube Length Actual	Tube Length Reqd.	Area ratio	Pressure Drop Shell	Dp Ratio	Pressure Drop Tube	Dp Ratio	Baffle Pitch	No.	Tube Tube Pass	No.	Units P	S	Total Price	Design Status
	mm	mm	mm		bar		bar		mm						Dollar(US)	
3	590.55	3750	3710.4	1.01	0.04998	0.26	0.07354	0.21		0	2	244	1	1	29557	OK
5	602	3600	3550.2	1.01	0.05451	0.29	0.07236	0.21		0	2	256	1	1	28835	OK
1	539.75	4650	4538.9	1.02	0.0439	0.23	0.03239	0.09		0	1	205	1	1	28029	OK
7	627	3300	3248	1.02	0.05863	0.31	0.05599	0.16		0	2	282	1	1	29918	OK
2	590.55	3900	3763.3	1.04	0.05249	0.28	0.02826	0.08		0	1	250	1	1	29938	OK
4	602	3750	3610.8	1.04	0.05129	0.27	0.02764	0.08		0	1	261	1	1	29191	OK
6	627	3450	3321.3	1.04	0.05394	0.29	0.02658	0.08		0	1	285	1	1	30220	OK
1	539.75	4650	4538.9	1.02	0.0439	0.23	0.03239	0.09		0	1	205	1	1	28029	OK

Current selected case: 1　Select

图 5-100　查看优化路径

（11）查看结果与分析

进入 **Results | Thermal / Hydraulic Summary | Performance | Overall Performance** 页面，查看换热器总体性能，如图 5-101 所示。

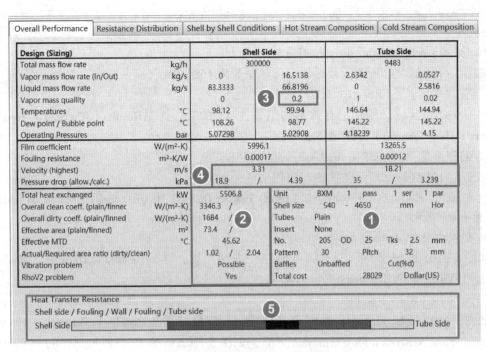

图5-101 查看换热器总体性能

① 结构参数

如图5-101区域①所示,换热器型式为BXM,管程数1,串联台数1,并联台数1,壳径(内径)540mm,管长4650mm,光管,管数205,管外径25mm,管壁厚2.5mm,管子排列方式30°,管中心距32mm,无折流板。

进入**Results | Result Summary | TEMA Sheet | TEMA Sheet**页面,壳程进口管嘴公称直径203.2mm(8in),数量3;出口管嘴公称直径254mm(10in),数量6;管程进出口管嘴公称直径分别为203mm(8in)和76.2mm(3in)。

注:在Design模式中,**Input | Exchanger Geometry | Nozzles | Shell Side Nozzles**页面中,Nozzle diameter dislayed on TEMA sheet(显示在TEMA表中的管嘴直径)选项默认为Nominal(公称直径)。程序中管嘴尺寸有ASME(美国机械工程师协会)和ISO(国际标准化组织)两种标准,默认采用ASME标准。

② 总热负荷(Total heat exchanged)

如图5-101区域②所示,换热器总热负荷为5506.8kW。

③ 气相质量分数(Vapor mass quality)

如图5-101区域③所示,壳程流体出口气相质量分数为0.2,在合理范围内(表5-3)。

④ 流速(Velocity)

如图5-101区域④所示,壳程和管程流体最高流速分别为3.31m/s和18.21m/s。

进入**Results | Results Summary | TEMA Sheet | TEMA Sheet**页面,壳程和管程平均流速分别为1.83m/s和0.80m/s,均在合理范围内(表3-46)。

⑤ 压降(Pressure drop)

如图5-101区域④所示,壳程压降为4.390kPa,管程压降为3.239kPa,均小于允许压降。

注:如果压降远小于允许压降,为了尽可能充分利用允许压降,可参考3.10.3节进行调节;如果允许

压降得到了充分利用，但继续增加很少的压降就能较大地提高经济性，则应再行设计并考虑增加允许压降的可能性。

⑥ 总传热系数（Overall dirty coeff.）

如图 5-101 区域②所示，换热器总传热系数为 1684.0W/(m^2·K)。

⑦ 有效平均温差（Effective MTD）

如图 5-101 区域②所示，有效平均温差为 45.62℃，详见**Results | Thermal / Hydraulic Summary | Heat Transfer | MTD & Flux** 页面。

⑧ 面积余量（Actual/Required area ratio, dirty）

如图 5-101 区域②所示，换热器面积余量为 2%。

注：程序默认最小面积余量为 0%，可在**Input | Program Options | Design Options | Optimization Options** 页面设置最小面积余量数值。

⑨ 振动问题（Vibration problem）

如图 5-101 区域②所示，本例可能存在振动问题，详见**Results | Thermal / Hydraulic Summary | Vibration & Resonance Analysis** 页面。

⑩ ρv^2 问题（RhoV2 problem）

如图 5-101 区域②所示，本例存在管嘴 ρv^2 问题。进入**Results | Thermal / Hydraulic Summary | Flow Analysis | Flow Analysis** 页面，如图 5-102 所示。壳程进口管嘴 ρv^2 的 TEMA 限制值为 744kg/(m·s^2)，计算值为 1250kg/(m·s^2)，可在模拟模式中增大管嘴尺寸以消除该问题。

注：当流体为气体、饱和水蒸气和气液混合物时，易对进口处的换热管造成冲击，引起振动和腐蚀。TEMA 给出了管壳程相关零部件的 ρv^2 限制值，当计算值超过该值时，程序提醒用户存在振动和腐蚀风险。

Flow Analysis | Thermosiphons and Kettles

Shell Side Flow Fractions	Inlet	Middle	Outlet	Diameter Clearance mm
Crossflow	0.95	0.96	0.95	
Window	0	0	0	
Baffle hole - tube OD	0	0	0	0.4
Baffle OD - shell ID	0	0	0	4.76
Shell ID - bundle OTL	0.05	0.04	0.05	12.7
Pass lanes	0	0	0	

Rho*V2 Analysis	Flow Area mm²	Velocity m/s	Density kg/m³	Rho*V2 kg/(m-s²)	TEMA limit kg/(m-s²)
Shell inlet nozzle	32275	1.45	592.81	1250	744
Shell entrance	41136	1.14	592.81	769	5953

图 5-102 查看管嘴 ρv^2

⑪ 热阻分布（Heat Transfer Resistance）

如图 5-101 区域⑤所示，本例热阻分布基本均衡，详见**Results | Thermal / Hydraulic Summary | Performance | Resistance Distribution** 页面。

⑫ 热通量（Heat flux）

进入**Results | Thermal / Hydraulic Summary | Heat Transfer | MTD&Flux** 页面，如图 5-103 所示，最大实际热通量 81.9kW/m^2，临界热通量 326.4kW/m^2，最大实际热通量与临界热通量的比值 0.251 小于 0.7，在安全范围内（参考 5.3.2 节）。

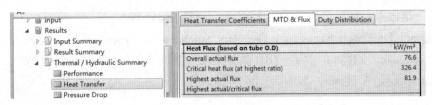

图 5-103 查看热通量

⑬ 稳定性分析

进入**Results | Thermal / Hydraulic Summary | Flow Analysis | Thermosiphons and Kettles** 页面，可知热虹吸循环稳定，如图 5-104 所示。

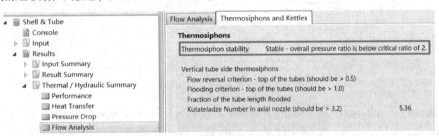

图 5-104 查看热虹吸稳定性

⑭ 温度分布

进入**Results | Calculation Details | Analysis along Tubes | Plots** 页面，查看管程(TS)与壳程(SS)主体温度分布，如图 5-105 所示，冷热流体之间无温度交叉。

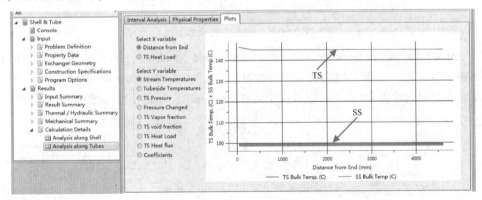

图 5-105 查看管程(TS)与壳程(SS)主体温度分布

5.7.3.3 模拟模式

（1）保存文件

选择**File | Save As**，文件另存为 Example5.3_Thermosiphon-Horizontal_BXM_Simulation.EDR。

（2）转为模拟模式

选择**Home | Simulation**，弹出更改模式对话框，提示"是否在模拟模式中使用当前设计结果"，单击**Use Current** 按钮，将设计结果传输到模拟模式。

（3）调整结构参数

参照《热交换器型式与基本参数 第2部分：固定管板式热交换器》(GB/T 28712.2—

2012）对设计结果进行调整，壳径（内径）600mm，管长 4500mm。

进入**Input | Exchanger Geometry | Geometry Summary | Geometry** 页面，输入 Shell(s)-ID（壳体内径）600mm，删除 Shell(s)-OD（壳体外径）数值、Tubes-Number（管数）数值，输入 Tubes-Length（管长）4500mm，如图 5-106 所示。

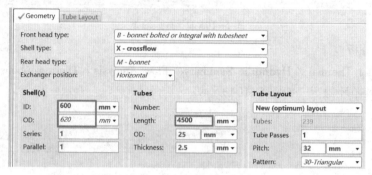

图 5-106　调整结构参数

进入**Input | Exchanger Geometry | Baffles/Supports | Tube Supports** 页面，输入 Number of supports for K, X shells（K、X 型壳体的支持板数量）4，如图 5-107 所示。

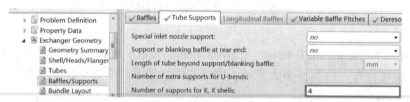

图 5-107　输入支持板数量

进入**Input | Exchanger Geometry | Nozzles | Shell Side Nozzles** 页面，壳程进口管嘴公称直径选择 ASME 12″，出口管嘴公称直径选择 ASME 14″，Nozzle diameter displayed on TEMA sheet（TEMA 表中显示的管嘴直径）下拉列表框中选择 Nominal（公称直径），如图 5-108 所示。

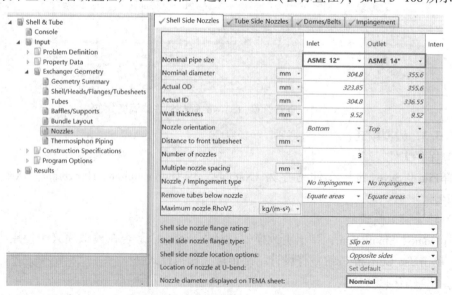

图 5-108　输入壳程进出口管嘴内径

注：在 Design 模式中，Nozzle diameter displayed on TEMA sheet 选项默认为 Nominal（公称直径），此计算模式运行后，如果没有得到设计结果，转为其他计算模式，选项仍默认为 Nominal；如果得到设计结果，转为其他计算模式，选项默认为 ID（内径）。

（4）输入热虹吸管线参数

进入 **Input｜Exchanger Geometry｜Thermosiphon Piping｜Thermosiphon Piping** 页面，Pipework loss calculation（管道系统损失计算）下拉列表框中选择 From Pipework；进入 **Inlet Piping Elements** 页面，选择进口管线零部件为管线和弯头，输入进口管线长度 8000mm，串联弯头数 4，其余选项保持默认设置，如图 5-109 所示。

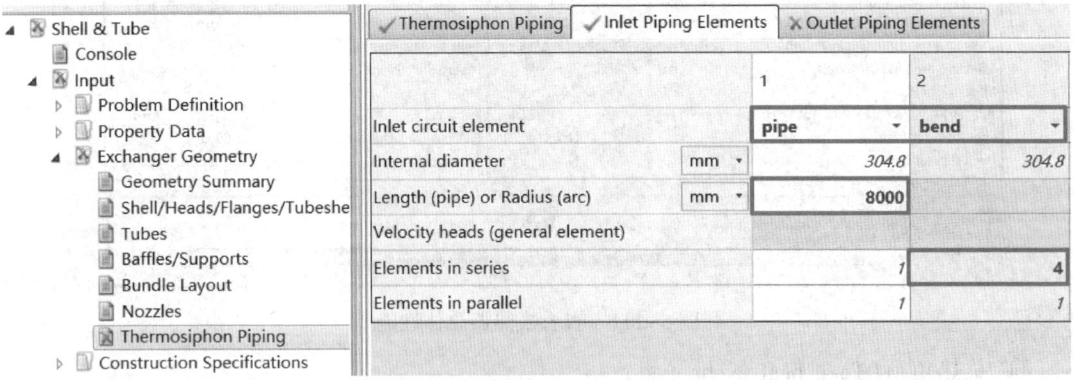

图 5-109 输入进口管线参数

进入 **Input｜Exchanger Geometry｜Thermosiphon Piping｜Oulet Piping Elements** 页面，选择出口管线零部件为垂直管线、水平管线和弧形弯头，输入垂直管线长度 4700mm，水平管线长度 1000mm，弧形弯头长度 1000mm，其余选项保持默认设置，如图 5-110 所示。

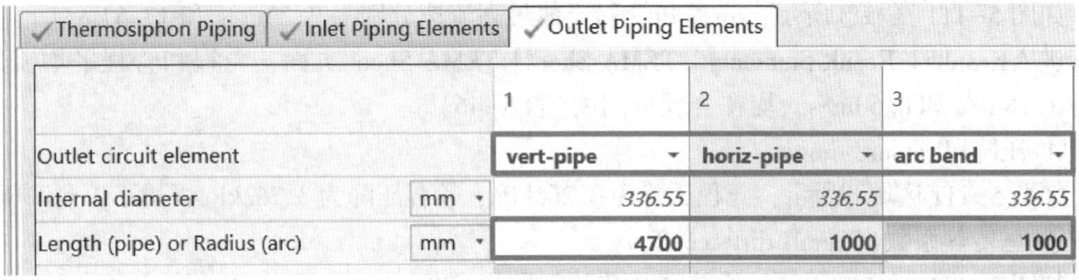

图 5-110 输入出口管线参数

（5）运行程序与查看警告信息

为防止数据丢失，单击 **Save** 按钮保存文件。选择 **Home｜▶**，运行程序。进入 **Results｜Result Summary｜Warnings & Messages** 页面，查看警告信息，此时无警告信息。

（6）查看结果与分析

进入 **Results｜Thermal／Hydraulic Summary｜Performance｜Overall Performance** 页面，查看换热器总体性能，如图 5-111 所示。

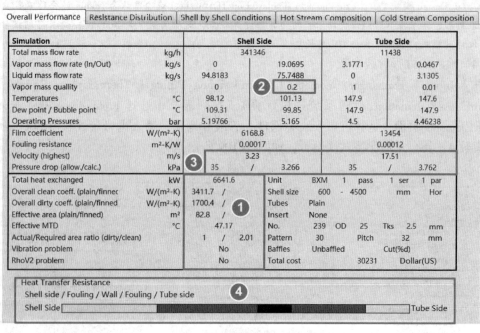

图 5-111　查看换热器总体性能

① 总热负荷(Total heat exchanged)

如图 5-111 区域①所示，换热器总热负荷为 6641.6kW，大于设计模式下计算的 5506.8kW，可满足换热要求。

② 气相质量分数(Vapor mass quality)

如图 5-111 区域②所示，壳程流体出口气相质量分数为 0.2，满足工艺要求。

③ 流速(Velocity)

如图 5-111 区域③所示，壳程和管程流体最高流速分别为 3.23m/s 和 17.51m/s。

进入 **Results | Result Summary | TEMA Sheet | TEMA Sheet** 页面，壳程和管程平均流速分别为 1.78m/s 和 0.60m/s，均在合理范围内(表 3-46)。

④ 压降(Pressure drop)

如图 5-111 区域③所示，壳程压降为 3.266kPa，管程压降为 3.762kPa，均小于允许压降。

⑤ 总传热系数(Overall dirty coeff.)

如图 5-111 区域①所示，换热器总传热系数为 1700.4W/(m² · K)。

⑥ 有效平均温差(Effective MTD)

如图 5-111 区域①所示，有效平均温差为 47.17 ℃，详见 **Results | Thermal / Hydraulic Summary | Heat Transfer | MTD & Flux** 页面。

⑦ 振动问题(Vibration problem)

如图 5-111 区域①所示，不存在振动问题，详见 **Results | Thermal / Hydraulic Summary | Vibration & Resonance Analysis** 页面。

⑧ ρv^2 问题(RhoV2 problem)

如图 5-111 区域①所示，不存在 ρv^2 问题，详见 **Results | Thermal / Hydraulic Summary | Flow Analysis | Flow Analysis** 页面。

⑨ 热阻分布(Heat Transfer Resistance)

如图5-111区域④所示，热阻分布基本均衡，详见**Results | Thermal / Hydraulic Summary | Performance | Resistance Distribution** 页面。

⑩ 热通量(Heat flux)

进入**Results | Thermal / Hydraulic Summary | Heat Transfer | MTD&Flux** 页面，如图5-112所示，最大实际热通量91.9kW/m^2，临界热通量326.1kW/m^2，最大实际热通量与临界热通量的比值0.282小于0.7，在安全范围内(参考5.3.2节)。

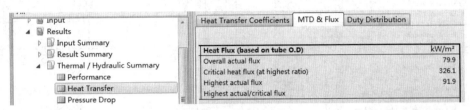

图5-112 查看热通量

⑪ 稳定性分析

进入**Results | Thermal / Hydraulic Summary | Flow Analysis | Thermosiphons and Kettles** 页面，可知热虹吸循环稳定，如图5-113所示。

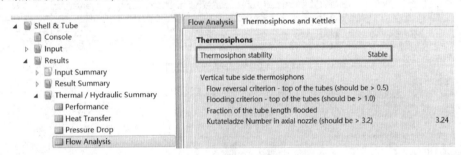

图5-113 查看热虹吸稳定性

⑫ 温度分布

进入**Results | Calculation Details | Analysis along Tubes | Plots** 页面，查看管程(TS)与壳程(SS)主体温度分布，如图5-114所示，冷热流体之间无温度交叉。

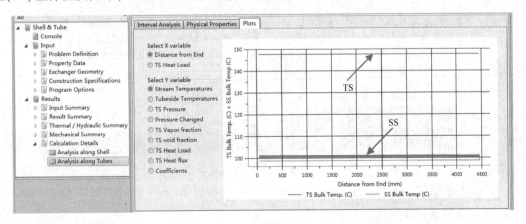

图5-114 查看管程(TS)与壳程(SS)主体温度分布

⑬ 平面装配图和管板布置图（Setting Plan & Tubesheet Layout）

进入**Results | Mechanical Summary | Setting Plan & Tubesheet Layout** 页面，分别查看平面装配图和管板布置图，如图 5-115 和图 5-116 所示，也可选择**Home | Verify Geometry**，进行查看。

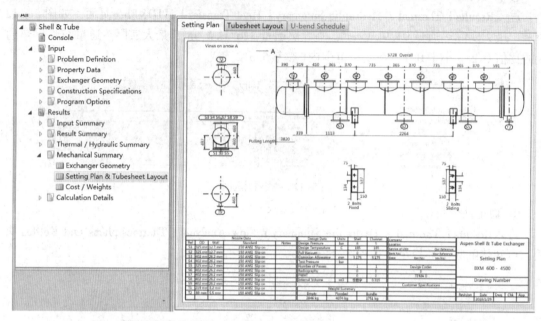

图 5-115　查看平面装配图

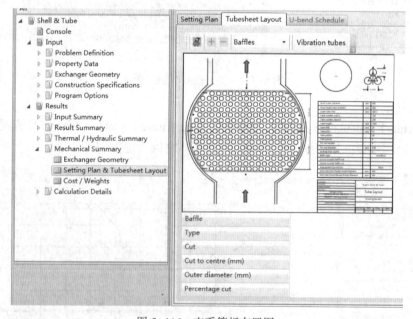

图 5-116　查看管板布置图

（7）设置膨胀节

3.11.1.3 节方法供参考。

5.7.3.4 设计结果

再沸器型号 BXM600-0.5/0.6-83-4.5/25-1 Ⅱ 。可拆封头管箱，公称直径 600mm，管程和壳程设计压力(表压)分别为 0.5MPa 和 0.6MPa，公称换热面积 83m²，换热管公称长度 4.5m，换热管外径 25mm，1 管程，穿流壳体固定管板式换热器，碳素钢 Ⅱ 级管束符合 GB/T 151—2014 偏差要求。

注：进入 **Results | Result Summary | TEMA Sheet | TEMA Sheet** 页面，查看管程和壳程设计温度、设计压力(表压)。

5.7.4 降膜蒸发器

设计降膜蒸发器，浓缩质量分数为 5% 的盐水，工艺数据见表 5-13，盐水的物性数据见表 5-14。

表 5-13 工艺数据

项目	热流体(Steam)	冷流体(Brine)
质量流量/(kg/h)	—	6000
进口温度/℃	93	80
进口气相质量分数	1	0
出口气相质量分数	0	0.2
进口压力(绝压)/kPa	78.48	45.9
允许压降/kPa	5	1
污垢热阻/(m²·K/W)	0.0002	0.0002

表 5-14 盐水物性数据

项目	项目	数据1	数据2
T-h-x 数据	温度/℃	80	80
	气相质量分数	0	0.2
	比焓/(kJ/kg)	0	462
液相	密度/(kg/m³)	1006	—
	比热容/[kJ/(kg·K)]	3.968	—
	黏度/mPa·s	0.395	—
	导热系数/[W/(m·K)]	0.663	—
	表面张力/(N/m)	0.0638	—
气相	密度/(kg/m³)	0.28	—
	比热容/[kJ/(kg·K)]	1.9	—
	黏度/mPa·s	0.0019	—
	导热系数/[W/(m·K)]	0.0223	—

5.7.4.1 初步规定

● 流体空间选择

对于降膜蒸发器，热流体(蒸气)走壳程，冷流体(盐水)走管程。

- 壳体和前后端结构

冷热流体进口温差不大，但管程流体不够清洁，且料液分配器需要定期更换维护，因此前端结构选用易于拆卸的 A 型；管内为浓缩溶液，为便于清洗，后端结构选用 L 型；壳体为 E 型。

- 换热管

冷流体（盐水）进口压力 45.9kPa，属于真空操作，选择管外径 54mm、管壁厚 2mm 的光管。

- 管子排列方式

热流体（蒸气）较清洁，不易结垢，管外侧无须机械清洗，故选择正三角形排列（30°），在相同的壳径下可排列更多换热管，得到更大换热面积。

- 折流板

选用单弓形折流板，缺口垂直左右布置。

- 材质

盐水具有腐蚀性，与盐水接触的金属材质选用不锈钢，其余部件选用普通碳钢。

5.7.4.2 设计模式

（1）建立和保存文件

启动 Aspen Exchanger Design & Rating 软件，新建一个管壳式换热器文件，单击**Save** 按钮■，文件保存为 Example5.4_Falling-Film_AEL_Design.EDR。

（2）设置应用选项

将单位制设为 SI（国际制）。进入**Input | Problem Definition | Application Options | Application Options** 页面。General 选项区域 Select geometry based on this dimensional standard（选择结构基于的尺寸标准）下拉列表框中选择 SI（国际制），Hot Side 选项区域 Application（应用）下拉列表框中选择 Condensation（冷凝），Cold Side 选项区域 Application（应用）下拉列表框中选择 Vaporization（蒸发）、Vaporizer type 下拉列表框中选择 Falling film evaporator（降膜蒸发器），其余选项保持默认设置，如图 5-117 所示。

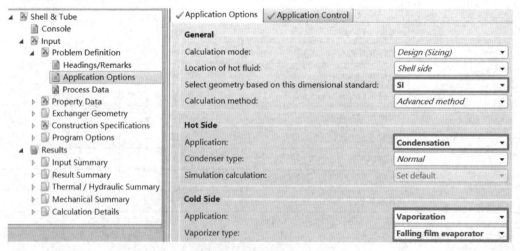

图 5-117 设置应用选项

（3）输入工艺数据

进入**Input｜Problem Definition｜Process Data｜Process Data**页面，根据表5-13输入冷热流体工艺数据，如图5-118所示（输入时注意单位一致）。

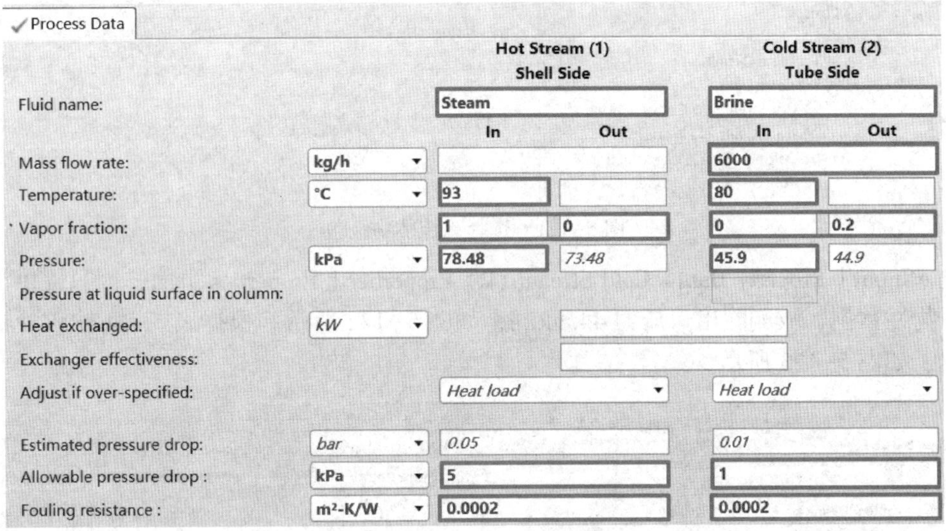

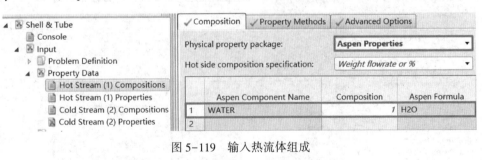

图5-118　输入工艺数据

（4）输入物性数据

进入**Input｜Property Data｜Hot Stream（1）Compositions｜Composition**页面，Physical property package（物性包）下拉列表框中选择Aspen Properties，单击**Search Databank**按钮，搜索组分WATER（水），组成默认为1，如图5-119所示；进入**Property Methods**页面，Aspen property method（Aspen物性方法）下拉列表框中选择IAPWS-95，如图5-120所示。

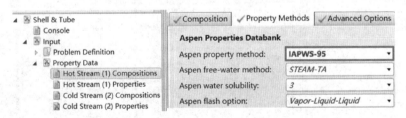

图5-119　输入热流体组成

图5-120　选择热流体物性方法

进入**Input｜Property Data｜Hot Stream（1）Properties｜Properties**页面，单击**Get Properties**按钮，获取热流体物性数据。

进入 **Input | Property Data | Cold Stream（2）Compositions | Composition** 页面，Physical property package（物性包）选项保持默认设置，如图 5-121 所示。

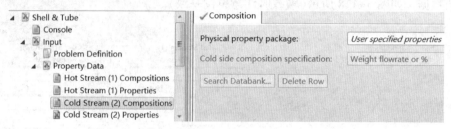

图 5-121　选择冷流体物性包

进入 **Input | Property Data | Cold Stream（2）Properties | Properties** 页面，因只提供了进口压力下物性数据，故删除出口压力 44.9kPa，如图 5-122 所示。根据表 5-14 输入冷流体物性数据，如图 5-123 所示。

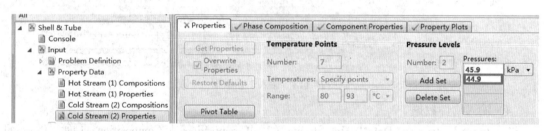

图 5-122　删除出口压力

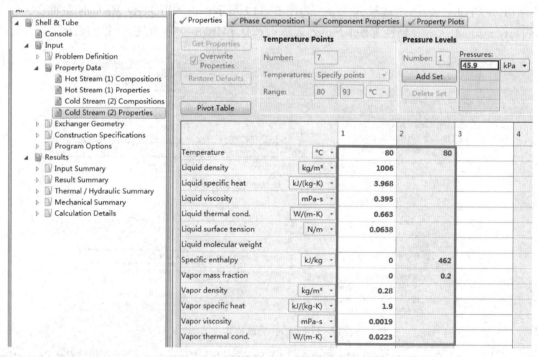

图 5-123　输入冷流体物性数据

（5）输入结构参数

进入 **Input | Exchanger Geometry | Geometry Summary | Geometry Summary** 页面，Front head type（前端结构类型）下拉列表框中选择 A 型，Rear head type（后端结构类型）下拉列表框中选择 L 型，输入 OD（管外径）54mm，Thickness（管壁厚）2mm，Pitch（管中心距）68mm，其余选项保持默认设置，如图 5-124 所示。

Geometry	Tube Layout		
Front head type:	A - channel & removable cover		
Shell type:	E - one pass shell		
Rear head type:	L - removable channel with flat cover		
Exchanger position:	Vertical		

Shell(s)		Tubes		Tube Layout	
ID:	mm	Number:		New (optimum) layout	
OD:	mm	Length:	mm	Tubes:	62
Series:		OD:	54 mm	Tube Passes	1
Parallel:		Thickness:	2 mm	Pitch:	68 mm
				Pattern:	30-Triangular

图 5-124　设置换热器结构类型

（6）设置制造规范

进入 **Input | Construction Specification | Materials of Construction | Vessel Materials** 页面，Cylinder-cold side（圆筒-冷侧）下拉列表框中选择 22Cr，5Ni，3Mo steel，Tube material（换热管材质）下拉列表框中选择 22Cr，5Ni，3Mo steel，其余选项保持默认设置，如图 5-125 所示。进入 **Cladding/Gasket Materials** 页面，Tubesheet cladding-cold side（管板覆盖层）下拉列表框中选择 22Cr，5Ni，3Mo steel，如图 5-126 所示。

注：为节省成本等原因，管板采用复合材质，故在图 5-125 中管板材质选择碳钢，在图 5-126 中管板覆盖层材质选择 SS 304L。为节省成本等原因，管箱等也可采用复合材质，但 Shell & Tube 程序侧重于热力设计，这些部件不能设置复合材质，更加详细的机械设计请在 Shell & Tube Mech 程序中进行。

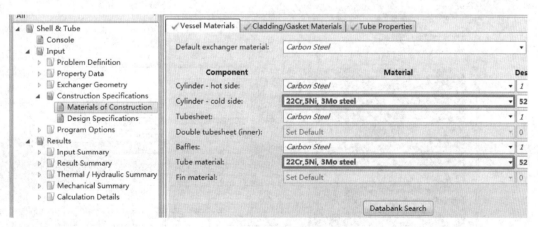

图 5-125　选择换热器材质

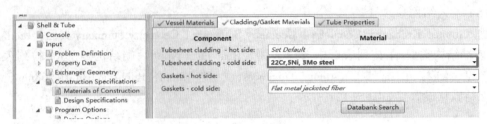

图 5-126　选择管板覆盖层材质

（7）运行程序与查看警告信息

为防止数据丢失，单击 **Save** 按钮 保存文件。选择 **Home** ｜ ▶ ，运行程序。进入 **Results** ｜ **Result Summary** ｜ **Warnings & Messages** 页面，警告信息如图 5-127 所示。

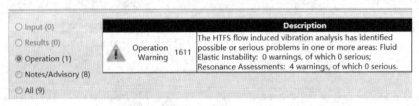

图 5-127　查看警告信息

运行警告 1611：HTFS 流体诱导振动分析确定一个或多个区域存在可能或严重的振动问题，即无流体弹性不稳定性振动；共振 4 处，无严重共振。该警告可忽略，也可加以调整。

（8）振动分析

进入 **Results** ｜ **Thermal ／ Hydraulic Summary** ｜ **Vibration & Resonance Analysis** ｜ **Resonance Analysis（HTFS）** 页面，查看共振分析，如图 5-128 所示。编号 2 和编号 8 振动管的频率比值 F_v/F_n 在 0.8~1.2 之间，没有三重合现象，同时振幅也没有超过最大限制，可能发生共振（参考 3.9.6 节和 3.9.7 节）。

可能发生的共振可通过增大不同振动频率的差异解决；减小无支承跨距，可使换热管固有频率和激励频率同时增大，但对固有频率影响更大（参考 3.9.3 节和 3.9.5 节）。该共振可在校核模式下采取添加支持板的措施解决。

Vibration tube number		1	2	2	8	8	8
Vibration tube location		N,	Outer window, left	Outer window, left	Outer window, right	Outer window, right	Outer window, right
Location along tube			Inlet	Midspace	Inlet	Midspace	Outlet
Vibration problem			Possible	Possible	Possible	Possible	No
Span length	mm	98	2627.98		1427.98	2400	1427.98
Frequency ratio: Fv/Fn		05	1.09 *	1.02 *	0.9 *	0.85 *	0.12
Frequency ratio: Fv/Fa		0	0.06	0.09	0.06	0.09	0
Frequency ratio: Ft/Fn		03	0.71	0.66	0.59	0.55	0.08
Frequency ratio: Ft/Fa		0	0.04	0.06	0.04	0.06	0
Vortex shedding amplitude	mm			0.04		0.02	
Turbulent buffeting amplitude	mm						
TEMA amplitude limit	mm			1.08		1.08	

图 5-128　查看共振分析

进入 **Results | Mechanical Summary | Setting Plan & Tubesheet Layout | Tubesheet Layout** 页面，单击 **Vibrations tubes** 按钮，查看换热管振动位置，编号 2 和编号 8 振动管位置如图 5-129 所示。

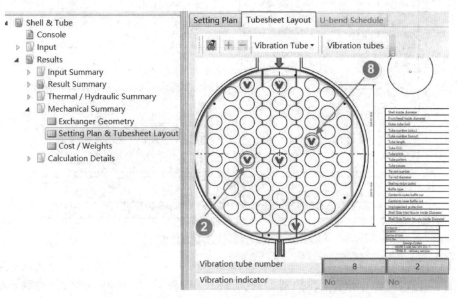

图 5-129　查看换热管振动位置

（9）优化路径

如果对于设计结果不满意，或者有特殊要求，可以查看优化路径。进入 **Results | Result Summary | Optimization Path | Optimization Path** 页面，可以快速地查看面积余量、压降比和设计状态等，如图 5-130 所示。根据 **Input | Program Options | Design Options | Optimization Options** 页面中 Basis for design optimization 选项设置，程序会依据最小换热面积或最低设计成本，选出最佳设计。设计者也可根据自己的考虑，从中选择合适的设计。

注：设计状态"OK"与"Near"的判断标准，详见 1.5.2.2 节。

	Shell	Tube Length			Pressure Drop				Baffle		Tube		Units		Total		
Item	Size	Actual	Reqd.	Area ratio	Shell	Dp Ratio	Tube	Dp Ratio	Pitch	No.	Tube Pass	No.	P	S	Price		Design Status
	mm	mm	mm		bar		bar		mm						Dollar(US)		
1	625	5400	5291.6	1.02	0.00869	0.17	0.00241	0.24	1200	3	1	62	1	1	46104		OK
2	650	5100	4985.7	1.02	0.00869	0.17	0.00226	0.23	1200	3	1	66	1	1	47534		OK
3	675	4500	4417.3	1.02	0.00819	0.16	0.00202	0.2	1200	3	1	74	1	1	48592		OK
4	700	4050	4040.6	1	0.00824	0.16	0.00188	0.19	1200	2	1	81	1	1	49331		OK
1	625	5400	5291.6	1.02	0.00869	0.17	0.00241	0.24	1200	3	1	62	1	1	46104		OK

图 5-130　查看优化路径

（10）查看结果与分析

进入 **Results | Thermal / Hydraulic Summary | Performance | Overall Performance** 页面，查看换热器总体性能，如图 5-131 所示。

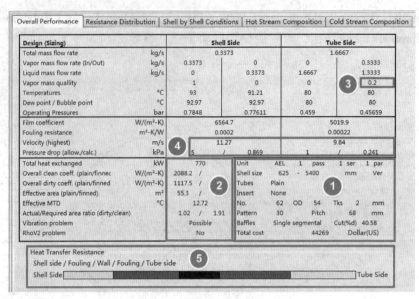

图5-131　查看换热器总体性能

① 结构参数

如图5-131区域①所示，换热器型式为AEL，管程数1，串联台数1，并联台数1，壳径（内径）625mm，管长5400mm，光管，管数62，管外径54mm，管壁厚2mm，正三角形排列（30°），管中心距68mm，单弓形折流板，圆缺率40.58%。

进入**Results | Result Summary | TEMA Sheet | TEMA Sheet**页面，折流板间距1219.2mm，壳程进出口管嘴公称直径分别为152.4mm（6in）和25.4mm（1in），管程进出口管嘴公称直径分别为76.2mm（3in）和355.6mm（14in）。

注：在Design模式下，**Input | Exchanger Geometry | Nozzles | Shell Side Nozzles**页面中，Nozzle diameter displayed on TEMA sheet（显示在TEMA表中的管嘴直径）选项默认为Nominal（公称直径）。程序中管嘴尺寸有ASME（美国机械工程师协会）和ISO（国际标准化组织）两种标准，默认采用ASME标准。

② 总热负荷（Total heat exchanged）

如图5-131区域②所示，换热器总热负荷为770.0kW。

③ 气相质量分数（Vapor mass quality）

如图5-131区域③所示，管程流体出口气相质量分数为0.2。

④ 流速（Velocity）

如图5-131区域④所示，壳程和管程流体的最高流速分别为11.27m/s和9.84m/s。

进入**Results | Results Summary | TEMA Sheet | TEMA Sheet**页面，壳程和管程平均流速分别为2.04m/s和4.93m/s，在合理范围内（表3-46）。

⑤ 压降（Pressure drop）

如图5-131区域④所示，壳程压降为0.869kPa，管程压降为0.241kPa，均小于允许压降。

注：如果压降远小于允许压降，为了尽可能充分利用允许压降，可参考3.10.3节进行调节；如果允许压降得到了充分利用，但继续增加很少的压降就能较大地提高经济性，则应再行设计并考虑增加允许压降的可能性。

⑥ 总传热系数(Overall dirty coeff.)

如图 5-131 区域②所示,换热器总传热系数为 1117.5W/(m² · K)。

⑦ 有效平均温差(Effective MTD)

如图 5-131 区域②所示,有效平均温差为 12.72℃,详见**Results | Thermal / Hydraulic Summary | Heat Transfer | MTD & Flux** 页面。

⑧ 面积余量(Actual/Required area ratio, dirty)

如图 5-131 区域②所示,面积余量为 2%。

注:软件默认最小面积余量为0%,可在**Input | Program Options | Design Options | Optimization Options** 页面设置最小面积余量数值。

⑨ 振动问题(Vibration problem)

如图 5-131 区域②所示,本例可能存在振动问题,详见**Results | Thermal / Hydraulic Summary | Vibration & Resonance Analysis** 页面。

⑩ ρv^2 问题(RhoV2 problem)

如图 5-131 区域②所示,本例无 ρv^2 问题,详见**Results | Thermal / Hydraulic Summary | Flow Analysis | Flow Analysis** 页面。

⑪ 热阻分布(Heat Transfer Resistance)

如图 5-131 区域⑤所示,本例热阻分布基本均衡,详见**Results | Thermal / Hydraulic Summary | Performance | Resistance Distribution** 页面。

⑫ 热通量(Heat flux)

进入**Results | Thermal / Hydraulic Summary | Heat Transfer | MTD & Flux** 页面,如图 5-132 所示,总体热通量为 14.2kW/m²,在合理范围内(参考 5.6.4.7 节)。

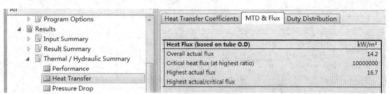

图 5-132 查看热通量

⑬ 温度分布

进入**Results | Calculation Details | Analysis along Tubes | Plots** 页面,查看管程(TS)与壳程(SS)主体温度分布,如图 5-133 所示,冷热流体之间无温度交叉。

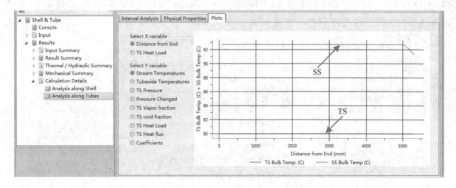

图 5-133 查看管程(TS)与壳程(SS)主体温度分布

5.7.4.3 校核模式

（1）保存文件

选择**File | Save As**，文件另存为 Example5.4_Falling-Film _AEL_Rating. EDR。

（2）转为校核模式

选择**Home | Rating / Checking**，弹出更改模式对话框，提示"是否在校核模式中使用当前设计结果"，单击**Use Current**按钮，将设计结果传输到校核模式。

（3）调整结构参数

参照《热交换器型式与基本参数 第2部分：固定管板式热交换器》（GB/T 28712.2—2012)对设计结果进行调整，壳径（内径）700mm，管长4500mm，折流板间距450mm。

进入**Input | Exchanger Geometry | Geometry Summary | Geometry**页面，输入 Shell(s)-ID（壳体内径）700mm，删除 Shell(s)-OD（壳体外径）数值、Tubes-Number（管数）数值，输入Tubes-Length（管长）4500mm（删除换热管数）、Baffles-Spacing（center-center）（折流板间距）450mm，删除 Baffles-Spacing at inlet（进口处折流板间距）数值和 Number（折流板数），输入Baffles-Cut（%d）（折流板圆缺率）40，如图5-134 所示。

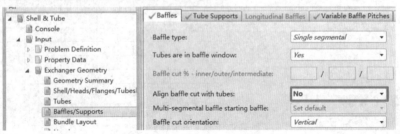

图 5-134　调整结构参数

进入**Input | Exchanger Geometry | Baffles/Supports | Baffles**页面，Align baffle cut with tubes（折流板缺口与管子平齐）下拉列表框中选择 No，其余选项保持默认设置，如图5-135 所示。

注：如果选择"Yes"，程序将调整折流板缺口位置使其通过一排换热管的中心线或者两排换热管之间的中心线；如果选择"No"，程序使用输入的折流板圆缺率。

图 5-135　设置折流板参数

进入**Input | Exchanger Geometry | Nozzles | Shell Side Nozzles** 页面，Nozzle diameter displayed on TEMA sheet(TEMA 表中显示的管嘴直径)下拉列表框中选择 Nominal(公称直径)，如图 5-136 所示。

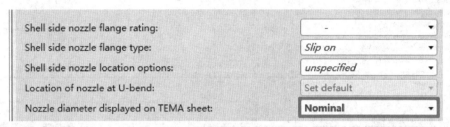

图 5-136 设置 TEMA 表中显示管嘴公称直径

注：在 Design 模式下，Nozzle diameter displayed on TEMA sheet 选项默认为 Nominal(公称直径)，此计算模式运行后，如果没有得到设计结果，转为其他计算模式，选项仍默认为 Nominal；如果得到设计结果，转为其他计算模式，选项默认为 ID(内径)。

(4) 运行程序与查看警告信息

为防止数据丢失，单击**Save** 按钮保存文件。选择**Home |** ▶，运行程序。进入**Results | Result Summary | Warning & Messages** 页面，查看警告信息，如图 5-137 所示。

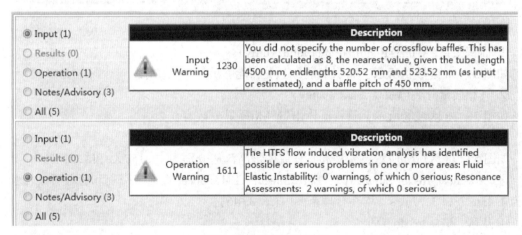

图 5-137 查看警告信息

输入警告 1230：没有规定折流板数；给定了换热管长度 4500mm，末端长度 520.52mm 和 523.52mm(输入或估计的)，以及折流板间距 450mm，计算得到的折流板数为 8。该警告可忽略，或通过输入折流板数 8 解决。

运行警告 1611：HTFS 流体诱导振动分析确定一个或多个区域存在可能或严重的振动问题，即无流体弹性不稳定性振动；共振 2 处，无严重共振。该警告可忽略，也可加以调整。

(5) 查看结果与分析

进入**Results | Thermal / Hydraulic Summary | Performance | Overall Performance** 页面，查看换热器总体性能，如图 5-138 所示。

Rating / Checking		Shell Side		Tube Side	
Total mass flow rate	kg/s	0.3373		1.6667	
Vapor mass flow rate (In/Out)	kg/s	0.3373	0	0	0.3333
Liquid mass flow rate	kg/s	0	0.3373	1.6667	1.3333
Vapor mass quallity		1	0	0	0.2
Temperatures	℃	93	91.21	80	80
Dew point / Bubble point	℃	92.97	92.97	80	80
Operating Pressures	bar	0.7848	0.77435	0.459	0.45708
Film coefficient	W/(m²-K)	6737.2		5100	
Fouling resistance	m²-K/W	0.0002		0.00022	
Velocity (highest)	m/s	10.15		7.52	
Pressure drop (allow./calc.)	kPa	5 / 1.045		1 / 0.192	
Total heat exchanged	kW	770	Unit	AEL 1 pass 1 ser 1 par	
Overall clean coeff. (plain/finned)	W/(m²-K)	2119.3 /	Shell size	700 - 4500 mm Ver	
Overall dirty coeff. (plain/finned)	W/(m²-K)	1126.3 /	Tubes	Plain	
Effective area (plain/finned)	m²	59.9 /	Insert	None	
Effective MTD	℃	12.68	No.	81 OD 54 Tks 2 mm	
Actual/Required area ratio (dirty/clean)		1.11 / 2.09	Pattern	30 Pitch 68 mm	
Vibration problem		Possible	Baffles	Single segmental Cut(%d) 40	
RhoV2 problem		No	Total cost	49350 Dollar(US)	

Heat Transfer Resistance
Shell side / Fouling / Wall / Fouling / Tube side
Shell Side [   ] Tube Side

图 5-138 查看换热器总体性能

① 面积余量（Actual/Required area ratio，dirty）

如图 5-138 区域①所示，面积余量为 11%，能够满足换热要求。

② 气相质量分数（Vapor mass quality）

如图 5-138 区域②所示，管程流体出口气相质量分数为 0.2。

③ 流速（Velocity）

如图 5-138 区域③所示，壳程和管程流体最高流速分别为 10.15m/s 和 7.52m/s。

进入 **Results ‖ Result Summary ‖ TEMA Sheet ‖ TEMA Sheet** 页面，壳程和管程平均流速分别为 4.43m/s 和 3.77m/s，均在合理范围内（表 3-46）。

④ 压降（Pressure drop）

如图 5-138 区域③所示，壳程压降为 1.045kPa，管程压降为 0.192kPa，均小于允许压降。

⑤ 总传热系数（Overall dirty coeff.）

如图 5-138 区域①所示，换热器总传热系数为 1126.3W/(m² · K)，在合理范围内（表 3-53）。

⑥ 有效平均温差（Effective MTD）

如图 5-138 区域①所示，有效平均温差为 12.68 ℃，详见 **Results ‖ Thermal ／ Hydraulic Summary ‖ Heat Transfer ‖ MTD & Flux** 页面。

⑦ 振动问题（Vibration problem）

如图 5-138 区域①所示，本例可能有振动问题，详见 **Results ‖ Thermal ／ Hydraulic Summary ‖ Vibration & Resonance Analysis** 页面。

⑧ ρv^2 问题(RhoV2 problem)

如图 5-138 区域①所示,本例无 ρv^2 问题,详见**Results | Thermal / Hydraulic Summary | Flow Analysis | Flow Analysis** 页面。

⑨ 热阻分布(Heat Transfer Resistance)

如图 5-138 区域④所示,本例热阻分布基本均衡,详见**Results | Thermal / Hydraulic Summary | Performance | Resistance Distribution** 页面。

⑩ 热通量(Heat Flux)

进入**Results | Thermal / Hydraulic Summary | Heat Transfer | MTD & Flux** 页面,如图 5-139 所示,总体热通量为 14.3kW/m²,在合理范围内(参考 5.6.4.7 节)。

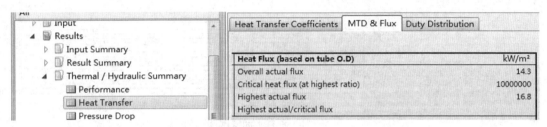

图 5-139　查看热通量

⑪ 温度分布

进入**Results | Calculation Details | Analysis along Tubes | Plots** 页面,查看管程(TS)与壳程(SS)主体温度分布,如图 5-140 所示,冷热流体之间无温度交叉。

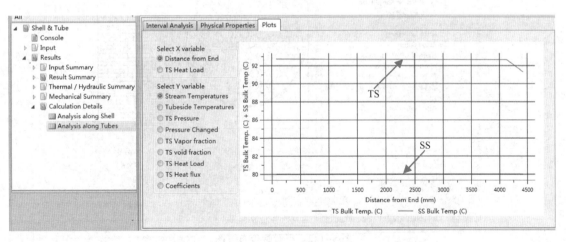

图 5-140　查看管程(TS)与壳程(SS)主体温度分布

⑫ 平面装配图和管板布置图(Setting Plan & Tubesheet Layout)

进入**Results | Mechanical Summary | Setting Plan & Tubesheet Layout** 页面,分别查看平面装配图和管板布置图,如图 5-141 和图 5-142 所示,也可选择**Home | Verify Geometry**,进行查看。

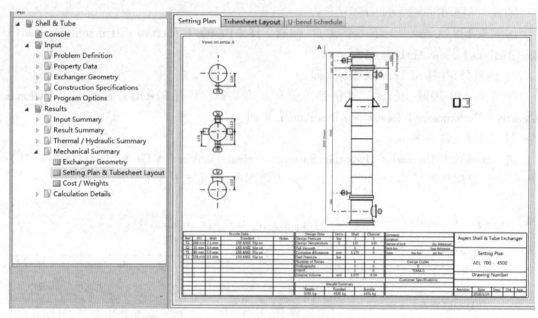

图 5-141　查看平面装配图

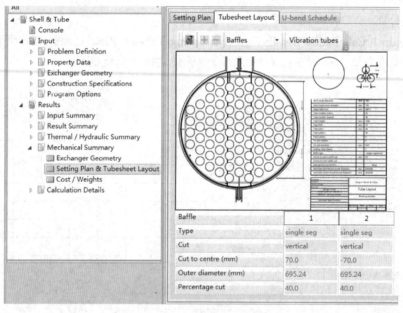

图 5-142　查看管板布置图

（6）设置膨胀节

3.11.1.3 节方法供参考。

5.7.4.4　设计结果

换热器型号 AEL700-0.3-60-4.5/54-1Ⅰ。可拆平盖管箱，公称直径 700mm，管程和壳程设计压力（表压）分别为 0.3MPa 和 0.3MPa，公称换热面积 60m²，换热管公称长度 4.5m，换热管外径 54mm，1 管程，单壳程固定管板式换热器，不锈钢Ⅰ级管束符合 GB/T

151—2014 偏差要求。

注：进入**Results | Result Summary | TEMA Sheet | TEMA Sheet** 页面，查看管程和壳程设计温度、设计压力(表压)。

参考文献

[1] 王子宗. 化工单元过程[M]//王子宗. 石油化工设计手册：第3卷. 新1版. 北京：化学工业出版社，2015.

[2] SERTH R W, LESTINA T G. Process heat transfer：principles，applications and rules of thumb[M]. 2nd ed. Oxford：Elsevier，Inc.，2014.

[3] MUKHERJEE R. Practical thermal design of shell-and-tube heat exchangers[M]. New York：Begell House，Inc.，2004.

[4] 兰州石油机械研究所. 换热器：上[M]. 2版. 北京：中国石化出版社，2013.

[5] 刘巍，邓方义. 冷换设备工艺计算手册[M]. 2版. 北京：中国石化出版社，2008.

[6] 陆恩锡，张慧娟. 化工过程模拟——原理与应用[M]. 北京：化学工业出版社，2011.

[7] 钱颂文. 换热器设计手册[M]. 北京：化学工业出版社，2002.

[8] 孙兰义. 换热器工艺设计补充材料——HTRI 入门教程[EB/OL]. [2016-11-01]. http：//bbs. hcbbs. com/thread-1578073-1-1. html.

[9] 刘成军. 热虹吸式重沸器循环回路的设计探讨[J]. 化工设计，2008，18(6)：24-26.

[10] SLOLEY A W. Properly design thermosyphon reboilers[J]. Chemical Engineering Progress，1997，93(3)：52-64.

[11] 刘健. 立式热虹吸式再沸器 HTRI 优化设计[J]. 化工设计，2008，18(2)：32-36.

[12] 杨守诚. 降膜蒸发器的设计[J]. 石油化工设计，1995，12(1)：45-57.

[13] CHEN E. Optimize reboiler design[J]. Hydrocarbon Processing，2001，80(7)：61-67.

[14] Evaporation technology[EB/OL]. [2017-6-10]. https：//www. gea. com/de/binaries/GEA_Evaporation-Technology_brochure_EN_tcm24-16319. pdf.

[15] 中国石化集团上海工程有限公司. 化工工艺设计手册：上[M]. 4版. 北京：化学工业出版社，2009.

[16] KISTER H Z. Distillation operation[M]. New York：McGraw-Hill，Inc.，1990.

[17] 刘家明. 石油化工设备设计手册[M]. 北京：中国石化出版社，2012.

[18] 换热器工艺设计规定[EB/OL]. [2016-11-01]. http：//www. docin. com/p-885218126. html.

[19] LUDWING E E. 化工装置实用工艺设计[M]. 李春喜，译. 3版. 北京：化学工业出版社，2006.

[20] 石油化学工业部石油化工规划设计院. 冷换设备工艺计算[M]. 北京：石油工业出版社，1979.

[21] HILLS P. Practical heat transfer[M]. New York：Begell House，Inc.，2005.

[22] 费孟浩. HTRI 设计立式热虹吸式再沸器[J]. 上海化工，2015，40(8)：9-13.

[23] 齐福来. 立式热虹吸式再沸器的设计[J]. 医药工程设计，2010，31(2)：7-17.

[24] Aspen Technology，Inc.. Aspen Exchanger Design & Rating V8. 8 help，2015.

[25] 吴德荣. 卧式壳程热虹吸式再沸器[J]. 医药工程设计，1990，(4)：1-5.

[26] 硫酸锂蒸发浓缩工艺和设备介绍[EB/OL]. [2016-11-01]. http：//blog. sina. com. cn/s/ blog_85c886b40102wxvg. html.

第6章 空冷器

空气冷却器(air coolers/air-cooled heat exchangers，简称 ACHEs)在石油化工生产中的使用频率仅次于管壳式换热器，它是以空气作为冷却介质，横掠翅片管外使管内高温工艺流体得到冷却或冷凝的设备，简称空冷器，也称空气冷却式换热器[1-4]。

采用空冷器代替水冷却器，不仅可以节约用水、减少水污染，而且具有维护费用低、运转安全、使用寿命长等优点。20 世纪 20 年代初，空冷技术便开始应用于工业生产。随着环境保护意识的日益增强，空冷器技术得到迅速发展，至今在石油、化工、冶金、电力和食品工业等领域，空冷器作为冷凝、冷却设备已得到广泛应用。在炼油厂和石油化工厂中，具有诸多优点的空冷器已成为不可缺少的一类冷换设备，其应用范围包含了从塔顶油气冷凝到汽油、柴油、重油以及渣油冷却等各种不同工况。本章主要对炼油厂和石油化工厂中空冷器的结构特点及其 Aspen EDR 软件设计进行介绍。

6.1 空冷器型式及特点

6.1.1 结构型式与分类[5-8]

空冷器结构较为复杂，可通过几种方式进行分类。

(1) 结构型式

空冷器主要由管束、风机、构架三个基本部分和百叶窗、喷淋装置、梯子、平台等辅助部分组成，如图 6-1 所示。

管束——由管箱、翅片管和框架组合构成，需要冷却或冷凝的流体在管内通过，空气在管外横掠流过翅片管束，对流体进行冷却或冷凝。

风机——由轮毂、叶片、风筒、支架和驱动机构组成，用来驱使空气流动。

构架——用来支撑管束、风机、百叶窗及其附属件的钢结构。

百叶窗——由窗叶、框架及调节机构等组成，主要用来控制空气的流动方向或流量大小，同时也可用于翅片管的防护，如防止雨、雪、冰雹的袭击和烈日照射等。

梯子、平台——方便空冷器的操作和检修。

(2) 分类

空冷器通常可以按以下几种方式进行分类：

① 按通风方式分为鼓风式、引风式和自然通风式。炼油及石油化工装置中常用的是鼓风式或引风式空冷器，每种型式的优缺点及其适用场合见表 6-1。

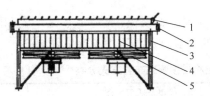

(a) 鼓风式水平空冷器

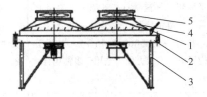

(b) 引风式水平空冷器

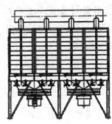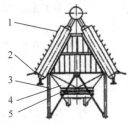

(c) 鼓风式斜顶空冷器

图 6-1　典型的空冷器结构[9]

1—百叶窗；2—管束；3—构架；4—风箱；5—风机

表 6-1　空冷器按通风方式分类[1,2,4]

结构型式	优点及适用场合	缺点
鼓风式（forced draft）	空气先经风机再至管束；风机工作在大气温度下，功率消耗较小；结构较简单，安装和检修方便，振动小，运行寿命较长；由于空气的紊流作用，管外对流传热系数较高。目前国内应用最广泛	空气速度分布不均匀，压力损失较大；受日照及气候变化影响较大，排出的热空气较易产生回流
引风式（induced draft）	空气先经管束再至风机；风机和风筒对管束有屏蔽保护作用，受气候影响较小，排出的热空气不易产生回流；操作稳定性好；由于风筒的抽力作用，风机停止运转时仍能维持一定的冷却负荷；噪声比鼓风式小；空气出口温度一般不超过 120℃[1,4]（或 104.4℃[2]）。目前国外应用引风式占 60%	风机工作在高温空气下，要求电机和叶片须耐温 80℃以上；结构比鼓风式略复杂；风机检修不便
自然通风式（natural draft）	利用温差引起的空气自然对流进行冷却；不需风机，节约电能；噪声小，检修少；适用于大处理量的热能工厂	一次性投资大，在石油、化工装置中很少使用

② 按管束布置方式分为水平式、立式、斜顶式、V 字式、之字式和圆环式等多种型式。炼油和石油化工领域常用的三种型式的优缺点及其适用场合见表 6-2。

表 6-2　空冷器按管束布置方式分类[1,5]

结构型式	优点及适用场合	缺点
水平式（horizontal）	管束水平放置，气流垂直于地面，自下而上或反之；对于冷凝的流体，管排本身或最后一管程管子，常有一坡度（0.5%~1%），以便于排液；结构简单，安装方便，适用于多种场合	占地面积较大；管内流体流动阻力比其他型式大
立式（vertical）	管束垂直于地面，风机叶轮可垂直或水平放置；结构紧凑，占地面积小；管内阻力比水平式小，多用于湿式空冷和干湿联合空冷	管束中空气分布不均匀，易受外界自然风的干扰；管束不宜太长
斜顶式（incline）	管束与地平面有一夹角，通常为 60°，百叶窗置于管束上方；结构紧凑，占地面积小；管内阻力比水平式小；一般用于气相冷凝冷却、负压真空系统、老厂改造或场地比较小的场合，也可与立式管束配合用于干湿联合空冷	管内流体和管外空气分布不够均匀；热空气易形成热风再循环；构造略复杂，造价略高

③ 按冷却方式分为干空冷、湿空冷（包括增湿型、蒸发喷淋型、蒸发空冷型）和干湿联合空冷。干空冷介质温度一般可冷却到高于环境温度 15~20℃，湿空冷介质温度一般可冷却到高于环境温度 5~10℃。

④ 按安装方式分为地面式、高架式、塔顶式（在塔顶上和塔联成一体）。

⑤ 按压力等级分为高压、中压和低压空冷器。

6.1.2　管束、管箱与管嘴[1,6]

工艺流体通过流经管束、管箱与管嘴而实现与空气热交换。

（1）管束（bundle）的结构型式

管束是实现空气与热流体热交换过程的核心部件。管子两端通过胀接或焊接固定在管箱的侧面，管箱上、下两侧管嘴各与进出口管线相连接。管束安装型式有水平、直立和斜置等，图 6-2 是一种水平式管束的基本结构示意图。

管束的尺寸以公称长度（LN）和公称宽度（BN）表示。一般来说，管束公称长度指传热基管长度，国产空冷器公称长度有 3m、4.5m、6m、9m、10.5m、12m 等规格，国外最长为15m。标准空冷器管束系列公称宽度有 0.50m、0.75m、1.00m、1.25m、1.50m、1.75m、2.00m、2.25m、2.50m、2.75m、3.00m 等规格，较常用的宽度为 1.00m、1.50m、2.00m、

· 446 ·

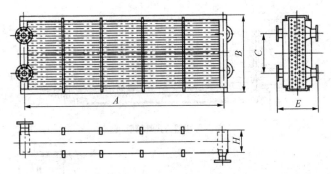

图6-2　水平式管束的基本结构[4]

A—公称长度；*B*—管束实际宽度；*C*—管嘴距离；*E*—包括进出口管嘴在内的管束高度；*H*—管束高度

2.50m、3.00m。非标准空冷器也可以根据所需面积设计管束宽度，但考虑到平面刚度和整体运输，一般不大于3.00m。另外，为了管束的正常安装，管束的实际宽度（*SN*，指管束两侧梁外缘之间的距离）应小于公称宽度，一般：

$$BN-SN= 0.015～0.030（单位，m）$$

国产标准系列空冷器的公称压力 *PN* 包括：1.0MPa、1.6MPa、2.5MPa、4.0MPa。

为了防止换热管在安装和操作过程中发生翘曲变形而影响传热效果，需沿管束长度方向设置若干定位板，间距在1.5～1.8m，宽度可取50mm，厚度与管中心距有关，一般在2.5～5mm之间。不同长度管束，定位板数见表6-3。一般管端无效换热长度近似值取80mm，则：

换热管的有效传热管长=换热管的制造长度-定位板宽度×定位板数-2×0.080（单位，m）

注：Air Cooler程序中，管端无效换热长度默认取基管外径。

表6-3　管束长度和定位板数[1]

管束长度/m	3.0	4.5	6	9	10.5	12
定位板数	1	2	3	4	5	6

按照管箱的结构型式，可以将管束分为：丝堵式管箱管束、可卸盖板式管箱管束、可卸帽盖式管箱管束、集合管式管箱管束、半圆管式（全焊接圆帽式）管箱管束和分解管箱管束，如图6-3所示。在实际应用中可根据流体的温度、压力、清洁程度以及管程数来选择。

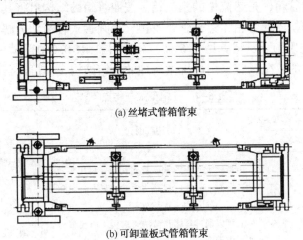

(a) 丝堵式管箱管束

(b) 可卸盖板式管箱管束

图6-3　管束及管箱结构[6]

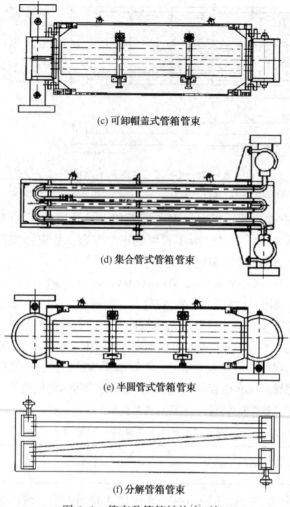

(c) 可卸帽盖式管箱管束

(d) 集合管式管箱管束

(e) 半圆管式管箱管束

(f) 分解管箱管束

图 6-3　管束及管箱结构[6](续)

（2）管箱(header)与管嘴(nozzles)

管束的两端称为管箱，是热流体的集流箱。按照管箱的结构可将其分为丝堵式管箱、可卸盖板式管箱、可卸帽盖式管箱、集合管式管箱、半圆管式管箱和分解管箱，各类型管箱结构如图 6-3 所示，应用场合及特点见表 6-4。对污垢热阻>0.00034m² · K/W 的流体或不能用化学方法除掉污垢的工况，宜采用可机械清理的管箱结构，如可卸盖板式或可卸帽盖式。

表 6-4　管箱型式与特点[1,5,6]

管箱型式		适用范围	结构特点
英文名	中文名		
Plug headers	丝堵式管箱	由带丝堵的矩形截面管箱构成；可用于汽油、煤油、柴油、溶剂及污垢热阻≤0.001 m² · K/W[1]（或≤0.0086m² · K/W[5]）的流体。可以通过丝堵孔清洗管内污垢，维修方便，应用广泛	管子与管板采用胀接，密封好，允许工作压力≤20.0MPa。丝堵孔和管板孔必须在同一轴线上。丝堵管箱制造简单，内部可焊上分割板和加强板。缺点是丝堵及垫圈数量较多，加工量大

管箱型式		适用范围	结构特点
英文名	中文名		
Removable cover-plate headers	可卸盖板式管箱	能在不拆卸管线的情况下打开盖板。一般用于黏度较大或比较脏的流体，适用于污垢热阻大于 $0.00034m^2 \cdot K/W$ 的流体或不能用化学方法除掉污垢的工况	制造简单，内部可焊上分隔板和加强板。密封面较大，容易产生泄漏。允许工作压力≤6.4MPa。盖板厚重，检修不方便
Removable bonnet headers	可卸帽盖式管箱	能在尽可能少拆卸管线的情况下卸下帽盖。适用于污垢热阻大于 $0.00034m^2 \cdot K/W$ 的流体或不能用化学方法除掉污垢的工况	结构特点与可卸盖板式管箱类似。允许工作压力≤6.4MPa
Pipe-manifold-type headers	集合管式管箱	管箱结构为集合管型式，它能承受较高的工作压力。适用于高温、高压、流体较干净的工况，如加氢、重整装置工况	管箱上都焊有短管与翅片管焊接，采用强度焊，允许工作压力≤35.0MPa。缺点是无清扫孔，要求流体比较清洁不结垢；对焊接工艺和技术要求较高
D-header	半圆管式管箱	管箱结构为半圆形盖帽，全焊接，适用于压力较低、流体较干净的场合	结构简单，制造方便，允许工作压力≤6.4MPa。缺点是无清扫孔，要求流体比较清洁，不易结垢
Split headers	分解管箱	当多管程管束流体进出口之间的温差>110℃(碳素钢材料)或>80℃(奥氏体钢材料)时，采用分解管箱[6]	结构复杂，设计制造麻烦，消耗材料多，成本高

管箱管嘴的数量及管嘴间距见表6-5，碳钢和低合金钢管嘴法兰颈部的最小厚度及管嘴最小壁厚见表6-6。

表6-5 空冷器的管嘴数量及位置[6]

公称宽度/mm	500	750	1000	1250	1500	1750	2000	2250	2500	2750	3000
管嘴数量/个	1					2					
管嘴间距/mm	—			625	750	875	1000	1125	1250	1375	1500

表6-6 法兰颈部及管嘴最小厚度[6]　　　　　　　　　mm

管嘴公称直径	20	25	40	50	80	100	150	200	250	300
法兰颈部最小厚度	5.56	6.35	7.14	8.74	11.13	13.49	10.97	12.70	15.09	17.48
管嘴外径×壁厚	—		57×9	89×12	108×14	159×11	219×13	273×16	325×18	

注：管嘴壁厚以10号钢为基准计算，已包括3mm腐蚀裕量。

6.1.3 翅片管型式及特点

空冷器用换热管分为翅片管(finned tube)和非翅片管，工业上常用翅片管。翅片管是普通空冷器的核心和关键元件，其费用约占管束总费用的60%以上。圆形翅片管基管外径常用 25mm、32mm 和 38mm 三种规格。目前，翅片管的型式较多，已有 15 种以上，国内外常用的几种翅片管型式见表 6-7。

表 6-7　几种常用翅片管的应用场合及特点[1,4-7]

翅片管型式		结构示意图	适用范围	特点
英文名	中文名			
L-finned tube	L 型翅片管	翅片 基管	L 型铝带在张力下缠绕在基管外表面上。使用温度较低，一般≤150℃[6]（或者 180℃[4]）；允许工作压力：钢管≤3.5MPa，铝管≤0.25MPa	制造简便，价格便宜，使用较多。但翅片易松动，会使接触热阻增大；铝翅片刚度不够，抗倒伏性能较差；在湿空冷中寿命较短
LL-finned tube	LL 型翅片管		L 型铝带在张力下缠绕在基管外表面上，翅片间的弯脚有搭接重叠。最高允许使用温度≤170℃[6]，允许工作压力同 L 型。耐大气腐蚀性优于 L 型，适用于湿空冷	可以在一定程度上克服 L 型翅片管的翅片易松动问题，传热性能略好。但加工难度增加，价格提高
KL-finned tube	KL 型翅片管		L 型铝带在张力下缠绕并在压力下弯脚部分被嵌入带轴向槽的基管外表面上。最高允许使用温度≤250℃[6]，对钢管表面保护要求较高	传热性能好，翅片与管子的接触面积大、牢靠；翅片根部抗大气腐蚀性能提高
DR-finned tube	DR 型翅片管		又叫双金属轧片管，是外套管与基管采用机械方法进行结合或套入。内管可选用碳钢、不锈钢、黄铜等；外套管可采用铝或铜。最高允许使用温度≤280℃[6]，允许工作压力≤3.2MPa	允许使用温度较高；抗腐蚀性能强，寿命长；传热性能好，压降小；翅片和管子形成一个整体，刚度好，克服了 L、LL 绕片管的缺点。价格较高，质量大
G-finned tube	G 型镶嵌式翅片管		将矩形截面的铝带在张力下缠绕并以机械的方法嵌入基管外表面的螺旋槽内。最高允许使用温度：钢-钢≤350℃、钢-铝≤260℃[1,6]；允许工作压力：钢管≤2.5MPa	传热效率高；允许使用温度高。但抗腐蚀性一般，造价高
Elliptical finned tube	椭圆形翅片管		钢制椭圆管套矩形翅片，然后热浸镀锡或锌。允许使用温度：镀锡管≤180℃，镀锌管≤320℃；内压≤50atm，外压≤20atm。用于能耗要求低，占地面积小，以及自然通风空冷等场合	管内传热系数高；管外压降小，以短轴方向迎风，空气流动阻力比圆管减少约 30%；翅片效率高；迎风面积小，占地面积小。但加工较复杂、价格较高；管束承受压力较低

6.1.4 管束型式及代号

空冷器管束型式与代号见表6-8。

表6-8 空冷器管束型式与代号[1,6]

管束型式	代号	管箱型式	代号	翅片管类型	代号	管嘴法兰密封面型式	代号
鼓风式水平管束	GP	丝堵式	S	L 型	L	凸面	a
斜顶管束	X	可卸盖板式	K1	LL 型	LL	凹凸面	b
引风式水平管束	YP	可卸帽盖式	K2	滚花型	KL	榫槽面	c
湿空冷立置管束	SL	集合管式	J	双金属轧制型	DR	环槽面	d
干湿空冷斜置管束	SX	半圆管式	D	镶嵌型	G	—	—

空冷器管束的规格型号表达方式如下：

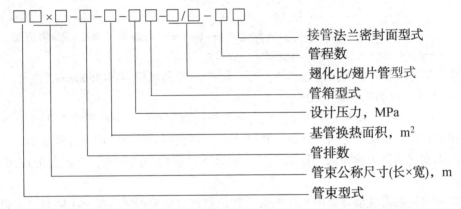

示例：鼓风式水平管束，公称尺寸6m×3m，4管排，基管有效换热面积80.44m²，设计压力2.5MPa，丝堵管箱，翅化比23.72，G型翅片管，4管程，凹凸面对焊钢法兰，该管束的代号为GP6×3-4-80.44-2.5S-23.72/G-4b。

6.1.5 构架型式及代号[1]

构架是用来支承和联系空冷器管束、风机、百叶窗等主要部件的钢结构件，同时还起到导流空气的作用，并为空冷器的操作和维修提供方便。构架主要由立柱、支撑梁和风箱等部件组成。

风箱(plenum)与构架及风筒相连(图6-1)，每台风机单独占有一格风箱，分为三种型式：

① 方箱型，制造简便、外观平整，但耗材较多，一般用于鼓风式空冷；

② 过渡锥型，耗材少，空气阻力小，构造简单，多用于引风式空冷，但制造运输及安装较困难；

③ 斜坡型，耗材少、空气阻力小、制造简单、刚性好，多用于引风式空冷。

构架根据布置方式分为水平式、斜顶式、湿式和干湿联合式几种。每种结构包括开式(K式)和闭式(B式)两种型式。K式构架比B式构架缺少一个侧边的立柱和风箱桁架梁，不能单独使用，只供组合使用；B 式构架可单独使用，构架型式和代号见表 6-9。

表 6-9　构架型式与代号[1,6]

构架型式	代号	构架开(闭)式	代号	风箱型式	代号
鼓风式水平构架	GJP	开式	K	方箱型	F
斜顶构架	JX	闭式	B	过渡锥型	Z
引风式水平构架	YJP	—	—	斜坡型	P
湿式构架	JS	—	—	—	—
干湿联合构架	JL	—	—	—	—

构架型号的表示方法如下：

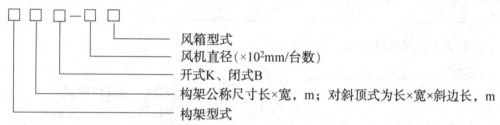

　　风箱型式
　　风机直径(×10²mm/台数)
　　开式K、闭式B
　　构架公称尺寸长×宽，m；对斜顶式为长×宽×斜边长，m
　　构架型式

示例：鼓风式水平构架，长 9m，宽 5m，闭式，配套风机直径 3600mm，2 台，方箱型风箱，构架型号为 GJP9×5B-36/2F。

构架尺寸应与管束和风机尺寸相匹配。在选择构架型号时，应注意以下几点：

① 相同长度的管束，才可放在同一构架上；不同长度的管束，应分开独立组合。

② 不同宽度的管束放在同一构架上时，如果不占满构架的全宽，空缺部分应用密封件覆盖封闭。

③ 鼓风式构架自成整体；引风式构架多数依靠管束框架侧梁构成，不能独立支持。

④ 除水平式、斜顶式构架有标准规格外，其他型式需自行设计。

空冷器构架的设计应符合相关标准和规定的要求，包括：GB 50017—2017《钢结构设计规范》、GB 50009—2012《建筑结构荷载规范》、GB 50011—2010《建筑抗震设计规范》，其中鼓风式水平构架规格见表 6-10，引风式水平构架规格见表 6-11。

表 6-10　鼓风式水平构架规格表[9]

公称尺寸 长×宽/m	实际尺寸/mm				配套风机	
	长	宽	高	叶轮公称直径	型号	数量
15.0×6.0	14700 (14500)	6000	≥4000	4200	G-42	3
15.0×5.5		5500				
15.0×5.0		5000				
12.0×6.0	11700 (11500)	6000		4500 或 4200	G-45 或 G-42	2
12.0×5.5		5500				
12.0×5.0		5000				
12.0×4.5		4500		3900	G-39	

续表

公称尺寸 长×宽/m	实际尺寸/mm				配套风机	
	长	宽	高	叶轮公称直径	型号	数量
9.0×6.0		6000		3600	G-36	2
9.0×5.5		5500		3600	G-36	2
9.0×5.0		5000		3600	G-36	2
9.0×4.5	8700 (8500)	4500		3300	G-33	2
9.0×4.0		4000		3000	G-30	2
9.0×3.5		3500		2400	G-24	3
9.0×3.0		3000		2400	G-24	3
9.0×2.2		2200		1800	G-18	3
6.0×6.0		6000				
6.0×5.5		5500		4500 或 4200	G-45 或 G-42	1
6.0×5.0		5000				
6.0×4.0	5700 (5500)	4000	≥4000	2400	G-24	2
6.0×3.5		3500		2400	G-24	2
6.0×3.0		3000		2400	G-24	2
6.0×2.5		2500		2100	G-21	2
6.0×2.0		2000		1800	G-18	2
4.5×4.5		4500		3900	G-39	1
4.5×4.0		4000		3600	G-36	1
4.5×3.5	4200 (4000)	3500		3000	G-30	1
4.5×3.0		3000		1800	G-18	2
4.5×2.5		2500		1800	G-18	2
4.5×2.0		2000		1800	G-18	2
3.0×3.0		3000		2400	G-24	1
3.0×2.5	2700 (2500)	2500		2100	G-21	1
3.0×2.0		2000		1800	G-18	1

表 6-11　引风式水平构架规格表[9]

公称尺寸 长×宽/m	实际尺寸/mm				配套风机	
	长	宽	高	叶轮公称直径	型号	数量
15.0×6.0		6000				
15.0×5.5	14700 (14500)	5500	≥2500	4200	Y-42	3
15.0×5.0		5000				

公称尺寸 长×宽/m	实际尺寸/mm				配套风机	
	长	宽	高	叶轮公称直径	型号	数量
12.0×6.0		6000		4500 或 4200	Y-45 或 Y-42	
12.0×5.5	11700 (11500)	5500		4200	Y-42	2
12.0×5.0		5000		4200	Y-42	
12.0×4.5		4500		3900	Y-39	
9.0×6.0		6000		3600	Y-36	2
9.0×5.5		5500		3600	Y-36	2
9.0×5.0		5000		3600	Y-36	2
9.0×4.5	8700 (8500)	4500		3300	Y-33	2
9.0×4.0		4000		3000	Y-30	2
9.0×3.5		3500		2400	Y-24	3
9.0×3.0		3000		2400	Y-24	3
9.0×2.2		2200		1800	Y-18	3
6.0×6.0		6000		4500 或 4200	Y-45 或 Y-42	1
6.0×5.5		5500		4200	Y-42	1
6.0×5.0		5000	≥2500	4200	Y-42	1
6.0×4.0	5700 (5500)	4000		2400	Y-24	2
6.0×3.5		3500		2400	Y-24	2
6.0×3.0		3000		2400	Y-24	2
6.0×2.5		2500		2100	Y-21	2
6.0×2.0		2000		1800	Y-18	2
4.5×4.5		4500		3900	Y-39	1
4.5×4.0		4000		3600	Y-36	1
4.5×3.5	4200 (4000)	3500		3000	Y-30	1
4.5×3.0		3000		1800	Y-18	2
4.5×2.5		2500		1800	Y-18	2
4.5×2.0		2000		1800	Y-18	2
3.0×3.0		3000		2400	Y-24	1
3.0×2.5	2700 (2500)	2500		2100	Y-21	1
3.0×2.0		2000		1800	Y-18	1

6.1.6 风机型式及代号

空冷器一般采用低压轴流风机，主要由叶片、轮毂、传动系统、电机、自动调节机构、风筒、防护罩和支架等构成，如图6-4所示。空冷器风机决定着空冷器的传热性能和操作费用，其型式和代号见表6-12。

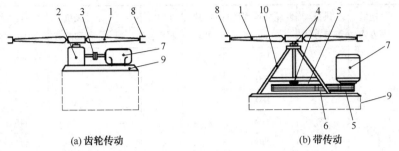

(a) 齿轮传动　　　　　　　　(b) 带传动

图6-4　齿轮传动与带传动鼓风风机结构[3]

1—叶片；2—齿轮箱；3—联轴节；4—轴承；5—带轮；6—联组带；
7—电机；8—风筒；9—基座；10—风机支架

表6-12　风机型式[1,4,6]

分类方式	类型	代号	说明
通风方式	鼓风式	G	空气先经过风机再进入管束
	引风式	Y	空气先经过管束再进入风机
风量调解方式	停机手动调角风机	TF	停机调节
	不停机手动调角风机	BF	运转中手调，以压缩空气遥控
	自动调角风机	ZFJ	仪表自控
	自动调速风机	ZFS	遥控或仪表自控
叶片型式	R 型叶片	R	包括玻璃钢(代号 b)和铝合金(代号 L)。前者强度及耐温性好，但质量较大；后者易成型，强度高，但耐温性能较差，$-40 \sim 90℃$
	B 型叶片	B	
风机传动方式	直接传动	Z	效率最高，适用于调速控制风机
	齿轮传动	C	效率较高，构造较复杂噪声大，齿轮易疲劳破裂
	V 带传动	V	结构简单，噪声小，效率较低，皮带需更换
	悬挂式带传动，电动机轴朝上	Vs	
	悬挂式带传动，电动机轴朝下	Vx	

风机型号的表示方法如下：

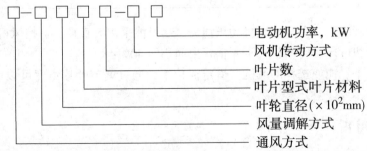

电动机功率，kW
风机传动方式
叶片数
叶片型式叶片材料
叶轮直径($\times 10^2$mm)
风量调解方式
通风方式

示例：鼓风式，自动调角风机，叶轮直径2700mm，B 型玻璃钢叶片，叶片4个，直接传动，电动机功率15kW，风机型号为 G-ZFJ 27Bb4-Z15。

空冷器常用风机规格参数见表6-13。

表6-13　风机规格参数[9]

型号①	通风方式	风量调节方式	叶轮公称直径/mm	叶片型式	叶片材料②	叶片数	风机传动方式	转速/r·min⁻¹	风量/(×10⁴m³/h)
×-×12××-××			1200					955	1.7~2.0
×-×15××-××			1500					764	3.0~3.7
×-×18××-××			1800				V	637	3.5~6.5
×-×21××-××	G	TF	2100			4		546	5.9~7.2
×-×24××-××			2400	R	b		C	477	7.1~11.2
×-×27××-××		BF	2700			5		424	9.2~11.2
×-×30××-××		ZFJ	3000				Z	382	11.9~14.5
×-×33××-××	Y		3300				Vs	347	12.2~14.8
×-×36××-××		ZFS	3600	B	L	6		318	13.7~26.1
×-×39××-××			3900				Vx	294	15.6~25.4
×-×42××-××			4200					273	19.7~34.8
×-×45××-××			4500					255	23.6~34.8

① 各部分含义见风机型号的表示方法。

② b—玻璃钢叶片；L—铝合金叶片。

我国已有空冷器风机系列，风机配置时应注意以下几点：

① 根据噪声要求选择风机配置。根据我国"工业企业噪声卫生标准"，要求单机噪声<85dB(A)，风机机群噪声<90dB(A)；

② 根据控制流体终端温度的精度要求选择风机的控制方式见表6-14；

表6-14　热流终端温度控制精度与风机控制方法的选择[5]

控制精度	控制方法
±16℃以外	可采用固定叶角风机，并用开-停操作方法控制
±11℃	不同工况的管束，共用一跨构架及风机的，用百叶窗控制 不存在构架和风机共用，且有多台风机时，其中1/4应采用自调风机
±6℃	1/2以上风机采用自调风机
±2.8℃以内	所有风机采用自调风机

③ 从节约电耗考虑，需减少风机动压损失，尽可能采用大直径、自控风机；

④ 必须使风机叶轮旋转面积大于所辖管束面积的40%；

⑤ 设计条件下，应使选择的风机在恒定流速下，通过调节叶片角度可以增加10%的空气流量。

6.1.7　百叶窗

百叶窗主要用来调节空冷器风量，同时还可起到保护管束的作用，防止日光的直照和冰雹击打，其结构如图6-5所示。百叶窗主要由三部分构成：① 叶片，是百叶窗的主要部件，通过它的开启达到调节风量的作用；② 框架，使百叶窗形成一个整体结构；③ 调节机构，对百叶窗的叶片进行调节。

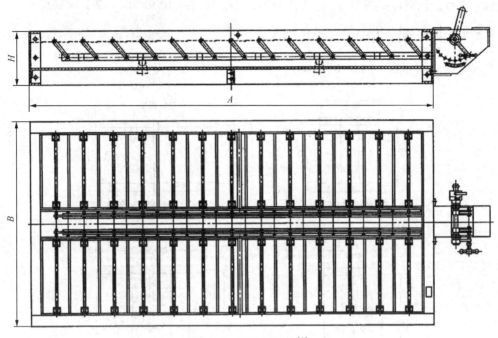

图 6-5　百叶窗结构[9]

A—百叶窗长度；B—百叶窗宽度；H—百叶窗高度

百叶窗的基本参数包括百叶窗的调节方式和百叶窗的规格，百叶窗的调节方式有手动调节和自动调节两种，代号分别为 SC 和 ZC；百叶窗的规格是指百叶窗的长度和宽度，它应和管束的长度和宽度相对应。百叶窗型号的表示方法为

公称尺寸，长×宽，m×m

调节方式

示例：自动调节百叶窗长 9m、宽 2.5m，其型号为 ZC 9×2.5。

由于百叶窗的节流作用而使能量损失增大，目前在一般的空冷器中已不将它作为主要的风量调节手段。

6.1.8　空冷器型号表示方法[1,4,6]

干式空冷器型号的表示方法：

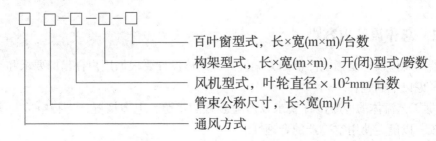

百叶窗型式，长×宽(m×m)/台数

构架型式，长×宽(m×m)，开(闭)型式/跨数

风机型式，叶轮直径 × 10²mm/台数

管束公称尺寸，长×宽(m)/片

通风方式

示例：鼓风式空冷器，水平式管束，长×宽为 9m×3m，2 片；自动调角风机，直径为 3600mm，2 台；水平式构架，长×宽为 9m×6m，1 跨闭式构架；自动调节百叶窗，长×宽为 9m×3m，2 台；该空冷器的型号为：GP 9×3/2-ZFJ 36/2-GJP 9×6B/1-ZC 9×3/2。

6.1.9 跨、组、排[6]

典型的跨、组布置如图 6-6 所示。

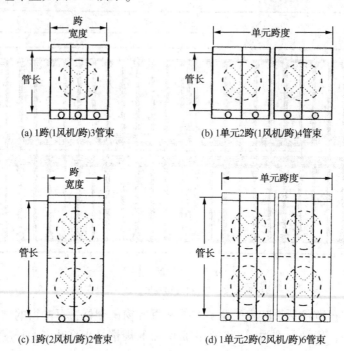

(a) 1跨(1风机/跨)3管束　　(b) 1单元2跨(1风机/跨)4管束

(c) 1跨(2风机/跨)2管束　　(d) 1单元2跨(2风机/跨)6管束

图 6-6　典型的跨、组布置[2]

在空冷器设计中用到的部分与布置有关的术语，定义如下：

① 跨（bay）　置于同一构架上，且配有相应风筒及其他附件、一片或几片管束共用一台或几台风机。

② 组或单元（unit）　置于一跨构架或几跨构架上的一片管束或几片管束构成的空冷器，这些空冷器作为同一用途并共用一个设备号。

③ 排（bank）　置于一排连续构架上的一组或多组单跨空冷器或多跨空冷器。

6.2　空冷器总体设计

6.2.1　总体设计内容[4]

空冷器的总体设计是指空冷器的方案设计，总体设计要根据用户提出的要求和空冷器的设计惯例考虑以下问题：

① 根据工艺流体的冷凝冷却要求及所建装置的水源、电力情况，进行空冷与水冷的技术经济比较，以确定使用空冷器的合理性。

② 根据所要求的流体冷却终温、过程特点(有无相变)、环境条件,确定空冷器的总体型式(指干式空冷、湿式空冷、干湿联合空冷等)。

③ 初步估算在工艺操作条件下所需换热面积,选择空冷器的设备结构型号(指选用管束尺寸、翅片管种类、构架、风机等)。

④ 根据工艺流体的类型及物性,对初选型号进行校核:管内对流传热系数及压降、管外对流传热系数及压降、总传热系数、有效平均温差,进而计算所需换热面积。如果所选型号的面积不足或偏大,调整型号重复校核计算,直至所选型号满足设计要求。然后再对风机进行校核,若选用的是湿式空冷或干湿联合空冷,还需计算喷水量及水的蒸发量。

⑤ 根据装置生产特点,综合考虑空冷的平立面布置及调节控制方案。

⑥ 估计噪声是否满足相关标准的要求。

⑦ 如果在寒冷地区还应考虑防凝防冻的要求。

⑧ 根据上述核算初步确定空冷器的总投资。

6.2.2 空冷与水冷选择

根据工艺流体的冷凝冷却要求及所建装置的水源、电力情况,进行空冷与水冷的经济对比和选择,空冷与水冷的特点比较见表6-15。由表6-15可知,空冷与水冷相比具有很多优点,但也存在限制。具体某一设计,如在缺水地区、水供应困难、取水费用高的地区或水腐蚀严重的地区,适于采用空冷器;对于干净气体或轻质油品的冷凝或冷却适于采用空冷器。但具体采用水冷或空冷方案,还需经过技术经济比较才能确定。

表6-15 空冷与水冷特点比较[1,5-8]

项目	空冷	水冷
优点	① 环境污染小 ② 空气容易获得,不需要附属设备和费用,对无水和缺水地区尤为重要 ③ 空气腐蚀性小,不需要特殊的除垢和清洗,使用寿命长 ④ 空气的压降仅有100~200Pa,故操作费用较低 ⑤ 空冷系统的维护费用,一般情况下仅为水冷系统的20%~30% ⑥ 风机电源被切断,仍有30%~40%的自然冷却能力	① 在相同热负荷和冷却介质温升条件下,水用量小 ② 能使工艺流体冷却到低于空气温度2~3℃以下 ③ 水冷对环境温度变化不敏感,操作调节比较容易 ④ 结构紧凑,冷却面积比空冷器要小得多 ⑤ 水冷器可设置在其他设备之间,如管线和楼板下面 ⑥ 采用一般的管式换热器,成本较低 ⑦ 无噪声
缺点	① 空气比热容小,仅为水的1/4,因此空气用量大 ② 冷却效果取决于干球温度或湿球温度,通常不能把工艺流体冷却到环境温度 ③ 气候变化对空冷器性能影响较大,冬季还可能引起管内流体冻结 ④ 空气侧对流传热系数较低,冷却面积大 ⑤ 空冷器周围存在障碍或设计不当,会引起热风循环,降低换热效率 ⑥ 要求特殊制造的翅片管,设备投资大 ⑦ 风机噪声较大	① 排放水对环境有热污染,也常有化学污染 ② 受水源限制,同时需要设置管线和泵站等设施,厂址选择受水源限制 ③ 水腐蚀性强,也易于结垢,需要定期进行处理 ④ 循环水的运行费用高,需建立循环水厂和污水处理系统 ⑤ 水冷易于结垢,在温暖气候条件下易生成微生物附于内壁,清洗维护费用高 ⑥ 一旦断电,即要被迫停产

一般情况下，在下述条件中满足 4~5 项时采用空冷比较有利。

① 气温较高条件下，热流体进口温度应大于 65℃；

② 热流体出口温度与空气温度之差大于 15℃；

③ 热流体出口温度大于 50~60℃，其允许波动范围大于 3~5℃；

④ 空气的设计进口温度低于 38℃；

⑤ 有效对数平均温差大于或等于 40℃；

⑥ 管内热流体的对流传热系数小于 2300W/(m² · ℃)；

⑦ 热流体的凝固点低于 0℃；

⑧ 管程热流体的允许压降大于 10kPa，设计压力在 100kPa 以上。

另外，针对空冷器的不足，工业上常采取下列措施加以改善：

① 空气侧采用各种扩展表面(翅片管)，使传热面积比光管提高 10~30 倍；

② 改善空冷器的调节和适应能力，如采用自控的百叶窗、自动调角风机、变频电机等；

③ 采用湿空冷、干空冷与湿空冷的联合以及空冷与水冷的联合，使之分别在适当温度区段运行。

6.2.3　总体型式选择

根据所要求的工艺流体冷却终温、过程特点以及环境条件，确定空冷器的总体型式，表 6-16 给出了空冷器的各种流程比较及其特点。

表 6-16　空冷器的各种流程比较[1,5]

工艺流程	适用场合及特点	缺点
干空冷+水冷	① 水源充足的地区 ② 冷后温度低，可接近大气湿球温度 ③ 设备紧凑	① 需有循环水系统 ② 操作费用和检修费用较高
干空冷+湿空冷	① 水源不充足的地区 ② 冷后温度低，高于大气湿球温度 5℃左右 ③ 操作费用比干空冷+水冷约少 30%	① 后湿冷占地面积略大 ② 操作技术要求较高
干湿联合空冷	① 适于中小处理量场合或大处理量干空冷的后冷器 ② 设备紧凑，占地小，操作费用低	① 结构较复杂 ② 操作技术要求较高
干空冷	① 广泛应用 ② 工艺流体终温比设计气温高 15~20℃ ③ 结构简单可靠，运转费最低	冷后温度受限制
湿空冷	① 干燥炎热地区 ② 进口温度低的介质，常作为干空冷的补充 ③ 冷后温度低，冷却终温高于湿球温度 5℃	进口温度不能过高，若高于 80℃时，翅片管表面易结水垢

6.2.4　工艺设计条件[1,4,8]

工艺设计需要考虑空气侧流体和管程流体的温度选择及其他设计条件。

（1）空气设计温度

空气的设计温度是指空气进入管束的干球温度。正确地选择空气设计温度，对空冷器的传热计算、换热面积的选取和经济效益的评价都比较重要，特别是低温差（管内热流进口温度和空气进口温度的温差较小）传热，影响更大。

空气设计温度的选择，有以下几种方式：

① 当地夏季平均每年不超过五天的日平均最高温度，即其出现时间约占全年时间的1.3%。当管内的热流量一年之中比较恒定，且对热流的出口温度要求较严时，例如石油、石化、化工等大型工业装置，基本都采用这种方式。当气温变化时，一般需要风量调节机构来控制或调节系统的运行。

② 按当地年平均温度。一些用于节能的低温差能量回收系统或高凝固点和高黏度流体，空冷器面积往往很大，设备投资较大。

③ 对非临界工况，空气设计温度为每年中超过400h的最高空气温度，或每年中超过40h的最高空气温度减4℃，取大者；对临界工况，空气设计温度为每年中超过40h的最高空气温度[6]。

④ 按当地最热月月平均温度。当空冷器的出口温度允许在一定范围内变化，或控制不十分严格时，如干空冷器后面配有湿空冷器或水冷器时，干空冷器的设计可采用该方法。

⑤ 当地最热月的日最高气温的月平均值再加上3~4℃。

⑥ 7、8月的日最高气温的月平均值，并乘以1.10。

⑦ 不超过一年最热三个月中或最热月期间的5%时间的日平均气温。

⑧ 假定一设计温度，一年中仅有2%~5%时间的温度超过该值。

采用湿式空冷器时，将干式空冷器的设计温度作为干球温度，然后按相对湿度查出湿球温度，作为该湿式空冷器的设计温度。表面蒸发空冷的空气设计温度选取方法同湿式空冷。

（2）热流体的进口温度

热流体的进口温度越高，对数平均温差越大，所需的换热面积越小，设备投资越小。但是，考虑到能量利用的合理性，热流体进口温度不宜过高，一般控制在120~150℃（或120~130℃）以下，超过此温度的那部分热量，应尽量采用换热方式进行回收。如果回收这部分热量有困难或经济上不合理，热流体的进口温度可适当提高，同时要考虑翅片的允许工作温度。如果热流进口温度低于70~80℃，可考虑使用湿式空冷器。

（3）热流体的出口温度与接近温度

接近温度是指热流出口温度与空气设计温度的差值。通常情况下，干式空冷器接近温度应大于15~20℃，否则将导致空冷器面积过大。因此，热流体出口温度一般应大于55~65℃，若不能满足工艺要求，可采用湿空冷、干湿联合空冷或增加后冷器。热流体冷却至75℃，选用干空冷最经济；热流体冷至65~75℃，干空冷或湿空冷均可；热流体冷至比湿球温度高5~6℃，选用蒸发式湿空冷。

在空气设计温度和热流体进口温度确定后，热流体出口温度和空气出口温度要有合适的匹配，应使平均温差校正系数>0.6，即接近温度不能过小。

（4）其他条件

① 空气侧 需要当地的年平均气温，最冷月的月平均温度，当地大气压，空气的物理性质等数据，1atm下干空气的物理性质见附表6-5。

② 管程　需要物相，流体的组分和组成，流体的进口压力，流体的物理性质（包括定性温度下的比热容、密度、黏度、导热系数），热力学方法和参数等。

6.2.5　结构设计[1,4,6]

结构设计需基于各设计要素综合考虑。

（1）设计压力与设计温度

空冷器的设计压力和相应的设计温度一起作为设计载荷条件。

空冷器的工作压力是指空冷器正常工作情况下，空冷器管束内可能达到的最高压力。设计压力指的是设定的空冷器管束内的最高压力，用以确定空冷器管束受压元件厚度，其值不低于工作压力，最低为最大操作压力加 0.1MPa 或加最大操作压力的 10%；真空空冷器管束按照内压设计，其设计压力不小于 0.1MPa。

设计温度指的是设定的管束受压元件的金属温度，其值不得低于元件可能达到的最高金属温度，在没有给定的情况下，设计温度应不低于给定流体的进口温度加上 30℃[1]。

（2）引风式与鼓风式的选择

除下列情况考虑采用引风式空冷器外，其余情况应采用鼓风式空冷器：

① 要求严格控制工艺流体温度，且突然降雨（过度冷却）会导致操作不正常；

② 为降低热风再循环危险，特别是对大的生产装置及工艺流体出口温度或空气进口温度比较接近的工况；

③ 在空气侧结垢对传热有较大影响的工况；

④ 在风机故障的情况下（由于叠加影响），须保持较高传热性能的工况；

⑤ 炎热天气下，需要风箱为管束遮住太阳的工况。

（3）翅片管（fin tube）类型的选择

从表 6-7 可知，缠绕式翅片管使用的温度较低，镶嵌式翅片管使用的温度较高。管内流体有腐蚀性时，可采用具有耐腐蚀内管的双金属轧片管，湿空冷宜采用双 L 形翅片管等。在翅片管类型的选择上，设计人员和用户应选用符合工艺过程要求的各方面性能均较好的翅片管。另外，对于旧装置的改造和扩建，空冷器设计所面临的问题是空间不足，可选用椭圆形翅片管。

（4）翅片高度（fin height）的选择

翅片管有高低翅片之分，翅片越高，翅化比越大，翅片面积愈大，折合到光管外表面的对流传热系数也就愈高。因此当管内的对流传热系数较高时，采用高翅片管对提高总传热系数的效果也愈显著。然而，翅片高度越大，翅片效率越低。此外，当管内对流传热系数较低时，增大翅片高度，对总传热系数已无明显提高，而且造成设备成本加大。所以，翅片高度与基管管径有一个最佳匹配尺寸。为取得较好的传热效果，高低翅片的选择，一般由管内对流传热系数决定，可参考表 6-17。

表 6-17　翅片高度的选择[4,5]

管内对流传热系数/[W/(m² · K)]	翅片高度	管内对流传热系数/[W/(m² · K)]	翅片高度
>2000	高翅片	800~150（或 1200~120）	低翅片
2000~800（或 2000~1200）	高翅片或低翅片	<150（或<120）	光管

当管内对流传热系数<150[4]（或<120[5]）W/（m²·K）时，采用光管，尤其是黏度大（一般指黏度≥0.01 Pa·s）及凝固点高的油品，如渣油空冷器应采用光管。

（5）翅片间距/每米翅片数（fin density）和管中心距（transverse pitch）的选择

对于圆形基管外径为25～38mm的换热管，低翅片的翅高为12.5mm，高翅片的翅高为16mm，高低翅片的翅片参数见表6-18。当空冷器管束为圆形翅片管时，最小翅片间距为2.3mm，每米基管上433片翅片。基管直径为25mm时，低翅片管最小管中心距为54mm，高翅片管最小管中心距为62mm，常见翅片管的翅化比（finned ratio，指单位长度翅片管的总外表面积与其基管外表面积之比）及管束迎风面积比（bundle windward area ratio，指管束空气流通的净截面积与管束迎风面积之比）见表6-19。

表6-18　高低翅片管的基本参数[4,6]

翅片管类型 type	基管直径 root diameter/mm	翅片参数 parameter/mm				翅片管排列	
		翅片外径 over fin diameter	翅片高 fin height	翅片厚度 thickness	翅片间距/每米翅片数 fin density	管心距 transverse pitch/mm	排列方式 layout
	d	D	h	δ	n_f	P_T	
低翅片管 low fin	25	50	12.5	0.4(L、LL、KL、G) 0.8(DR)	2.3/433 2.5/394 2.8/354 3.2/315 3.6/276	54/56/59	直列(inline)或错列(staggered)
	32	57	12.5			—	
	38	63	12.5				
高翅片管 high fin	25	57	16			62/63.5/67	
	32	64	16			—	
	38	70	16				

表6-19　翅片管的翅化比及管束迎风面积比[9]

翅片管型式	每米翅片数/（片/m）	翅化比 翅片高度 h=12.5mm	迎风面积比 管中心距/mm			翅化比 翅片高度 h=16mm	迎风面积比 管中心距/mm		
			54	56	59		62	63.5	67
L	433	16.9	0.465	0.484	0.510	23.4	0.519	0.530	0.555
	394	15.5	0.470	0.489	0.515	21.4	0.525	0.536	0.560
	354	14.0	0.475	0.494	0.520	19.3	0.531	0.542	0.566
	315	12.6	0.480	0.499	0.524	17.3	0.537	0.548	0.571
	276	11.2	0.486	0.504	0.529	15.3	0.543	0.553	0.577
LL	433	16.6	0.452	0.472	0.499	23.1	0.508	0.520	0.545
	394	15.2	0.457	0.477	0.503	21.1	0.514	0.526	0.550
	354	13.7	0.462	0.482	0.508	19.1	0.520	0.531	0.556
	315	12.3	0.467	0.486	0.513	17.1	0.525	0.537	0.561
	276	11.0	0.472	0.491	0.517	15.1	0.531	0.542	0.566

续表

翅片管型式	每米翅片数/(片/m)	翅化比 翅片高度 h=12.5mm	迎风面积比 管中心距/mm 54	56	59	翅化比 翅片高度 h=16mm	迎风面积比 管中心距/mm 62	63.5	67
KL	433	16.9	0.465	0.484	0.510	23.4	0.519	0.530	0.555
	394	15.5	0.470	0.489	0.515	21.4	0.525	0.536	0.560
	354	14.0	0.475	0.494	0.520	19.3	0.531	0.542	0.566
	315	12.6	0.480	0.499	0.524	17.3	0.537	0.548	0.571
	276	11.2	0.486	0.504	0.529	15.3	0.543	0.553	0.577
G	433	17.2	0.477	0.496	0.521	23.7	0.530	0.541	0.565
	394	15.8	0.482	0.501	0.526	21.7	0.536	0.547	0.570
	354	14.3	0.488	0.506	0.531	19.6	0.542	0.553	0.576
	315	12.8	0.493	0.511	0.536	17.5	0.548	0.559	0.582
	276	11.4	0.499	0.517	0.541	15.5	0.554	0.565	0.587
DR	433	16.7	0.456	0.475	0.502	23.3	0.496	0.508	0.533
	394	15.3	0.461	0.480	0.507	21.3	0.503	0.515	0.541
	354	13.9	0.467	0.486	0.512	19.2	0.511	0.523	0.548
	315	12.5	0.473	0.492	0.517	17.2	0.519	0.530	0.555
	276	11.0	0.478	0.497	0.523	15.2	0.527	0.538	0.562

　　椭圆翅片管管束尚无标准系列，除了翅片管的一些基本参数，管束基本参数如管长、管束宽、管排数、管程数、管箱和管嘴均与圆形翅片管标准系列一致，本章仅给出国内几个生产厂家的椭圆翅片管管束特性参数，以供设计时参考，见表6-20。

表6-20　椭圆翅片管管束特性参数[4]

翅片管类型	基管 管子尺寸/mm	壁厚/mm	翅片材料	翅片管 尺寸/mm	片厚/mm	片间距/mm	翅化比	管中心距/mm	排管方式
椭圆管绕片管	30×14	1.5 2.0	铝 钢	48×34	0.35	2.5	12.4	34	正三角形
						3.0	10.5	37	
	36×14	1.5 2.0 2.5		54×34		2.5	11.7	34	
						3.0	9.9		
						3.5	8.6	37	
						6.0	5.5		
	55×18	1.5 1.7 2.0 2.5		77×44		2.5	14.1	44	
						3.0	12.0		
椭圆管套矩形翅片	37.4×14	1.5	钢	55×26	0.3	2.3	11.5	53.2	
						2.5	10.7		
						3.0	9.1		

在最小翅片间距和最小管中心距下，每片管束能获得最大的翅片表面积。增大翅片间距和管中心距，翅片表面积会下降。适当地增大翅片间距和管中心距对传热系数和设备投资改变不大，但管束外侧的气流压降改变比较明显，见表6-21。

表6-21 管中心距对传热系数、管束压降和设备费用的影响[1]

管中心距/mm	60	61	62	63	64	65	66	67
管外对流传热系数变化趋势	1	0.99	0.98	0.97	0.96	0.95	0.94	0.93
管外压降(4管排)变化趋势	1	0.96	0.92	0.88	0.85	0.81	0.79	0.75
总费用变化趋势	1	0.99	0.98	0.97	0.96	0.95	0.94	0.93

在以下几种工况，宜采用较大的翅片间距或较大的管中心距：

① 传热负荷很大且管内对流传热系数>1500W/(m^2·K)时，出口风温较高，传热温差下降，导致换热面积增大，加大风量又会造成电机功率增大而难于配置，一般情况可减少管排数，增加管束。对此工况，若采用大翅片间距或大管中心距、多管排的管束结构，则可使设备投资和操作费用都下降。

② 管内对流传热系数在500~1000W/(m^2·K)范围内时，采用大翅片间距或大的管中心距，经济上可能更合理，需进行经济比较。

③ 若防冻措施采用蒸汽伴热管，需采用大翅片间距或大管中心距，以避免伴热管停气后能量损失过多。

④ 湿空冷器和干湿联合空冷器，宜采用较大翅片间距和管中心距。

⑤ 对环境噪声有严格控制的地方，采用低转速、低压头风机，管束应选用较大的翅片间距或管中心距。

（6）管排数(tube rows)的选择

管束的管排数，对空冷器的传热和阻力计算、管束和风机的数量及设备费用均有较大影响，一般为2~10排，以4~8排较为常用。同样的换热面积，管排数如果较少，则传热效果比较好，但单位换热面积的造价相对较高，且占地面积较大，另外，由于空气温升比较小，需要较大的风量。选用多管排可节省设备投资、操作费用及工程占地面积，所以在工艺条件许可的情况下，尽可能选用多管排管束。然而，管排数较多时，相应的风速不能太高，否则阻力很大，风机功率增大，操作费用增加；风速低又会使管外对流传热系数下降、空气出口温度升高，传热温差减小，所需换热面积增加。对于管排多的管束，若空气侧压降较大，可采用增加管中心距、加大翅片间距或减小迎面风速等措施加以弥补。

一般说来，热负荷高、总传热系数和空气温升大的冷却、冷凝过程，要选用较少的管排，反之，要选用较多的管排。例如，当总传热系数>400W/(m^2·K)时，宜采用较少的管排数以提高风速，从而取得较大的管外对流传热系数。若空气温升小于15~20℃，则应适当增加管排数。对于总传热系数<200W/(m^2·K)的冷凝、冷却过程，宜选用较多的排管，特别是进口温度较高时，要采用多管排、多管程，对空气的利用率较高。

管排数选择的影响因素较多，包括总传热系数的大小、管内流体的对流传热系数、流体进口温度或空气出口温度的高低、流体有无相变、管程数的多少等，在设计时通常根据设计条件综合考虑，对管排数进行合理选择，选取原则如下：

① 根据流体种类和相变过程选择管排数，表6-22为石化厂常见流体种类在冷凝、冷却

过程下推荐的管排数。

表6-22　依据管内流体选用管排数[1,4]

冷却过程		冷凝过程	
流体种类	推荐管排数	流体种类	推荐管排数
轻碳氢化合物(汽油、煤油等)	4或6	轻碳氢化合物(汽油、煤油等)	4或6
轻柴油	4或6	水蒸气	4
重柴油	4或6	重整或加氢反应器出口气体	6
润滑油	4或6	塔顶冷凝器	4或6
塔底重质油品	6或8		
烟气	4		
气缸或高炉冷却水	4		

② 依据管内流体温度变化范围选用管排数，见表6-23。

表6-23　根据管内流体温度变化范围选用管排数[1,4]

热流体温度变化范围/℃	总传热系数/[W/(m²·K)]	推荐管排数	注
$\Delta T \leq 6$		3	当空气温升小于15~20℃时，应适当增加管排数
$6 < \Delta T \leq 10$	—	3	
$10 < \Delta T \leq 50$		4	
$50 < \Delta T \leq 100$	<350	5	
$100 < \Delta T \leq 170$	<230	6	—
$\Delta T > 170$	<180	8	

（7）管程数（tube passes）的选择

管程数选取主要与管内流体流速、流体的温度变化范围有关，而流体流速选取主要取决于系统的允许压降。因此，翅片管的管程数确定主要依据流体的允许压降。选择管程数的一般原则如下：

① 管内允许压降大时，可采用多管程，反之选用较少的管程数。

② 气体或液体冷却时，在满足允许压降条件下应尽量提高管内流速，使流体处于湍流状态。一般来说，液体流速应选择在0.5~1.5m/s之间，气体流速应选择在5~10m/s之间，如将气体流速折合为质量流速，约在5~10kg/(m²·s)。

③ 对于气体冷凝过程，若对数平均温差的校正系数>0.8，多采用单管程，其管子应有1%的坡度，以便排液；若校正系数<0.8或含有不凝气时，应采用双管程或多管程。

④ 管程数通常与管排数的多少有密切关系，一般在设计中，如果管排数较少的话，通常选取单管程；若管排数较多的话，可按管排数和管程数的比例为2~4的范围选取。

⑤ 对于多管程的管束，每一管程的管子数，应按该管程流体流速确定，特别对于气体冷却/冷凝过程，管束设计成不同管数的管程较为合理，如图6-7所示。

⑥ 对于某些特殊台位、特殊材质的空冷器，对管内流速有特殊要求，因此在进行工程计算选择管程数时要特别注意。例如，对于炼油厂加氢类装置反应产物空冷器或热高分气空冷器，管内流体为气液两相，当材质为碳钢时，管内流速限制为3~6m/s，当管束材质为合

金钢时，管内流速限制为 3~9m/s，当管内流速过低或过高时，都易引发管束腐蚀的问题。

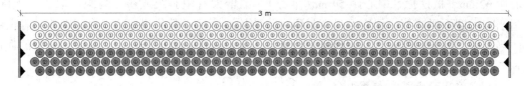

Name	Type	Outer Diameter (mm)	Wall Thickness (mm)	Transverse Pitch (mm)	Longitudinal Pitch (mm)	Fin Height (mm)
1 TubeType1	High-finned	25.0000	2.5000	62.0000	53.6920	16.0000

Row	Number of Tubes	Tube Type	Wall Clearance (mm)	Row	Number of Tubes	Tube Type	Wall Clearance (mm)
1	46	TubeType1	61.0000	4	46	TubeType1	92.0000
2	46	TubeType1	92.0000	5	46	TubeType1	61.0000
3	46	TubeType1	61.0000	6	46	TubeType1	92.0000

Bundle Information
Bundle width　　　3.000 m
Number of tube rows　6
Number of tubes　276
Minimum wall clearance
　　Left　　　61.000 mm
　　Right　　61.000 mm
Number of tubes per pass
○ Tubepass # 1: 138
● Tubepass # 2:　92
● Tubepass # 3:　46

图 6-7　冷凝过程的管程布置

⑦ 为预防冻结而设置的蒸汽盘管，一般为单程，管子间的最大间距为工艺管束管间距的 2 倍，从进口起，蒸汽管应至少有 1% 的坡度以便排液。

（8）迎面风速（face velocity）的选择

空气在标准状态（1 atm，20℃）下通过迎风面的流速，称为标准迎面风速。通常使用该参数来确定空气的流速。

迎面风速的选择要求适当，提高迎面风速能提高翅片管的对流传热系数，增大传热温差，减小换热面积。但风速太高，将使空气阻力增大，电机耗电量迅速增大（空气阻力近似与风速平方成正比），而对流传热系数的增大却较缓慢。另外，过高的风速还会造成风机性能变差，电机和传送机构匹配困难。相反，风速太低，则使得对流传热系数低，换热面积和设备费用增大。所以，迎面风速的大小有一个合理的范围。各制造厂空冷器的标准系列设计，基本是按合理的迎面风速配备电机的功率和传送机构。标准迎面风速与管排数有关，管排数增加，迎面风速降低，不同管排数推荐的迎面风速见表 6-24 和表 6-25。

表 6-24　国产常用翅片管束推荐的迎面风速[1]

管　排　数		3	4	5	6	7	8
高翅片	标准迎面风速/(m/s)	3.0~3.4	2.7~3.0	2.6~2.8	2.4~2.6	2.3~2.5	2.2~2.4
	最大质量流速[1]/[kg/(m²·s)]	7.30~8.28	6.57~7.30	6.33~6.82	5.84~6.33	5.60~6.08	5.36~5.84
低翅片	标准迎面风速/(m/s)	2.8~3.2	2.6~2.8	2.5~2.7	2.3~2.5	2.2~2.4	2.1~2.3
	最大质量流速[1]/[kg/(m²·s)]	7.06~8.75	7.11~8.03	7.00~7.66	6.29~6.84	6.02~6.56	5.74~6.29

① 最大质量流速指空气穿过翅片管外最窄截面处的质量流速。

表 6-25　管排数与相应迎面风速参考值[4]

管排数	3	4	5	6	7	8	9	10	11	12
标准迎面风速/(m/s)	—	3.15	2.84	2.74	2.54	2.44	—	—	—	—
	—	2.80	—	2.50	—	2.30	—	—	—	—
	3.15	3.00	2.83	2.75	2.58	2.50	2.33	2.25	2.16	2.08

注：同一管排数对应有不同的迎面风速，分别来源于不同的参考文献；表格中的一行风速对应一文献来源。

表 6-24 是针对国产常用翅片管束：翅片间距 2.3mm、翅片平均厚度 0.4mm、高翅片管中心距 62mm、低翅片管中心距 54mm（推荐）。如增大管中心距或翅片间距可取表中上限，或适当增大迎面风速值，但应经过空气阻力降的校核。对于椭圆翅片管，风速应比推荐值略高。当采用引风式空冷器时，因风机进口处空气温度较高，为了节省动力可采用较低的迎面风速，但空冷器的面积要稍大些。

（9）水平式管束基本参数组合

国内标准空冷器的水平式管束的基本参数组合见表 6-26。管束基管外表面积 A 和排管根数 n 如附表 6-1~附表 6-4 所示，以便设计时作为参考。

（10）面积余量的选取

① 如果过程的热负荷比较稳定，且空冷器管内、管外对流传热系数的计算已考虑了公式误差范围的影响，面积余量在 10%~15% 范围内便能满足工程要求。

② 如果空冷器管内、管外对流传热系数计算时，未考虑公式误差范围的影响，面积余量应达到 15%~25%。

③ 如果过程的热负荷与设计热负荷相比，波动较大，应适当加大面积余量。

④ 根据工程设计经验来界定面积余量。如含不凝气的多组分气相冷凝过程和冷却过程，对流传热系数的计算或估算误差都较大，选用较大的面积余量比较合理，国内空冷器设计余量可达到 40%~100%。

如果不符合上面要求或计算面积大于初选面积时，一般采取下面的措施重新进行计算：

① 当风机的风量富裕较大时，可提高风量，降低出口风温，能减小所需的计算面积，特别是传热热阻控制在翅片外侧时，效果比较明显。

② 当管内阻力允许时，增大管程数，提高管内流速，对传热热阻控制方在管内侧时非常有效。

③ 改变初选的空冷器面积，如增大管束的数量或管排数。但要注意，面积增大后，管内流速发生变化，若选择不当，效果甚微。

无论采用哪种方法，都需重新进行校核计算。

（11）空冷器的校核

空冷器的校核，是依据给定的设备结构型式及尺寸，通过理论上的计算，确定此设备能否达到用户要求，包括设备的换热面积、风机的风量和风压、电机的计算功率等是否达到设计要求，管内压降是否在规定的允许压降之内等。如果采用自然通风还需校核风筒高度是否满足设计要求。一般校核步骤如下：

① 由热流体的流量及进出口温度计算空冷器的热负荷。

② 计算空冷器管内对流传热系数和管内流动压降。

③ 计算空气的出口温度。

④ 计算空冷器的空气侧对流传热系数和空气侧压降。

⑤ 计算空冷器的有效传热温差。

⑥ 计算总传热系数及面积余量，由换热面积余量大小判断换热面积是否能够将热流体冷却到所要求的工艺出口温度。

⑦ 计算风机的动压和全风压，并由风机特性曲线计算风机的轴功率和电机功率。

表 **6-26**　水平式管束基本参数组合[9]

公称宽度 BN/mm	管排数 Z	管程数 N	翅片管长度 L/mm					
			3000	4500	6000	9000	12000	15000
500	4	1, 2, 4				—	—	—
	5	1, 2, 5				—	—	—
	6	1, 2, 3				—	—	—
750	4	1, 2, 4				—	—	—
	5	1, 2, 5				—	—	—
	6	1, 2, 3				—	—	—
1000	4	1, 2, 4						
	5	1, 2, 5						
	6	1, 2, 3						
	8	1, 2, 4	—	—				
1250	4	1, 2, 4						
	5	1, 2, 5						
	6	1, 2, 3						
	8	1, 2, 4	—	—				
1500	4	1, 2, 4						
	5	1, 2, 5						
	6	1, 2, 3						
	8	1, 2, 4	—	—				
1750	4	1, 2, 4						
	5	1, 2, 5						
	6	1, 2, 3, 6						
	8	1, 2, 4, 8	—	—				
2000	4	1, 2, 4						
	5	1, 2, 5						
	6	1, 2, 3, 6						
	8	1, 2, 4, 8	—	—				
2250	4	1, 2, 4				—		
	5	1, 2, 5				—		
	6	1, 2, 3, 6				—		
	8	1, 2, 4, 8	—	—				
2500	4	1, 2, 4						
	5	1, 2, 5						
	6	1, 2, 3, 6						
	8	1, 2, 4, 8	—	—				
2750	4	1, 2, 4		—				
	5	1, 2, 5		—				
	6	1, 2, 3, 6		—				
	8	1, 2, 4, 8	—	—				
3000	4	1, 2, 4						
	5	1, 2, 5						
	6	1, 2, 3, 6						
	8	1, 2, 4, 8	—	—				

6.3　主要数学模型及关联式

6.3.1　空气侧强制通风传热系数与压降[2,10,11]

传热系数与压降是空冷器设计时两个重要的参数。

（1）传热系数

翅片管外的空气流动在公开文献中被广泛研究，对于圆形翅片管管外强制通风条件下的强制对流传热系数，Briggs 和 Young 公式被普遍应用，即：

$$Nu = 0.134Re^{0.681}Pr^{1/3}(l/b)^{0.2}(l/\tau)^{0.1134} \tag{6-1}$$

式中　Nu——空气通过翅片管束的努塞尔数，$Nu = \alpha_o D_r/\lambda$；

Re——空气通过翅片管束的雷诺数，$Re = D_r u_{max}\rho/\mu$；

Pr——普朗特数，$Pr = c_p\mu/\lambda$；

l——翅片间距，m；

b——翅片高度，m；

τ——翅片厚度，m；

α_o——以基管外表面积为基准的空气侧对流传热系数，W/(m²·K)；

D_r——基管直径，m；

λ——空气的导热系数，W/(m·K)；

u_{max}——管外管束最大空气流速，m/s；

ρ——空气密度，kg/m³；

μ——空气黏度，Pa·s；

c_p——流体比热容，J/(kg·K)。

该关系式基于等边三角形排列管束的实验数据，其应用范围为：$1000 \leqslant Re \leqslant 18000$，$11.12 \leqslant D_r \leqslant 40.89$，$1.42mm \leqslant b \leqslant 16.57mm$，$0.33mm \leqslant \tau \leqslant 2.02mm$，$0.89mm \leqslant l \leqslant 2.97mm$，$24.38mm \leqslant P_T \leqslant 111.00mm$，$P_T$ 为管中心距。

翅片间距与单位长度的翅片数 n_f 有关，如式（6-2）所示：

$$l = 1/n_f - \tau \tag{6-2}$$

管束最大空气流速与迎面风速有关，如式（6-3）所示：

$$u_{max}/u_{face} = A_{face}/A_{min} \tag{6-3}$$

式中　u_{face}——迎面风速，m/s；

A_{face}——迎风面积；

A_{min}——管束中最小流通面积。

对于等边三角形排列，最小流通面积是相邻两管间的面积。相邻两管之间的间隙是管中心距减去基管直径，其产生的流通面积为 $(P_T - D_r)L$，其中 L 是管长。翅片在管子上占据的面积近似为 $2n_f Lb\tau$，则：

$$A_{min} = (P_T - D_r)L - 2n_f Lb\tau \tag{6-4}$$

流过间隙的空气与长为 L 宽为 P_T 矩形中的管束相接触，即从一根管子的中心到相邻管子的中心。因此，相邻两管子的迎风面积 A_{face} 可简化为 $P_T L$。将该值和式（6-4）代入式（6-3）中，可以得到 u_{max}：

$$u_{max} = \frac{P_T u_{face}}{P_T - D_r - 2n_f b\tau} \tag{6-5}$$

式(6-1)以及 Air Cooled 程序计算得到的空气侧对流传热系数均以基管外表面积为基准，空气侧实际对流传热系数与翅片效率、翅化比有关，具体计算详见 6.6.1.3 节的"查看结果与分析"。

（2）压降

高翅片管外空气通过管束的压降计算如式(6-6)所示：

$$\Delta P_f = \frac{2f N_r G^2}{g_c \rho \phi} \tag{6-6}$$

式中　ΔP_f——空气通过管束的压降，Pa；

　　　f——空气摩擦系数；

　　　N_r——管排数；

　　　G——窄隙流通截面的空气质量流速，$G = \rho u_{max}$，kg/(m²·s)；

　　　g_c——单位转化因数；

　　　ρ——空气密度，kg/m³；

　　　ϕ——黏度修正因数。

空冷器中，空气侧的黏度修正可忽略，所以 ϕ 可以单位化，同时将式(6-6)中单位转化因数合并到常数项中，则式(6-6)可简化为

$$\Delta P_f = \frac{2f N_r G^2}{\rho} \tag{6-7}$$

对于等边三角形排列的管束外空气流动，f 常用 Robinson-Briggs 摩擦系数关联式计算：

$$f = 18.93\, Re^{-0.316}\, (P_T/D_r)^{-0.927} \tag{6-8}$$

该关联式是基于等边三角形排列管束的实验数据，其应用范围为：$2000 \leqslant Re \leqslant 50000$，$19.64 \leqslant D_r \leqslant 40.89$，$10.50\text{mm} \leqslant b \leqslant 14.94\text{mm}$，$0.40\text{mm} \leqslant \tau \leqslant 0.60\text{mm}$，$1.85\text{mm} \leqslant l \leqslant 2.76\text{mm}$，$42.85\text{mm} \leqslant P_T \leqslant 114.30\text{mm}$。

除了管束，空气侧的摩擦损失来源还包括：支座和框架（包括百叶窗、遮蔽屏或栅栏）、风机外壳和风机支座、风筒、蒸汽盘管、风机保护罩或管束防冰雹罩、在空气流动路径中的其他障碍物（如驱动装置和通道、扩压器等）。

尽管来自这些因素的摩擦损失远小于来自管子的压降，但也占管束压降的 10%~25%，其数值大小的估算可以参考相关文献。

6.3.2　空气侧自然通风传热系数与压降[7]

自然通风的风速一般低于 1m/s，而低风速下圆翅片管的传热和阻力试验数据非常缺乏。对低风速下圆翅片管空气侧的对流传热系数和压降计算推荐以下计算关联式，仅供参考。

以光管外表面积为基准的管外对流传热系数：

$$\alpha_o = 0.076\frac{\lambda}{D_r} Re^{0.683}\left(\frac{A_t}{A_o}\right) \tag{6-9}$$

式中　A_t/A_o——翅化比。

适用范围：$1100 \leqslant Re \leqslant 3000$，公式误差 ±10%。

空气通过圆翅片管束的压降计算公式为

$$\Delta P_{st} = 2.292 N_r u_{face}^{1.434} \tag{6-10}$$

该公式的适用范围：$0.35\text{m/s} \leqslant u_{\text{face}} \leqslant 0.95\text{m/s}$，公式误差$\pm 15\%$。

6.3.3 总传热系数

当无相变时，圆翅片管空冷器的总传热系数为各项热阻(管程热阻、空气侧热阻、污垢热阻、管壁热阻和接触热阻等)之和的倒数。当有相变时，需进行分段计算，分的越细，计算也就越准确。不同流体、操作条件下以基管外表面积为基准的空冷器总传热系数经验值见表6-27。

表6-27 空冷器总传热系数经验值[4]

流体名称	操作条件或说明	总传热系数/$[\text{W}/(\text{m}^2 \cdot \text{K})]$	流体名称	操作条件或说明	总传热系数/$[\text{W}/(\text{m}^2 \cdot \text{K})]$
一、液体冷却			二、气体冷却		
C_3、C_4轻烃类		400~520		约0.07MPa(表)	85~110
芳烃		400~460		0.35MPa	170~200
汽油		400~430	轻碳氢化合物	0.7MPa	250~290
轻石脑油		370~390		2.1MPa	370~390
重石脑油		340~370		3.5MPa	390~430
重整产物		400		约0.07MPa	85~110
煤油		35~400		0.35MPa	200~220
轻柴油		290~350	较重碳氢化合物	0.7MPa	250~280
重柴油		230~290		2.1MPa	370~390
油品40°API ($d_4^{20} \approx 0.83$)	平均温度约65℃	140~200		约0.07MPa	60~85
	95℃	280~340		0.35MPa	85~110
	150℃	310~370	轻有机蒸气	0.7MPa	170~220
	200℃	340~390		2.1MPa	250~280
油品30°API ($d_4^{20} \approx 0.88$)	平均温度约65℃	70~130		3.5MPa	280~310
	95℃	140~200		约0.07MPa	45~60
	150℃	250~310		0.35MPa	80~105
	200℃	280~340	空气	0.7MPa	140~170
油品20°API ($d_4^{20} \approx 0.93$)	平均温度约95℃	60~90		2.1MPa	220~250
	150℃	75~130		3.5MPa	250~280
	200℃	175~220		约0.07MPa	60~85
油品8°~14°API ($d_4^{20} \approx 0.97$)	平均温度约150℃	35~60		0.35MPa	85~110
	200℃	60~90	氨	0.7MPa	170~220
燃料油		120~175		2.1MPa	250~280
润滑油	高黏度	60~135		3.5MPa	280~310
	低黏度	12~145		约0.07MPa	60~85
焦油		30~60		0.35MPa	85~110
工艺过程用水		610~730	蒸汽	0.7MPa	140~170
工业用水(冷却水)	经过净化	60~700		2.1MPa	250~280
盐水	含75%的水	510~630		3.5MPa	310~350

续表

流体名称	操作条件或说明	总传热系数/[W/(m²·K)]	流体名称	操作条件或说明	总传热系数/[W/(m²·K)]
贫碳酸钠(钾)溶液		460	氢气，100%(体积)	~0.07MPa	110~175
环丁砜溶液	出口黏度约7cP	400		0.35MPa	250~290
乙醇胺溶液	浓度15%~20%	600		0.7MPa	370~390
	浓度20%~25%	540		2.1MPa	490~520
醇及大部分有机溶剂		400~430		3.5MPa	520~570
氨		560~690	氢气，75%(体积)	~0.07MPa	95~160
三、冷凝				0.35MPa	230~250
原油常压分馏塔塔顶气冷凝		350~400		0.7MPa	350~370
催化分馏塔塔顶气冷凝		350~400		2.1MPa	450~490
轻汽油-水蒸气-不凝气的冷凝		350~400		3.5MPa	490~510
炼厂富气冷凝		230~290	氢气，60%(体积)	~0.07MPa	85~140
轻碳氢化合物的冷凝				0.35MPa	200~230
C_2、C_3、C_4		520		0.7MPa	310~350
C_5、C_6		460		3.5MPa	465~510
粗轻汽油	0.07MPa(表)	420	氢气，25%(体积)	~0.07MPa	70~130
	0.15MPa	480		0.35MPa	170~220
	0.5MPa	510		0.7MPa	250~290
轻汽油		460		2.1MPa	370~400
煤油		370		3.5MPa	450~490
芳烃		400~470	甲烷、天然气	0~0.35MPa	220
加氢过程反应出口气体部分冷凝				0.35~1.4MPa	290
加氢裂解	10.0~20.0MPa(表)	450		1.4~10.0MPa($\Delta p<0.1$MPa)	350~530
催化重整	2.5~3.2MPa	420			
加氢精制——汽油	8.0MPa	390	乙烯	8.0~9.0MPa	400~460
柴油	6.5MPa	340	重整反应器出口气体		290~350
乙醇胺塔顶气冷凝	50~80℃	350	加氢精制反应器出口气体		290~350
	80~100℃	520			
水蒸气冷凝		700	合成氨及合成甲醇反应出口气体		460~520
氨冷凝		580			

6.3.4 风机功率[4]

强制通风时风机所配电机的功率为

$$N = \frac{2.778 \times 10^{-7} HVF_{L}}{\eta_1 \eta_2 \eta_3} \qquad (6-11)$$

式中 N——风机所配电机所需的电机功率，kW；

　　　H——全风压，Pa；

　　　V——风机入口处的实际风量，m^3/h；

　　　η_1——风机效率（一般不低于 0.65）；

　　　η_2——传动效率（直接传动可取 1.0，皮带传动可取 0.95）；

　　　η_3——电机效率（一般取 0.86~0.92）；

　　　F_L——海拔高度校正系数。

其中，风机进口处实际风量 V 的计算如式（6-12）所示，海拔高度校正系数 F_L 的获得如式（6-13）所示。

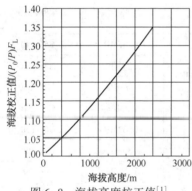

图 6-8　海拔高度校正值[1]

$$V = \frac{Q}{\rho_a c_{pa}(t_2 - t_1)} \qquad (6-12)$$

式中 Q——空冷器的热负荷；

　　　ρ_a——空气定性温度下的密度，初步计算可取 1.1 kg/m^3；

　　　c_{pa}——空气的比热容，可取 1.005 $kJ/(kg \cdot K)$。

$$F_L = 0.98604 + 0.01435 \times 10^{-2} H_L + 2.495 \times 10^{-9} H_L^2 \qquad (6-13)$$

式中 H_L——海拔高度，m。

另外，F_L 也可由图 6-8 查出。

6.4　空冷器设计标准

空冷器设计可参照相关国内标准和国外标准。

（1）国内标准

① NB/T 47007—2010《空冷式热交换器》，中华人民共和国行业标准；

② GB/T 28712.6—2012《热交换器型式与基本参数　第 6 部分：空冷式热交换器》，中华人民共和国国家标准；

③ GB/T 27698.6—2011《热交换器及传热元件性能测试方法　第 6 部分：空冷器用翅片管》，中华人民共和国国家标准；

④ GB/T 27698.7—2011《热交换器及传热元件性能测试方法　第 7 部分：空冷器噪声测定》，中华人民共和国国家标准。

（2）国外标准

① 美国石油学会（American Petroleum Institute，简称 API）标准 API Standard 661 Petroleum, petrochemical, and natural gas industries—air-cooled heat exchangers（石油石化天然气工

业用空冷式热交换器)，2013 年 7 月，第 7 版。该标准给出了石油和天然气工业中空冷式换热器的设计、材质、制造、检验、测试和运输的要求和推荐，Aspen EDR 的空冷器设计结果中包括 API 661 空冷器规格表。

② 国际标准 ISO 13706 Petroleum，petrochemical and natural gas industries—air-cooled heat exchangers（石油石化天然气工业用空冷式热交换器），2011 年 11 月，第 3 版。

③ 美国机械工程师协会（American Society of Mechanical Engineers，简称 ASME）标准 ASME boiler and pressure vessel code（锅炉和压力容器规范），2017 年。该标准第Ⅷ卷第一分册，Rules for construction of pressure vessels（压力容器建造规程）。

6.5 Air Cooled 主要输入页面

Aspen EDR 的空冷器计算程序 Air Cooled 功能强大，可计算空气冷却系统、烟气余热回收系统、空调系统、空气除湿系统和制冷系统等。Air Cooled 程序，可对鼓风式、引风式、自然对流式空冷器进行计算，管程数可达 50，管排数可达 100；可任意角度放置空冷器；外侧翅片可以是高、低翅片，齿形翅片，钉头或管板翅片等[12]。

Air Cooled 程序包括设计模式、校核模式和模拟模式三种：

① 设计模式　可以根据所需的热负荷确定管排的组数、换热单元以及空气流量，得到较优的空冷器管束布置，最后可以给出多种方案供用户选择。需要注意的是，Air Cooled 程序的设计模式有两种，一种是 Design with fixed outside flow（外侧流量固定）设计模式，该模式需用户规定管程工艺流体的进出口状态以及空气流量，程序可通过调节管束的换热管数、管排数、管长、管程数、每跨的管束数、每跨的风机数以及每单元的跨数来进行设计，最后给出多种方案，用户可进入 **Results | Result Summary | OptimizationPath** 页面选择设计结果。另外一种是 Design with varying outside flow（外侧流量可变）的设计模式，该模式需用户规定管程工艺流体的进出口状态和空气的设计温度，程序可以自动调节空气流量，对于每一个空气流量，程序都会对管束的换热管数、管排数、管长、管程数、每跨的管束数、每跨的风机数以及每单元的跨数进行优化，不同的空气流量对应的空气出口温度也不同；用户可以进入 **Input | Program Options** 页面，对空冷器的结构参数、空气流量以及最优化目标进行限制或规定；最后，程序会以设备投资或总费用（设备投资+操作投资）最低为目标给出最优方案。

② 校核模式　程序会根据用户规定的必需的流体状态和空冷器结构参数，计算换热器能否满足需要的热负荷和允许压降。

③ 模拟模式　计算选项包括：a. 给定两股流体的进口温度、压力、流量以及空冷器的结构参数，计算两股流体的出口温度和压力；b. 给定管程出口和外侧气体进口状态，计算管程进口状态；c. 给定管程进口状态且外侧自然对流，计算管程出口状态和外侧气体流量；d. 给定管程进出口状态及外侧气体进口状态，计算管程流量；e. 给定管程进出口状态及外侧气体进口状态，计算外侧气体流量；f. 计算管程结垢参数。

6.5.1　Air Cooled 概述

导航窗格的 Input（输入）由含有导航路径的输入文件夹组成，单击导航路径打开输入页面，输入页面介绍见表6-28。

表 6-28　输入页面介绍

输入文件夹	输 入 窗 口	输 入 页 面
Problem Definition（问题定义）	Headings/Remarks（标题/备注）	API Specification Sheet Descriptions（API规格表描述）
	Application Options（应用选项）	Application Options（应用选项）
	Process Data（工艺数据）	Tube Side Stream（管程流体）
		Outside Stream（外侧流体）
		Tube Side Fouling（管程污垢）
		Outside Fouling（外侧污垢）
Property Data（物性数据）	Tube Stream Compositions（管程流体组成）	选择不同的物性数据库，相应的显示页面也不同
	Tube Stream Properties（管程流体物性）	Properties（物性）
		Phase Composition（相组成）
		Component Properties（组分物性）
		Property Plots（物性图）
	Outside Stream Compositions（外侧流体组成）	选择不同的物性数据库，相应的显示页面也不同
	Outside Stream Properties（外侧流体物性）	Properties（物性）
		Phase Composition（相组成）
		Component Properties（组分物性）
		Property Plots（物性图）
Exchanger Geometry（换热器结构参数）	Geometry Summary（结构参数概要）	Geometry（结构参数）
		Tube layout（换热管布置）
	Unit Geometry（单元结构参数）	Unit Geometry（单元结构参数）
		Accessories（辅助部分）
		Clearances（间距）
	Tubes（换热管）	General（常规）
		Serrations/Studs（锯齿/钉头）
	Bundle（管束）	Bundle（管束）
	Header & Nozzle（管箱与管嘴）	Header（管箱）
		Nozzle（管嘴）
	Fans（风机）	Fan（风机）
		Fan Curves（风机特性曲线）
		Fan/Plenum Construction（风机/风箱结构）
		Fan Motors（风机电机）
	Structures/Walkways（构架/人行通道）	Support Structure（支撑结构）
		Walkways（人行通道）
Construction Specification（制造规定）	Materials of Construction（制造材质）	General（常规）
	Design Specifications（设计规定）	Design Specifications（设计规定）

输入文件夹	输入窗口	输入页面
Program Options (程序设置)	Design Options(设计设置)	Geometry Limits(结构限制)
		Process Limits(工艺限制)
		Optimization Options(优化设置)
	Thermal Analysis(热力分析)	Process(工艺)
		Calculation Options(计算设置)
	Methods/Correlations(方法/关联式)	Tube Side(管程)
		Outside(外侧)
		Tube Side Enhancement(管程强化)
		Outside Enhancement(外侧强化)
	Outside Distribution(外侧分布)	Inlet Distribution(进口分布)
		Flow(流量)
		Temperature(温度)

6.5.2 Problem Definition(问题定义)

6.5.2.1 Headings/Remarks(标题/备注)

Headings/Remarks 页面如图 6-9 所示，所输入的信息将出现在 API Sheet 输出页面的前几行，主要用来为输出结果提供相应描述说明。此页面的输入项均为选填项，建议用户在程序使用过程中及时备注，以便查找和分类。

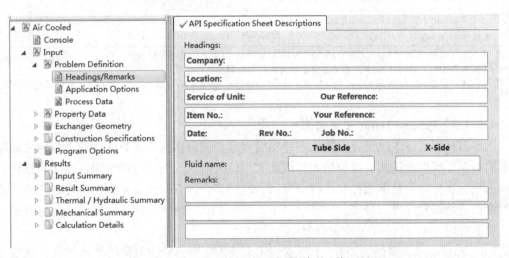

图 6-9 Headings/Remarks(标题/备注)输入页面

6.5.2.2 Application Options(应用选项)

Application Options 页面如图 6-10 所示，主要用于程序的基本设置和控制，选项释义见表 6-29。

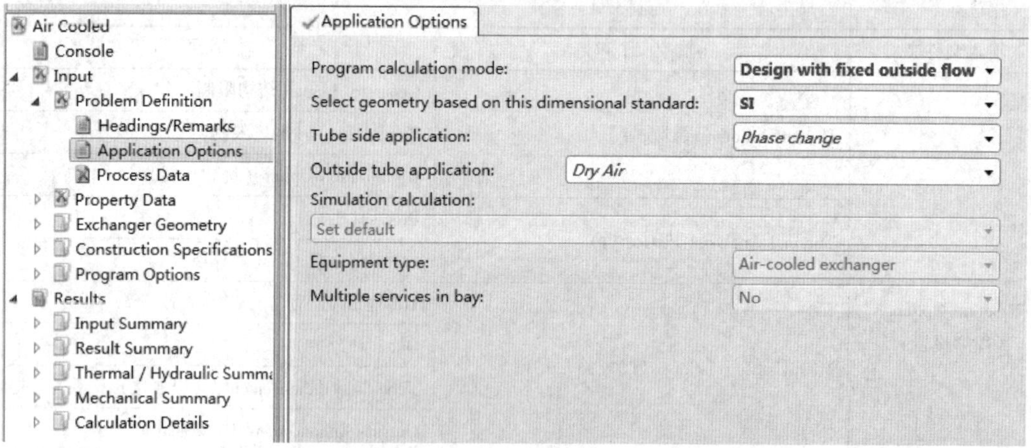

图 6-10　Application Options（应用选项）输入页面

表 6-29　**Application Options**（应用选项）选项释义

输　入　选　项	选　项　释　义
Program calculation mode	程序计算模式　包括"Design with fixed outside flow（外侧流量固定的设计模式）""Design with varying outside flow（外侧流量可变的设计模式）""Rating/Checking（校核模式）"和"Simulation（模拟模式）"
Select geometry based on this dimensional standard	选择结构参数所依据的尺寸标准　可选择"SI"或"US"
Tube side application	管程流体的应用类型
Outside tube application	外侧流体的应用类型
Simulation calculation	模拟计算方法　当程序计算模式选择"Simulation"时，可对该选项进行设置
Equipment type[①]	设备类型
Multiple services in bay[②]	跨内多种工况　可选择"Yes"或"No"

　　① 当程序计算模式选择"Rating/Checking"或"Simulation"时，可以对该选项进行设置，包括"Air-cooled exchanger"和"Ducted bundle"两种，"Ducted bundle"指的是置于管道内的管束的校核和模拟计算，不需要风机。

　　② 当程序计算模式选择"Simulation"且模拟方法选择"Outlet temperature on both sides（method 1）"时，才能对该选项进行设置。

6.5.2.3　Process Data（工艺数据）

　　用户需根据实际工况设置，输入空冷器管程及外侧流体的工艺数据。输入选项之间存在一定的关系，可以通过相关推导得到，因此无须输入所有选项。程序会根据输入数据计算出其他选项，当提供的数据超过允许自由度时，程序将会进行一致性检查，若存在矛盾，将对某些参数进行调整并发出警告。

　　（1）Tube Side Stream（管程流体）

　　Tube Side Stream 页面如图 6-11 所示，用来输入空冷器管程流体的基本信息，选项释义见表 6-30。

表 6-30　**Tube Side Stream**（管程流体）选项释义

输　入　选　项	选　项　释　义
Fluid name	流体名称
Mass flow rate（total）	总质量流量

续表

输 入 选 项	选 项 释 义
Temperature	温度
Operating pressure（absolute）	操作压力(绝压)
Heat exchanged	换热器热负荷　可以直接输入，也可以根据管程流体的流量和进出口状态计算得到
Estimated pressure drop	估计压降
Allowable pressure drop	允许压降
Fouling resistance	污垢热阻

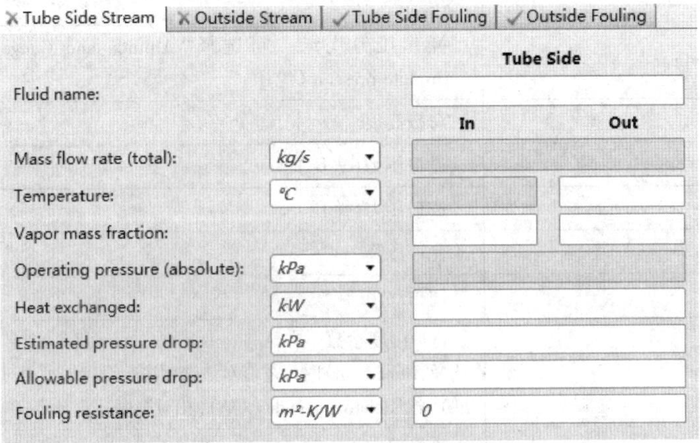

图 6-11　Tube Side Stream(管程流体)输入页面

（2）Outside Stream(外侧流体)

Outside Stream 页面如图 6-12 所示，用来输入空冷器外侧流体的基本信息，选项释义见表6-31。

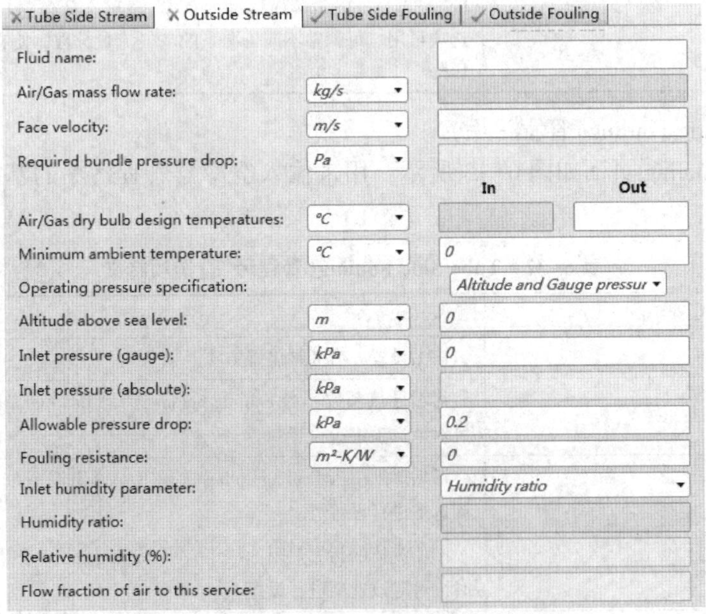

图 6-12　Outside Stream(外侧流体)输入页面

表 6-31　Outside Stream（外侧流体）选项释义

输 入 选 项	选 项 释 义
Fluid name	流体名称
Air/Gas mass flow rate	空气/气体质量流量
Face velocity	迎面风速　程序计算模式选择"Simulation"且模拟计算方法选择"Outlet temperature on both sides（X-side flow given ans velocity）"时，该选项可用
Required bundle pressure drop	所需管束外侧压降　程序计算模式选择"Simulation"且模拟计算方法选择"Outlet temperature on both sides（X-side flow estimated from pressure drop）"时，该选项可用
Air/Gas dry bulb design temperature	空气/气体干球设计温度
Minimum ambient temperature	最低环境温度
Operating pressure specification	操作压力规定　可选择"Altitude and Gauge pressure（表压）"或"Absolute pressure（绝压）"
Altitude above sea level	海拔高度
Inlet pressure（gauge）	进口压力（表压）
Inlet pressure（absolute）	进口压力（绝压）
Allowable pressure drop	允许压降
Fouling resistance	污垢热阻
Inlet humidity parameter	进口湿度参数　在 Application Options 页面，只有 Outside tube application 选择"Humid Air"时，才能对该选项进行设置，可通过"Humidity ratio（绝对湿度）"和"Relative humidity（%）（相对湿度）"进行定义
Humidity ratio	绝对湿度　空气中水气的质量与绝对干空气的质量之比
Relative humidity（%）	相对湿度　一定系统总压和温度下，空气中水气分压与水气可能达到的最大分压之比
Flow fraction of air to this service	此工况空气流量分数　当跨内多种工况时，程序计算模式选择"Simulation"且 Application Options 页面 Multiple services in bay 选择"Yes"时，该选项可用。可调整不同工况下的空气流量分数，使它们具有相同的空气压降

（3）Tube Side Fouling（管程污垢）

Tube Side Fouling 页面如图 6-13 所示，用来输入空冷器管程污垢的基本信息，选项释义见表 6-32。

表 6-32　Tube Side Fouling（管程污垢）选项释义

输 入 选 项	选 项 释 义
Fouling option	污垢设置　有 8 种设置方法
Fouling thermal conductivity	污垢导热系数　当 Fouling option 选择"Use thermal cond. and tks."时，可对该选项进行设置
Fouling thickness	污垢厚度　当 Fouling option 选择"Use thermal cond. and tks."时，可对该选项进行设置
Fouling fluid curve group	结垢流体的污垢热阻曲线组　当 Fouling option 选择"Use default curves"时，可对该选项进行设置

续表

输 入 选 项	选 项 释 义
Fouling curve	污垢热阻曲线　当 Fouling option 选择"Use default curves"时，该选项可用
Fouling resistance by phase	各相态的污垢热阻　当 Fouling option 选择"Function of stream phase"时，该选项可用
Velocity	流体流速　当 Fouling option 选择"Function of velocity"时，该选项可用
Temperature	流体温度　当 Fouling option 选择"Function of temperature"时，该选项可用
Quality	流体的气相质量分数　当 Fouling option 选择"Function of quality"时，该选项可用
Length	长度　当 Fouling option 选择"Function of length"时，该选项可用

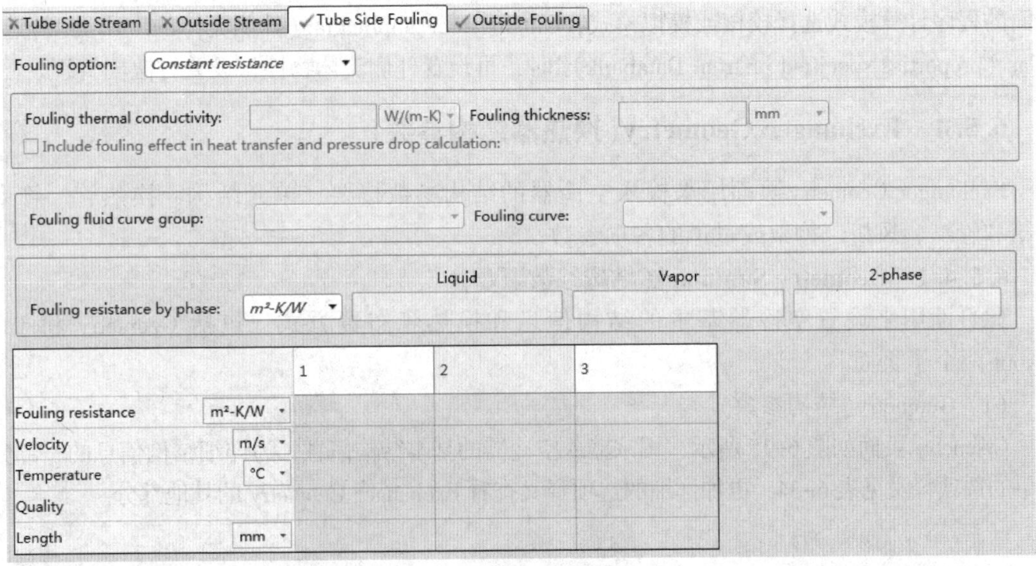

图 6-13　Tube Side Fouling(管程污垢)输入页面

（4）Outside Fouling(外侧污垢)

Outside Fouling 页面如图 6-14 所示，用来输入空冷器外侧污垢的基本信息，选项释义见表 6-33。

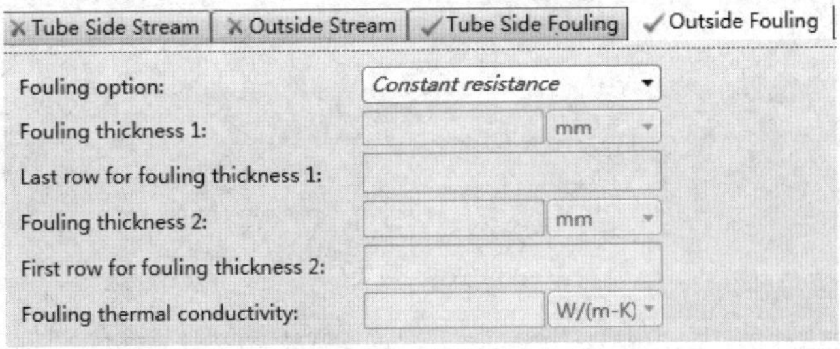

图 6-14　Outside Fouling(外侧污垢)输入页面

表 6-33　Outside Fouling（外侧污垢）选项释义

输 入 选 项	选 项 释 义
Fouling option	污垢设置　可选择"Constant resistance"或"Use thermal cond. and tks."
Fouling thickness 1	污垢厚度1　基于管子外表面积
Last row for fouling thickness 1	污垢厚度1时所对应的终止管排
Fouling thickness 2	污垢厚度2　基于管子外表面积
First row for fouling thickness 2	污垢厚度2的起始管排
Fouling thermal conductivity	污垢导热系数

6.5.3　Property Data（物性数据）

流体物性数据是决定换热器计算结果正确性的关键，其中管程流体的详细物性输入页面介绍和使用方法参见本书第2章。管子外侧流体是空气时，物性不需设置。当 Application Options 页面的程序计算模式选择校核或模拟模式，Outside tube application（外侧流体的应用类型）选择"Gas（properties specified or from Databank）"时，可设置外侧流体物性，设置方法同管程。

6.5.4　Exchanger Geometry（换热器结构参数）

Exchanger Geometry 页面用来输入空冷器的结构参数概要、单元结构、换热管、管束、管箱和管嘴、风机、构架或过道的各项参数。

6.5.4.1　Geometry Summary（结构参数概要）

此页面用来设置空冷器基本的结构信息和换热管布置方式，包括 Geometry 和 Tube Layout 两个子页面。

（1）Geometry（结构参数）

Geometry 页面如图 6-15 所示，用来输入空冷器的基本结构信息，为详细结构信息的一部分。简单的选项释义见表6-34，更加详细的选项释义查看 Exchanger Geometry 的其他部分。

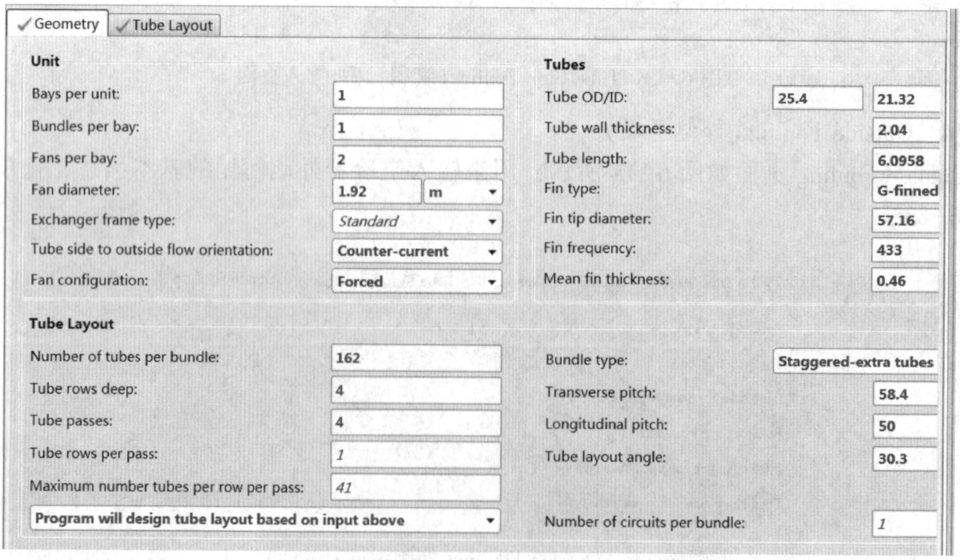

图 6-15　Geometry（结构参数）输入页面

表6-34 Geometry(结构参数)选项释义

输入选项	选项释义	输入选项	选项释义
Unit-Bays per unit	每单元的跨数	Tubes-Mean fin thickness	平均翅片厚度
Unit-Bundles per bay	每跨的管束片数	Tube Layout-Number of tubes per bundle	每片管束的管子数
Unit-Fans per bay	每跨的风机数	Tube Layout-Tube rows deep	管排数
Unit-Fan diameter	风机直径	Tube Layout-Tube passes	管程数
Unit-Exchange frame type	空冷器构架类型	Tube Layout-Tube rows per pass	每程的管排数
Unit-Tube side to outside flow orientation	管程流体相对于外侧流体的流动方向①	Tube Layout-Maximum number tubes per row per pass	每程每排的最大管子数
Unit-Fan configuration	通风方式	Tube Layout-Tube layout type	管子布置类型
Tubes-Tube wall thickness	换热管基管壁厚	Tube Layout-Bundle type	管束类型
Tubes-Tube length	换热管长度	Tube Layout-Transverse pitch	管中心距
Tubes-Fin type	翅片类型	Tube Layout-Longitudinal pitch	纵向间距
Tubes-Fin tip diameter	翅顶直径	Tube Layout-Tube layout angle	管子排列角度
Tubes-Fin frequency	单位长度的翅片数	Tube Layout-Number of circuits per bundle	每片管束的空气回路数

① 包括"Counter-current""Co-current"和"[1-pass crossflow]"三个选择。Counter-current为逆流，指第1管程布置在管束的顶部；Co-current为并流，指第1管程布置在管束的底部；[1-pass crossflow]为单管程错流。

（2）Tube layout(换热管布置)

Tube Layout 页面如图6-16所示，用来在校核模式或模拟模式下显示、编辑目前管束的换热管布置。当 Tube Layout-Tube layout type 选择"Use interactive graphical layout to define tube layout"时，视图区域上方选择第几管程，例如4，然后鼠标右击需要编辑的第几管程（例如1）换热管，便可将其设置为第4管程换热管，视图区域下方显示管束的宽度、高度以及鼠标所选中管子处于的管排、位置、管程及其基管类型。

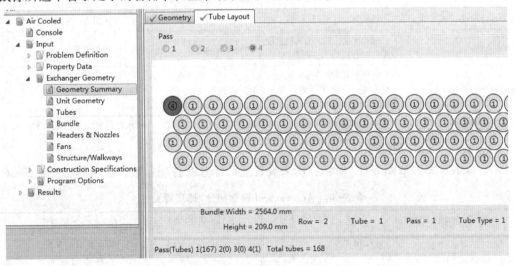

图6-16 管束的管子布置

6.5.4.2　Unit Geometry(单元结构参数)

主要用来设置单元结构参数、辅助部分和间距，部分选项已在 Geometry Summary 介绍中给出选项释义。

（1）Unit Geometry(单元结构参数)

Unit Geometry 页面如图 6-17 所示，用来设置单元结构的各项参数，选项释义见表 6-35。

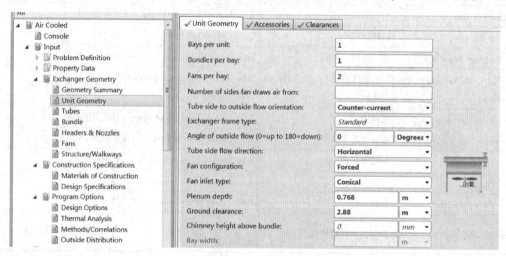

图 6-17　Unit Geometry(单元结构参数)输入页面

表 6-35　Unit Geometry(单元结构参数)选项释义

输入选项	选项释义	输入选项	选项释义
Bays per unit	每单元的跨数	Bundles per bay	每跨的管束片数
Fans per bay	每跨的风机数	Number of sides fan draws air from	风机引风边数
Tube side to outside flow orientation	管程流体相对于外侧流体的流动方向	Exchanger frame type	空冷器构架类型
Angle of outside flow	外侧流体流动角度	Tube side flow direction	管程流体流向
Fan configuration	通风方式	Fan inlet type	风机进口形式
Plenum depth	风箱深度，默认为风机直径的 0.4 倍	Ground clearance	离地距离
Chimney height above bundle	管束上方至空冷器空气出口处高度，一般用于自然对流模拟	Bay width[①]	跨宽度

① 在 Application Options 页面，当 Multiple services in bay 选择"Yes"时，须对该选项进行设置，指的是总的跨宽度。

（2）Accessories(辅助部分)

Accessories 页面如图 6-18 所示，用来设置辅助部分的各项参数，选项释义见表 6-36。

表 6-36　Accessories(辅助部分)选项释义

输入选项	选项释义	输入选项	选项释义
Louver type	百叶窗类型	Louver opening angle[①]	百叶窗开启角度
Louver pressure loss coefficient[②]	百叶窗压力损失系数 K	Louver control	百叶窗调节方式　可选择"None""Auto"或"Manual"

续表

输 入 选 项	选 项 释 义	输 入 选 项	选 项 释 义
Steam coil	蒸气盘管设置 可选择"Yes"或"No"		

① 当 Louver type 选择"A"至"D"型时,对该选项进行设置,0°指全开,90°指全关。

② 当 Louver type 选择"K"型时,对该选项进行设置,其定义为 $K = \Delta P_{Louver}/(0.5\rho_{air}u^2)$,其中 ΔP_{Louver} 为空气穿过百叶窗的压降,Pa;ρ_{air} 为空气密度,kg/m³;u 为管束上面的空气流速,m/s。

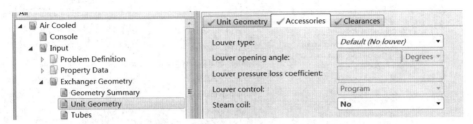

图 6-18 Accessories(辅助部分)输入页面

(3) Clearances(间距)

Clearances 页面如图 6-19 所示,用来设置有关间距的各项参数,选项释义见表 6-37。

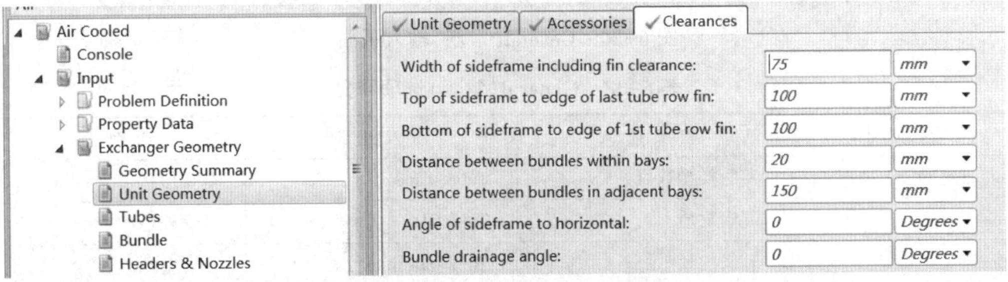

图 6-19 Clearances(间距)输入页面

表 6-37 Clearances(间距)选项释义

输 入 选 项	选 项 释 义	输 入 选 项	选 项 释 义
Width of sideframe including fin clearance	包括翅片间隙的侧梁宽度	Top of sideframe to edge of last tube row fin	侧梁顶部到最后一管排翅片边缘的距离
Bottom of sideframe to edge of 1st tube row fin	侧梁底部到第一管排翅片边缘的距离	Distance between bundles within bays	同一跨内管束之间的距离
Distance between bundles in adjacent bays	相邻跨交界处管束之间的距离	Angle of sideframe to horizontal	侧梁与水平方向的夹角
Bundle drainage angle	管束排净角度		

6.5.4.3 Tubes(换热管)

此页面主要用来设置换热管的基本尺寸,部分基本选项已在 Geometry Summary 介绍中给出选项释义。

(1) General(常规)

General 页面如图 6-20 所示,用来设置换热管基本尺寸的各项参数,选项释义见表 6-38。

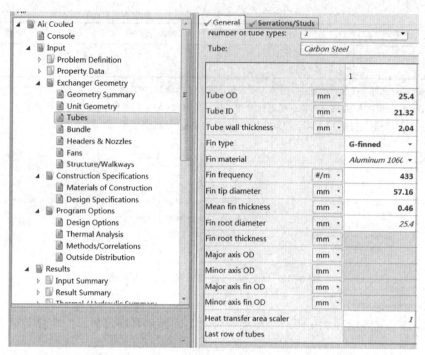

图6-20 General(常规)输入页面

表6-38 General(常规)选项释义

输 入 选 项	选 项 释 义	输 入 选 项	选 项 释 义
Number of tube types	基管类型数目	Tube shape	基管形状
Tube	基管材质	Tube OD	基管外径
Tube ID	基管内径	Tube wall thickness	基管壁厚
Fin type	翅片类型	Fin material	翅片材质
Fin frequency	单位长度的翅片数	Fin tip diameter	翅顶直径
Mean fin thickness	平均翅片厚度	Fin root diameter	翅片根部直径
Fin root thickness	翅片根部厚度	Major axis OD[①]	基管长轴外径
Minor axis OD[①]	基管短轴外径	Major axis fin OD[①]	长轴翅片外径
Minor axis fin OD[①]	短轴翅片外径	Heat transfer area scaler	换热面积比例因子
Last row of tubes[②]	最后一管排的管排数		

① Tube shape 选择"Round"或"Flat"时，需对该选项进行设置。

② 当 Number of tube types 大于1，即采用多种基管类型时，该选项指的是对于指定的其中一种基管类型所对应的在空气流动方向上的最后一管排的管排数。

（2）Serrations/Studs(锯齿/钉头)

Serrations/Studs 页面如图6-21所示，用来设置锯齿形翅片/钉头的各项参数，选项释义见表6-39。若 General 页面 Fin type 选择"Serrated fins(锯齿形翅片)"或"Studs(钉头)"类型时，此页面被激活。

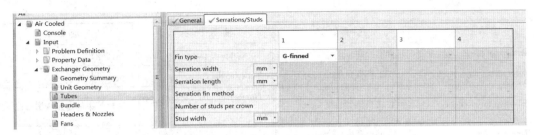

图 6-21　Serrations/Studs(锯齿/钉头)输入页面

表 6-39　**Serrations/Studs(锯齿/钉头)选项释义**

输 入 选 项	选 项 释 义	输 入 选 项	选 项 释 义
Fin type	翅片类型	Serration width[1]	锯齿宽度
Serration length[1]	锯齿长度	Serration fin method	齿形翅片方法
Number of studs per crown[2]	每圈钉头数量	Stud width[2]	钉头宽度

[1] 当 Fin type 选择"Serrated fins(锯齿形翅片)"时，需对该选项进行设置。

[2] 当 Fin type 选择钉头类时，需对该选项进行设置；当 Fin type 选择"Circ. Studs"时，无需对 Stud width 进行设置。

6.5.4.4　Bundle(管束)

此页面如图 6-22 所示，主要用来设置管束，选项释义见表 6-40。部分基本选项已在 Geometry Summary 介绍中给出选项释义。

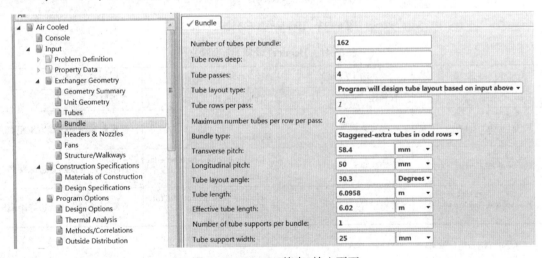

图 6-22　Bundle(管束)输入页面

表 6-40　**Bundle(管束)选项释义**

输 入 选 项	选 项 释 义	输 入 选 项	选 项 释 义
Bundle	管束	Number of tubes per bundle	每片管束的管子数
Tube rows deep	管排数	Tube passes	管程数
Tube layout type	管子布置类型	Tube rows per pass	每程的管排数
Maximum number tubes per row per pass	每程每排的最大管子数	Bundle type	管束类型

续表

输入选项	选项释义	输入选项	选项释义
Transverse pitch	管中心距	Longitudinal pitch	纵向间距
Tube layout angle	管子布置角度	Tube length	换热管长度
Effective tube length	有效换热管长度	Number of tube supports per bundle	每片管束的定位板数
Tube support width	定位板宽度		

6.5.4.5 Header & Nozzle(管箱与管嘴)

（1）Header(管箱)

Header 页面如图 6-23 所示，用来设置管箱型式及其结构尺寸，选项释义见表 6-41。

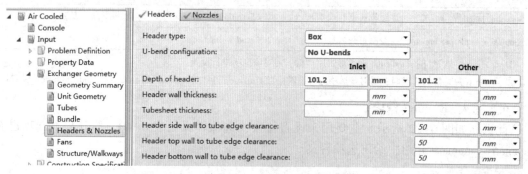

图 6-23 Header(管箱)输入页面

表 6-41 Header(管箱)选项释义

输入选项	选项释义	输入选项	选项释义
Header type	管箱型式	Tubesheet thickness	管板厚度
U-bend configuration	U 形弯头设置	Header side wall to tube edge clearance	管箱侧壁与换热管边缘距离
Depth of header	管箱深度	Header top wall to tube edge clearance	管箱上壁与换热管边缘距离
Header wall thickness	管箱壁厚	Header bottom wall to tube edge clearance	管箱下壁与换热管边缘距离

（2）Nozzle(管嘴)

Nozzle 页面如图 6-24 所示，用来设置管嘴的结构尺寸，选项释义见表 6-42。

表 6-42 Nozzle(管嘴)选项释义

输入选项	选项释义	输入选项	选项释义
Nominal pipe size	公称尺寸	Length	管嘴长度
Actual OD/ID	实际外径/内径	Flange thickness	法兰厚度
Wall thickness	壁厚	Flange diameter	法兰直径
Number of nozzles	管嘴数量	Nozzle flange rating	管嘴法兰校核
Orientation	管嘴方向	Nozzle flange type	管嘴法兰类型

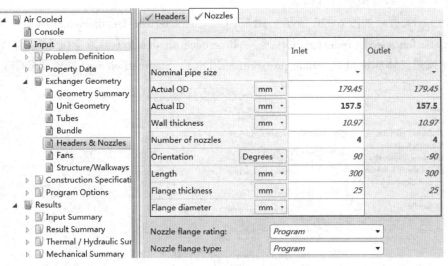

图 6-24　Nozzle(管嘴)输入页面

6.5.4.6　Fans(风机)

风机页面主要对风机结构、风机特性曲线、风箱、电动机等进行设置。

（1）Fan(风机)

Fan 页面如图 6-25 所示，用来设置风机形式及其结构参数，选项释义见表 6-43。

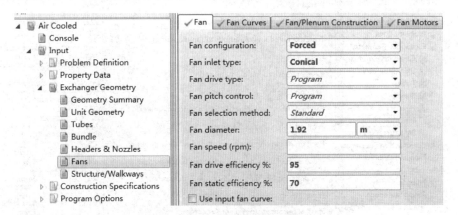

图 6-25　Fan(风机)输入页面

表 6-43　Fan(风机)选项释义

输入选项	选项释义	输入选项	选项释义
Fan configuration	风机型式	Fan diameter	风机直径
Fan inlet type	风机进口型式	Fan speed（rpm）	风机转速
Fan drive type	风机传动方式	Fan drive efficiency %	风机驱动效率%
Fan pitch control	风机调角控制方式	Fan static efficiency %	风机静风压效率%
Fan selection method	风机选择方法	Use input fan curve[①]	使用输入的风机特性曲线

① 若选择该单选按钮，则需对 Fan Curves 子页面进行设置。

（2）Fan Curves（风机特性曲线）

Fan Curves 页面如图 6-26 所示，用来输入 Characteristic fan diameter（风机叶片直径）、Characteristic fan speed（rpm）（风机转速）、Reference air density（参考空气密度）、Volumetric flow rate（风量，体积流量）、Static pressure（静风压）、Static efficiency（静风压效率）。

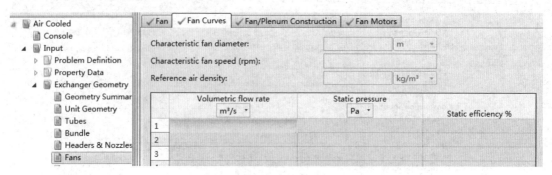

图 6-26　Fan Curves（风机特性曲线）输入页面

（3）Fan/Plenum Construction（风机/风箱结构）

Fan/Plenum Construction 页面如图 6-27 所示，用来设置风箱结构、风筒结构及其相关参数，选项释义见表 6-44。

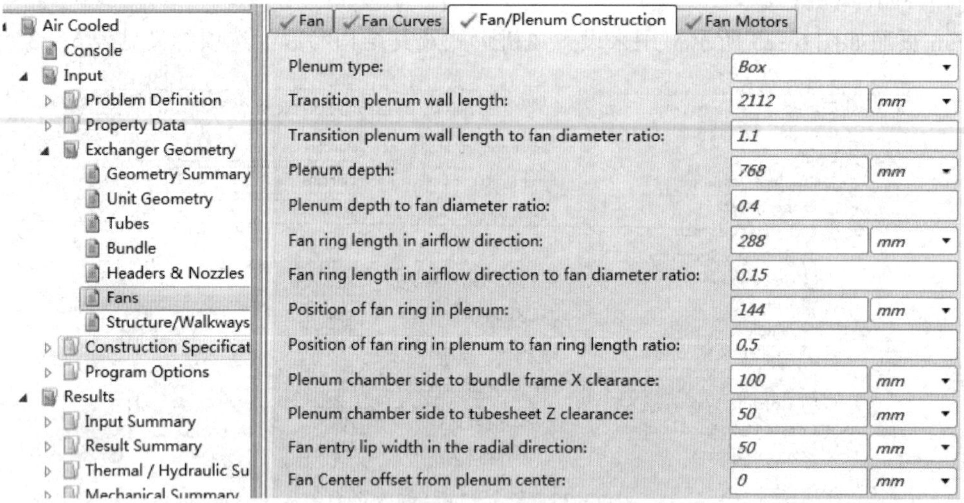

图 6-27　Fan/Plenum Construction（风机/风箱结构）输入页面

表 6-44　Fan/Plenum Construction（风机/风箱结构）选项释义

输 入 选 项	选 项 释 义
Plenum type	风箱型式　可选择"Box（方箱式）"或"Transition（过渡锥式）"
Transition plenum wall length	过渡锥式风箱壁长
Transition plenum wall length to fan diameter ratio	过渡锥式风箱壁长与风扇直径的比值
Plenum depth	风箱深度
Plenum depth to fan diameter ratio	风箱深度与风扇直径的比值
Fan ring length in airflow direction	风筒在气流方向上的长度

续表

输　入　选　项	选　项　释　义
Fan ring length in airflow direction to fan diameter ratio	风筒在气流方向上的长度与风机直径的比值
Position of fan ring in plenum	风筒在风箱上的位置，即风筒外缘到风箱边缘的距离
Position of fan ring in plenum to fan ring length ratio	风筒到风箱的距离与风筒长度的比值
Plenum chamber side to bundle frame X clearance	X 轴方向风箱侧壁与管束侧梁外边缘之间的距离
Plenum chamber side to tubesheet Z clearance	在每跨端部 Z 轴方向风箱侧壁与管板之间的距离
Fan entry lip width in the radial direction	风筒进口边缘径向宽度
Fan Center offset from plenum center	风机中心与风箱中心的偏移距离

（4）Fan Motors（风机电机）

Fan Motors 页面如图 6-28 所示，用来输入风机电机相关参数，选项释义见表 6-45。

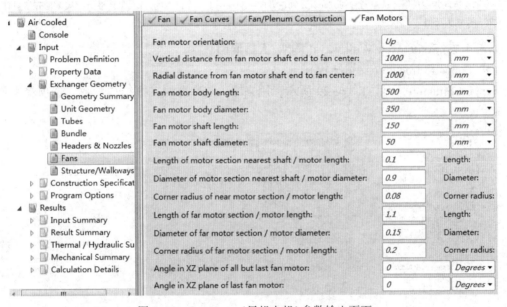

图 6-28　Fan Motors（风机电机）参数输入页面

表 6-45　Fan Motors（风机电机）选项释义

输　入　选　项	选　项　释　义
Fan motor orientation	风机电机方位　可选择"Up""Horizontal"或"Down"
Vertical distance from fan motor shaft end to fan center	风机电机轴末端到风扇中心的垂直距离
Radial distance from fan motor shaft end to fan center	风机电机轴末端到风扇中心的径向距离
Fan motor body length	风机电机主体长度　为真实描述电机，程序将电机分成三部分，每部分均可具有不同的长度和直径。该长度是电机中心部分的长度，用来与其他电机部分的长度成比例
Fan motor body diameter	风机电机主体直径　该直径是电机中心部分的直径，用来与其他电机部分的直径成比例
Fan motor shaft length	风机电机轴长

续表

输入选项	选项释义
Fan motor shaft diameter	风机电机轴径
Length of motor section nearest shaft/motor length[①]	与轴相邻的电机部分长度/电机主体长度
Diameter of motor section nearest shaft/motor diameter	与轴相邻的电机部分直径/电机主体直径
Corner radius of near motor section/motor length	与轴相邻的电机部分拐角半径/电机主体长度
Length of far motor section/motor length	远端电机部分长度/电机主体长度
Diameter of far motor section/motor diameter	远端电机部分直径/电机主体直径
Corner radius of far motor section/motor length	远端电机部分拐角半径/电机主体长度
Angle in XZ plane of all but last fan motor[②]	除最后一个电机之外的所有电机在 XZ 平面中的角度
Angle in XZ plane of last fan motor	最后一个电机在 XZ 平面中的角度

① X 轴正方向指主视图上从左向右的方向，Z 轴正方向指侧视图上从左向右的方向，XZ 平面上从 X 轴开始逆时针角度为正值，反之为负值。

6.5.4.7　Structures/Walkways（构架/人行通道）

（1）Support Structure（支撑结构）

Support Structure 页面如图 6-29 所示，用来输入空冷器的支撑结构参数，选项释义见表 6-46。

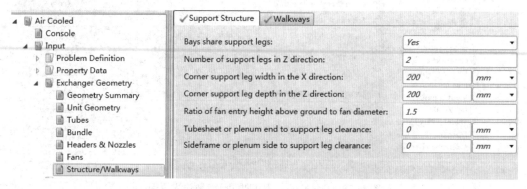

图 6-29　Support Structure（支撑结构）输入页面

表 6-46　Support Structure（支撑结构）选项释义

输入选项	选项释义
Bays share support legs	跨之间是否共用支柱
Number of support legs in Z direction	Z 轴方向支柱数量
Corner support leg width in the X direction	X 轴方向转角处支柱宽度
Corner support leg depth in the Z direction	Z 轴方向转角处支柱宽度
Ratio of fan entry height above ground to fan diameter	地面到风机进口高度与风机直径之比
Tubesheet or plenum end to support leg clearance	管板或风箱端部与支柱的间隙
Sideframe or plenum side to support leg clearance	侧梁或风箱侧壁与支柱的间隙

（2）Walkways（人行通道）

Walkways 页面如图 6-30 所示，用来输入空冷器人行通道相关参数，选项释义见表 6-47。

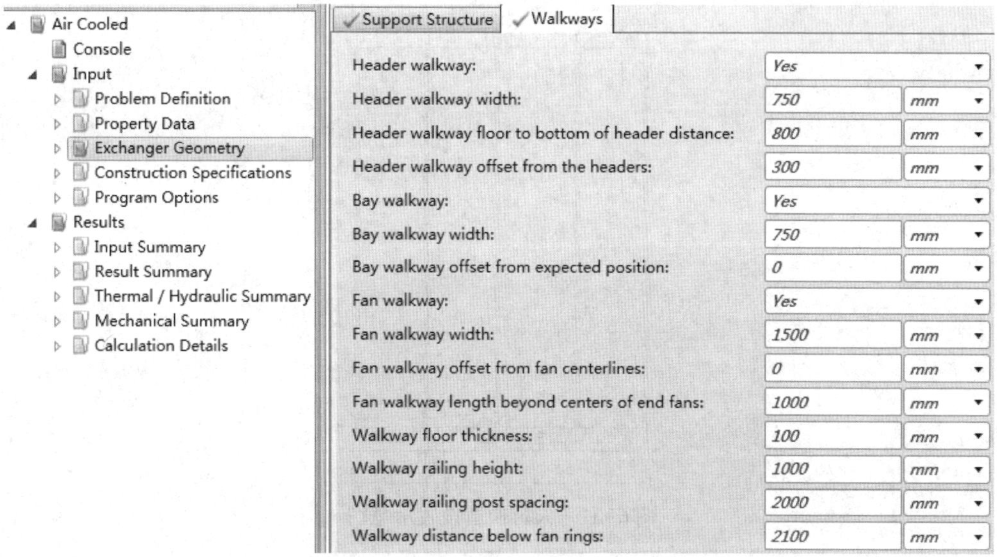

图 6-30　Walkways(人行通道)输入页面

表 6-47　**Walkways(人行通道)选项释义**

输　入　选　项	选　项　释　义
Header walkway	管箱侧人行通道　可选择"Yes"或"No"
Header walkway width	管箱侧人行通道宽度
Header walkway floor to bottom of header distance	管箱侧人行通道平台与管箱底部的距离
Header walkway offset from the headers	管箱侧人行通道与管箱侧壁的距离
Bay walkway	跨之间人行通道　可选择"Yes"或"No"
Bay walkway width	跨之间人行通道宽度
Bay walkway offset from expected position[①]	跨之间人行通道相对于合适位置的偏移距离
Fan walkway[②]	风机人行通道的设置　可选择"Yes"或"No"
Fan walkway width	风机人行通道宽度
Fan walkway offset from fan centerlines	风机人行通道相对于风机中心线的偏移距离
Fan walkway length beyond centers of end fans	风机人行通道超出最后一个风机中心的长度
Walkway floor thickness	人行通道板厚度
Walkway railing height	人行通道栏杆高度
Walkway railing post spacing	人行通道栏杆立柱间距
Walkway distance below ring fans	风机人行通道平台与风筒下边缘之间的距离

① 对于一个风机/跨，跨之间人行通道应位于风机中心线上，对于多个风机/跨，跨之间人行通道应位于第1个风机和第2个风机中心线之间，如图6-31水平虚线所示。

② 如图6-31垂直虚线所示。

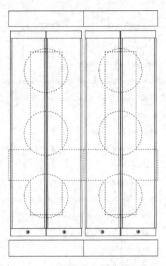

图 6-31　人行通道设置示意图

6.5.5　Construction Specification(制造规定)

Construction Specification(制造规定)包含 Materials of Construction(制造材质)和 Design Specifications(设计规定)两个输入页面。

6.5.5.1　Materials of Construction(制造材质)

Materials of Construction 页面如图 6-32 所示，用来设置空冷器组件材质，选项释义见表 6-48。

图 6-32　Materials of Construction(制造材质)输入页面

表 6-48　Materials of Construction(制造材质)选项释义

输入选项	选项释义
Tube/Header/Tubesheet—Material	换热管/管箱/管板-材质

输 入 选 项	选 项 释 义
Fin material	翅片材质
Fin thermal conductivity	翅片的导热系数
Fin material density	翅片材质密度
Tube thermal conductivity	换热管的导热系数
Tube material density	换热管的材质密度
Header density	管箱的材质密度

6.5.5.2 Design Specifications(设计规定)

Design Specifications 页面如图 6-33 所示，用来设置各项设计规范、标准和设计条件，选项释义见表 6-49。

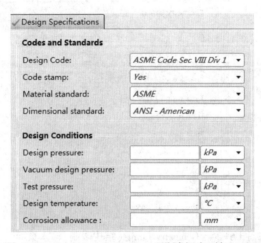

图 6-33 Design Specifications(设计规定)输入页面

表 6-49 Design Specifications(设计规定)选项释义

项 目	输 入 选 项	选 项 释 义
Codes and Standards （规范和标准）	Design Code	设计规范
	Code stamp	规范标志
	Material standard	材质标准
	Dimensional standard	尺寸标准
Design Conditions （设计条件）	Design pressure	设计压力（表压）
	Vacuum design pressure	真空设计压力（表压）
	Test pressure	测试压力（表压）
	Design temperature	设计温度
	Corrosion allowance	腐蚀余量

6.5.6 Program Options(程序设置)

此页面主要对换热器结构参数、流体工艺参数和程序设计优化进行一系列设置，从而使空冷器更加符合用户需求。

6.5.6.1　Design Options(设计设置)

此页面主要对空冷器的结构、冷热流体的过程参数和优化进行一系列的设置,从而使设计出的空冷器更加符合用户需求。

(1) Geometry Limits(结构限制)

Geometry Limits 页面如图 6-34 所示,用来对空冷器的结构进行一些限制,以使设计结果更加符合要求。可根据需要设置管长的最大值、最小值和增量,设置跨宽度、管束宽度、管子定位板间距、管束中管排数、每管束的管程数、每单元的跨数的最大值和最小值,以及每跨的管束数、每跨风机数的最小值,也可设置奇数管程数或偶数管程数,默认情况下管程数不分奇数或偶数。

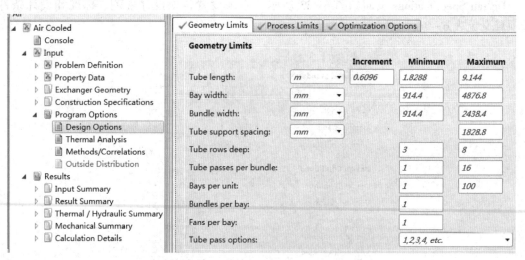

图 6-34　Geometry Limits(结构限制)输入页面

(2) Process Limits(工艺限制)

Process Limits 页面如图 6-35 所示,用来对管程/外侧流体流动过程的某些参数进行限制。可以设置管程流速、外侧迎面风速和表征管程流体动能 ρv^2 的最大值和最小值,风机功率和管程管嘴压降占总压降百分数的最大值。Temperature approach limit 用来设置一流体的出口与另一流体进口的温差最小值,该限制在程序模拟流体出口温度时使用。

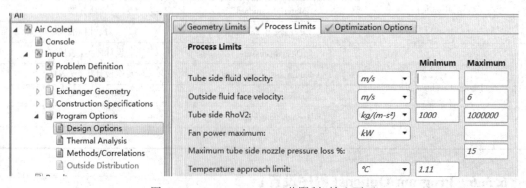

图 6-35　Process Limits(工艺限制)输入页面

（3）Optimization Options（优化设置）

Optimization Options 页面如图 6-36 所示，用来设置外侧流体优化选项和最大迭代次数。当程序计算模式选择"Design with varying outside flow"时，方可对外侧流体优化选项的前三项进行设置。Outlet temperature of x-flow stream 设置外侧流体出口温度的最大值和最小值；Number of outlet temperatures to evaluate 设置上一项温度范围内外侧流体出口温度的数目，用于空冷器的设计优化；Optimization criteria 设置优化目标；Period of operation to estimate power cost 和 Power cost per kW-Hr 设置用来估计动力成本的运行周期和每千瓦时（度）的动力成本。

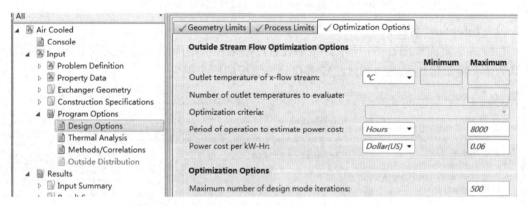

图 6-36 Optimization Options（优化设置）输入页面

6.5.6.2 Thermal Analysis（热力分析）

此页面主要对传热膜系数（对流传热系数）和程序控制进行设置。

（1）Process（工艺）

Process 页面如图 6-37 所示，主要用来设置传热选项以及压降选项。可以设置管程和外侧气相的传热膜系数、管程两相传热膜系数、管程液相传热膜系数以及压降选项。

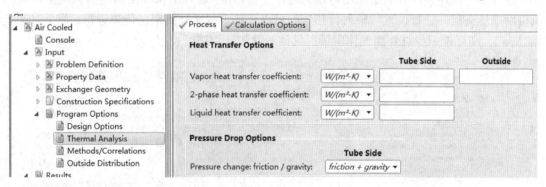

图 6-37 Process（工艺）输入页面

（2）Calculation Options（计算设置）

Calculation Options 页面如图 6-38 所示，主要用来设置程序控制和收敛控制。可以设置每根管子的计算步数、最大迭代次数、详细的计算精度以及迭代精度。

6.5.6.3 Methods/Correlations（方法/关联式）

此页面主要对计算方法进行详细设置。

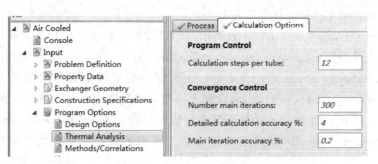

图6-38 Calculation Options（计算选项）输入页面

（1）Tube side（管程）

Tube side 页面如图6-39所示，用来设置冷凝采用湿壁降温、管程流动分布、两相黏度计算方法、冷凝传热模型和流体流经带孔分程隔板的压头损失。

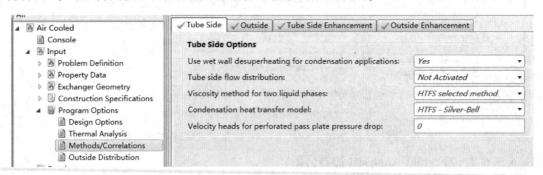

图6-39 Tube side（管程）输入页面

（2）Outside（外侧）

Outside 页面如图6-40所示，用来设置外侧选项和辐射传热选项。外侧选项可以对高翅片计算方法、低翅片计算方法、出口压力修正系数（用于装有出口导流器的引风式空冷器）、风机网罩压头损失进行设置。辐射传热选项可以对是否包括外侧辐射传热进行设置，如果选择"Yes"，则可进一步对外侧气体中辐射气体的摩尔分数进行设置。

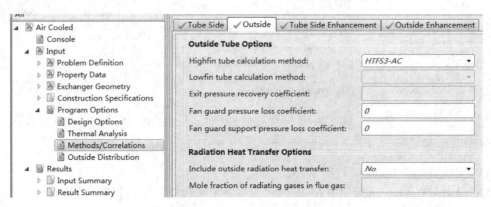

图6-40 Outside（外侧）输入页面

（3）Tube Side Enhancement（管程强化）

Tube Side Enhancement 页面如图6-41所示，通过设置 Enhancement type（强化类型）选项

用来修正或替代程序计算的管程传热膜系数，默认不强化。

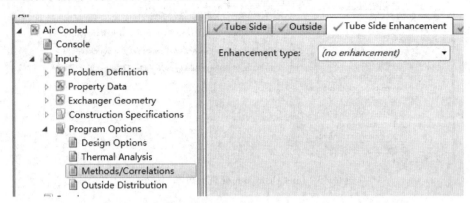

图 6-41　Tube Side Enhancement(管程强化)输入页面

（4）Outside Enhancement(外侧强化)

Outside Enhancement 页面如图 6-42 所示，用来定义计算外侧传热膜系数和压降方法，此方法可代替程序中的方法。

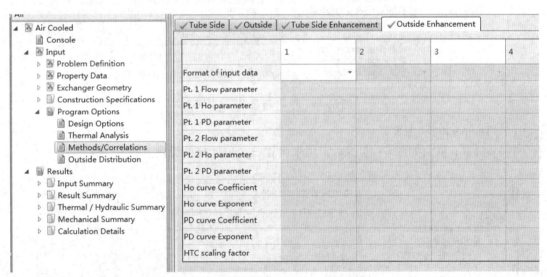

图 6-42　OudeSide Enhancement(外侧强化)输入页面

6.5.6.4　Outside Distribution(外侧分布)

程序计算模式选择校核或者模拟模式，方可对该页面进行设置，包括 Inlet Distribution、Flow 和 Temperature 三个子页面，主要对进口分布、流量以及温度进行设置，允许用户在管束进口处规定外侧质量流量或温度的二维分布。

（1）Inlet Distribution(进口分布)

Inlet Distribution 页面如图 6-43 所示，用来设置流经管束宽度方向单元格数目(最大值为 6)和沿管束长度方向单元格数目(最大值为 12)。

（2）Flow(流量)

Flow 页面如图 6-44 所示，用来设置每个单元格中总流量分数。

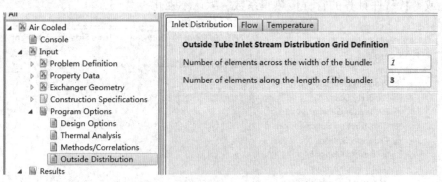

图6-43　Inlet Distribution(进口分布)输入页面

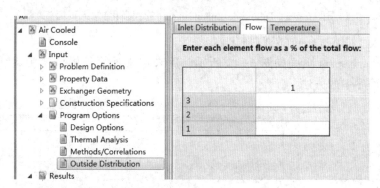

图6-44　Flow(流量)输入页面

（3）Temperature(温度)

Temperature 页面如图6-45所示，用来设置每个单元格的温度。

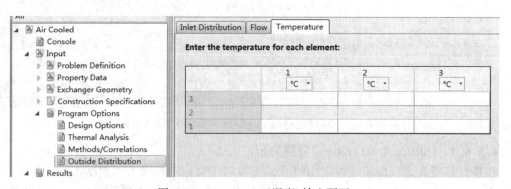

图6-45　Temperature(温度)输入页面

6.6　空冷器设计示例

6.6.1　热水冷却空冷器

用干空气(Dry Air)冷却某股热水(Water)，工艺数据见表6-50，设计一台空冷器。

表 6-50　工艺数据

项　　目	管程(Water)	外侧(Dry Air)
流体质量流量/(kg/h)	30500	177500
进口/出口温度/℃	92/56	37[①]/—
进口压力(绝压)/bar	1.2	大气压
允许压降/bar	0.18	—
污垢热阻/[(m² · K)/W]	0.00002	—

① 空气设计温度的选择详见 6.2.4 节，实际设计需根据当地夏季或全年气温的统计结果按照相关原则进行设计。

6.6.1.1　初步规定

● 翅片管类型

参照表6-7，考虑到 G 型镶嵌式翅片管传热效率高，耐用性好，此处选择 G 型翅片管。如果被冷却流体的腐蚀性强，可考虑选择双金属轧片管。

● 翅片管参数及排列方式

基管规格选择 $\phi25\times2.5$mm，管程的流体为水，传热系数一般较高，选用高翅片和高翅化比。参照表6-18，翅片高为 16mm，每米翅片数为 433，翅片厚度为 0.4mm，排列方式为错列，管中心距为 63.5mm。

● 通风型式

管程流体是水，从结构简单和维修方便方面考虑，参照表6-1，采用鼓风式。由于管程流体水的凝点低于5℃[1]，同时为方便起见，不考虑采用防冻措施。

● 管箱型式

管程流体进口压力较低，且污垢热阻小于 0.001m² · K/W，管程不需要频繁清洗，参照表6-4，管箱型式选择丝堵型。

6.6.1.2　设计模式

(1) 建立和保存文件

启动 Aspen Exchanger Design & Rating 软件，新建一个空冷器文件，单击**Save** 按钮，文件保存为 Example6.1_Air-cooled_Design.EDR。

(2) 设置应用选项

将单位设为 SI(国际制)。进入 **Input | Problem Definition | Application Options | Application Options** 页面。Program calculation mode(程序计算模式)选项默认为 Design with fixed outside flow(外侧流量固定的设计模式)，Select geometry based on this dimensional standard(选择结构基于的尺寸标准)下拉列表框中选择 SI(国际制)，Tube side application(管程流体的应用类型)下拉列表框中选择 Liquid, no phase change(液相，无相变)，其余选项保持默认设置，如图6-46 所示。

(3) 输入工艺数据

进入**Input | Problem Definition | Process Data | Tube Side Stream** 页面，根据表6-50输入管程流体工艺数据，如图 6-47 所示(输入时注意单位一致)。同理，进入**Outside Stream** 页面，输入外侧流体工艺数据，如图 6-48 所示。

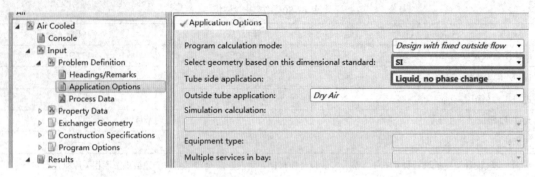

图 6-46　设置应用选项

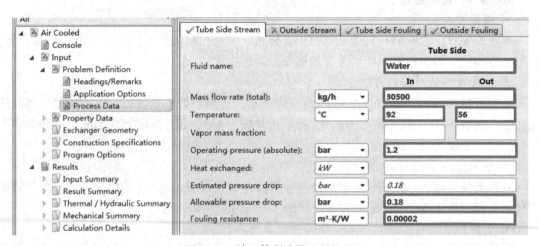

图 6-47　输入管程流体工艺数据

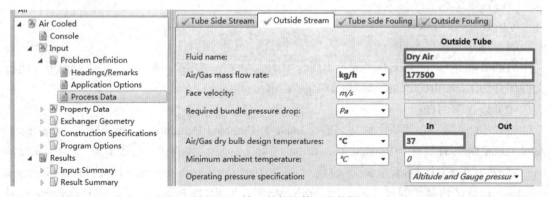

图 6-48　输入外侧流体工艺数据

（4）输入物性数据

进入 **Input** ｜ **Property Data** ｜ **Tube Stream Compositions** ｜ **Composition** 页面，Physical property package（物性包）下拉列表框中选择 Aspen Properties，单击**Search Databank** 按钮，搜索组分 WATER（水），组成默认为 1，如图 6-49 所示；进入**Property Methods** 页面，Aspen property method（Aspen 物性方法）下拉列表框中选择 IAPWS-95，如图 6-50 所示。对于物性方法的选择可参见第 2 章。

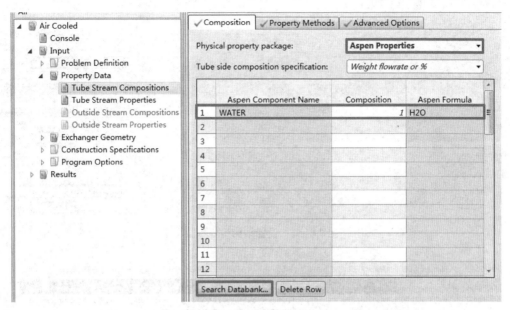

图 6-49 输入管程流体组成

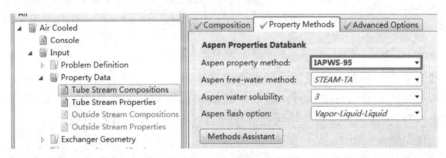

图 6-50 选择物性计算方法

进入 **Input | Property Data | Tube Stream Properties | Properties** 页面，单击 **Get Properties** 按钮，获取物性数据。

Input | Property Data 路径下面的 Outside Stream Compositions 和 Outside Stream Properties 显示为灰色，原因为：在 **Input | Problem Definition | Application Options | Application Options** 页面，Outside tube application 选项默认为 Dry Air，程序默认采用内部物性数据库。

（5）设置结构参数

进入 **Input | Exchanger Geometry | Geometry Summary | Geometry** 页面，输入 Tube OD/ID （基管外径/内径）25mm、20mm，默认 Fin type（翅片类型）G 型翅片，输入 Fin tip diameter （翅顶直径）57mm，默认 Fin frequency（单位长度的翅片数）433，输入 Mean fin thickness（平均翅片厚度）0.4mm，默认 Bundle type（管束类型）Staggered-even rows to right（错列-偶数排靠右），输入 Transverse pitch（管中心距）63.5mm，其余选项保持默认设置，如图 6-51 所示。

注：翅顶直径等于基管外径加上 2 倍的翅片高度。

（6）运行程序与查看警告信息

为防止数据丢失，单击 **Save** 按钮💾保存文件。选择 **Home |** ▶️，运行程序。进入 **Results | Result Summary | Warnings & Messages** 页面，查看警告信息，如图 6-52 所示。

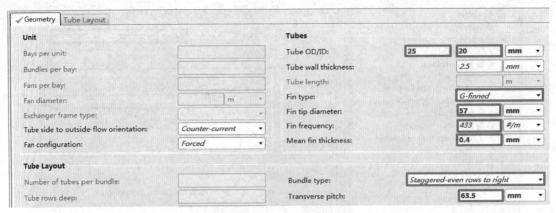

图 6-51　设置结构概要参数

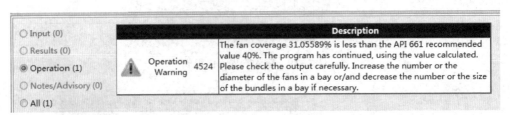

图 6-52　查看警告信息

运行警告 4524：风机叶轮旋转面积占所辖管束面积 31.05589%，小于 API 661 标准推荐值 40%；程序使用计算值继续运行，请仔细检查输出结果；如有必要，增加跨内风机数量或直径，或/和减少跨内管束数量或尺寸。该警告可在校核模式加以解决。

（7）优化路径

如果对于设计结果不满意，或者有特殊要求，可查看优化路径。进入 **Results | Result Summary | Optimization Path | Optimization Path** 页面，可快速地查看面积余量和压降比，如图 6-53 所示。设计者可根据自己考虑，从中选择合适的设计。

	Per Bundle					Per Unit											
	Tube No.	Rows Deep	Tube Length	Pass	Bundle P	Bays P	Area			Pressure Drop				Total			X-side	
							Actual	Required	Area ratio	Outside	Dp ratio Outside	Tube	Dp ratio Tube side	Price	Power	Operating cost	Outlet temperature	Face velocity
			m				m²	m²		Pa		bar		Dollar(US)	kW	Dollar(US)	°C	m/s
1	64	4	10	7	1	1	1167.5	2451.2	0.48 *	198	0.99	1.78295	9.91 *	29249	15.754	7562	62.75	4.25
2	90	5	10	4	1	1	1641.8	1346	1.22	194	0.97	0.5189	2.88 *	35435	15.434	7408	62.75	3.79
3	90	5	10	2	1	1	1641.8	1576.6	1.04	194	0.97	0.08101	0.45	35435	15.457	7419	62.75	3.79
4	90	5	9.5	2	1	1	1557.2	1546.4	1.01	213	1.07 *	0.07813	0.43	34255	16.972	8147	62.75	4
5	90	5	10	2	1	1	1641.8	1576.6	1.04	194	0.97	0.08101	0.45	35435	15.457	7419	62.75	3.79

图 6-53　查看优化路径

进入 **Results | Result Summary | Recap of Designs** 页面，用户可以对之前设计出的空冷器和当前显示的空冷器的主要参数进行对比。若想查看之前设计的空冷器详细结果，可以选中此空冷器单击 **Select Case** 按钮，则程序会重新计算生成此空冷器的设计报告。

（8）设计计算结果分析

进入 **Results** | **Result Summary** | **API Sheet** 页面，用户可查看空冷器 API 数据表。进入 **Results** | **Result Summary** | **Overall Summary** 页面，用户可查看比较全面的设计结果。进入 **Results** | **Thermal/Hydraulic Summary** | **Performance** | **Overall Performance** 页面，查看空冷器总体性能，如图 6-54 所示。

Overall Performance	Resistance Distribution	Tube Side Composition					
Design with fixed outside flow			**OutSide**			**Tube Side**	
Total mass flow rate		kg/s	49.3056			8.4722	
Vapor mass		kg/s	49.3056	49.3056	0		0
Liquid mass		kg/s	0	0	8.4722		8.4722
Vapour mass quallity			1	1	0		0
Temperature		℃	37	62.74	92		56
Dew point / Bubble point temperatures		℃					
Humidity ratio							
Operating pressure	Pa /	bar	101326	101326	1.2		1.11899
Film coefficients		W/(m²·K)	1295			3215.1	
Fouling resistance		m²·K/W	0			2E-05	
Velocity (highest)		m/s	7.53 /	8.15	0.52	/	0.76
Pressure drop (allow./calc.)	Pa /	Pa	200 /	194	18000	/	8100.7
Total heat exchanged	kW	1279.1	Bay per unit	1	Tube OD	25	mm
Overall bare coef. (dirty/clean)	W/(m²·K)	865.9 / 885.1	Bundles/bay	1	Tube tks	2.5	mm
Effective MTD	℃	22.43	Tubes/bundle	90	Tube length	10	m
Effective surface (bare tube)	m²	68.6	Rows deep	5	Fin OD	57	mm
Effective surface (total)	m²	1641.8	Tube passes	2	Fin tks	0.4	mm
Area ratio: actual/required		1.04	Fans/bay	8	Fin frequency	433	#/m
Heat Transfer Resistance							
Outside / Fouling / Wall / Fouling / Tube side							
Outside							Tube side

图 6-54 查看空冷器总体性能

① 结构参数

如图 6-54 区域①所示，空冷器跨数为 1，管束片数为 1，管子数为 90，管排数为 5，管程数为 2，风机数为 8。翅片管基管外径 25mm，基管壁厚 2.5mm，翅片管长度 10m，翅片管外径 57mm，翅片厚度 0.4mm，每米翅片数为 433。

② 面积余量（Area ratio：actual/required）

如图 6-54 区域②所示，空冷器面积余量为 4%。

③ 流速（Velocity）

如图 6-54 区域③所示，外侧进出口流速分别为 7.53m/s 和 8.15m/s，管程流体进出口流速分别为 0.52m/s 和 0.76m/s。

④ 压降（Pressure drop）

如图 6-54 区域③所示，外侧压降为 194Pa，管程压降为 8100.7Pa，均小于允许压降。

⑤ 总传热系数（Overall bare coeff.，dirty）

如图 6-54 区域②所示，空冷器总传热系数为 865.9W/（m² · K）。

⑥ 有效平均温差（Effective MTD）

如图 6-54 区域②所示，有效平均温差为 22.43℃。

⑦ 热阻分布（Heat Transfer Resistance）

如图 6-54 区域④所示，本例热阻分布基本均衡，详见 **Results** | **Thermal/Hydraulic Sum-**

mary | **Performance** | **Resistance Distribution** 页面。

⑧ 压降分布（Pressure drop distribution）

进入 **Results** | **Thermal/Hydraulic Summary** | **Pressure Drop** | **Tube Side** 页面，如图 6-55 所示，管程进出口管嘴压降分别为总压降的 14.62% 和 6.81%，管程压降为总压降的 78.37%，压降主要分布在管程；进入 **Outside** 页面，如图 6-56 所示，外侧风机进口和管束的压降分别为总压降的 10.64% 和 88.84%。

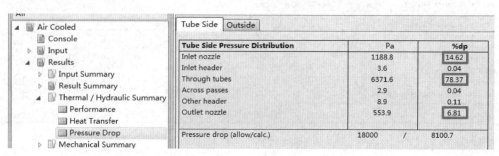

图 6-55　查看管程压降分布

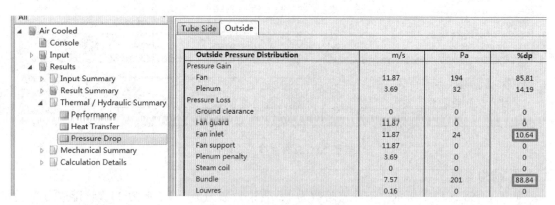

图 6-56　查看外侧压降分布

6.6.1.3　校核模式

（1）保存文件

选择 **File** | **Save As**，文件另存为 Example6.1_Air-cooled_Rating.EDR。

（2）转为校核模式

选择 **Home** | **Rating/Checking**，弹出更改模式对话框，提示"是否在校核模式中使用当前设计结果"，单击 **Use Current** 按钮，将设计结果传输到校核模式。

（3）调整结构参数

根据风量和参照风机规格、构架规格，确定风机直径、每跨风机数和跨数；参照表 6-22 和表 6-23，确定管排数；参照附表 6-2，确定管束尺寸、每跨管束片数和管子总根数；根据管程流速，确定管程数；参照表 6-3，确定定位板数；参照表 6-5 和表 6-6，确定管嘴参数。

进入 **Input** | **Exchanger Geometry** | **Geometry Summary** | **Geometry** 页面，输入 Fans per bay（每跨风机数）2、Fan diameter（风机直径）2.4m、Tube length（换热管长度）6m、Number of tubes per bundle（每片管束的管子数）180、Tube rows deep（管排数）4、Tube passes（管程数）

4，其余选项保持默认设置，如图 6-57 所示。

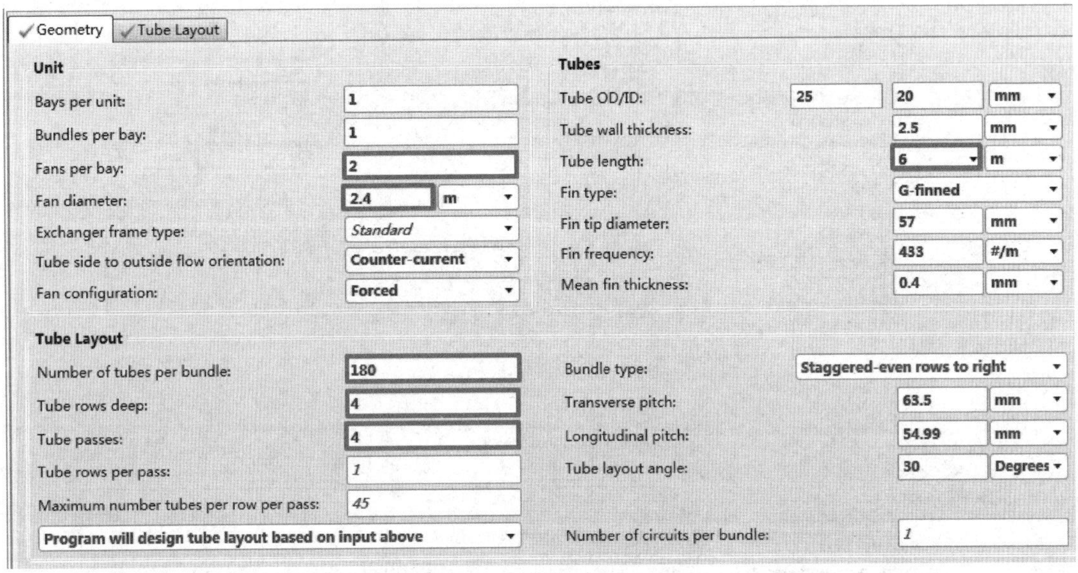
Geometry
Tube Layout
Unit
Bays per unit:
1
Bundles per bay:
1
Fans per bay:
2
Fan diameter:
2.4
m
Exchanger frame type:
Standard
Tube side to outside flow orientation:
Counter-current
Fan configuration:
Forced
Tubes
Tube OD/ID:
25
20
mm
Tube wall thickness:
2.5
mm
Tube length:
6
m
Fin type:
G-finned
Fin tip diameter:
57
mm
Fin frequency:
433
#/m
Mean fin thickness:
0.4
mm
Tube Layout
Number of tubes per bundle:
180
Tube rows deep:
4
Tube passes:
4
Tube rows per pass:
1
Maximum number tubes per row per pass:
45
Program will design tube layout based on input above
Bundle type:
Staggered-even rows to right
Transverse pitch:
63.5
mm
Longitudinal pitch:
54.99
mm
Tube layout angle:
30
Degrees
Number of circuits per bundle:
1

图 6-57 调整结构概要参数

进入**Input** | **Exchanger Geometry** | **Bundle** | **Bundle** 页面，删除 Effective tube length（有效换热管长度），输入 Number of tube supports per（每片管束的定位板数）3、Tube support width（定位板宽度）50mm，其余选项保持默认值，如图 6-58 所示。

注：有效换热管长度的计算详见 6.1.2 节。

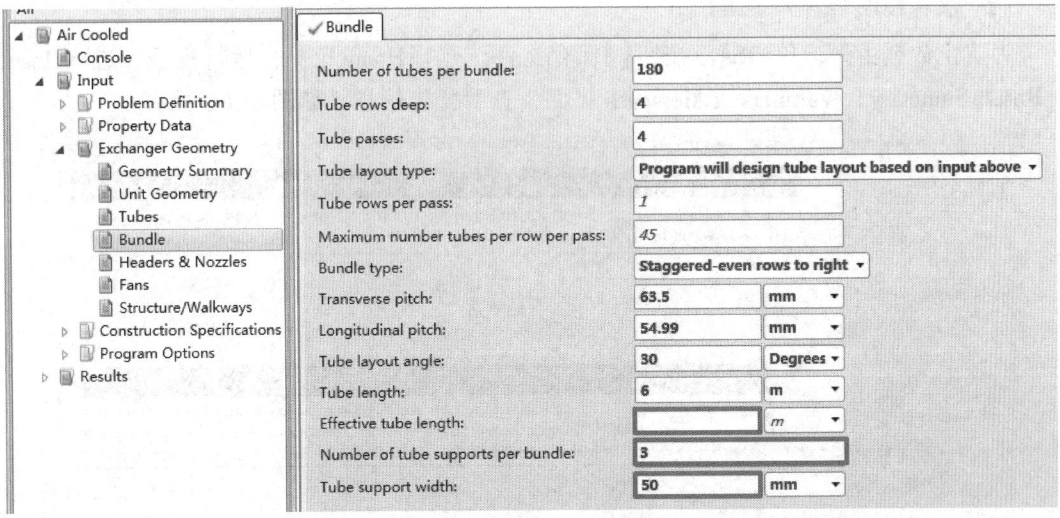
Air Cooled
Console
Input
Problem Definition
Property Data
Exchanger Geometry
Geometry Summary
Unit Geometry
Tubes
Bundle
Headers & Nozzles
Fans
Structure/Walkways
Construction Specifications
Program Options
Results
Bundle
Number of tubes per bundle:
180
Tube rows deep:
4
Tube passes:
4
Tube layout type:
Program will design tube layout based on input above
Tube rows per pass:
1
Maximum number tubes per row per pass:
45
Bundle type:
Staggered-even rows to right
Transverse pitch:
63.5
mm
Longitudinal pitch:
54.99
mm
Tube layout angle:
30
Degrees
Tube length:
6
m
Effective tube length:
m
Number of tube supports per bundle:
3
Tube support width:
50
mm

图 6-58 调整管束参数

进入**Input** | **Exchanger Geometry** | **Headers & Nozzles** | **Headers** 页面，选择 Header type（管箱型式）为 Plug（丝堵式），输入 Inlet-Depth of header（进口管箱深度）300mm，如图 6-59 所示；进入**Nozzles** 页面，分别输入进出口的 Actual OD（实际外径）108mm 和 108mm，Wall thickness（壁厚）14mm 和 14mm，Number of nozzles（管嘴数）2 和 2，其余选项保持默认值，如

图 6-60 所示。

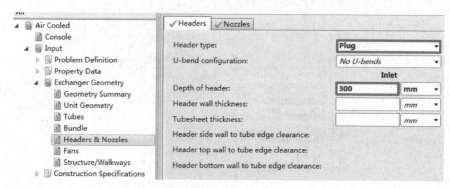

图 6-59 调整管箱参数

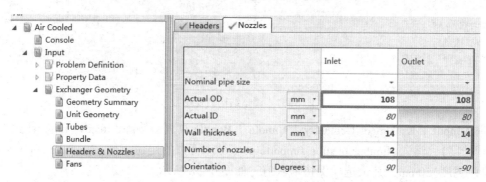

图 6-60 调整管嘴参数

（4）运行程序与查看警告信息

为防止数据丢失，单击 **Save** 按钮 保存文件。选择 **Home |** ，运行程序。进入 **Results | Result Summary | Warnings & Messages** 页面，查看警告信息，如图 6-61 所示。

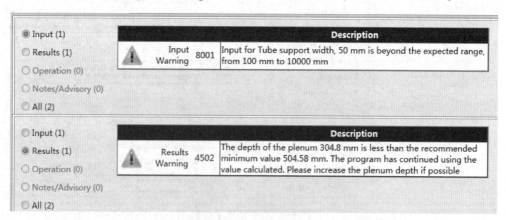

图 6-61 查看警告信息

输入警告 8001：输入的定位板宽度 50mm，超出了期望范围 100～10000mm。该警告可忽略。

结果警告 4502：风箱深度 304.8mm 小于推荐的最小值 504.58mm，程序使用此计算值继续运行；如有可能，增加风箱深度。该警告可通过增加风箱深度解决。

为解决结果警告 4502，进入 **Input** | **Exchanger Geometry** | **Unit Geometry** | **Unit Geometry** 页面，Plenum depth（风箱深度）输入 0.96m，如图 6-62 所示。运行程序后，该警告解决。

注：Air Cooler 程序默认风箱深度为风机直径的 0.4 倍，故选择输入风机直径的 0.4 倍 0.96m。

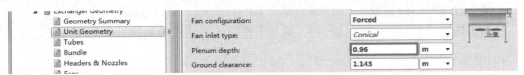

图 6-62　设置风箱深度

（5）查看结果与分析

进入 **Results** | **Thermal/Hydraulic Summary** | **Performance** | **Overall Performance** 页面，查看空冷器总体性能，如图 6-63 所示。也可以进入 **Results** | **Result Summary** | **Overall Summary** 页面查看更为详细的校核结果。

Overall Performance	Resistance Distribution	Tube Side Composition					
Rating / Checking			**OutSide**			**Tube Side**	
Total mass flow rate	kg/s		49.3056			8.4722	
Vapor mass	kg/s	49.3056		49.3056	0		0
Liquid mass	kg/s	0		0	8.4722		8.4722
Vapour mass quallity		1		1	0		0
Temperature	°C	37		62.74	92		56
Dew point / Bubble point temperatures	°C						
Humidity ratio							
Operating pressure	Pa / Pa	101326		101326	120000		112171.7
Film coefficients	W/(m²·K)		1023.7			3292.6	
Fouling resistance	m²·K/W		0			2E-05	
Velocity (highest)	m/s	5.04	/	5.45	0.62	/	0.61
Pressure drop (allow./calc.)	Pa / Pa	200	/	94	18000	/	7828.3

Total heat exchanged	kW	1279.1	Bay per unit	1	Tube OD	25 mm
Overall bare coef. (dirty/clean)	W/(m²·K)	739.6 / 753.5	Bundles/bay	1	Tube tks	2.5 mm
Effective MTD	°C	23.52	Tubes/bundle	180	Tube length	6 m
Effective surface (bare tube)	m²	82	Rows deep	4	Fin OD	57 mm
Effective surface (total)	m²	1963.4	Tube passes	4	Fin tks	0.4 mm
Area ratio: actual/required		1.12	Fans/bay	2	Fin frequency	433 #/m

Heat Transfer Resistance
Outside / Fouling / Wall / Fouling / Tube side
Outside ▮ Tube side

图 6-63　查看空冷器总体性能

① 面积余量（Area ratio：actual/required）

如图 6-63 区域①所示，空冷器面积余量为 12%。

② 流速（Velocity）

如图 6-63 区域②所示，外侧进出口流速分别为 5.04m/s 和 5.45m/s，管程流体进出口流速分别为 0.62m/s 和 0.61m/s。

③ 压降（Pressure drop）

如图 6-63 区域②所示，外侧压降为 94Pa，管程压降为 7828.3Pa，均小于允许压降。

④ 总传热系数（Overall bare coeff.，dirty）

如图 6-63 区域①所示，空冷器总传热系数为 739.6W/(m^2·K)。

如图 6-63 区域②所示，外侧传热膜系数为 $1023.7W/(m^2 \cdot K)$，管程传热膜系数为 $3292.6W/(m^2 \cdot K)$。Aspen EDR 计算得到的传热膜系数是基于基管外径或面积的传热膜系数：

a. 外侧实际传热膜系数

外侧传热膜系数 $1023.7W/(m^2 \cdot K)$ 是基于基管外表面积的数值，外侧实际传热膜系数 α_o 为

$$\alpha_o = \frac{1023.7}{\eta_W(A_{Tol}/A_o)} = \frac{1023.7}{0.88 \times 23.95} = 48.6W/(m^2 \cdot K)$$

式中　η_W——翅片效率；

A_{Tol}/A_o——翅化比。

进入 **Results | Result Summary | Overall Summary** 页面，第 4 行可看到翅化比为 23.95，第 48 行可看到翅片效率为 0.88。

b. 管程实际传热膜系数

管程传热膜系数 $3292.6W/(m^2 \cdot K)$ 是基于基管外径的数值，管程实际传热膜系数 α_i 为

$$\alpha_i = 3292.6(D_o/D_i) = 3292.6(25/20) = 4115.8W/(m^2 \cdot K)$$

c. 实际总传热系数

总传热系数为 $739.6W/(m^2 \cdot K)$ 是基于基管外表面积的数值，基于翅片管总外表面积的实际总传热系数 U 为

$$U = \frac{739.6}{23.95} = 30.9W/(m^2 \cdot K)$$

⑤ 有效平均温差（Effective MTD）

如图 6-63 区域①所示，有效平均温差为 23.52℃。

⑥ 热阻分布（Heat Transfer Resistance）

如图 6-63 区域③所示，本例热阻分布基本均衡，详见 **Results | Thermal/Hydraulic Summary | Performance | Resistance Distribution** 页面。

⑦ 压降分布（Pressure drop distribution）

进入 **Results | Thermal/Hydraulic Summary | Pressure Drop | Tube Side** 页面，如图 6-64 所示，管程进出口管嘴压降分别为总压降的 4.94% 和 2.30%，管程压降为总压降的 92.43%，压降主要分布在管程；进入 **Outside** 页面，如图 6-65 所示，外侧风机进口和管束的压降分别为总压降的 3.95% 和 80.82%。

Tube Side Pressure Distribution	Pa	%dp
Inlet nozzle	386.8	4.94
Inlet header	7.4	0.09
Through tubes	7243.1	92.43
Across passes	9.1	0.12
Other header	9.5	0.12
Outlet nozzle	180.2	2.3
Pressure drop (allow/calc.)	18000 /	7828.3

图 6-64　查看管程压降分布

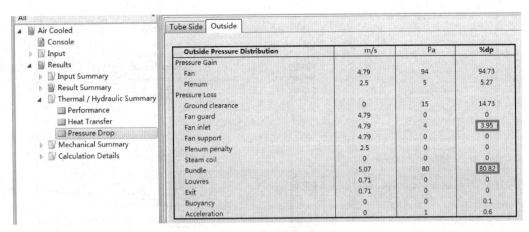

图6-65　查看外侧压降分布

⑧ 温度分布

进入**Results | Calculation Details | Internal Analysis –Tube Side | Plots** 页面，Select Variable 选项区域选择 Stream temp，可查看管程流体温度分布，如图6-66所示。

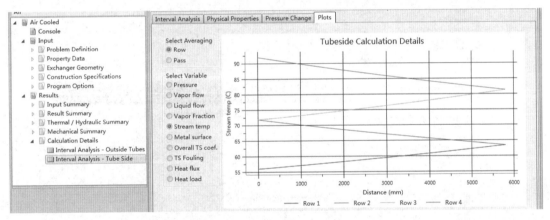

图6-66　查看管程流体温度分布

⑨ 平面装配图和管子布置图(Setting Plan & Tube Layout)

进入**Results | Mechanical Summary | Setting Plan & Tube Layout** 页面，查看平面装配图和管子布置图，分别如图6-67和图6-68所示，也可选择**Home | Verify Geometry**，进行查看。

6.6.1.4　设计结果

空冷器型号为 GP6×3/1-ZF24/2-GJP6×3B/1-SC6×3/1，具体结构参数为：鼓风式空冷器，水平式管束，长×宽为6m×3m，1片；自动调节风机，直径2400mm，2台；鼓风式水平构架，长×宽为6m×3m，1跨闭式构架；手动调节百叶窗，长×宽为6m×3m，1台。

注：进入**Results | Result Summary | API Sheet | API Sheet** 页面，可查看设计温度、设计压力(表压)。

6.6.2　油品冷却空冷器

已知馏程为130~230℃的航空煤油(Jet Fuel)，采用空冷器进行冷却，该空冷器的工艺数据和油品物性见表6-51。

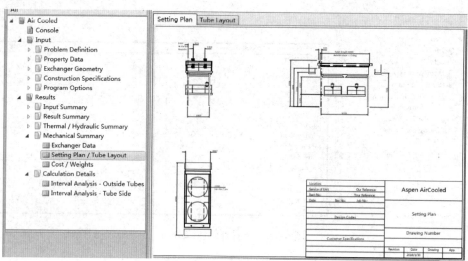

图 6-67　查看平面装配图

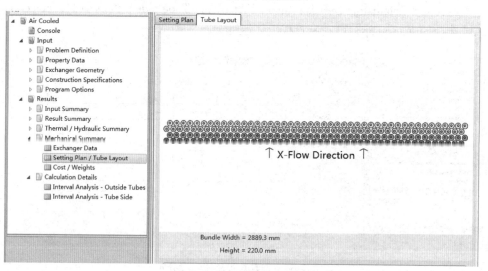

图 6-68　查看管子布置图

表 6-51　工艺数据和油品物性

类　型		项　目	数　值
工艺数据	管程(Jet Fuel)	流体质量流量/(kg/h)	67000
		进口温度/℃	165
		出口温度/℃	55
		进口压力/MPa	0.2
		允许压降/kPa	60
		污垢热阻/(m²·K/W)	0.00017
	外侧(Dry Air)	空气设计温度/℃	35[①]
		流体质量流量/(kg/h)	504216
		海拔高度/m	50
		污垢热阻/(m²·K/W)	0.00015
		设计最低气温/℃	−10[①]

续表

类 型	项 目	数 值
油品物性	油品：相对密度	0.776
	特性因数 K	12.1
	测试第一点运动黏度的温度/℃	135
	第一点运动黏度/(mm^2/s)	0.338
	测试第二点运动黏度的温度/℃	50
	第二点运动黏度/(mm^2/s)	0.714

① 空气设计温度的选择详见 6.2.4 节，实际设计需根据当地夏季或全年气温的统计结果按照相关原则进行。

该例属于石油馏分冷却过程，当压力低于 7.0MPa 时，对于石油馏分物性可根据已知的相对密度、特性因数和黏度，按照表 2-1 进行计算，得到的航空煤油物性数据见表 6-52。

表 6-52　航空煤油物性数据

项 目	温度/℃	
	165	55
密度/(kg/m^3)	659.60	747.90
比热容/[$kJ/(kg \cdot K)$]	2.747	2.061
黏度/$mPa \cdot s$	0.3299	0.6833
导热系数/[$W/(m \cdot K)$]	0.1376	0.1465

6.6.2.1　初步规定

• 翅片管类型

参照表 6-7，考虑到 G 型镶嵌式翅片管传热效率高，耐用性好，此处选择 G 型翅片管。

• 翅片管参数及排列方式

基管规格选择为 $\phi25 \times 2.5mm$；选用高翅片和高翅化比，参照表 6-18，翅片高为 16mm，每米翅片数为 433，翅片厚度为 0.4mm，排列方式为错列，管中心距为 63.5mm。

• 通风型式

从结构简单和维修方便方面考虑，参照表 6-1，采用鼓风式，不考虑采用防冻措施。

• 管箱型式

管程流体进口压力较低，且污垢热阻小于 $0.001m^2 \cdot K/W$，管程不需要频繁清洗，参照表 6-4，管箱型式选择丝堵型。

此例计算采用校核模式，读者可参照 6.6.1 节自行完成设计模式。

6.6.2.2　校核模式

（1）建立和保存文件

启动 Aspen Exchanger Design & Rating 软件，新建一个空冷器文件，单击**Save** 按钮 🖫 ，文件保存为 Example6.2_Air-cooled_Rating.EDR。

（2）设置应用选项

将单位设为 SI（国际制）。选择**Home | Rating/Checking** ，转为校核模式。进入**Input | Problem Definition | Application Options | Application Options** 页面，Select geometry based on this dimensional standard(选择结构基于的尺寸标准)下拉列表框中选择 SI(国际制)，其余选项保持默认设置。

（3）输入工艺数据

进入 **Input | Problem Definition | Process Data | Tube Side Stream** 页面，根据表 6−51 输入管程流体工艺数据，如图 6−69 所示(输入时注意单位一致)。同理，进入 **Outside Stream** 页面，输入外侧流体工艺数据，如图 6−70 所示。

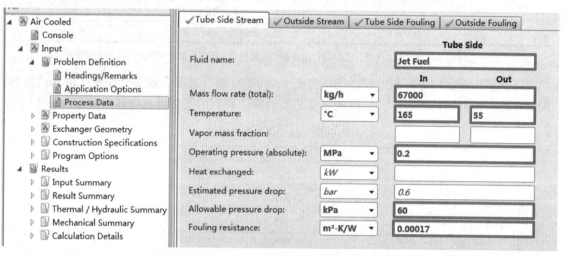

图 6−69　输入管程流体工艺数据

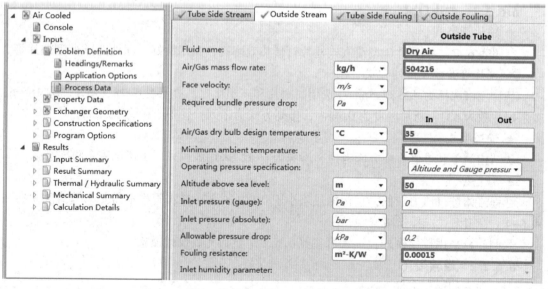

图 6−70　输入外侧流体工艺数据

（4）输入物性数据

进入 **Input | Property Data | Tube Stream Compositions | Composition** 页面，Physical property package(物性包)选项默认为 User specified properties(用户自定义物性)，如图 6−71 所示。

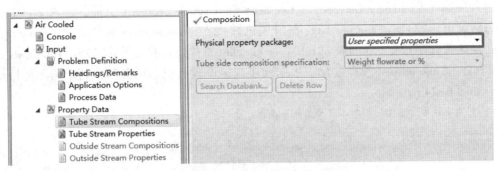

图 6-71 选择管程流体物性包

进入 **Input** | **Property Data** | **Tube Stream Properties** | **Properties** 页面，因只提供了进口压力下物性数据，故删除其余压力，如图 6-72 所示。根据表 6-52 输入进口压力下石油馏分的物性数据，如图 6-73 所示。

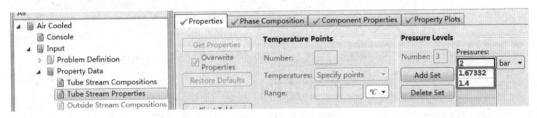

图 6-72 删除其余压力

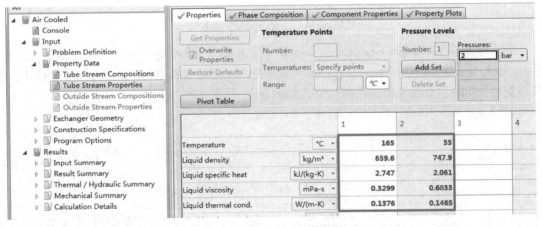

图 6-73 输入管程流体物性

Input | **Property Data** 下面的 Outside Stream Compositions 和 Outside Stream Properties 显示为灰色，原因为：在 **Input** | **Problem Definition** | **Application Options** | **Application Options** 页面，Outside tube application 选项默认为 Dry Air，程序默认采用内部物性数据库。

（5）设置结构参数

根据风量和参照风机规格、构架规格，确定风机直径、每跨风机数和跨数；参照表 6-22 和表 6-23，确定管排数；参照附表 6-2，确定管束尺寸、每跨管束片数和管子总根数；根据管程流速，确定管程数；参照表 6-3，确定定位板数；参照表 6-5 和表 6-6，确定管嘴参数。

进入 **Input** ｜ **Exchanger Geometry** ｜ **Geometry Summary** ｜ **Geometry** 页面，输入 Bundles per bay（每跨管束片数）2、Fans per bay（每跨风机数）2、Fan diameter（风机直径）3.6m、Tube length（换热管长度）9m、Number of tubes per bundle（每片管束的管子数）225、Tube rows deep（管排数）5、Tube passes（管程数）5，根据初步规定设置其他选项参数，其余选项保持默认设置，如图6-74所示。

注：翅顶直径等于基管外径加上2倍的翅片高度。

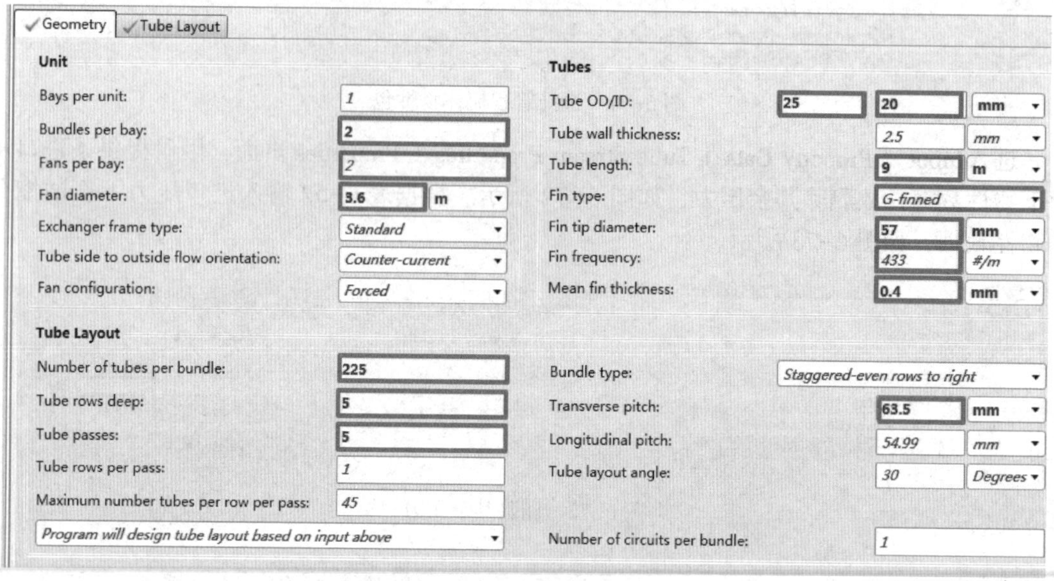

Geometry	Tube Layout

Unit

		Tubes		
Bays per unit:	1	Tube OD/ID:	25	20	mm
Bundles per bay:	2	Tube wall thickness:	2.5	mm
Fans per bay:	2	Tube length:	9	m
Fan diameter:	3.6	m	Fin type:	G-finned
Exchanger frame type:	Standard	Fin tip diameter:	57	mm
Tube side to outside flow orientation:	Counter-current	Fin frequency:	433	#/m
Fan configuration:	Forced	Mean fin thickness:	0.4	mm

Tube Layout

Number of tubes per bundle:	225	Bundle type:	Staggered-even rows to right
Tube rows deep:	5	Transverse pitch:	63.5	mm
Tube passes:	5	Longitudinal pitch:	54.99	mm
Tube rows per pass:	1	Tube layout angle:	30	Degrees
Maximum number tubes per row per pass:	45		
Program will design tube layout based on input above		Number of circuits per bundle:	1

图6-74　设置结构概要参数

进入 **Input** ｜ **Exchanger Geometry** ｜ **Bundle** 页面，删除 Effective tube length（有效换热管长度），输入 Number of tube supports per bundle（每片管束的定位板数）4、Tube support width（定位板宽度）50mm，其余选项保持默认值，如图6-75所示。

注：有效换热管长度的计算详见6.1.2节。

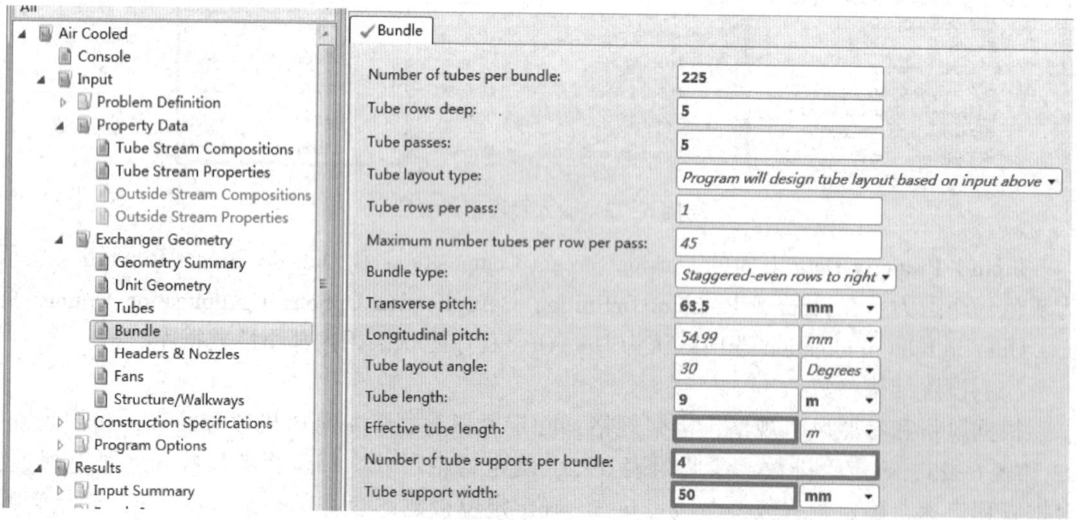

All

- Air Cooled
  - Console
  - ▲ Input
    - ▷ Problem Definition
    - ▲ Property Data
      - Tube Stream Compositions
      - Tube Stream Properties
      - Outside Stream Compositions
      - Outside Stream Properties
    - ▲ Exchanger Geometry
      - Geometry Summary
      - Unit Geometry
      - Tubes
      - **Bundle**
      - Headers & Nozzles
      - Fans
      - Structure/Walkways
    - ▷ Construction Specifications
    - ▷ Program Options
  - ▲ Results
    - ▷ Input Summary

Bundle		
Number of tubes per bundle:	225	
Tube rows deep:	5	
Tube passes:	5	
Tube layout type:	Program will design tube layout based on input above	
Tube rows per pass:	1	
Maximum number tubes per row per pass:	45	
Bundle type:	Staggered-even rows to right	
Transverse pitch:	63.5	mm
Longitudinal pitch:	54.99	mm
Tube layout angle:	30	Degrees
Tube length:	9	m
Effective tube length:		m
Number of tube supports per bundle:	4	
Tube support width:	50	mm

图6-75　设置管束参数

进入**Input | Exchanger Geometry | Headers & Nozzles | Headers** 页面，选择 Header type（管箱型式）为 Plug（丝堵式），输入 Inlet-Depth of header（进口管箱深度）200mm，如图 6-76 所示；进入**Nozzles** 页面，分别输入进出口的 Actual OD（实际外径）选项 159mm 和 159mm，Wall thickness（壁厚）11mm 和 11mm，Number of nozzles（管嘴数）2 和 2，其余选项保持默认值，如图 6-77 所示。

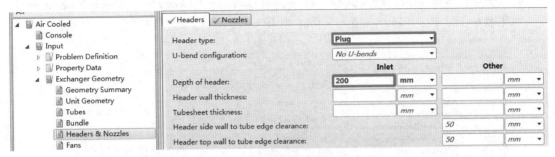

图 6-76　设置管箱参数

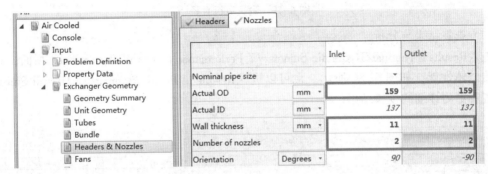

图 6-77　设置管嘴参数

（6）运行程序与查看警告信息

为防止数据丢失，单击**Save** 按钮保存文件。选择**Home |** ▶，运行程序。进入**Results | Result Summary | Warnings & Messages** 页面，查看警告信息，如图 6-78 所示。

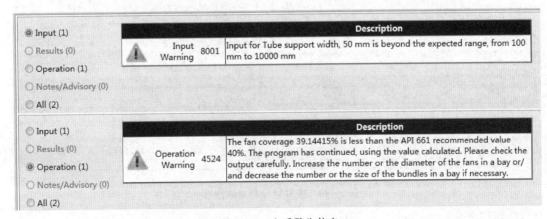

图 6-78　查看警告信息

输入警告 8001：输入的定位板宽度 50mm，超出了期望范围 100～10000mm。该警告可忽略。

运行警告 4524：风机叶轮旋转面积占所辖管束面积 39.14415%，小于 API 661 标准推荐值 40%；程序使用计算值继续运行，请仔细检查输出结果；如有必要，增加跨内风机数量或直径，或/和减少跨内管束数量或尺寸。该警告可通过增加风机直径解决。

为解决运行警告 4524，进入**Input | Exchanger Geometry | Geometry Summary | Geometry** 页面，参照表 6-12，Fan diameter 输入 3.9m，如图 6-79 所示。运行程序后，该警告解决。

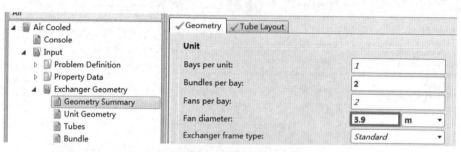

图 6-79　设置风机直径

（7）查看结果与分析

进入**Results | Thermal/Hydraulic Summary | Performance | Overall Performance** 页面，查看空冷器总体性能，如图 6-80 所示。也可以进入**Results | Result Summary | Overall Summary** 页面查看更为详细的校核结果。

Rating / Checking			OutSide		Tube Side	
Total mass flow rate		kg/h	504216		67000	
Vapor mass		kg/s	140.06	140.06	0	0
Liquid mass		kg/s	0	0	18.6111	18.6111
Vapour mass quallity			1	1	0	0
Temperature		°C	35	69.85	165	55.02
Dew point / Bubble point temperatures		°C				
Humidity ratio						
Operating pressure	Pa /	MPa	100727	100727	0.2	0.178
Film coefficients		W/(m²-K)	987.2		1014.2	
Fouling resistance		m²-K/W	0.00015		0.00021	
Velocity (highest)		m/s	4.74 /	5.27	1 /	0.88
Pressure drop (allow /calc.)	kPa /	kPa	0.2 /	0.09	60 /	22.465
Total heat exchanged	kW		4920.7	Bay per unit	1	Tube OD	25	mm
Overall bare coef. (dirty/clean)	W/(m²-K)	415.3 /	488.9	Bundles/bay	2	Tube tks	2.5	mm
Effective MTD	°C		47.81	Tubes/bundle	225	Tube length	9	m
Effective surface (bare tube)	m²		309.3	Rows deep	5	Fin OD	57	mm
Effective surface (total)	m²		7405.2	Tube passes	5	Fin tks	0.4	mm
Area ratio: actual/required			1.25	Fans/bay	2	Fin frequency	433	#/m

Heat Transfer Resistance
Outside / Fouling / Wall / Fouling / Tube side

Outside　　　　　　　　　　　　　　　　　　　　　　　　　　Tube side

图 6-80　查看空冷器总体性能

① 面积余量（Area ratio：actual/required）

如图 6-80 区域①所示，面积余量为 25%。

② 流速(Velocity)

如图 6-80 区域②所示，外侧进出口流速分别为 4.74m/s 和 5.27m/s，管程流体进出口流速分别为 1.00m/s 和 0.88m/s。

③ 压降(Pressure drop)

如图 6-80 区域②所示，外侧压降为 0.09kPa，管程压降为 22.465kPa，均小于允许压降。

④ 总传热系数(Overall bare coeff.，dirty)

如图 6-80 区域①所示，空冷器总传热系数为 415.3W/($m^2 \cdot K$)。

如图 6-80 区域②所示，外侧传热膜系数为 987.2W/($m^2 \cdot K$)，管程传热膜系数为 1014.2W/($m^2 \cdot K$)。Aspen EDR 计算得到的传热膜系数是基于基管外径或面积的传热膜系数：

a. 外侧实际传热膜系数

外侧传热膜系数 987.2W/($m^2 \cdot K$)是基于基管外表面积的数值，外侧实际传热膜系数 α_o 为

$$\alpha_o = \frac{987.2}{\eta_W(A_{Tol}/A_o)} = \frac{987.2}{0.88 \times 23.95} = 46.8W/(m^2 \cdot K)$$

式中　η_W——翅片效率；

A_{Tol}——翅化比。

进入 Results ｜ Result Summary ｜ Overall Summary 页面，第 4 行可看到翅化比为 23.95，第 48 行可看到翅片效率为 0.88。

b. 管程实际传热膜系数

管程传热膜系数 1014.2W/($m^2 \cdot K$)是基于基管外径的数值，管程实际传热膜系数 α_i 为

$$\alpha_i = 1014.2(D_o/D_r) = 1014.2(25/20) = 1267.8W/(m^2 \cdot K)$$

c. 实际总传热系数

总传热系数为 415.3W/($m^2 \cdot K$)是基于基管外表面积的数值，基于翅片管总外表面积的实际总传热系数 U 为

$$U = \frac{415.3}{23.95} = 17.3W/(m^2 \cdot K)$$

⑤ 有效平均温差(Effective MTD)

如图 6-80 区域①所示，有效平均温差为 47.81℃。

⑥ 热阻分布(Heat Transfer Resistance)

如图 6-80 区域③所示，本例热阻分布基本均衡，详见 Results｜Thermal/Hydraulic Summary｜Performance｜Resistance Distribution 页面。

⑦ 压降分布(Pressure drop distribution)

进入 Results ｜ Thermal/Hydraulic Summary ｜ Pressure Drop ｜ Tube Side 页面，如图 6-81 所示，管程进出口管嘴压降分别为总压降的 0.35% 和 0.15%，管程压降为总压降的 99.21%，压降主要分布在管程；进入 Outside 页面，如图 6-82 所示，外侧风机进口和管束的压降分别为总压降的 4.71% 和 94.70%。

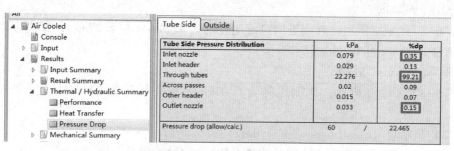

图 6-81　查看管程压降分布

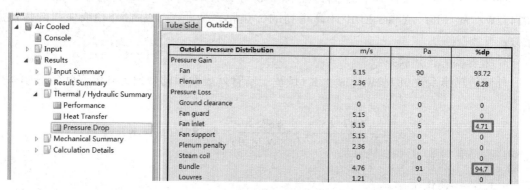

图 6-82　查看外侧压降分布

⑧ 温度分布

进入 **Results | Calculation Details | Internal Analysis −Tube Side | Plots** 页面，在 Select Variable 选项区域选择 Stream temp，可查看管程流体温度分布，如图 6-83 所示。

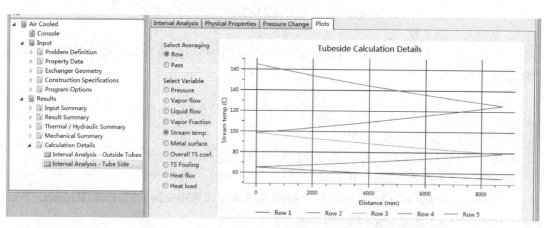

图 6-83　查看管程流体温度分布

⑨ 平面装配图和管子布置图（Setting Plan & Tube Layout）

进入 **Results | Mechanical Summary | Setting Plan & Tubesheet Layout** 页面，查看平面装配图和管子布置图，分别如图 6-84 和图 6-85 所示，也可选择 **Home | Verify Geometry**，进行查看。

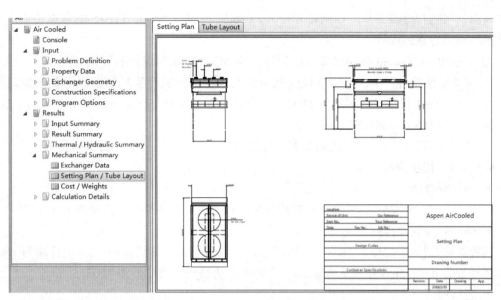

图 6-84　查看平面装配图

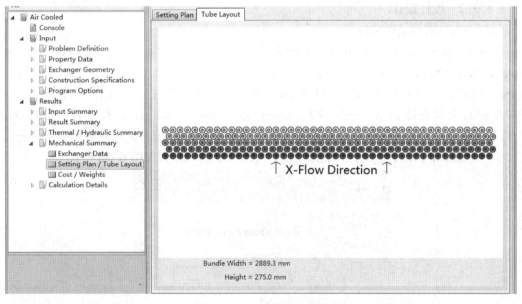

图 6-85　查看管子布置图

6.6.2.3　设计结果

空冷器型号为 GP9×3/2-ZF39/2-GJP9×6B/1-SC9×3/2。具体结构参数为：鼓风式空冷器，水平式管束，长×宽为 9m×3m，2 片；自动调节风机，直径 3900mm，2 台；鼓风式水平构架，长×宽为 9m×6m，1 跨闭式构架；手动调节百叶窗，长×宽为 9m×3m，2 台。

注：进入 **Results | Result Summary | API Sheet | API Sheet** 页面，可查看设计温度、设计压力(表压)。

6.6.3　原油常压塔塔顶空冷器的设计与分析

现有一原油蒸馏装置改造之后的 Aspen HYSYS 流程模拟，其中常压塔顶采用空冷器并联对高温油气进行冷凝冷却。该例将介绍 Air Cooled 程序与 Aspen HYSYS 的数据传输以及原油常压塔顶空冷器的设计。

① 试采用 Air Cooled 程序对常压塔顶空冷器 AC-101 进行设计和校核。

② 空冷器使用过程中，天气条件改变会对空冷器的性能产生影响，假设夏季最高设计温度为 35℃，冬季最低设计温度为 10℃，试分析气温变化对空冷器 AC-101 空气出口温度、热负荷和工艺流体出口温度的影响。

③ 试通过调节风机转速来达到控制空冷器 AC-101 工艺流体出口温度的目的。

6.6.3.1 初步规定

• 翅片管类型

参照表 6-7，考虑到 G 型镶嵌式翅片管传热效率高，耐用性好，此处选择 G 型翅片管。

• 翅片管参数及排列方式

基管规格选择为 $\phi25\times2.5mm$；选用高翅片和高翅化比，参照表 6-18，翅片高为 16mm，每米翅片数为 433，翅片厚度为 0.4mm，排列方式为错列，管中心距为 63.5mm。

• 通风型式

从结构简单和维修方便方面考虑，参照表 6-1，采用鼓风式，不考虑采用防冻措施。

6.6.3.2 设计模式

（1）导入数据和保存文件

启动 Aspen Exchanger Design & Rating 软件，新建一个空冷器文件，选择 **File | Import | Aspen HYSYS V8.8**，如图 6-86 所示，在弹出的"**打开**"对话框中找到并打开本书自带的 Aspen HYSYS 文件 EDR_CRUDE_UNIT1.hsc。该文件的原油蒸馏流程如图 6-87 所示，本例将对流程右上部空冷器 AC-101 采用 Aspen Air Cooled Exchanger 进行设计。选择 Aspen HYSYS 文件，在弹出的 **Exchanger List** 对话框中选择 AC-101，该对话框可对压力水平进行修改，如将 Pressure 2 和 Pressure 3 分别改为 1.90bar 和 1.86bar，如图 6-88 所示。

图 6-86　导入 Aspen HYSYS 文件

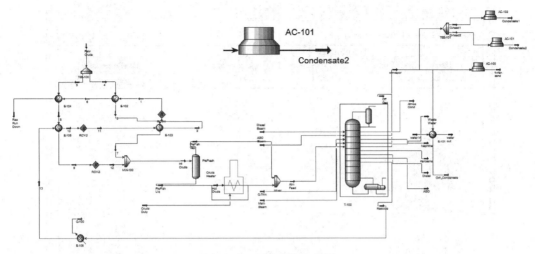

图 6-87　原油蒸馏流程图

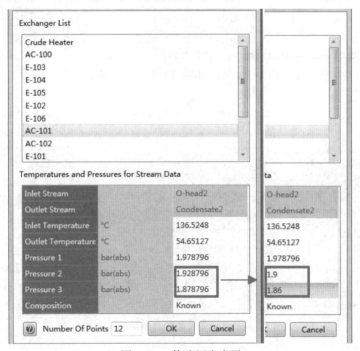

图 6-88　修改压力水平

单击图 6-88 中OK 按钮，弹出**Import PSF Data** 对话框，如图 6-89 所示，单击**OK** 按钮，空冷器 AC-101 管程流体的工艺数据和物性数据被导入到 Aspen Air Cooled Exchanger。

单击**Save** 按钮 ▦，文件保存为 Example6. 3_Air-cooled_Design. EDR。

（2）查看导入数据

将单位设为 SI(国际单位制)。进入**Input | Problem Definition | Process Data | Tube Side Stream** 页面，查看管程流体工艺数据，如图 6-90 所示。进入**Input | Property Data | Tube Stream Properties | Properties** 页面，查看管程流体物性数据，如图 6-91 所示；进入**Properties Plots** 页面，查看温度-比焓分布图，如图 6-92 所示。

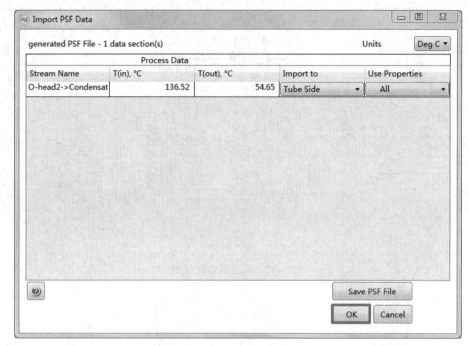

图 6-89　打开 Import PSF Data 对话框

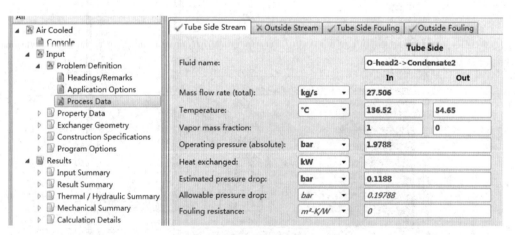

图 6-90　查看导入的管程流体工艺数据

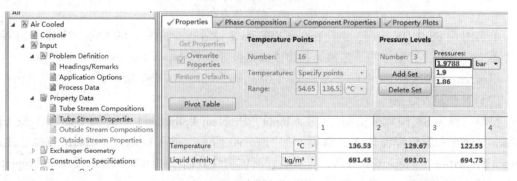

图 6-91　查看导入的管程流体物性数据

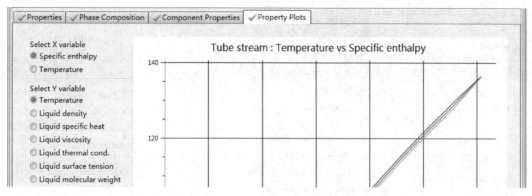

图 6-92 查看管程流体物性分布图

（3）设置应用选项

进入 **Input | Problem Definition | Application Options | Application Options** 页面，Program calculation mode（程序计算模式）下拉列表框中选择 Design with varying outside flow（外侧流量可变的设计模式），Select geometry based on this dimensional standard（选择结构基于的尺寸标准）下拉列表框中选择 SI（国际制），其余选项保持默认设置，如图 6-93 所示。

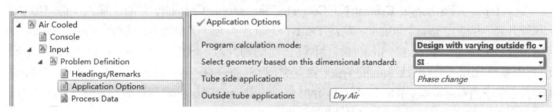

图 6-93 设置应用选项

（4）输入工艺数据

进入 **Input | Problem Definition | Process Data | Tube Side Stream** 页面，输入 Allowable pressure drop（允许压降）0.1 bar、Fouling resistance（污垢热阻）0.0001m² · K/W，如图 6-94 所示；进入 **Outside Stream** 页面，输入 Air/Gas dry bulb design temperature（空气/气体干球设计温度）25℃，Allowable pressure drop（允许压降）150Pa，如图 6-95 所示。

		Tube Side	
Fluid name:		O-head2->Condensate2	
		In	Out
Mass flow rate (total):	kg/s	27.506	
Temperature:	℃	136.52	54.65
Vapor mass fraction:		1	0
Operating pressure (absolute):	bar	1.9788	
Heat exchanged:	kW		
Estimated pressure drop:	bar	0.1188	
Allowable pressure drop:	bar	0.1	
Fouling resistance:	m²-K/W	0.0001	

图 6-94 输入管程流体工艺数据

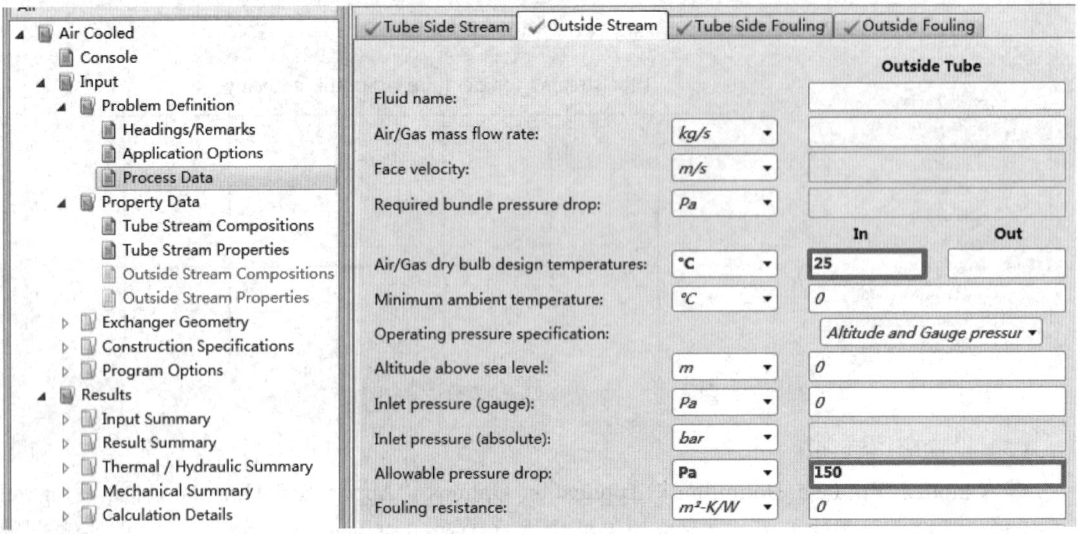

图 6-95　输入外侧流体工艺数据

（5）设置结构参数

进入 **Input ｜ Exchanger Geometry ｜ Geometry Summary ｜ Geometry** 页面，输入 Tube OD/ID（基管外径/内径）25mm、20mm，默认 Fin type（翅片类型）G 型翅片，输入 Fin tip diameter（翅顶直径）57mm，默认 Fin frequency（单位长度的翅片数）433，输入 Mean fin thickness（平均翅片厚度）0.4mm，默认 Bundle type（管束类型）Staggered-even rows to right（错列-偶数排靠右），输入 Transverse pitch（管中心距）63.5mm，其余选项保持默认设置，如图 6-96 所示。

注：翅顶直径等于基管外径加上 2 倍的翅片高度。

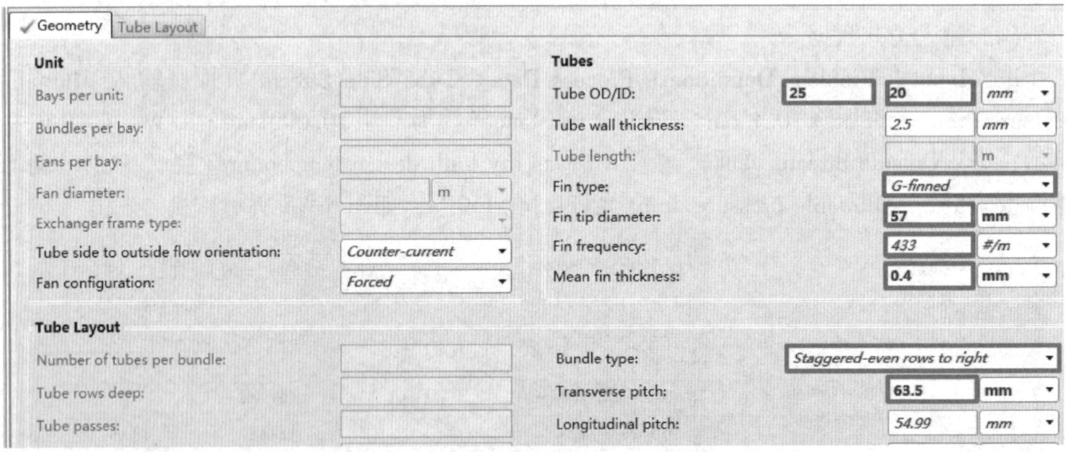

图 6-96　设置结构概要参数

（6）设置程序选项

进入 **Input ｜ Program Options ｜ Design Options ｜ Process Limits** 页面，分别输入 Outside fluid face velocity（外侧流体迎面风速）的下限和上限为 3m/s 和 4m/s，其余选项保持默认设置，如图 6-97 所示。

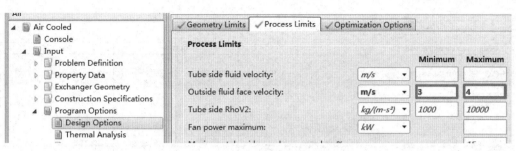

图 6-97 限制迎面风速

（7）运行程序与查看警告信息

为防止数据丢失，单击 **Save** 按钮🖫保存文件。选择 **Home | ▶**，运行程序。进入 **Results | Result Summary | Warnings & Messages** 页面，查看警告信息，如图 6-98 所示。

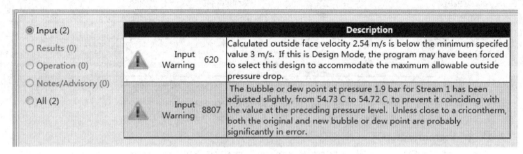

图 6-98 查看警告信息

输入警告 620：计算的迎面风速 2.54m/s 低于最小规定值 3m/s；如果是设计模式，程序可能强制选择该设计方案来满足外侧允许压降。参照 6.2.5 节，该警告可忽略。

输入警告 8807：为避免与已有压力水平下的泡点或露点冲突，流体 1 在 1.9 bar 下的泡点或露点被轻微调整，从 54.73℃ 变为 54.72℃；除非接近临界凝析温度，调整前后的泡点或露点很可能都存在误差。本例中 54.73℃ 和 54.72℃ 指泡点，该警告可忽略。

（8）设计计算结果分析

进入 **Results | Result Summary | API Sheet** 页面，用户可以查看所设计空冷器的 API 数据表，请读者自行查看。进入 **Results | Result Summary | Overall Summary** 页面，用户可以查看比较全面的设计结果。进入 **Results | Thermal/Hydraulic Summary | Performance | Overall Performance** 页面，查看空冷器总体性能，如图 6-99 所示。

① 结构参数

如图 6-99 区域①所示，空冷器跨数为 3，管束片数为 2，管子数为 185，管排数为 5，管程数为 1，风机数为 2。翅片管基管外径 25mm，基管壁厚 2.5mm，翅片管长度 10m，翅片管外径 57mm，翅片厚度 0.4mm，每米翅片数为 433。

② 面积余量（Area ratio：actual/required）

如图 6-99 区域②所示，空冷器面积余量为 3%。

③ 流速（Velocity）

如图 6-99 区域③所示，外侧进出口流速分别为 6.3m/s 和 6.9m/s，管程流体进出口流速分别为 16.24m/s 和 0.11m/s。

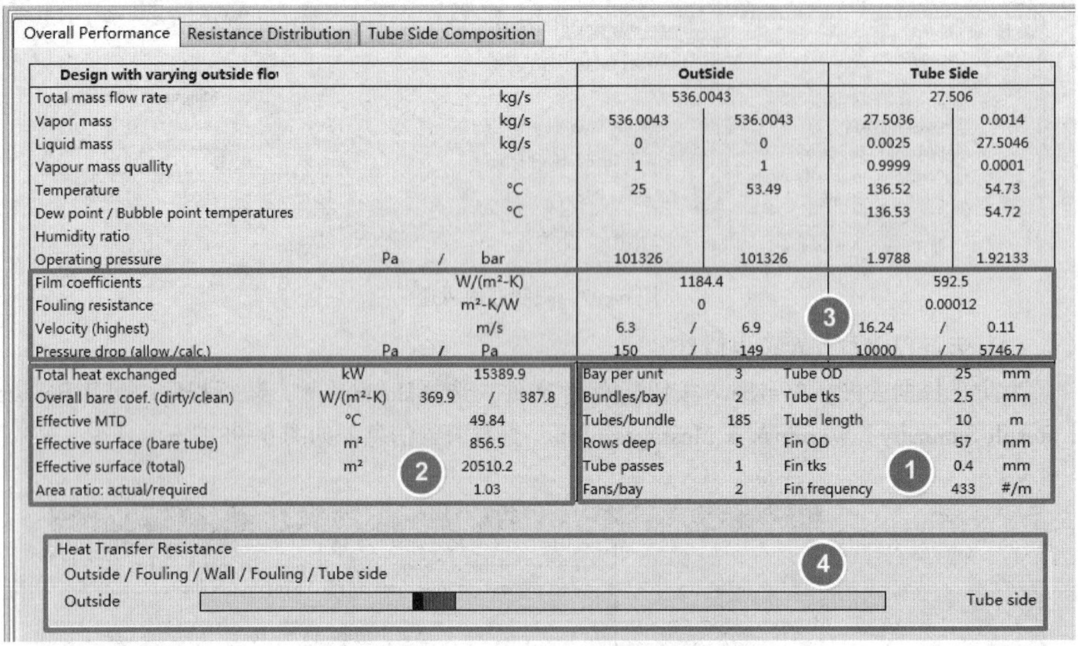

图 6-99　查看空冷器总体性能

④ 压降（Pressure drop）

如图 6-99 区域③所示，外侧压降为 149Pa，管程压降为 5746.7Pa，均小于允许压降。

⑤ 总传热系数（Overall bare coeff.，dirty）

如图 6-99 区域②所示，空冷器总传热系数为 369.9W/（m² · K）。

⑥ 有效平均温差（Effective MTD）

如图 6-99 区域②所示，有效平均温差为 49.84℃。

⑦ 热阻分布（Heat Transfer Resistance）

如图 6-99 区域④所示，本例热阻分布基本均衡，详见 **Results | Thermal/Hydraulic Summary | Performance | Resistance Distribution** 页面。

⑧ 压降分布（Pressure drop distribution）

进入 **Results | Thermal/Hydraulic Summary | Pressure Drop | Tube Side** 页面，如图 6-100 所示，管程进出口管嘴压降分别为总压降的 10.59% 和 12.27%，管程压降为总压降的 76.56%，压降主要分布在管程；进入 **Outside** 页面，如图 6-101 所示，外侧风机进口和管束的压降分别为总压降的 5.67% 和 93.71%。

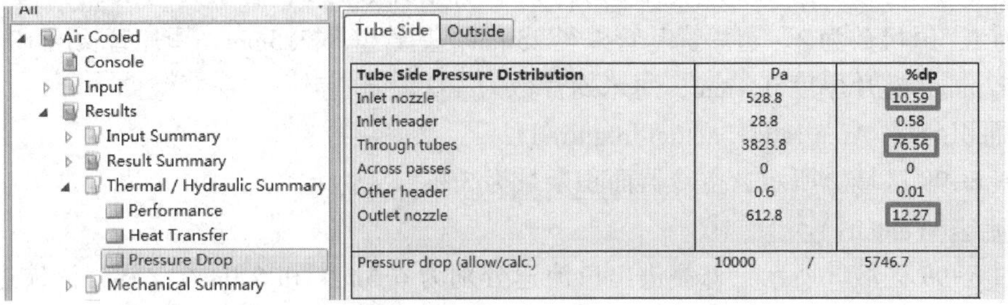

图 6-100　查看管程压降分布

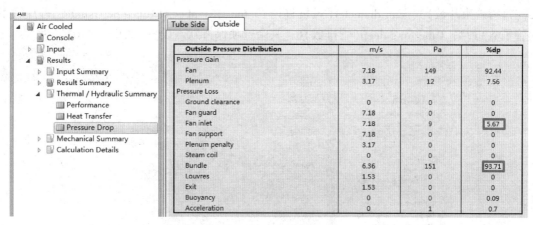

图 6-101　查看外侧压降分布

⑨ 温度分布

进入 **Results | Calculation Details | Internal Analysis –Tube Side | Plots** 页面，在 Select Variable 选项区域选择 Stream temp，可查看管程流体温度分布，如图 6-102 所示。

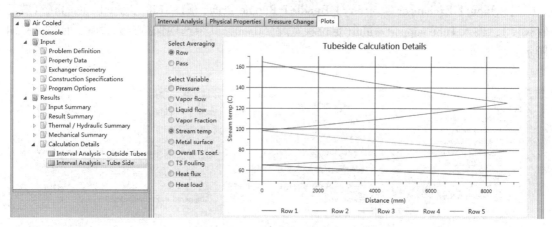

图 6-102　查看管程流体温度分布

6.6.3.3　校核模式

（1）保存文件

选择 **File | Save As**，文件另存为 Example6.3_Air-cooled_Rating.EDR。

（2）转为校核模式

选择 **Home | Rating/Checking**，弹出更改模式对话框，提示"是否在校核模式中使用当前设计结果"，单击 **Use Current** 按钮，将设计结果传输到校核模式。

（3）调整结构参数

根据风量和参照风机规格、构架规格，确定风机直径、每跨风机数和跨数；参照表 6-22 和表 6-23，确定管排数；参照附表 6-2，确定管束尺寸、每跨管束片数和管子总根数；根据管程流速，确定管程数；参照表 6-3，确定定位板数；参照表 6-5 和表 6-6，确定管嘴参数。

进入 **Input | Exchanger Geometry | Geometry Summary | Geometry** 页面，输入 Bundles per bay（每跨管束片数）3、Fan diameter（风机直径）3.6m、Number of tubes per bundle（每片管束的管子数）174、Tube rows deep（管排数）6，其余选项保持默认设置，如图6-103所示。

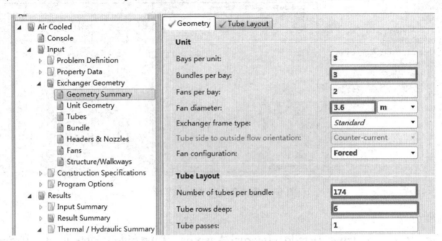

图6-103 调整结构概要参数

进入**Input | Exchanger Geometry | Bundle | Bundle** 页面，删除 Effective tube length（有效基管长度），输入 Tube support width（定位板宽度）50mm，其余选项保持默认设置，如图6-104所示。

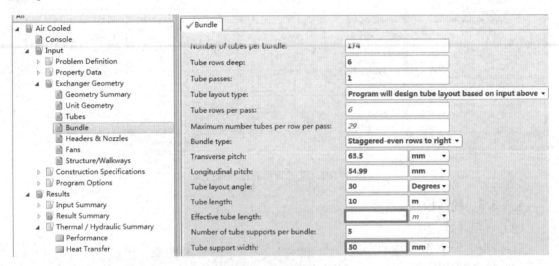

图6-104 调整管束参数

(4) 运行程序与查看警告信息

为防止数据丢失，单击**Save**按钮⊞保存文件。选择**Home |** ▶，运行程序。进入**Results | Result Summary | Warnings & Messages** 页面，查看警告信息，如图6-105所示。

输入警告620：计算的迎面风速2.76m/s低于最小规定值3m/s；如果是设计模式，程序可能强制选择该设计方案来满足外侧允许压降。参照6.2.5节，该警告可忽略。

输入警告8001：输入的定位板宽度50mm，超出了期望范围100～10000mm。该警告可忽略。

输入警告8807：为避免与已有压力水平下的泡点或露点冲突，流体1在1.9bar下的泡

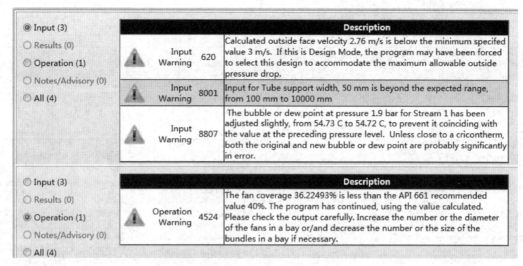

图 6-105　查看警告信息

点或露点被轻微调整，从 54.73℃ 变为 54.72℃；除非接近临界凝析温度，调整前后的泡点或露点很可能都存在误差。本例中 54.73℃ 和 54.72℃ 指泡点，该警告可忽略。

运行警告 4524：风机叶轮旋转面积占所辖管束面积 36.22493%，小于 API 661 标准推荐值 40%；程序使用计算值继续运行，请仔细检查输出结果；如有必要，增加跨内风机数量或直径，或/和减少跨内管束数量或尺寸。该警告可通过增加风机直径解决。

为解决运行警告 4524，进入 **Input | Exchanger Geometry | Geometry Summary | Geometry** 页面，参照表 6-12，Fan diameter 输入 3.9m，如图 6-106 所示。运行程序后，该警告解决。

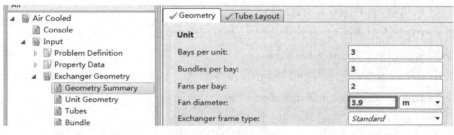

图 6-106　设置风机直径

（5）查看结果与分析

进入 **Results | Thermal/Hydraulic Summary | Performance | Overall Performance** 页面，查看空冷器总体性能，如图 6-107 所示。也可以进入 **Results | Result Summary | Overall Summary** 页面查看更为详细的校核结果。

① 面积余量（Area ratio：actual/required）

如图 6-107 区域①所示，空冷器面积余量为 21%。

② 流速（Velocity）

如图 6-107 区域②所示，外侧进出口流速分别为 5.42m/s 和 5.94m/s，管程流体进出口流速分别为 11.51m/s 和 0.08m/s。

③ 压降（Pressure drop）

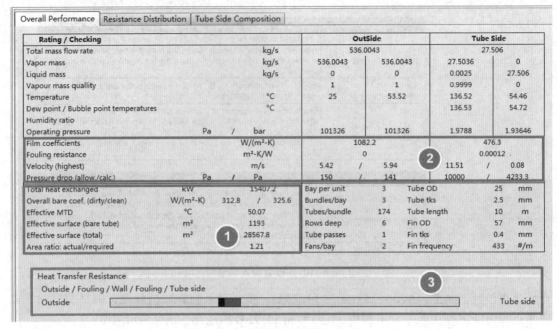

图 6-107　查看空冷器总体性能

如图 6-107 区域②所示，外侧压降为 141Pa，管程压降为 4233.3Pa，均小于允许压降。

④ 总传热系数（Overall bare coeff.，dirty）

如图 6-107 区域②所示，空冷器总传热系数为 312.8W/（m²·K）。实际总传热系数计算过程请参照 6.6.1.3 节。

⑤ 有效平均温差（Effective MTD）

如图 6-107 区域①所示，有效平均温差为 50.07℃。

⑥ 热阻分布（Heat Transfer Resistance）

如图 6-107 区域③所示，本例热阻分布基本均衡，详见 **Results | Thermal/Hydraulic Summary | Performance | Resistance Distribution** 页面。

⑦ 压降分布（Pressure drop distribution）

进入 **Thermal/Hydraulic Summary | Pressure Drop | Tube Side** 页面，如图 6-108 所示，管程进出口管嘴压降分别为总压降的 13.81% 和 18.43%，管程压降为总压降的 67.18%，压降主要分布在管程；进入 **Outside** 页面，如图 6-109 所示，外侧风机进口和管束的压降分别为总压降的 4.72% 和 94.84%。

Tube Side Pressure Distribution	Pa	%dp
Inlet nozzle	470.5	13.81
Inlet header	19.4	0.57
Through tubes	2288.2	67.18
Across passes	0	0
Other header	0.1	0
Outlet nozzle	627.7	18.43
Pressure drop (allow/calc.)	10000 /	4233.3

图 6-108　查看管程压降分布

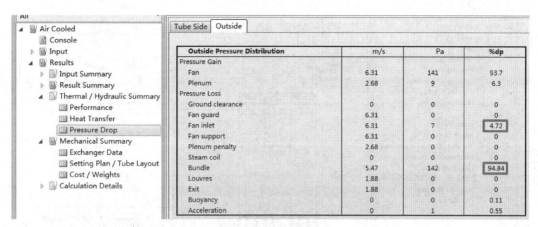

图 6-109 查看外侧压降分布

⑧ 温度分布

进入 **Results | Calculation Details | Internal Analysis – Tube Side | Plots** 页面，在 Select Variable 选项区域选择 Stream temp，可查看管程流体温度分布，如图 6-110 所示。

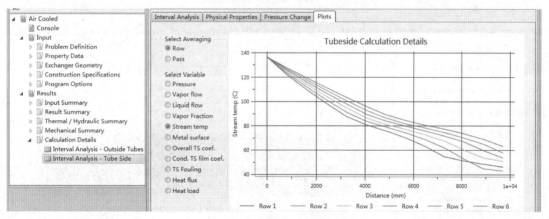

图 6-110 查看管程流体温度分布

⑨ 平面装配图和管子布置图（Setting Plan & Tube Layout）

进入 **Results | Mechanical Summary | Setting Plan & Tubesheet Layout** 页面，查看平面装配图和管子布置图，分别如图 6-111 和图 6-112 所示，也可选择 **Home | Verify Geometry**，进行查看。

6.6.3.4 设计结果

空冷器型号为 GP10×2/9-ZF39/6-GJP10×6B-SC10×2/9，具体结构参数为：鼓风式空冷器，水平式管束，长×宽为 10m×2m，9 片；自动调节风机，直径 3900mm，6 台；鼓风式水平构架，长×宽为 10m×6m，3 跨闭式构架；手动调节百叶窗，长×宽为 10m×2m，9 台。

注：进入 **Results | Result Summary | API Sheet | API Sheet** 页面，可查看设计温度、设计压力（表压）。

6.6.3.5 气温变化影响

风机进口空气温度对空冷器性能影响较大，本例将在 HYSYS 通过创建 Case Study 操作，分析气温变化对空冷器操作性能影响。

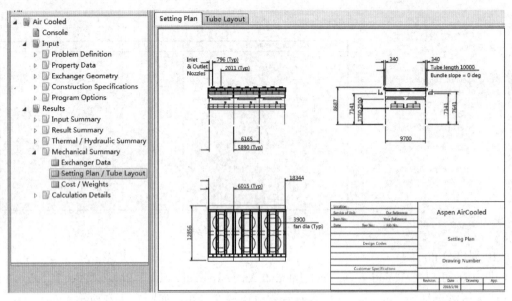

图 6-111　查看平面装配图

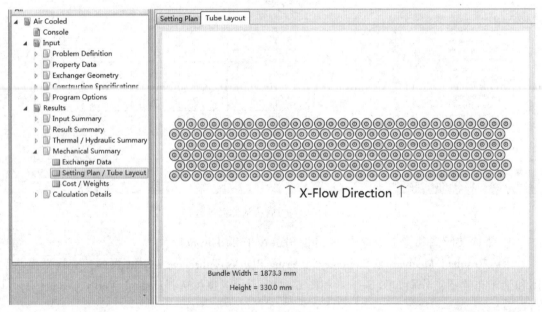

图 6-112　查看管子布置图

（1）建立和保存文件

打开本书自带的 Aspen HYSYS 文件 EDR_CRUDE_UNIT1. hsc，单击**EDR Exchanger Feasibility** 按钮，如图 6-113 所示，进入**Exchanger Summary Table**（换热器概要表）页面，如图 6-114 所示，可查看各换热器名称及设计情况。

单击图 6-114 中 AC-101 的**Convert to Rigorous** 按钮，在弹出的**Convert to Rigorous Exchanger** 对话框，选择 **Specity Exchanger Geometry**、**Import EDR File** 单选按钮，导入 Example6. 3_Air-cooled_Rating. EDR 文件，如图 6-115 所示；单击**Convert** 按钮，将校核结果

导入 HYSYS，如图 6-116 所示，单击**AC-101** 按钮可查看空冷器的详细结构及计算结果。

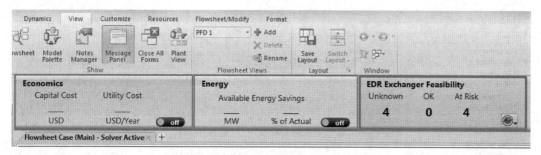

图 6-113　单击**EDR Exchanger Feasibility** 按钮

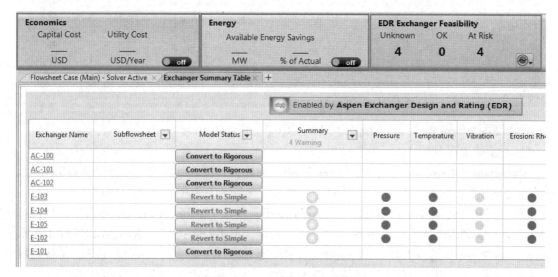

图 6-114　进入换热器概要表

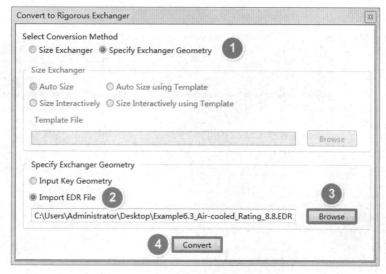

图 6-115　导入空冷器校核结果

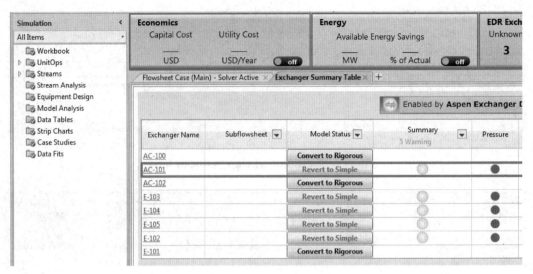

图 6-116　导入 AC-101 校核结果后的换热器概要表

选择**File | Save As**，文件另存为 EDR_CRUDE_UNIT1_Case Study. hsc。

（2）新建工况分析

选择**Home | Case Studies**，进入**Case Studies**页面，如图 6-117 所示；单击**Add**按钮，进入**Case Study 1**页面，如图 6-118 所示。为添加空冷器 AC-101 空气进口温度、空气出口温度、热负荷和工艺流体出口温度，单击**Add**按钮，弹出**Variable Navigator**对话框，如图 6-119 所示，依次选择案例、换热器名称、变量名称，单击**Add**按钮，返回**Case Study 1**页面；State Input Type（状态输入类型）下拉列表框中选择 Discrete（离散），Number of State（状态数）文本框中输入 3，相应的状态温度依次输入 10℃、25℃和 35℃，如图 6-120 所示。

注：Air/Gas dry bulb design temperature（空气/气体干球设计温度）和 Air inlet T（空气进口温度）相等。

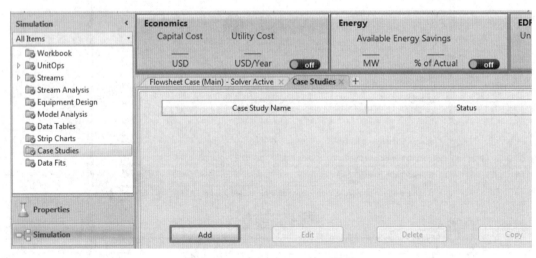

图 6-117　建立 Case Studies 页面

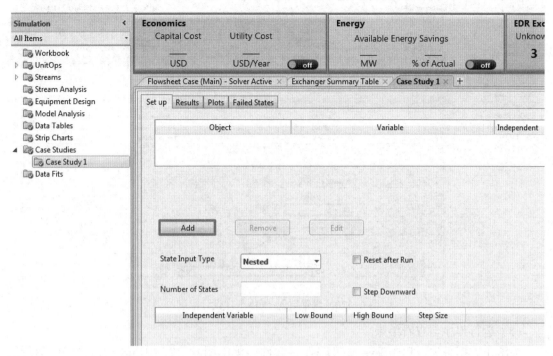

图 6-118　添加 Case Study 1

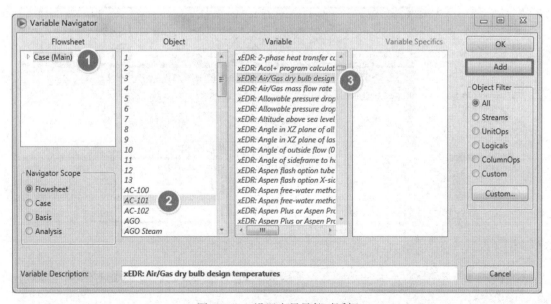

图 6-119　设置变量导航对话框

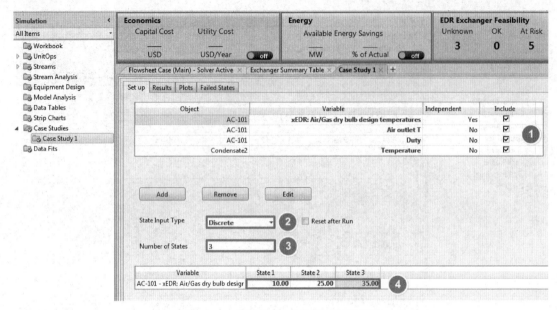

图 6-120　设置空气/气体干球设计温度

（3）运行程序与查看结果

为防止数据丢失，单击 **Save** 按钮■保存文件。单击图 6-121 中 **Run** 按钮，程序运行结束之后，进入 **Results** 页面查看结果，也可进入 **Plots** 页面以图形方式查看结果。

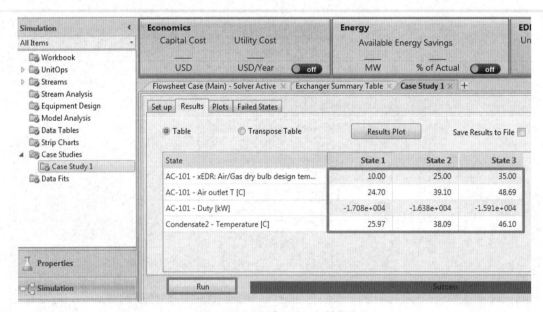

图 6-121　查看工况运行结果

6.6.3.6　风机调节

通过上面结果可知，当气温变化较大时，对空冷器影响显著。下面将通过调整风机转速达到控制空冷器 AC-101 流体出口温度的目的。

（1）保存文件

选择**File | Save As**，文件另存为 EDR_CRUDE_UNIT1_Adjust. hsc。

（2）查看空冷器模块

双击流程图中空冷器**AC-101** 模块，弹出**Air cooler：AC-101** 对话框，进入**Rigorous Air cooler | Process Data** 页面，如图 6-122 所示，可以看到空冷器空气进口温度为 35℃，这是因为案例分析结束之后会保存最后一个状态温度下的结果。为避免空冷器 AC-101 出口流体 Condensate2 在当前温度下和随后设定温度下的气相分数出现一致性冲突，进入**Worksheet | Conditons** 页面，将气相分数删除，变为默认值，如图 6-123 所示。

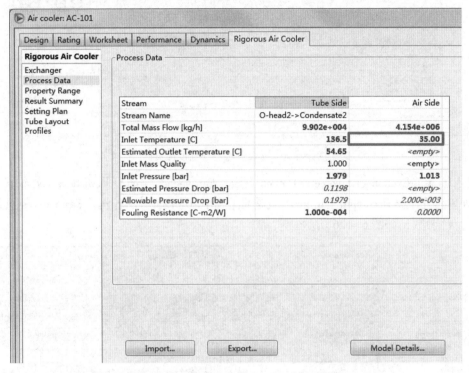

图 6-122　查看空冷器 AC-101 进口温度

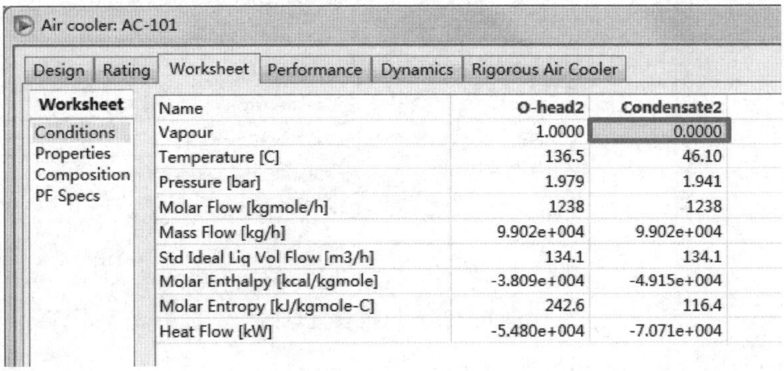

图 6-123　删除气相分数

（3）查看详细空冷器模块

单击图 6-122 右下角**Model Details** 按钮，进入空冷器详细设计页面，如图 6-124 所示。

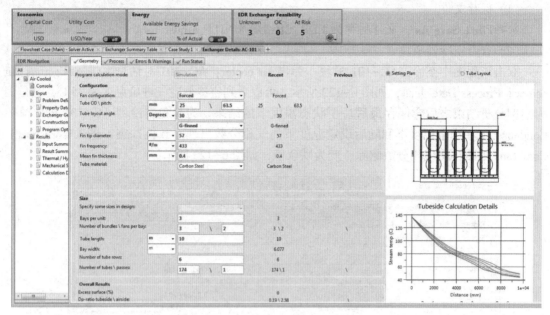

图 6-124　进入空冷器详细设计页面

进入**Input ｜ Exchanger Geometry ｜ Fans** 页面，Fan speed（rpm）（风机转速）文本框中输入200，并单击左下角**Use input fan curve** 复选框，如图 6-125 所示；进入**Fan Curves** 页面，输入风机特性参数，如图 6-126 所示。

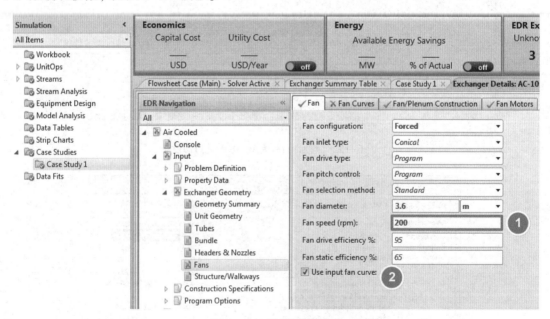

图 6-125　风机设置页面

（4）设置调节器

进入**Flowsheet Case（Main）-Solver Active** 页面，选择**View ｜ ModelPalette**，弹出**Palette** 窗口，拖动调节器图标按钮至流程图空白处，出现调节器 ADJ-1，如图 6-127 所示。

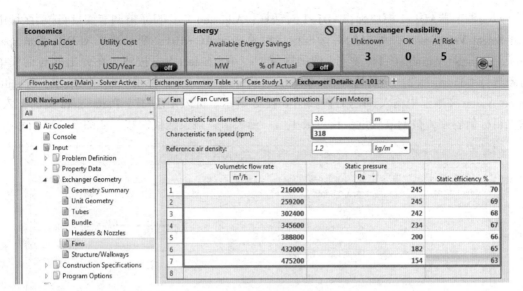

图 6-126 输入风机特性参数

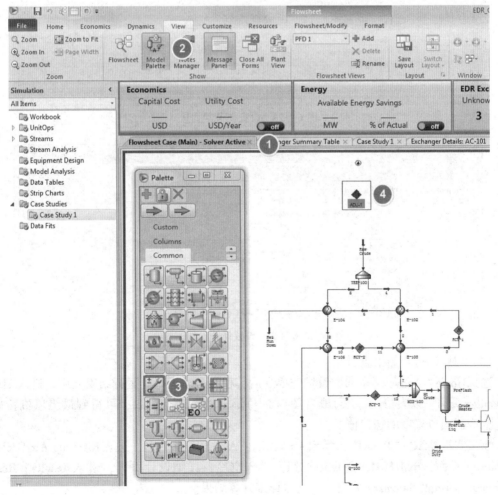

图 6-127 添加调节器

双击调节器**ADJ-1**模块弹出**ADJ-1**对话框，Adjusted Variable(被调节变量)选项区域中，单击**Select Var**按钮，在弹出的对话框中，对象选择 AC-101，变量选择 xEDR：Fan speed (rpm)；Target Variable(目标变量)选项区域中，单击**Select Var**按钮，在弹出的对话框中，对象选择 Condensate2，变量选择 Temperature；Target Value(目标值)选项区域中，Specified Target Value 文本框中输入 54.4℃，如图 6-128 所示。进入**ADJ-1 | Parameters** 页面，依次输入目标值容差、被调节变量步长、最小值、最大值，最大迭代次数，如图 6-129 所示。

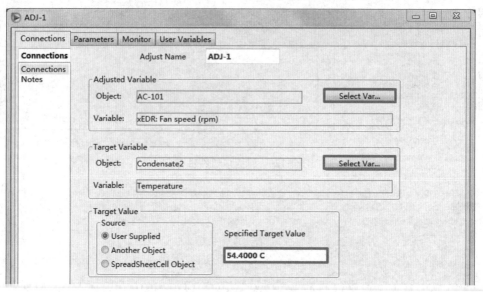

图 6-128　设置调节器变量

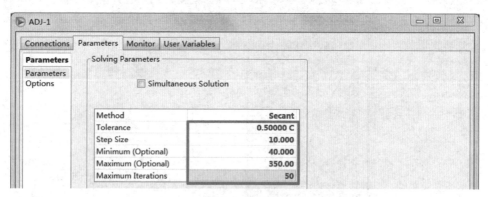

图 6-129　设置计算参数

（5）程序运行与结果查看

选择**Home | Active**，在参数设置完成之后，程序自动运行。运行结束之后，进入**ADJ-1 | Monitor** 页面，以表格(Tables)或者图(Plots)形式查看运行结果，可得到最终风机转速和对应空冷器出口温度的迭代值。

双击空冷器**AC-101**模块，弹出**Air cooler：AC-101** 对话框，进入**Rigorous Air Cooler | Exchanger** 页面，单击**Model Details** 按钮，进入空冷器详细设计页面，进入**Results | Results Summary | Overall Summary** 页面，可查看详细计算结果。

返回**Air cooler：AC-101** 对话框，进入**Rigorous Air Cooler | Process Data** 页面，如图 6-130 所示，将空冷器空气进口温度由 35℃ 调整为 25℃ 或 10℃，对于每个温度，调节器 ADJ-1 将重新进行迭代计算得到结果，在此不再赘述。不同温度下，风机转速调整后的简要结果见表 6-53。

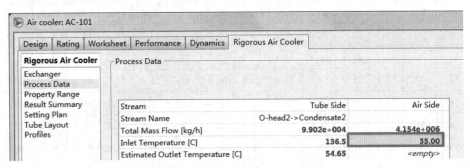

图 6-130　调整空冷器空气进口温度

表 6-53　风机转速调整后的简要结果

项　　目	空气进口温度/℃		
	35	25	10
空冷器热负荷/MW	15.4	15.4	15.4
总空气流量/(kg/s)	602.6	396.8	263.7
风机转速/(r/min)	286.9	193.0	130.8
风机功率/kW	27.8	8.3	2.4

附表

附表 6-1　翅片高度 h 为 12.5mm 的鼓风式水平管束换热面积和排管根数表[9]

管排数 Z			4						5					
公称宽度 BN/mm	管中心距/mm	排管根数 n[1]	管束基管外表面积 A[2]/m^2						排管根数 n[1]	管束基管外表面积 A[2]/m^2				
			翅片管长度 L/mm							翅片管长度 L/mm				
			3000	4500	6000	9000	12000	15000		3000	4500	6000	9000	12000	15000
500	54	26	6.0	9.1	12.2	—	—	—	33	7.6	11.5	15.4	—	—	—
	56	24	5.6	8.4	11.2	—	—	—	30	7.0	10.5	14.0	—	—	—
	59	24	5.6	8.4	11.2	—	—	—	30	7.0	10.5	14.0	—	—	—
750	54	44	10.2	15.4	20.6	—	—	—	55	12.7	19.2	25.7	—	—	—
	56	42	9.7	14.7	19.6	—	—	—	53	12.3	18.5	24.8	—	—	—
	59	40	9.3	14.0	18.7	—	—	—	50	11.6	17.5	23.4	—	—	—
1000	54	62	14.4	21.7	29.0	43.6	58.2	72.8	78	18.1	27.3	36.5	54.8	73.2	91.6
	56	60	13.9	21.0	28.0	42.2	56.3	70.5	75	17.4	26.2	35.0	52.7	70.4	88.1
	59	58	13.4	20.3	27.1	40.8	54.4	68.1	73	16.9	25.5	34.1	51.3	68.5	85.7

管排数 Z			4							5					
公称宽度 BN/mm	管中心距/mm	排管根数 n	管束基管外表面积 A/m^2 翅片管长度 L/mm						排管根数 n	管束基管外表面积 A/m^2 翅片管长度 L/mm					
			3000	4500	6000	9000	12000	15000		3000	4500	6000	9000	12000	15000
1250	54	80	18.5	28.0	37.4	56.2	75.1	93.9	100	23.2	35.0	46.7	70.3	93.9	117.4
	56	78	18.1	27.3	36.5	54.8	73.2	91.6	98	22.7	34.3	45.8	68.9	92.0	115.1
	59	74	17.1	25.9	34.6	52.0	69.5	86.9	93	21.5	32.5	43.5	65.4	87.3	109.2
1500	54	100	23.2	35.0	46.7	70.3	93.9	117.4	125	29.0	43.7	58.4	87.9	117.3	146.8
	56	96	22.2	33.6	44.9	67.5	90.1	112.7	120	27.8	41.9	56.1	84.4	112.6	140.9
	59	90	20.9	31.5	42.1	63.3	84.5	105.7	113	26.2	39.5	52.8	79.4	106.1	132.7
1750	54	118	27.3	41.2	55.1	82.9	110.7	138.6	148	34.3	51.7	69.2	104.0	138.9	173.8
	56	114	26.4	39.8	53.3	80.1	107.0	133.9	143	33.1	50.0	66.8	100.5	134.2	167.9
	59	108	25.0	37.7	50.5	75.9	101.4	126.8	135	31.3	47.2	63.1	94.9	126.7	158.5
2000	54	136	31.5	47.5	63.6	95.6	127.6	159.7	170	39.4	59.4	79.4	119.5	159.6	199.6
	56	132	30.6	46.1	61.7	92.8	123.9	155.0	165	38.2	57.7	77.1	116.0	154.9	193.7
	59	124	28.7	43.3	57.9	87.2	116.4	145.6	155	35.9	54.2	72.4	109.0	145.5	182.0
2250	54	154	35.7	53.8	—	108.3	144.5	180.8	193	44.7	67.5	—	135.7	181.1	226.6
	56	150	34.8	52.4	—	105.4	140.8	176.1	188	43.6	65.7	—	132.2	176.4	220.7
	59	142	32.9	49.6	—	99.8	133.3	166.7	178	41.2	62.2	—	125.1	167.1	209.0
2500	54	174	40.3	60.8	81.3	122.3	163.3	204.3	218	50.5	76.2	101.9	153.2	204.6	256.0
	56	168	38.9	58.7	78.5	118.1	157.7	197.3	210	48.7	73.4	98.1	147.6	197.1	246.6
	59	158	36.6	55.2	73.8	111.1	148.3	185.5	198	45.9	69.2	92.5	139.2	185.8	232.5
2750	54	192	44.5	—	89.7	135.0	180.2	225.4	240	55.6	—	112.2	168.7	225.3	281.8
	56	186	43.1	—	86.9	130.7	174.6	218.4	233	54.0	—	108.9	163.8	218.7	273.6
	59	176	40.8	—	82.2	123.7	165.2	206.7	220	51.0	—	102.8	154.6	206.5	258.3
3000	54	210	48.7	73.4	98.1	147.6	197.1	246.6	263	60.9	91.9	122.9	184.9	246.8	308.8
	56	202	46.8	70.6	94.4	142.0	189.6	237.2	253	58.6	88.4	118.2	177.8	237.5	297.1
	59	192	44.5	67.1	89.7	135.0	180.2	225.4	240	55.6	83.9	112.2	168.7	225.3	281.8

管排数 Z			6							8					
公称宽度 BN/mm	管中心距/mm	排管根数 n	管束基管外表面积 A/m^2 翅片管长度 L/mm						排管根数 n	管束基管外表面积 A/m^2 翅片管长度 L/mm					
			3000	4500	6000	9000	12000	15000		3000	4500	6000	9000	12000	15000
500	54	39	9.0	13.6	18.2	—	—	—	—	—	—	—	—	—	—
	56	36	8.3	12.6	16.8	—	—	—	—	—	—	—	—	—	—
	59	36	8.3	12.6	16.8	—	—	—	—	—	—	—	—	—	—

续表

管排数 Z			6							8					
公称宽度 BN/mm	管中心距/mm	排管根数 $n^①$	管束基管外表面积 $A^②$/m² 翅片管长度 L/mm						排管根数 $n^①$	管束基管外表面积 $A^②$/m² 翅片管长度 L/mm					
			3000	4500	6000	9000	12000	15000		3000	4500	6000	9000	12000	15000
750	54	66	15.3	23.1	30.8	—	—	—	—	—	—	—	—	—	—
	56	63	14.6	22.0	29.4	—	—	—	—	—	—	—	—	—	—
	59	60	13.9	21.0	28.0	—	—	—	—	—	—	—	—	—	—
1000	54	93	21.5	32.5	43.5	65.4	87.3	109.2	124	—	—	57.9	87.2	116.4	145.6
	56	90	20.9	31.5	42.1	63.3	84.5	105.7	120	—	—	56.1	84.4	112.6	140.9
	59	87	20.2	30.4	40.7	61.2	81.7	102.2	116	—	—	54.2	81.5	108.9	136.2
1250	54	120	27.8	41.9	56.1	84.4	112.6	140.9	160	—	—	74.8	112.5	150.2	187.9
	56	117	27.1	40.9	54.7	82.2	109.8	137.4	156	—	—	72.9	109.7	146.4	183.7
	59	111	25.7	38.8	51.9	78.0	104.2	130.3	148	—	—	69.2	104.0	138.9	173.8
1500	54	150	34.8	52.4	70.1	105.4	140.8	176.1	200	—	—	93.5	140.6	187.7	234.8
	56	144	33.4	50.3	67.3	101.2	135.2	169.1	192	—	—	89.7	135.0	180.2	225.4
	59	135	31.3	47.2	63.1	91.9	126.7	158.5	180	—	—	84.1	126.5	168.9	211.4
1750	54	177	41.0	61.9	82.7	124.4	166.1	207.8	236	—	—	110.3	165.9	221.5	277.1
	56	171	39.6	59.8	79.9	120.2	160.5	200.5	228	—	—	106.5	160.3	214.0	267.7
	59	162	37.5	56.6	75.7	113.9	152.0	190.2	216	—	—	100.9	151.8	202.7	253.6
2000	54	204	47.3	71.3	95.3	143.4	191.5	239.5	272	—	—	127.1	191.2	255.3	319.4
	56	198	45.9	69.2	92.5	139.2	185.8	232.5	264	—	—	123.4	185.6	247.8	310.0
	59	186	43.1	65.0	86.9	130.7	174.6	218.4	248	—	—	115.9	174.3	232.8	291.2
2250	54	231	53.5	80.7	—	162.4	216.8	271.2	308	—	—	—	216.5	289.1	361.6
	56	225	52.1	78.6	—	158.2	211.2	264.2	300	—	—	—	210.9	281.6	352.3
	59	213	49.4	74.4	—	149.7	199.9	250.1	284	—	—	—	199.6	266.5	333.5
2500	54	261	60.5	91.2	122.0	183.5	245.0	306.5	348	—	—	162.6	244.6	326.6	408.6
	56	252	58.4	88.1	117.8	177.1	236.5	295.9	336	—	—	157.0	236.2	315.4	394.5
	59	237	54.9	82.8	110.8	166.6	222.4	278.3	316	—	—	147.7	222.1	296.6	371.0
2750	54	288	66.7	—	134.6	202.4	270.3	338.2	384	—	—	179.4	269.9	360.4	450.9
	56	279	64.6	—	130.4	196.1	261.9	327.6	372	—	—	173.8	261.5	349.1	436.8
	59	264	61.2	—	123.4	185.6	247.8	310.0	352	—	—	164.5	247.4	330.4	413.3
3000	54	315	73.0	110.1	147.2	221.4	295.6	369.9	420	—	—	196.3	295.2	394.2	493.2
	56	303	70.2	105.9	141.6	213.0	284.4	355.8	404	—	—	188.8	284.0	379.2	474.4
	59	288	66.7	100.7	134.6	202.4	270.3	338.2	384	—	—	179.4	269.9	360.4	450.9

① 排管根数按管束实际宽度(管束公称宽度减50mm)、管箱端板厚度为20mm确定。

② 管束基管外表面积按管板厚度 $\delta = 22$mm 确定。

附表6-2　翅片高度 h 为16mm的鼓风式水平管束换热面积和排管根数表[9]

管排数 Z		4						5					
公称宽度 BN/mm	管中心距/mm	排管根数 n[①]	管束基管外表面积 A[②]/m²						排管根数 n[①]	管束基管外表面积 A[②]/m²				
			翅片管长度 L/mm							翅片管长度 L/mm				
			3000	4500	6000	9000	12000	15000		3000	4500	6000	9000	12000	15000
500	62	22	5.1	7.7	10.3	—	—	—	28	6.5	9.8	13.1	—	—	—
	63.5	22	5.1	7.7	10.3	—	—	—	28	6.5	9.8	13.1	—	—	—
	67	20	4.6	7.0	9.3	—	—	—	25	5.8	8.7	11.7	—	—	—
750	62	38	8.8	13.3	17.8	—	—	—	48	11.1	16.8	22.4	—	—	—
	63.5	38	8.8	13.3	17.8	—	—	—	48	11.1	16.8	22.4	—	—	—
	67	36	8.3	12.6	16.8	—	—	—	45	10.4	15.7	21.0	—	—	—
1000	62	54	12.5	18.9	25.2	38.0	50.7	63.4	68	15.8	23.8	31.8	47.8	63.8	79.8
	63.5	54	12.5	18.9	25.2	38.0	50.7	63.4	68	15.8	23.8	31.8	47.8	63.8	79.8
	67	50	11.6	17.5	23.4	35.1	46.9	58.7	63	14.6	22.0	29.4	44.3	59.1	74.0
1250	62	70	16.2	24.5	32.7	49.2	65.7	82.2	88	20.4	30.8	41.1	61.9	82.6	103.3
	63.5	68	15.8	23.8	31.8	47.8	63.8	79.8	85	19.7	29.7	39.7	59.7	79.8	99.8
	67	66	15.3	23.1	30.8	46.4	61.9	77.5	83	19.2	29.0	38.8	58.3	77.9	97.5
1500	62	86	19.9	30.1	40.2	60.5	80.7	101.0	108	25.0	37.7	50.5	75.9	101.4	126.8
	63.5	84	19.5	29.4	39.3	59.0	78.8	98.6	105	24.3	36.7	49.1	73.8	98.5	123.3
	67	80	18.5	28.0	37.4	56.2	75.1	93.9	100	23.2	35.0	46.7	70.3	93.9	117.4
1750	62	102	23.6	35.6	47.7	71.7	95.7	119.8	128	29.7	44.7	59.8	90.0	120.1	150.3
	63.5	100	23.2	35.0	46.7	70.3	93.9	117.4	125	29.0	43.7	58.4	87.9	117.3	146.8
	67	96	22.2	33.6	44.9	67.5	90.1	112.7	120	27.8	41.9	56.1	84.4	112.6	140.9
2000	62	118	27.3	41.2	55.1	82.9	110.7	138.6	148	34.3	51.7	69.2	104.0	138.9	173.8
	63.5	116	26.9	40.5	54.2	81.5	108.9	136.2	145	33.6	50.7	67.8	101.9	136.1	170.3
	67	110	25.5	38.4	51.4	77.3	103.2	129.2	138	32.0	48.2	64.5	97.0	129.5	162.0
2250	62	134	31.0	46.8	—	94.2	125.8	157.3	168	38.9	58.7	—	118.1	157.7	197.3
	63.5	132	30.6	46.1	—	92.8	123.9	155.0	165	38.2	57.7	—	116.0	154.9	193.7
	67	124	28.7	43.3	—	87.2	116.4	145.6	155	35.9	54.2	—	109.0	145.5	182.0
2500	62	152	35.2	53.1	71.0	106.8	142.7	178.5	190	44.0	66.4	88.8	133.6	178.3	223.1
	63.5	148	34.3	51.7	69.2	104.0	138.9	173.8	185	42.9	64.7	86.5	130.0	173.6	217.2
	67	140	32.4	48.9	65.4	98.4	131.4	164.4	175	40.5	61.2	81.8	123.0	164.2	205.5
2750	62	168	38.9	—	78.5	118.1	157.7	197.3	210	48.7	—	98.1	147.6	197.1	246.6
	63.5	164	38.0	—	76.6	115.3	153.9	192.6	205	47.5	—	95.8	144.1	192.4	240.7
	67	154	35.7	—	72.0	108.3	144.5	180.8	193	44.7	—	90.2	135.7	181.1	226.6
3000	62	184	42.6	64.3	86.0	129.3	172.7	216.0	230	53.3	80.4	107.5	161.7	215.9	270.1
	63.5	180	41.7	62.9	84.1	126.5	168.9	211.4	225	52.1	78.6	105.1	158.2	211.2	264.2
	67	170	39.4	59.4	79.4	119.5	159.6	199.6	213	49.4	74.4	99.5	149.7	199.9	250.1

续表

管排数 Z			6							8					
公称宽度 BN/mm	管中心距/mm	排管根数 n①	管束基管外表面积 A②/m²						排管根数 n①	管束基管外表面积 A②/m²					
			翅片管长度 L/mm							翅片管长度 L/mm					
			3000	4500	6000	9000	12000	15000		3000	4500	6000	9000	12000	15000
500	62	33	7.6	11.5	15.4	—	—	—	—	—	—	—	—	—	—
	63.5	33	7.6	11.5	15.4	—	—	—	—	—	—	—	—	—	—
	67	30	7.0	10.5	14.0	—	—	—	—	—	—	—	—	—	—
750	62	57	13.2	19.9	26.6	—	—	—	—	—	—	—	—	—	—
	63.5	57	13.2	19.9	26.6	—	—	—	—	—	—	—	—	—	—
	67	54	12.5	18.9	25.2	—	—	—	—	—	—	—	—	—	—
1000	62	81	18.8	28.3	37.9	56.9	76.0	95.1	108	—	—	50.5	75.9	101.4	126.8
	63.5	81	18.8	28.3	37.9	56.9	76.0	95.1	108	—	—	50.5	75.9	101.4	126.8
	67	75	17.4	26.2	35.0	52.7	70.4	88.1	100	—	—	46.7	70.3	93.9	117.4
1250	62	105	24.3	36.7	49.1	73.8	98.5	123.3	140	—	—	65.4	98.4	131.4	164.4
	63.5	102	23.6	35.6	47.7	71.7	95.7	119.8	136	—	—	63.6	95.6	127.6	159.7
	67	99	22.9	34.6	46.3	69.6	92.9	116.2	132	—	—	61.7	92.8	123.9	155.0
1500	62	129	29.9	45.1	60.3	90.7	121.1	151.5	172	—	—	80.4	120.9	161.4	202.0
	63.5	126	29.2	44.0	58.9	88.6	118.3	147.9	168	—	—	78.5	118.1	157.7	197.3
	67	120	27.8	41.9	56.1	84.4	112.6	140.9	160	—	—	74.8	112.5	150.2	187.9
1750	62	153	35.4	53.5	71.5	107.5	143.6	179.6	204	—	—	95.3	143.4	191.5	239.5
	63.5	150	34.8	52.4	70.1	105.4	140.8	176.1	200	—	—	93.5	140.6	187.7	234.8
	67	144	33.4	50.3	67.3	101.2	135.2	169.1	192	—	—	89.7	135.0	180.2	225.4
2000	62	177	41.0	61.9	82.7	124.4	166.1	207.8	236	—	—	110.3	165.9	221.5	277.1
	63.5	174	40.3	60.8	81.3	122.3	163.3	204.3	232	—	—	108.4	163.1	217.7	272.4
	67	165	38.2	57.7	77.1	116.0	154.9	193.7	220	—	—	102.8	154.6	206.5	258.3
2250	62	201	46.6	70.2	—	141.3	188.6	236.0	268	—	—	—	188.4	251.5	314.7
	63.5	198	45.9	69.2	—	139.2	185.8	232.5	264	—	—	—	185.6	247.8	310.0
	67	186	43.1	65.0	—	130.7	174.6	218.4	248	—	—	—	174.3	232.8	291.2
2500	62	228	52.8	79.7	106.5	160.3	214.0	267.7	304	—	—	142.1	213.7	285.3	356.9
	63.5	222	51.4	77.6	103.7	156.1	208.4	260.7	296	—	—	138.3	208.1	277.8	347.6
	67	210	48.7	73.4	98.1	147.6	197.1	246.6	280	—	—	130.8	196.8	262.8	328.8
2750	62	252	58.4	—	117.8	177.1	236.5	295.9	336	—	—	157.0	236.2	315.4	394.5
	63.5	246	57.0	—	115.0	172.9	230.9	288.8	328	—	—	153.3	230.6	307.8	385.1
	67	231	53.5	—	107.9	162.4	216.8	271.2	308	—	—	143.9	216.5	289.1	361.6
3000	62	276	63.9	96.5	129.0	194.0	259.0	324.1	368	—	—	172.0	258.7	345.4	432.1
	63.5	270	62.6	94.4	126.2	189.8	253.4	317.0	360	—	—	168.2	253.1	337.9	422.7
	67	255	59.1	89.1	119.2	179.2	239.3	299.4	340	—	—	158.9	239.0	319.1	399.2

① 排管根数按管束实际宽度（管束公称宽度减50mm）、管箱端板厚度为20mm确定。
② 管束基管外表面积按管板厚度 $\delta = 22$mm 确定。

附表6-3　翅片高度 h 为12.5mm的引风式水平管束换热面积和排管根数表[9]

管排数 Z		4						5					
公称宽度 BN/mm	管中心距/mm	排管根数 n[①]	管束基管外表面积 A[②]/m² 翅片管长度 L/mm					排管根数 n[①]	管束基管外表面积 A[②]/m² 翅片管长度 L/mm				
			3000	4500	6000	9000	12000	15000	3000	4500	6000	9000	12000	15000
500	54	22	5.1	7.7	10.3	—	—	—	28	6.5	9.8	13.1	—	—	—
	56	20	4.6	7.0	9.3	—	—	—	25	5.8	8.7	11.7	—	—	—
	59	20	4.6	7.0	9.3	—	—	—	25	5.8	8.7	11.7	—	—	—
750	54	40	9.3	14.0	18.7	—	—	—	50	11.6	17.5	23.4	—	—	—
	56	38	8.8	13.3	17.8	—	—	—	48	11.1	16.8	22.4	—	—	—
	59	36	8.3	12.6	16.8	—	—	—	45	10.4	15.7	21.0	—	—	—
1000	54	58	13.4	20.3	27.1	40.8	54.4	68.1	73	16.9	25.5	34.1	51.3	68.5	85.7
	56	56	13.0	19.6	26.2	39.4	52.6	65.8	70	16.2	24.5	32.7	49.2	65.7	82.2
	59	54	12.5	18.9	25.2	38.0	50.7	63.4	68	15.8	23.8	31.8	47.8	63.8	79.8
1250	54	78	18.1	27.3	36.5	54.8	73.2	91.6	98	22.7	34.3	45.8	68.9	92.0	115.1
	56	74	17.1	25.9	34.6	52.0	69.5	86.9	93	21.5	32.5	43.5	65.4	87.3	109.2
	59	70	16.2	24.5	32.7	49.2	65.7	82.6	88	20.4	30.8	41.1	61.9	82.6	103.3
1500	54	96	22.2	33.6	44.9	67.5	90.1	112.7	120	27.8	41.9	56.1	84.4	112.6	140.9
	56	92	21.3	32.2	43.0	64.7	86.3	108.0	115	26.6	40.2	53.7	80.8	107.9	135.0
	59	88	20.4	30.8	41.1	61.9	82.6	103.3	110	25.5	30.4	51.4	77.3	103.2	129.2
1750	54	114	26.4	39.8	53.3	80.1	107.0	133.9	143	33.1	50.0	66.8	100.5	134.2	167.9
	56	110	25.5	38.4	51.4	77.3	103.2	129.2	138	32.0	48.2	64.5	97.0	129.5	162.0
	59	104	24.1	36.3	48.6	73.1	97.6	122.1	130	30.1	45.4	60.8	91.4	122.0	152.6
2000	54	132	30.6	46.1	61.7	92.8	123.9	155.0	165	38.2	57.7	77.1	116.0	154.9	193.7
	56	128	29.7	44.7	59.8	90.0	120.1	150.3	160	37.1	55.9	74.8	112.5	150.2	187.9
	59	122	28.3	42.6	57.0	85.8	114.5	143.2	153	35.4	53.5	71.5	107.5	143.6	179.6
2250	54	152	35.2	53.1	—	106.8	142.7	178.5	190	44.0	66.4	—	133.6	178.3	223.1
	56	146	33.8	51.0	—	102.6	137.0	171.4	183	42.4	64.0	—	128.6	171.8	214.9
	59	138	32.0	48.2	—	97.0	129.5	162.0	173	40.1	60.5	—	121.6	162.4	203.1
2500	54	170	39.4	59.4	79.4	119.5	159.6	199.6	213	49.4	74.4	99.5	149.7	199.9	250.1
	56	164	38.0	57.3	76.6	115.3	153.9	192.6	205	47.5	71.6	95.8	144.1	192.4	240.7
	59	156	36.1	54.5	72.9	109.7	146.4	183.2	195	45.2	68.2	91.1	137.1	183.0	229.0
2750	54	188	43.6	—	87.9	132.2	176.4	220.7	235	54.4	—	109.8	165.2	220.6	275.9
	56	182	42.2	—	85.1	127.9	170.8	213.7	228	52.8	—	106.5	160.3	214.0	267.7
	59	172	39.9	—	80.4	120.9	161.4	202.0	215	49.8	—	100.5	151.1	201.8	252.4
3000	54	206	47.7	72.0	96.3	144.8	193.3	241.9	258	59.8	90.2	120.6	181.4	242.1	302.9
	56	200	46.3	69.9	93.5	140.6	187.7	234.8	250	57.9	87.4	116.8	175.7	234.6	293.5
	59	190	44.0	66.4	88.8	133.6	178.3	223.1	238	55.1	83.2	111.2	167.3	223.4	279.5

续表

公称宽度 BN/mm	管中心距/mm	排管根数 n① (Z=6)	A②/m² 3000	4500	6000	9000	12000	15000	排管根数 n① (Z=8)	A②/m² 3000	4500	6000	9000	12000	15000
500	54	33	7.6	11.5	15.4	—	—	—							
	56	30	7.0	10.5	14.0	—	—	—							
	59	30	7.0	10.5	14.0	—	—	—							
750	54	60	13.9	21.0	28.0	—	—	—							
	56	57	13.2	19.9	26.6	—	—	—							
	59	54	12.5	18.9	25.2	—	—	—							
1000	54	87	20.2	30.4	40.7	61.2	81.7	102.2	116	—	—	54.2	81.5	108.9	136.2
	56	84	19.5	29.4	39.3	59.0	78.8	98.6	112	—	—	52.3	78.7	105.1	131.5
	59	81	18.8	28.3	37.9	56.9	76.0	95.1	108	—	—	50.5	75.9	101.4	126.8
1250	54	117	27.1	40.9	54.7	82.2	109.8	137.4	156	—	—	72.9	109.7	146.4	183.2
	56	111	25.7	38.8	51.9	78.0	104.2	130.3	148	—	—	69.2	104.0	138.9	173.8
	59	105	24.3	36.7	41.1	73.8	98.5	123.3	140	—	—	65.4	98.4	131.4	164.4
1500	54	144	33.4	50.3	67.3	101.2	135.2	169.1	192	—	—	89.7	135.0	180.2	225.4
	56	138	32.0	48.2	64.5	97.0	129.5	162.0	184	—	—	86.0	129.3	172.7	216.0
	59	132	30.6	46.1	61.7	92.8	123.9	155.0	176	—	—	82.2	123.7	165.2	206.7
1750	54	171	39.6	59.8	79.9	120.2	160.5	200.8	228	—	—	106.5	160.3	214.0	267.7
	56	165	38.2	57.7	77.1	116.0	154.9	193.7	220	—	—	102.8	154.6	206.5	258.3
	59	156	36.1	54.5	72.9	109.7	146.4	183.0	208	—	—	97.2	146.2	195.2	244.2
2000	54	198	45.9	69.2	92.5	139.2	185.8	232.5	264	—	—	123.4	185.6	247.8	310.0
	56	192	44.5	67.1	89.7	135.0	180.2	225.4	256	—	—	119.6	180.0	240.3	300.6
	59	183	42.4	64.0	85.5	128.6	171.8	214.9	244	—	—	114.0	171.1	229.0	286.5
2250	54	228	52.8	79.7	—	160.3	214.0	267.7	304	—	—	—	213.7	285.3	356.9
	56	219	50.7	76.5	—	153.9	205.5	257.1	292	—	—	—	205.3	274.1	342.9
	59	207	48.0	72.3	—	145.5	194.3	243.1	276	—	—	—	194.0	259.0	324.1
2500	54	255	59.1	89.1	119.2	179.2	239.3	299.4	340	—	—	158.9	239.0	319.1	399.2
	56	246	57.0	86.0	115.0	172.2	230.9	288.8	328	—	—	153.3	230.6	307.8	385.1
	59	234	54.2	81.8	109.4	164.4	219.6	274.8	312	—	—	145.8	219.3	292.8	366.3
2750	54	282	65.3	—	131.8	198.2	264.7	331.1	376	—	—	175.7	264.3	352.9	441.5
	56	273	63.3	—	127.6	191.9	256.2	320.5	364	—	—	170.1	255.9	341.6	427.4
	59	258	59.8	—	120.6	181.4	242.1	302.9	344	—	—	160.8	241.8	322.9	403.9
3000	54	309	71.6	108.0	144.4	217.2	290.0	362.8	412	—	—	192.5	289.6	386.7	483.8
	56	300	69.5	104.9	140.2	210.9	281.6	352.3	400	—	—	186.9	281.2	375.4	469.7
	59	285	66.0	99.6	133.2	200.3	267.5	334.6	380	—	—	177.6	267.1	356.6	446.2

① 排管根数按管束实际宽度(管束公称宽度减100mm)、管箱端板厚度为20mm确定。

② 管束基管外表面积按管板厚度 $\delta = 22mm$ 确定。

附表6-4 翅片高度 h 为 16mm 的引风式水平管束换热面积和排管根数表[9]

管排数 Z			4						5						
公称宽度 BN/mm	管中心距/mm	排管根数 n①	管束基管外表面积 A②/m² 翅片管长度 L/mm						排管根数 n①	管束基管外表面积 A②/m² 翅片管长度 L/mm					
			3000	4500	6000	9000	12000	15000		3000	4500	6000	9000	12000	15000
500	62	18	4.2	6.3	8.4	—	—	—	23	5.3	8.0	10.7	—	—	—
	63.5	18	4.2	6.3	8.4	—	—	—	23	5.3	8.0	10.7	—	—	—
	67	18	4.2	6.3	8.4	—	—	—	23	5.3	8.0	10.7	—	—	—
750	62	34	7.9	11.9	15.9	—	—	—	43	10.0	15.0	20.1	—	—	—
	63.5	34	7.9	11.9	15.9	—	—	—	43	10.0	15.0	20.1	—	—	—
	67	32	7.4	11.2	15.0	—	—	—	40	9.3	14.0	18.7	—	—	—
1000	62	52	12.0	18.2	24.3	36.6	48.8	61.1	65	15.1	22.7	30.4	45.7	61.0	76.3
	63.5	50	11.6	17.5	23.4	35.1	46.9	58.7	63	14.6	22.0	29.4	44.3	59.1	74.0
	67	48	11.1	16.8	22.4	33.7	45.1	56.4	60	13.9	21.0	28.0	42.2	56.3	70.5
1250	62	68	15.8	23.8	31.8	47.8	63.8	79.8	85	19.7	29.7	39.7	59.7	79.8	99.8
	63.5	66	15.3	23.1	30.8	46.4	61.9	77.5	83	19.2	29.0	38.8	58.3	77.9	97.5
	67	62	14.4	21.7	29.0	43.6	58.2	72.8	78	18.1	27.3	36.5	54.8	73.2	91.6
1500	62	84	19.5	29.4	39.3	59.0	78.8	98.6	105	24.3	36.7	49.1	73.8	98.5	123.3
	63.5	82	19.0	28.7	38.3	57.6	77.0	96.3	103	23.9	36.0	48.1	72.4	96.7	120.9
	67	78	18.1	27.2	36.5	54.8	73.2	91.6	98	22.7	34.3	45.8	68.9	92.0	115.1
1750	62	100	23.2	35.0	46.7	70.3	93.9	117.4	125	29.0	43.7	58.4	87.9	117.3	146.8
	63.5	98	22.7	34.3	45.8	68.9	92.0	115.1	123	28.5	43.0	57.5	86.5	115.4	144.4
	67	92	21.3	32.2	43.0	64.7	86.3	108.0	115	26.6	40.2	53.7	80.8	107.9	135.0
2000	62	116	26.9	40.5	54.2	81.5	108.9	136.2	145	33.6	50.7	67.8	101.9	136.1	170.3
	63.5	112	25.9	39.1	52.3	78.7	105.1	131.5	140	32.4	48.9	65.4	98.4	131.4	164.4
	67	108	25.0	37.7	50.5	75.9	101.4	126.8	135	31.3	47.2	63.1	94.9	126.7	158.5
2250	62	132	30.6	46.1	—	92.8	123.9	155.0	165	38.2	57.7	—	116.0	154.9	193.7
	63.5	128	29.7	44.7	—	90.0	120.1	150.3	160	37.1	55.9	—	112.5	150.2	187.9
	67	122	28.3	42.6	—	85.8	114.5	143.2	153	35.4	53.5	—	107.5	143.6	179.6
2500	62	148	34.3	51.7	69.2	104.0	138.9	173.8	185	42.9	64.7	86.5	130.0	173.6	217.2
	63.5	144	33.4	50.4	67.3	101.2	135.2	169.1	180	41.7	62.9	84.1	126.5	168.9	211.4
	67	136	31.5	47.5	63.6	95.6	127.6	159.7	170	39.4	59.4	79.4	119.5	159.6	199.6
2750	62	164	38.0	—	76.6	115.3	153.9	192.6	205	47.5	—	95.8	144.1	192.4	240.7
	63.5	160	37.1	—	74.8	112.5	150.2	187.9	200	46.3	—	93.5	140.6	187.7	234.8
	67	152	35.2	—	71.0	106.8	142.7	178.5	190	44.0	—	88.8	133.6	178.3	223.1
3000	62	180	41.7	62.9	84.1	126.5	168.9	211.4	225	52.1	78.6	105.1	158.2	211.2	264.2
	63.5	176	40.8	61.5	82.2	123.7	165.2	206.7	220	51.0	76.9	102.8	154.6	206.5	258.3
	67	166	38.5	58.0	77.6	116.7	155.8	194.9	208	48.2	72.7	97.2	146.2	195.2	244.2

续表

管排数 Z		6							8						
公称宽度 BN/mm	管中心距/mm	排管根数 n[①]	管束基管外表面积 A[②]/m²						排管根数 n[①]	管束基管外表面积 A[②]/m²					
			翅片管长度 L/mm							翅片管长度 L/mm					
			3000	4500	6000	9000	12000	15000		3000	4500	6000	9000	12000	15000
500	62	27	6.3	9.4	12.6	—	—	—		—	—	—	—	—	—
	63.5	27	6.3	9.4	12.6	—	—	—		—	—	—	—	—	—
	67	27	6.3	9.4	12.6	—	—	—		—	—	—	—	—	—
750	62	51	11.8	17.8	23.8	—	—	—		—	—	—	—	—	—
	63.5	51	11.8	17.8	23.8	—	—	—		—	—	—	—	—	—
	67	48	11.1	16.8	22.4	—	—	—		—	—	—	—	—	—
1000	62	78	18.1	27.3	36.5	54.8	73.2	91.6	104	—	—	48.6	73.1	97.6	122.1
	63.5	75	17.4	26.2	35.0	52.7	70.4	88.1	100	—	—	46.7	70.3	93.9	117.4
	67	72	16.7	25.2	33.6	50.6	67.6	84.5	96	—	—	44.9	67.5	90.1	112.7
1250	62	102	23.6	35.6	47.7	71.7	95.7	119.8	136	—	—	63.6	95.6	127.6	159.7
	63.5	99	22.9	34.6	46.3	69.6	92.9	116.2	132	—	—	61.7	92.8	123.9	155.0
	67	93	21.5	32.5	43.5	65.4	87.3	109.2	124	—	—	57.9	87.2	116.4	145.6
1500	62	126	29.2	44.0	58.9	88.6	118.3	147.9	168	—	—	78.5	118.1	157.7	197.3
	63.5	123	28.5	43.0	57.5	86.5	115.4	144.4	164	—	—	76.6	115.3	153.9	192.6
	67	117	27.1	40.9	54.7	82.2	109.8	137.4	156	—	—	72.9	109.7	146.4	183.2
1750	62	150	34.8	52.4	70.1	105.4	140.8	176.1	200	—	—	93.5	140.6	187.7	234.8
	63.5	147	34.1	51.4	68.7	103.3	138.0	172.6	196	—	—	91.6	137.8	184.0	230.1
	67	138	32.0	48.2	64.5	97.0	129.5	162.0	184	—	—	86.0	129.3	172.7	216.0
2000	62	174	40.3	60.8	81.3	122.3	163.3	204.3	232	—	—	108.4	163.1	217.7	272.4
	63.5	168	38.9	58.7	78.5	118.1	157.7	197.3	224	—	—	104.7	157.5	210.2	263.0
	67	162	37.5	56.6	75.7	113.9	152.0	190.2	216	—	—	100.9	151.8	202.7	253.6
2250	62	198	45.9	69.2	—	139.2	185.8	232.5	264	—	—	—	185.8	247.8	310.0
	63.5	192	44.5	67.1	—	135.0	180.2	225.4	256	—	—	—	180.0	240.3	300.6
	67	183	42.4	64.0	—	128.6	171.8	214.9	244	—	—	—	171.5	229.0	286.5
2500	62	222	51.4	77.6	103.7	156.1	208.4	260.7	296	—	—	138.3	208.1	277.8	347.6
	63.5	216	50.0	75.5	100.9	151.8	202.7	253.6	288	—	—	134.6	202.4	270.3	338.2
	67	204	47.3	71.3	95.3	143.4	191.5	239.5	272	—	—	127.1	191.3	255.3	319.4
2750	62	246	57.0	—	115.0	172.9	230.9	288.8	328	—	—	153.3	230.6	307.8	385.1
	63.5	240	55.6	—	112.2	168.7	225.3	281.8	320	—	—	149.5	224.9	300.3	375.7
	67	228	52.8	—	106.5	160.3	214.0	267.7	304	—	—	142.1	213.7	285.3	356.9
3000	62	270	62.6	94.4	126.2	189.8	253.4	317.0	360	—	—	168.2	253.1	337.9	422.7
	63.5	264	61.2	92.3	123.4	185.6	247.8	310.0	352	—	—	164.5	247.4	330.4	413.3
	67	249	57.7	87.0	116.4	175.0	233.7	292.4	332	—	—	155.1	233.4	311.6	389.8

① 排管根数按管束实际宽度(管束公称宽度减100mm)、管箱端板厚度为20mm确定。

② 管束基管外表面积按管板厚度 $\delta = 22$mm 确定。

附表 6-5　干空气的物理性质（$p = 101325Pa$）[1]

温度/℃	密度/kg·m⁻³	比热容/[kJ/(kg·K)]	导热系数/[W/(m·K)]	热扩散系数/(μm²/s)	黏度/μPa·s	运动黏度/(μm²/s)	普朗特数
-50	1.584	1.013	0.0204	12.7	14.6	9.23	0.728
-40	1.515	1.013	0.0212	13.8	15.2	10.04	0.728
-30	1.453	1.013	0.0220	14.9	15.7	10.80	0.723
-20	1.395	1.009	0.0228	16.2	16.2	11.61	0.716
-10	1.342	1.009	0.0236	17.4	16.7	12.43	0.712
0	1.293	1.005	0.0244	18.8	17.2	13.28	0.707
10	1.247	1.005	0.0251	20.0	17.6	14.16	0.705
20	1.205	1.005	0.0259	21.4	18.1	15.06	0.703
30	1.165	1.005	0.0267	22.9	18.6	16.00	0.701
40	1.128	1.005	0.0276	24.3	19.1	16.96	0.699
50	1.093	1.005	0.0283	25.7	19.6	17.95	0.698
60	1.060	1.005	0.0290	27.2	20.1	18.97	0.696
70	1.029	1.009	0.0296	28.6	20.6	20.02	0.694
80	1.000	1.009	0.0305	30.2	21.1	21.09	0.692
90	0.927	1.009	0.0313	31.9	21.5	22.10	0.690
100	0.946	1.009	0.0321	33.6	21.9	23.13	0.688
120	0.898	1.009	0.0334	36.8	22.8	25.45	0.686
140	0.845	1.013	0.0349	40.3	23.7	27.80	0.684
160	0.815	1.017	0.0364	43.9	24.5	30.09	0.682
180	0.779	1.022	0.0378	47.5	25.3	32.49	0.681
200	0.746	1.026	0.0393	51.4	26.0	34.85	0.680

参 考 文 献

［1］赖周平，张荣克. 空气冷却器［M］. 北京：中国石化出版社，2009.

［2］SERTH R W, LESTINA T G. Process heat transfer: principles, applications and rules of thumb［M］. 2nd ed. Oxford: Elsevier, Inc., 2014.

［3］API. Petroleum, petrochemical, and natural gas industries—air-cooled heat exchangers: API STD 661［S］. 7th ed. Washington: American Petroleum Institute, 2013.

［4］刘巍，邓方义. 冷换设备工艺计算手册［M］. 2版. 北京：中国石化出版社，2008.

［5］中国石油和石化工程研究会. 炼油设备工程师手册［M］. 2版. 北京：中国石化出版社，2009.

［6］国家能源局. 空冷式热交换器：NB/T 47007—2010（JB/T 4758）［S］. 北京：新华出版社，2010.

［7］董其伍，张垚. 石油化工设备设计选用手册：换热器［M］. 北京：化学工业出版社，2008.

［8］王子宗. 化工单元过程［M］//王子宗. 石油化工设计手册：第3卷. 新1版. 北京：化学工业出版社，2015.

［9］中华人民共和国国家质量监督检验检疫总局，中国国家标准化管理委员会. 热交换器型式与基本参数 第6部分：空冷式热交换器：GB/T 28712.6—2012［S］. 北京：中国标准出版社，2012.

［10］ROBINSON K K, BRIGGS D E. Pressure drop of air flowing across triangular pitch banks of finned tubes［J］. Chemical Engineering Progress Symposium Series，1966，62(64)：177-182.

［11］KRÖGER D G. Air-cooled heat exchangers and cooling towers［M］. New York：Begell House，Inc.，1998.

［12］Aspen Technology，Inc. Aspen Exchanger Design & Rating V8.8 help，2015.

第7章 板式换热器 ✉PDF

板式换热器(plate heat exchangers，PHEs)也称为垫片式板式换热器，早在20世纪30年代，由于易清洁的特点而被应用到食品工业中。在20世纪60年代，随着板片类型、制造技术和垫片材料的发展，板式换热器的设计达到成熟。目前，板式换热器作为一种高效、紧凑换热设备，其应用范围已经大为扩展，可应用于包括化工、动力、冶金、食品、轻工在内的各个行业，并在许多应用领域逐渐取代了管壳式换热器，成为工业传热过程中必不可少的设备。

本章内容包括：板式换热器结构、板式换热器性能特点、板式换热器传热系数与压降、板式换热器设计方法、Aspen Plate Exchanger 主要输入页面、Aspen Plate Exchanger 主要结果页面、板式换热器设计示例等。读者可发送邮件到 sunlanyi_cuptower@ 126. com 获取。具体内容结构如下：

7.1 板式换热器结构

7.1.1 整体结构

7.1.2 板片参数

7.1.3 型号表示方法

7.1.4 框架

7.1.5 波纹板片

7.1.6 垫片

7.1.7 流程组合

7.2 板式换热器性能特点

7.2.1 优点

7.2.2 局限性

7.2.3 适用范围

7.2.4 性能比较

7.3 板式换热器传热系数与压降

7.3.1 总传热系数经验值

7.3.2 污垢热阻

7.3.3 传热系数关联式

7.3.4 压降关联式

7.4 板式换热器设计方法

7.4.1 对数平均温差法

7.4.2 传热单元法

7.4.3 尺寸参数

7.4.4 热混合

7.4.5 设计原则

第8章 数据传输与 Aspen Plus/Aspen HYSYS 换热器设计 ✉ PDF

常用的流程模拟软件如 Aspen Plus、Aspen HYSYS 等对换热器的设计能力有限，而将工艺数据和物性数据手动输入到换热器专业设计软件则费力耗时，若软件之间能够进行数据传输，将带来极大便利。本章将介绍 Aspen Plus、Aspen HYSYS、Microsoft Excel 与 Aspen EDR 的数据传输，以及在 Aspen Plus 和 Aspen HYSYS 中进行换热器详细设计的方法。

本章内容包括：Aspen Plus 数据传输与换热器设计、Aspen HYSYS 数据传输与换热器设计、Excel 数据传输等。读者可发送邮件到 sunlanyi_cuptower@ 126. com 获取。具体内容结构如下：

附　　录

附录 A　Aspen EDR 管壳式换热器管束内各种长度定义

不同类型管壳式换热器中，管束内各种长度定义如附图 A-1~附图 A-17 所示，长度释义见附表 A-1[1]。

（1）U 形管式换热器

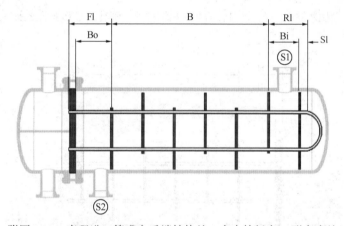

附图 A-1　壳程进口管嘴在后端结构处、全支持板在 U 形弯头处

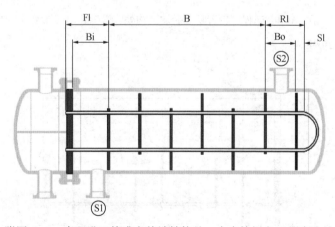

附图 A-2　壳程进口管嘴在前端结构处、全支持板在 U 形弯头处

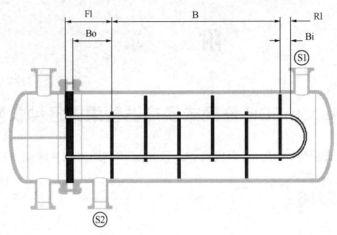

附图 A-3　壳程进口管嘴在后端结构处、管嘴在 U 形弯头之上

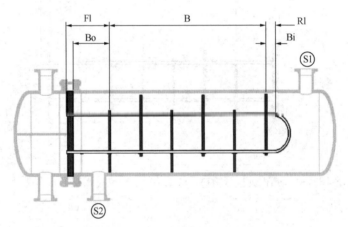

附图 A-4　壳程进口管嘴在后端结构处、管嘴超出 U 形弯头

（2）浮头式换热器

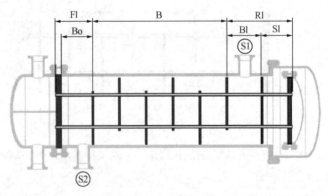

附图 A-5　壳程进口管嘴在后端结构处、全支持板在浮头处

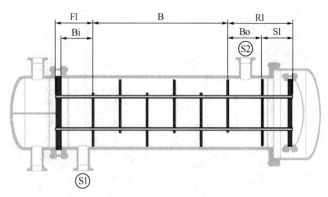

附图 A-6　壳程进口管嘴在前端结构处、全支持板在浮头处

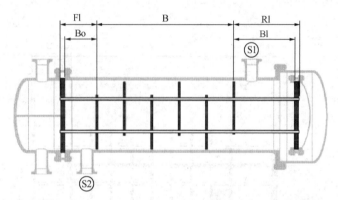

附图 A-7　壳程进口管嘴在后端结构处、无全支持板

（3）固定管板式换热器

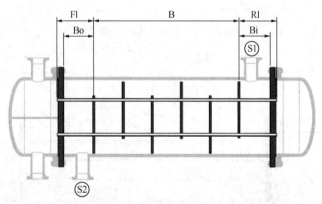

附图 A-8　壳程进口管嘴在后端结构处

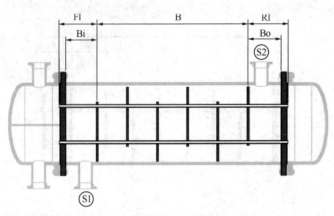

附图 A-9　壳程进口管嘴在前端结构处

（4）其他类型换热器

① F 型壳体

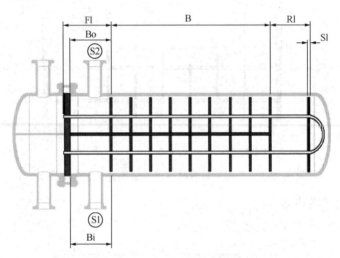

附图 A-10　有折流板的 F 型壳体

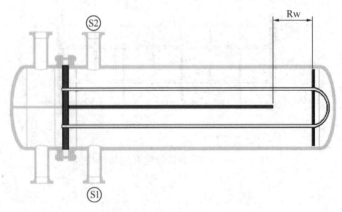

附图 A-11　无折流板的 F 型壳体

② G 型壳体

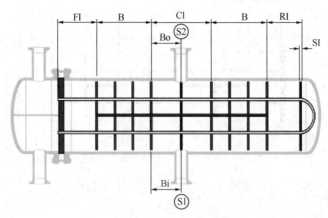

附图 A-12　有折流板的 G 型壳体

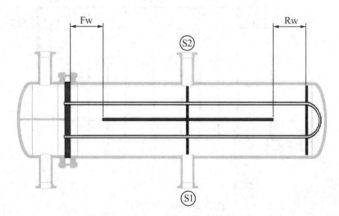

附图 A-13　无折流板的 G 型壳体

③ H 型壳体

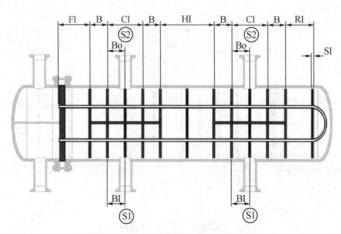

附图 A-14　有折流板的 H 型壳体

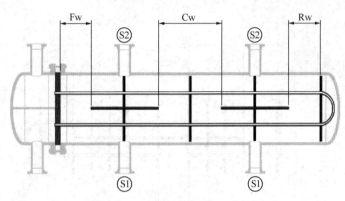

附图 A-15　无折流板的 H 型壳体

④ I 型壳体

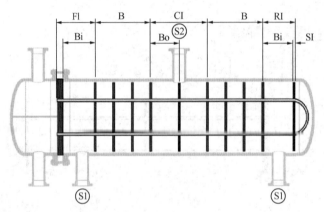

附图 A-16　I 型壳体

⑤ J 型壳体

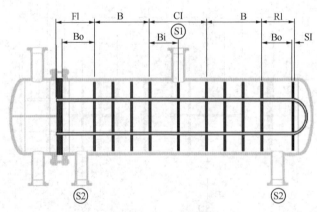

附图 A-17　J 型壳体

附表 A-1　管束内各种长度释义

符号	术　语	释　义
B	baffled region	折流板区域
Bi	baffle spacing at inlet (shell side inlet nozzle)	进口处折流板间距(壳程进口管嘴)
Bo	baffle spacing at outlet (shell side outlet nozzle)	出口处折流板间距(壳程出口管嘴)
Cl	distance between baffles at central shell side inlet/ outlet nozzle	壳程中心进口/出口管嘴处折流板间距
Cw	window length at center	中心处窗口长度
Fl	end length at front head	前端结构处换热管末端与相邻折流板中心面的距离
Fw	window length at front head	前端结构处窗口长度
Hl	distance between baffles at center of h shell	H 型壳体中心处折流板间距
Rl	end length at rear head	后端结构处换热管末端至相邻折流板中心面的距离[①]
Rw	window length at rear head	后端结构处窗口长度
Sl[②]	length of tube beyond support/blanking baffle	超出支持板/空挡板的换热管长度

① 对于 U 形管式换热器，管子末端指直管末端；
② 附图 A-10、附图 A-12、附图 A-14、附图 A-16 和附图 A-17 中，折流板紧挨 U 形弯头，所以 Sl =折流板厚度。

附录 B　Aspen EDR 自带管壳式换热器例题列表

附表 B-1　Aspen EDR 自带管壳式换热器例题列表

文件名	热流体位置	热流体	冷流体	计算模式	物性数据库		换热器类型	冷凝器	再沸器
					热流体	冷流体			
Falling Film Evaporator_AEL. EDR	壳程	水	自定义组分	Rating/Checking	B–JAC	User specified properties	AEL	—	√
Forced Vaporizer_AXL. EDR	壳程	水	水	Rating/Checking	B–JAC	B–JAC	AXL	—	√
Gas–Gas_AFM. EDR	管程	自定义组分	自定义组分	Design (Sizing)	User specified properties	User specified properties	AFM	—	—
Kettle Reboiler–AKS. EDR	管程	自定义组分	水	Design (Sizing)	User specified properties	B–JAC	AKS	—	√
Liquid–Liquid_AEL. EDR	壳程	水	水	Rating/Checking	B–JAC	B–JAC	AEL	—	—
Liquid–Liquid_AHS. EDR	管程	自定义组分	自定义组分	Rating/Checking	User specified properties	User specified properties	AHS	—	—

文件名	热流体位置	热流体	冷流体	计算模式	物性数据库 热流体	物性数据库 冷流体	换热器类型	冷凝器	再沸器
Liquid-Liquid_AMU.EDR	壳程	自定义组分	水	Rating/Checking	User specified properties	B-JAC	AMU	—	—
TS-Condenser-Vertical_BEM.EDR	管程	水-甲醇	水	Design (Sizing)	B-JAC	B-JAC	BEM	√	—
TS-Knockback Condenser-Vertical BEM.EDR	管程	水-甲醇	水	Design (Sizing)	B-JAC	B-JAC	BEM	√	—
TS-Thermosiphon-Vertical_BEM.EDR	壳程	水	丁二烯-戊烷-苯	Simulation	B-JAC	COMThermo	BEM	—	√
SS-Thermosiphon-Horizontal_BXM.EDR	壳程	水	丁烯-戊烷-苯	Simulation	B-JAC	B-JAC	BXM	—	√

附录 C　热源与冷源

用于提供或移走工艺过程中热量的载体（或手段）分别称为热源或冷源，工业上对热源和冷源的一般要求是[2]：

① 使用温度必须满足工艺要求。

② 来源充足，价廉易得，易于输送、调节和使用。

③ 对于物质载体（通常为流体），还要求具有良好的物理化学性质，如：a. 化学稳定性好，腐蚀性小，不易结垢；b. 使用安全、无毒、不易燃烧和爆炸；c. 具有较高的比热容、导热系数、密度和比相变熔，较低的凝固点；d. 在操作温度下黏度低，流动性好，以利于增加对流传热系数、减小流体用量和降低输送阻力；e. 对热源，要求在高温下蒸气压较低，对常用低温冷源，要求在常温下液化压力较低。

电能可直接用于加热（如电阻加热、感应加热等）和制冷（如半导体制冷），使用温度范围很宽（可高于1200℃，可低于-120℃，主要取决于使用元件的材料），但使用成本高，有效能损失大，总的能量利用率低，故只在水电供应充分、小规模生产或有特殊要求的场合，经充分经济评估后使用。

其他常用的工业热源和冷源的特性及其使用温度范围见附表 C-1 和附表 C-2。热源中蒸气压力等级及运用见附表 C-3。

附表 C-1　常用工业热源[2]

工业热源	使用相态	常用温度范围	最高使用温度	基本性质及使用条件
热水	液相	30~100℃	受压力限制	常作为低温热源，对流传热系数高、来源广泛、价廉、输送方便；作为热载体使用时，温度会发生变化，平均温度低于饱和蒸气温度，需单独设置热水再加热循环系统

工业热源	使用相态	常用温度范围	最高使用温度	基本性质及使用条件
饱和蒸气	气相	100~180℃	280℃(6.4MPa)	是最常用的热源,相变焓大、对流传热系数高、价廉易得、输送方便、调节性好(用阀门调节压力),最高使用温度受蒸气饱和压力限制,一般不适用于高压条件
热载体油	液相	敞开 ~260℃ 封闭 ~320℃	约400℃	由高沸点石油馏分调制而成,易燃、价廉易得,可在低压下操作,最高使用温度受馏分及热稳定性限制(需加入抗氧化剂),应定期更换。使用温度一般低于道生油,需单独设置加热循环系统
(导热姆) 道生油	液相或 气相	液相 160~360℃ 气相 253~360℃	约400℃	常用的热载体为联苯混合物,性能良好、操作稳定可靠、无毒、腐蚀性小、不易爆。需要设置加热炉及循环系统,可使换热器载体在低压下工作,但易泄漏、有异味、360℃以上有分解问题
熔盐	液相	150~450℃	约600℃	常用的载体为亚硝酸钠、硝酸钠和硝酸钾混合物,其加热系统、输送系统及换热器均需特殊设计。140℃左右固化,450℃以上轻微分解,释放出氮气,使固化温度升高,操作困难
液态金属	液相	450~800℃		常用的载体为熔融钠-钾混合物,必须隔绝空气。加热系统、输送系统及换热器结构复杂,操作维护输送比较困难,主要用于核工业等特殊部门
烟道气	气相	500~1000℃	取决于燃料及 燃烧条件	广泛应用于需加热温度较高的场合。价廉易得、输送方便,但对流传热系数低,需要的体积流量大而不易调节,有结垢及腐蚀问题(取决于燃料本身的组成和性质)

附表 C-2 常用工业冷源[2]

工业冷源		使用相态	常用温度范围	基本性质及使用条件
空气		气相	取决于环境温度	来源充足、价廉易得、温度受环境影响、对流传热系数低、用量大,常用于缺水地区。通过经济比较,可代替水冷或联合水冷
冷却 用水	深井水	液相	15~20℃	作为一次水源,温度较低且稳定,冷却效果好。水的硬度对结垢有很大影响,但来源愈益匮乏,宜用于特殊场合且应重复使用
	水域水	液相	0~30℃,取决于大气条件	作为一次水源,应用广泛,其包括河流、湖泊、海域等。温度受环境条件影响,水的硬度及悬浮物对结垢有很大影响,使用前常须进行预处理。海水中的氯离子对不锈钢有腐蚀作用
	循环水	液相	10~35℃,取决于大气条件	经凉水塔处理循环使用的二次水源,温度一般高于环境湿球温度2~5℃,从节约水资源的观点,应尽量使用,但存在微生物与藻类的生长及结垢问题,应定期进行化学处理

工业冷源		使用相态	常用温度范围	基本性质及使用条件
低温冷却剂	冷冻盐水	液相	-30~15℃	常用的载体有氯化钙或氯化钠的水溶液。价廉易得、比热容大、对流传热系数较高，可实现冷冻站的集中管理，将经间接制冷后的盐水分别输送至用户，冷负荷易于调节，但消耗的功率较大，需增加盐水循环系统。有一定腐蚀性，可改用醇类的水溶液(但费用较高)
	氨、丙烷、氟氯烷等	液-气相	单级，-40℃以上多级，-100℃以上	用于直接气化制冷，与冷冻盐水相比，功率消耗较低，对流传热系数较高，但需在不同用户处分别设置冷冻系统，其中氨可燃有毒，但价廉易得、应用广泛。氟氯烷(CFC)俗称氟利昂，由于破坏大气臭氧层已协议禁用，可用氟氯烷类(HCFC)或氢氟烷类(HFC)代替
	液氮、液化天然气等	液-气相	低于-100℃	直接制冷，用于深冷分离等特殊场合，在空气分离、天然气和石油加工分离工业中，因本身就是过程原料或产品，所以应用广泛
冷却液	二元醇、水等	液相	低至-35℃	能在-35℃下不结冰，以保证发动机在极低气温下正常运转，它的沸点在130℃以上，所以在夏天或高负荷运行条件下，冷却液有热传导、防冻、防结垢、防穴蚀、防氧化腐蚀及其他防护作用[3]

附表 C-3 蒸汽系统最高级母管的公称压力(表压)等级分类[4]

压力等级	压力	用途
低压系统	小于 2.5MPa	工艺生产过程反应用汽；真空喷射或物料雾化用汽；隔离及消防用汽；直接加热用汽；间接加热用汽；汽轮机排汽的冷凝蒸汽；采暖及生活用汽；向系统外供出的蒸汽；物料的保温、伴热；蒸汽往复机；管网损失
中压系统	2.5~6.4MPa	
高压系统	6.5~13.7MPa	
超高压系统	大于 13.7MPa	

附录 D 换热器健康状态实时监测软件

孙兰义教授主持开发的换热器健康状态实时监测软件，简称换热器监测软件，可对换热器实时监测和辅助制定清洗计划，具有界面友好、灵活易用等特点，主界面如附图 D-1 所示。换热器监测系统的组成如附图 D-2 所示，通过在换热器进出口管道上安装压力、温度和流量变送器，将采集的数据传输至换热器监测软件。该软件适用于化工、炼油、制药、生物、环境、冶金、能源及轻工等行业。

（1）软件功能

① 监测换热器工艺数据

软件可监测每台换热器的进出口温度、流量和压降等工艺数据。当数据超出正常范围时，颜色变为红色，并在主界面报表中记录异常状态。

② 计算换热器性能数据

软件可计算每台换热器的性能数据，这些数据包括热侧热负荷、冷侧热负荷、热负荷偏

附图 D-1　换热器监测软件主界面

数据采集　　　　　　　　数据通讯　　　　　　数据处理和显示

附图 D-2　换热器监测系统示意图

差、污垢系数、修正的传热系数和能源损耗成本。

③ 监测换热器健康状态

当换热器的平均热负荷低于最小允许热负荷时，"异常工作"指示灯亮，提醒操作员该换热器不足以完成换热任务。

当换热器压降高于允许压降或能源损耗高于允许能源损耗，且污垢系数小于允许污垢系数时，"需要清洗"指示灯亮，提醒操作员该换热器结垢严重，需要清洗。

软件可存储修正传热系数，并将过去 24h 和过去 30 天的修正传热系数分别拟合成一次函数，当前者的斜率大于后者的 20%时（通常设置为 20%，用户可根据工艺要求进行调整），"结垢过快"指示灯亮，提醒操作员检查装置运行情况，提前发现问题，避免潜在隐患发生。

④ 辅助制定换热器清洗计划

软件通过内置的预测模型估算污垢热阻，从而计算延迟清洗增加的能耗成本，可显示延迟 1 个月、2 个月和 3 个月清洗增加的能耗成本；若用户提供每台换热器清洗费用，还可计算清洗成本回收周期。

（2）软件特点

① 输入过程简单

在软件运行前，用户需要输入冷热流体工艺数据和换热器结构参数。该软件采用导入方式将 Excel 中的数据导入监测软件，如附图 D-3 所示，简化了数据输入过程，提高了工作效率。

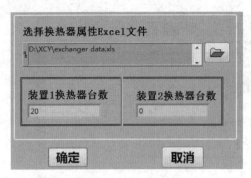

附图 D-3　导入数据

② 操作界面友好

在软件运行过程中，操作员只借助鼠标即可完成所有操作。主界面能够显示所有换热器运行状态，当某换热器出现异常状态时，点击该换热器图标即可进入子界面，查看详细信息。通过箭头图表按钮可快速切换换热器的检测子界面。

③ 数据查看方便

该软件可存储并同时查看多个历史工艺数据，如附图 D-4 所示。时间长度可设置为 5min、1h、1 天、1 周、1 个月、1 个季度或 1 年。

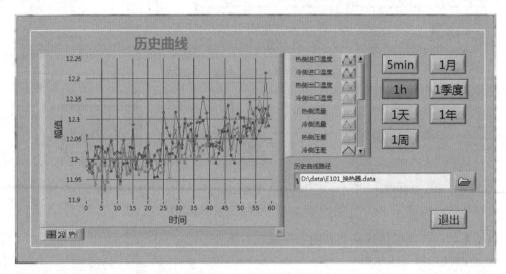

附图 D-4　查看历史数据

④ 报表功能强大

当换热器出现异常状态、管理员更改参数或端口设置时，该软件将在主界面右侧报表中记录信息。报表信息可导入 Word 中。

参 考 文 献

［1］Aspen Technology, Inc. Aspen Exchanger Design & Rating V8. 8 help, 2015.

［2］王子宗. 化工单元过程［M］//王子宗. 石油化工设计手册：第 3 卷. 新 1 版. 北京：化学工业出版社，2015.

［3］周建军，李庆年，冷观俊，等. 汽车冷却液［M］. 北京：化学工业出版社，2011.

［4］中华人民共和国住房和城乡建设部. 化工厂蒸汽系统设计规范：GB/T 50655—2011［S］. 北京：中国计划出版社，2012.